Wissenschaftlich-technische Grundlagen der Erkundung

Springer-Verlag Berlin Heidelberg GmbH

Niedersächsisches Landesamt für Ökologie
Niedersächsisches Landesamt für Bodenforschung
als Landesarbeitsgruppe Altlasten

Altlastenhandbuch des Landes Niedersachsen

Wissenschaftlich-technische Grundlagen der Erkundung

Niedersächsisches
Landesamt für Ökologie

Niedersächsisches
Landesamt für Bodenforschung

W. Bülow
U. Kallert
A.B. Keuffel-Türk
K. Müller
W. Müller
K. Mücke
M. Scholtka
K.-M. Wollin

K. Asch
B. Dibbern
G. Dörhöfer
M. Dorn
M. Heinisch
J. Mandl
H. Röhm
J. Schneider

Mit 184 Abbildungen und 51 Tabellen
sowie 16 Tabellen im Anhang

 Springer

Niedersächsisches Landesamt für Ökologie
Postfach 101062
D-31110 Hildesheim

Niedersächsisches Landesamt für Bodenforschung
Postfach 510153
D-30631 Hannover

Additional material to this book can be downloaded from http://extras.springer.com

Die Deutsche Bibliothek - CIP-Einheitsaufnahme

Altlastenhandbuch des Landes Niedersachsen: Wissenschaftlich-technische Grundlagen der Erkundung; Niedersächsisches Landesamt für Ökologie als Landesarbeitsgruppe Altlasten. - Berlin; Heidelberg; New York; Barcelona; Budapest; Hong Kong; London; Mailand; Paris; Santa Clara; Singapur; Tokio: Springer 1997
ISBN 978-3-642-64364-4   ISBN 978-3-642-60347-1 (eBook)
DOI 10.1007/978-3-642-60347-1
Nebent.: Wissenschaftlich-technischer Teil
NE: Niedersächsisches Landesamt für Ökologie und Niedersächsisches Landesamt für Bodenforschung

Herstellung: B. Schmidt-Löffler
Satz: Reproduktionsfertige Vorlage vom Autor
Umschlaggestaltung: E. Kirchner, Heidelberg

SPIN:10467767   30/3136 - 5 4 3 2 1 0 - Gedruckt auf säurefreiem Papier

Vorwort

In Niedersachsen wurde ab 1985 mit der systematischen Entwicklung und Umsetzung eines Stufenkonzeptes zur einheitlichen Behandlung von Altlasten begonnen. Dabei hat man sich zunächst auf die Erfassung und Gefährdungsabschätzung aller Altablagerungen konzentriert. Die Nachsorge im variantenreichen Problemfeld der „Altlasten" ist sowohl technisch wie finanziell nur in einer Langzeitperspektive zu lösen. Die an potentiellen und erwiesenen Altlasten durchzuführenden Maßnahmen werden über lange Zeiträume erforderlich sein und stellen hohe Anforderungen an Methodik und praktische Durchführung. Dabei soll das Altlastenhandbuch helfen, den organisatorischen und fachlichen Rahmen zu vermitteln, in dem sich eine Vielzahl von Fachleuten bei Behörden und Stellen, bei Instituten und Fachfirmen, aber auch betroffene Bürger oder im Umweltschutz engagierte Einzelpersonen um angemessene Lösungen bemühen.

Der Teil I des **Altlastenhandbuchs**, der im Februar 1993 durch das Niedersächsische Umweltministerium herausgegeben wurde, enthält die Landesvorgaben zur schrittweisen systematischen Erkundung und Bewertung der Altablagerungen in Niedersachsen. Dieser ist als Loseblattsammlung angelegt und soll bei Bedarf fortgeschrieben und ergänzt werden.

Das Gesamtkonzept zur Fortentwicklung des Altlastenhandbuchs, wie es in der Abbildung schematisch dargestellt ist, geht davon aus, daß Informationen mit unterschiedlichem Detaillierungsgrad für verschiedene Bearbeitungsebenen vorgehalten werden sollen. Der vorliegende zweite Teil des Altlastenhandbuchs ergänzt den ersten um die kurze, aber möglichst vollständige Beschreibung aller relevanten Erkundungs- und Untersuchungsverfahren sowie ihrer Einsatzmöglichkeiten und sinnvollen Einsatzfähigkeit dieser Methoden bei den verschiedenen Erkundungsphasen.

Die Ebene des für eine breitere Leserschaft gedachten „Altlastenhandbuchs" wird ergänzt durch Materialienbände, die sich an stärker spezialisierte Fachleute wenden. Zunächst ist an die Herausgabe von 3 Materialienbänden gedacht, in denen die für die Erkundungsphase wichtigsten Methoden detailliert beschrieben werden:

- Geologische Erkundungsmethoden,
- Hydrologische und hydraulische Erkundungsmethoden sowie
- Berechnungsverfahren und Modelle.

Inhaltlich - z.B. zu den Themenblöcken „Geofernerkundung", „Geophysik" und „Sanierungstechniken" - werden diese Bände ergänzt durch Veröffentlichungen anderer Institutionen. Hier ist besonders das „Handbuch zur Erkundung des Untergrundes von Deponien und Altlasten" der Bundesanstalt für Geowissenschaften und Rohstoffe (BGR) zu nennen, das in gleicher Ausstattung beim Springer-Verlag erscheint. Mit dem vorliegenden Teil des Altlastenhandbuchs ist ein Schritt zur weiteren Realisierung des Gesamtkonzeptes getan worden. Die weiteren „Bausteine" wurden ebenfalls weitgehend bearbeitet und stehen bereits oder in Kürze zur Verfügung.

Die Inhalte dieses Bandes beruhen zum Teil auf Ausarbeitungen der wissenschaftlichen Fachbüros Institut für Angewandte Hydrogeologie IFAH, Garbsen; Geo-Infometric, Hildesheim; Büro für Bodenbewertung bfb, Kiel und des Autorenkollektivs Kinzelbach, Voß und Chang. Zusätzlich wurden die Autoren durch eine Vielzahl von Kollegen innerhalb und außerhalb des NLfB und des NLÖ durch Korrekturlesungen sowie sachliche Verbesserungsvorschläge unterstützt.

Die Zeichnungen wurden sämtlich von Herrn Peter Ludwiczak neu erstellt oder nach Vorlagen umgezeichnet. Dadurch ist ein umfangreiches und einheitliches Bildmaterial entstanden, das die vorliegenden Texte in exemplarischer Weise ergänzt. Wir danken an dieser Stelle dem Verlag, den Autoren, den Bearbeitern und allen jenen, die im Umfeld den Weg bereitet und in vielfältiger Weise zur Entstehung dieses Bandes beigetragen haben.

Für die Landesarbeitsgruppe Altlasten des Landes Niedersachsen

Klaus Mücke

Niedersächsisches
Landesamt für Ökologie
Hildesheim

Gunter Dörhöfer

Niedersächsisches
Landesamt für Bodenforschung
Hannover

Inhaltsverzeichnis

Anlagen:

Abbildungsverzeichnis

Tabellenverzeichnis

Einleitung

Die systematische Erkundung von Altlastverdachtsflächen vollzieht sich heute in allen Bundesländern nach einem ähnlichen, abgestuften Grundmuster. In Niedersachsen wurde mit dem "Allgemeinen Teil" zum Altlastenhandbuch eine detaillierte Beschreibung für die Bearbeitung der Altablagerungen eingeführt, deren Terminologie hier übernommen wird.

Vor diesem Hintergrund wird *Erkundung* als die Summe technischer und wissenschaftlicher Methoden definiert, deren Einsatz im konkreten Einzelfall zu dem für behördliche Entscheidungen notwendigen Kenntnisstand (Beweisniveau) führen kann.

Die der Erkundung dienenden Methoden werden im Kap. 1 nach wissenschaftlichen Fachgebieten geordnet dargestellt.

Kapitel 2 widmet sich ausführlich den Methoden zur Interpretation und Darstellung der Erkundungsergebnisse und geht besonders auf die heutigen Prognosemöglichkeiten von Schadstoffbewegungen in den Medien Wasser, Boden und Luft ein.

Schließlich wird in Kap. 3 eine systematisierte Arbeitshilfe für den angemessenen Einsatz der beschriebenen Methoden und Verfahren gegeben.

Die Systematik unterscheidet zum einen nach den Schutzgütern Grundwasser, Oberflächengewässer, Boden und Luft (im folgenden "Kompartimente" genannt) und zum anderen nach den in Niedersachsen eingeführten Untersuchungsphasen

- Erfassung,
- Orientierungsuntersuchung,
- Detailuntersuchung und
- Sanierungsuntersuchung.

Zur einfachen Identifikation der einzelnen Erkundungs-, Untersuchungs-, Auswerte- und Darstellungsmethoden wurden diese mit Kürzeln versehen, die sich entweder in der Kapitelüberschrift oder im laufenden Text befinden. Im Kap. 3 werden diese Kürzel dann im Text oder in den Übersichtstabellen verwendet. Eine alphabetische Übersicht der verwendeten Kürzel ist im Anhang zu finden.

Kursivschrift im Text verweist auf das *Sachwörterverzeichnis* im Anhang. Dieses wird durch ein Glossar mit Begriffserklärungen ergänzt.

1   Erkundung

1.1   Ermittlung und Auswertung vorhandener Informationen   I

Kennzeichnend für *Altablagerungen* und *Altstandorte* war und ist teilweise noch heute ein geringer Informationsgrad über die einzelnen Flächen. Dieser Zustand liegt überwiegend in der Entstehungsgeschichte selbst begründet. Vieles wurde nicht oder nur unzureichend dokumentiert. Vorhandene Informationen sind auf verschiedenste Quellen verteilt. Das Wissen von Zeitzeugen verblaßt oder geht ganz verloren.

Die mühevolle Zusammenführung verstreuter Informationen aus Akten, Karten, Plänen und Datenbanken (I-Ra), aus Geländebegehungen (I-Bg) und Zeitzeugenbefragungen (I-Bz) ist deshalb der erste Erkundungsschritt, der vor kostenintensiven Erkundungen wie z.B. chemischen Untersuchungen getan werden muß.

Deshalb wird inzwischen in allen Bundesländern an der systematischen Erfassung altlastverdächtiger Flächen gearbeitet. Angesichts der großen Zahl von Verdachtsflächen kommt es bereits hier darauf an, einen vernünftigen Kompromiß zwischen fachlich-inhaltlichen Anforderungen und den Kosten für die Erfassung zu finden.

Detaillierte Vorgaben zur Erfassung von Altablagerungen in Niedersachsen können dem Teil I des Altlastenhandbuches entnommen werden. Deshalb soll hier nur ein Abriß der wichtigsten Quellen gegeben werden. Zu Erfahrungen und Vorgehensweisen mit länderspezifischen Ausprägungen der Erfassung wird auf das Fachschrifttum verwiesen.

1.1.1   Aktenrecherche   I-Ra

Bei der Aktenrecherche müssen die verschiedenen Quellen, die Aussagen über die betrachtete Fläche versprechen, möglichst umfassend genutzt werden. Die systematische Auswertung dürfte in vielen Fällen zusätzliche Informationen liefern. Für die Aktenauswertung sind von besonderer Bedeutung die Unterlagen der

- Bezirksregierungen,
- Staatlichen Ämter für Wasser und Abfall,
- Bergämter sowie der
- Kreis-, Stadt-, Gemeindeverwaltungen.

Darüber hinaus können aber beispielsweise auch

- private Archive,
- heimatkundliche Veröffentlichungen,
- Adreßbücher,,

- Branchenverzeichnisse,
- Diplomarbeiten und Dissertationen

herangezogen werden. Weiterhin bieten sich Karten- und Planunterlagen für eine Auswertung an:

- Topographische Karten, Stadtpläne,
- thematische Karten (geologische Karten, Naturraumpotential-karten, Bodenabbauatlas des Landes Niedersachsen usw.),
- Planunterlagen und
- Luftbilder.

Über vorliegende Karten und Luftbilder und deren Auswertung geben Kap. 1.3.1 für den Bereich Geologie und Kap. 1.5.1 für den bodenkundlichen Bereich Auskunft.

Auch Datenbanken können mit Informationen zu Altablagerungen und Alt-standorten weiterhelfen. Hier sei die Bohrdatenbank Niedersachsen im NLfB genannt. Alle dort vorhandenen hydrogeologischen Informationen, die für die Bearbeitung der Altablagerungsproblematik relevant sind, werden inzwischen flächendeckend für Niedersachen zur Verfügung gestellt.

1.1.2   Geländebegehung   I-Bg

Jede Altlastverdachtsfläche, die bearbeitet wird, sollte schon zu Beginn vor Ort besichtigt werden. Neben dem Gesamteindruck liefert eine Geländebegehung z.B. Erkenntnisse über:

- Abmessungen,
- Art der Abdeckung,
- Aktuelle Nutzung der Fläche und deren Umgebung,
- Sickerwasseraustritte,
- Vegetationsschäden,
- Geländeform,
- Wasserzu- und Wasserabflüsse,
- Möglichkeiten der Sicherung gegen unbefugtes Betreten,
- Erfassung vorhandener Meßstellen und
- Übereinstimmung mit Planunterlagen.

Die Ortsbegehung verfolgt 2 Ziele: Zum einen die Erfassung neuer Informatio-nen anhand von Beschreibungen der Geländesituation, zum anderen die Über-prüfung von im Vorfeld ausgewerteten Datengrundlagen. Im Gelände sind z.B. Informationen über die aktuelle Nutzung, durch aggressive Gase oder Sicker-wässer hervorgerufene Vegetations- oder Gebäudeschäden sowie Informatio-nen über Geländeabsenkungen zu ermitteln.

Neben diesen Erkenntnissen ist bei einer Feldbegehung auf mögliche Indizien zur Bodenbeschaffenheit und Schadstoffbelastung der Böden zu achten. Vorinformationen zu den standörtlichen Bodenverhältnissen können anhand von Hinweisen im Gelände überprüft werden. So können bei einer Geländebegehung Beobachtungen zur Bodenart und dem Humusgehalt des Oberbodens gemacht werden. Natürliche und anthropogene Aufschlüsse erlauben möglicherweise Profilbetrachtungen. Feldparameter zur Bodenbeschreibung sind vorrangig Aussehen, Geruch, Konsistenz sowie Bodenart und Abfallzusammensetzung.

An der Erdoberfläche anstehendes Substrat wie gröbere Steine, Kalkplatten oder Abfallmaterial kann auf Rohböden hinweisen. Das Aussehen der Bodenoberfläche kann ein Anhaltspunkt für die Beschaffenheit des Substrates sein. Trockenrisse erlauben z.B. Rückschlüsse auf die Bindigkeit des Oberbodens. Tabelle 1 gibt einige Beispiele für Auffälligkeiten im Gelände und deren mögliche Ursachen.

Tabelle 1.   Auffälligkeiten im Gelände und mögliche Ursachen

Auffälligkeiten	Ursachen
Vegetationsschäden	Hinweis auf Deponiegas, Schadstoffe im Boden
Anzeichen für aktuelle oder ehemalige Brände	Hinweis auf Deponiegas
Trockenrisse oder schlammig-matschiges Substrat	Hinweis auf bindiges Substrat
Rutschungen, Abbruchkanten	Hinweis auf geringe Standfestigkeit
Vernäßte Bereiche, die Auffälligkeiten in Aussehen oder Geruch zeigen	Hinweis auf Sickerwasseraustritt
Fremdmaterial befindet sich im Boden	Hinweis auf Eintrag und Durchmischung

Bei der Geländebegehung sollten zur Dokumentation des aktuellen Zustandes zusätzlich Photos (mit Datumseinblendung) angefertigt werden. Diese sind den Unterlagen unter Angabe von Motiv, Blickrichtung und Aufnahmestandort beizufügen.

1.1.3   Zeitzeugenbefragung   I-Bz

Durch Befragungen von Zeitzeugen lassen sich wertvolle Informationen zu Verdachtsflächen aus erster Hand gewinnen. Von besonderer Bedeutung sind Aussagen über die Art und Herkunft abgelagerter Abfälle.

Abhängig von den Verhältnissen des Einzelfalles sollten folgende Personen, auf deren Namen man oft schon bei der Aktenrecherche stößt, befragt werden (ehemalige und aktive):

- Grundstückseigentümer und -pächter,
- Mitarbeiter der kommunalen Verwaltung (z.B. Bürgermeister),
- Mitarbeiter von Betrieben,
- Mitarbeiter von Entsorgungsfirmen,
- Deponiewärter und
- ortskundige Personen (z.B. Forstbeamte, Landwirte, Anwohner, Spaziergänger).

Besonders wichtig bei der Befragung ist es, das Vertrauen des Gesprächspartners zu gewinnen. Hilfreich sind die Erläuterung des Projektes und dessen Ziele, eine ausreichende Legitimation sowie die Berufung auf andere Gesprächspartner. Zur Auffrischung der Erinnerung und zur Orientierung haben sich alte Photos, Karten und Pläne als äußerst nützlich erwiesen.

Um die Befragungen gezielt durchführen zu können, sind gute Vorinformationen (Aktenrecherche, Geländebegehung) erforderlich. Die Fragen selbst müssen gut vorbereitet, unmißverständlich formuliert und auf den Ansprechpartner zugeschnitten sein. Am besten geeignet sind Einzelgespräche.

Bei der Zeitzeugenbefragung sollten die Personalien des Gesprächspartners und alle Aussagen zur Verdachtsfläche dokumentiert werden. Auch der persönliche Eindruck des Befragten wie beispielsweise Erinnerungsvermögen, Glaubwürdigkeit und Grundeinstellung sollte festgehalten werden.

In Niedersachsen empfohlene Musterfragebögen zur Personenbefragung enthält der Teil I des Altlastenhandbuchs.

1.1.4   Standortbeschreibung   I-Bs

Die wichtigsten Informationsquellen sind in Niedersachsen zunächst für den Bereich der Altablagerungen flächendeckend für die Erfassung genutzt worden. Für Altstandorte kann dies nur vereinzelt vorausgesetzt werden.

Im konkreten Fall müssen deshalb in einem ersten Schritt alle verfügbaren Informationen dokumentiert und in einer *Standortbeschreibung* (Abb. 1) zusammengefaßt werden.

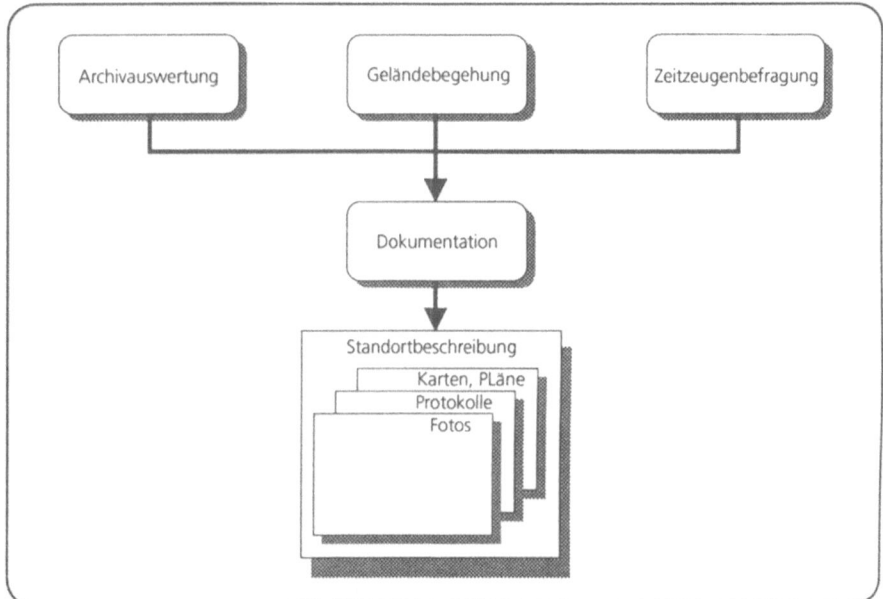

Abb. 1.   Standortbeschreibung, Arbeitsablauf

Die Standortbeschreibung bildet die Ausgangsbasis zur Planung gezielter Erkundungsmaßnahmen zur Gefährdungsabschätzung und zur Gefahrenbeurteilung. Sie sollte sich inhaltlich an den nachfolgend aufgeführten Stichworten orientieren.

- Identität der Altlastverdachtsfläche:
  Anlagennummer, Bezeichnung,
  Lage (Kreis, Stadt, Gemeinde, Ortsteil, Gemarkung, Flur, Flurstück(e), Rechts- und Hochwert),
  Fläche, Volumen, Sohllage zum Grundwasser etc.,
- Historie,
- Gefahrenpotential der Schadstoffe,
- Nutzungen
  an/auf der Altlastverdachtsfläche
  im weiteren Umfeld,
- technische Standortgegebenheiten:
  Drainage, Sickerwasserfassung, Kläranlage
  Dichtungssysteme, Abdeckung, Oberflächenversiegelung,
  Grundwassermeßstellen,
- wasserwirtschaftliche Standortgegebenheiten und
- sonstige raumbedeutsame Standortgegebenheiten.

1.2   Untersuchungsplan   U

Auf der Grundlage der Ergebnisse der Ermittlung und Auswertung vorhandener Informationen (I) ist ein detaillierter Untersuchungsplan (U) aufzustellen, zu begründen und zu dokumentieren. Der Untersuchungsplan sollte die Komponenten

- Erkundungsplan (U-E) sowie
- Probenahme- und Analysenplan (U-P)

enthalten. Gegebenenfalls ist der Untersuchungsplan um einen *Sicherheitsplan* (U-S) für die Arbeiten auf der Altlastverdachtsfläche zu ergänzen. Die Erstellung eines Erkundungs- oder eines Probenahme- und Analysenplans wird in den folgenden Teilkapiteln behandelt. Zur Erstellung eines Sicherheitsplans sollen hier nur allgemeine Hinweise gegeben werden: Der Sicherheitsplan legt die Gesundheits- und Sicherheitsrisiken dar, die bei Arbeiten auf kontaminierten Flächen auftreten können. Dieser Plan soll persönliche Verantwortlichkeiten, Schutzausrüstung, Handlungsanweisungen, Dekontaminationen, Sicherheitstraining und medizinische Überwachung ausführlich beschreiben. Möglicherweise auftretende Probleme und Gefahren sowie deren Lösungen sind zu benennen. Vorgehensweisen zum Schutz der Mitarbeiter sowie Dritter (Besucher, Öffentlichkeit) sind vorzusehen. Zu diesem Themenkomplex gibt es eine Veröffentlichung der Landesanstalt für Umweltschutz Baden-Württemberg (1994).

Die Standortbeschreibung (I-Bs) ist eine Zusammenfassung aller wichtigen Hintergrundinformationen aus der Aktenrecherche (I-Ra), Geländebehung (I-Bg) und Zeitzeugenbefragung (I-Bz). Sie liefert ein erstes Bild von der Altlastverdachtsfläche. Sie entspricht der Flächenfreigabemappe im Bereich der Bodenkunde, aus der die Konzeptkarte (U-K) resultiert (s. Kap. 1.5.2). Auf dieser Grundlage kann für die relevanten Schadstoffaustragspfade und die betroffenen Kompartimente ein Untersuchungsplan (U) für Orientierungsuntersuchungen in Form eines Erkundungsplans (U-E) sowie eines Probenahme- und Analysenplans (U-P) erstellt werden. Abbildung 2 verdeutlicht die einzelnen Schritte der Erstellung eines Untersuchungsplans.

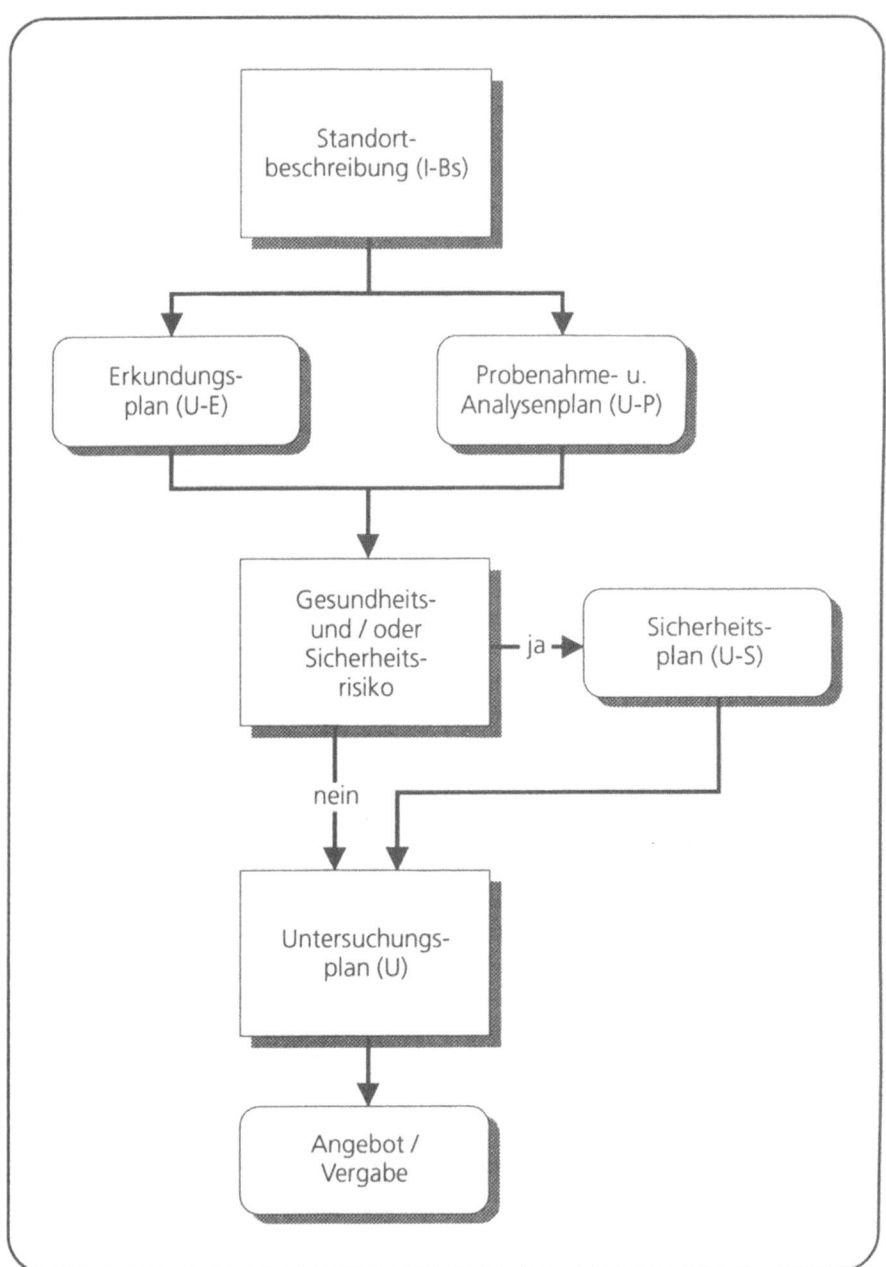

Abb. 2.   Erstellung eines Untersuchungsplans

1.2.1   Erkundungsplan   U-E

Die Erarbeitung eines *Erkundungsplans* beinhaltet folgende Untersuchungs-schritte:

- Festlegung der Erkundungsziele,
- Festlegung des Wissensstandes, Aufzeigen der Informations-defizite,
- Festlegung des Erkundungsbedarfs,
- Festlegung der Erkundungsmethoden und
- Festlegung des Erkundungsumfangs.

Grundsätzlich müssen bei der Erstellung eines Erkundungsplans alle Arbeits-schritte nachvollziehbar dokumentiert und begründet werden. Es sollte auch im nachhinein noch überprüfbar sein, warum und zu welchem Zweck z.b. eine Bohrung an einer bestimmten Lokation abgeteuft worden ist.

Als Erkundungsziele werden hier sowohl die einzelnen Abschnitte der *Ge-koppelten Transportbetrachtung*

- Kontaminationspotential und Schadstoffaustrag,
- Transport des Schadstoffs und
- Nutzung

als auch thematische Komplexe (quantitativ und qualitativ) wie z.B.

- geologische Verhältnisse,
- hydrologische Verhältnisse,
- hydrogeologische Verhältnisse und
- bodenkundliche Verhältnisse

verstanden, die durch verschiedene Parameter beschrieben werden können.

Wenn die Erkundungsziele feststehen, sollte der Wissensstand festgelegt werden. Anhand tabellarischer Zusammenstellungen kann auf diese Weise Schritt für Schritt ein Erkundungsplan aufgestellt werden. Tabelle 2 zeigt dieses schrittweise Vorgehen für das Erkundungsziel "Hydrogeologische Verhältnisse" anhand eines Beispiels. Als Anlagen 1 - 4 sind solche tabellarischen Zusammen-stellungen für verschiedene Erkundungsziele beigefügt. Man erhält gleichzeitig einen Überblick über alle zur Verfügung stehenden Erkundungsmethoden, aus denen einzelne ausgewählt werden, die zum Erreichen eines bestimmten Un-tersuchungsziels eingesetzt werden können.

Tabelle 2.   Erkundungsplan für das Erkundungsziel "Hydrogeologische Verhältnisse" (Beispiel)

Erkundungsziel/ Parameter	Wissensstand (unbekannt, geschätzt, gemessen)	Erkun-dungs-bedarf	Erkundungs-methode	Erkundungs-umfang
Flurabstand	Geschätzt	Ja	Bohrung, Brunnenbau	3 Bohrungen
Mächtigkeit des Grundwasser-leiters	Bekannt aus Schutzgebiets-gutachten	Nein		
Durchlässigkeits-beiwert	Geschätzt	Ja	Hydraulische Erkundungs methoden gesättigte Zone	5 Slug/Bail-Tests
Speicher-koeffizient	Geschätzt	Ja	Hydraulische Erkundungs methoden gesättigte Zone	1 Pumpversuch
Transmissivität	Unbekannt	Ja	Hydraulische Erkundungs methoden gesättigte Zone	1 Pumpversuch
Fließrichtung, Gefälle	Unbekannt	Ja		Grundwasser-standsmessung anfangs wö-chentlich, dann monatlich
Hydraulischer Spannungs zustand	Aufgrund der geologischen Verhältnisse ungespannt	Nein		

Aus Tabelle 2 wird auch deutlich, daß zur Klärung einzelner Fragestellungen bisweilen mehrere Erkundungsschritte hintereinander durchgeführt werden müssen, da die Erkundungsmethoden voneinander abhängen. Beispielsweise setzt eine Grundwasserstandsmessung das Vorhandensein von Beobachtungs-brunnen voraus, der Bau eines Beobachtungsbrunnens bedingt das Abteufen einer Bohrung.

Besteht laut Tabelle 2 Erkundungsbedarf, werden für diese Parameter die einzusetzenden Erkundungsmethoden summiert und untereinander abge-stimmt. Das Ergebnis ist in Tabelle 3 dargestellt. Diese Aufstellung kann als Grundlage für die Einholung von Angeboten verwendet werden.

Tabelle 3.   Zusammenstellung der Erkundungsmethoden und des Erkundungsumfangs für das Erkundungsziel "Hydrogeologische Verhältnisse" (Beispiel)

Erkundungs-methode	Erkundungsziel, Parameter	Erkundungs-umfang	besondere Anforderungen
Hydraulische Erkundungs methoden gesättigte Zone	Durchlässigkeitsbeiwert, Speicherkoeffizient, Transmissivität, Fließrichtung, Gefälle	5 Slug/Bail-Tests, 1 Pumpversuch, Grundwasser-standsmessung (1. Quartal wö-chentlich, dann monatlich	
Bohrung	Flurabstand	3 Aufschlußbohrun-gen, anschließend Ausbau zu 2"-Beobachtungs-brunnen	Trockenbohrung, Durchmesser 120 mm, Bohrtiefe 15 - 20 m, mög-lichst nah an der Altlastverdachts-fläche
Brunnenbau	Fließrichtung, Gefälle, Analytik	3 Beobachtungs-brunnen in Form eines Dreiecks um die Altlastverdachts-fläche	s. Probenahme- und Analysenplan

Beispiel: Im Erkundungsplan müssen die Art und Anzahl der Bohrungen und/oder Schürfe festgelegt werden. Das Bohrverfahren, der Bohrdurchmesser und die voraussichtliche Endteufe müssen bestimmt werden. Die Bohrlokationen sollten ausgewählt und vor Ort auf ihre Zufahrtsmöglichkeit überprüft werden. Ein Abgleich mit infrastrukturellen Hintergrunddaten (Leitungspläne, versiegelte Flächen, Gebäude) muß erfolgen. Ihre Dokumentation in Standortplänen ist unabdingbar (Bohrplan). Ein Probenahme- und Analysenplan ist aufzustellen (Kap. 1.2.2). Wenn die Bohrungen zu Beobachtungsbrunnen ausgebaut werden sollen, ist vorher die Art des Ausbaus festzulegen. Weiterhin sind Alternativvorschläge vorzuhalten, falls wider Erwarten völlig andere geologische Verhältnisse angetroffen werden.

1.2.2   Probenahme- und Analysenplan   U-P

Durch die im Rahmen der Standortbeschreibungen (I-Bs) gewonnenen Erkenntnisse kann ein Probenahme- und Analysenplan für eine Orientierungsuntersuchung aufgestellt werden. Dieser Plan soll in Form einer textlicher Darstellung folgenden Inhalt aufweisen:

- Ziele der Beprobung,
- Festlegung der zu untersuchenden Parameter,
- Festlegung der zu verwendenden Gerätschaften,
- Art und Anzahl der Proben,
- Probenmenge,
- Probengefäße,
- Probenkonservierung,
- Beprobungsstellen,
- Häufigkeit der Probenahme und
- Lagepläne.

Für die im Rahmen eines solchen Plans festgelegte Parameterliste sollte das
chemische Untersuchungsprogramm für Grundwasser herangezogen werden,
das für Orientierungsuntersuchungen an Altablagerungen erarbeitet wurde
(Fronius und Kallert 1994). Abbildung 3 zeigt schematisch das chemische
Grundwasseruntersuchungsprogramm. Bei höherem Beweisniveau, d.h. in der
Phase der Detailuntersuchung, müssen die zu untersuchenden Parameter weiter spezifiziert oder um zusätzlich festgestellte Stoffe bzw. Abbauprodukte erweitert werden.
   Die zu untersuchenden Stoffe werden durch ihre Eigenschaften wie z.B.

- Dichte,
- Molekulargewicht,
- Schmelz- bzw. Siedepunkt,
- Wasserlöslichkeit,
- Dampfdruck und
- Oktanol/Wasser-Verteilungskoeffizient

beschrieben. Die genannten Stoffdaten sind Handbüchern wie z.B. dem
Römpp-Chemielexikon (Falbe und Regitz 1989) zu entnehmen. Durch die Betrachtung der Stoffeigenschaften zusammen mit den Untergrundverhältnissen
läßt sich Kenntnis über Verteilung und Transport der Schadstoffe erhalten.
   Bodenproben werden beispielsweise aus bestehenden Aufschlüssen, Sondierungen etc. entnommen, um durch Feststoff- und Eluatanalysen Aussagen
über die Belastungssituation und die Mobilisierbarkeit festgestellter Stoffe gewinnen zu können. Bei der Untersuchung der Mobilität ist die Wahl der Eluti-
onsmethode im Hinblick auf die Beurteilung von großer Bedeutung. Für eine

Beurteilung des Eluates müssen neben Kenntnissen über Gehalte im sog. „Voll-aufschluß" zusätzliche Informationen wie Gehalt an organischer Substanz, Kalkgehalt (Pufferkapazität), Tonmineralanteil etc. vorhanden sein.

Bei der Gewinnung von Bodenproben ist es wichtig, alle Schritte von der Bohrung bis zur Analyse (Entnahmestelle, -verfahren, Bedingungen z.Z. der Probenahme, Aufbewahrung, Transport, Aufschlußverfahren etc.) aufeinander abzustimmen. Die Qualität einer Probe ist in der Regel umso besser,

■   je größer (repräsentativer) die entnommene Probe,
■   je geringer die Temperaturentwicklung durch das Bohrwerk-zeug,
■   je geringer das Sorptionsverhalten des Kontaktmaterials und
■   je kürzer die Zeit zwischen Probenahme und Analytik ist.

Bei Wasserproben ist es notwendig, die Probenahmetechnik in Abhängigkeit von den Eigenschaften der erwarteten Stoffe und der Probenahmestelle zu wählen. Hat man es beispielsweise mit einer Mineralölverunreinigung zu tun, ist zu berücksichtigen, daß diese Verbindungen eine geringere Dichte als Was-ser haben und somit auf der Grundwasseroberfläche aufschwimmen. Bei einer Kontamination durch halogenierte Lösungsmittel ist im Gegensatz dazu davon auszugehen, daß diese aufgrund ihrer höheren Dichte in Phase bis auf die Grundwassersohlschicht absinken und sich dort weiter ausbreiten. Bei ent-sprechend geneigter Sohle im direkten Schadensbereich kann so auch eine Schadstoffbewegung entgegen der Grundwasserfließrichtung stattfinden.

Vor der eigentlichen Probenahme erfolgt eine Charakterisierung des hydro-chemischen Milieus durch Ermittlung der sog. „Vor-Ort-Parameter"

■   Farbe, Trübung, Geruch, Bodensatz,
■   Wassertemperatur,
■   pH-Wert,
■   elektrische Leitfähigkeit und
■   Sauerstoffgehalt.

Generell gilt, daß die Beurteilung der Probenahme und damit auch die Beurtei-lung der Analytik in den Kompartimenten Boden, Wasser und Luft nur auf Basis aussagefähiger Probenahmeprotokolle erfolgen kann.

An dieser Stelle sei auf Kap. 1.7 und 1.8 verwiesen, die detailliert Probenah-meverfahren (S) und chemische Untersuchungsverfahren (C) beschreiben.

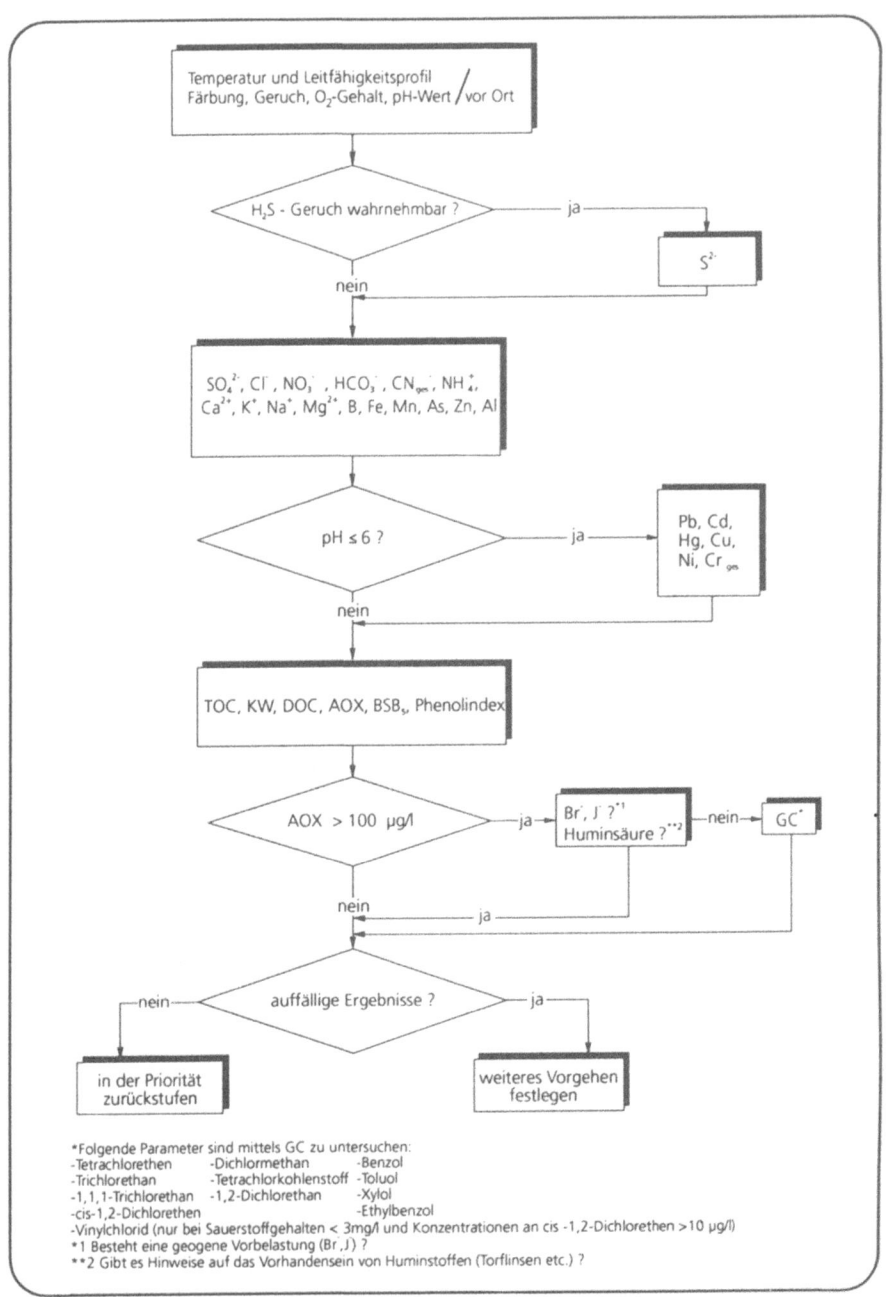

Abb. 3.   Ablaufschema für das chemische Untersuchungsprogramm

1.3 Geologische Erkundungsmethoden G

In diesem Kapitel werden in verkürzter Form Anwendungsmethoden unter besonderer Berücksichtigung von Altlastverdachtsflächen dargestellt. Ausführliche Beschreibungen enthält der Materialienband "Geologische Erkundungsmethoden".

1.3.1 Geologische Oberflächenerkundung

Erste Informationen zur Erfassung von Altlastverdachtsflächen lassen sich gewinnen durch

- Studien archivierter Akten, Gutachten, Pläne,
- Recherchen in Archiven der Betriebe, Gemeinden, Kreise, Bezirke, Länder, des Staates und
- Befragung von Sachbearbeitern in Behörden und Betrieben sowie von Zeitzeugen aus der Bevölkerung unter Nutzung der lokalen Medien.

Hat die historische Recherche den Verdacht auf das Vorhandensein einer Altablagerung oder eines Altstandortes erhärtet, besteht der nächste Erkundungsschritt zur Eingrenzung in der Anwendung von beprobungslosen Methoden der geologischen Oberflächenerkundung, nämlich der multitemporalen Auswertung von *Karten* und *Luftbildern*.

1.3.1.1 Karten K

Die Kartenwerke in ihrer heutigen analogen Druckform werden sicher auch in Zukunft weiterhin zur Verfügung stehen. So ist das Niedersächsische Landesamt für Bodenforschung per Gesetz verpflichtet, pro Jahr drei neue Blätter der geologischen Karte im Maßstab 1 : 25.000 (GK25) aufzulegen. Allerdings wird die Nutzung digitaler Datenbestände deutlich zunehmen. Die GK25 einschließlich ihrer Beiblätter wird bereits heute bis zur Drucklegung auf digitalem Weg erstellt; von den insgesamt 435 Blättern der geologischen Karte von Niedersachsen (einschließlich der 39 Blätter der bodenkundlich-geologischen Karte der Marschengebiete) lagen im Januar 1996 rund 260 in digitaler Form vor. Geowissenschaftliche Informationssysteme werden neue Möglichkeiten der Darstellung und Interpretation topographischer, geologischer und hydrogeologischer Sachverhalte bieten. Zur Zeit befinden sich verschiedene Datenbanken und Informationssysteme im Aufbau, die es erlauben, Kartenausschnitte interessierender Gebiete in Form von Plots der gewünschten Parameter zu erstellen. Diese digitalisierten Informationen lassen sich für die Erkundung von Altablagerungen und Altstandorten wie auch für die Planung künftiger Deponien nutzen.

Kartentypen

Topographische Karten (TK) beschränken sich im wesentlichen auf die Darstellung der Form des Geländes, seines Bewuchses, seiner Erschließung und Bebauung sowie der Lage von Gewässern. Zu den topographischen Karten zählen

- Katasterkarten,
- Stadtkarten,
- Landkarten,
- Straßenkarten, Wanderkarten und
- Seekarten.

Auf der Basis topographischer Karten stellen *thematische Karten* bestimmte Inhalte in den Vordergrund. Solche Themen sind beispielsweise

- Geologie und Tektonik,
- Bodenmechanik, Ingenieurgeologie,
- Hydrogeologie,
- Bodenkunde,
- Lagerstätten und Rohstoffe,
- Land- und Forstwirtschaft,
- Vegetation,
- Meteorologie, Klimatologie sowie
- Verkehr und Raumordnung.

Grundkarten entstehen unmittelbar durch graphische Umsetzung der Geländedaten als Erstlingswerke. *Abgeleitete Karten* entstehen durch Generalisierung anderer Karten, so auch der Grundkarten.

Nach der Herkunft lassen sich amtliche und private Karten unterscheiden. *Amtliche Karten* werden von staatlichen Institutionen aus übergeordnetem Interesse nach bindenden Vorschriften erstellt und regelmäßig aktualisiert. Diese Gestaltungsregeln sichern ein hohes Maß an Einheitlichkeit und Objektivität bei der Darstellung von Karteninhalten amtlicher Karten, wie es von privaten Karten nur selten erreicht wird. Auskunft über den Bearbeitungsstand der einzelnen Kartenblätter, ihre Verfügbarkeit und die Bezugsquelle geben die Blattübersichten der jeweiligen Kartenwerke. Zu erwähnen sind hier die topographischen Kartenwerke

- Deutsche Grundkarte   1 : 5.000   (DGK5),
- Topographische Karte   1 : 25.000   (TK25),
- Topographische Karte   1 : 50.000   (TK50),
- Topographische Karte   1 : 100.000   (TK100)

sowie die thematischen Kartenwerke

- Bodenkarte   1 : 5.000   (BK5),
- Bodenkarte   1 : 25.000   (BK25),
- Bodenkundlich-geologische   1 : 25.000   (GK25),
  Karte der Marschengebiete
- Geologische Karte   1 : 25.000   (GK25),
- Hydrogeologische Karte   1 : 50.000   (HK50),
- Geol. Übersichtskarte   1 : 200.000   (GÜK200).

Zu den *privaten Karten* zählen v.a. Straßenkarten wie die Deutsche Generalkarte im Maßstab 1 : 200.000, aber auch Atlanten, Stadtpläne, Wander- und Schulwandkarten.

Ein weiteres Ordnungskriterium für Karten ist ihr *Maßstab*. Man unterscheidet:

kleine Maßstäbe	< 1 : 300.000	großer Kartenausschnitt, kaum Details
mittlere Maßstäbe	1 : 10.000 - 1 : 300.000	mittlerer Kartenausschnitt, wenige Details
große Maßstäbe	> 1 : 10.000	kleiner Kartenausschnitt, viele Details

Mit abnehmendem Kartenmaßstab nimmt die Größe maßstäblich dargestellter Objekte bis zur Unkenntlichkeit ab. Dieses Problem wird durch 2 Möglichkeiten der sog. *Objektgeneralisierung* gelöst:

- Verzicht auf maßstäbliche Abbildung von Objekten zugunsten der Lesbarkeit und
- Verzicht auf Detailreichtum (Vollständigkeit).

Zu den teilweise lückenhaft vorhandenen amtlichen Kartenwerken in Niedersachsen zählen die wegen ihres Detailreichtums für die Erkundung von Altablagerungen besonders wertvollen Kartenwerke mit großem und mittlerem Maßstab

- Deutsche Grundkarte   1 : 5.000   (DGK5),
- Topographische Karte   1 : 25.000   (TK25),
- Bodenkarte   1 : 5.000   (BK5),
- Bodenkarte   1 : 25.000   (BK25),
- Bodenkundlich-geologische   1 : 25.000   (GK25),
  Karte der Marschengebiete

■ Geologische Karte   1 : 25.000   (GK25),
■ Hydrogeologische Karte   1 : 50.000   (HK50)
    ab 1980 als Beiblatt zur GK25.

Das Verfahren der *Photogrammetrie* ermöglicht es, die durch die Abbildungstechnik der Zentralprojektion bedingten Verzerrungen der Bildinhalte von Luftbildern zu korrigieren und diese in verzerrungsfreie *(orthoskopische)* Bilder (Or-
thophotos) zu überführen, die dann als Grundlage für topographische Karten
(Abb. 4) verwendet werden können. Nach der graphischen Umsetzung ihrer
Bildinhalte müssen sie lediglich auf den gewünschten Maßstab gebracht und
mit Symbolen, Signaturen, dem Gitternetz und der Legende versehen werden.

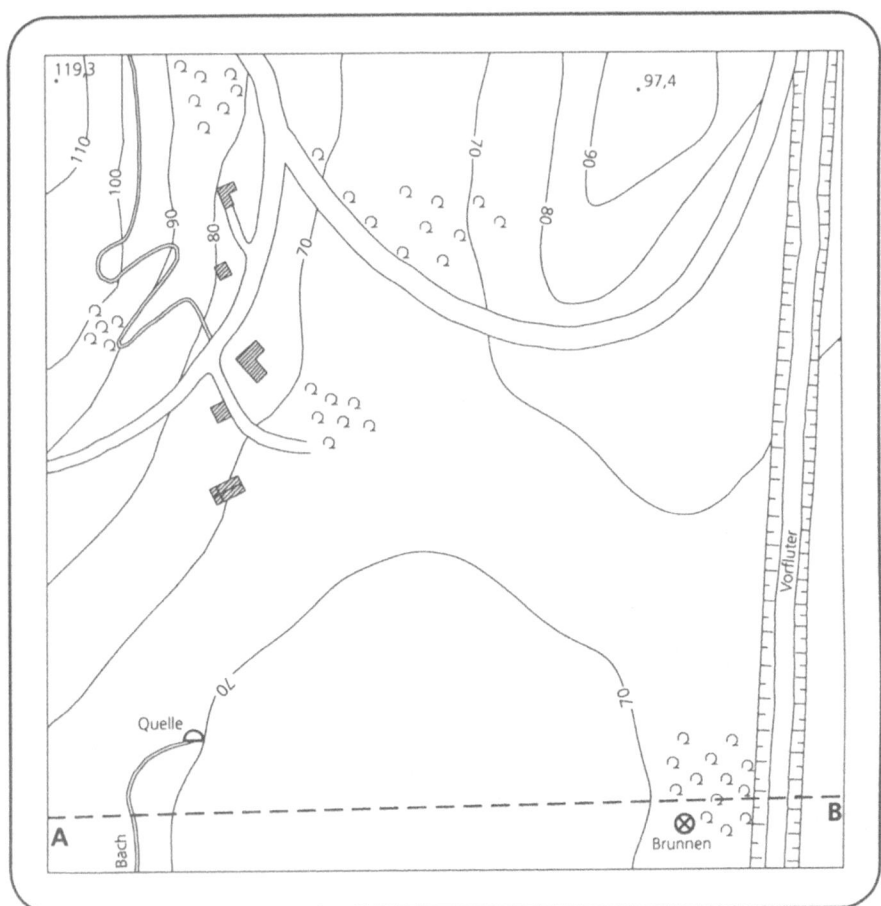

Abb. 4.   Ausschnitt aus einer topographischen Karte (beispielhafte, ver-
            einfachte Darstellung)

Dem ständig steigenden Bedarf an topographischen Informationen in digitaler
Form wurde durch die Entwicklung des „Amtlichen Topographisch-Kartogra-

phischen Informationssystems" (ATKIS), einem Gemeinschaftsprojekt der Länder der Bundesrepublik Deutschland, Rechnung getragen. Nähere Informationen über den Stand des Informationssystems und Gebühren für die Abgabe des Datenbestandes erteilt das Niedersächsische Landesverwaltungsamt, Landesvermessung.

Im Jahre 1990 wurden die Rahmenbedingungen für die Umstellung der analogen Liegenschaftskarten Niedersachsens in die digitale Form des Umwelt-Informationssystems „Automatisierte Liegenschaftskarte" (ALK) geschaffen. Liegenschaftskarten sind die einzigen vollständigen, aktuellen und maßstäblichen Darstellungen sämtlicher Liegenschaften (Flurstücke und Gebäude) des Landesgebietes. Zusammen mit einem alphanumerischen Register, dem Liegenschaftsbuch, bilden sie das Liegenschaftskataster. Es liegt für Niedersachsen flächendeckend als „Automatisiertes Liegenschaftsbuch" (ALB) vor. Die ALK ist wie das ATKIS ein Gemeinschaftsprojekt der Bundesländer, die Aktualisierung von ALK und ALB liegt im Verantwortungbereich der Katasterämter.

Die *Deutsche Grundkarte* 1 : 5.000 (DGK5) ist durch unmittelbare graphische Umsetzung von Geländedaten als ungeneralisierte Basiskarte entstanden und erstmals nach dem 2. Weltkrieg erschienen.

Die *Topographische Karte* 1 : 25.000 (TK25) enthält die Informationen der Deutschen Grundkarte in generalisierter Form. Die TK25 gibt es für die meisten Regionen Deutschlands seit dem letzten Viertel des 19. Jahrhunderts. In Niedersachsen existiert darüber hinaus (Schwarzweiß-Nachdruck im Maßstab 1 : 25.000) das historische Kartenwerk (HIST) der *Kurhannoverschen Landesaufnahme* aus dem 18. Jahrhundert.

Grundlage der *Geologischen Karten* 1 : 25.000 (GK25) sind die topographischen Karten gleichen Maßstabs. Von den insgesamt 435 Einzelblättern der geologischen Karte von Niedersachsen (einschließlich der Bodenkundlich-geologischen Karten der Marschengebiete) lagen (Stand: Januar 1996) 233 Blätter in Druckform mit Erläuterungen vor.

Auf den geologischen Karten ist die Lage im Gelände kartierter Elemente eingetragen (Abb. 5):

- An der Erdoberfläche anstehende Gesteine, flächenhaft farbig und durch Signaturen unterschieden,
- Schichtgrenzen von Gesteinen mit Angaben zum Schichtstreichen und -fallen,
- nachgewiesene und vermutete Störungen,
- Aufschlüsse (Steinbrüche, Kies- und Sandgruben, Dolinen, Pingen, Schächte und Bohrungen),
- Quellen, Brunnen und Fossilienfundpunkte sowie
- Lage von Profilschnitten.

Zusammen mit der Darstellung der stratigraphischen (zeitlichen und räumlichen) Abfolge der Gesteine und ihrer Mächtigkeiten dienen die Profilschnitte (Abb. 6) dem Verständnis der flächenhaft dargestellten räumlichen morphologischen, geologischen und tektonischen Situation (Lagerungsverhältnisse, Gebirgsbau).

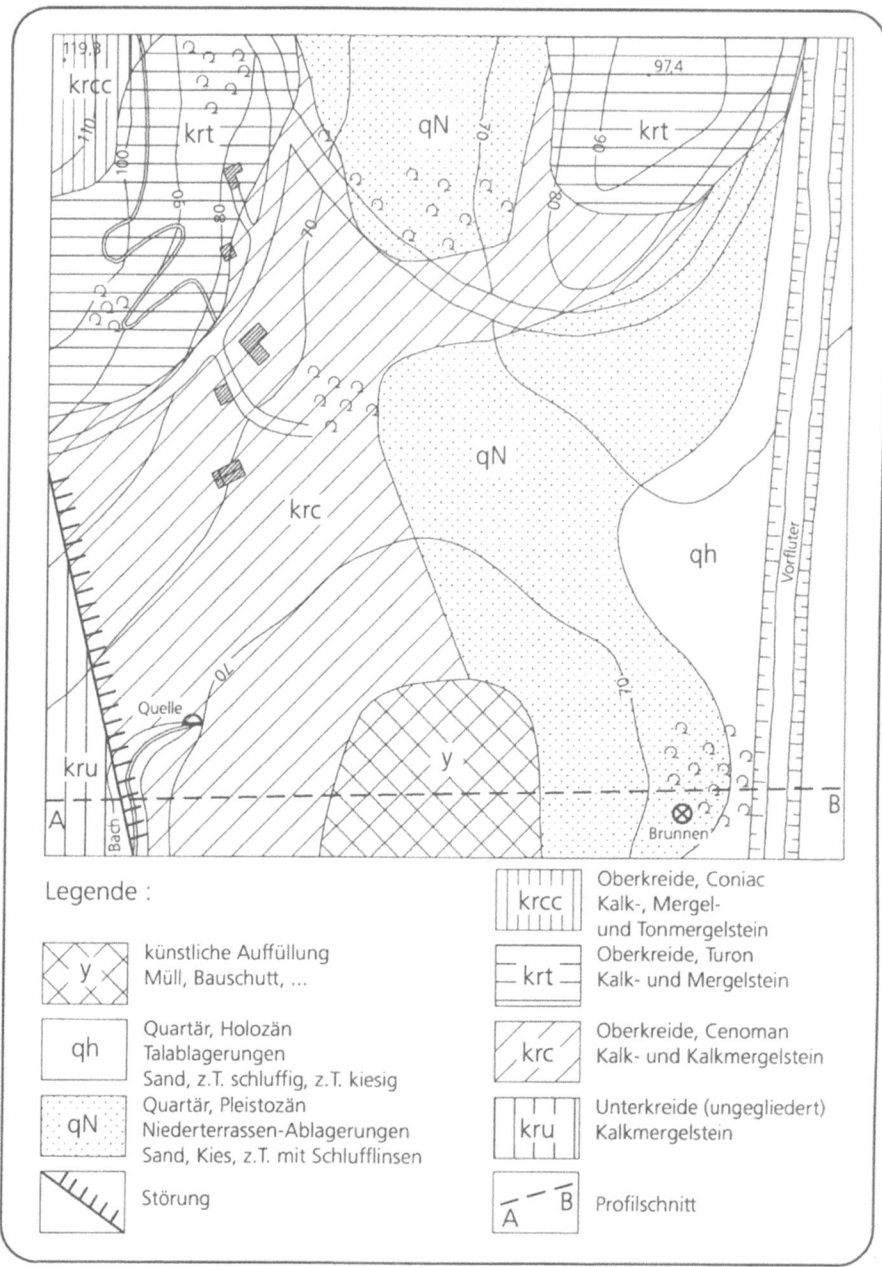

Abb. 5.   Ausschnitt aus einer geologischen Karte (beispielhafte, vereinfachte Darstellung)

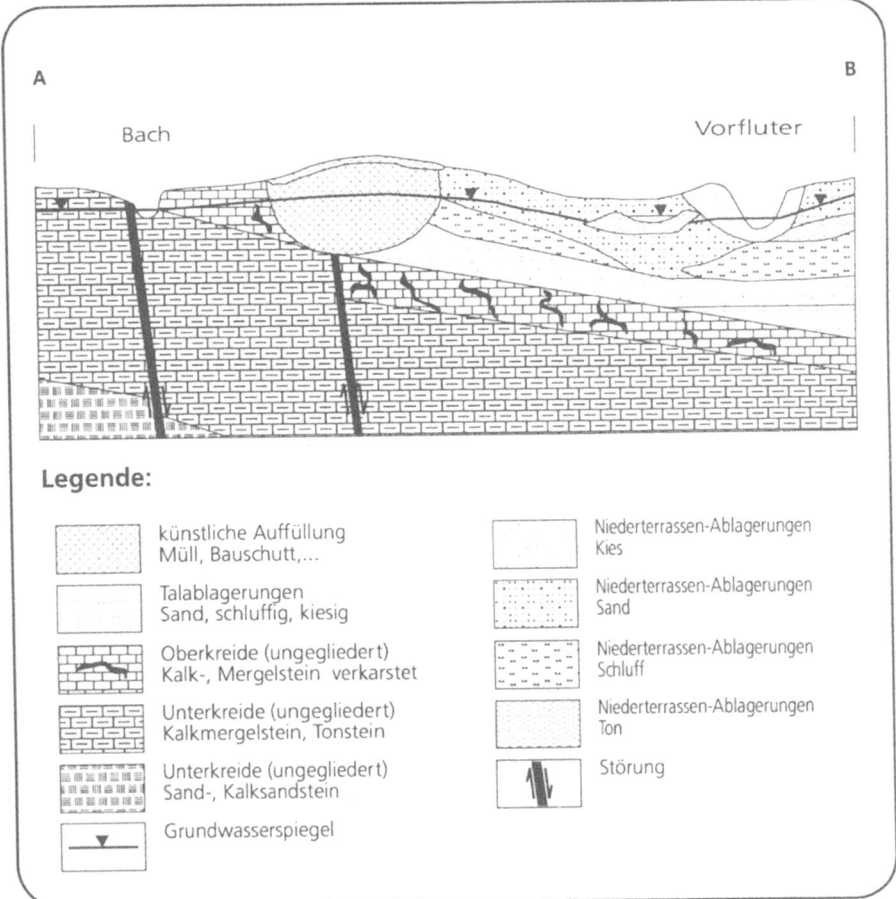

Abb. 6.   Geologischer Profilschnitt (beispielhafte, vereinfachte Darstellung, aus der geologischen Karte konstruiert)

Beihefte in Gestalt der *Erläuterungen* zu den Kartenblättern beschreiben

■ die geologische Entwicklung des Gebietes,
■ die stratigraphische Abfolge der Schichten,
■ die einzelnen Schichtglieder, ihre Entstehung, petrographische
   Ausbildung, ihren Fossilinhalt und ihr Alter,
■ die tektonischen Verhältnisse,
■ die hydrogeologischen Verhältnisse,
■ die nutzbaren Rohstoffe,
■ den Baugrund,
■ geologische Aufschlüsse (Steinbrüche, Gruben, Bohrungen)
   und
■ archäologische Fundpunkte.

Zu Inhalt und Anwendung der *bodenkundlichen Karten* sei hier auf Kap. 1.5.1.1 verwiesen.

Bei den *Karten der präquartären Schichten und der Lage der Quartärbasis* handelt es sich um sog. abgedeckte Karten. Die auflagernden quartären Lockergesteine wurden weggelassen; die Karten zeigen die Geländeform unterhalb dieser Gesteine in Form von Isolinien der Quartärbasis (Höhen- und Tiefenlinien bezogen auf NN). Die zugrundeliegende topographische Karte dient lediglich der Orientierung.

Auf der Grundlage der Topographischen Karten 1 : 50.000 geben *hydrogeologische Karten* (Abb. 7) Auskunft über

■ Verbreitung, Beschaffenheit und Mächtigkeiten von Grundwasserleitern und Grundwassergeringleitern,
■ Höhenlage des Grundwasserspiegels über NN, Flurabstand, Fließrichtung und Beschaffenheit des Grundwassers,
■ Lage von Wasserwerken, Brunnen, Grundwassermeßstellen und Quellen sowie
■ Lage von Vorflutern.

Zusätzliche Informationen zum Entwässerungssystem des Gebietes, zu Beschaffenheit und Nutzung des Grundwassers sind den Erläuterungen zu entnehmen.

Weitere Beiblätter zur Geologischen Karte von Niedersachsen 1 : 25.000 sind die

■ Übersichtskarten der *Bodengesellschaften* und
■ Übersichtskarten der *oberflächennahen Rohstoffe.*

Beide sind auf der Basis der Topographischen Karte 1 : 50.000 erstellt.

Anwendungsbereiche

■ Lokalisierung und Eingrenzung von Verdachtsflächen,
■ Ermittlung ihrer geschichtlichen Entwicklung und Abschätzung ihrer Inhaltsstoffe mit Hilfe der multitemporalen Kartenauswertung (Lage von Gruben, Halden und Gebäuden, Art der Industrieanlagen zu verschiedenen Zeitpunkten),
■ Erfassung der Oberflächenentwässerung im Bereich der Altablagerung (Entwässerungsnetz, Einzugsgebiet, Wasserscheiden),
■ Erfassung von Quellaustritten oder Versickerungsstellen, besonders in Karstgebieten (Die Position von Quellhorizonten und Vernässungszonen erlaubt Rückschlüsse auf Schichtgrenzen, Störungen und die Lage des Grundwasserspiegels.),
■ Position einer Altablagerung in bezug auf den Grundwasserspiegel und die Grundwasserfließrichtung,

- Erfassung von Lagerungsverhältnissen, Schichtgrenzen und Störungen im anstehenden Gestein in der Umgebung der Altablagerung in Hinblick auf potentielle Wasserwegsamkeiten im Untergrund,
- Abschätzung der Gesteinseigenschaften (Durchlässigkeit, Klüftung) sowie
- Abgrenzung von Land und Wasser.

Planung/Durchführung

Zu Beginn eines Projektes ist zu klären, welches Kartenmaterial für das zu bearbeitende Gebiet existiert. Für die *multitemporale Auswertung* der Karten zur Erfassung der zeitlichen Entwicklung einer Altablagerung oder eines Altstandortes sollten möglichst sämtliche verfügbaren Karten beschafft werden. Identifizierbare Altlastverdachtsflächen werden im Gelände lokalisiert, Kriterien zur Abgrenzung und Klassifizierung interessierender Bildinhalte festgelegt.

Es ist zweckmäßig, zur Erkundung von Altablagerungen und Altstandorten mit der Auswertung von *topographischen Grundkarten* zu beginnen.

Auswertung

Liegen keine konkreten Erkenntnisse über die Lage von Altablagerungen oder Altstandorten vor, müssen die topographischen Karten *systematisch* auf direkte und indirekte Hinweise für verdächtige Standorte *ausgewertet* (K-Asys) werden. Solche Hinweise können sein:

- Schriftzüge/Abkürzungen wie Fabrik/Fbr., Luftschacht/Luftsch., Sandgrube/Sgr., Schachtanlage/Schacht., Schuttplatz/Schuttpl., Zeche, Ziegelei/Zgl.,
- Signaturen und Symbole für Bahnlinie mit Ladegleisen, Feldbahn/Industriebahn, Fluß oder Kanal mit Anleger, Ladestraße/Laderampe, Schornstein, topographische Hohlform, Zeche sowie
- auffällig große und typische Umrisse von Dämmen, Fabrikgebäuden, Förderanlagen, Gasometern, Gruben und Halden, Hafenbecken, Klärbecken, Kohlebunkern, Kränen, Kühltürmen, Laderampen, Lagerflächen, Leitungssystemen, Silos, Tankanlagen.

Ist die Lage einer Altablagerung oder des Altstandortes im Vorfeld durch Aktenstudien, Archivrecherchen und Befragung von Zeitzeugen eingegrenzt, kann gezielt mit der *multitemporalen Auswertung* (K-Amul) topographischer Karten unterschiedlichen Alters begonnen werden.

Basierend auf Karten unterschiedlicher Erscheinungsjahre werden die Umrisse und Lage von Gebäuden, Industrieanlagen, Verkehrswegen, Gruben, Aufhaldungen und dgl. miteinander verglichen und so die Zeitpunkte oder -räume ihres Vorhandenseins oder ihres Verschwindens eingegrenzt.

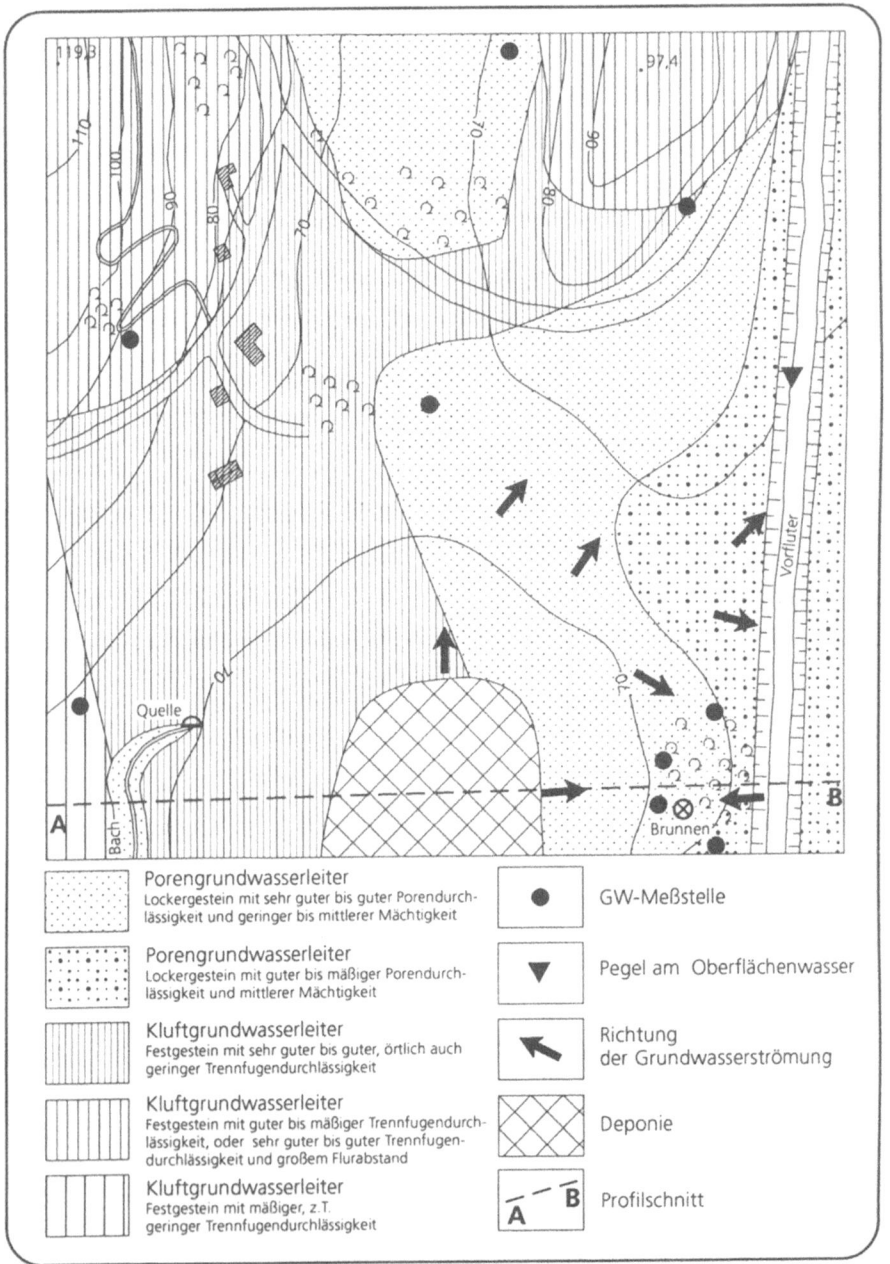

Abb. 7. Ausschnitt aus einer hydrogeologischen Karte (beispielhafte, vereinfachte Darstellung)

Die multitemporale Auswertung von Karten allein führt häufig nicht zu eindeutigen Antworten auf bestimmte Fragen. Angaben zum Verfüllungsgrad und

Ablagerungsvolumen von Gruben z.B. lassen sich vermutlich erst nach der Auswertung entsprechender Luftbilder (L-Amul) machen.

Fehlerquellen
Die Auswertung von Karten kann durch eine Vielzahl möglicher Ungenauigkeiten und Fehler beeinträchtigt werden. Diese Fehler können ihre Ursachen sowohl in der Entstehung der Karten, in systembedingten Eigenarten der Karten selbst als auch in der Person des Auswertenden haben.

Eine topograpische Karte kann niemals besser sein als die Geländedaten und die *kartographische Aufnahmegenauigkeit*, auf denen sie beruht.

Thematische Karten sind analytische Karten, in die zusätzlich *analytische Fehler* eingehen. Macht sich der kartierende Geologe ein fehlerhaftes Bild vom Gebirgsbau, ist auch die entstehende geologische Karte fehlerhaft.

Qualitätssicherung
Zur Überprüfung und Eichung der den Karten entnommenen Informationen sind Geländebegehungen unbedingt erforderlich.

Zeitaufwand/Kosten
Der Zeitaufwand für die Auswertung von Karten kann nicht pauschal quantifiziert werden. Er ist abhängig von der Problemstellung, vom Informationsgehalt und der Qualität der zu bearbeitenden Karten sowie der Größe und Zugänglichkeit des Geländes.

Größter Kostenfaktor sind die Personalkosten einschließlich evtl. notwendiger Reisekosten für Archivrecherchen. Die Kosten für Kartenmaterial schlagen dagegen nur untergeordnet zu Buche.

Bezugsquellen
Herausgeber amtlicher Karten in Deutschland sind für

topographische Karten	das Institut für Angewandte Geodäsie, die Landesvermessungsämter, die Stadtvermessungsämter, die Katasterämter
geologische, hydrogeologische und ingenieurgeologische Karten	die Bundesanstalt für Geowissenschaften und Rohstoffe, die Geologischen Landesämter.

Adressen

Bundesanstalt für
Geowissenschaften und Rohstoffe
Stilleweg 2
30655 Hannover   Tel.: 0511/6432260

Institut für Angewandte Geodäsie IfAG
Richard-Strauß-Allee 11
60598 Frankfurt/Main   Tel.: 069/6333-1

Internationales Landkartenhaus Geo Center
Schockenriedstr. 40 a
70565 Stuttgart   Tel.: 0711/7889340

Niedersächsisches Landesverwaltungsamt
-Landesvermessung-
Warmbüchenkamp 2
30159 Hannover   Tel.: 0511/3673-0

Niedersächsisches Landesamt für Bodenforschung
Stilleweg 2
30655 Hannover   Tel.: 0511/6432260

1.3.1.2   Luftbilder   L

Die Erkundung von Altablagerungen und Altstandorten mit Hilfe von Luftbildern als beprobungsloses Verfahren der geologischen Oberflächenerkundung
hat seit der Mitte der 80er Jahre einen starken Aufschwung erlebt. Bei den
Aufnahmen unterscheidet man photographische und nichtphotographische
Verfahren. Im folgenden wird ausschließlich auf die photographischen Auf-
nahmeverfahren eingegangen.
    Wie in der Vergangenheit werden auch in Zukunft panchromatische Rei-
henmeßbilder zur Erfassung von Altablagerungen und Altstandorten einen hohen Stellenwert haben. In letzter Zeit sind auch vermehrt Farb-Infrarot-Luftbilder erfolgreich zur Detektion von durch Kontaminationen (z. B. kontaminierte
Grund- und Oberflächenwässer, Gasaustritte) verursachte Vegetationsschäden
verwendet worden.

Aufnahmetechnik
Je nach Orientierung der optischen Achse der Aufnahmekamera lassen sich 3
Luftbildtypen unterscheiden:
    Bei *Schrägbildern* weicht die optische Achse der Kamera mindestens 60°
von der Vertikalen ab. Für exakte Luftbildauswertungen sind Schrägbilder jedoch ungeeignet.
    Bei *Steilbildern* weicht die optische Achse der Kamera 15 - 30° von der Ver-
tikalen ab. Für exakte Luftbildauswertungen sind Steilbilder kaum geeignet.
    Bei *Vertikalbildern* weicht die optische Achse der Kamera theoretisch nicht
von der Vertikalen ab. In der Praxis läßt sich jedoch nur selten vermeiden, daß
es durch Windeinfluß auf das aufnehmende Flugzeug zum sog. Tilt kommt.
Bleibt dieser Tilt unterhalb 3°, lassen sich Vertikalbilder optimal auswerten. Im

folgenden wird deshalb generell von der Verwendung solcher Vertikalbilder ausgegangen.

Luftbildaufnahmen werden von Flugzeugen *(Bildflug)* aus Höhen zwischen 1 und 10 km, von Satelliten aus Höhen bis ca. 500 km gemacht. Sind Flugzeuge Kameraträger, orientiert sich das Muster der Geländebefliegung am Koordinatennetz (W - E, N - S). Aus Gründen der Wirtschaftlichkeit kann aber auch die Geländeform das Befliegungsmuster bestimmen. Das grundsätzliche Befliegungsmuster zeigt Abb. 8.

Luftbildreihen eines Geländes werden mit *Reihenmeßkammern* (RMK) aufgenommen. Eine Reihenmeßkammer besteht aus Objektiv und Filmkammer. Neben der Brennweite des Objektivs bestimmt die Flughöhe den *Bildmaßstab* entscheidend. Da der Maßstab von Luftbildern von der Brennweite des verwendeten Objektivs und der Flughöhe abhängt, können unterschiedliche Kombinationen beider Größen im Ergebnis zum gleichen Maßstab führen. Die Wahl der Kombination richtet sich nach der Morphologie des Geländes und den Sichtverhältnissen.

Für die stereoskopische Auswertbarkeit wird die Bildfolge so gesteuert, daß die Einzelbilder sich in Flugrichtung (Längsrichtung) um 60 % überdecken. Der Abstand der Flugprofile wird so gewählt, daß sich die Bildreihen quer zur Flugrichtung (seitlich) um 30 % überdecken (s. Abb 8). So entstehen *Luftbildpaare* oder *Stereopaare* aus zwei benachbarten Bildern einer Bildreihe mit 60 % *Längsüberdeckung*, die sich unter dem Stereoskop räumlich betrachten lassen. Mehrere Bildreihen mehrerer Flugprofile mit 30% *Querüberdeckung* ergeben ein *Luftbildmosaik*.

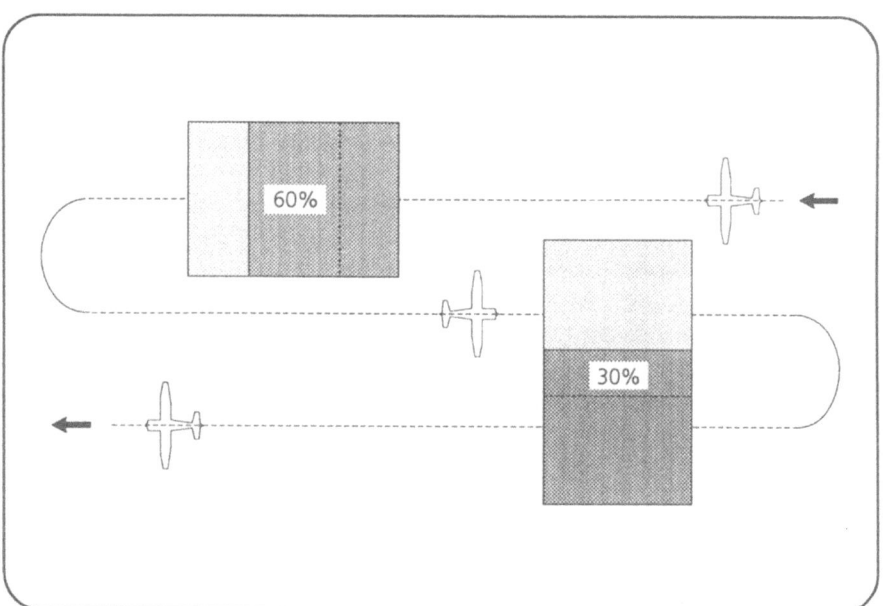

Abb. 8.   Befliegungsmuster von Bildflügen. (Nach Kronberg 1984)

Bei der *Luftbildphotographie* wird auf dem Film ein negatives Bild des photographierten Geländeausschnittes erzeugt, das bei der Entwicklung wieder in ein positives Bild überführt wird. Im Unterschied zur topographischen Karte wird der Geländeausschnitt durch das optische System in *Zentralprojektion* abgebildet. Diese Abbildungstechnik bedingt Verzerrungen durch Abbildung von Punkten ungleicher Höhen im Gelände.

Die Wahl des *Filmmaterials* für Luftbildaufnahmen richtet sich nach der jeweiligen Aufgabenstellung. Normalerweise werden *panchromatische* (farbempfindliche) *Schwarz-Weiß-Filme* verwendet.

Farbige Luftbilder gibt es in Form von Farb-Diapositiven und Kontaktabzügen von *Farb-Filmen*.

Durch Verwendung von *Schwarz-Weiß-Infrarot-Filmen* läßt sich der Informationsgehalt der Luftbilder beträchtlich erhöhen, da der Infrarotanteil des Lichtes in der Atmosphäre nur geringer Streuung unterliegt.

Farb-Infrarot-Filme vermögen Dunst optimal zu durchdringen und sind so für Luftbilder aus großen Höhen (Satellitenbilder) bestens geeignet. Wegen ihrer unnatürlichen Farbwiedergabe werden diese Filme auch als *Falschfarben-Filme* bezeichnet. Für umweltbezogene Fragestellungen sind Farb-Infrarot-Luftbilder das optimale Material, da sich der Zustand der Vegetation direkt ersehen läßt: Gesunde Vegetation wird hellrot, kranke und tote in rötlich bis grüngrauen Farbtönen abgebildet. Desgleichen lassen sich Feuchtigkeitsunterschiede der Böden ablesen.

Anwendungsbereiche

- Lokalisierung und Eingrenzung von Verdachtsflächen,
- Ermittlung ihrer geschichtlichen Entwicklung und Abschätzung ihrer Inhaltsstoffe mit Hilfe der multitemporalen Luftbildauswertung (L-Amul) (Lage von Gruben, Halden und Gebäuden, Art von Industrieanlagen, Höhendifferenzen, Abbautiefen, Schüttungshöhen, Böschungswinkel, Verfüllungsgrad, Ablagerungsvolumen zu verschiedenen Zeitpunkten,
- Erfassung der Oberflächenentwässerung im Bereich der Altlastverdachtsfläche (Entwässerungsnetz, Einzugsgebiet, Wasserscheiden),
- Erfassung von Quellaustritten oder Versickerungsstellen, besonders in Karstgebieten; Sickerwasseraustritte im Bereich von Altablagerungen,
- Position einer Altablagerung in Bezug auf den Grundwasserspiegel. Zeigen vor einer Grubenverfüllung entstandene Luftbilder Wasser, läßt sich anhand der Gesteinsausbildung entscheiden, ob es sich dabei um Grundwasser oder Niederschlagswasser handelt. Befinden sich Baggerseen auf den Luftbildern, ist der Grundwasserspiegel direkt erkennbar,

- Erfassung von Lagerungsverhältnissen, Schichtgrenzen und Störungen im anstehenden Gestein in der Umgebung der Altlastverdachtsfläche in Hinblick auf potentielle Wasserwegsamkeiten im Untergrund,
- Differenzierung nach Vegetationstyp und Vegetationsalter, Erfassung von Vegetationsschäden, Erfassung von Feuchtigkeitsunterschieden der Böden, Abgrenzung von Land und Wasser.

Planung/Durchführung

Zu Beginn eines Projektes ist zu klären, welches Bildmaterial für den zu bearbeitenden Bereich existiert. Liegen nur Luftbilder einer Befliegung vor, werden diese Bilder für die *monotemporale* Analyse beschafft. Liegen Luftbilder mehrerer Bildflüge vor, sollten für die *multitemporale* Erfassung (L-Amul) der zeitlichen Entwicklung einer Altlastverdachtsfläche möglichst sämtliche verfügbaren Bilder beschafft und ausgewertet werden. Für die photogeologische *Auswertung* genügt hingegen eine geringe Anzahl von Luftbildern, beispielsweise Bilder der ersten, mittleren und letzten Befliegung.

Für die stereoskopische Bearbeitung hat sich das *Spiegelstereoskop* bewährt. Es handelt sich um ein Gerät mit 2 Okularen, 2 plankonvexen Spiegelprismen und 2 Spiegeln, das die stereoskopische Betrachtung eines Luftbildpaares ermöglicht. Okularaufsätze erlauben die Betrachtung von Details in 3- bis 8facher Vergrößerung, schränken das Blickfeld allerdings wesentlich ein. Gängige *Luftbildformate* sind 23 · 23, 18 · 18 und 6 · 6 cm (bei Satellitenbildern).

Der zu wählende *Maßstab* für Luftbilder richtet sich natürlich nach der Aufgabenstellung. Für eine geologische Übersichtskartierung können Luftbilder im Maßstab 1 : 30.000, 1 : 60.000 oder 1 : 120.000 ausreichend sein. Für eine geologische Detailkartierung sollten Luftbilder im Maßstab 1 : 15.000 bis 1 : 30.000 verwendet werden. Für die Erkundung von Altlastverdachtsflächen empfiehlt sich die Verwendung von Luftbildern mit noch größerem Maßstab.

Auswertung

Luftbilder liefern Informationen über die im Gelände zu erwartende Morphologie, Erschließung, Bebauung und Vegetation. Aus ihnen lassen sich bei Bedarf exakte Karten ableiten. Zusammen mit diesen Karten dienen Luftbilder der genauen Orientierung im Gelände. Selbstverständlich ist der *topographische Informationsgehalt* von Luftbildern abhängig von deren Maßstab und Qualität.

Hinsichtlich der Geologie geben Luftbilder Aufschluß über die Art und Verbreitung der Gesteine sowie den geologischen Aufbau des interessierenden Geländes. Sie ermöglichen die Anfertigung geologischer Karten zur Lösung spezieller Probleme, so auch im Bereich der Altablagerungen. Neben Maßstab und Qualität bestimmen allerdings geologische und klimatologische Faktoren den *geologischen Informationsgehalt* von Luftbildern (L-Ageol).

Die direkte Auswertung von Luftbildern beschränkt sich auf Objekte im Gelände, die aufgrund ihres morphologischen Charakters identifiziert werden können. Das sind beispielsweise

- Berge und Täler,
- Gruben und Halden,
- das Entwässerungsnetz,
- Gebäude und Verkehrswege sowie
- geologische Schichten und Störungen bei fehlender Überdeckung.

Eine Vielzahl der im Luftbild verborgenen Informationen teilt sich dem Betrachter nur indirekt in Form von Strukturen mit. Solche Strukturen sind

- Grautonabstufungen, Grautontexturen, Grautonlineare und
- morphologische Lineare.

Fehlerquellen

Die Auswertung von Luftbildern kann durch eine Vielzahl möglicher Ungenauigkeiten und Fehler beeinträchtigt werden. Diese Fehler können ihre Ursachen sowohl in der Entstehung von Luftbildern, in systembedingten Eigenarten der Luftbilder selbst, als auch in der Person des Auswertenden haben. Einer der häufigsten Gründe für *fehlerhafte Auswertungen* von Luftbildern ist die mangelhafte Erfahrung des Betrachters.

Qualitätssicherung

Für die Auswertung von Luftbildern zur Erkundung von Altlastverdachtsflächen als kostengünstige Informationsquelle vor dem Einsatz weiterführender Untersuchungen wird üblicherweise auf vorhandenes Bildmaterial zurückgegriffen. Fehler bei der Entstehung dieses Bildmaterials sind folglich kaum mehr zu beheben. Die durch optische Effekte bedingten Fehler bei der Abbildung eines Geländeausschnitts müssen zwar in Kauf genommen werden, lassen sich jedoch bei der Auswertung von Luftbildern berücksichtigen. Vermeidbar sind dagegen die bei der Auswahl und Auswertung von Luftbildern möglichen Fehler. Zur Überprüfung und Eichung der den Luftbildern entnommenen Informationen sind Geländebegehungen unbedingt erforderlich.

Zeitaufwand/Kosten

Der Zeitaufwand für die Auswertung von Luftbildern kann nicht pauschal quantifiziert werden. Er ist abhängig von der Problemstellung, der Gesamtfläche der zu bearbeitenden Luftbilder, deren Informationsgehalt und Qualität sowie der Größe und Zugänglichkeit des Geländes. Er kann somit wenige Stunden bis mehrere Wochen betragen.

Wichtigster Kostenfaktor sind die Personalkosten einschließlich evtl. notwendiger Reisekosten für Archivrecherchen. Ist die technische Ausrüstung vorhanden, schlagen die Kosten für die *Luftbilder* selbst, für Vergrößerungen und Entzerrungen sowie andere Materialkosten nur untergeordnet zu Buche.

Bezugsquellen

Luftbilder sind im Laufe der Zeit von den unterschiedlichsten Institutionen und Firmen in Auftrag gegeben, von den unterschiedlichsten Auftragnehmern angefertigt und schließlich von den unterschiedlichsten Nutzern verwendet worden. Ein Zentralarchiv für Luftbilder existiert in Deutschland nicht. Folglich kommen auch die unterschiedlichsten Quellen in Frage. In jedem Einzelfall ist zu prüfen, ob und wo Luftbilder eines bestimmten Gebietes und Zeitraumes vorhanden sind und ob sie nutzbar oder mit irgendwelchen restriktiven Auflagen belegt sind. Mögliche Bezugsquellen sind:

- Ämter für Landesplanung und Stadtentwicklung,
- Bundesarchive,
- Bundeswehrarchive,
- Hauptstaatsarchive,
- Kampfmittelräumdienste,
- Katasterämter,
- Landesvermessungsämter,
- Luftbildfirmen,
- Luftbildarchive der Alliierten,
- Luftbilddatenbank Würzburg,
- Ordnungsämter,
- Regierungspräsidien,
- Staatsarchive,
- Stadtarchive,
- Umweltämter,
- Universitäten und
- Vermessungsämter.

Schwarz-weiße Original-Luftbilder aus der Zeit nach dem 2. Weltkrieg sowie Vergrößerungen sind über die Landesvermessungsämter und Luftbildfirmen erhältlich. Infrarot-Luftbilder sind dagegen nicht für alle Bereiche Deutschlands vorhanden.

Befliegungspläne (Blattübersichten) der Landesvermessungsämter (beispielsweise des Niedersächsischen Landesverwaltungsamtes -Landesvermessung- im Maßstab 1 : 500.000, Stand 01.01.1990) geben Auskunft über die Existenz von Luftbildern und deren Entstehungsjahr.

Für manche Gebiete Deutschlands sind neben Luftbildern auch Luftbildpläne im Maßstab 1 : 5.000 oder 1 : 10.000 verfügbar. Sie setzen sich aus vergrößerten, entzerrten orthoskopischen Bildern von Luftbildern zusammen und eignen sich als Basiskarten.

Adressen
Bundesarchiv
Am Wöllershof 12
56068 Koblenz   Tel.: 0261/339-1

Bundesforschungsanstalt für Landeskunde und Raumordnung BfLR
Am Michaelshof 8
53177 Bonn   Tel.: 0228/826-1

Institut für Angewandte Geodäsie IfAG
Richard-Strauß-Allee 11
60598 Frankfurt/Main   Tel.: 069/6333-1

Luftbilddatenbank
Saalgasse 3
97082 Würzburg   Tel.: 0931/4501100

Niedersächsisches Innenministerium
Lavesallee 6
30169 Hannover   Tel.: 0511/120-1

Niedersächsisches Landesamt für Ökologie
An der Scharlake 39
31135 Hildesheim   Tel.: 05121/509-0

Niedersächsisches Landesverwaltungsamt
-Landesvermessung-
Warmbüchenkamp 2
30159 Hannover   Tel.: 0511/3673-0

Niedersächsisches Umweltministerium
Archivstr. 2
30169 Hannover   Tel.: 0511/104-0

Niedersächsisches Ministerium für Ernährung, Landwirtschaft und Forsten
Calenberger Str. 2
30169 Hannover   Tel.: 0511/120-1

University of Keele Department of Geography
Aerial Photography
Keele, Staffordshire ST5 5BG
Great Britain   Tel.: 0044/782/621111

1.3.2   Geologische Aufschlußmethoden

Geologische Aufschlußmethoden in Form von *Schürfen*, *Sondierbohrungen* und *Bohrungen* bieten die Möglichkeit, den Standort exakt einzugrenzen, Einblick in seinen Schichtaufbau zu gewinnen, Proben zu nehmen und diese Aufschlüsse für *Bau von Grundwasser-, Sickerwasser- und Deponiegasmeßstellen* zu nutzen.

1.3.2.1 Schürfe   Sch

Schürfe sind künstlich angelegte horizontale oder geringfügig geneigte, begehbare Aufschlüsse in Form von Gräben, Gruben und Schächten. Durch das Anlegen von Schürfen lassen sich kostengünstig und schnell Einblicke in den Untergrund/die Altlastverdachtsfläche und gleichzeitig Proben gewinnen.

Anwendungsbereiche
Das Anlegen von Schürfen als einfache geologische Aufschlußmethode kann folgenden Zielen dienen:

- Erkundung der Ausdehnung der Altablagerung/des Altstandortes,
- Feststellung der Art der Altablagerung/des Altstandortes durch gezielte Probenahme,
- Erkundung von Schichtfolge, Schichtmächtigkeit und räumlicher Lage, Klüftung und Klufthäufigkeit,
- Ermittlung von Gesteinsparametern durch Feldversuche und Probengewinnung,
- Ermittlung bodenmechanischer Parameter wie Kompressibilität, Lagerungsdichte, Scherfestigkeit, Wassergehalt,
- Einrichtung von stationären Meßstellen für Sickerwasser, Grundwasser, Deponiegas sowie
- Freilegung von Deponiebasisabdichtung, Drainage- und Entgasungssystemen zum Zweck der Begutachtung und Reparatur.

Schürfe haben gegenüber Sondierbohrungen und Bohrungen folgende Vorteile:

- Der Aufschluß ist der räumlichen Beobachtung direkt zugänglich.
- Feststoffprobenahmen sind in jeder Dimension gezielt möglich (großvolumige Mischproben, diskrete vertikale und horizontale Mischproben, punktgenaue orientierte Stichproben).

■ Messung/Beprobung flüssiger und gasförmiger Bestandteile sind im ungestörten Schichtverband (ohne Beeinträchtigung durch Bohrspülung) möglich.

■ Schadstoffherde (z.B. Chemikalienfässer) können bei schonendem Vortrieb von Schürfen (im Extremfall manuell) unbeschädigt geborgen werden. Gegenstände solcher Art in Altablagerungen können Sondierungen und Bohrungen unter Umständen unmöglich machen.

Planung/Durchführung

Schürfe können grundsätzlich in jedem manuell oder maschinell abgrabbaren Material natürlicher oder künstlicher Herkunft angelegt werden. Bei der Untersuchung von Altablagerungen und Altstandorten werden Schürfe überwiegend auf der betroffenen Fläche oder im Kontaktbereich zum Nebengestein oberhalb des Grundwasserspiegels angelegt. Bei geringen Durchlässigkeiten des Untergrundes können Schürfe auch unterhalb des Grundwasserspiegels liegen; hier werden dann unter Umständen Wasserhaltungsmaßnahmen erforderlich. Bei gespannten Grundwasserverhältnissen ist die Standsicherheit der Böschungen wegen der Gefahr plötzlicher Grundwasserzutritte gefährdet (Abb. 9).

Vorschriften

Schürfe werden bis ca. 2,5 m Tiefe in Handschachtung, ansonsten durch Baggeraushub angelegt. Die baulichen Vorschriften für das Anlegen von Schürfen sind ersichtlich aus

■ DIN 4124 (1981) Baugruben und Gräben, Böschungen, Arbeitsraumbreiten, Verbau.

Die Norm gilt für Baugruben und Gräben, die von Hand oder maschinell ausgehoben und in denen Bauwerke oder Kanäle hergestellt oder Leitungen verlegt werden. Sie gibt an, nach welchen Regeln Baugruben und Gräben zu bemessen und auszuführen sind. Aus Abb. 9 sind die aus Gründen des Arbeitsschutzes geforderten Maße für verschiedene unverbaute Schürfe ersichtlich, bei deren Einhaltung besondere statische Nachweise entfallen können. Für Schürfe in unmittelbarer Nähe von Bauwerken ist außerdem zu beachten:

■ DIN 4123 (1972) Gebäudesicherung im Bereich von Ausschachtungen, Gründungen und Unterfangungen.

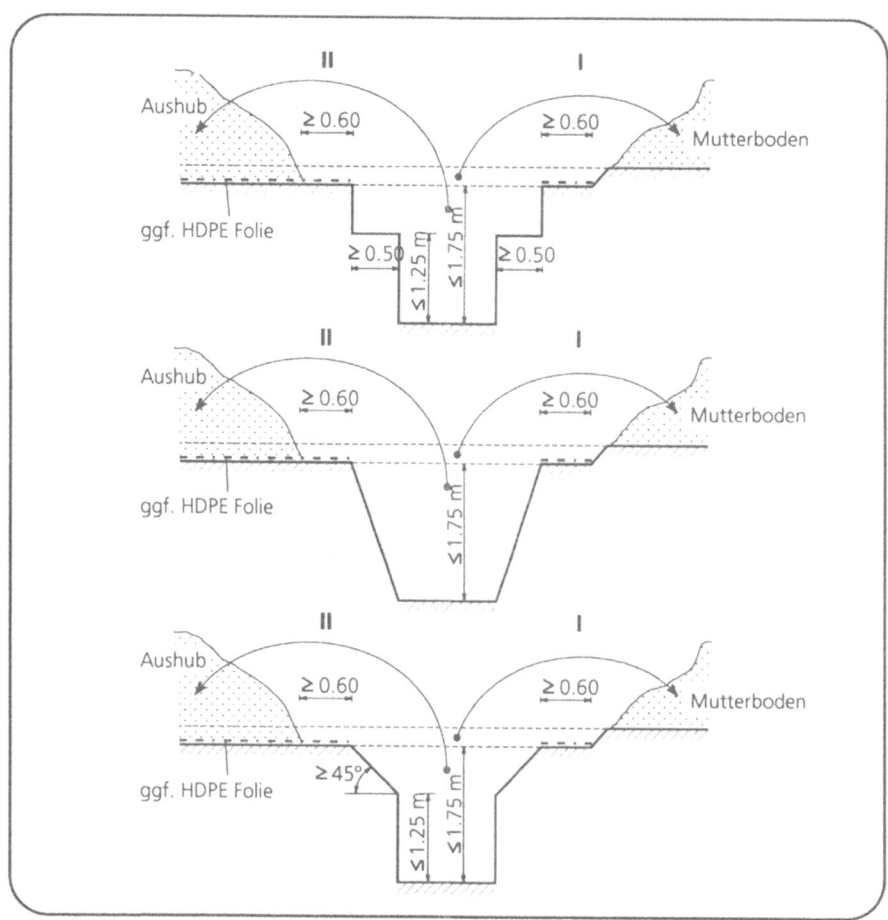

Abb. 9.   Maße von Schürfen ohne Verbau

Die Norm gilt für Ausschachtungen und Gründungsarbeiten neben bestehenden Gebäuden. Sie gibt an, wie solche Arbeiten in einfachen Fällen ohne umfangreiche Sicherheitsnachweise für die Gebäude so durchgeführt werden können, daß die Standsicherheit dieser Gebäude gewährleistet bleibt. Weiterhin
sind zu beachten:

- DIN 18 299 (1988) Verdingungsordnung für Bauleistungen
  VOB, Teil A: Besondere Leistungen.
- DIN 18 300 (1988) Verdingungsordnung für Bauleistungen
  VOB, Teil C: Allgemeine Technische Vertragsbedingungen für
  Bauleistungen, Erdarbeiten.

Die Normen geben Hinweise für das Erstellen von Leistungsbeschreibungen unter besonderer Berücksichtigung der Risiken des Baugrundes.

Arbeitssicherheit

Die baulichen Maßnahmen zur Verhütung von Unfällen wurden bereits erwähnt. Um optimale Untersuchungsmöglichkeiten zu gewährleisten, sollten Schürfe begehbar sein. Eine besondere Gefahr in Schürfen auf und an Altablagerungen und Altstandorten stellt die des möglichen direkten Kontaktes mit festen, flüssigen und gasförmigen Schadstoffen dar. Deswegen sind hier strenge Sicherheitsvorkehrungen zu treffen:

- Historische Recherchen geben Auskunft über die Inhaltsstoffe, ihr toxisches Potential und eventuelle Emissionspfade.
- Durch Auswertung von Planunterlagen läßt sich der Verlauf eventuell vorhandener Ver- oder Entsorgungsleitungen feststellen.
- Bei der Erstellung der Leistungsbeschreibung sind die erforderlichen Schutzmaßnahmen (Schutzzonen, Reinigungsanlagen) zu beschreiben.
- In Abhängigkeit von den festgelegten Schutzzonen und den beabsichtigten Arbeiten sind die Schutzausrüstungen für Personen (Schutzkleidung, Atemschutz) festzulegen.
- Die Baumaßnahmen sind durch meßtechnische Überwachung zu begleiten. Eventuell sind weiterführende technische Maßnahmen wie Bewetterung zu ergreifen.
- Für den beteiligten Personenkreis sind alle erforderlichen arbeitsmedizinischen Maßnahmen durchzuführen.
- Die Baumaßnahmen sind, ganz besonders im Bereich von Altlastverdachtsflächen, von fachlich geschultem Personal zu leiten und zu beaufsichtigen. Alle auf der Baustelle tätigen Personen sind über die Gefahren und das Ziel des Bauvorhabens aufzuklären.

Detaillierte Hinweise zu Schutzmaßnahmen im Zusammenhang mit Altlasten sowie Handlungsanleitungen nebst Richtwerten, Vorschriften, Regeln und Merkblättern geben Burmeier et al. (1995).

Um die Verschleppung möglicher Kontaminationen zu verhindern, sollte der Aushub grundsätzlich in abdeckbaren, dichten Containern zwischengelagert werden. Schürfe sollten nach Beendigung der Untersuchungsarbeiten möglichst bald wieder verfüllt werden.

Im Zweifelsfall sollte auf die Begehung von Schürfen verzichtet und die Begutachtung und Beprobung am Aushub vorgenommen werden.

Auswertung

Wichtig ist eine umgehende, möglichst detaillierte, separate Aufnahme aller Grubenwände und des Grubenbodens, da Schürfe, wie alle offenen Aufschlüsse, witterungsbedingten Veränderungen unterliegen. Wichtig sind

- Dokumentation der äußeren Bedingungen,
- Angaben zur Lage des Schurfs,
- eindeutige Bezeichnung der Wände etwa nach der Himmelsrichtung,
- Aufmaß in Länge und Tiefe,
- Ausrichtung nach Streichen und Fallen mit dem Geologenkompaß,
- photographische Dokumentation mit Maßstab, Farbskala, Datum und Uhrzeit,
- Skizze der Lagerungsverhältnisse und Inhalte mit Mächtigkeitsangaben analog der Schichtenbeschreibungen von Bohrprofilen und
- Dokumentation dynamischer Prozesse mit Videosystemen.

Ungestörte *Feststoffproben* aus den Sohlen und Wänden von Schürfen lassen sich mit dem Entnahmezylinder gewinnen. Er wird entweder zentrisch eingedrückt oder eingeschlagen, dann vorsichtig ausgegraben und am Boden abgetrennt.

Flüssige Proben aus Schürfen, die im Grund- oder Sickerwasser stehen, lassen sich als Schöpfproben gewinnen. Dabei ist sicherzustellen, daß keine Verfälschung der Proben durch aus den Wänden nachfallendes Material eintritt. Auf den Bau von Grund- und Sickerwassermeßstellen wird in Kap. 1.3.3 eingegangen. Die Probenahme und Analytik von Wässern behandeln die Kap. 1.7.1 und 1.8.1.

Proben von *Deponiegas* lassen sich in Schürfen aus speziell anzulegenden stationären Gasmeßstellen gewinnen. Auf den Bau solcher Deponiegasmeßstellen wird in Kap. 1.3.3.2 eingegangen. Die Vor-Ort-Messung von Deponiegasen mittels Bodenluftsonden und Aktivkohleröhrchen oder tragbarer Geräte zur Messung von Methan und anderer Gase wird in Kap. 1.8.3.1 behandelt.

Fehlerquellen

Fehler können bei der Planung von Schürfen, bei der Durchführung der Baumaßnahmen als auch bei der Auswertung begangen werden:

- Mangelhafte historische Recherchen,
- mangelhafte Auswertungen von Karten und Luftbildern,
- mangelhafte Planung, d.h. falsche Standortwahl,
- mangelhafte organisatorische Überwachung und wissenschaftliche Begleitung,

- mangelhafte bauliche Ausführung und Absicherung sowie
- Mißachtung von Schutzmaßnahmen und mangelhafte meßtechnische Überwachung der Baumaßnahmen.

Qualitätssicherung

Qualitätssicherung muß bereits in der Planungsphase von Schürfen auf Altablagerungen beginnen:

- Sorgfältige historische Recherchen,
- sorgfältige multitemporale Auswertungen von Kartenmaterial und Luftbildern,
- Beachtung einschlägiger technischer Vorschriften,
- Beachtung des Arbeits- und Emissionschutzes und deren richtiger Anwendung durch alle an einer solchen Maßnahme Beteiligten sowie
- Aufnahme und Auswertung durch erfahrenes Personal.

Zeitaufwand/Kosten

Der Zeitaufwand für das Anlegen von Schürfen läßt sich nicht pauschal angeben. Er ist von einer Reihe von Faktoren abhängig:

- Die Problemstellung diktiert die Anzahl und die Abmessungen der Schürfe (kleiner Handschurf, rechteckige Grube, tiefer Schacht oder langer Schlitzgraben).
- Zugänglichkeit und Standsicherheit des Geländes.
- Der Aushub mit einem Spaten ist zeitaufwendiger als der Einsatz von schwerem Gerät. Bei Verwendung schwerer Gerätschaften ist der Zeitaufwand für An- und Abtransport sowie Umsetzen auf der Baustelle einzurechnen. Darüber hinaus kann sich der Aufwand an Zeit und Gerätschaft erhöhen, wenn nicht verzeichnete Ver- und Entsorgungsleitungen angetroffen werden, was bei Altstandorten häufig der Fall ist.
- Das Gefährdungspotential ist trotz sorgfältigster Vorbereitung nicht immer mit Sicherheit vorauszusagen. So wird die Vorgehensweise nicht selten von den angetroffenen Verhältnissen bestimmt, was im Extremfall zur völligen Abkehr von der ursprünglichen Planung führen kann.

Die Kosten für das Anlegen von Schürfen lassen sich ebensowenig pauschal beziffern wie der Zeitbedarf, da sie im wesentlichen von den selben unwägbaren Faktoren abhängen. Zu erwähnen bleiben erhebliche Kosten, die durch Zwischenlagerung und eventuell Transport und Einlagerung von Aushub entstehen, wenn dieser nicht zur Wiederverfüllung der Schürfe benutzt werden kann oder darf.

Abrechnungsgrundlage nach VOB sind der Bauvertrag (Leistungsverzeichnis) und das gemeinsame Aufmaß.

Bezugsquellen
Potentielle Auftragnehmer für das Anlegen von Schürfen sind grundsätzlich alle Tiefbauunternehmen. Bevorzugt berücksichtigt werden sollten Firmen, die nachweislich Erfahrungen auf diesem Gebiet anführen können und über im Umgang mit Schutzausrüstung und Meßgeräten geübtes Personal verfügen.

Adressen geowissenschaftlicher und geotechnischer Institutionen und Firmen finden sich in der Broschüre „Geopotential in Niedersachsen", herausgegeben von der Niedersächsischen Akademie der Geowissenschaften in Hannover. Dieser Wegweiser ist erhältlich bei der Geschäftsführung der Akademie (Adressen s. Kap. 1.3.2.2).

1.3.2.2   Sondierbohrungen   Sb

Das Abteufen von Sondierbohrungen ist ein technisch wenig aufwendiges Verfahren zur Eingrenzung und Beprobung von Verdachtsflächen.

Im Unterschied zu Sondierungen, die als Feldversuche der Ermittlung von Kenngrößen des Baugrundes durch Einschlagen von Sonden ohne Probenahme dienen, werden Sondierbohrungen als einfache geologische Aufschlußmethode zur Gewinnung durchgehender, geringer Probenmengen benutzt. Der Widerstand beim Einschlagen der Sondierbohrgeräte liefert dabei zusätzlich einen qualitativen Hinweis auf die Festigkeit des Untergrundes. Im folgenden wird der Begriff „Sondierbohrungen" für den Einsatz von Nutsonden (Schlitzsonden) und Kernsonden (Rammkernsonden) verwendet.

Anwendungsbereiche
Die Durchführung von Sondierbohrungen kann folgenden Zielen dienen:

- Erkundung der Ausdehnung der Altablagerung oder der Kontaminationsschwerpunkte des Altstandortes,
- Erkundung von Schichtfolge und Schichtmächtigkeit,
- Hinweis auf die Festigkeit des Untergrundes,
- Feststellung der Art der Altablagerung durch gezielte Probenahme und
- Einrichtung stationärer Sickerwassermeßstellen oder Beprobungsstellen für Bodenluftanalysen.

Planung/Durchführung
Sondierbohrungen eignen sich für die Beprobung von bindigen und nichtbindigen Böden und Materialien mit deutlich geringeren Korndurchmessern als dem Innendurchmesser des verwendeten Sondierbohrgerätes. Sie liefern durchgehende, gestörte Proben. Die Wahl des Verfahrens und die Dichte des Rasters hängen von der Aufgabenstellung ab. Sind am Probenmaterial Laborversuche

vorgesehen, scheidet der Einsatz von Nutsonden häufig wegen der geringen Probenmenge pro Einsatz und Teufenintervall aus. Dagegen kann der Einsatz schwerer Kernsonden an der mangelnden Zugänglichkeit oder Standsicherheit des Geländes scheitern.

Wichtig für die spätere Auswertung ist die *Dokumentation* der räumlichen Lage der Sondierpunkte und sonstiger Beobachtungen (bei manuellem Einschlagen die Anzahl der benötigten Schläge pro Tiefeneinheit, ungewöhnlicher Widerstand in Tiefe x).

Nutsonden (Schlitzsonden) sind Stahlstangen von 22 - 32 mm Durchmesser und 1 - 2 m Länge, in die parallel zur Achse eine Nut (ein Schlitz) eingefräst ist (Abb. 10). Für tiefere Sondierbohrungen können nach Ziehen und Entleeren der Nutstange Verlängerungsstangen ohne Nut aufgeschraubt werden. Die Nutsonden werden entweder manuell oder mit einem Motor-Schlaghammer in den Boden getrieben. Dabei müssen sie mittels des Drehgriffes häufig gedreht werden, um das Bodenmaterial aus dem natürlichen Verband herauszuschälen, ohne das erbohrte Material unnötig zu verschleppen. Das Ziehen der Nutsonden erfolgt mit tragbaren mechanischen Hebelgeräten.

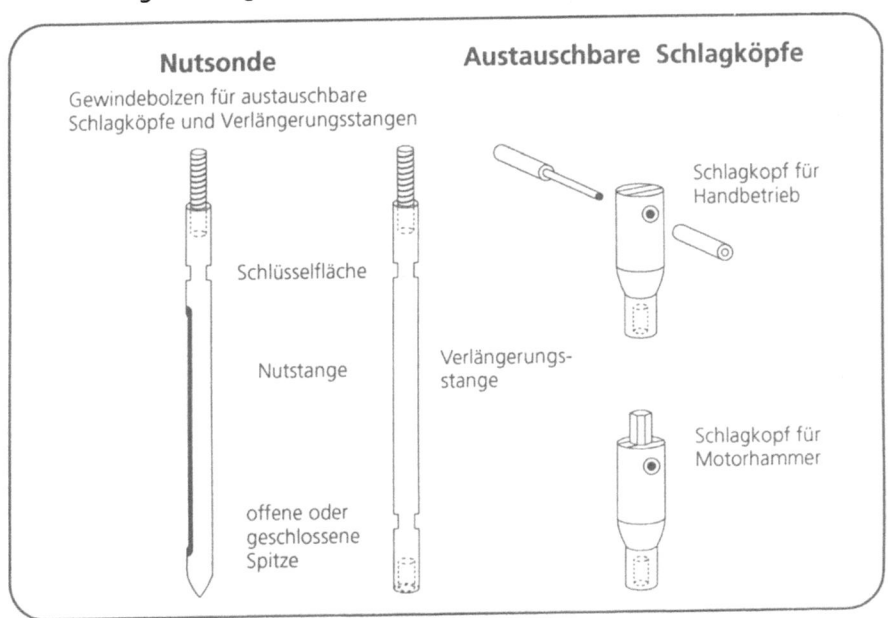

Abb. 10.   Nutsonde mit Verlängerungsstange und austauschbaren Schlagköpfen

Kernsonden sind halboffene Kernrohre mit einer abschraubbaren ringförmigen Schneide am unteren sowie austauschbaren Schlagköpfen am oberen Ende (Abb. 11). Ihr Außendurchmesser beträgt 36 - 80 mm, die Kernlänge 1 - 2 m. Beim Eintreiben der Kernsonden mit Hilfe von Motor-Schlaghämmern wird aus dem Boden ein Kern gestanzt. In Abhängigkeit von den geologischen Verhältnissen und in Kombination mit den schlankeren Nutsonden zur Herabsetzung der Mantelreibung können Tiefen bis ca. 15 m erreicht werden. Das Ziehen der Kernsonden und des nachgesetzten Gestänges erfolgt mit Hebelgeräten, neuerdings auch mit Hydraulikgeräten. Kernsonden liefern gegenüber Nutsonden größere Bohrlochdurchmesser und mehr Probenmaterial und erlauben so eine bessere Ansprache des Bohrguts.

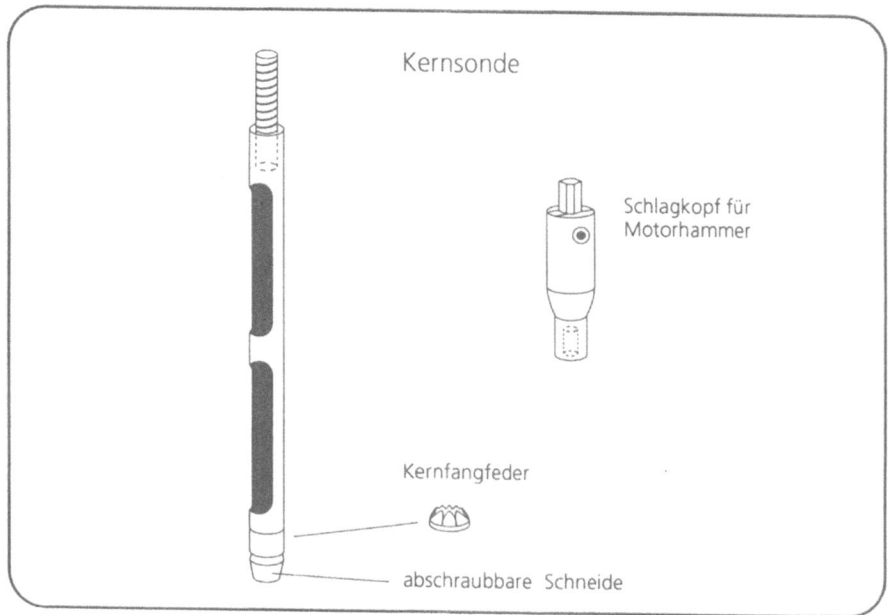

Abb. 11.   Kernsonde mit Kernfangfeder und Schlagkopf für Motorhammer

Arbeitssicherheit
Bei Nut- und Kernsondierungen fallen zwar nur geringe Mengen an kontaminiertem Material an und auch flüssige und gasförmige Stoffe treten an der Sondierstelle nur in geringen Mengen aus, jedoch besteht auch hier die Gefahr gesundheitlicher Schädigungen durch unsachgemäße Handhabung von Sonden und Probenmaterial. Je detaillierter die Vorerkundungen durchgeführt wurden, desto besser lassen sich Arbeitsschutzmaßnahmen planen:

- Vor Beginn der Sondierarbeiten ist der Verlauf eventuell vorhandener Ver- oder Entsorgungsleitungen festzustellen.
- Grundsätzlich ist mit Schutzausrüstung (Stiefel, Handschuhe, Schutzanzug, unter Umständen Atemschutz) zu arbeiten.
- Direkter Hautkontakt mit Arbeitsgerät und Probenmaterial ist zu vermeiden.

- Die Entnahme von Probenmaterial aus den Sonden hat zur Vermeidung von Schnittverletzungen durch die scharfkantigen Nuten mit einem Spatel oder Messer zu erfolgen.
- Die Sondierbohrarbeiten sind durch meßtechnische Überwachung zu begleiten. Werden die Sondierbohrungen nicht von der Deponieoberfläche, sondern aus bereits angelegten Schürfen durchgeführt, sind die angeführten Sicherheitsmaßnahmen zu beachten. Die Bohrlöcher sind gegebenenfalls wieder zu verschließen.
- Die benutzten Geräte und die Schutzausrüstung sind nach jedem Einsatz auf einer Verdachtsfläche gründlich (etwa mit Aceton) zu reinigen.
- Es ist auf ausreichende Standsicherheit zu achten.

Detaillierte Hinweise zu Schutzmaßnahmen im Zusammenhang mit Altlasten sowie Handlungsanleitungen nebst Richtwerten, Vorschriften, Regeln und Merkblättern geben Burmeier et al. (1995).

Auswertung

Durch Sondierbohrungen erbohrte Profile müssen immer direkt nach dem Ziehen der Sonden vor der Entnahme des Probenmaterials aufgenommen werden. Kernsondierbohrungen erlauben wegen des größeren Probendurchmessers eine bessere *Profilansprache*. Oberflächliche Störung des Profils durch Nachfall im Sondierloch oder Verschleppung beim Einschlagen und Ziehen der Sonden lassen sich entfernen, indem man das Material in der offenen Nut der Sonden abzieht oder sogar nur das Innere des gewonnenen Probenmaterials für Analysen verwendet und den Rest verwirft. Die Profile sind unter Verwendung des „Symbolschlüssels Geologie" und des Schichtenerfassungsprogramms SEP, herausgegeben vom Niedersächsischen Landesamt für Bodenforschung und der Bundesanstalt für Geowissenschaften und Rohstoffe in Hannover, aufzunehmen.

Probenahme

Sofern es die Probenmenge erlaubt, sollten für später erforderliche Wiederholungsmessungen Rückstellproben genommen und archiviert werden.

Bis ins Grund- oder Sickerwasser reichende Sondierbohrungen lassen sich zu Meßstellen ausbauen. Der Bau solcher Grund- und Sickerwassermeßstellen wird in Kap. 1.3.3.2 erläutert. Auf die Beprobung von *Wässern* wird in Kap. 1.7.1, auf die Analytik in Kap. 1.8.1 eingegangen.

Die Vor-Ort-Untersuchung von *Bodenluft und Deponiegasen* in Sondierbohrlöchern wird in Kap. 1.8.3.1 behandelt.

Fehlerquellen

Grundsätzlich erlauben beide angesprochenen Sondierbohrverfahren bis in den Zentimeterbereich genaue Profilaufnahmen und Probenahmen. Die Genauigkeit von Profilaufnahme und Beprobung ist weniger vom Sondeninnendurchmesser als vom Probenmaterial und dessen Verformbarkeit sowie der Sorgfalt beim Einschlagen und Ziehen der Sonden abhängig:

■ Zu heftiges Einschlagen und Ziehen der Sonden ohne Drehen führt zur Stauchung oder Verschleppung von Material.

■ Beim Ziehen von Sonden zum Entleeren und Nachsetzen von Verlängerungsstangen besteht die Gefahr von Materialverschleppung und Nachfall im bereits bestehenden Sondierbohrloch.

■ Dringen beim Einschlagen Steine oder ähnlich grobes Material in die Sonden ein, kann es zu Blockagen in den Sonden und damit Stauchungen oder sogar Kernverlust kommen.

■ Bei rolligem Material besteht die Gefahr von Kernverlust durch Herausfallen von Probenmaterial beim Ziehen der Sonden.

Qualitätssicherung
Qualitätssicherung muß bereits in der Planungsphase von Sondierbohrungen auf Altlastverdachtsflächen beginnen (vgl. Kap. 1.3.3.1).

Zeitaufwand/Kosten
Der Zeitaufwand für die Durchführung von Sondierbohrungen läßt sich nicht pauschal angeben. Er ist von einer Reihe von Faktoren abhängig:

■ Die Anzahl und die Tiefe der Sondierbohrungen werden von der Problemstellung vorgegeben. Der Zeitaufwand für das Abteufen jeder einzelnen Sondierbohrung hängt von der Beschaffenheit des Bodens ab. Werden Hindernisse angetroffen, muß die Sondierbohrung unter Umständen an anderer Stelle wiederholt werden.

■ Zugänglichkeit und Standsicherheit des Geländes.

■ Das manuelle Einschlagen von Nutsonden mit dem Hammer ist zeitaufwendiger als der Einsatz eines Motor-Schlaghammers. Das Ziehen der Nutsonden geschieht dagegen in beiden Fällen manuell. Bei Verwendung von Kernsonden ist der Zeitaufwand für An- und Abtransport sowie Umsetzen auf der Baustelle einzurechnen.

■ Das Gefährdungspotential der Altablagerung/des Altstandorts ist trotz sorgfältigster Vorbereitung nicht immer mit Sicherheit vorauszusagen. So wird die Vorgehensweise nicht selten von den angetroffenen Verhältnissen bestimmt, was im Extremfall zur völligen Abkehr von der ursprünglichen Planung führen kann. Grundsätzlich verringert Vollschutz des Personals das Arbeitstempo.

Die Kosten für das Abteufen von Sondierbohrungen lassen sich ebensowenig pauschal beziffern wie der Zeitbedarf, da sie im wesentlichen von den selben unwägbaren Faktoren abhängen.

Abrechnungsgrundlage nach VOB sind der Bauvertrag (Leistungsverzeichnis) und das gemeinsame Aufmaß.

Bezugsquellen
Potentielle Auftragnehmer für das Abteufen von Sondierbohrungen sind grundsätzlich alle Ingenieurbüros. Bevorzugt werden sollten Firmen, die nachweislich Erfahrungen auf diesem Gebiet anführen können und über im Umgang mit Schutzausrüstung und Meßgeräten geübtes Personal verfügen.

Adressen geowissenschaftlicher und geotechnischer Institutionen und Firmen finden sich in der Broschüre „Geopotential in Niedersachsen", herausgegeben von der Niedersächsischen Akademie der Geowissenschaften in Hannover. Dieser Wegweiser ist erhältlich bei der Geschäftsführung der Akademie:

Dr. E.-R. Look
Stilleweg 2
30655 Hannover   Tel.: 0511/6432487

Die Leistungstexte sind zu beziehen vom

Fachausschuß Tiefbau
Am Knie 6
81241 München   Tel.: 089/8897500

Weitere Vorschriften und Regeln für Arbeiten auf Altlasten sind zu beziehen vom

Carl Heymanns Verlag
Luxemburger Str. 449
51149 Köln   Tel.: 0221/460100

1.3.2.3 Bohrungen   G-B

Bohrungen sind im Vergleich mit Schürfen und Sondierbohrungen die aufwendigsten geologischen Aufschlußmethoden zur Erkundung des Untergrundes und zur Gewinnung von Proben.

Laut §§ 50, 127 Bundesberggesetz, § 4 Lagerstättengesetz und § 138 Niedersächsisches Wassergesetz sind Bohrvorhaben anzeigepflichtig (s. Abschn. „Vorschriften").
Zu unterscheiden sind Trockenbohrungen, Kernbohrungen und Spülbohrungen.

Anwendungsbereiche

Trockenbohrverfahren werden unter folgenden Bedingungen angewandt:

- Die Tiefe des Bohrloches soll nur wenige Meter betragen.
- Das für die Bohrspülung benötigte Wasser steht nicht zur Verfügung.
- Der zu erbohrende Untergrund läßt aufgrund hoher Durchlässigkeiten hohe Spülungsverluste erwarten.
- Der zu durchbohrende Untergrund und das zu gewinnende Probenmaterial sollen nicht durch Kontakt mit der Spülung verändert oder gar kontaminiert werden.

Bohrungen in Lockergesteinen müssen wegen der mangelhaften Standfestigkeit des Gebirges regelmäßig durch Verrohrungen gesichert werden. Die Rohrtouren können nach Fertigstellung der Bohrungen vor deren Verfüllung wieder gezogen werden.

Spülbohrverfahren sind in allen Gesteinen und bis in große Tiefen einsetzbar und haben sich zu den am weitesten verbreiteten Bohrverfahren entwickelt.

Bohrverfahren

Die heute zur Verfügung stehenden Bohrverfahren und Bohrgeräte sowie deren technischer Entwicklungsstand erlauben es, nahezu jede Anforderung an eine Bohrung zur Erkundung des Untergrundes und zur Gewinnung von Probenmaterial zu erfüllen. Wichtig ist dabei, das Verfahren und das Gerät dem jeweiligen Problemfall angemessen auszuwählen, um die gesteckten Ziele mit vertretbarem zeitlichen und finanziellen Aufwand zu erreichen.

Nach der Art der Bohrlocherzeugung werden folgende Methoden unterschieden:

- Greiferbohrungen   G-Bg,
- Schlagbohrungen   G-Bs,
- Rammbohrungen   G-Br,
- Drehbohrungen   G-Bd,
- Schlagdrehbohrungen   G-Bsds,
- Verdrängungsbohrungen G-Bdv.

Tabelle 4 gibt eine Übersicht über die wichtigsten Bohrverfahren und Bohrwerkzeuge, die in den folgenden Kapiteln beschrieben werden.

Tabelle 4.   Übersicht über die wichtigsten Bohrverfahren und Bohrwerkzeuge

Bohrverfahren	Werkzeug	Aufhängung	Probenart	Förderung
Greiferbohrung	Bohrlochgreifer	Seil	Bohrklein	Trocken
Schlagbohrung	Ventilbohrer	Seil	Bohrklein	Trocken
	Schlagschappe	Seil	Bohrklein	Trocken
Rammbohrung	Kernrohr mit Schneidschuh	Seil	Kern	Trocken
Drehbohrung	Drehschappe	Gestänge	Bohrklein	Trocken
	Schneckenbohrer	Gestänge	Bohrklein	Trocken
	Spiralbohrer	Gestänge	Bohrklein	Trocken
	Hohlbohrschnecke	Gestänge	Kern	Trocken
	Bohrmeißel	Gestänge	Bohrklein	Direkt spülend
	Kernrohr mit Kernkrone	Gestänge	Kern	Direkt spülend
	Bohrer	Gestänge	Bohrklein	Indirekt spülend (Lufthebe verfahren)
Schlagdreh-bohrung	Bohrmeißel	Gestänge	Bohrklein	Direkt spülend
Verdrängungs-bohrung	Bohrspitze	Gestänge	-	-

Greiferbohrungen   G-Bg

Greiferbohrverfahren gehören zu den *Trockenbohrverfahren ohne Kerngewinn*. Das Verfahren liefert teufengerechte, gestörte Proben in ausreichender Menge. Es wird für Aufschlüsse in Sanden und Kiesen über und unter dem Grundwasserspiegel und dort eingesetzt, wo mit Hindernissen (Bauschutt, Sperrgut) zu rechnen ist. Die Kontrolle der Bohrlochtiefe erfolgt über die Kontrolle der Seillänge. Technisch sind Tiefen bis 200 m erreichbar.

Schlagbohrungen   G-Bs

Schlagbohrverfahren gehören zu den Trockenbohrverfahren ohne Kerngewinn. Man unterscheidet

- ■ Schlagbohrungen mit Ventilbohrer und
- ■ Schlagbohrungen mit Schlagschappe.

Ventilbohrer (Abb. 12) liefern unvollständige gestörte Proben. Sie werden ausschließlich zur Förderung von Sand und Kies unter Wasser eingesetzt. Erreichbare Bohrlochdurchmesser schwanken zwischen 168 und 1.000 mm. Die Kontrolle der Bohrlochtiefe erfolgt über die Kontrolle der Seillänge. Es sind Tiefen bis über 100 m erreichbar.

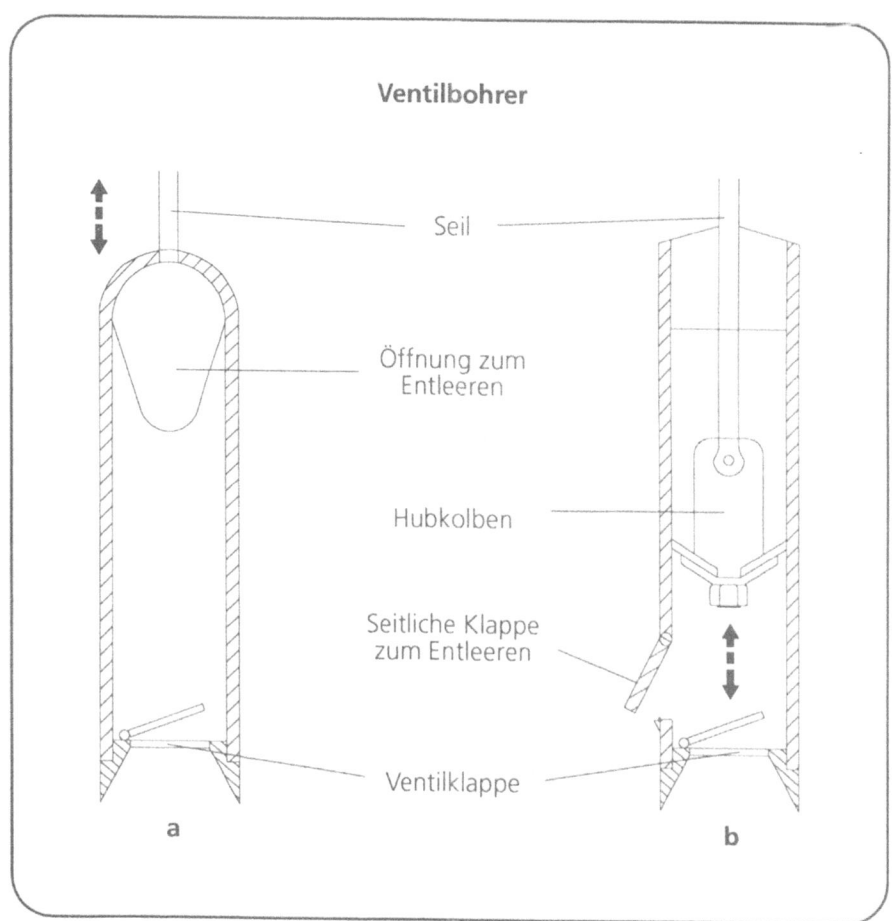

Abb. 12.   Ventilbohrer: **a** Schlammbüchse, **b** Kiespumpe

Schlagschappen liefern durchgehende, gestörte Proben. Sie finden bei Aufschlüssen in Schluffen oberhalb des Wasserspiegels sowie in Tonen oberhalb
und unterhalb des Wasserspiegels Verwendung. Die Bohrlochdurchmesser
schwanken zwischen 168 und 500 mm. Die Kontrolle der Bohrlochtiefe erfolgt
über die Kontrolle der Seillänge. Es sind Tiefen bis 300 m erreichbar.

Rammbohrungen, Rammkernbohrungen   **G-Br**
Rammbohrverfahren (Abb. 13) gehören zu den Trockenbohrverfahren mit
Kerngewinn.
   Die Bohrlochdurchmesser von Rammbohrungen in Tonen und sandig-kiesigen Lockergesteinen ohne grobe Einlagerungen schwanken zwischen und 80
und 300 mm, die Kerndurchmesser zwischen 63,5 und 101 mm. Die Kontrolle
der Bohrlochtiefe erfolgt über die Länge der Überbohrrohre. Das Verfahren ist
bis in Tiefen von 300 m wirtschaftlich.

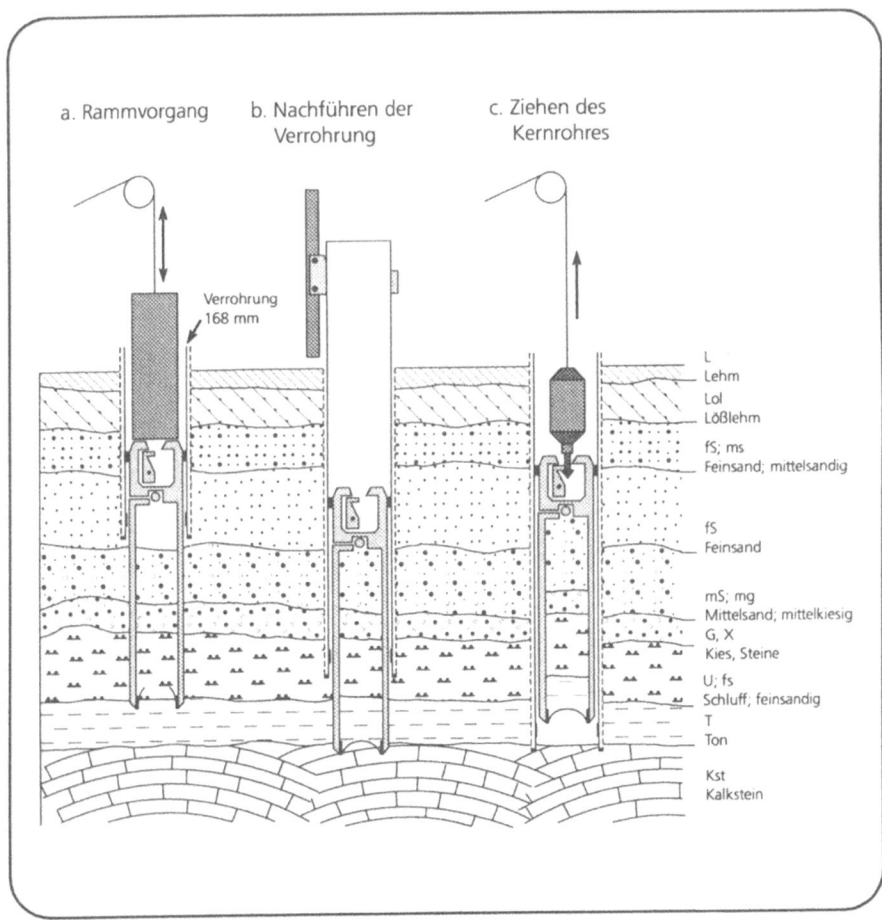

a. Rammvorgang   b. Nachführen der   c. Ziehen des
                      Verrohrung   Kernrohres

Verrohrung
168 mm

L
Lehm
Lol
LÖßlehm

fS; ms
Feinsand; mittelsandig

fS
Feinsand

mS; mg
Mittelsand; mittelkiesig
G, X
Kies, Steine
U; fs
Schluff; feinsandig
T
Ton

Kst
Kalkstein

Abb. 13.   Arbeitsschritte beim Rammkernverfahren. (Nach Homrighausen 1993)

Drehbohrungen   G-Bd

Drehbohrungen werden mit speziellen mobilen Bohrgeräten oder stationären Bohranlagen mit Bohrgestänge durchgeführt. Die Kontrolle der Bohrlochtiefe erfolgt jeweils über die Kontrolle der Bohrstranglänge. Man unterscheidet

■ trockene Drehbohrungen und
■ spülende Drehbohrungen.

Beide Verfahren erlauben die Gewinnung von Kernen.

Trockene Drehbohrungen ohne Kerngewinn   G-Bdt

Als Bohrwerkzeuge kommen bei diesen Verfahren Drehschappen, Schnecken-bohrer oder Spiralbohrer zum Einsatz. Sie sind für Aufschlüsse in nahezu allen

Böden oberhalb und unterhalb des Wasserspiegels und für Bohrlochdurchmesser von 150 - 900 mm geeignet.

Drehschappen liefern durchgehende, stark gestörte Proben in Tonen und Sanden bis 200 m Tiefe.

Schneckenbohrer (Abb. 14 a) werden in mittelhartem Gestein mit Durchmessern von 150 - 600 mm, in weichem Gestein bis 900 mm, vereinzelt auch größer, eingesetzt. Schneckenbohrer finden häufig dort Verwendung, wo in bindigen Böden mit Einlagerungen von Kies oder anderem groben Material zu rechnen ist. Sie sind bis in Tiefen von 40 m oberhalb des Grundwassers und bedingt auch unter Wasser einsetzbar, erfordern allerdings Bohrgeräte, die erhebliche Drehmomente aufbringen können. Die Einsatztiefe wird durch die maximale Länge der bis zu vierfach teleskopierbaren (ausfahrbaren) großkalibrigen Kellystange (s. „Bohrgeräte und Bohranlagen") begrenzt, wobei das nutzbare Drehmoment mit abnehmendem Durchmesser der Kelly ebenfalls abnimmt. Schneckenbohrer liefern teufengerechte, gestörte Proben. Es ist zu beachten, daß das Probenmaterial am Umfang des Schneckenbohrers beim Ausbau Kontakt mit der Bohrlochwand hat.

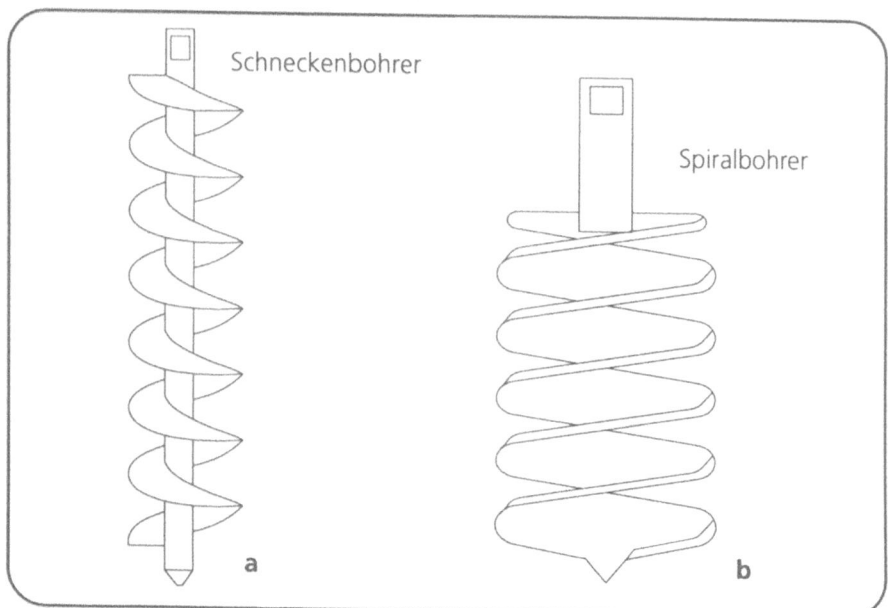

Abb. 14.   **a** Schneckenbohrer, **b** Spiralbohrer

Spiralbohrer sind spiralförmig geschmiedete, mit einer Führungsspitze versehene Bohrwerkzeuge mit Durchmessern von 150 - 800 mm (Abb. 14 b) für zähe Böden und Tiefen bis etwa 40 m. Mit Spiralbohrern gebohrte Löcher müssen häufig mit Drehschappen nachgebohrt werden. Seit es mit Spiralen versehene Drehschappen gibt, kommen Spiralbohrer seltener zum Einsatz.

Trockene Drehbohrungen mit Kerngewinn   **G-Bdtk**

Zum Kernen bindiger und nicht bindiger Lockergesteine mit Bohrlochdurchmessern von 180 - 280 mm eignen sich *Hohlbohrschnecken* (Abb. 15). Sie liefern in lockeren wie bindigen Böden teufengenaue Bohrkerne hoher Qualität ohne Beeinflussung durch Spülung. Das Verfahren verzichtet einerseits auf den Aufwand eines Spülungszirkulationssystems, andererseits auf die kühlende und schmierende Wirkung der Spülung; es erfordert daher drehmomentstarke und schwere Bohrgeräte. Erreichbare Tiefen liegen bei max. 30 m.

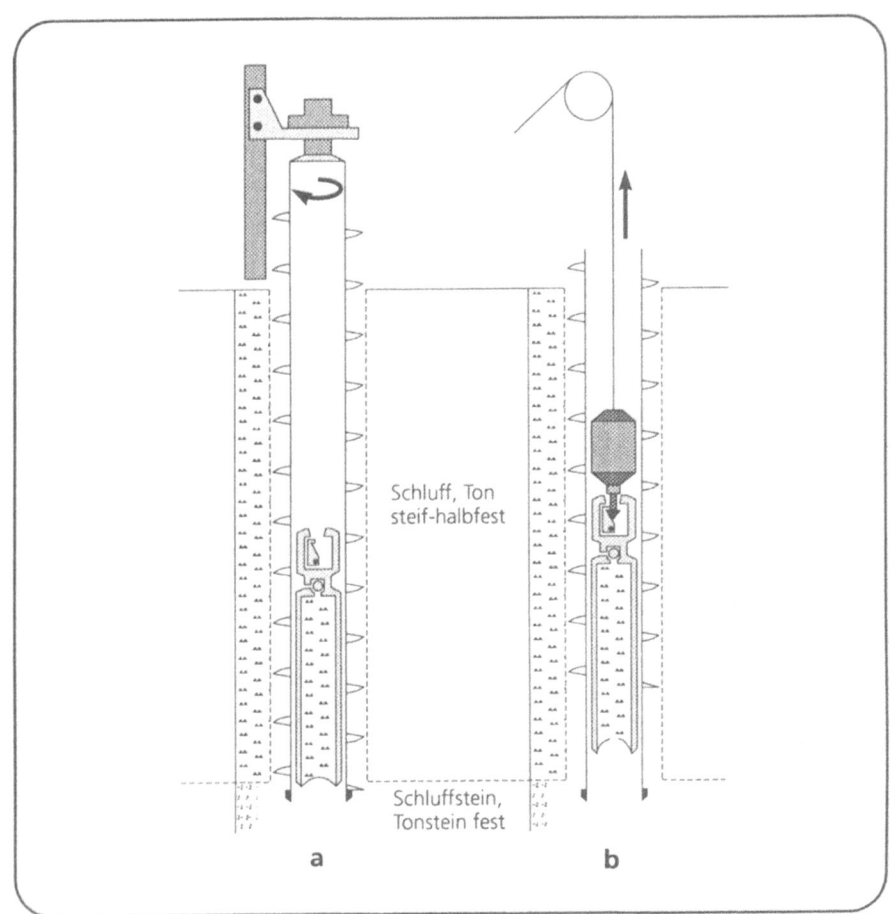

Schluff, Ton
steif-halbfest

Schluffstein,
Tonstein fest

a   b

Abb. 15.   Kernbohren mit der Hohlbohrschnecke. (Nach Homrighausen 1993)

Einfachkernrohre (einfache glatte Kernrohre) mit Kernkronen für Bohrlochdurchmesser von 63,5 - 150 mm erzeugen Bohrkerne in bindigen Lockergesteinen durch Belastung des rotierenden Kernrohres. Ihr Einsatz beschränkt sich allerdings auf den obersten Bereich eines Bohrloches zur Erzeugung eines Führungsloches für weiterführende Verfahren. Deshalb kann im Zusammenhang mit Einfachkernrohren kaum von einem eigenständigen Bohrverfahren gesprochen werden.

Spülende Drehbohrungen

Bei diesen Verfahren handelt es sich mit den verschiedenen *Rotationsspülverfahren oder Rotaryverfahren* (mit direktem Spülungsfluß von wasserbasischer Spülung oder Luft) um die am weitesten verbreiteten Bohrverfahren in der Bohrtechnik überhaupt. Sie sind in nahezu allen Gesteinen und bis in große Tiefen einsetzbar. Der Begriff „Rotaryverfahren" bezeichnete ursprünglich eine Bohrtechnik, bei der der Antrieb des Bohrstranges durch den Drehtisch (Rotary Table) erfolgte, wird heute aber für nahezu alle drehenden Bohrverfahren verwendet. Sie werden in den folgenden Abschnitten „Bohrgeräte und Bohranlagen", „Bohrstränge" und „Kernbohren" beschrieben.

Bohrgeräte und Bohranlagen

Trotz unterschiedlichster Anforderungen an Bohrgeräte und -anlagen sind diese in ihren Grundkomponenten recht ähnlich. Diese Grundkomponenten dienen den drei Hauptfunktionen von Bohrgeräten und -anlagen:

- Heben und Senken des Bohrstranges,
- Drehen des Bohrstranges und
- Zirkulieren der Bohrspülung (bei Spülbohrverfahren).

Leichte bis schwere mobile *Bohrgeräte* sind (Abb. 16) auf transportablen oder fahrbaren Untersätzen (Schlitten, Anhänger, Kettenfahrzeug, leichter bis schwerer LKW) montiert. Sie verfügen über eine aufstellbare Lafette, an der der Antrieb des Bohrgestänges in vertikaler Richtung bewegt werden kann.

Leichte bis schwere stationäre *Bohranlagen* (Rotaryanlagen) verfügen statt einer Lafette über Bohrtürme verschiedenartiger Mastkonstruktionen, in denen ein schwerer Flaschenzug, der Kloben mit dem Fahrseil, installiert ist. Dieser Flaschenzug läßt sich zum Bohren und zum Gestängeaus- und -einbau über das Hebewerk innerhalb der Bauhöhe des Bohrturmes heben und senken. Die Bauhöhe des Bohrturmes wird durch die Länge der abzustellenden Gestängezüge vorgegeben. Stationäre Bohranlagen werden bei der Erkundung des Untergrundes von Altablagerungen und Altstandorten kaum eingesetzt.

Bohrgestänge

In der Flachbohrtechnik verwendete Bohrstangen haben Längen von 3 und 6 m. Gängige Außendurchmesser sind 267, 244,5, 219, 177,8, 146 und 108 mm. Das Bohrgestänge dient nicht nur zum Bohren, sondern wird auch als temporäre Verrohrung zur Sicherung des Bohrloches eingesetzt, wobei der jeweilige Gestängedurchmesser zwei Abstufungen unter dem Verrohrungsdurchmesser liegt (bei Verrohrungsdurchmesser 219 mm beträgt der Gestängedurchmesser beispielsweise 146 mm).

Schwerstangen
Bei in der Flachbohrtechnik eingesetzten Schwerstangen handelt es sich häufig um in Eigenbau hergestellte kurze, möglichst schwere Stangen zur Belastung des Bohrwerkzeugs speziell zu Beginn einer Bohrung (z.B. 1-m-Hohlmantelstangen mit Bleifüllung).

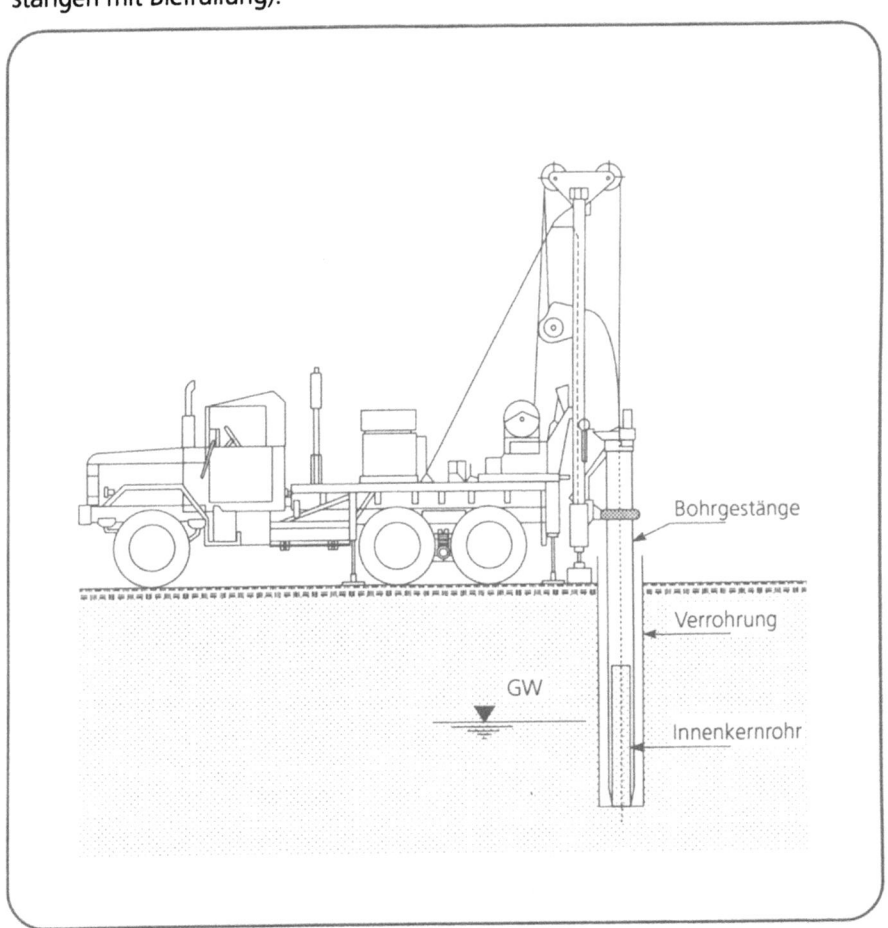

Abb. 16.   Auf LKW montiertes Bohrgerät

**Bohrwerkzeuge für drehende Spülbohrverfahren
ohne Kerngewinn**   **G-Bds**
In Abhängigkeit von den zu erwartenden Gesteinseigenschaften finden unterschiedliche Bohrwerkzeuge wie Flügel-, Stufen-, Rollen- und Diamantmeißel Verwendung.

   Rollenmeißel sind die heute am weitesten verbreiteten und entwickelten Bohrwerkzeuge in der Rotarytechnik.

Bohrwerkzeuge für drehende Spülbohrverfahren
mit Kerngewinn   G-Bdsk

Kernkronen sind Bohrwerkzeuge, die zum Erbohren von Bohrkernen benutzt werden. Anders als Meißel zerstören sie nicht das gesamte vom Werkzeugdurchmesser vorgegebene Gesteinsvolumen, sondern erzeugen nur einen Ringspalt im Gestein, der durch die Dicke der Kronenlippe bestimmt wird. Im Zentrum entsteht der Bohrkern.

Kerngewinn und *Kernerhalt* können durch die Verwendung von Diamantbohrkronen erheblich verbessert werden. Die langlebigen Diamantbohrkronen verhindern jedoch nicht, daß der Bohrstrang nach jedem Kernmarsch aus- und wieder eingebaut werden muß. Zu vermeiden ist dies nur durch das Seilkernverfahren.

Seilkernverfahren   G-Bdskl

Kennzeichen für das *Seilkernverfahren* sind:

- Antrieb des Bohrstrangs über einen schnellaufenden Kraftdrehkopf,
- Verwendung von Bohrgestänge gleicher Durchmesser über die gesamte Bohrstranglänge *(Seilkernstrang)* und
- Verwendung dünnlippiger Diamant- oder Hartmetallbohrkronen mit nur geringfügig über dem Gestängedurchmesser liegenden Außendurchmessern.

Es ermöglicht das Ziehen des vollen Innenkernrohres an einem Stahlseil mit einem Kupplungsmechanismus, der das Innenkernrohr aus dem Außenkernrohr ausklinkt und zum Ziehen und Entleeren ankoppelt, ohne daß das Gestänge ausgebaut werden muß. Das Gestänge braucht so nur noch zum Werkzeugwechsel ausgebaut werden; das Verfahren ist damit für *kontinuierliches Kernen* optimal geeignet. Seilkernrohre sind häufig als *Dreifachkernrohre* ausgebildet: Das Innenkernrohr enthält zusätzlich eine PVC-Hülse, die nach der Bergung entnommen und mit Deckeln verschlossen werden kann. Es finden Innenkernrohre von 1, 1,5, 2 und 6 m Verwendung.

Orientierte Bohrkerne   G-Bork

Einige wissenschaftliche Untersuchungen, z.B. strukturelle oder magnetische Untersuchungen, erfordern Bohrkerne, deren natürliche räumliche Lage im Gesteinsverband rekonstruiert werden kann. Dazu gibt es mehrere Methoden.

Die einfachste Methode besteht darin, ein *Pilotbohrloch* von wenigen Zentimetern Durchmesser zu bohren und dieses Pilotbohrloch mit einem deutlich größeren Kerndurchmesser so zu überbohren, daß das Pilotbohrloch in bezug auf den Bohrkern in einer definierten Richtung, zum Beispiel am nördlichen Kernrand, liegt.

Eine weitere Methode markiert den Bohrkern während des Kernens mittels dreier im theoretisch nicht rotierenden Innenkernrohr asymmetrisch angeordneter Messer, die auf dem Bohrkern drei parallele Nuten erzeugen, die theoretisch geradlinig verlaufen sollten. Die tatsächliche Lage der Messer in bezug auf einen Referenzpunkt wird während des Kernvorganges regelmäßig meßtechnisch dokumentiert und erlaubt so auch bei nicht geradlinig verlaufenden *Markierungsnuten* die Orientierung des Kernes.

Spülung
Die Hauptaufgaben der Bohrspülung sind im normalen *Spülungskreislauf* neben vielen anderen

- Reinigung der Bohrlochsohle und Austrag des Bohrguts/Bohrkleins aus dem Bohrloch,
- Kühlung und Schmierung von Bohrwerkzeug und Bohrstrang sowie
- Stabilisierung der Bohrlochwand.

Reinigung und Austrag
Die Reinigung der Bohrlochsohle und der Austrag des Bohrkleins werden maßgeblich von 3 Faktoren beeinflußt:

- Fließgeschwindigkeit der Spülung im Ringraum,
- Viskosität der Spülung und
- Gelstärke der Spülung.

Wasserbasische Spülungen
Das einfachste Spülungsmedium ist *Süßwasser*. Wasser fehlt jedoch die Tragfähigkeit, die zur Reinigung der Bohrlochsohle und besonders zum Austrag des Bohrkleins erforderlich ist. Um die benötigte Viskosität und Gelstärke einer Spülung einzustellen, werden dem Wasser *Tonminerale* (gewöhnlich Bentonit, bei Salzwasser Attapulgit) oder *Polymere* (langkettige Molekülverbindungen: Carboxymethylcellulose (CMC), Polyacrylamide (PAA)) zugesetzt (reine Wasserspülung reichert sich beim Einsatz in tonigen Gesteinen automatisch mit Tonmineralen an). Zu hohe Werte von Viskosität oder/und Gelstärke können bewirken, daß die Spülung Bohrklein und eingeschlossene Gase im Absetzbecken nicht freigibt.

Luftspülung
Unter ähnlichen Bedingungen wie bei den Trockenbohrverfahren wird in trockenem Festgestein aus verschiedenen Gründen Luft als Spülungsmedium eingesetzt:

- Das für eine wasserbasische Spülung benötigte Wasser steht nicht zur Verfügung.
- Das Gestein läßt aufgrund hoher Durchlässigkeiten oder starker Klüftung hohe bis totale Spülungsverluste befürchten.

■   Die Verwendung von Spülung auf Wasserbasis ist wegen der
      zu erwartenden *Kontamination durch Spülungszusätze* uner-
      wünscht (etwa bei Brunnenbohrungen).

In trockenem Festgestein lassen sich mit Luftspülung deutlich größere Bohrfortschritte erzielen als bei Verwendung konventioneller Spülung, da keine
Spülungssäule auf der Bohrlochsohle lastet. Die Reinigung der Bohrlochsohle ist
bei trockenem Gebirge gut, der Austrag des beim Bohren mit Diamantmeißeln
erzeugten *Bohrmehls* mit relativ geringem Luftdruck und niedrigem Volumenstrom zu erreichen. Die Kühlung der Diamantmeißel erfordert hingegen große
Luftmengen. Dabei kann es zu *Erosionserscheinungen* (Sandstrahleffekt) in der
Bohrlochwand kommen. Bei größeren Bohrlochdurchmessern wird zur Vermeidung solcher Effekte mit *Umkehrspülung* gearbeitet.
    Wassereinbrüche ins Bohrloch machen dem Verfahren häufig ein Ende und
zwingen zum Rückgriff auf konventionelle Spülung. Diese Notwendigkeit mit
all ihren ökonomischen Konsequenzen hat eine weitere Verbreitung der Anwendung von Luftspülung bisher verhindert.

Lufthebeverfahren   G-Bdis
Das *Lufthebeverfahren* ist der Sonderfall eines drehenden Spülbohrverfahrens
ohne Kerngewinn mit Umkehrspülung, bei dem als Fördermittel Wasser oder
wasserbasische Spülung und Luft (s. „Spülung") gleichzeitig benutzt werden.
Das Verfahren wurde für das Abteufen von Brunnen- und Schachtbohrungen
mit großen Durchmessern in mäßig bis stark verfestigten Sedimenten und Hart-
gestein entwickelt und ist bereits bis in Teufen von weit über 1.000 m eingesetzt worden.
    Grabende und wühlende Bohrwerkzeuge *(Flügelbohrer, Wühlbohrer, Stu-
fenbohrer)* mit Durchmessern zwischen 300 und 900 mm, in hartem Gestein
Großlochrollenmeißel mit Durchmesser > 5.000 mm werden an einem Spezial-
gestänge (Durchmesser 108 - 326 mm) mit Schwerstangen langsam auf der
Bohrlochsohle gedreht und fördern das gelöste Gestein durch auf den Innendurchmesser des Gestänges abgestimmte Öffnungen in den Bohrstrang
(Abb. 17).
    Die Reinigung der Bohrlochsohle und der Transport des Bohrgutes erfolgen
durch Wasser oder Spülung (wegen der unzureichenden Strömungsgeschwindigkeit im riesigen Ringraum) „linksherum". Die Zirkulation der Spülung wird
durch Einpressen von Druckluft (Abb. 17) in den Bohrstrang über eine separate
Druckluftleitung erreicht: Die im Strang befindliche Spülungssäule wird dadurch erleichtert, Spülung aus dem Ringraum strömt nach. Die im Bohrstrang
aufsteigende Luft dehnt sich stetig aus und beschleunigt die Hebewirkung auf
diese Weise.
    Die übertage aus dem Bohrstrang austretende Spülung wird im einfachsten
Fall (bei Verwendung von Wasser) über Absetzrinnen geleitet und fließt nach
Absetzen des Bohrgutes ohne Unterstützung einer Pumpe wieder zurück in

den Ringraum. Der Einsatz von wasserbasischer Spülung macht hingegen ein aktives Feststoffkontrollsystem erforderlich.

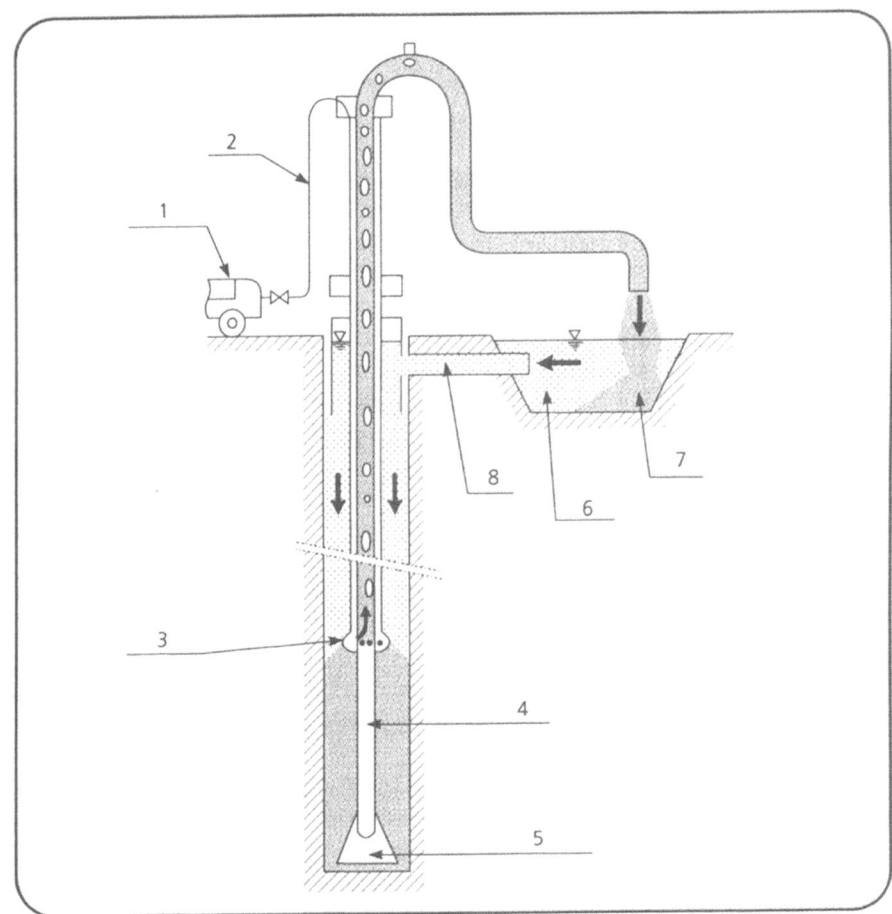

Abb. 17.   Schematische Darstellung des Lufthebeverfahrens: *1* Kompressor, *2* Druckluftleitung, *3* Eintrittsstelle der Druckluftleitung in den Bohrstrang, *4* Bohrstrang, *5* Bohrwerkzeug, *6* Absetzrinne, *7* abgesetztes Bohrgut, *8* Spülungzufluß in den Ringraum. (Nach Arnold 1993)

Das Lufthebeverfahren erlaubt das Erbohren großer Tiefen in wenig verfestigtem Gestein und Festgestein, welches hohe Spülungsverluste erwarten läßt (Karst), ohne zwischenzeitlichen Aus- und Einbau des Gestänges. Weitere Vorteile des Verfahrens sind der geringe technische Aufwand und die Unempfindlichkeit gegenüber grobem Gesteinsmaterial bei allerdings niedrigem Wirkungsgrad, bedingt durch das Drei-Phasen-System, in dem die Luft der Spülung und dem Bohrgut deutlich vorauseilt und dadurch erhebliche Mengen an Druckluft benötigt werden, um die Zirkulation der Spülung in Gang zu halten.

Schlagdrehbohrungen   G-Bsds

Schlagdrehbohrungen sind Spülbohrverfahren ohne Kerngewinn. Nach der Art der Spülung unterscheidet man hydraulische und pneumatische Schlagdrehbohrungen.

Hydraulische wie pneumatische Schlagdrehbohrgeräte *(Imlochhämmer)* nutzen die hydraulische/pneumatische Energie der im Bohrstrang verpumpten Spülung, indem ein Ventil den Spülungsstrom schlagartig unterbricht, diesen hydraulischen/pneumatischen Schlag in eine mechanische Bewegung umwandelt und über einen Schlagbolzen auf einen Amboß und damit auf das Bohrwerkzeug überträgt, während der Bohrstrang rotiert. Das Gestein wird auf der Bohrlochsohle mit hoher Schlagfrequenz zertrümmert und durch das verwendete Spülungsmedium (wasserbasische Spülung oder Druckluft) aus dem Bohrloch gefördert. Die Spülung dient somit sowohl dem Antrieb der Imlochhämmer als auch der Bohrlochreinigung.

Imlochhämmer (Durchmesser 35 - 600 mm) sind nur im Festgestein einsetzbar. Mit ihnen lassen sich jedoch gute Bohrfortschritte und Tiefen von bis zu 400 m erreichen.

Verdrängungsbohrungen   G-Bdv

Für Fälle, in denen keine Ansprüche an Proben bestehen und in denen der Untergrund ihren Einsatz erlaubt, kommen zunehmend *Verdrängungsbohrungen* zur Anwendung. Im Gegensatz zu allen bisher geschilderten Bohrverfahren werden Bohrlöcher hier nicht durch Förderung, sondern durch Verdrängung von Material erzeugt. Sie werden mit drehmomentstarken Bohrgeräten ohne Spülung mit geschlossenen Bohrspitzen von 108 - 326 mm Durchmesser am Gestänge durchgeführt. Die Bohrspitzen werden nach Erreichen der Endteufe herausgeschlagen, die entstandenen Bohrlöcher lassen sich zu Bodenluft-, Gasmeßstellen und Grundwasserbeprobungsstellen ausbauen. Verdrängungsbohrungen haben den Vorteil, kein kontaminiertes Material zu fördern und wegen des relativ geringen technischen Aufwands kostengünstig zu sein, erschließen jedoch nur Tiefen bis max. 40 m.

Auswahl von Bohrverfahren und Bohrgerät

Bei der Beschreibung der Bohrverfahren wurden deren Einsatzmöglichkeiten im Hinblick auf den zu erbohrenden Untergrund sowie erreichbare Durchmesser und Tiefen, soweit möglich und sinnvoll, bereits erwähnt. Hier sollen nun Kriterien genannt werden, die bei der Auswahl von Bohrverfahren und -geräten von Bedeutung sind:

- Zugänglichkeit der Bohrstelle, Tragfähigkeit des Untergrundes,
- Lagerkapazitäten für Geräte und Material, Wasser- und Stromversorgung,
- Wohnbebauung in der Nähe (Emissionsschutz!),
- geologische Verhältnisse,
- hydrogeologische Verhältnisse,

- Zweck, Durchmesser, Endteufe,
- Ausbau,
- Probenmengen, Probenqualität, Teufengenauigkeit, chemisch-physikalische Beeinflussung und
- Kontaminationsgefährdung.

Vorschriften

Zunächst ist die geplante *Durchführung* jedes mechanischen *Bohrvorhabens* nach §§ 50 und 127 Bundesberggesetz, § 4 Lagerstättengesetz und § 138 Niedersächsisches Wassergesetz unter Verwendung des Formblattes MU 1a den dort aufgeführten Behörden anzuzeigen.

Für Bohrungen tiefer 100 m ist dem zuständigen Bergamt darüber hinaus ein umfassender *Betriebsplan* vorzulegen, der ein Betriebsplanverfahren unter Einbeziehung aller Betroffenen auslöst. Nach *Genehmigung* des Bohrvorhabens ist zusätzlich ein *Bohrbetriebsplan* einzureichen, in dem die Bohrung und das Bohrgerät beschrieben und die bergrechtlich verantwortlichen Personen benannt werden.

Bei der Planung des Bohransatzpunktes sind unter Umständen Mindestabstände zu Verkehrsflächen und Gebäuden einzuhalten. Auf jeden Fall ist der Verlauf eventuell vorhandener Ver- oder Entsorgungsleitungen festzustellen. Soll die Bohrung zu einer Grundwassermeßstelle ausgebaut werden, ist der Bohransatzpunkt so zu wählen, daß fahrlässige oder mutwillige Beschädigungen weitgehend ausgeschlossen sind.

Nach Festlegung des Bohransatzpunktes ist auf dem Verhandlungsweg die Einwilligung des Grundeigentümers zur Grundüberlassung in Form eines *Nutzungsvertrages* mit Festlegung der Nutzungsentschädigung einzuholen.

Zur *Planung* (Aufstellen von Leistungsverzeichnissen), Durchführung und Abrechnung von Bohrleistungen sei an dieser Stelle auf die

- DIN 18 301 (1988): Verdingungsordnung für Bauleistungen VOB, Teil C: Allgemeine Technische Vertragsbedingungen für Bauleistungen; Bohrarbeiten

hingewiesen. Nicht zu vergessen sind bei der Planung *Sonderleistungen* wie

- Transport und Entsorgung von Bohrgut und Bohrspülung sowie
- Ziehen von Verrohrungen, Verfüllen der Bohrungen und Rekultivierung des Bohrplatzes.

Arbeitssicherheit

Häufig wechselnde Einsatzorte und Arbeitsbedingungen im Freien und die Notwendigkeit, unvorhergesehene Probleme durch Improvisation lösen zu müssen, bedeuten für den in der Bauwirtschaft und bei Bohrunternehmen beschäftigten Personenkreis erhöhte *Unfallgefahr*. Arbeiten in kontaminierter Umgebung erhöhen diese Unfallgefahr drastisch und erfordern zusätzliche Schutzmaßnahmen. Eine besondere Gefahr bei der Durchführung von Bohrungen auf und an Altablagerungen und Altstandorten stellt die des möglichen direkten Kontaktes mit festen, flüssigen und gasförmigen Schadstoffen dar. Deswegen sind hier strenge Sicherheitsvorkehrungen zu treffen.

Detaillierte Hinweise zu Schutzmaßnahmen im Zusammenhang mit Altlasten sowie Handlungsanleitungen nebst Richtwerten, Vorschriften, Regeln und Merkblättern geben Burmeier et al. (1995).

Um die *Verschleppung* möglicher *Kontaminationen* zu verhindern, sollte das Bohrgut grundsätzlich in abdeckbaren, dichten Containern zwischengelagert werden. Bohrungen sollten nach Beendigung der Untersuchungsarbeiten möglichst bald wieder verfüllt werden. Was die Eignung der beschriebenen Bohrverfahren für die Erkundung von Altlasten und besonders für Bohrungen auf und am Ablagerungskörper bezüglich der Arbeitssicherheit angeht, können nach den bisherigen Ausführungen nur wenige generalisierende Aussagen getroffen werden.

Das geeignete Bohrverfahren ist in Abhängigkeit von der Zielsetzung der Bohrung und der Art der Altlastverdachtsfläche jeweils in Zusammenarbeit mit einem erfahrenen Bohrunternehmen abzustimmen:

- Bei Trockenbohrungen sollten in entsprechender Umgebung nur Werkzeuge eingesetzt werden, die keine Funken erzeugen. Die Bohrungen sollten zur *Reduzierung der Schadstoffmengen* möglichst geringe Durchmesser haben und in einem Verfahren abgeteuft werden, das das Nachführen von Verrohrungen erlaubt, da offene Bohrlöcher wie Gassammelschächte wirken.

- Bei Spülbohrungen mit Wasser oder wasserbasischer Spülung als Spülmedium muß neben dem geförderten Bohrgut auch die Spülung *entsorgt* werden. Damit fallen unter Umständen erhebliche Mengen *kontaminierter Stoffe* an. Bei Bohrungen in gasführender Umgebung sind die Bestimmungen zum Explosionsschutz („Ex-Schutz") zu beachten. Hier kann eine beschwerte Spülung zwar zur Kontrolle der Gase („flüssige Verrohrung") benutzt werden, das Spülungszirkulationssystem übertage erfordert jedoch aufwendige *Entgasungsanlagen*. Wird mit Luft gebohrt, muß diese abgesaugt und so weit verdünnt werde, daß keine Gefährdung durch toxische Gase besteht.

Dokumentation   G-Bdok

Wichtig für die spätere Auswertung ist neben der Angabe der genauen räumlichen Lage der Bohrung und ihrer Bezeichnung die Dokumentation des technischen Ablaufs und der charakteristischen Bohr- und gegebenenfalls Spülungsparameter in Abhängigkeit von der *Bohrlochtiefe*. Hiermit ist grundsätzlich die über die Seil- oder Bohrstranglänge ermittelte „*Bohrmeisterteufe*" (Tiefe entlang des Loches) gemeint, die weder durch Bohrlochabweichungen noch Bohrstranglängungen verursachte Teufendifferenzen berücksichtigt. Auch ist zu dokumentieren, ob sich die Teufenangaben auf die Geländeoberkante oder, wie bei Rotaryanlagen häufig üblich, auf „Oberkante Drehtisch" beziehen.

Für diese zeitliche und technische Dokumentation, aber auch als Abrechnungsgrundlage, hat der verantwortliche Bohrmeister *Tagesberichte* über die Aktivitäten auf der Bohrung zu führen. Diese Formulare enthalten neben der Bezeichnung der Bohrung und den Daten zu ihrer Lage (Hoch- und Rechtswert, Höhe in bezug auf NN), dem Datum und der aktuellen Bohrlochteufe Angaben zu

- Zeiten und *Aktivitäten auf der Bohrung* (Bohren, Ein- und Ausbau, Verrohrungsarbeiten, Richtbohrarbeiten, Fangarbeiten, Reparaturen, Bohrlochmessungen),
- Werkzeugdurchmesser, Typ, Nummer, Leistung, Verschleißbild
- charakteristischen *Bohr- und Spülungsparametern*,
- Zusammensetzung des *Bohrstranges* sowie Absetzteufen und Abmessungen von *Verrohrungen*.

Auswertung
Die *Beprobung von Bohrgut/Bohrklein* (G-Bcut) dient der Gewinnung von möglichst *repräsentativem* und *teufengenauem Probenmaterial*

- zur Bestimmung der Gesteine und Ermittlung der Gesteinsabfolge des zu untersuchenden Untergrundes und
- für analytische Zwecke.

Die geschilderten Bohrverfahren erfüllen die hierfür zu stellenden Anforderungen wegen der Art der Bohrgutförderung unterschiedlich gut. Die analytischen Möglichkeiten (Tabelle 5) an Bohrklein sind im Vergleich zu Bohrkernen (G-Bcor) stark eingeschränkt.

Tabelle 5. Durchführbarkeit von Untersuchungen an Bohrkernen (G-Bcor) und Bohrklein (Festgestein) (G-Bcut); - nicht möglich, + möglich, o eingeschränkt möglich

Parameter	Bohrkerne	Bohrklein
Ungestörte Gesteinsansprache	+	o
Strukturelle Untersuchungen	+	-
Dichte	+	+
Porosität/Permeabilität	+	-
Elektrische Leitfähigkeit	+	-
Wärmeleitfähigkeit	+	-
Suszeptibilität	+	+
Nat. remanente Magnetisierung	+	-
Nat. Radioaktivität	+	+
Seismik Vp/Vs	+	-
Mineralogischer Stoffbestand	+	o
Chemischer Stoffbestand	+	o

Zu erwähnen ist an dieser Stelle der vom Niedersächsischen Landesamt für Bodenforschung zusammen mit der Bundesanstalt für Geowissenschaften und Rohstoffe herausgegebene *„Symbolschlüssel Geologie"* als Schlüssel für die Dokumentation und automatische Datenverarbeitung geologischer Feld- und Aufschlußdaten. Mit Hilfe dieses ca. 5.000 Begriffe umfassenden Symbolschlüssels lassen sich Schichtverzeichnisse detailliert beschreiben.

Das Schichtenerfassungsprogramm (SEP) ermöglicht das Einlesen externer geologischer Daten in die „Bohrdatenbank Niedersachsen" am NLfB in Hannover. *Laut Erlaß des Niedersächsischen Umweltministeriums vom 30.04.1990 müssen alle im Rahmen des Altlastenprogramms aufgestellten Schichtenverzeichnisse mit Hilfe des SEP an die Bohrdatenbank Niedersachsen übermittelt werden.*

Ansprechpartner ist das

Niedersächsische Landesamt für Bodenforschung
Stilleweg 2   30655 Hannover
Postfach 51 01 53   30631 Hannover
Tel.: 0511/643-35 64

Fehlerquellen
Fehler können bei der Planung, Ausführung und Auswertung von Bohrungen begangen werden:

- Mangelhafte historische Recherchen,
- mangelhafte Auswertungen von Karten und Luftbildern,

- mangelhafte Planung,
- ungenaue Ausschreibungsunterlagen,
- mangelhafte Abstimmung zwischen Auftraggeber und ausführender Bohrfirma,
- Unerfahrenheit der Beteiligten im Umgang mit Bohrungen im kontaminierten Bereich und Unkenntnis der bestehenden Gesetze und Vorschriften,
- mangelhafte organisatorische Überwachung und wissenschaftliche Begleitung bei der Durchführung von Bohrungen,
- Mißachtung von Schutzmaßnahmen und mangelhafte meßtechnische Überwachung sowie
- unsachgemäße Probenahme und -behandlung, unvollständige oder fehlerhafte Probenbeschreibung.

Qualitätssicherung
Qualitätssicherung muß bereits in der Planungsphase von Bohrungen auf Altlastverdachtsflächen beginnen (vgl. Kap. 1.3.3.1).

Zeitaufwand/Kosten
Der Zeitaufwand für die Durchführung von Bohrungen läßt sich nicht pauschal angeben. Er ist von einer Reihe von Faktoren abhängig:

- Vorerkundung, Anzeige des Bohrvorhabens, bei Bohrungen tiefer als 100 m ein bergamtliches Betriebsplanverfahren,
- Festlegung des Bohransatzpunktes in Abstimmung mit dem Bohrunternehmen, Einholen der Einwilligung des Grundeigentümers,
- Erstellung eines Leistungsverzeichnisses, Durchführung von Ausschreibung und Auftragsvergabe einschließlich einer angemessenen Frist bis zum Bohrbeginn,
- Festlegung der Vorgehensweise, Wahl von Bohrverfahren und Bohrgerät in Abstimmung mit dem Bohrunternehmen,
- Anzahl, Tiefe und Art der Bohrungen, Beschaffenheit des Untergrundes, Bohrhindernisse,
- Zugänglichkeit und Standsicherheit des Geländes,
- Einrichten des Bohrplatzes, An- und Abtransport der Gerätschaften, Umsetzen auf der Baustelle, Ziehen von Verrohrungen, Verfüllen und Zementieren von Bohrungen sowie Aufräumungsarbeiten auf dem Bohrplatz, Rekultivierung,
- Qualität der Kartengrundlagen (Lage von Ver- und Entsorgungsleitungen) und
- Gefährdungspotential der Altlastverdachtsfläche.

Die Kosten für das Abteufen von Bohrungen lassen sich ebensowenig pauschal beziffern wie der Zeitbedarf, da sie im wesentlichen von den selben unwägbaren Faktoren abhängen. Zu erwähnen bleiben erhebliche Kosten, die durch Zwischenlagerung, Transport, Behandlung und *Einlagerung von Bohrgut und Spülung* entstehen können, wenn ersteres nicht zur Wiederverfüllung der Bohrung benutzt werden kann oder soll.

Abrechnungsgrundlage nach VOB sind der Bauvertrag (Leistungsverzeichnis) und das gemeinsame Aufmaß.

Bezugsquellen

Potentielle Auftragnehmer für das Abteufen von Bohrungen sind grundsätzlich alle qualifizierten Bohr- und Brunnenbauunternehmen mit Bescheinigung nach DVGW-Arbeitsblatt W 120, in dem die entsprechenden Firmen aufgelistet sind. Da das bewußte Arbeiten in kontaminierten Bereichen unter Einhaltung der Arbeitsschutzmaßnahmen für viele Unternehmen noch das Betreten von Neuland bedeutet, sollten bei der Ausschreibung der Leistungen solche Firmen bevorzugt berücksichtigt werden, die nachweislich Erfahrungen auf diesem Gebiet anführen können und über im Umgang mit Schutzausrüstung und Meßgeräten geübtes Personal verfügen.

Adressen geowissenschaftlicher und geotechnischer Institutionen und Firmen finden sich in der Broschüre „Geopotential in Niedersachsen", herausgegeben von der Niedersächsischen Akademie der Geowissenschaften in Hannover. Dieser Wegweiser ist erhältlich bei der Geschäftsführung der Akademie (Adressen s. Kap. 1.3.2.1).

1.3.3   Anlage, Bau und Ausbau von Meßstellen   G-M

Meßstellen sind nach DIN 4049, Teil 1 *„Lagemäßig festgelegte Stellen zur Messung hydrologischer Größen"*. Die Art dieser „Meßgrößen" (= Parameter) ist nicht näher spezifiziert, so daß grundsätzlich alle an diesen Anlagen erhobenen Daten hierunter gefaßt werden können. Überwiegend werden darunter jedoch solche Meßgrößen zu verstehen sein, die zur Beurteilung von Eigenschaften des Wassers benötigt werden. Dabei sind zu unterscheiden:

- *Wasserbeschaffenheit* und
- *Wassergüte*.

In der Praxis können 3 Hauptanwendungsbereiche bei der Messung an Meßstellen betrachtet werden:

S   Messung des *Druckzustandes* des Wassers (Wasserstand),

B   Messung der chemischen und physikalischen *Beschaffenheit* des Wassers und

M   Messung der *Menge* des Wassers.

Tabelle 6 gibt eine Übersicht über die unterschiedlichen Meßstellen, wie sie zur Kennzeichnung der Wassertypen „Grundwasser", „Sickerwasser", „oberirdisches Wasser" und zusätzlich für „Gas" genutzt werden.

Dabei können die 3 Einsatzbereiche „Altlasten/Deponien/Schadensfälle", „Privat/kommunal/industriell" und „Wasserwirtschaft" differenziert werden. In allen diesen Einsatzbereichen werden Meßstellen betrieben, wobei zum Teil unterschiedliche Terminologien zur Beschreibung gleichartiger Anlagen benutzt werden.

Tabelle 6.   Meßstellentypen und ihre Einsatzbereiche (S = Wasserstand, M = Menge, B = Beschaffenheit)

Einsatzbereich	Meßstellen (Anlagen)	Medium				
		Grundwasser	Sickerwasser	Oberirdisches Wasser		Gas
				Fließend	Stehend	
Altlast/ Deponie	Beobachtungsbrunnen	S B M	-	-	-	(B)
	Kontrollbrunnen	S B M	-	-	-	-
	Anstrombrunnen	S B M	-	-	-	-
	Deponiebrunnen	S B M	S B	-	-	B M
	Sammler	B (M)	B (M)	-	-	B M
Privat, kommunal, industriell	Beobachtungsbrunnen	S B	-	-	-	-
	Gartenbrunnen	S (B) (M)	-	-	-	-
	Hausbrunnen	S (B) (M)	-	-	-	-
	Beregnungs- und Weidebrunnen	S (B) (M)	-	-	-	-
	Industriebrunnen	S B M	-	-	-	-
	Schacht	S (B)	-	-	-	-
Wasserwirtschaft	Förderbrunnen, Peilrohr	(S) B M S B	-	-	-	-
	GW-Meßstelle	S B M	-	-	-	-
	Pegel	(S)	-	S B M	S B	-

Von den technischen Gegebenheiten her können im Bereich "Altlasten" die folgenden Anlagen als Meßstellen genutzt werden (Abb. 18):

- *Brunnen*: Anlage zur Fassung von Grundwasser im Untergrund, in der Regel in Bohrlöchern oder Schächten installiert und aus Rohrmaterial hergestellt,
- *Schacht*: Ausgebaute (bewehrte) oder unausgebaute Aufgrabung größeren Durchmessers,

- *Pegel*: Meßanlagen an oberirdischen Gewässern zur Wasserstandsmessung,
- *Sammler*: Eingegrabene oder in topographischen Tiefpunkten angeordnete Behälter, die Wasser aus Dränagen oder höher gelegenen Flächen sammeln.

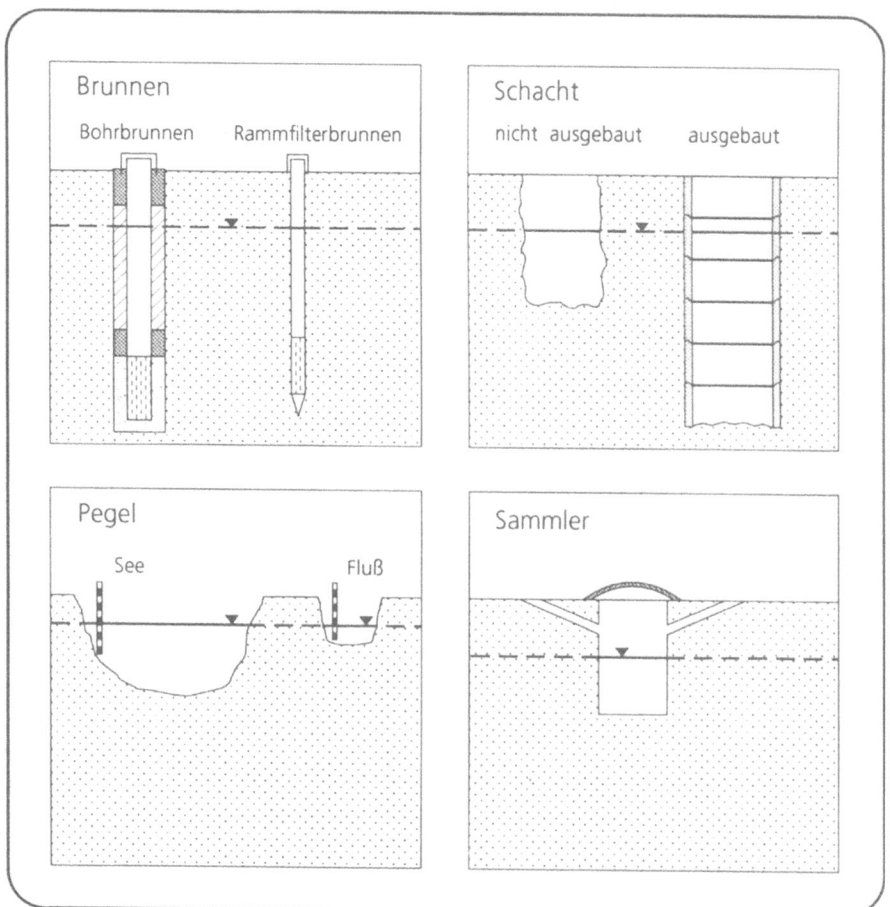

Abb. 18. Als Meßstellen nutzbare technische Anlagen

1.3.3.1 Grundwassermeßstellen G-Mgw

Grundwassermeßstellen an Altlastverdachtsflächen werden einerseits gezielt zur Erkundung, Überwachung und Sanierung der Objekte angelegt, andererseits muß immer auch vorher überprüft werden, ob bereits Anlagen vorhanden sind, die für den jeweiligen Zweck genutzt werden könnten.

Das können Brunnen, Schächte oder auch Pegel (an oberirdischen Gewässern) sein. Für hydrogeologische Untersuchungen an Altlastverdachtsflächen sollten zusätzlich Überwachungsbrunnen erstellt werden. Im Zuge der Orientierungsuntersuchung sollten aus der Erfassung bereits Informationen über das Vorhandensein von Meßstellen verfügbar sein. Bei der Erfassung der Altablagerungen in Niedersachsen werden z.B. Fragebögen zur Erfassung von „Grundwassermeßstellen" und „Hausbrunnen" genutzt (Altlastenhandbuch Teil 1).

Bei der Erkundung und Überwachung von Altablagerungen und Altstandorten werden Meßstellen für die folgenden Aufgaben genutzt:

- Durchführung von Bohrlochmessungen,
- Messung von Grundwasserständen,
- Ermittlung hydrologischer Kennwerte (Fließrichtungen, Abstandsgeschwindigkeiten),
- Ermittlung hydraulischer Kennwerte (Durchlässigkeiten) sowie
- Beprobung und Sanierung von Grundwasser.

Überwachungsbrunnen

Der Begriff „Überwachungsbrunnen" ist als Sammelbegriff für alle Brunnen zu werten, die zur Überwachung von Altlastenverdachtsflächen und Altlasten eingesetzt werden:

- Bohrbrunnen,
- Rammfilterbrunnen (gelochte Rohre mit einer geschlossenen Rammspitze am unteren Ende),
- Multilevel-Brunnen (Mini-Kiesbelagfilter zur teufengenauen Beprobung verschiedener Grundwasserhorizonte eines Grundwasserstockwerks).

Bau von Grundwasserüberwachungsbrunnen

Nach erfolgter geophysikalischer Vermessung können Bohrlöcher zu Grundwasserüberwachungsbrunnen ausgebaut werden. Der Ausbau ist abhängig von der geologischen Schichtfolge und dem Einsatzzweck der Meßstelle. Abbildung 19 zeigt das Ausbauschema eines fertig ausgebauten Grundwasserüberwachungsbrunnens in einer einfachen geologischen Situation.

Im ersten Arbeitsschritt werden die *Rohre* eingebaut. Die Rohre eines Überwachungsbrunnens bestehen im wesentlichen aus Filter- und Aufsatzrohren.

Filterrohre sind gelochte oder geschlitzte Rohre aus Kunststoffen oder Spezialstählen für den Einbau in Grundwasserleitern. Sie sind zur Verschraubung untereinander an den Rohrenden mit Gewinden versehen. Die Gewinde sind entweder als Zapfen und Muffen oder nur als Zapfen ausgebildet. In letzterem Fall werden zum Verschrauben Doppelmuffen benötigt.

Im Bereich oberhalb der Filterrohre werden *Aufsatzrohre (Vollwandrohre)* aus demselben Material bis übertage eingebaut. Filter- und Aufsatzrohre werden beim Einbau miteinander verschraubt, bis in die gewünschte Absetzteufe eingebaut und abgehängt.

Auf den Rohren angebrachte *Zentrierstücke/Abstandhalter* aus Kunststoff oder Spezialstahl sorgen dafür, daß die Rohre zentriert im Bohrloch hängen und damit für die Verfüllung ein gleichmäßiger Ringraum zwischen Bohrlochwand und Rohren erreicht wird.

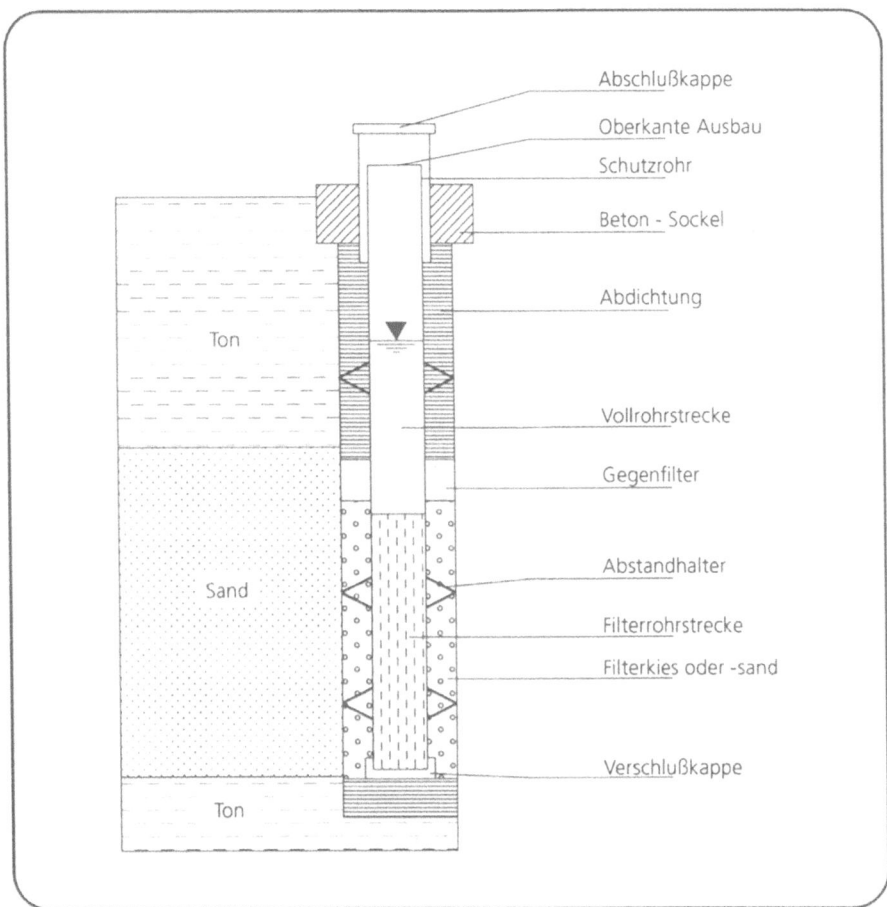

Abb. 19.   Prinzipieller Aufbau eines Grundwasserüberwachungsbrunnens an einer Altlast

Eine *Verschlußkappe (Bodenkappe)* aus identischem Material schließt die Rohre nach unten ab.

Zur Vermeidung von Wasserzu- oder austritten müssen die Verbindungen der Aufsatzrohre absolut dicht sein. Da die Rohrverbindungen zur Vermeidung analytischer Fehler nicht verklebt werden dürfen und auch Schmierstoffe nicht verwendet werden sollten, wird diese Forderung, besonders in größeren Tiefen, häufig nicht erfüllt. Abhilfe kann hier durch das Umwickeln der Gewinde mit Teflonband, die Verwendung abdichtender Rollringe in den Verbindern und das Aufziehen von Schrumpfschläuchen geschaffen werden. Die Zahl der Verbinder läßt sich durch Verwendung langer Aufsatzrohre reduzieren.

Sumpfrohre sind ungelochte/ungeschlitzte Rohre mit geschlossenen Böden, die in Trinkwasserbrunnen unterhalb der Filterrohre angeordnet sind und dort dem Absetzen von Trübstoffen dienen. Da diese Trübstoffe Spurenelemente anlagern und auf diese Weise binden und Sumpfrohre zusätzlich als Fallen für schwere, in Phase auftretende Flüssigkeiten wirken können, sollte im Regelfall auf den Einbau von Sumpfrohren in Grundwassermeßstellen verzichtet werden.

Im Bereich des Grundwasserleiters wird der *Ringraum* von der Bohrlochsohle bis mindestens 1 m oberhalb der Filterstrecke mit gewaschenem *Quarzkies/Quarzsand* als *Filtermaterial* verfüllt, um für den Fall späterer Setzungen sicherzustellen, daß kein Material aus der Bohrlochwand oder dem oberen Ringraum in den Filterbereich gelangen kann. Die Verfüllung hat so langsam und sorgfältig zu erfolgen, daß ein sicheres Absetzen des Materials gewährleistet ist. Sie ist durch begleitende Lotungen zu belegen. Eine zusätzliche Kontrollmöglichkeit besteht in der ständigen Bilanzierung von verfügbarem Ringraum und geschütteter Materialmenge unter Berücksichtigung des Bohrlochkalibers.

Kiesbelagfilter sind Filterrohre mit einem werkseitig aufgebrachten Kiesmantel aus gewaschenem Quarzkies, dessen Körner durch Epoxydharz punktförmig miteinander verbunden sind. Sie machen den aufwendigen und teuren Einbau von Filtermaterial in größeren Tiefen überflüssig und kommen bei gleichen Rohrdurchmessern mit geringeren Bohrlochdurchmessern aus.

Zum Schutz des *Quarzsandfilters* vor Einwaschungen von Bentonit oder Zement aus dem Bereich der Abdichtung wird zwischen dem Quarzsandfilter und der Abdichtung eine Sandschicht als *Gegenfilter* eingebaut.

Die *Dichtungswirkung* eines durchbohrten isolierenden Grundwassergeringleiters wird durch sorgfältiges Verfüllen des Ringraums mit quellfähigem *Tonmaterial* wiederhergestellt. Bei der Verfüllung ist darauf zu achten, daß das Tongranulat nicht schon während des Einbaus quillt und im Ringraum „Brücken" bildet. Die Gefahr der *Brückenbildung* wird bei Verwendung von Zentrierstücken durch Hängenbleiben des Tongranulats erhöht. Man ist deshalb bestrebt, Grundwassermeßstellen nur im untersten Bereich (unterhalb der Tondichtung) zu zentrieren. Um trotzdem einen gleichmäßigen Ringraum über die gesamte Bohrlochlänge zu bekommen, sind möglichst absolut vertikale Bohrlöcher erforderlich.

Die Mächtigkeit der abdichtenden Tonschicht sollte zur Vermeidung von Umläufigkeiten mindestens 5 m betragen. Es ist sinnvoll, den gesamten Ringraum über dem Quarzsandfilter abzudichten, da so das Eindringen von Oberflächenwasser in den Ringraum verhindert und eine zusätzliche Abdichtung der Vollrohrverbindungen bewirkt wird. Auf keinen Fall darf Bohrgut zur Auffüllung des restlichen Ringraums verwendet werden. Das inhomogene Material könnte starke Setzungen und (bei Verwendung von Kunststoffrohren) Beschädigungen der Rohre verursachen.

Für große Tiefen oder enge Ringräume werden statt des Tongranulats elastische *Bentonit-Zement-Suspensionen* verwendet, die, wie im Bohrbetrieb üblich, durch Rohre von unten nach oben verpumpt werden müssen, damit die im Bohrloch befindliche Flüssigkeit (normalerweise Wasser) restlos verdrängt wird.

Abschlußbauwerke
Nach der Verfüllung des Ringraums wird zur Sicherung des Überwachungsbrunnens übertage das *Abschlußbauwerk* erstellt. Es besteht aus einem feuerverzinkten *Schutzrohr* aus Stahl mit einem Maueranker, welches über das oberste Aufsatzrohr gestülpt in frostbeständigem Beton gegründet ist.

Der Ringraum zwischen Aufsatzrohr und Schutzrohr ist flexibel durch Rollringe abgedichtet. Den Abschluß des Schutzrohres nach oben bildet eine luftdurchlässige *Schraubverschlußkappe*.

Im Regelfall *(Überflurausführung)* werden Überwachungsbrunnen so angelegt, daß das oberste Aufsatzrohr ca. 0,5 m über Geländeoberkante endet (Abb. 20 a), damit es durch Bewuchs und Schnee nicht verdeckt wird. Bei dieser Ausführung sollte das Bauwerk durch ein einbetoniertes Stahlrohrdreieck *(Brunnendreieck)* mit Warnanstrich geschützt werden. Im Bereich von Straßen und Wegen und überall dort, wo die Gefahr der Beschädigung besteht, muß das Abschlußbauwerk in *Unterflurausführung* angelegt und durch eine wasserdichte *Straßenkappe*, die zusätzlich entwässerbar sein soll, geschützt werden (Abb. 20 b). Der Standort von Abschlußbauwerken in Unterflurausführung muß auf geeignete Weise kenntlich gemacht werden.

Reinigung und Klarpumpen
Nach Abschluß der Ausbauarbeiten ist für das Setzen der Filterschüttung und das Quellen oder Aushärten des Dichtungsmaterials eine Frist von mindestens 48 h abzuwarten, bevor mit dem *Klarpumpen* begonnen werden kann. Ziel des Klarpumpens ist es, durch den Bohrvorgang verursachte Verunreinigungen (Gesteinsmehl, Spülungszusätze, Filterkuchen) zu entfernen, sowie Verkeimung der Grundwassermeßstellen und Verfälschung von Meßergebnissen zu vermeiden. Der Grad des Abbaus von Spülungszusätzen während des Klarpumpens ist durch Messung ihrer spezifischen Eigenschaften zu dokumentieren. Das Klarpumpen kann eingestellt werden, wenn die begleitende Messung chemischer und physikalischer Parameter belegt, daß eine Veränderung des geförderten Wassers nicht mehr stattfindet. Zur Vorgehensweise beim Klarpumpen und zur Bestimmung des Restsandgehaltes in Brunnen wird auf die Regelwerke W 117 (DVGW 1975) und W 119 (DVGW 1982) verwiesen.

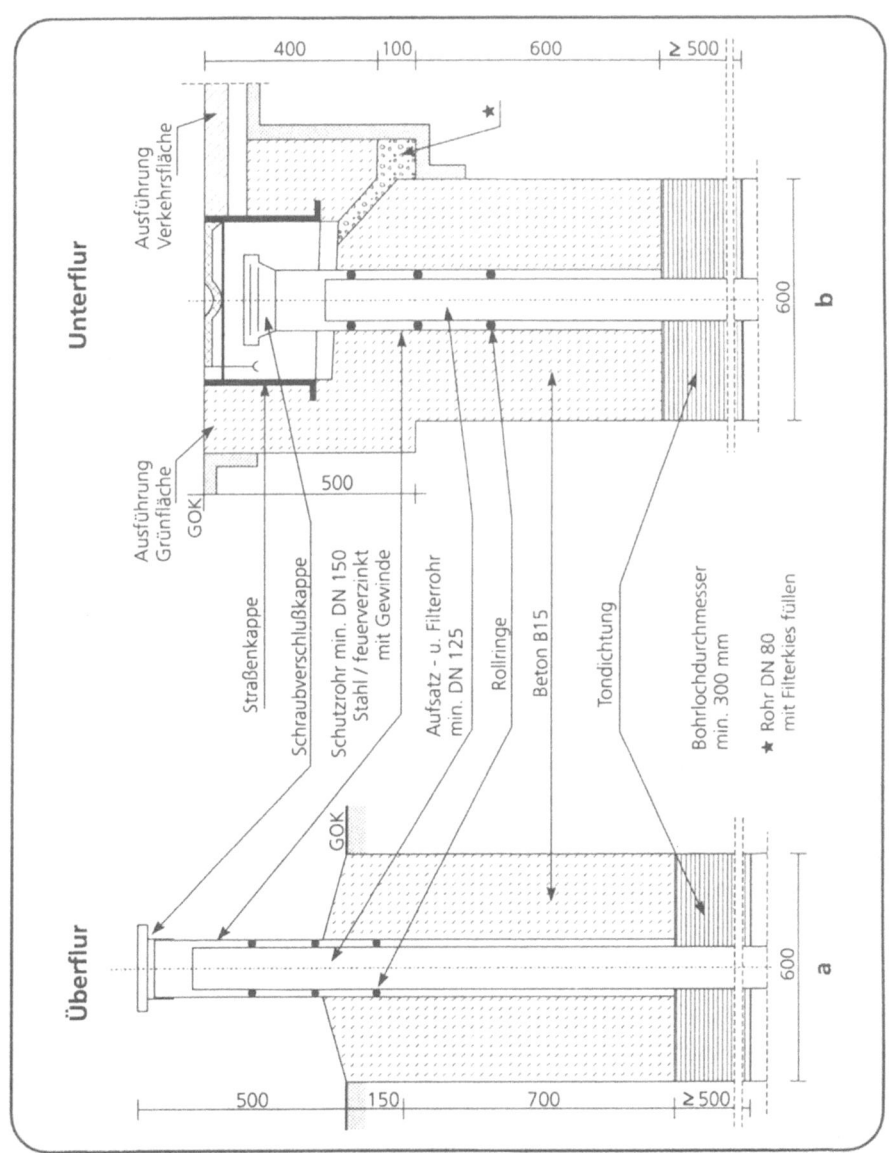

Abb. 20.   Ausführung von Abschlußbauwerken an Überwachungsbrunnen **a** überflur; **b** unterflur. (Nach Landesamt für Wasser und Abfall, Nordrhein-Westfalen 1989)

Besonderheiten beim Bau von Mehrfachmeßstellen   **G-Mmf**

Mehrfachmeßstellen werden zur Beprobung mehrerer Grundwasserstockwerke an einer Lokation errichtet und zur Ermittlung von Flächen gleicher Potentiale benutzt. Die Ergebnisse sind um so besser, je kürzer die Filterstrecken sind.

Grundsätzlich gelten die Hinweise für den Bau einfacher Überwachungsbrunnen auch für die Anlage von Mehrfachmeßstellen. Der Bau von Mehrfachmeßstellen mit mehreren Rohrtouren in einem Bohrloch erfordert jedoch erheblich größere Bohrlochdurchmesser, damit um die Rohre herum genügend Platz für wirksame Filter- und Dichtungsschichten bleibt. Der Ausbau des „Ringraums" ist besonders schwierig, da jedes Grundwasserstockwerk getrennt verfiltert werden muß. Gering durchlässige Gesteinsschichten müssen im Bereich jedes einzelnen Durchstoßpunktes durch Dichtungsmaterial „repariert" werden und hydraulisch absolut dicht sein.

Das Klarpumpen von Mehrfachmeßstellen sollte zur Prüfung auf hydraulische Kurzschlüsse als Kurzpumpversuch ausgeführt werden.

Besonderheiten beim Bau von Multilevel-Brunnen   G-Mml

Der Vorteil von Multilevel-Brunnen liegt darin, daß sie mit geringen Bohrlochdurchmessern auskommen und der Materialverbrauch an Rohren, Filter- und Abdichtungsmaterial gering ist. Die Mini-Kiesbelagfilter werden in den gewünschten Positionen mit Teflonschellen an einem Kunstoffrohr (z.B. 2"-Kunststoffrohr mit Filterstrecke) befestigt und ins Bohrloch eingebaut. Sie müssen alle unterhalb des Grundwasserspiegels liegen; ihr Abstand sollte mindestens 1 m betragen. Sie sind zur Beprobung mit separaten Saugschläuchen aus Kunststoff versehen, die übertage in einem Kasten mit Anschlüssen für die Saugpumpe münden. Dieser abschließbare Kasten dient gleichzeitig als Schutz vor Beschädigung. Die Verfüllung des Ringraumes erfolgt analog zum Ausbau einer Mehrfachmeßstelle.

Wenn ein zentrales Kunststoffrohr mit Filterstrecke vorhanden ist, kann es der Messung des Grundwasserspiegels dienen. Ohne dieses sind Multilevel-Meßstellen zur Messung von Wasserständen und für hydraulische Tests ungeeignet.

Besonderheiten beim Bau von Rammfilterbrunnen   G-Mrf

Sie dienen als Grundwassermeßstellen kleiner Durchmesser für geringe Tiefen. Rammfilter (Abb. 21) werden in Lockergesteinen oder Altlastenverdachtskörpern für die Entnahme kleinerer Wassermengen bis etwa 7 m Tiefe verwendet. Sie eignen sich zur Beprobung von Grund- und Sickerwasser, für Messungen von Bodenluft und Deponiegas sowie für die Einspeisung von Tracern.

Rammfilter werden in Sondierbohrlöcher oder Bohrlöcher passender Durchmesser eingerammt. Ein Ringraum für den Einbau von Filtermaterial ist nicht vorhanden.

Rammfilter sind i.d.R. kein Ersatz für qualifiziert ausgebaute Grundwasserüberwachungsbrunnen, stellen aber eine preisgünstige Alternative für Orientierungsuntersuchungen und für die erste Probenahme dar.

Anforderungen an das Ausbaumaterial

Die Wahl des *Ausbaumaterials* richtet sich nach dem geologischen Profil, den Anforderungen an die Grundwassermeßstelle. Zum Ausbaumaterial zählt das Material für

- die *Rohre* (Filterrohre, Aufsatzrohre, Zentrierstücke, Bodenkappe),
- die *Verfüllung* des Ringraums (Filtermaterial, Dichtungsmaterial) sowie
- das *Abschlußbauwerk* (Schutzrohr mit Dichtungsringen und Schraubverschlußkappe, Beton, Brunnendreieck oder Straßenkappe).

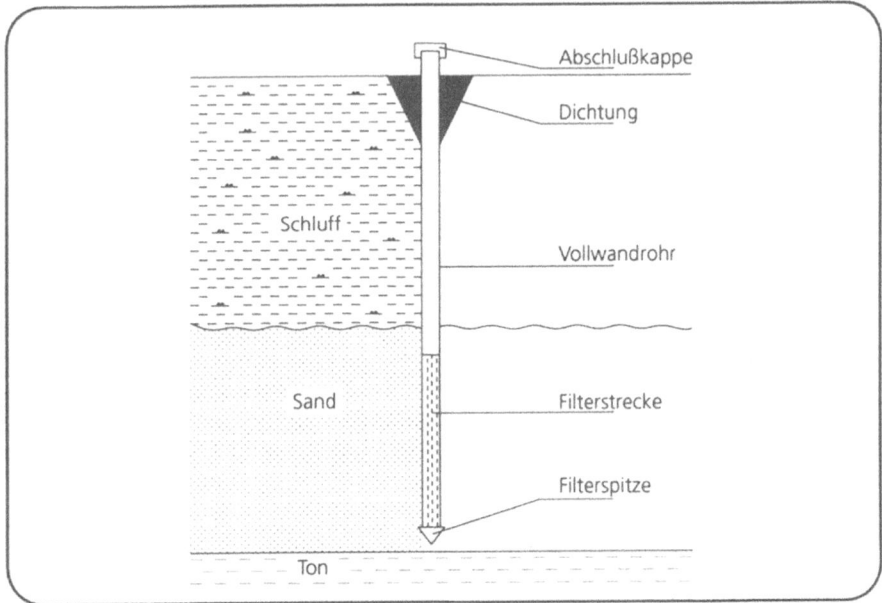

Abb. 21.   Schematische Darstellung eines Rammfilterbrunnens

Gebräuchliche und kostengünstige Materialien für den Ausbau sind HDPE (High Density Polyethylen) und PVC (Polyvinylchlorid). PVC-U (weichmacherfrei) gibt jedoch nachweislich Spuren von Blei, Cadmium und Kupfer an das Grundwasser ab, PVC weich zusätzlich sogenannte „Weichmacher" (Phthalate). Nach DIN 4925 (1990) sind zum Ausbau von Brunnen nur weichmacherfreie PVC zugelassen.

Bei der Erkundung von Altablagerungen und Altstandorten ist der Einfluß des Rohrmaterials auf das zu beprobende Grundwasser wegen dessen häufig ohnehin hoher Belastung mit Schadstoffen von nur geringer Bedeutung.

Gängige *Innendurchmesser (Nennweiten)* sind 2", 2 1/2", 4", 4 1/2" und 5", entsprechend DN50, DN65, DN100, DN115 und DN125. Für den Bau von flachen Überwachungsbrunnen ist meist ein Durchmesser von 50 bis 65 mm ausreichend für den Einsatz von

■ geeigneten *Unterwassermotorpumpen* (U-Pumpen) für die Probenahme,

■ *Sonden* für die Durchführung von Slug/Bail-Tests zur Ermittlung hydraulischer Parameter sowie

■ *Meßgeräten* zur Erfassung physiko-chemischer Vor-Ort-Parameter.

Überwachungsbrunnen mit Verrohrungen größeren Durchmessers bieten folgende Vorteile/Möglichkeiten:

■ Einsatz von Packern bei der Probenahme,

■ Einsatz leistungsfähiger Unterwassermotorpumpen, die das Wasser praktisch nicht erwärmen,

■ Durchführung von Pumpversuchen und

■ Durchführung hydraulischer Sanierungsverfahren.

Ausbauüberwachung, Funktionskontrolle und Abnahme   G-Mkon

Zur sinnvollen Interpretation von an Grundwassermeßstellen gewonnenen Daten müssen die Charakteristika der Meßstellen selbst bekannt sein. Hierzu dienen

■ eine ständige *Überwachung des Ausbaus* von Bohrungen zu Grundwassermeßstellen,

■ *geophysikalische Kontrollmessungen* und *Pumpversuche* zur Ermittlung der hydraulischen Parameter nach Fertigstellung der Grundwassermeßstellen sowie

■ *Untersuchungen* während des Betriebes der Grundwassermeßstelle.

Nach der Dokumentation der Bezeichnung und der räumlichen Lage (Hoch- und Rechtswerte, Geländehöhe über NN, Oberkante Meßstelle über NN) in der Stammakte ist vor Abnahme der Grundwassermeßstelle

■ durch hydraulische Tests ihre *hydraulische Funktionsfähigkeit* und

■ durch Messungen zur technischen Zustandskontrolle ihr *korrekter Ausbau* nachzuweisen.

Auffüll- und Pumpversuche geben z.B. Hinweise auf

- die Anbindung (den *hydraulischen Kontakt*) der Grundwassermeßstelle an den Grundwassserleiter sowie
- *Undichtigkeiten* von Ringraumabdichtungen und Verbindern der Aufsatzrohre.

Geophysikalische Messungen sind vielseitig nutzbar:

- Die Messung der natürlichen *Gammastrahlung* P-GR der zur Abdichtung des Ringraumes verwendeten Tone durch das Gamma-Ray-Log im Vergleich zur Basisstrahlung des offenen Bohrlochs ermöglicht die Kontrolle ihrer Tiefenlage und Mächtigkeit.
- Im Gamma-Ray-Log treten die Dichtungsmaterialien gegenüber den Filtermaterialien häufig nicht deutlich genug hervor. Bessere Ergebnisse liefert das Gamma-Gamma-Log für die Ringraumkontrolle P-DL, eine Messung der *Dichte*.

Bei der Interpretation beider Meßergebnisse ist der Einfluß des Bohrlochkalibers des offenen Bohrlochs zu berücksichtigen.

- Das *Widerstandslog* P-FEL läßt sich benutzen, um die Lage von Filterstrecken, Rohrverbindern und Undichtigkeiten bei Kunststoffrohren zu ermitteln: Aufsatzrohre (Vollwandrohre) weisen hohe Widerstände auf, Undichtigkeiten fallen durch negative Peaks auf. Filterrohre sind gekennzeichnet durch niedrige Widerstände, ihre Verbinder treten durch erhöhte Widerstände hervor. Bei Stahlrohren lassen sich Filterstrecken, Rohrverbinder und Löcher durch magnetische Messung der Materialstärken mit dem *Casing-Collar-Locator* CCL orten.
- Für spätere Messungen von Temperatur, Salinität (Leitfähigkeit) und Durchfluß (P-TEMP, P-SAL, P-FLOW) sind vor Beginn des Pumpens Eichmessungen (0-Messungen) erforderlich.
- Optische Unterwasseraufnahmen OPT zeigen im unverrohrten standfesten Gebirge Klüfte und Karsterscheinungen, in Grundwassermeßstellen den Zustand der Rohre (Beschädigungen) und Filterstrecken (Verockerungen, Versinterungen).

Vor Übergabe und Inbetriebnahme der Grundwassermeßstelle hat die abschließende Beschreibung und Dokumentation des Bauwerks in Form eines *geologischen Profils mit Ausbauschema* (Abb. 22) zu erfolgen.

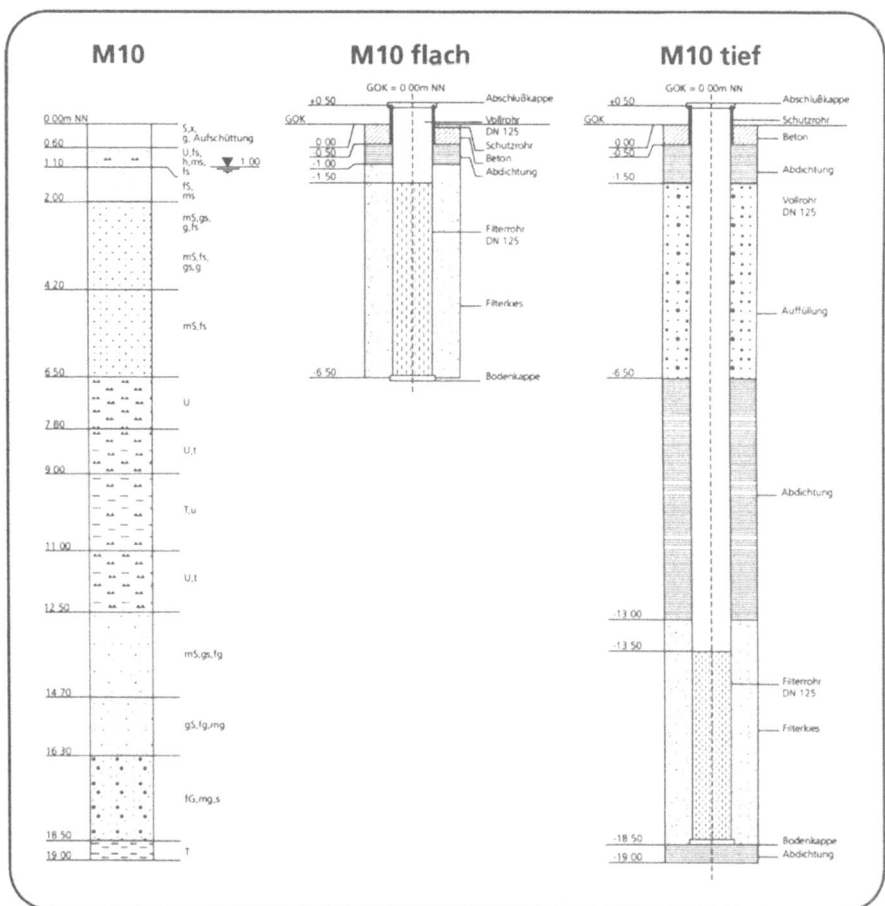

Abb. 22.   Geologisches Profil und Ausbauschema

Andere Brunnen
Um eine erste Übersicht über die hydrogeologischen Verhältnisse im Umfeld einer Altlastverdachtsfläche zu erhalten, ist es sinnvoll, vorhandene andere Brunnen wie

- Hausbrunnen,
- Weidebrunnen,
- Feuerlöschbrunnen sowie
- Beregnungsbrunnen etc.

zu erfassen und auf ihre Eignung als Meßstellen zu überprüfen.
    Bei *Haus-* und *Weidebrunnen* handelt es sich in i.d.R. um Bohrbrunnen geringen Durchmessers mit einer Verrohrung < 2", an die direkt Förderpumpen angeschlossen sind. Detaillierte Angaben zu Geologie, Tiefe, Lage der Filter-

strecke und Art des Ausbaus sind selten zu erhalten. Sie sind oft für die Entnahme von Wasserproben geeignet, jedoch nicht für die Messung von Wasserständen. Lediglich bei Schachtbrunnen lassen sich aufgrund der besseren Zugänglichkeit (Wartungsklappen) Tiefe und Wasserstände aufnehmen.

Feuerlösch- und *Beregnungsbrunnen* werden mit größeren Durchmessern als Bohrbrunnen mit Ausbaudurchmessern > 4" erstellt, um entsprechend große Wassermengen mit leistungsfähigen Pumpen fördern zu können. Technische Daten sind hier meist genauso wenig bekannt wie bei Haus- und Weidebrunnen. Das Abschlußbauwerk wird meist als Überflur-Ausführung mit einem Endrohr als 90°-Winkelstück mit Schnellkupplung gebaut. Daher lassen sich Wasserstände nur grob erfassen; eine Beprobung mit Saugschläuchen ist aber durchaus möglich.

Schächte und Pegel

Zur Erfassung des Wasserstandes in tieferen geologischen Formationen können die *Schächte* von ehemaligen Bergwerksanlagen herangezogen werden, sofern keine Wasserhaltung betrieben wird. Sie können auch, guter technischer Zustand und gute Zugänglichkeit vorausgesetzt, für eine Beprobung geeignet sein.

Um die Wechselwirkungen zwischen Grundwasser und Oberflächengewässern zu erfassen, ist die Einrichtung von *Pegeln* an stehenden und fließenden Gewässern nötig. Es handelt sich sämtlich um stationäre Meßgeräte, die mit Ausnahme des Lattenpegels für eine kontinuierliche Datenerfassung geeignet sind.

Anordnung von Grundwassermeßstellen

Die Erfassung der Grundwassereigenschaften sollte so differenziert wie möglich erfolgen. Dabei ist sowohl eine Differenzierung in der Vertikalen als auch in der Horizontalen sinnvoll, um eine gute Vorstellung über den räumlichen Aufbau des Untergrundes und die Kontaminationssituation im Umfeld einer Altlastverdachtsfläche zu bekommen.

Besonders im Nahbereich von Altablagerungen und Altstandorten können abgestufte *vertikale Differenzierungen* der Verteilung von Schadstoffen im Grundwasser und Untergrund zu beachten sein. Aber auch die vertikale Verteilung der Grundwasserdruckverhältnisse muß erfaßt werden, damit klare Einsichten in die Hydrodynamik, insbesondere die vertikale Gradientenverteilung, gewonnen werden.

Zur Erfassung der unterschiedlichen vertikalen Abschnitte in Grundwasserleitern werden eingesetzt:

- *Einfachmeßstellen* (Abb. 23 a): Grundwassermeßstellen mit kurzen Filterstrecken an der Basis oder mit durchgehenden Filterstrecken *(Vollfilter-Meßstellen)*,

- *Grundwassermeßstellengruppen:* Überwachungsbrunnen, die in mehreren benachbarten Bohrlöchern angeordnet werden (Abb. 23 b),
- *Mehrfachmeßstellen:* Grundwassermeßstellen zur Erfassung unterschiedlicher Teufenintervalle an einer Lokation in einem Bohrloch (Abb. 23 c) und
- *Multilevel-Brunnen:* Sonderform der Mehrfachmeßstellen, aufgrund der geringen Abmessungen eine kostengünstige Alternative zu Mehrfachmeßstellen.

Mehrfachmeßstellen, Multilevel-Brunnen und Meßstellengruppen werden zur Beprobung mehrerer Grundwasserstockwerke an einer Lokation errichtet und zur Ermittlung von Flächen gleicher Potentiale (Flächen gleichen Drucks, Grundwasserhöhengleichen) benutzt.

Ein Überwachungsbrunnen darf keinesfalls in mehreren Grundwasserstockwerken Filterrohre aufweisen, da es sonst, wie bei einem unvollkommen abgedichteten Ringraum, zum hydraulischen Kurzschluß und eventuell zum Eintrag von Schadstoffen in ein unkontaminiertes Stockwerk kommt.

Bei Brunnen zur Erfassung von Schadstoffahnen im Abstrom sollten die Filterstrecken zur Vermeidung zu starker Verdünnungseffekte eine Länge von 5 m nicht überschreiten. Bei sehr mächtigen Grundwasserleitern lassen sich einzelne Grundwasserhorizonte in Überwachungsbrunnen mit durchgehender Verfilterung durch Doppelpacker abschotten und durch sehr vorsichtiges Pumpen relativ teufengenau beproben.

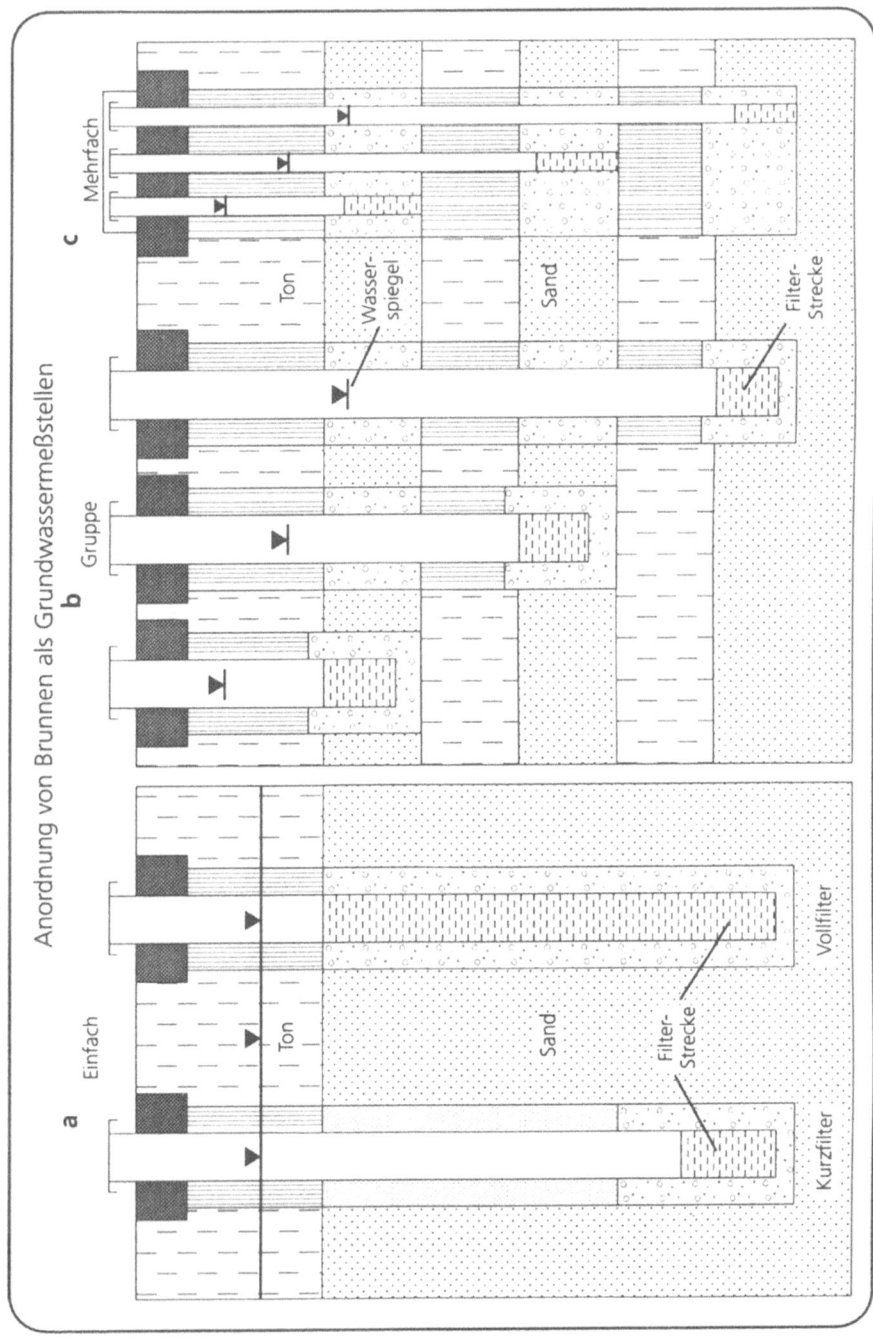

Abb. 23.   Anordnung von Überwachungsbrunnen: **a** einfache Anordnung von Überwachungsbrunnen mit kurzer Filterstrecke bzw. Vollfilterstrecke, **b** Gruppenanordnung, **c** Mehrfachanordnung

Zonare Anordnung von Meßstellen

Grundlage des Erkundungs- und Überwachungskonzeptes für Altlablagerungen und Altstandorte ist die Erkenntnis, daß Sickerwasseraustritte zunächst das unmittelbare Nahfeld verunreinigen. Zur Beurteilung der Meßwerte hydrochemischer Parameter im Abstrom einer Altlastverdachtsfläche müssen aber auch Vergleichswerte verfügbar gemacht werden. Daher wird eine zonare Überwachung für erforderlich gehalten, um alle Elemente einer logischen Nachweiskette zu erhalten (Dörhöfer et al. 1991).

Anstrombrunnen (A-Brunnen) sollen die Gewinnung möglichst unbeeinflußter Grundwasserproben ermöglichen. Diese Meßstellen sollten zur sicheren Vermeidung möglicher Beeinflussungen (z.B. durch Grundwasseraufhöhung unter Altablagerungen in Folge erhöhten Sickerwasseraustrags) etwa 50 m entfernt sein. Die im Anstrombrunnen erfaßte grundwasserleitende Schicht muß der für den Austrag kritischen Schicht entsprechen. Bei Vorliegen von mehreren Grundwasserstockwerken sind diese getrennt zu verfiltern.

Die größte Bedeutung für die Erfassung möglicher Kontaminationen durch austretendes Sickerwasser haben die *Beobachtungsbrunnen* (B-Brunnen). Sie sind die erste Überwachungseinheit im Abstrom der Verdachtsfläche und sollten daher in der Erkundungsphase so dicht wie möglich an den Altlastverdachtskörper/die Altlastverdachtsfläche heran gesetzt werden. Eine Distanz von 30 m sollte nicht überschritten werden. Anzahl und Abstand erforderlicher B-Brunnen sind im Einzelfall abhängig von

- der *Ausdehnung der Verdachtsfläche*,
- den *hydrostratigraphischen Verhältnissen* und
- der *Fließgeschwindigkeit* (Abstandsgeschwindigkeit) des Grundwassers.

B-Brunnen sollten im Abstrom in Reihen quer zur Grundwasserfließrichtung angelegt werden sollten. Hinsichtlich der Tiefenauslegung von Meßstellen ist zu bedenken, daß sich manche Stoffe anders als Wasser ausbreiten. In Analogie zum "Deponieüberwachungsplan Wasser" werden alle B-Brunnen der inneren Überwachungszone, begrenzt durch die 200-Tage-Linie, zugerechnet.

Durch Kontrollbrunnen (C-Brunnen) sollen bereits vorhandene Kontaminationen in ihrer räumlichen Ausdehnung erfaßt und kontrolliert werden. Anzahl und Anordnung der C-Brunnen richten sich dabei ebenso nach dem Ausmaß der Grundwasserkontamination und den hydrostratigraphischen Verhältnissen wie bei den B-Brunnen. Die maximal mögliche Distanz der C-Brunnen von der Altlast sollte vorab aus den Daten über das Alter und die Fließgeschwindigkeit abgeschätzt werden. Die Abbildungen 24 und 25 zeigen schematisch die Anordnung von Meßstellen in Überwachungszonen.

Die direkte Fassung von Sickerwasser kann durch D-Brunnen ("Deponie"-Brunnen) erfolgen. Diese sind entweder im Altlastkörper selbst oder knapp darunter im obersten Abschnitt des Grundwasserleiters verfiltert. Sie sollen das Sickerwasser in möglichst unverdünnter Form erfassen, um Hinweise auf mögliche Schadstoffe und Vergleichswerte für die Beurteilung von Meßwerten aus B- oder C-Brunnen unter Berücksichtigung der A-Brunnen zu liefern. Drainagen (Sickerwasser-Sammler) können auch als D-Meßstellen herangezogen werden. Beim Bau von D-Brunnen (Sickerwasser-Meßstellen, s.u.) sind besonders die einschlägigen Arbeitsschutzmaßnahmen zu beachten.

Empfehlungen für die zonare Anordnung von Überwachungsmeßstellen geben Dörhöfer et al. (1991) im „Deponieüberwachungsplan Wasser", auch wiedergegeben im Deponiehandbuch (Niedersächsisches Landesamt für Ökologie 1994 b), die „Niedersächsische Richtlinie für die Auswahl, den Bau und die Funktionsprüfung von Meßstellen" (Niedersächsischen Landesamt für Wasser und Abfall 1990) sowie der „Leitfaden zur Grundwasseruntersuchung bei Altablagerungen und Altstandorten" (Landesamt für Wasser und Abfall LWA, Nordrhein-Westfalen, 1989).

Meßstellennetze
Um die Erkundungs- und Überwachungsziele mit vertretbarem zeitlichen und finanziellen Aufwand erreichen zu können, ist eine möglichst einheitliche abgestufte Vorgehensweise sinnvoll:

- *Entwicklung eines Standortmodells* durch Auswertung von Unterlagen, Einrichten und Beobachten weniger Grundwassermeßstellen unter Einbeziehung bereits vorhandener Bohrungen, Brunnen und Quellen,
- *stufenweiser Ausbau des Meßstellennetzes* in Abhängigkeit vom Erkenntnisstand zur Verteilung der finanziellen Mittel über einen längeren Zeitraum sowie
- gegebenenfalls *Überprüfung und Ergänzung* der Erkenntnisse durch geophysikalische Erkundungsmethoden.

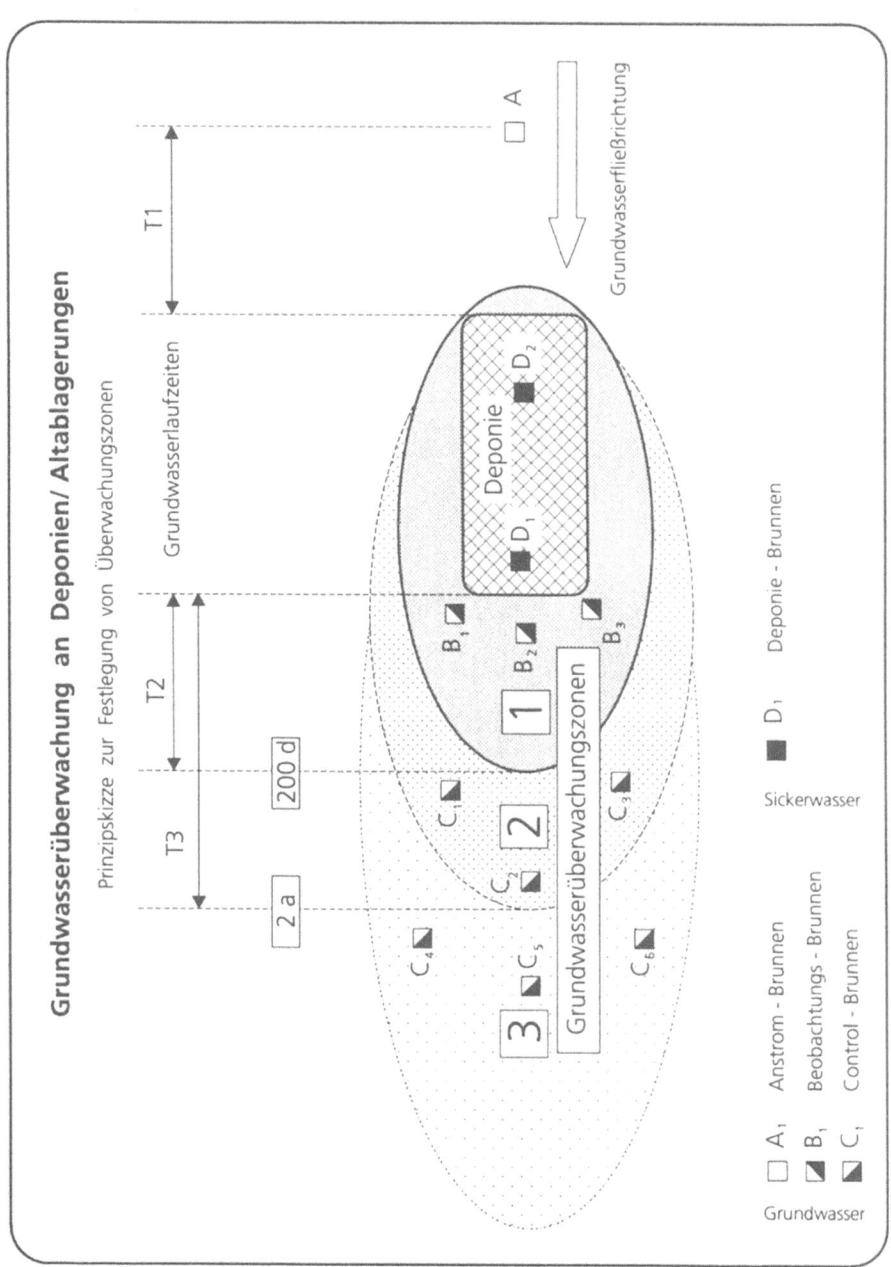

Abb. 24. Anordnung von Meßstellen in Überwachungszonen (Draufsicht). (Nach Dörhöfer et al. 1991)

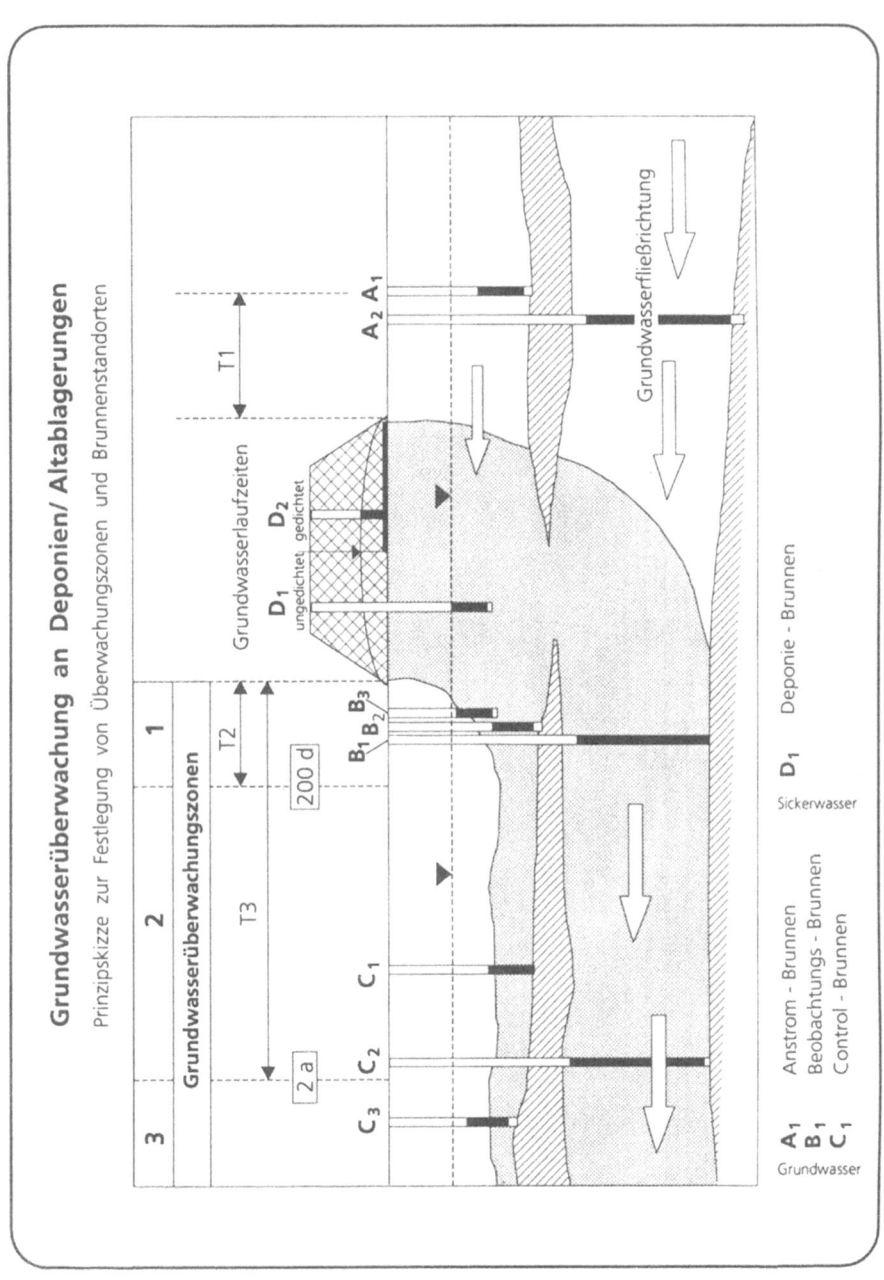

Abb. 25. Anordnung von Meßstellen in Überwachungszonen (hydrostratigraphischer Schnitt). (Nach Dörhöfer et al. 1991)

Grundwassermeßstellen an einer Altlastverdachtsfläche oder Altlast können in *Grundwassermeßstellennetze*n (Abb. 26) zusammengefaßt werden. Man unterscheidet

- Erkundungsmeßnetze und
- Überwachungsmeßnetze.

Erkundungsmeßnetze werden eingerichtet, um eine regionale Beobachtung der Grundwasseroberfläche im Zuge der Erkundungsphasen zu gewährleisten. Durch Auswertung von geologischen und hydrogeologischen Karten, Profilen und Daten zur Hydrogeologie und den Grundwasserströmungsverhältnissen im Umfeld der Altablagerung oder des Altstandortes ergibt sich gewöhnlich eine Vorstellung vom potentiellen räumlichen und zeitlichen Ausbreitungsverhalten von Schadstoffen aus der Verdachtsfläche.

Reichen die vorhandenen Meßstellen zur Einrichtung eines Erkundungmeßnetzes nicht aus, sind zur Feststellung der lokalen geologischen und hydrologischen Verhältnisse unter der Annahme unkomplizierter geologischer Lagerungsverhältnisse und einer ebenen Grundwasseroberfläche zunächst *mindestens drei Bohrungen* notwendig.

Beim Ausbau der Bohrungen ist darauf zu achten, daß unterschiedliche Grundwasserstockwerke getrennt erfaßt werden. Bei komplizierten geologischen Verhältnissen (Störungen, Karsterscheinungen) und unebener Grundwasseroberfläche sind selbstverständlich mehr Bohrungen erforderlich.

Nach der Ermittlung der grundsätzlichen Verhältnisse wird es für vergleichende Untersuchungen des Grundwassers im Anstrom (oberhalb) und Abstrom (unterhalb) von Verdachtsflächen vor dem Hintergrund der regionalen (geogenen und anthropogenen) Grundwasserbelastung und zur Beurteilung, ob negative Auswirkungen weiterführende Maßnahmen erforderlich machen, zumeist nötig sein, die 3 Grundwassermeßstellen zu einem *Überwachungsmeßnetz* auszubauen. Dichte und Muster eines solchen Überwachungsmeßnetzes wie auch Art und Dimensionierung der einzelnen Meßstellen haben sich in jedem Einzelfall an den geologisch-hydrologischen Verhältnissen, der Art und Ausdehnung der Altablagerung oder des Altstandortes, der jeweiligen Fragestellung und der Zielsetzung zu orientieren.

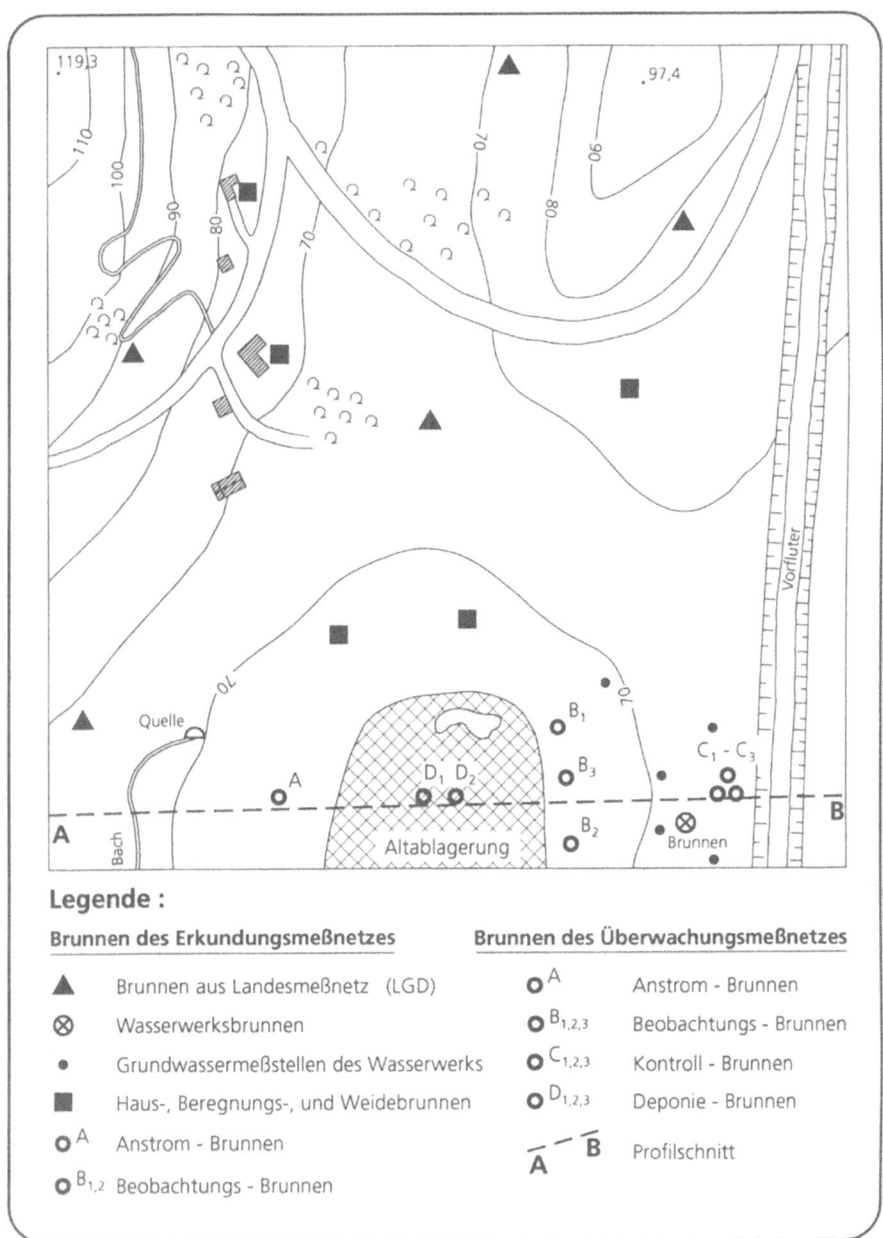

Legende :

Brunnen des Erkundungsmeßnetzes	Brunnen des Überwachungsmeßnetzes
▲ Brunnen aus Landesmeßnetz (LGD)	○ ^{A} Anstrom - Brunnen
⊗ Wasserwerksbrunnen	○ $^{B_{1,2,3}}$ Beobachtungs - Brunnen
• Grundwassermeßstellen des Wasserwerks	○ $^{C_{1,2,3}}$ Kontroll - Brunnen
■ Haus-, Beregnungs-, und Weidebrunnen	○ $^{D_{1,2,3}}$ Deponie - Brunnen
○ ^{A} Anstrom - Brunnen	$\overline{A}$ $^-$ $\overline{B}$ Profilschnitt
○ $^{B_{1,2}}$ Beobachtungs - Brunnen	

Abb. 26.   Beispielhafte Darstellung der Anordnung vorhandener Meß-stellen in Erkundungs- bzw. Überwachungsmeßnetzen

1.3.3.2   Meßstellen in und auf Altlastverdachtsflächen

Sickerwasser- und Deponiegasmeßstellen dienen in der direkten Umgebung von Altablagerungen dem Sammeln und der Beprobung von Sickerwasser und Deponiegas für analytische Zwecke.

Sickerwassermeßstellen   **G-Msw**
An Altablagerungen ohne Oberflächen-Abdichtung kommt es durch Niederschläge zur Bildung von Sickerwässern. Zur Messung des Deponie-Wasserspiegels und Beprobung dieser Sickerwässer werden *Sickerwassermeßstellen* errichtet.

Entsprechend dem Aufbau von Grundwassermeßstellen können Sickerwassermeßstellen aus Filter- und Aufsatzrohren ohne Sumpfrohren bestehen, die im Bereich von Sickerwasseraustritten in Bohrungen eingebaut oder einfach im Müllkörper eingegraben werden. Dabei sollte die Basis der Altablagerung zur Vermeidung neuer Wegsamkeiten nicht durchörtert werden.

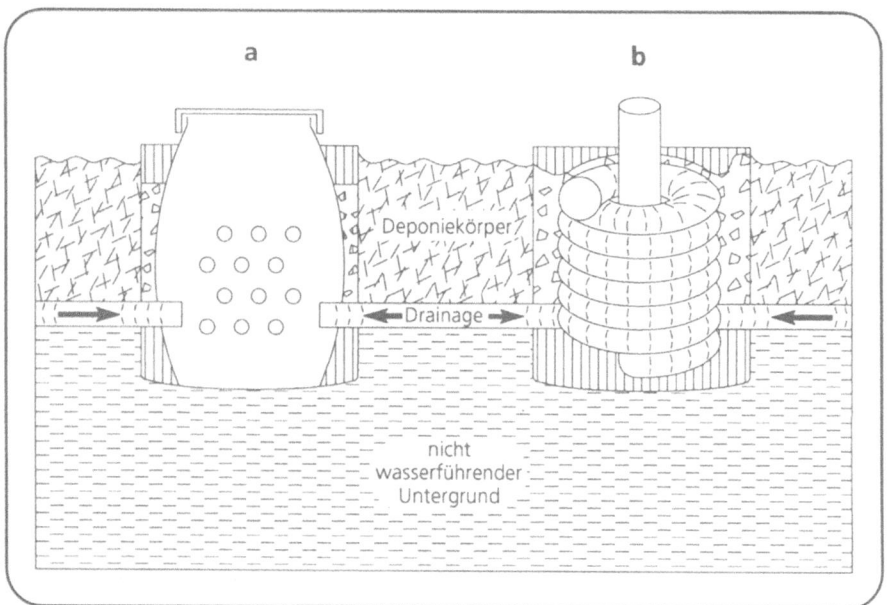

Abb. 27.   Schematischer Aufbau einer Sickerwassermeßstelle am Fuß einer Altablagerung mit **a** eingegrabener Tonne **b** Drainagerohrwicklung um Filterrohre. (Nach Coldewey und Krahn 1991)

Statt einer Verrohrung können perforierte Tonnen aus Kunststoff verwendet werden, denen das Sickerwasser durch seitliche Drainagerohre zugeführt wird (Abb. 27 a). Der Ringraum im Bereich der Rohre ist zur sicheren Zuführung der Wässer in die Tonnen, der Ringraum im Oberflächenbereich als Schutz gegen eindringende Oberflächenwässer mit Dichtungsmaterial zu verschließen.

Eine weitere Möglichkeit besteht im Einbau von Filterrohren mit Aufsatzrohren, bei denen der Bereich der Filterrohre mit flexiblen Drainagerohren umwickelt ist (Abb. 27 b). Auch hier erfolgt die Zuleitung der Sickerwässer durch seitliche Drainagerohre. Die Abdichtung hat wie beim Einbau von Tonnen zu erfolgen.

In einzelnen Fällen kann die Beprobung von Sickerwässern mittels Multi-level-Meßstellen sinnvoll sein.

Bis unter den Grund-/Sickerwasserspiegel ausgehobene Schürfe auf der Altlastverdachtsfläche bieten sich zum Ausbau als Sickerwassermeßstellen an (Abb. 28 a - d): Zunächst wird ein Schutzrohr senkrecht auf die Schurfsohle gestellt und in dieser Position gesichert (Abb. 28 a). Im zweiten Arbeitsschritt erfolgt die teilweise Verfüllung mit Aushub oder anderem Material (Abb. 28 b). Danach wird das Schutzrohr zur Meßstelle ausgebaut (Abb. 28 c), gezogen und der Schurf vollständig verfüllt (Abb. 28 d). Auf die besondere Gefährdung bei Arbeiten auf kontaminierten Flächen, besonders bei der Anlage von Schürfgruben, sei hier nochmals hingewiesen.

Deponiegasmeßstellen   G-Mdg

Grundsätzlich können alle Sickerwassermeßstellen im und am Deponiekörper, die im nicht wassergesättigten Bereich verfiltert sind, als *Deponiegasmeßstellen* genutzt werden. Beim Bau von Deponiegasmeßstellen sind ausschließlich Materialien zu verwenden, die sich weder unter der Einwirkung von Deponiegas verändern, noch dessen Qualität beeinflussen. Beim Bau sind die Anforderungen des Explosionsschutzes zu beachten.

Zur Gasprobenahme können u.U. auch vorhandene Gasbrunnen oder Gassammler, die für aktive oder passive Entgasungmaßnahmen erstellt wurden, verwendet werden.

Arbeitsicherheit

Häufig wechselnde Einsatzorte und Arbeitsbedingungen im Freien bedeuten für den in der Bauwirtschaft und bei Bohrunternehmen beschäftigten Personenkreis erhöhte *Unfallgefahr*. Arbeiten in kontaminierter Umgebung erhöhen diese Unfallgefahr drastisch und erfordern zusätzliche Schutzmaßnahmen. Eine besondere Gefahr beim Bau von Grundwasser-, Sickerwasser- und Deponiegasmeßstellen auf Altlastverdachtsflächen und in Deponiekörpern stellt der mögliche direkte Kontakt mit festen, flüssigen und gasförmigen Schadstoffen dar. Deswegen sind hier strenge Sicherheitsvorkehrungen zu treffen (vgl. Kap. 1.3.3.1).

1.3.3.3   Dokumentation und Qualitätssicherung
von Meßstellen   G-Mdok

Für die langfristige Nutzung einer Meßstelle ist es unbedingt notwendig, alle Stammdaten (technische Daten, anlagenbezogene Daten) ebenso wie die über längere Zeiträume anfallenden Meßdaten der untersuchten Parameter (z.B. Wasserstände, Analysenergebnisse) zu dokumentieren. Andernfalls stehen die verhältnismäßig hohen Kosten für Bau und Unterhaltung von Meßstellen in einem krassen Mißverhältnis zum Nutzen.

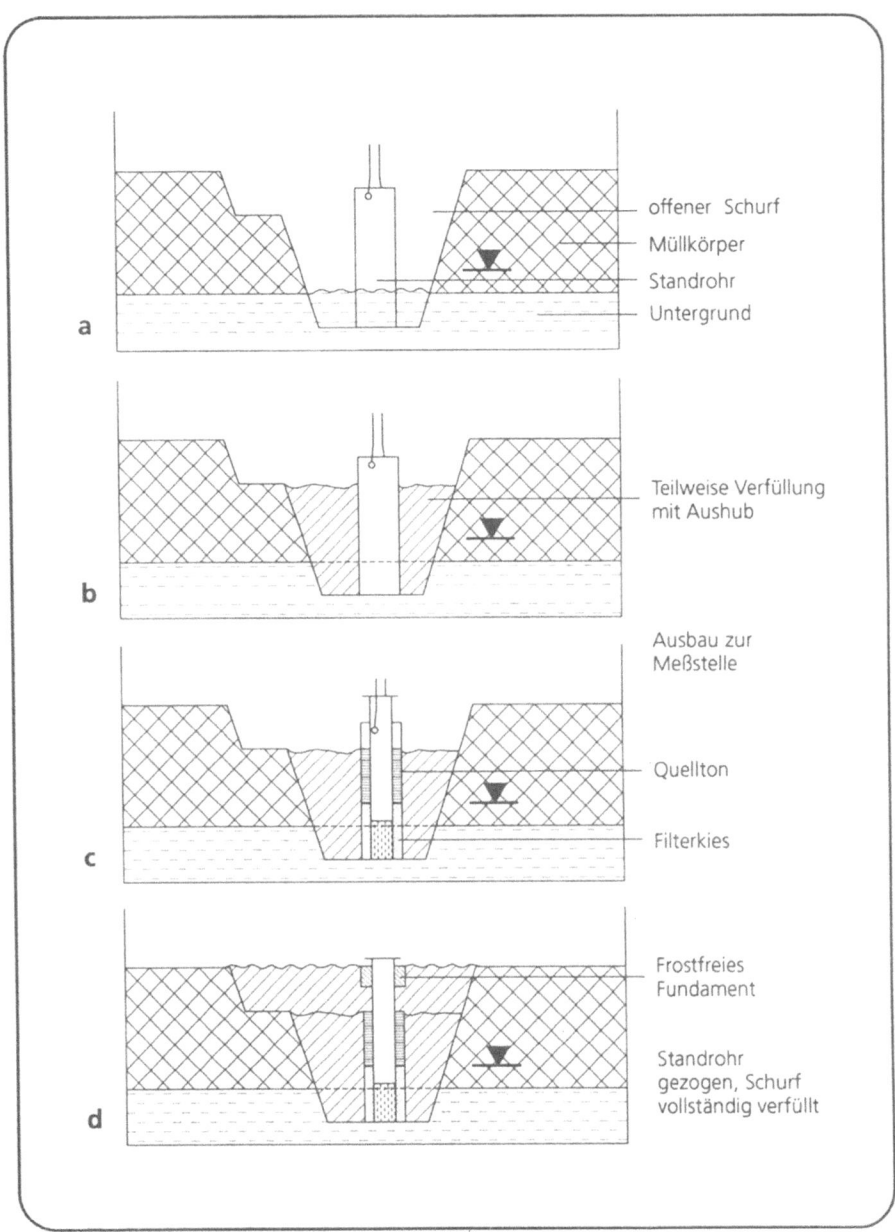

Abb. 28.   Schematische Vorgehensweise beim Ausbau eines Schurfs zur Sickerwassermeßstelle

Zur eindeutigen Identifizierung von Meßstellen und längerfristigen Probenah-
mestellen muß jede Lokation bzw. Anlage eine unverwechselbare Bezeichnung
erhalten. Darüber hinaus ist eine *Stammakte* anzulegen, in der folgende Angaben und Unterlagen zu dokumentieren sind:

- Bezeichnung (Namen/Nummer),
- Art der Meßstelle (mit/ohne Ausbau, Art des Ausbaus),
- Zweck (z.B. Wasserstandsmessung, Wasserbeprobung, Gas-
  probenahme),
- Lage (Rechts-,Hochwerte), Höhe des Meß- bzw. Bezugspunk-
  tes über NN,
- topographische Übersichtskarte, Geländeoberfläche über NN,
- Lageskizze, Fotos mit Angabe der Blickrichtung,
- Bohr-/Schürfprotokolle,
- Schichtenverzeichnisse,
- Ausbaudaten,
- Ausbauprotokolle,
- Meßdaten, Auswertungen und
- Bemerkungen (Zugänglichkeit, Vorkommnisse).

Zur Stammakte einer Grundwassermeßstelle gehören weiterhin Dokumente
wie

- Ausschreibungsunterlagen und Auftrag für die Durchführung
  der Bohrung und den Ausbau zur Grundwassermeßstelle einschließlich der Festlegung von Gewährleistungsansprüchen,
- Tagesberichte über die Durchführung der Bohrung und den
  Ausbau zur Grundwassermeßstelle,
- geologisches Profil (Schichtenverzeichnis) mit dem Ausbauschema,
- Protokoll des Klarpumpens, Protokolle und Auswertungen von
  hydraulischen Tests und Bohrlochmessungen,
- Messungen von Grundwasserständen, Probenahmeprotokolle
  und Analysenberichte sowie
- das Abnahmeprotokoll.

Zur Abnahme der im Leistungsverzeichnis festgelegten Arbeiten gehört auch
die Wiederherstellung des Ursprungszustandes der Baustelle und der Zufahrts-
wege.

Die Höhenlage des Abschlußbauwerks ist wegen möglicher Setzungen zu
einem späteren Zeitpunkt zu überprüfen.

Fehlerquellen

Fehler können bei der Planung von Grundwasser-, Sickerwasser- und Deponiegasmeßstellen, bei der Durchführung der Baumaßnahmen als auch bei der Auswertung begangen werden:

- Mangelhafte Planung der Standortwahl von Grundwasser-, Sickerwasser- und Deponiegasmeßstellen,
- Fehlinformationen wirken sich bei der Planung und Ausschreibung des Ausbaus der betreffenden Bauwerke aus,
- mangelhafte organisatorische Überwachung und wissenschaftliche Begleitung beim Abteufen von Bohrungen und Anlegen von Schürfen,
- Zeit- und Kostendruck,
- unzureichende Qualifikation des ausführenden und beaufsichtigenden Personals,
- mangelhafte Baustellenabsicherung,
- Mißachtung von Schutzmaßnahmen und mangelhafte meßtechnische Überwachung der Baumaßnahmen sowie
- Fehler bei der Auswertung von hydraulischen Tests und geophysikalischen Bohrlochmessungen.

Qualitätssicherung

Qualitätssicherung muß sowohl in der Planungs- als auch in der Ausführungsphase von Schürfen und Bohrungen, die zu Grundwasser-, Sickerwasser- und Deponiegasmeßstellen ausgebaut werden sollen, gewährleistet sein:

- Gezielte Erfassung und Auswertung vorhandener Informationen bilden die Basis für eine Standortbeschreibung und ermöglichen die Erstellung eines Erkundungs- und Probenahme- und Analysenplans.
- Geländebegehungen sichern vom Schreibtisch aus geplante Bohr- und Schürfansatzpunkte ab.
- Praktische Hilfe bei der schwierigen Formulierung von Leistungsbeschreibungen für Bauleistungen im Bereich von Altablagerungen und Altstandorten bieten die in der Form von Textvorschlägen gehaltenen „Leistungstexte".
- Einhaltung der einschlägigen Arbeits- und Emissionsschutzvorschriften bei der Erkundung und Sanierung von Altlasten.
- Beachtung der technischen Bauvorschriften, der Hinweise zur Dokumentation sowie der Anweisungen zur Auswertung bei der Planung und beim Bau von Grundwasser-, Sickerwasser- und Deponiegasmeßstellen,
- ständige sicherheits-, meßtechnische und wissenschaftliche Begleitung der Bauarbeiten,

- geophysikalische Kontrollmessungen an ausgebauten Meßstellen und
- Probe- und Meßwertaufnahme, Analytik und Auswertung durch qualifiziertes Personal zur Erzielung optimaler Ergebnisse bei Verringerung des finanziellen Mitteleinsatzes.

Zeitaufwand/Kosten

Der Zeitaufwand für den Ausbau von Bohrungen oder Schürfen zu Grundwasser-, Sickerwasser- oder Deponiegasmeßstellen läßt sich nicht pauschal angeben. Er ist von einer Reihe von Faktoren abhängig:

- Baustelleneinrichtung, An- und Abtransport von Gerätschaften und Material, Häufigkeit des Umsetzens auf der Baustelle,
- Anzahl, Tiefe und Durchmesser der auszubauenden Bohrungen/Schürfe,
- Komplexität des geologischen Aufbaus des Untergrundes,
- Zugänglichkeit des Geländes, Standsicherheit von Untergrund und Gebäuden (bei Arbeiten in Gebäuden ist der Einsatzmöglichkeit schwerer Geräte Grenzen gesetzt) und
- sicherheitstechnischer Aufwand aufgrund des Gefährdungspotentials der Altlastverdachtsfläche.

Die Kosten für den Ausbau von Bohrungen oder Schürfen zu Grundwasser-, Sickerwasser- oder Deponiegasmeßstellen lassen sich ebensowenig pauschal beziffern wie der Zeitbedarf, da sie im wesentlichen von denselben unwägbaren Faktoren abhängen.

Einzuplanen sind zusätzliche finanzielle Mittel für evtl. späteres Ziehen der Brunnenrohre, die Verfüllung der Bohrlöcher und die Rekultivierung. Zu erwähnen bleiben erhebliche Kosten, die durch Zwischenlagerung, Transport, Behandlung oder Entsorgung von beim Klarpumpen oder Funktionsprüfungen anfallendem kontaminierten Wasser entstehen können.

Abrechnungsgrundlage nach VOB sind der Bauvertrag (Leistungsverzeichnis) und das gemeinsame Aufmaß.

Bezugsquellen

Potentielle Auftragnehmer für den Ausbau von Bohrungen und Schürfen sind grundsätzlich alle qualifizierten Bohr- und Brunnenbauunternehmen mit Bescheinigung nach DVGW-Arbeitsblatt W 120, in dem die entsprechenden Firmen aufgelistet sind. Bevorzugt sollten werden solche Firmen, die nachweislich Erfahrungen auf diesem Gebiet anführen können und über im Umgang mit Schutzausrüstung und Meßgeräten geübtes Personal verfügen.

Adressen geowissenschaftlicher und geotechnischer Institutionen und Firmen finden sich in der Broschüre „Geopotential in Niedersachsen", herausgegeben von der Niedersächsischen Akademie der Geowissenschaften in Hannover. Dieser Wegweiser ist erhältlich bei der Geschäftsführung der Akademie:

Dr. E.-R. Look
Stilleweg 2
30655 Hannover   Tel.: 0511/6432487

Die Leistungstexte sind zu beziehen vom

Fachausschuß Tiefbau
Am Knie 6
81241 München   Tel.: 089/8897500

Weitere Vorschriften und Regeln für Arbeiten auf Altlasten sind zu beziehen vom

Carl Heymanns Verlag
Luxemburger Str. 449
51149 Köln   Tel.: 0221/460100

1.4   Geophysikalische Erkundungsmethoden   P

Das Methodeninventar der angewandten Geophysik stammt größtenteils aus der Kohlenwasserstoff- und Erzexploration sowie der Wassererschließung, Disziplinen, die vorwiegend auf Ziele in größeren Tiefen ausgerichtet sind. Viele geophysikalische Verfahren können jedoch auch bei der oberflächennahen Erkundung von Altlastverdachtsflächen angewendet werden. Die folgenden Kapitel geben einen Überblick über die allgemeinen Anwendungsmöglichkeiten der Methoden der geophysikalischen Oberflächenerkundung und der geophysikalischen Bohrlochmeßverfahren unter besonderer Berücksichtigung von Altablagerungen. Eine Zusammenstellung der benutzten und weiterführender Literatur findet sich in Kap. 4.

1.4.1   Geophysikalische Oberflächenerkundung   Po

Grundvoraussetzung für die Anwendbarkeit geophysikalischer Erkundungsmethoden ist, daß sich die physikalischen Eigenschaften von Abfallkörpern und Schadstoffahnen von denen des Untergrundes unterscheiden. Im Idealfall ist der Abfallkörper so homogen, daß er bezüglich seiner physikalischen Eigenschaften als Einheit aufgefaßt werden kann. Innerhalb eines Abfallkörpers können einzelne Einlagerungen lokalisiert werden, sofern sie entsprechende physikalische Eigenschaften besitzen.

Eine weitere Voraussetzung für geophysikalische Untersuchungen ist die Möglichkeit, störungsfrei messen zu können. So sollten in der Nähe vibrationserzeugender Maschinen keine seismischen Messungen erfolgen; unter Hochspannungsleitungen ist keine Elektromagnetik möglich und magnetische Messungen müssen während magnetischer Stürme, die durch Aktivitäten der Sonne hervorgerufen werden, unterbrochen werden. Geoelektrische Messungen müssen unterbleiben, wenn der Untersuchungsbereich von metallischen Leitungen und Kabeln durchzogen ist. Des weiteren muß die Begehbarkeit des Geländes gewährleistet sein. Oft stellen Morphologie, Bewuchs oder Bebauung Hindernisse dar, die eine flächenhafte Vermessung nicht zulassen.

Es ist generell zu empfehlen, geophysikalische Meßnetze zunächst weitmaschig anzulegen und nur dort zu verdichten, wo einzelne Gegenstände, wie Faßgebinde, aufgespürt werden sollen.

Die geophysikalischen Verfahren sollten als Ergänzung zu den geologischen Aufschlußmethoden betrachtet und eingesetzt werden. Im Gegensatz zu diesen auf einen Punkt ausgerichteten direkten Methoden liefern die indirekten geophysikalische Messungen flächige und räumliche Aussagen über den Untergrund von Altablagerungen und die Altablagerungen selbst. Für alle geophysikalischen Verfahren gilt, daß ihre Ergebnisse durch Bohrungen überprüft werden müssen. Die zerstörungfreien geophysikalischen Untersuchungen sollten jedoch möglichst vor den direkten Aufschlußverfahren vorgenommen werden, um diese optimal ansetzen zu können.

Aus den Ergebnissen der Ermittlung und Auswertung vorhandener Informationen, der geologischen Oberflächenerkundung, der geologischen Aufschlußmethoden und der geophysikalischen Erkundungsmethoden läßt sich schließlich ein detailliertes Modell erarbeiten, das die bestmögliche Planungsgrundlage für Beurteilung, Gefahrenabschätzung und Sanierung einer Altlast darstellt.

Anwendungsbereiche

Im Rahmen der Erkundung von Altablagerungen und Altstandorten können die Verfahren zur geophysikalischen Oberflächenerkundung (an der Erdoberfläche durchzuführende Untersuchungen, Tabelle 7) für die Lösung folgender Aufgaben genutzt werden:

- Auffinden und Eingrenzen von Altablagerungen,
- Orten von Einlagerungen,
- Kartieren von Kontaminationsfahnen,
- Klärung des geologisch-tektonischen Baus des Untergrunds (Ortung von Klüften und Störungen, Feststellen der Lage von grundwasserleitenden und geringleitenden Schichten) sowie
- unter bestimmten Umständen Feststellen des Grundwasserflurabstandes und daraus abgeleitet die Grundwasserfließrichtung.

Tabelle 7.   Anwendbarkeit geophysikalischer Verfahren auf hydrogeologische Fragestellungen

Fragestellung	Verfahren
Lage der grundwasserleitenden und geringleitenden Schichten	Alle bewährten Verfahren der Geophysik
Porosität und Permeabilität der Schichten	Keine Oberflächen-, nur Bohrlochmeßverfahren
Grundwasserflurabstand, Grundwasserfließrichtung	Eingeschränkt geoelektrische Vierpunktverfahren, Georadar und Seismik
Schadstoffrückhaltevermögen der Schichten	Keine geophysikalischen Oberflächenverfahren
Mächtigkeit umgebender Sedimente	Hochauflösende Refraktionsseismik, Geoelektrik
Ortung von Klüften und Verwerfungsflächen	Elektromagnetik
Abstand der Deponiesohle zum Grundwasserspiegel	Mit geophysikalischen Oberflächenverfahren nicht möglich
Verlauf von Kontaminationsfahnen	Elektromagnetische und geoelektrische Verfahren
Inhalte, besonders der grundwassergefährdenden Stoffe von Altlasten	Magnetische, elektromagnetische und geoelektrische Verfahren zur Lokalisierung bestimmter Abfälle

Im folgenden werden die für die Erkundung von Altlastverdachtsflächen wichtigsten geophysikalischen Methoden beschrieben. Es sind dies die Geomagnetik, die Geoelektrik und die Seismik. Alle anderen Verfahren sind von nachgeordneter Bedeutung und werden deswegen nur kurz dargestellt. Beispiele aus Niedersachsen sollen die praktische Anwendung der jeweiligen Methode bei der Erkundung von Altablagerungen erläutern.

1.4.1.1 Geomagnetik   Po-M

Durch die Vermessung des *Erdmagnetfeldes* mit Magnetometern können Abweichungen vom Normalfeld als *magnetische Anomalien* erfaßt werden. Sie entstehen meist durch *ferromagnetische Metalleinlagerungen* im Untergrund (Abb. 29).

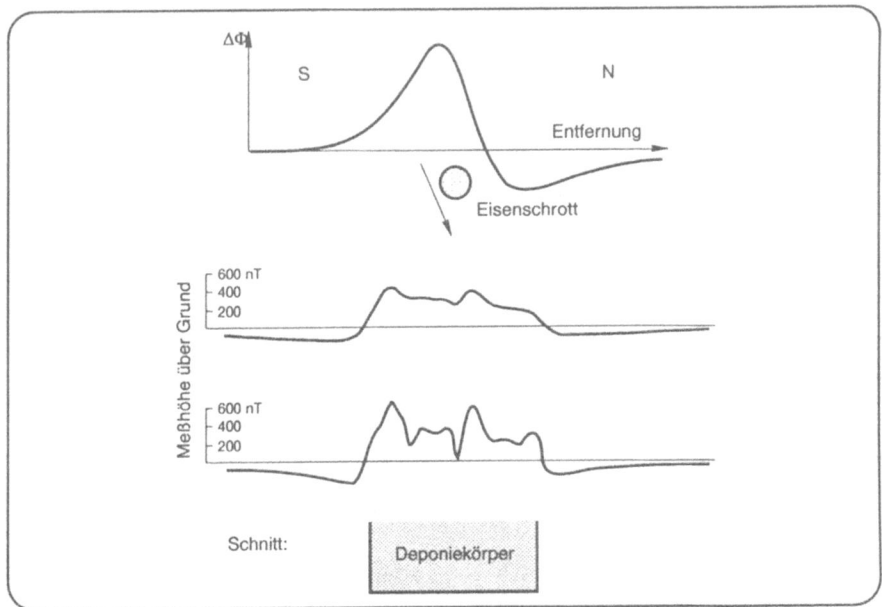

Abb. 29.   *oben:* Profil der Anomalie der erdmagnetischen Intensität über einer rundlichen Eisenschrottanhäufung (Inklination des erdmagnetischen Feldes I = 65°, Pfeil); *unten:* magnetische Anomalien in unterschiedlicher Höhe über einer Deponie. (Nach Vogelsang 1993)

Anwendungsbereiche
Die Geomagnetik kann folgende Aufgaben lösen:

- ■   Lokalisierung und Begrenzung von Altablagerungen mit eingelagerten Metallteilen,

■   Aufsuchen lokaler Anhäufungen ferromagnetischer Gegen-
    stände, z. B. Fässer, Leitungen, Schrott, jedoch kein Kupfer
    oder Aluminium und

■   Erkundung von Gesteinen im Umfeld von Altablagerungen, die
    ferromagnetische Minerale enthalten (z. B. kristalline und
    magmatische Gesteine).

Durchführung

Magnetische Messungen werden sowohl flächenhaft im Raster als auch auf
Profilen durchgeführt. Bei der Erkundung von Deponiegrenzen in Form einer
Übersichtskartierung kann ein Raster von 5 - 20 m Kantenlänge gewählt werden. Bei nachfolgenden Detailerkundungen kann das Raster bis auf 1 m verdichtet werden. Die geomagnetische Vermessung sollte deutlich über den vermuteten oder bekannten Deponiebereich hinausreichen, um Daten auch über
unbelastetes Gebiet zu erhalten

Man unterscheidet die Messung der Totalintensität des Erdmagnetfeldes
von der Gradientenmessung, bei der es in verschiedenen Höhen über der Erdoberfläche gemessen wird. Je näher die Messung an der Erdoberfläche durchgeführt wird, desto detaillierter ist die Auflösung.

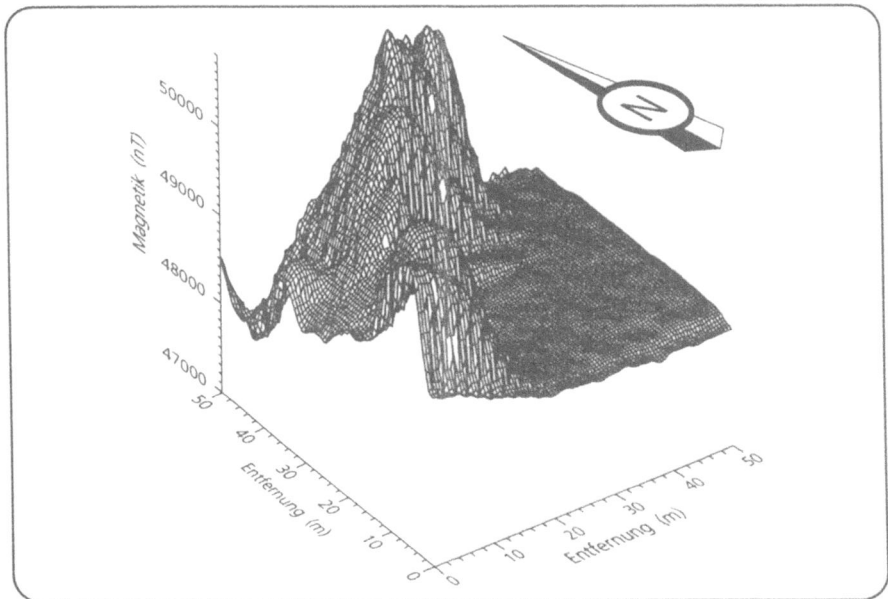

Abb. 30.   Dreidimensionale Darstellung der magnetischen Totalintensität
                 über einem Teil der Altablagerung "Hottelner Weg" in Hildes-
                 heim-Drispenstedt. (Nach Büttgenbach und Höfflin 1993)

Beispiel   Über der Altablagerung "Hottelner Weg" in Hildesheim-Dris-
                 penstedt wurde eine geomagnetische Vermessung durchge-

führt, um sowohl die Begrenzung des Müllkörpers als auch mögliche metallische Einlagerungen zu ermitteln (Büttgenbach und Höfflin 1993). In der Darstellung (Abb. 30) heben sich die Bereiche hoher magnetischer Totalintensität, verursacht durch den Müllkörper, vom umgebenden Gestein mit gleichmäßig geringen Werten deutlich ab. Es ist nicht ausgeschlossen, daß die Peaks durch metallische Einlagerungen hervorgerufen werden.

Einschränkungen

Deponiegrenzen und magnetische Objekte im Untergrund können in ihrer Erstreckung von der Oberfläche aus lokalisiert werden, wobei es aufgrund der üblicherweise fehlenden Kenntnis über die Intensität der Magnetisierung des gemessenen Objektes zu keiner quantitativen, sondern nur zu einer qualitativen Abschätzung kommen kann. Die Ergebnisse sollten durch Kombination mit anderen Methoden, insbesondere der Geoelektrik, überprüft und erweitert werden.

Wegen der Abnahme des Magnetfeldes mit der Entfernung können kleine magnetische Einlagerungen im oberen Bereich einer Altablagerung tieferliegende magnetische Abfallstoffe (z. B. Fässer) maskieren.

Eiserne Installationen wie Zäune, stahlverrohrte Grundwassermeßstellen oder stählerne Leitungen verfälschen die Meßergebnisse; ihr Einfluß muß bei der Auswertung berücksichtigt werden.

1.4.1.2   Geoelektrik - Gleichstromverfahren   Po-Eg

Die geoelektrischen Verfahren beruhen auf den unterschiedlichen *spezifischen elektrischen Widerständen* der Gesteine und Abfallstoffe. Durch die Erkundung der Widerstandsverteilung im Untergrund können die Lage der Schichten im Raum und deren geologische Identifikation, aber auch Ort, Tiefenlage und einige Materialeigenschaften der Abfälle mit unterschiedlichen geoelektrischen Verfahren und Meßanordnungen bestimmt werden. Dabei geht man für die Auswertung von einem horizontal geschichteten, isotropen und homogenen Schichtaufbau aus.

Man unterscheidet Messungen zur flächenhaften Kartierung und zur Tiefenerkundung.

Geoelektrische Kartierung   Po-Egk
Anwendungsbereiche
Die geoelektrische Kartierung kann zur Lösung folgender Aufgaben beitragen:

- Lokalisierung verstreuter Einzelkörper,
- Ausdehnung elektrolytischer Schadstofffahnen sowie
- großflächige Erfassung von Altablagerungen und Kontaminationen in bestimmten Tiefenbereichen.

Durchführung
Verschiedene feste Elektrodenanordnungen werden auf parallelen Meßlinien (Profilen) jeweils um eine Längeneinheit versetzt und die *scheinbaren elektrischen Widerstände* gemessen. Die Verteilung der *scheinbaren spezifische Widerstände* läßt sich durch Isolinien darstellen. Durch Einstellung der festen Elektrodenanordnung auf verschiedene gewünschte Eindringtiefen lassen sich die Widerstandsverteilungen in mehreren Tiefenbereichen erfassen und darstellen.

Meist wird die *Wenner-Anordnung* in rechteckigen Meßrastern verwendet, bei der die Abstände zwischen Elektroden und Sonden gleich sind. Der gemessene *scheinbare spezifische Widerstand* gilt für die Mitte der Auslage. Bei der Lokalisierung von Altablagerungen reichen i.allg. Meßnetze von 10 · 10 m aus. Für ihre Eingrenzung und die Ortung von Einzelobjekten sind dichtere Netze von ca. 1 · 1 m erforderlich.

Einschränkungen
Da für jede Messung 2 Sonden und 2 Elektroden umgesetzt werden müssen, ist der Arbeitsaufwand hoch.

Geoelektrische Tiefensondierung Po-Egt
Anwendungsbereiche
Geoelektrische Tiefensondierungen werden eingesetzt zur

- Bestimmung der Mächtigkeit horizontaler Schichten und Ablagerungen (die Tiefe einer Deponiesohle und die Mächtigkeit einer geologischen Barriere kann bei ausreichenden Widerstandskontrasten ermittelt werden),
- Ermittlung der Schichtwiderstände, um die Schichten geologisch zu identifizieren sowie
- Bestimmung der Form und Ausdehnung von elektrolytischen Kontaminationsfahnen in Grundwasserleitern.

Insbesondere bei der hydrogeologischen Erkundung des geologischen Umfeldes und des Untergrundes von Altablagerungen kann dieses Verfahren eingesetzt werden, da der Unterschied des spezifischen Widerstandes zwischen den elektrolytischen Schadstoffahnen ($< 5\ \Omega m$) und den Grundwasserleitern ($> 200\ \Omega m$) groß ist.

Durchführung
Geoelektrische Tiefensondierungen werden meist in der *Schlumberger-Anordnung* (Abb. 31) durchgeführt. Über die in den Boden eingeschlagenen Elektroden A und B, die symmetrisch zum Meßpunkt 0 auf einer Linie angeordnet sind, wird ein Gleichstrom eingespeist, der ein von der Widerstandsverteilung im Untergrund abhängiges elektrisches Feld erzeugt. Die dabei entstehenden Spannungen werden an den ebenfalls symmetrisch, nahe dem Meßpunkt 0 angeordneten, unpolarisierten Keramiksonden M und N gemessen.

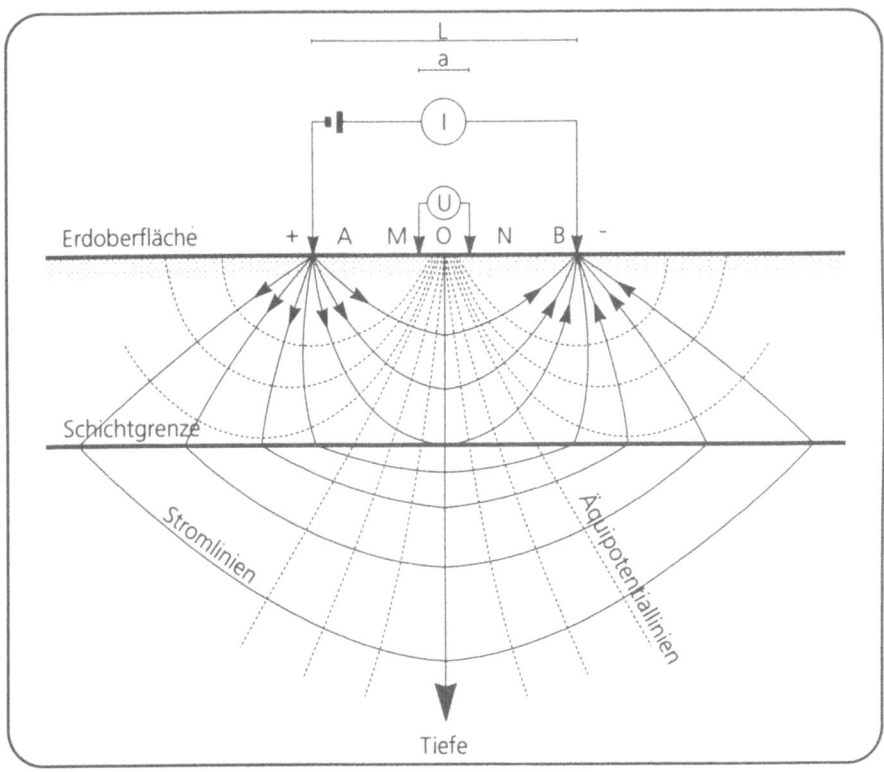

Abb. 31.   *Schlumberger-Anordnung* bei der geoelektrischen Tiefensondierung; *A* und *B* sind die stromzuführenden Elektroden, *M* und *N* sind die die Spannung abgreifenden, unpolarisierten Sonden

Die Elektroden werden nach jeder Messung beidseitig symmetrisch nach außen versetzt. Aus den jeweils zusammengehörigen Werten von Stromstärke, Spannung und einem Geometriefaktor, der den Elektrodenabstand berücksichtigt, wird der *scheinbare spezifische elektrische Widerstand* für jeden Elektrodenabstand berechnet. Diese Werte werden als *Sondierungskurve* auf doppeltlogarithmischem Papier aufgetragen oder elektronisch gespeichert. Aus den Werten werden dann durch graphische Verfahren oder mit Rechenprogrammen, z. B. INGESO (Mundry und Dennert 1980), der *spezifische Widerstand* der Schichten, deren Mächtigkeit und ihre Anzahl berechnet. Aus den Ergebnissen der Einzelauswertungen von Sondierungskurven lassen sich *geoelektrische Profilschnitte* und *Tiefenlinienpläne* konstruieren, in denen alle erkennbaren Schichtwiderstände und Schichtmächtigkeiten enthalten sind. Bei der *Wenner-Anordnung* werden bei der Sondierung mit den Elektroden A und B auch die Sonden M und N versetzt, so daß die Abstände AM, MN und NB jeweils gleich bleiben.

Beispiel   Auf der Altablagerung Stade-Riensförde wurden geoelektri-
                    sche Sondierungen durchgeführt (Hoins et al. 1992), um mög-
                    liche Kontaminationsherde aufzufinden. Abbildung 32 zeigt Li-
                    nien gleicher spezifischer Widerstände an der Basis der Altab-
                    lagerung. Das ausgeprägte Minimum um Sondierung Nr. 11
                    rührt von dort abgelagerten Industrieschlämmen her. Das sich
                    von Sondierung Nr. 20 und Nrn. 24 - 30 nach S und SE er-
                    streckende Minimum deutet auf Sickerwasserpfade hin. Die im
                    Umfeld vorgenommenen Untersuchungen bestätigen, daß im
                    Süden Kontaminationswässer aus der Altablagerung in den
                    oberen Grundwasserleiter strömen.

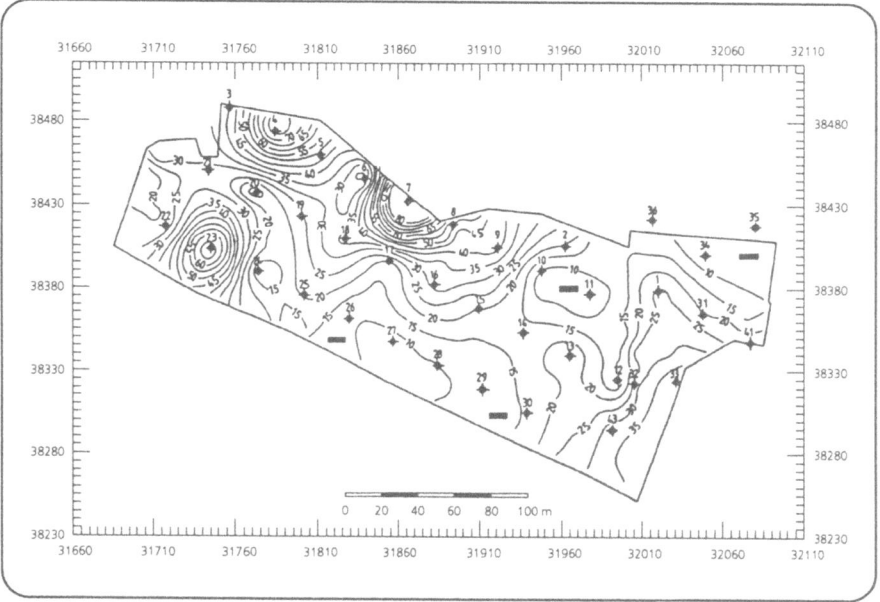

Abb. 32.   Scheinbare spezifische Widerstände an der Basis der Altabla-
                    gerung Stade-Riensförde. (Nach Hoins et al. 1992)

Beispiel   An der Altlast Münchehagen wurden ebenfalls geoelektrische
                    Sondierungen durchgeführt, um die Grenze zwischen Süß-
                    und Salzwasser zu ermitteln (Dörhöfer et al. 1988). Ziel dieser
                    Untersuchung war es, den am oberflächennahen Grundwas-
                    serkreislauf beteiligten Anteil des „süßen" Grundwassers zu
                    bestimmen. Folgende Ergebnisse (Abb. 33) konnten erzielt
                    werden:
                    Die oberste Schicht besteht aus quartären Sedimenten gerin-
                    ger Mächtigkeit mit unterschiedlichen spezifischen Widerstän-
                    den. Die von Süßwasser durchströmten kretazischen Tone
                    (zweite Schicht) haben einen spezifischen Widerstand von ca.

40 Ωm, die von salinarem Wasser durchströmten kretazischen Tone (dritte Schicht) von ca. 20 Ωm. Deutlich ist die Abnahme des spezifischen Widerstandes in der Tiefe erkennbar. Die dritte Schicht fällt in östlicher Richtung noch weiter ab. Die Begrenzungen der nördlich des Profils liegenden Altablagerung sind angedeutet.

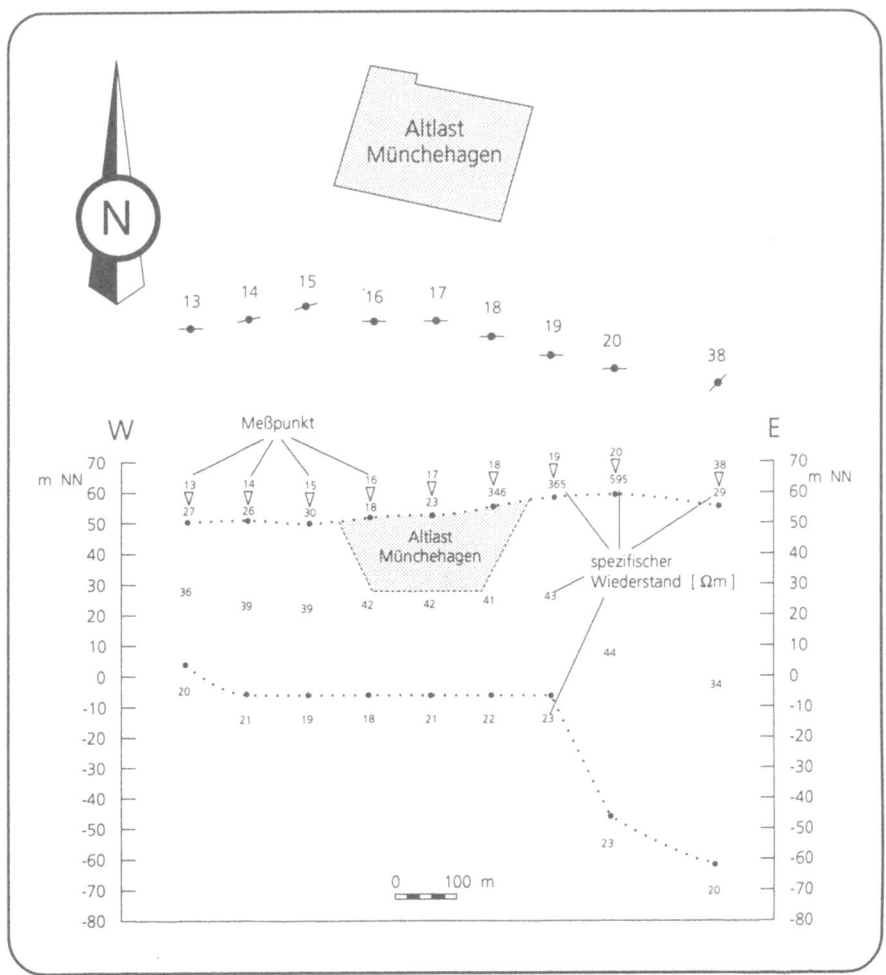

Abb. 33.   Ermittlung der Grenze Süßwasser/Salzwasser südlich der Altablagerung Münchehagen. (Nach Dörhöfer et al. 1988)

Einschränkungen
Die Tiefensondierung unterliegt folgenden Einschränkungen:

■   Geringmächtige Schichten werden unter Umständen unterdrückt. Sie zeichnen sich in den Sondierungskurven nicht ab.

■ Die Auswertung einer Sondierungskurve liefert mehrere äquivalente Lösungen.

■ Die Methode ist nur anwendbar bei flach gelagerten Schichten. Für steilstehende Strukturen muß die Meßanordnung der geoelektrischen Kartierung oder das Wechselstromverfahren der Elektromagnetik angewandt werden.

■ Lange lineare Auslagen verhindern einen Einsatz in bebauten Gebieten.

Eigenpotentialmessung   Po-Ege

Unter Eigenpotential versteht man das natürliche *elektrische Feld* des Untergrundes, welches als *Spannung* zwischen einem Bezugspunkt und beliebigen Untersuchungspunkten gemessen werden kann. Die Ursachen für das Auftreten von Eigenpotentialen sind Oxidation oder Reduktion von Mineralen und Metallen *(Redoxpotential)* und die Durchströmung des Bodens mit Gasen und Grundwasser *(Fließpotential)*.

Anwendungsbereiche

Die Eigenpotentialmethode kann eingesetzt werden zur

■ raschen Überprüfung von Verdachtsflächen auf oxidierende oder reduzierende Abfallstoffe (z. B. galvanische Schlämme, Eisenschrott oder Altbatterien) sowie zur

■ Erkundung schnell strömender Gase und Wässer (z. B. Austritte von Deponiegas, Lecks in Dämmen und Kanalböschungen).

Durchführung

Gemessen wird die natürliche Spannung zwischen 2 Keramiksonden, von denen eine als Basissonde an einem Ort verbleibt, während die zweite Sonde, die mit der Basissonde durch ein Kabel und ein Digitalvoltmeter verbunden ist, von Meßpunkt zu Meßpunkt wandert. Um die Vermessung zu beschleunigen und zu präzisieren, können statt einer Sonde mehr als 200 Wandersonden in beliebiger Anordnung eingesetzt werden (Abb. 34).

Die Registrierung der zahlreichen Sonden erfolgt rechnergesteuert in konstanten Zeitintervallen von 5 oder 10 min. Diese Registrierung wird meist über mehrere Stunden vorgenommen, um den zeitlichen Verlauf des Potentials an jeder Sonde aufzuzeichnen. Auf diese Weise können zeitlich begrenzte Störpotentiale erkannt werden. Eigenpotentialmessungen können sowohl entlang von Profilen als auch im Raster durchgeführt werden. Bei Profilen > 100 m Länge und großflächigen Kartierungen werden Meßpunktabstände von 10 - 20 m empfohlen; bei Detailerkundungen sollten die Meßpunktabstände 2 - 5 m betragen.

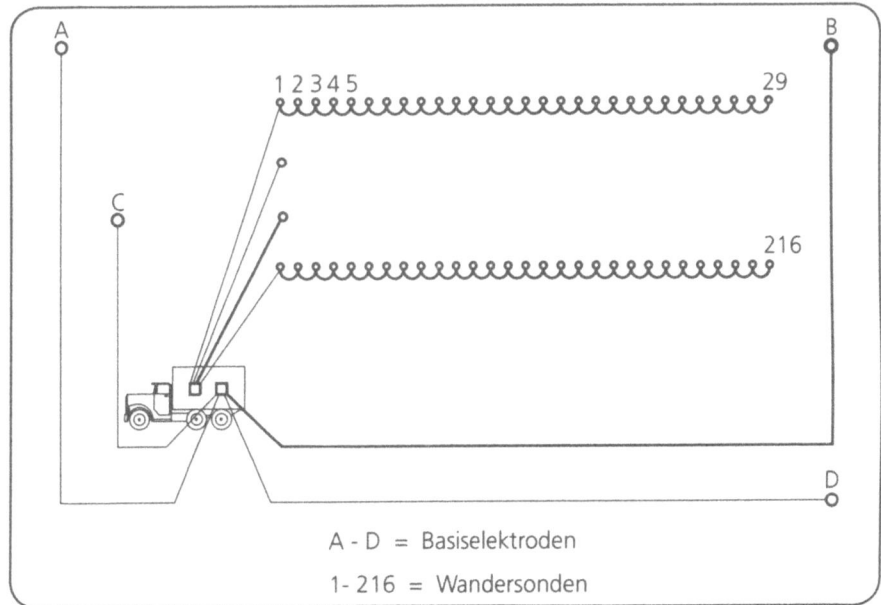

Abb. 34.   Prinzip der Eigenpotentialmessung mit einer Basissonde und mehreren Wandersonden. (Nach Weigl 1988)

Gemessene Potentialunterschiede und Spannungsdifferenzen sollten erst ab ca. 5 mV in die Auswertung aufgenommen werden, um Fehler durch kurzzeitige Variationen auszuschließen. Der Ort einer Anomalie kann nur mit der Genauigkeit, die dem Meßpunktabstand entspricht, festgelegt werden. Eigenpotentialquellen befinden sich häufig nicht unterhalb der Maxima oder Minima, sondern werden durch geneigte Anordnungen der Plus- und Minuspole seitlich versetzt. Bohransatzpunkte sollten deshalb nicht auf Eigenpotentialanomalien geplant werden, ohne vorher durch andere geophysikalische Verfahren überprüft worden zu sein.

Beispiel   An der Zentraldeponie der Landeshauptstadt Hannover wurden im Abstrombereich Eigenpotentialmessungen durchgeführt, um eine vermutete Kontaminationsfahne zu kartieren. Die Lage der Meßsonden ist dem mittleren Teil der Abb. 35 zu entnehmen, die Ergebnisse der Messungen ihrem oberen Teil. Deutlich sind die Minima des Eigenpotentials zu erkennen, die auf elektrolytische, hier Cl⁻-Ionen-haltige Wässer schließen lassen.

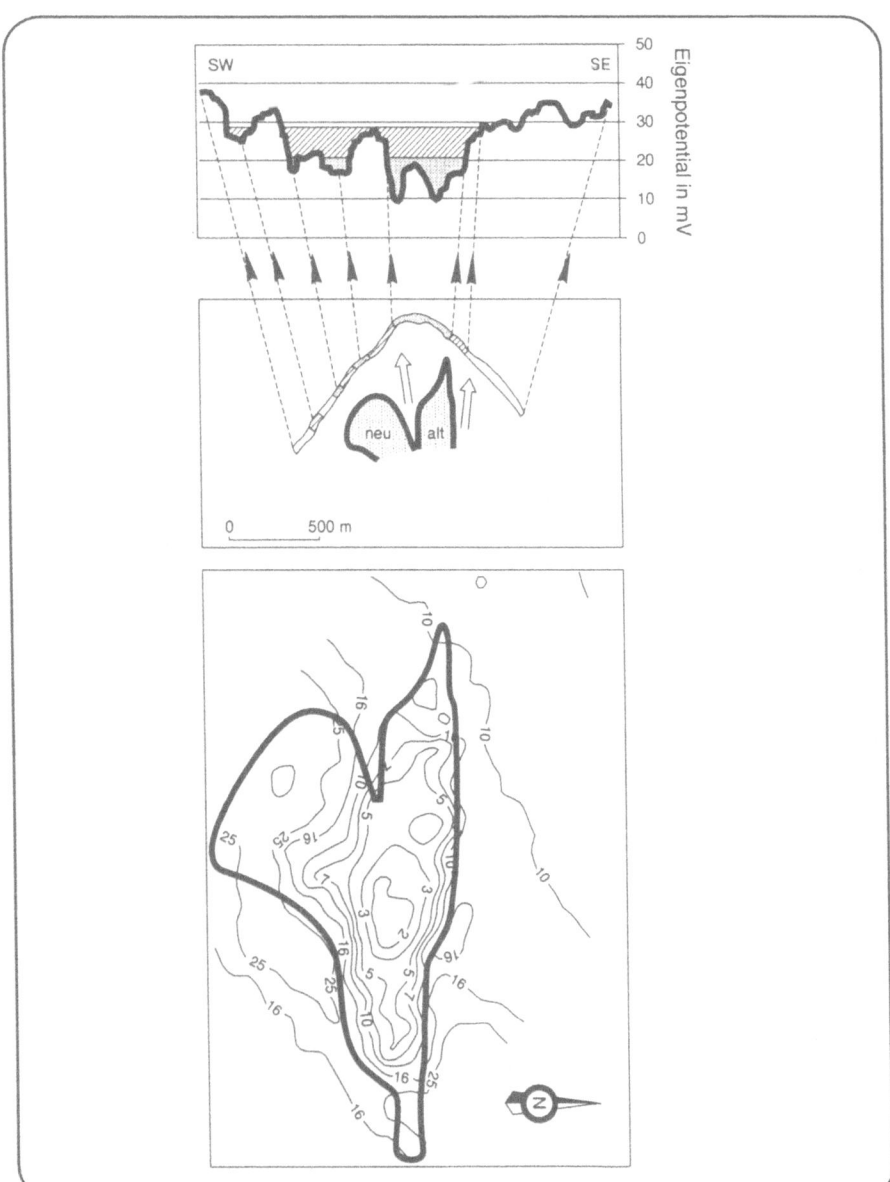

Abb. 35.   Eigenpotentialmessungen und geoelektrische Vermessung an
der Zentraldeponie der Landeshauptstadt Hannover. (Nach Vogelsang 1993 und Sengpiel, unveröffentlichte Manuskriptkar-
te)

Einschränkungen
Eigenpotentialmessungen werden durch die gleichen Fehlerquellen beeinträchtigt wie die geoelektrischen Gleichstromverfahren:

- Die genaue Lokalisierung von Potentialquellen ist nicht möglich.
- Es erfolgen Beinflussungen durch elektrische Störfelder oder Temperaturschwankungen.
- Eine quantitative Interpretation ist nicht möglich.

Induzierte Polarisation Po-Egi
Dieses geoelektrische Verfahren wird nur selten angewandt und deshalb hier nicht detailliert beschrieben. Nach der Aufladung des Untergrundes (wie ein Akkumulator) wird die Aufladefähigkeit anhand der abklingenden Spannung gemessen. Die Verfahren der induzierten Polarisation können zum Nachweis metallischer Abfallstoffe und Minerale (z. B. galvanische Schlämme und Sulfide) eingesetzt werden.

1.4.1.3 Geoelektrik - Wechselstromverfahren Po-Ew

Auch die Wechselstromverfahren nutzen die unterschiedlichen *elektrischen Widerstände* von Abfallstoffen und Gesteinen. Im Gegensatz zu den Gleichstromverfahren, welche die Erdung von Elektroden oder Sonden erfordern, arbeiten sie induktiv: Von Induktionsspulen wird ein elektromagnetisches Wechselfeld erzeugt, das sekundäre Felder in Körpern unterschiedlicher Widerstände hervorruft.

Die Verfahren sind schneller und billiger als die Gleichstrommethoden, jedoch schwerer zu interpretieren, da sie auf komplizierteren physikalischen Gesetzen beruhen. Ihr Vorteil ist die bessere Erfassung steilstehender Strukturen.

Elektromagnetische Kartierung Po-Ewk
Meßprinzip
Die beweglichen Sender- und Empfängerspulen sind vertikale Dipole. Die Senderspule strahlt vertikal polarisierte Sinusschwingungen ab. Die in der Erde entstehenden *sekundären Felder* können dem *Primärfeld* entgegen- oder gleichgerichtet sein. Durch Überlagerung entsteht das *resultierende Feld*, welches von der Empfängerspule aufgenommen wird. Aus den Veränderungen von In- und Out-of-Phase gegenüber dem Primärfeld kann man auf die Lage elektrisch leitender Abfallstoffe im Untergrund schließen. Das Meßprinzip der elektromagnetischen Kartierung wird in Abb. 36 veranschaulicht. Mehrere Frequenzen werden vom Sender nacheinander abgestrahlt. Im Empfänger wird das resultierende Feld aufgenommen und auf das direkt übermittelte Primärfeld bezogen.

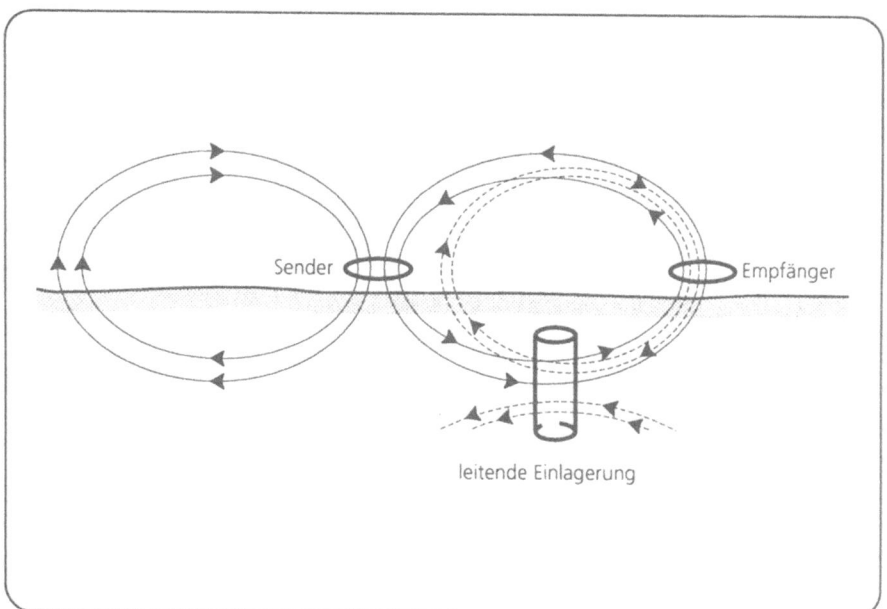

Abb. 36.   Meßprinzip der elektromagnetischen Kartierung

Anwendungsbereiche

Die elektromagnetische Kartierung sollte vorwiegend zum Aufsuchen steilstehender und/oder gut leitender Strukturen angewendet werden. Sie ist geeignet
zur

- Lokalisierung von Altlasten,
- Ortung einzelner gut leitender Einlagerungen (z. B. Fässer,
  Schrott, Industrieschlämme),
- Detektion salzhaltiger Kontaminationsfahnen und
- Detektion von Verwerfungen und Kluftzonen im Festgestein.

Das Verfahren wird vornehmlich zur Kartierung lateraler Leitfähigkeitsunter-
schiede eingesetzt. Mögliche Zielobjekte sind Deponieabgrenzungen, steilstehende grundwasserleitende Strukturen wie Verwerfungen, Spalten und Kluftzonen. Aus der Korrelation einzelner elektromagnetischer Indikationen von
Profil zu Profil können Verwerfungs- und Spaltensysteme rekonstruiert werden,
welche Schadstoffen als Sicker- und Fließwege dienen können.

Durchführung

Sender und Empfänger werden in konstantem Abstand entlang der Meßprofile
getragen. Über ein Verbindungskabel von 10 - 200 m Länge wird das primäre
Sendesignal zum Empfänger übertragen. Dieses Kabel dient gleichzeitig als
Meßleine für einen konstanten Abstand von Sender und Empfänger. Der Meßpunktabstand wird von Abstandsmarken auf dem Kabel abgegriffen.

Da metallische Kabel und Leitungen *elektromagnetische Anomalien* hervorrufen können, die denen natürlicher Körper ähneln, sind alle Meßlinien und ihre Umgebung mit induktiv arbeitenden Leitungssuchgeräten zu überprüfen, um Beeinflussungen zu erkennen.

Meßfrequenzen zwischen 800 und 7.000 Hz haben sich bewährt. Bei niedrigeren Frequenzen wird zwar eine höhere Eindringtiefe erreicht, es wird aber auch mehr Sendeenergie benötigt als tragbare Akkumulatoren liefern können.

Elektromagnetische Messungen werden in der Regel in Abständen von 10 - 25 m auf Profilen mit 50 - 100 m Profilabstand durchgeführt. Die Auslagen (Abstände Sender-Empfänger) richten sich nach der Länge des Verbindungskabels; gebräuchlich sind Längen von 12,5, 25, 50, 100, 150 und 200 m.

Die Eindringtiefe beträgt mindestens das 0,3fache der Auslagenlänge. Steilstehende, langgestreckte Strukturen wie Verwerfungs- oder Kluftzonen können punktgenau geortet werden, sofern sie eine gut leitende Füllung besitzen oder Grundwasser führen. Besonders ausgeprägt sind elektromagnetische Minima über salinaren Schadstoffahnen, die sich entlang von Kluftzonen im Festgestein ausbreiten. Wo metallische Zäune, Leitungen und Kabel das Untersuchungsgebiet durchqueren, muß die elektromagnetische Kartierung für die Länge einer Auslage unterbrochen werden.

Beispiel	Der untere Teil von Abb. 35 zeigt die Ergebnisse einer elektromagnetischen Vermessung der Zentraldeponie der Landeshauptstadt Hannover aus der Luft. Angegeben sind die Linien gleicher scheinbarer Widerstände in Tiefen von 15 - 20 m unter Geländeoberfläche. Deutlich sind die Minima zu erkennen. Hierbei handelt es sich um das Abfallmaterial selbst. Je weiter man sich von der Deponie entfernt, um so deutlicher bestimmt das in derselben Tiefe anstehende Gestein den Meßwert. Deutlich ist der Übergang vom Abfall zum anstehenden Gestein erkennbar.

Einschränkungen

■ Die Tiefenbestimmung von begrenzten Körpern ist schwierig.
■ Metallische Installationen üben störenden Einfluß aus.
■ Hochspannungsleitungen, starke Radiosender etc. (Mindestabstand 300 m) üben störenden Einfluß aus.

Georadar   **Po-Ewr**
Meßprinzip
Fest miteinander verbundene Sende- und Empfangsantennen werden über den Erdboden gezogen. Sie senden und empfangen *elektromagnetische Wellen* mit Frequenzen von 80 MHz bis 1 GHz. An Grenzflächen zwischen Materialien mit unterschiedlichen *Dielektrizitätskonstanten* und *Leitfähigkeiten* werden die elektromagnetischen Wellen reflektiert. Analog zur Reflexionsseismik werden

ihre Wellenlaufzeiten gemessen und daraus ein "Radargramm" des Untergrundes erstellt. Dazu ist ein erheblicher Rechenaufwand erforderlich.

Bei bekannten schichtspezifischen Ausbreitungsgeschwindigkeiten der Radarwellen können die *Laufzeiten* der Impulse in *Reflektortiefen* umgerechnet werden (Abb. 37). Die Ausbreitungsgeschwindigkeiten können aus Bohrlochmessungen (Sonic Log, Pb-SL) oder direkt aus der Radarmessung bestimmt werden.

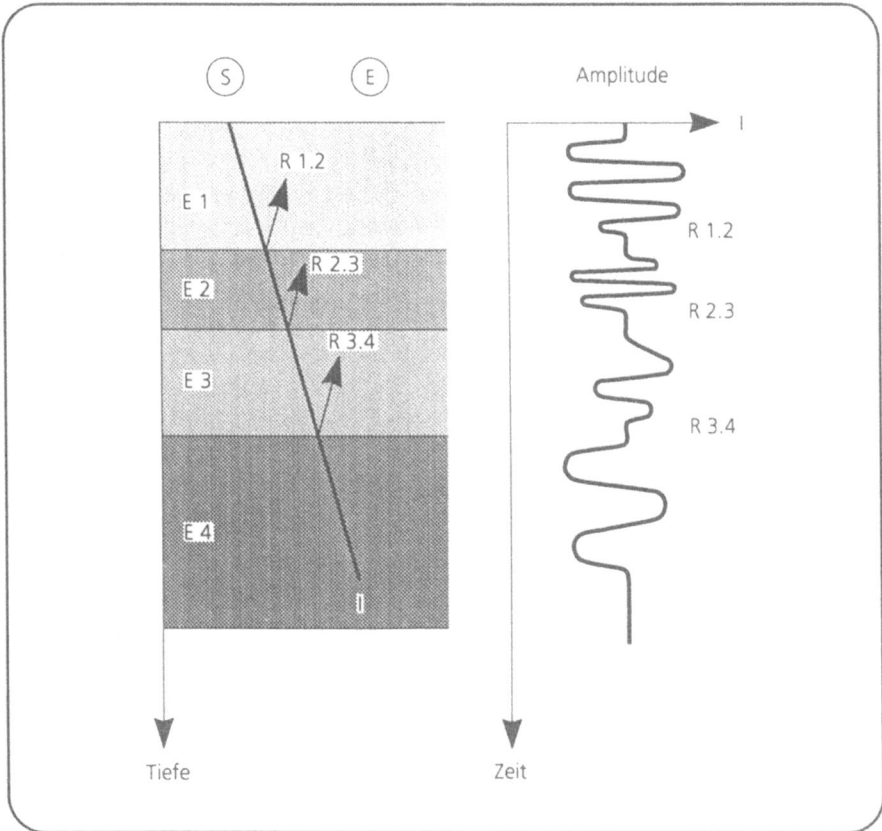

Abb. 37.   Meßprinzip des Georadars (R x.y: reflektierter Impuls zur Zeit t an der Oberfläche)

Anwendungsbereiche

■   Nichtmetallische Rohrleitungen und ähnliche Installationen in geringer Tiefe lassen sich genau verfolgen.

■   Der Unterbau von Asphalt- und Betondecken kann zuverlässig auf Ausspülungen oder andere Ursachen von Einbrüchen und Setzungen kontrolliert werden.

Durchführung
Meist werden die Radarprofile im 1-m-Abstand vermessen, um linear ausgedehnte Strukturen genau korrelieren zu können. Da es sich um überwiegend
kleine Strukturen handelt, ist Sorgfalt bei der Positionierung der Meßpunkte
erforderlich. Die einzelnen Profile müssen parallel verlaufen und genau in
großmaßstäblichen Lageplänen vermerkt werden. Das System sollte mit konstanter Geschwindigkeit über die Meßstrecke gezogen werden. Änderungen
der Bodenfeuchte bewirken erhebliche und plötzliche Verminderungen der
Eindringtiefe, da Wasser eine Dielektrizitätskonstante von 80 besitzt, während
den meisten Stoffen Konstanten < 10 zugeordnet werden.
    Radarsignale dringen bei niedrigen Widerständen nur wenige Dezimeter in
den Boden ein. Bei sehr hohen Widerständen, wie sie in Salzstöcken oder trok-
kenen Festgesteinen, insbesondere in massiven Kalken und Graniten, gefunden
werden, erhöht sich die Reichweite auf mehrere hundert Meter. Das Bodenradar liefert Schichtgrenzen im Zentimeterabstand bei bindigen Böden. Niedrige
Sendefrequenzen (von 100 MHz) erhöhen seine Eindringtiefe.

Einschränkungen
Der hohen Auflösung in vertikaler Richtung steht die Schwierigkeit gegenüber,
Einzelobjekte in der Horizontalen zu erkennen. Reflektierende Abfallkörper verändern durchweg die Form der Wellenfront. Diese Veränderungen sind jedoch
unspezifisch; sie können nicht unbedingt von Schwankungen der Bodenfeuchte, des Tongehaltes oder der Korngröße unterschieden werden. Zu beachten
ist:

- Die große Anzahl von Reflexionen und Strukturindikationen
  führt leicht zu Überinterpretationen.
- Die Eindringtiefe ist gering, da i. allg. gutleitende Schichten an
  der Erdoberfläche anstehen.
- Ein Wechsel der Bodenfeuchte bewirkt starke Veränderungen
  der Eindringtiefe
- Tiefenangaben in inhomogenem Material sind unsicher. Dennoch ist das Bodenradar das geeignetste Verfahren, um oberflächennah auch geringmächtige Schichten zu erkunden.
- Die Bestimmung des Flurabstandes (Tiefe des Grundwasserspiegels) ist nur bei Grundwasserleitern durchführbar, die frei
  von tonigen oder schluffigen Einlagerungen sind.

1.4.1.4 Seismik   Po-S

Von einer *seismischen Quelle* (Hammerschlag, Fallgewicht, Vibrator, Spren-
gung) werden *Kompressions- und Scherwellen* erzeugt, die den Untergrund
mit materialabhängigen Geschwindigkeiten durchlaufen. An Grenzflächen, an
denen sich die elastischen Eigenschaften ändern, werden diese Wellen reflektiert oder refraktiert und, wieder an der Erdoberfläche angekommen, von seis-

mischen Empfängern, den *Geophonen*, registriert. Solche Grenzflächen sind
i. allg. Schichtgrenzen, Diskordanzen oder andere flachliegende Flächen. Gemessen wird die *Laufzeit der Wellen* vom Sender zum Empfänger. Daraus lassen sich *seismische Geschwindigkeiten* und die *Tiefe der Schichtgrenzen* berechnen. Die Seismik ermöglicht so einen Einblick in den geologisch-tektonischen Aufbau geschichteter Gesteine und Ablagerungen.

Refraktionsseismik   Po-Sk
Meßprinzip
Refraktierte Wellen laufen auf Grenzflächen zwischen 2 Schichten entlang und
geben dabei Teile ihrer Energie in Richtung der Erdoberfläche ab. Voraussetzungen hierfür sind, daß die Wellen in einem "kritischen Winkel" auf die
Grenzfläche treffen und die Ausbreitungsgeschwindigkeit in der oberen
Schicht kleiner ist als die in der unteren (Abb. 38). Ist die seismische Geschwindigkeit in der liegenden Schicht geringer (zum Beispiel Sand unter Geschiebe-
lehm), werden reflektierte Wellen erzeugt.

Anwendungsbereiche
Das Verfahren ist geeignet, die Morphologie von Grundwassergeringleitern im
Umfeld von Altablagerungen aufzunehmen. Dadurch kann die Geometrie eines
möglichen Ausbreitungspfades von Schadstoffen beschrieben werden, da diese
meist schwerer als das Grundwasser sind und deshalb den Tälern im Grund-
wassergeringleiter folgen.

- Die Refraktionsseismik ist unabhängig von gutleitenden oder
  magnetischen Installationen; sie kann auch in besiedelten Gebieten vorgenommen werden.
- Sie kann auch bei flach einfallenden und rundlichen Strukturen angewandt werden.

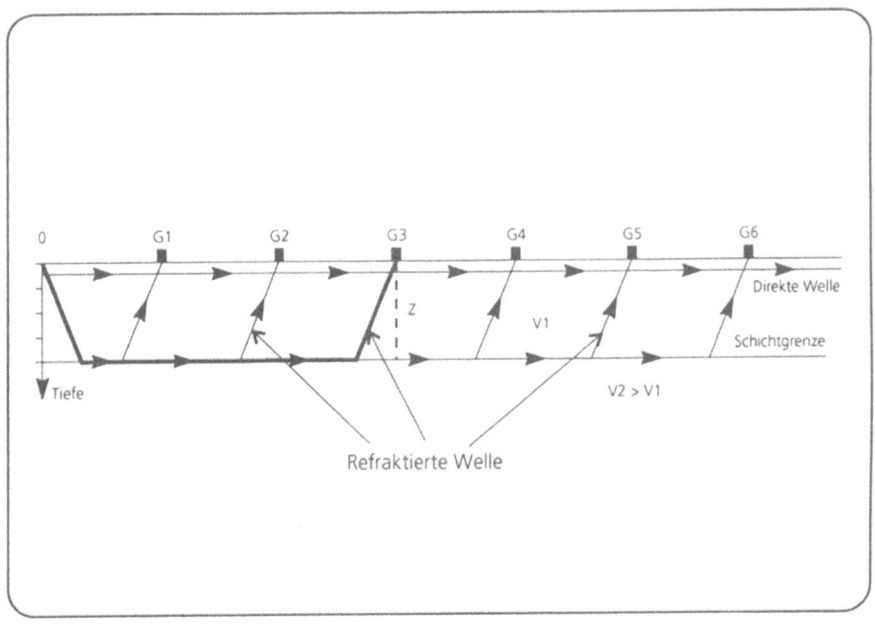

Abb. 38.   Meßprinzip der Refraktionsseismik (*0*: seismische Quelle, *G1*-
                 G6: Geophone, *V1*, *V2*: seismische Geschwindigkeiten, *Z*:
                 Mächtigkeit)

Durchführung
Refraktionsseismische Vermessungen werden auf Profilen durchgeführt. Die
Profillänge sollte etwa das 5fache der zu untersuchenden Tiefe betragen. Die
Geophonabstände betragen bei geringer Erkundungstiefe 1 - 2 m, bei größerer
Erkundungstiefe bis zu 20 m.
   Die Genauigkeit ist abhängig vom Abstand der Anregungs- und Geophonpunkte sowie von den Geschwindigkeits- und Elastizitätskontrasten an der re-
fraktierenden Schichtgrenze. Allgemein gilt, daß Fehler bei Tiefenangaben mit
fortschreitender Tiefe zunehmen und im Mittel etwa 5 % betragen.
   Die Refraktionsseismik unter Verwendung von Hammerschlägen und Fall-
gewichten wird seit langem zur Erkundung von Schichtverläufen im oberen Bereich der Erdkruste (bis 100 m) mit gutem Erfolg angewandt. Bei Anregungen
durch Sprengungen oder Stapelung vieler seismischer Impulse können auch tiefere Bereiche erreicht werden.

Beispiel   Entlang eines Profils wurden an der Altablagerung "Hottelner
                  Weg" in Hildesheim-Drispenstedt refraktionsseismische Ver-
                  messungen durchgeführt, um die Begrenzung des Müllkörpers
                  zu finden (Büttgenbach und Höfflin 1993). Aus dem Seismo-
                  gramm (Abb. 39, oberer Teil) sind die seismisch unterschiedlich
                  zu charakterisierenden Bereiche erkennbar. Zur Verdeutli-

chung wurden unter dem Seismogramm schematisch die
Grenzen der Altablagerung angedeutet. Die einander in den
Abbildungsteilen entsprechenden Linien bedeuten die seis-
misch meßbare Grenze zwischen dem Müllkörper und dem
Liegenden als auch dem lateral sich anschließenden Gestein.

Einschränkungen
Die Refraktionsseismik ist nur bedingt einsetzbar, um die Begrenzungen von
Altablagerungen festzustellen. Der Grund liegt in ähnlichen seismischen Geschwindigkeiten für Abfallstoffe und Lockergesteine, die beide meist weniger
als 1.000 m/s betragen. Auch zur Identifizierung von Inhaltsstoffen sowie zur
direkten Erkundung von Kontaminationsfahnen kann die Refraktionsseismik
nicht beitragen. Weitere Nachteile sind:

- Beschränkung auf Schichtgrenzen, an denen die seismische
  Geschwindigkeit nach unten zunimmt,
- begrenzte Erkundungstiefe bei schwachen Quellen und
- lange Auslagen.

Reflexionsseismik   **Po-Sx**
Die Reflexionsseismik wurde bisher nur dort in der Umweltgeophysik eingesetzt, wo Informationen aus Tiefen > 50 m so wichtig waren, daß ihre hohen
Kosten in Kauf genommen werden mußten. Das war beispielsweise bei der
Verfolgung tektonisch vorgezeichneter Fließwege von kontaminierten Tiefen-
wässern der Fall. Neu entwickelte Apparaturen, bei denen hochfrequente *Anregungen* mit *Geophonen* mit hohen "Sampling-Raten" aufgenommen und
mit speziellen Verfahren ausgewertet werden, erlauben es heute, die Reflexionsseismik auch im flachen Bereich von Altablagerungen anzuwenden.

Meßprinzip
Die seismischen Wellen laufen im Gegensatz zur Refraktion nicht an einer
Schichtgrenze entlang, sondern werden von ihnen direkt zur Erdoberfläche reflektiert. Auch Schichtgrenzen, an denen die seismische Geschwindigkeit nach
unten abnimmt, reflektieren die seismische Welle. Deshalb können viele untereinander liegende Schichtgrenzen erkundet werden. Aus den halben Laufzeiten der seismischen Wellen werden bei Kenntnis der *spezifischen Schichtge-
schwindigkeiten* die *Tiefenlagen der Schichtgrenzen* ermittelt (Abb. 40).

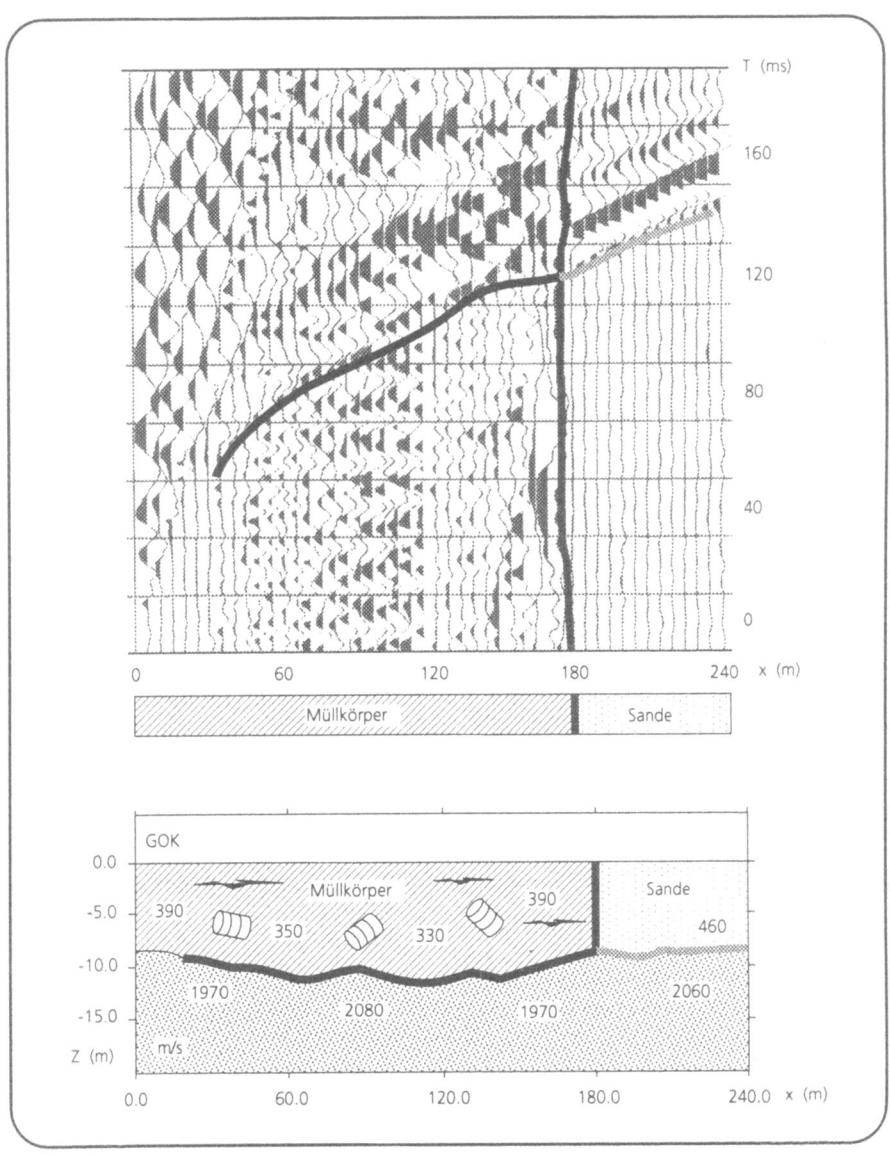

Abb. 39.   Seismogramm und Interpretation an der Altablagerung "Hottelner Weg" in Hildesheim-Drispenstedt. (Nach Büttgenbach
und Höfflin 1993)

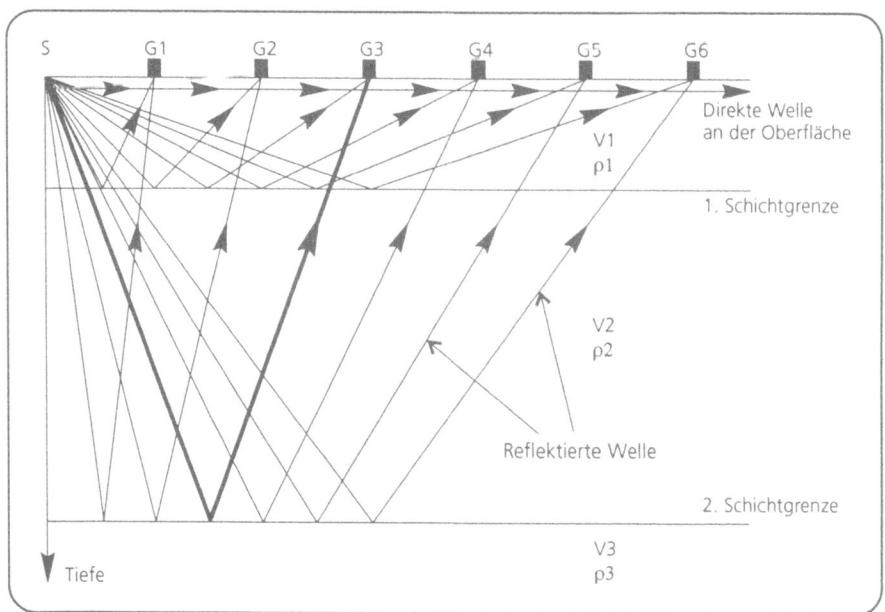

Abb. 40.   Meßprinzip der Reflexionsseismik (*S*: seismische Quelle, *G1*-*G6*: Geophone, *V1*-*V3*: seismische Geschwindigkeiten, $\rho 1$-$\rho 3$: Dichte der Schichten)

Anwendungsbereiche
Die Reflexionsseismik kann folgenden Aufgaben dienen:

- Klärung des Schichtenbaus und der Tektonik in größeren Tiefen sowie
- gleichzeitige Registrierung vieler Reflektoren.

Durchführung
Reflexionsseismische Vermessungen werden auf Profilen durchgeführt, die bei der Altlastenerkundung einige Hundert Meter lang sein können. Die Abstände der Anregungs- und Geophonpunkte müssen auf die gewünschte Genauigkeit eingestellt werden. Die seismische Quelle liegt häufig in der Mitte der Geophonauslage und sollte energiereich sein. Es finden Fallgewichte oder Sprengungen Verwendung. Anordnungen von 2 · 24 Geophonen in Abständen von weniger als 3 % der Erkundungstiefe werden auf einem seismischen Profil ausgelegt und müssen für jeden Meßpunkt (Schußpunkt) komplett umgesetzt werden.

Die Ergebnisse können verbessert werden, wenn die vertikalen Ausbreitungsgeschwindigkeiten durch Geophon-Versenkmessungen in offenen Bohrlöchern bestimmt werden.

Einschränkungen

- ◼ Die Reflexionsseismik ist ein verhältnismäßig kostspieliges Verfahren der Geophysik mit hohem Personalaufwand und
- ◼ großem Aufwand bei der Auswertung.

1.4.1.5 Gravimetrie   Po-G

Unterschiede der *Erdbeschleunigung* g werden mittels eines Gravimeters, einer extrem empfindlichen Federwaage, bestimmt. Hieraus werden in mehreren Korrekturschritten Änderungen der Schwere ermittelt.

Gravimetermessungen sind aufwendig und nur bei ausgeprägten Dichtedifferenzen anwendbar. Sie werden deshalb in der Umweltgeophysik nicht an Altablagerungen, sondern vorwiegend zur Erkundung größerer untertägiger Hohlräume eingesetzt.

1.4.1.6 Geothermik   Po-T

Meßprinzip
Geothermische Messungen erfolgen entweder als berührungslose *Infrarot-Erkundungen* (IR) vom Boden oder aus der Luft oder als *Temperaturmessungen* in flachen Bohrlöchern. Während die IR-Methode mit Wärmebildkameras und Thermalscannern die Temperatur auf der Erdoberfläche mißt, wird die Temperatur im Erdboden in Flachbohrungen bis etwa 1 m Tiefe bestimmt. Die Temperaturdaten weisen auf Orte der *Oxidation oder Reduktion*, aber auch der *bakteriellen Zersetzung* und *chemischer Reaktionen* innerhalb von Altablagerungen hin.

Anwendungsbereiche
Die Geothermik dient hauptsächlich der Erkundung aktiver Wärmequellen des chemischen und biologischen Abbaus von Abfallstoffen. Sie kann aber auch zum Aufsuchen undichter Rohre, in denen Flüssigkeiten transportiert werden, oder von Leckagen in Dämmen oder Kanälen eingesetzt werden. Darüber hinaus lassen sich lokale Zonen anomaler Temperaturleitfähigkeit durch Metallanhäufungen oder Fließwege kalten Oberflächenwassers in geringer Tiefe nachweisen.

Temperaturmessungen werden meist in einem Raster von 5 - 20 m Maschenweite durchgeführt. Die Ergebnisse werden in Isothermenkarten dargestellt. Wichtig ist, daß der starke Einfluß der Erwärmung durch die Sonneneinstrahlung ausgeschaltet wird, da dieser die Temperaturanomalien des Untergrundes überdeckt. Deshalb sollten IR-Messungen ausschließlich nachts vorgenommen werden.

Die Lage von Temperaturmaxima und -minima kann auf wenige Meter genau bestimmt, Tiefenangaben können hingegen meist nur geschätzt werden; Ausnahmen sind Temperaturmessungen in tiefen Bohrlöchern, deren Interpretation jedoch problematisch ist. Die kostenintensiven IR-Messungen aus der Luft haben sich bisher im Altlastenbereich nicht bewährt. Dagegen lassen sich starke Wärmequellen durch engmaschige Temperaturmessungen mit geringem Kostenaufwand lokalisieren.

Einschränkungen

- Es sind nur oberflächennahe Aussagen möglich.
- Die Meßergebnisse unterliegen komplexen Störeinflüssen des Wetters und Mikroklimas.
- IR-Messungen müssen nachts erfolgen.
- Bei Temperaturmessungen in Flachbohrungen muß der Einfluß des Wetters, der Jahreszeiten sowie des Mikroklimas berücksichtigt werden, bevor auf Anomalien geschlossen werden kann.

1.4.2 Geophysikalische Bohrlochmeßverfahren   Pb

Es handelt sich hier um Standardverfahren, mit denen Informationen über eine Bohrung gewonnen werden können, die sich aus der direkten Ansprache des Gesteins nicht ableiten lassen. Bei Bohrlochmessungen werden mittels „aktiver" und „passiver" Meßprinzipien geometrische und physikalische Größen der durchteuften Gesteine bestimmt (Tabelle 8).

Tabelle 8. Übersicht über die geophysikalischen Bohrlochmessungen. (Nach Steinbrecher und Zscherpe 1994)

Technische Messungen Messung geometrischer Größen	Passive Messungen Messung natürlicher Felder	Aktive Messungen Messung aufgeprägter Felder
Bohrlochkaliber Bohrlochneigung Bohrlochazimut	Elektrisches Eigenpotential Natürliche Gammastrahlung Strömungsgeschwindigkeit Druck Temperatur Magnetfeld	Elektrische Messungen Elektromagnetische Messungen Akustische Messungen Kernphysikalische Messungen Induzierte Polarisation

Mit Hilfe charakteristischer *physikalischer Gesteinsparameter* lassen sich Bohrprofile erstellen oder überprüfen. Die wichtigsten Parameter sind

- natürliche Gammastrahlung,
- Dichte,
- Porosität,
- Schallwellengeschwindigkeit,

- ■   spezifischer elektrischer Widerstand,
- ■   elektrische Leitfähigkeit und
- ■   Eigenpotential.

Sind mehrere Bohrungen in einem Meßgebiet vorhanden, können Schichten mit markanten physikalischen Eigenschaften (sog. *Leithorizonte*) innerhalb eines Gebietes korreliert werden. So läßt sich ein Modell des räumlichen geologischen Aufbaus entwerfen.

Die Kenntnis dieser Parameter und des *tektonischen Baus* des Untersuchungsgebietes ermöglicht eine verbesserte Beurteilung einer Altablagerung. Insbesondere dann, wenn für die Untersuchungen aus Kostengründen nur eine Bohrung als Kernbohrung niedergebracht werden kann, stellen die geophysikalischen Bohrlochmeßverfahren eine unersetzliche Informationsquelle über den geologischen Aufbau des Untergrundes von Altlastverdachtsflächen dar.

Mit geophysikalischen Bohrlochmeßverfahren lassen sich Kontaminationen des Grundwassers direkt messen, wenn sie die *elektrische Leitfähigkeit* der Schichten verändert haben. Dies gilt für Sole und bei Metallverarbeitungsprozessen entstandene Abfälle, die einen Anstieg des Gehaltes an gelösten Ionen bewirken. Geringe Konzentrationen von organischen Bestandteilen ändern die elektrische Leitfähigkeit des Grundwassers nicht so stark, daß sie detektiert werden können.

Es ist im Einzelfall zu klären, ob geophysikalische Bohrlochmeßverfahren bei der Lösung altlastenspezifischer Probleme eingesetzt werden können. Dabei ist auch zu berücksichtigen, daß die Bohrlochsonden bis zu 5 m lang sind und die zu vermessenden Bohrungen daher eine Mindestteufe von 15 - 20 m aufweisen sollten. Das Einsatzoptimum der Sonden liegt bei Bohrlochdurchmessern von 60 - 300 mm; es gibt aber auch Spezialsonden, die in 2''-Grundwassermeßstellen eingesetzt werden können.

Eine Bohrung wird üblicherweise mit mehreren geophysikalischen Bohrlochmeßverfahren vermessen. Die Messung der physikalischen Parameter erfolgt, während die jeweilige Sonde mit konstanter Geschwindigkeit von der Bohrlochsohle nach oben gezogen wird. Die Meßergebnisse werden meist kontinuierlich im Maßstab 1 : 200 gegen die Tiefe als sog. *Logs* aufgetragen, um sie miteinander vergleichen zu können. Werden mehrere Bohrungen vermessen, können entsprechende Logs dieser Bohrungen miteinander korreliert werden.

Es ist zu beachten, daß eine Reihe von Meßverfahren (z. B. die elektrischen) nur in *unverrohrten Bohrungen* ausgeführt werden können. Die Messungen sollten grundsätzlich unmittelbar nach Abschluß der Bohrarbeiten durchgeführt werden.

Unter der Genauigkeit geophysikalischer Bohrlochmeßverfahren versteht man die Exaktheit, mit der die schichtspezifischen Parameter in ihrer vertikalen Erstreckung aufgelöst werden können. Je langsamer die Sonde durch das Bohrloch gefahren wird, um so detaillierter ist die Aufnahme. Die Untergrenze für Standardverfahren liegt jedoch, unabhängig von der Fahrgeschwindigkeit, bei einem Auflösungsvermögen von ca. 0,3 - 0,5 m. Eine wesentlich höhere *Auflösung* liefert der Borehole Televiewer, der ein bis auf 2 - 3 cm genaues Abbild der Bohrlochwand liefert. Qualitativ ansprechende Ergebnisse erhält man je nach Methode bei einer *Fahrgeschwindigkeit* der Sonde von ca. 3 - 10 m/min.

Anwendungsbereiche
Grundsätzlich bieten die Verfahren der Geophysik bei der Vermessung von Bohrungen und Grundwassermeßstellen im Bereich von Altablagerungen und Altstandorten folgende Möglichkeiten:

- Erstellen und Überprüfen von lithologischen Profilen,
- Inspektion des Ausbaus und technischen Zustandes von Bohrungen und Grundwassermeßstellen,
- quantitative Bestimmung von hydrogeologischen Parametern (z.B. Dichte, Tongehalt, Porosität)
- Ermittlung der hydraulischen Wirksamkeit von Grundwassermeßstellen,
- Bestimmung physikalisch-chemischer Parameter des Grundwassers in situ und teufengezielte Probenahme sowie
- Lokalisierung von Kontaminationsfahnen.

1.4.2.1 Messung der Gammastrahlung   Pb-GR

Die mit der Gammasonde gemessene *natürliche Gammastrahlung* (Gamma-Ray-Log, GR-Log) rührt vom Zerfall der radioaktiven Isotope ^{40}K und Nuklide der Uran- und Thorium-Reihen her. Diese Isotope sind wesentliche Bestandteile von Tonen und stehen normalerweise in einem festen Mengenverhältnis zueinander.
Die natürliche Gammastrahlung wird mit einem *Szintillationszähler* gemessen. GR-Logs können auch in trockenen und, da Gammastrahlen Metalle durchdringen können, in verrohrten Bohrlöchern gewonnen werden. Die Messung der Gammastrahlung gestattet es, *Bohrprofile* eines Untersuchungsgebietes lithologisch und stratigraphisch zu gliedern und zu korrelieren. Es können *Ton- und Sandschichten* unterschieden und bei tonigen Sedimenten die Tongehalte abgeschätzt werden. Auch zur Kontrolle eingebrachter Tonsperren in ausgebauten Grundwassermeßstellen können sie herangezogen werden.

1.4.2.2 Messung der Gesteinsdichte   Pb-DL

Bei der Messung der Gesteinsdichte (Density-Log, DL) wird mittels einer *Gammastrahlenquelle* (meist ^{137}Cs) die Dichte der Elektronenhülle der am Gesteinsaufbau beteiligten Atome gemessen. Die Elektronenhülle absorbiert einen Teil der Gammastrahlung und streut den nicht absorbierten Teil (*Compton*-Effekt). Die Dichte der Elektronenhülle steht in bekannter Beziehung zur Gesteinsdichte; mithin ist die Absorption der Gammastrahlung ein Maß für die Dichte des Gesteins.

Der aktive Strahler befindet sich am unteren Ende der Sonde, der Detektor (meist ein *Szintillationszähler*) in einem Abstand von ca. 40 cm am oberen Ende. Beide sind durch Bleiabschirmungen voneinander getrennt. Die Eindringtiefe der emittierten Strahlung beträgt nur 10 - 25 cm. Um Beeinflussungen der Messung durch die Bohrspülung zu verhindern, werden die Sensoren der Sonde an die Bohrlochwand gepreßt.

Das DL dient zur Identifikation von *Schichtgrenzen*, der Grenze von Lockergestein zu Festgestein, zum Auffinden von *Klüften* und Hohlräumen und zur Bestimmung der *Porosität*.

Bei Brunnen und Grundwassermeßstellen dient das DL der *Kontrolle des korrekten Ringraumausbaus*, da die Dichtungsmaterialien gegenüber den Filtermaterialien im Gamma-Ray-Log häufig nicht deutlich genug hervortreten.

1.4.2.3   Messung der Porosität   Pb-NL

Von einer *Neutronenquelle* (meist ein Gemisch aus Radium und Beryllium) werden kontinuierlich schnelle Neutronen ausgesandt (Neutron-Log, NL) und von den H-Atomen im umgebenden Gestein abgebremst, wobei es zu einer sekundären Strahlung (Gammastrahlung) kommt. Diese *sekundäre Gammastrahlung* ist deutlich stärker als die natürliche Gammastrahlung der Gesteine, die mit dem GR-Log gemessen wird.

Diese Messung wird wegen der stark strahlenden Quelle und dem damit verbundenen Sicherheitsaufwand im Zuge der Erkundung von Altablagerungen nur selten durchgeführt.

Die Neutronmessung wird angewandt zur Bestimmung der *Porositäten* der Schichten; sie ist im Festgestein ebenso einsetzbar wie im Lockergestein. Ausserdem lassen sich der *Grundwasserspiegel* und *Schichtgrenzen* bestimmen.

1.4.2.4   Messung der Schallwellengeschwindigkeit   Pb-SL

Mit dem Sonic-Log oder Akustiklog (SL) werden die von der Lithologie, Dichte und Porosität abhängigen *Laufzeiten des Schalls* (Longitudinalwellen) im Gestein aufgezeichnet. Die Anregung erfolgt über eine *Schallquelle* in einer Sonde. Die Meßstrecke zwischen *Schallquelle* und *Geophon* beträgt 30 - 90 cm.

Die Messungen dienen der Detektion von *Klüften* in Festgesteinen, der Bestimmung von *Dichte* und *Porosität* sowie zur Kalibrierung refraktions- und reflexionsseismischer Messungen.

Pb-BHTV

Eine weitere Sonde, die nach dem Prinzip der Schallmessung arbeitet, ist der Borehole Televiewer (BHTV). Er vermag die *Strukturen* der Bohrlochwand bis in den cm-Bereich hinein aufzulösen. So lassen sich *Klüfte* und Trennflächen exakt vermessen. Die Geschwindigkeit, mit der die BHTV-Sonde gefahren wird, beträgt nur ca. 1 m/min. Es handelt sich um eine sehr teure Methode, weshalb sie nur in Ausnahmefällen zum Einsatz kommen wird.

Pb-CBL

Auch das Cement-Bond-Log (CBL) zur *Qualitätskontrolle* von Zementationen des Ringraumes beruht auf der Messung der reflektierten Schallwellen.

1.4.2.5   Messung des scheinbaren elektrischen Widerstands   Pb-RES

Dieses Verfahren dient der Messung des *spezifischen elektrischen Gesteinswiderstandes* (Resistivity-Log, RES). Die gemessenen spezifischen Widerstände sind, wie bei den geoelektrischen Messungen von der Erdoberfläche aus, *scheinbare spezifische Widerstände* (Mischwiderstände), weil die Messungen stets in einem mit Spülung oder Wasser gefüllten offenen Bohrloch stattfinden und die gemessenen Werte außerdem von der Konfiguration der Elektroden und Sonden abhängen.

Üblicherweise werden in das Bohrloch 2 Elektroden eingeführt, mit denen dem Gestein Strom zugeführt wird. Die so entstehende Spannung wird mit 2 Sonden abgegriffen, wobei eine zwischen den Elektroden mitgeführt wird, während die andere an der Erdoberfläche fest installiert ist. Aus dem Verhältnis von Stromstärke und Spannung ergibt sich der gemessene spezifische Widerstandswert.

Je nach dem Abstand L der Elektroden und Sonden ergibt sich das Auflösungsvermögen; je größer L wird, desto größer ist die Eindringtiefe des Stroms in das Gestein und um so geringer wird das Auflösungsvermögen der Schichten. Der Abstand wird mit L = 40 cm als *kleine Normale* und mit L = 160 cm als *große Normale* bezeichnet, die in einer Sonde installiert sein können.

Aus dem RES-Log wird der spezifische elektrische Widerstand beziehungsweise dessen Änderung bestimmt. Aus ihm lassen sich elektrisch definierte *Schichtgrenzen* ableiten. Von Ablagerungen ausgehende *Elektrolyte* lassen sich im Grundwasser identifizieren. Auch die vertikale Verteilung einer *Kontaminationsfahne* ist bestimmbar.

1.4.2.6   Fokussiertes Elektriklog   Pb-FEL

Diese *Widerstandsmessung* (Focussed-Electric-Log, Laterolog, FEL) unterscheidet sich vom Widerstandslog dadurch, daß das von einer einzelnen Bohrlochelektrode ausgehende Stromfeld durch Hilfselektroden fokussiert wird. Auf diese Weise erhöhen sich die vertikale Auflösung und die seitliche Eindringtiefe.

Bei einer fokussierten Sonde mit einer Meßelektrodenlänge von 10 cm und einer Gesamtlänge von etwa 2 m bei 35 mm Durchmesser beträgt die *Schichtauflösung* etwa 20 cm; die seitliche Eindringtiefe entspricht der einer großen Normalen.

Fokussierte Elektriklogs eignen sich auch für die *Kluftdetektion* in Festgesteinen. Allerdings lassen sich nicht so hohe Widerstände messen wie beim

RES-Log. Das FEL dient auch der Überprüfung der *Dichtigkeit von Kunststoff-Brunnenrohren.*

1.4.2.7 Messung des Eigenpotentials   Pb-SP

Das Eigenpotential (Spontaneous-Potential-Log, SP) wird durch elektrochemische und kinetische Potentiale gebildet, z.B. zwischen Tonen und Sanden. Im Gegensatz zu den künstlich induzierten elektrischen Feldern wird beim SP-Log nur das selbstinduzierte elektrische Feld gemessen. Dabei müssen Bohrspülung und Porenwasser des Gesteins unterschiedliche Salzgehalte aufweisen, damit ein *potentialinduzierender Ionenstrom,* der die Konzentrationsdifferenz ausgleichen will, entstehen kann.

Aus der SP-Kurve sind bedingt Rückschlüsse auf den *Tongehalt* der Schichten und deren Wasserdurchlässigkeit möglich, vor allem in Kombination mit RES- und GR-Logs.

1.4.2.8 Messung der elektrischen Leitfähigkeit   Pb-IL

Induktionsmessungen (Induction-Log, IL) im Bohrloch zur Bestimmung der *elektrischen Leitfähigkeit* erfolgen nach dem Prinzip der elektromagnetischen Kartierung. Von einer *Sendespule* werden elektromagnetische Wellen, meist mit einer Frequenz um 20 kHz, in das umgebende Material abgestrahlt. Je nach Leitfähigkeit dieses Materials bilden sich hier Wirbelströme aus, deren magnetische Felder in einer *Empfangsspule* Spannungen induzieren.

Diese Meßmethode wird auch in Bohrungen eingesetzt, deren Spülungen nur schlecht leitend sind, also im wesentlichen für Bohrungen mit *Ölspülung* oder *Luft.* Ein Vorteil der Induktionsmessung liegt darin, daß auch in Bohrungen mit Kunststoffrohren Aussagen über die elektrischen Gesteinseigenschaften und *Schichtgrenzen* erlangt werden können. Das IL ist nicht geeignet zur Messung von Leitfähigkeiten < 10 mS/m (spezifischer elektrischer Widerstand > 100 Ωm).

1.4.2.9 Messung der Salinität   Pb-SAL

Mit dem Salinitäts-Log (Salinity-Log, SAL) wird der *scheinbare spezifische elektrische Widerstand* der Bohrspülung gemessen. Hieraus läßt sich der Salzgehalt bestimmen. Konzentrationsänderungen in der Spülungssäule deuten auf Zuflüsse von Formationswässern hin.

Eine Salinometersonde hat kleine Elektrodenabstände (einige Zentimeter). Die Elektroden sind in einem innen isolierten metallischen Rohr angebracht, durch das die Bohrspülung hindurchströmen kann. Dadurch können die Gesteinswiderstände die Messung nicht beeinflussen.

Salinometermessungen dienen hauptsächlich für Korrekturen zur Ermittlung des *wahren spezifischen Gesteinswiderstandes* aus dem RES-Log oder dem FEL.

1.4.2.10 Messung der Temperatur   Pb-TEMP

Die Temperatur im Bohrloch wird mittels eines elektrischen *Widerstandsthermometers* gemessen (Temperature-Log, TEMP).

Die durch den Bohrvorgang hervorgerufenen Temperaturstörungen in der Bohrspülung und dem umgebenden Gestein müssen abgeklungen sein, damit die Temperatur in möglichst ungestörtem Zustand gemessen werden kann. Wegen des Jahrestemperaturganges kann der natürliche Temperaturanstieg mit der Tiefe (durchschnittlicher geothermischer Gradient 3°C/100 m) erst ab ca. 20 m Tiefe beobachtet werden.

Abweichungen vom normalen Temperaturverlauf können folgende Ursachen haben:

- Vertikale Wasserbewegungen im Bohrloch oder im umgebenden Gestein, horizontale *Ab- und Zuflüsse,*
- bei Altablagerungen Hinweise auf chemische Zersetzungs- oder biologische *Abbauprozesse* unter Wärmeentwicklung und
- *Verrohrungsschäden* im Ausbau der Bohrung.

1.4.2.11 Messung des Durchflusses   Pb-FLOW

Mit Hilfe des Flowmeters (Durchflußmessers) kann beim Fördern von Spülung oder Wasser geprüft werden (Flow Measurement, FLOW), aus welchen der durchteuften Schichten einer Bohrung *Grundwasser* zuströmt.

Das Flowmeter wird während des Pumpens mit konstanter Geschwindigkeit in die Bohrung eingefahren, wobei fortlaufend die vertikale Fließgeschwindigkeit des Wassers im Bohrloch registriert wird. Passiert das Flowmeter eine Zutrittsstelle, ändert sich die Umdrehungszahl des Meßflügels.

Aus der um die Fahrgeschwindigkeit reduzierten Flowmeteranzeige ergibt sich der Anteil jeder einzelnen wasserführenden Schicht an der Gesamtwasserführung. Vor allem bei Festgesteinsbohrungen und Kluftwasserleitern kann im Ruhezustand auch ein *Abfluß* aus der Bohrung ins Gebirge vorliegen.

Wichtige Voraussetzungen für eine erfolgreiche Anwendung der Flowmetermessung sind nicht zu große und möglichst konstante Bohrlochdurchmesser sowie nicht zu geringe Strömungsgeschwindigkeiten. Feststoffe in der Bohrspülung können die Messung erheblich beeinträchtigen.

1.4.2.12 Messung des Kalibers   Pb-CAL

Mit der Kalibermessung (Caliper-Log, CAL) wird der *Bohrlochdurchmesser* bestimmt. Die Sonde verfügt über Arme, die beim Anfahren von der Bohrlochsohle abgespreizt und an die Bohrlochwand gepreßt werden. Üblicherweise benutzt man Kalibergeräte mit zwei Armpaaren im Winkel von 90°, die je nach Durchmesser der Bohrung eine entsprechende Spreizung erfahren und so zwei senkrecht zueinander stehende Bohrlochdurchmesser anzeigen. Kalibersonden mit Neigungs- und Orientierungsteil erlauben zusätzlich Aussagen über den räumlichen Verlauf der Bohrung (*Neigung und Azimut*).

Ein Kaliber-Log gibt Auskunft über Auskesselungen, die auf Ausbruchzonen in klüftigem Festgestein hindeuten, oder Bohrlochverengungen, wie sie in quellenden Tonen zu beobachten sind und damit auf Bohrlochbereiche, die es durch Verrohrungen zu sichern gilt. Aus Kalibermessungen lassen sich die für Zementations- und Verfüllungsarbeiten erforderlichen *Volumina* berechnen. Nicht zuletzt werden sie zur *Korrektur und Auswertung* nahezu aller anderen Bohrlochmessungen benötigt.

Beispiel

Abb. 41 zeigt die bohrlochgeophysikalische Vermessung einer Bohrung im Lockergestein. Die unterschiedliche Auflösung der einzelnen Verfahren ist gut erkennbar. Das GR-Log zeigt die tonigen Schichten (10 - 20, 50 - 60 m) durch hohe Zählraten an, wohingegen die RES-Logs in diesem Bereich minimale Werte besitzen. Die Dichteminima der Braunkohleschichten (Ausschläge nach rechts) werden im D-Log exakt erfaßt. Das N-Log zeigt in diesen Schichten seine Minima. Die Wechsellagerung sandiger und toniger Schichten (30 - 50 m und 80 - 110 m) werden im GR-Log und in den RES-Logs deutlich.

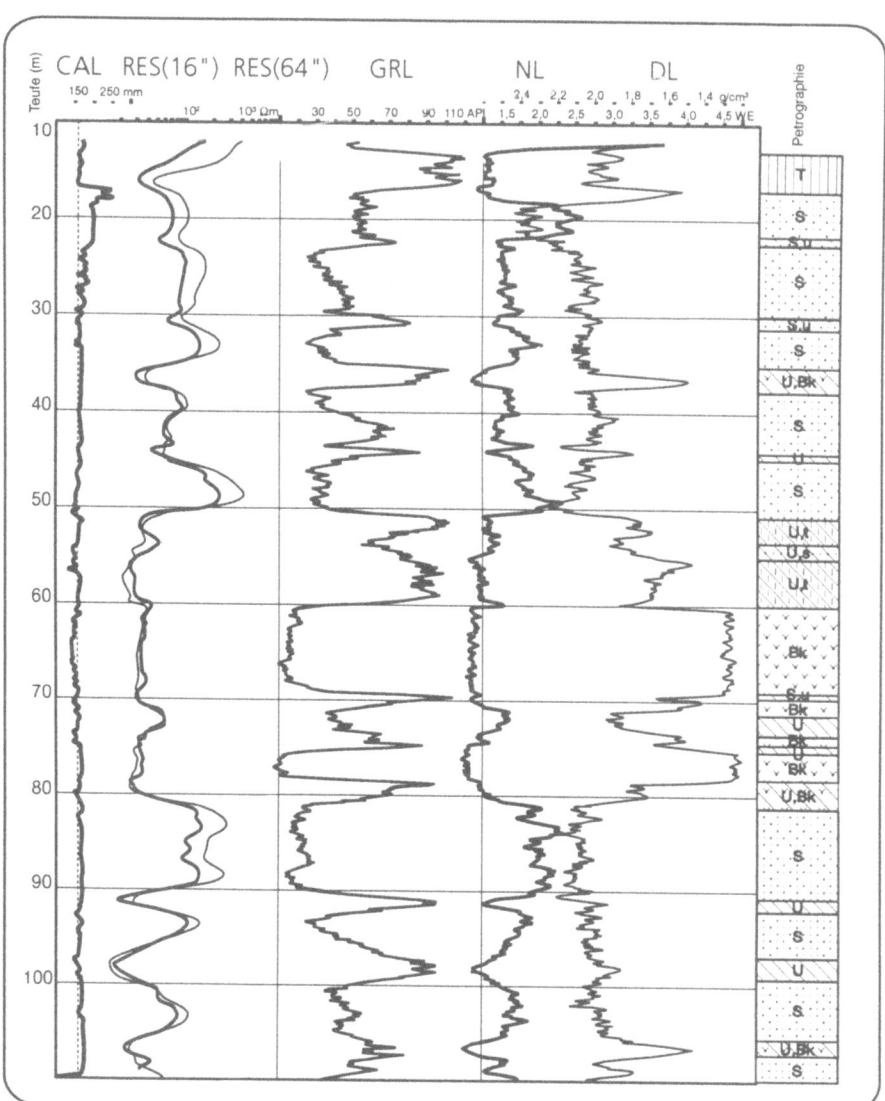

Abb. 41.   Geophysikalische Vermessung einer Bohrung im Lockergestein. Das Bohrprofil ist rechts wiedergegeben (*CAL* Kaliberlog,
RES (16'') Widerstandslog, kleine Normale, *RES (64'')* Widerstandslog, große Normale, *GRL* Gamma-Ray-Log, *NL* Neutron-
log, *DL* Dichtelog). (Nach BLM,1994)

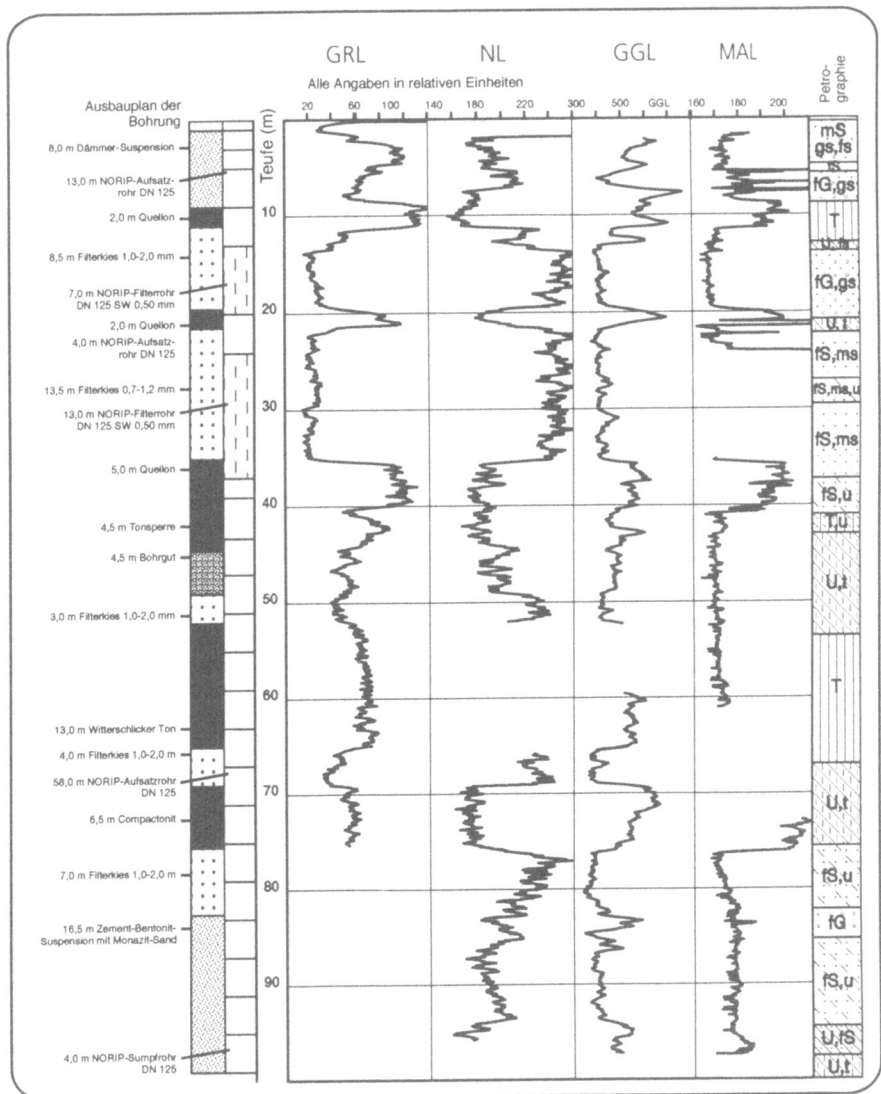

Abb. 42.   Geophysikalische Vermessung einer ausgebauten Bohrung im Lockergestein (*GRL* Gamma Ray Log, *NL* Neutronlog, *GGL* Gamma-Gamma-Log = „Dichtelog" (angegeben ist nur die Zählrate, eine Umrechnung in Dichte ist nicht erfolgt), *MAL* Magnetiklog). (Nach BLM, 1994)

Abbildung 42 zeigt die geophysikalische Vermessung einer Bohrung im Lockergestein. Zur Interpretation einer solchen Vermessung im ausgebauten Bohrloch ist generell anzumerken, daß der Ausbau stärker wirkt als das umgebende Gestein, da er der Meßsonde näher ist als das Gebirge. Quellon (9 - 11 , 19 - 21 und 37 - 42 m) wird im GRL und im MAL angezeigt. Compactonit (69 - 75,5 m) wird im GRL, NL und MAL erkennbar. Mit dem MAL wird die Magnetisierbarkeit von Gesteinen gemessen. Die sandig-kiesigen Sedimente (14 - 37 m) werden durch das NL angezeigt, wobei das DL zu berücksichtigen ist.

Einschränkungen

Geophysikalische Vermessungen von Bohrungen bedürfen für eine korrekte Auswertung der Beachtung und Messung möglicher Fehlerquellen. Verfälschende Einflüsse können

- variierender Bohrlochdurchmesser,
- wechselnder Spülungswiderstand,
- unkontrollierter Zutritt von Gesteinsfluiden ins Bohrloch,
- defekte Verrohrung,
- funktionsunfähiger Ausbau und
- im Bohrloch abgelagerter Nachfall

ausüben.

Diese Einflüsse mindern den Wert der geophysikalischen Bohrlochmeßverfahren nicht, wenn sie im Zuge der Auswertung entsprechend berücksichtigt werden.

Die *Auswertung* geophysikalischer Messungen besteht aus der mathematisch-geophysikalischen und der geologischen Interpretation der Meßwerte. Bei der Auftragsvergabe ist zu bedenken, daß diese geologische Umsetzung der geophysikalischen Informationen nicht von jeder Firma angeboten wird. In jedem Fall kommt es hier auf eine enge Zusammenarbeit von Geologe und Geophysiker an.

Die Zusammenstellung des Meßprogramms, die geforderte Zielsetzung der Untersuchungen und die Teufe der zu vermessenden Bohrung beeinflussen den *Zeitaufwand* und die *Kosten* maßgeblich.

Bezugsquellen

Adressen geowissenschaftlicher und geotechnischer Institutionen und Firmen finden sich in der Broschüre „Geopotential in Niedersachsen", herausgegeben von der Niedersächsischen Akademie der Geowissenschaften in Hannover. Dieser Wegweiser ist erhältlich bei der Geschäftsführung der Akademie:

Dr. E.-R. Look
Stilleweg 2
30655 Hannover
Tel.: 0511/643-2487
Fax: 0511/ 643-3431

1.5   Bodenkundliche Erkundungsmethoden   B

Abweichend von der Bodenschutzkonzeption und der gängigen bodenkundlichen Definition des Forschungsgegenstandes soll unter Boden aus Gründen der Praktikabilität, unabhängig von den pedogenen, lithogenen und hydrogenen Konstellationen, die oberen 2 m des an der Erdoberfläche anstehenden Materials verstanden werden (Abb. 43). "Dabei kann es sich sowohl um Produktionsrückstände oder Abfälle, um aufgebrachte (Boden-)Materialien als auch um Böden im Sinne der Bodenkunde handeln, die am Standort entstanden und durch Stoffeinträge mehr oder weniger verändert worden sind." (Länderarbeitsgemeinschaft Abfall 1989).

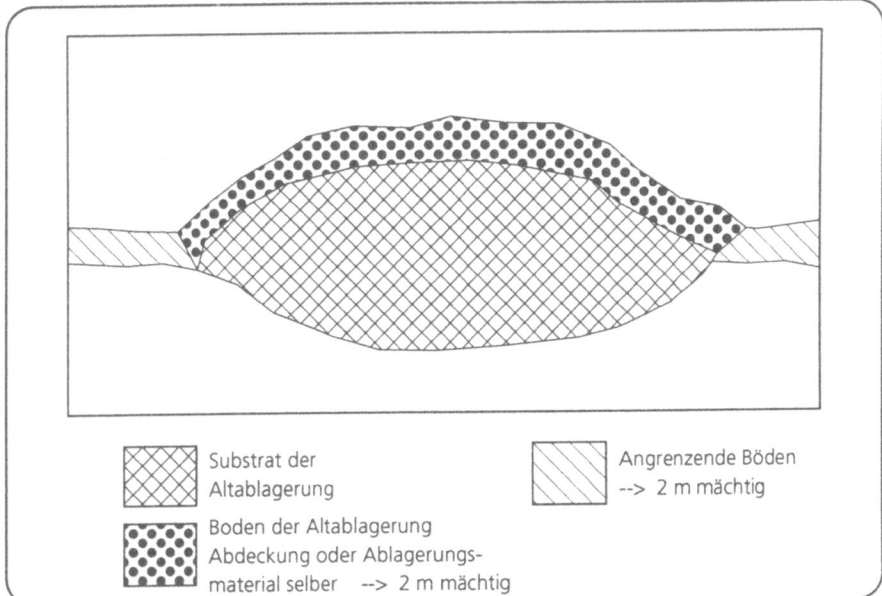

Abb. 43.   Zur Anwendung des Begriffs Boden im Altlastenhandbuch

Die Integrierung des Bodens in die Erfassung und Beurteilung von Altlasten steht vor dem gleichen Problem wie bodenkundliche Arbeiten insgesamt. Sie befindet sich im Spannungsfeld zwischen

- der - inzwischen gesicherten - Akzeptanz des Bodens als eines der zentralen Umweltmedien in unserem terrestrischen Ökosystem sowie
- der Schwierigkeit, diesen Teil des Lebensraums, der sich dem visuellen Zugang entzieht, mit vertretbarem Aufwand zu erfassen und zu beurteilen.

In einem Feststoffmedium wie dem Boden mit z.T. sehr hoher stofflicher Diversität und räumlicher Variabilität ist die Ermittlung bestimmter Schadstoffgehalte sehr schwierig. Bei bislang weitgehend unbekannter Belastung des Bodens kann bei unbestrittener Endlichkeit finanzieller Mittel ein Altlastenhandbuch, wenn es denn auch in der Praxis umgesetzt werden soll, nicht eine komplette detaillierte bodenkundliche Erkundung dieser Flächen voraussetzen, um eine Beurteilung zu ermöglichen. Das heißt, insbesondere für den Bereich Boden, daß zunächst alle Verfahren der Beschaffung von Vorinformationen auszuloten sind, bevor man eine Direkterhebung über Sondierungen und Probenahmen verfolgt, die bei meist sehr geringer Datensicherheit bereits erhebliche Kosten verursachen. Allein aus fachlicher Sicht ist daher eine grundlegende Akzentuierung der Vorgehensweise vorab notwendig.

Bevorzugt werden die Verfahren, die bei der *Datenerhebung*

- zunächst weitgehend berührungsfrei arbeiten,
- die Vorinformationen optimal aufbereiten und ausnutzen,
- den Sondieraufwand bezüglich seiner Stichproben-Signifikanz verbessern,
- den Probenahmeaufwand reduzieren,
- den Analyseaufwand minimieren,
- die Stoffdynamik anstelle von Stoffbestand und Stoffverteilung nutzen und
- die status quo-Beschreibung und Prognose einbeziehen.

Bodenkundliche Informationen über eine Altlastverdachtsfläche und ihr Umfeld können mittels vielfältiger Strategien ermittelt werden. Hierzu gehören die Sichtung und Auswertung vorhandener Unterlagen ebenso wie die Einbeziehung von Informationen, welche mittels Ortsbegehung und Recherche über Zeitzeugen erhoben werden können. Prinzipiell sind die bodenkundlichen Erkundungsmethoden hinsichtlich der Datenerhebung im Gelände (Kap. 1.5.2) und der Datenerhebung aus vorhandenen Unterlagen (vgl. Kap. 1.5.1.1 und 1.5.1.2) zu differenzieren.

1.5.1 Bodenkundliche Oberflächenerkundung B

1.5.1.1 Karten K

Zur Aufdeckung von Altablagerungen und Altstandorten können u.a. aktuelle und historische Karten, Pläne und Luftbilder sowie Befunde, die durch Ortsbegehungen ermittelt wurden, herangezogen werden. Anhand dieser Unterlagen lassen sich Veränderungen der Reliefsituation, der Nutzung etc. erfassen. Hinweise auf Altablagerungen können Auffüllungen und Verfüllungen von Geländedepressionen wie Senken, Mulden, Steinbrüche, Ton-, Lehm-, Sand- und Kiesgruben, Kanäle, Gewässerarme, Niederungen, Hohlwege, Feuchtgebiete oder Brachflächen sowie Bombentrichter, Panzergräben und ähnliche anthropogen verfüllte Geländeformen geben. Für die bodenkundliche Oberflächenerkundung sind topographische und thematische Karten zu verwenden.

Topographische Karten

- Deutsche Grundkarten 1:5.000 (DGK5) sind geometrisch nicht generalisierte Modelle. Die DGK5 wurden erst nach dem 2. Weltkrieg herausgegeben, Vorläufer existieren bereits aus dem 19. Jahrhundert. Auf dieser Grundlage können die genaue Lage von Objekten, die Infrastruktur ebenso wie die Veränderung der Geländeformung (mittels einer Zeitreihe) ermittelt werden. Zu beachten ist, daß aus der Zeit des 2. Weltkriegs z.T. keine Informationen oder Fehlinformationen zu Industriebetrieben in den Karten enthalten sind (Gerdts und Selke 1988).

- Topographische Karten 1:25.000 (TK25) geben Auskunft über die Höhenlage, Reliefsituation, Lage zum Vorfluter, Vorflutdichte etc.. Für die meisten Regionen Deutschlands gibt es die TK 25 seit den 70er und 80er Jahren des 19. Jahrhunderts und z.T. auch historische Karten vergleichbaren Inhalts (z.B. Kurhannoversche Landesaufnahme von 1780) aus früheren Jahrhunderten. Zu nennen ist in diesem Zusammenhang das Amtliche Topographisch-Kartographische Informations-System (ATKIS), welches als Geographisches Informationssystem Raumdaten digital zur Verfügung stellt.

- Biotopkarten (Bio) weisen das Auftreten von Biotoptypen in der Fläche aus. Da die Biotoptypen enge Bezüge zur Nutzung aufweisen (z.B. Biotoptypen unterschiedlicher Bebauungstypen, differenzierte Biotoptypen entsprechend der landwirtschaftlichen Nutzung etc.), lassen sich diese Karten auch als Grundlage zur Ableitung von Nutzungstypen nutzen.

- Katasterkarten (Kat) gliedern sich in Katasterplankarten im Maßstab 1:5.000 oder Katasterpläne in größerem Maßstab. In vielen Gebieten liegen nur letztere vor. Zu beziehen sind diese Karten bei den Kataster- und Vermessungsämtern. Katasterpläne der Reichsbodenschätzung geben oft auch genaue Hinweise auf die Nutzung und Überformung von Flächen.

- Flurstückkarten (Flur) geben Auskunft über die Lage von Gebäuden und Eigentumsverhältnisse.

- Gewerbestandskarten (Gew) und Branchen-/Adreßbücher vermitteln Informationen über die genaue Lage einzelner Gewerbebetriebe.

■ Stadtpläne (Stadt) können als Quelle der aktuellen und historischen Nutzung dienen. Sie enthalten auch die alten Bezeichnungen von Straßen.

■ Weitere Karten werden z.B. von Bergbaubehörden oder Unternehmen der Privatkartographie erstellt.

Thematische Karten

Bodenkarten können in Niedersachsen in der Regel als digitale Karten beim Niedersächsischen Landesamt für Bodenforschung (NLfB) bezogen werden. Diese Karten enthalten flächendeckend Angaben zum Bodentyp und der Horizontierung bis 2 m unter Geländeoberkante (GOK). In modernen Bodenkarten sind auch Aussagen zu einer Vielzahl ökologisch (und bezüglich einer spezifischen Eignung) bedeutsamer Merkmale des Bodens und des Standorts enthalten. Die Bodeneigenschaften eines bestimmten Teilgebietes lassen sich aus Bodenkarten kleineren Maßstabs (< 1:25.000) nicht exakt bestimmen; in diesem Fall ist die Zugehörigkeit zu einer Bodengesellschaft zu ermitteln.

Bodenkundliche Kartenwerke (BK), die in Abhängigkeit der Fragestellung für bodenkundliche Aussagen herangezogen werden können, sind:

■ Boden- und Moorkarte des Emslandes 1:5.000,

■ Bodenkundlich-geologische Karte der Marschengebiete 1:25.000,

■ Bodenkarte auf Grundlage der Bodenschätzung 1:5.000 (DGK5B),

■ Bodenkarte von Niedersachsen 1:5.000 (BK5),

■ Bodenkarte von Niedersachsen 1:25.000 (BK25),

■ Bodenübersichtskarte von Niedersachsen 1:50.000 (BÜK50),

■ Bodenübersichtskarte von Landkreisen und Planungsgebieten (BÜK25-100),

■ Bodenkundliche Standortkarte (BSK200) sowie

■ Forstliche Standortkarten 1:10.000.

■ Auswertungskarten können mit Hilfe des Fachinformationssystems Bodenkunde erstellt werden (Müller et al. 1992). So dient z.B. eine Sickerwasserkarte als Ableitungsgrundlage für die potentielle Einsickerung von Niederschlagswasser und der möglichen Auswaschung von Stoffen in den Untergrund. In die Karte gehen neben bodenkundlichen Parametern die Nutzung sowie Klimadaten ein. Niederschlags- und Verdunstungskarten erlauben u.a. Aussagen zur potentiell in den Boden eindringenden Wassermenge. Zu beziehen sind die Daten über die zuständigen Wetterämter des deutschen Wetterdienstes.

■ Realnutzungskarten geben neben der Nutzung häufig Auskunft über den Versiegelungsgrad einer Fläche.

■   Karten von Natur- und Landschaftsschutzgebieten und Land-
    schaftspläne sind ebenfalls zu berücksichtigen.

Anwendungsbereiche
Die Auswertung verschiedener topographischer und bodenkundlicher (thema-
tischer) Karten ermöglicht es, spezifische Aussagen auf der Grundlage dieser
Informationsebenen zu treffen. Die Identifizierung und Lokalisierung von Verdachtsflächen sowie die Ermittlung bodenkundlicher Merkmale mittels der bodenkundlichen Kartenwerke stehen dabei im Mittelpunkt. Die Einsatzmöglichkeiten von Karten sowie durch die Auswertung von Karten ermittelbare Kenngrößen werden im Kap. 3.4 dargestellt.

Bezugsquellen
Als Bezugsquelle für die bodenkundlichen Kartenwerke ist neben dem Inter-
nationalen Landkartenhaus in Stuttgart das NLfB zu nennen. Hier sind im Refe-
rat Bodenkundliche Beratung primär die digital vorliegenden Datenbestände zu
erfragen.

Ausblick
Die Bereitstellung und Verfügbarkeit digitaler Datenbestände wird für bodenkundliche Kartenwerke in Zukunft einen noch größeren Anteil erreichen. Der
aktuelle Bestand niedersächsischer Bodenkarten, die beim Niedersächsischen
Landesamt für Bodenforschung (NLfB) digital vorgehalten und verfügbar sind,
kann dort erfragt werden. Der dokumentierte Status ist eine Momentaufnah-
me, die ständig fortgeschrieben und aktualisiert wird. Die Bereitstellung benö-
tigter bodenkundlicher Daten (Kartenwerke) mit Hilfe DV-gestützter Arbeitsmit-
tel (elektronische Datenverarbeitung) wird sich in Zukunft verstärken und zukünftig die gedruckte Karte als Informationsträger ablösen. Aktuell sind Strukturen und Werkzeuge zur Erstellung und Bearbeitung digital vorliegender Kartenwerke beim Niedersächsischen Landesamt für Bodenforschung mit dem Niedersächsischen Bodeninformationssystem NIBIS, Fachinformationssystem Boden, vorhanden. Die Datenbereitstellung und -weitergabe kann hier auf unterschiedlichen Wegen realisiert werden. Dies beinhaltet die Bereitstellung be-
nötigter Daten in Form von Plots (digital erzeugte Karten) ebenso wie die Abgabe der erforderlichen Daten und Informationen auf Datenträger.

1.5.1.2   Luftbilder   L

Allgemeine Erläuterungen zu Luftbildern finden sich in Kap. 1.3.1.2 des vorliegenden Altlastenhandbuches. Im folgenden wird auf die Besonderheiten für
bodenkundliche Erkundungen hingewiesen.

Anwendungsbereiche
Photographische Luftbilder geben sowohl Auskunft über die Altablagerung
selbst als auch über die Umgebung, z.B. über die Nähe zu Industrie- und Ge-

werbebetrieben. Zu nennen sind hierbei Aussagen zur räumlichen Ausdehnung der Altablagerung, zum Verfüllungsvolumen, Hinweise zur Verfüllungsgeschichte mit Art und Menge des abgelagerten Materials sowie zu Einbauverfahren und Sicherungsmaßnahmen (vgl. Kap. 1.3.1.2).

Aus Luftbildern lassen sich neben den skizzierten direkten Aussagen zu identifizierbaren Objekten auch indirekte Hinweise ableiten. So läßt sich z.B. vom Reflexionsverhalten des abgelagerten Materials auf dessen Beschaffenheit schließen (Humus/organische Abfälle: schwarz, Bauschutt: mittelgrau; Thomé-Kozmiensky 1987). Bei Infrarotbildern kann von der Reflexionsintensität auf die Vitalität der Pflanzen, die Bewuchsdichte und auf Aufwuchsveränderungen geschlossen werden. Die Pflanzenvitalität ist nicht nur vom Feuchtemilieu des Bodens, sondern auch vom Schadstoffgehalt und der Gaszusammensetzung der Bodenluft abhängig. Kräftiges Rot weist auf intakte, helle blassere Rottöne weisen auf geschädigte und grau-grüne Farben auf abgestorbene Vegetation hin.

Aussagen einer Luftbildauswertung bedürfen zur Sicherung eines Abgleichs. Für jede Luftbildserie ist durch einen Abgleich mit thematischen Karten gleichen Aufnahmedatums oder durch Überprüfung der ausgewiesenen Bildinhalte vor Ort eine Legende zu erstellen. Die Ergebnisse der Luftbildauswertung sind zur weiteren Datenauswertung in Karten zu übertragen.

Kompa und Fehlau (1988) merken an, daß die Beschaffung der Luftbilder meistens zwar etwas umständlicher und zeitraubender als die der Karten sei, generell jedoch beide Informationsquellen ohne größere Schwierigkeiten und nennenswerte Restriktionen zusammenzutragen seien. Luftbilder sind wegen ihrer Detailschärfe Karten oftmals vorzuziehen.

Alle seit 1950 im Bereich der Bundesrepublik Deutschland getätigten Bildflüge werden mit den Bezugsquellen erfaßt und in einer jährlichen Übersichtskarte über die Bildflüge vom Landesamt für Geodäsie, Institut für Angewandte Geodäsie (IfAG), Richard-Strauß-Allee 11, 60598 Frankfurt/Main herausgegeben.

Vollständige Angaben zu Bezugsquellen, Fehlerquellen, aber auch zu Qualitätssicherung und Planung/Durchführung sowie zu Zeitaufwand respektive Kosten finden sich im Kap. 1.3.1.2.

1.5.2 Bodenkundliche Aufschlußmethoden

Sind durch die Arbeitsschritte der bodenkundlichen Oberflächenerkundung alle verfügbaren Informationen über die Abgrenzung einer Fläche, mögliche Kontaminationsherde oder Inhaltsstoffe, anstehende Substrate, Lagepläne von Ver- und Entsorgungsleitungen in Flächenfreigabemappen (Frei) etc. ermittelt worden und in einer resultierenden Kartengrundlage (Konzeptkarte U-K) dargestellt, ist es möglich, auf der Grundlage dieser Konzeptkarte gezielt bodenkundliche Aufschlußmethoden einzusetzen.

Diese lassen sich in Schürfe und Sondierbohrungen unterteilen. Grundsätzlich unterscheiden sich die Ausführungen nicht von den ausführlichen Darstellungen in Kap. 1.3.2. Ergänzend werden an dieser Stelle Spezifika erwähnt, die für die bodenkundlichen Aufschlußmethoden fachlich abgestimmt und z.T. bundesweit vereinbart sind (NLfB/BGR 1993, AG Boden 1994).

Prinzipiell ist zu fordern, daß die Ergebnisse der Aufschlußarbeiten in sach- und fachgerechter Form (B-Dok) dokumentiert werden (NLfB/BGR 1993), so daß diese Arbeiten immer in Zusammenarbeit mit bodenkundlich vorgebildetem Fachpersonal durchzuführen sind (Delschen und König 1991).

1.5.2.1 Schürfe/Aufgrabungen   Sch, B-G

Bei der Anlage von Bodenaufschlüssen sind flache Grabungen (B-G), die nur ein Teilprofil erfassen, von (tiefen) Schürfen (Sch) zu unterscheiden. Bei der Anlage von Schürfen sollte die Mindesttiefe so gewählt werden, daß alle für die Standortbeurteilung wichtigen Daten ermittelt werden können. Bei tiefgründigen Böden beträgt die Mindesttiefe 1,2 m. Die Länge der Schürfgrube muß ihrer Tiefe entsprechen. Auf gute Begehbarkeit der Grube ist zu achten. Die Breite der für die Datenaufnahme herzurichtenden Wand richtet sich nach der Fragestellung (Minimum 0,8 m). Im Rahmen der Altablagerungsproblematik ist ausdrücklich darauf hinzuweisen, daß die Anlage von Schürfen/Profilgruben nicht unproblematisch ist. Deponiegas kann in Schürfen verstärkt austreten; schwere Gase sammeln sich in Senken. Die Anlage von Schürfen/Profilgruben empfiehlt sich somit nur mit erhöhten Arbeitsschutzmaßnahmen.

1.5.2.2 Sondierbohrungen   Sb

Unter diesem Gliederungspunkt werden (vergleichbar zu Kap. 1.3.2.2) Nut- und Schlitzsonden sowie Kernsonden (Rammkernsonden) behandelt. Gerätschaften, die für bodenkundliche Sondierbohrungen eingesetzt werden, sind:

- Bohrer (Pürckhauer-Bohrer, B-Bp): Standard-Bohrer für Mineralböden außer Marschböden,
- Bohrstange (Peilstange, B-Bt),
- Marschenlöffel (B-Bm): Standardbohrer für Marschböden,
- Kammerbohrer (B-Bk): Gutsbohrer (nur für Moorböden)
- In der Empfehlung zur Kartierung von urban, gewerblich und industriell überprägten Böden (Arbeitskreis Stadtböden 1989) wird als bodenkundliche Aufschlußmethode der Einsatz von Rammkernsonden (B-Rks) oder schmalen Aufgrabungen empfohlen. Der Einsatz von Rammkernsonden hat sich insbesondere für Standorte mit einem hohen Skelettanteil bewährt.

Eine Bewertung von Aufschlußverfahren im Deponiekörper sowie Merkmale von Sondierbohrgeräten zeigen die Tabellen 9 und 10.

Tabelle 9. Bewertung von Aufschlußverfahren im Deponiekörper. (Nach Battermann und Bender 1990)

	Sondierbohrungen	Schlauchkern- bohrungen	Greifer- bohrungen	Schürfe
Technische Durchführung	(+) Leichte Durchführung	(-) Infrastruktur erforderlich	(-) Infrastruktur erforderlich	(-) Infrastruktur erforderlich
	(+) Keine Infrastruktur erforderlich	(-) Evtl. Proble- me durch klei- nere Störkörper	(+) Keine Probleme durch kleinere Störkörper	(-) Aufwendiger Verbau
	(-) Probleme bei Bohrfortschritt			(+) Keine Pro- bleme durch kleinere Stör- körper
Möglichkeiten/ Grenzen	(+) Weitgehend ungestörte Proben	(+) Weitgehend ungestörte Proben	(-) Nur gestörte Proben	(+) Beurteilung der Lagerungs- verhältnisse
Beprobung	(-) Kleine Probenmenge	(+) Bestim- mung flüch- tiger Parameter	(+) Große Probenmenge zur Aussortie- rung der Müll- bestandteile	(+) Beliebige Probenmengen
		(-) Aufwendige Bearbeitung der Proben im Labor		(-) Entnahme von Sonder- proben
Arbeitsschutz	Weitgehend unproblematisch	Problematisch bei Anwesen- heit von Methan (Ex- Gefahr)	Problematisch bei Anwesen- heit von Methan (Ex- Gefahr)	Kritisch poten- tielle Gefähr- dung durch Schurfbege- hung und - verbau
Wirtschaftlich- keit	Relativ preiswert	Teuer	Sehr teuer, insbesondere Baustellenein- richtung und Entsorgung von Deponie- material	Sehr teuer, insbesondere Baustellenein- richtung und Entsorgung von Deponie- material

Tabelle 10. Merkmale von Handbohr- und Handsondiergeräten zur Gewinnung von Feststoffen aus Altlastverdachtsflächen. (Nach Barrenstein und Leuchs 1991)

Probenart	Boden-profil	Bezeichnung	Anwendungs-bereich	Max. erreich-bare Tiefe	Beprobba-re Tiefen-intervalle	Max. Pro-benmenge
Gestört	Relativ gestört	Schaufel, Spaten	Nicht verdich-tete Böden/ Fremdstoffab-lagerungen	Nur bis 1 m sinnvoll	Beliebig	Unbegrenzt
		Flügelbohrer nach DIN 19 671-Teil II (1964)	Nicht verdichte-te, bindige und sandige Böden/ Fremdstoffabla-gerungen über Grundwasser	Sinnvoll bis 0,2 m, ohne Ziehgerät bis 2 m möglich	< 0,2/ 0,25 m	0,5 l
		„Edelmann-Boh-rer" ähnlich Flü-gelbohrer		Sinnvoll bis 0,2 m, ohne Ziehgerät bis 2 m möglich	< 0,2 - 0,3 m	0,1 - 2,3 l
		Bohrschappe nach DIN 19 671-Teil II (1964)	Mit Einschrän-kung auch im Grundwasser	Sinnvoll bis 0,2 m, ohne Ziehgerät bis 2 m möglich	< 0,2/ 0,25 m	0,6/ 0,7/ 1,5 l
		„Riverside"-ähn-liche Bohrschap-pe	Kiesige Böden/-Fremdstoffabla-gerungen m.E. im GW	Sinnvoll bis 0,2 m, ohne Ziehgerät bis 2 m möglich	< 0,2 m	0,6 l
		Löffelbohrer	Steinige und kiesige Böden/ Fremdstoffab-lagerungen	Sinnvoll bis 0,2 m, ohne Ziehgerät bis 2 m möglich	< 0,2 m	0,5/ 1,0 l
	Relativ un-gestört	Rillenbohrer nach DIN 19 671-Teil I (1964)	Nicht verdichtete bindige und san-dige Böden/ Fremdstoffabla-gerungen	1 m / 2 m ohne Ziehgerät	< 1 m	0,3 l
		Pürckhauer-Bohrstock ähn-lich Rillenbohrer		1 m	< 1 m	0,4 l
		Rohrbohrer nach DIN 19 671-Teil I (1964)		1 m	< 1 m	0,5 l
Ungestört	Ungestört	Rammkernsonde (50 mm) ähnlich Rohrbohrer	Nicht verdichtete bindige und san-dige Böden/ Fremdstoffabla-gerungen	Ca. 5 m mit Bohrhammer und Ziehgerät	< 1 m	1,0 l
		Stechzylinder nach DIN 19 672-Teil I (1968)		0,04 m (oder z.B. 0,12 m)		0,1 l (oder z.B. 0,85 l)

1.6   Klimatologische, hydrologische und hydraulische Erkundungsmethoden   H

In diesem Kapitel werden in verkürzter Form Erkundungsmethoden und -verfahren unter besonderer Berücksichtigung von Altlastverdachtsflächen dargestellt.

Ausführliche Beschreibungen enthält der Materialienband "Klimatologische, hydrologische und hydraulische Erkundungsmethoden".

1.6.1   Klimatologische und hydrologische Erkundungsmethoden

Die Notwendigkeit klimatologischer und hydrologischer Erkundungen ergibt sich aus der potentiellen Gefährdung von Grundwasser und Oberflächengewässern durch Altlastverdachtsflächen. Schadstoffeinträge in Oberflächengewässer geschehen durch

- Abschwemmungen (Starkregen, Hochwasser), Rutschungen, Windverfrachtungen,
- Sickerwasseraustritte (oberirdischer Austrag: Hangwasseraustritt, Schichtwässer, Quellen) sowie
- unterirdischen Eintrag in die ungesättigte und gesättigte Zone (Spiegeldifferenz zwischen Grund-/Oberflächenwasser, Grundwassergefälle).

Zur Überwachung der Pfade Oberflächenwasser und Grundwasser sind Untersuchungsmaßnahmen, die sich aus dem hydrologischen Wasserkreislauf ergeben, zu folgenden Punkten notwendig:

- Klimatische Aspekte des Gebietes (Niederschlag, Verdunstung, Infiltration, Temperatur, Frosttage, Schneehöhe, Luftfeuchtigkeit, Sonneneinstrahlung, Windverhältnisse),
- hydrologische Beschreibung der Oberflächengewässer und Quellen (Vorflutverhältnisse, Wasserstände, Durchflußmengen),
- Grundwasserneubildungsrate, Sickerwasserhaushalt,
- Ergiebigkeit des Grundwasserleiters (Größe des Einzugsgebietes),
- Grundwasserstandsschwankungen sowie
- geomorphologische und strukturgeologische Kennzeichen.

In den folgenden Kapiteln werden Untersuchungsmethoden vorgestellt, die zur Beurteilung der Pfade Oberflächenwasser, Grundwasser, Boden und Luft herangezogen werden können. Hierzu zählen

- Luftdruckmessungen,
- Windmessungen,
- Niederschlagsmessungen,
- Verdunstungsmessungen,
- Wasserstands- und Durchflußmessungen und die
- Bestimmung der Grundwasserneubildung.

1.6.1.1   Luftdruckmessungen   H-Ld

Für eine qualifizierte Interpretation von Bodenluftuntersuchungen (C-Lb) sind meteorologische Gegebenheiten, welche die *Deponiegasentstehung* und den *Deponiegashaushalt* beeinflussen, zu berücksichtigen. Der Einfluß externer Faktoren wie Luftdruck und Niederschlag ist durch zahlreiche Untersuchungen im Altlasten- und Deponiebereich nachgewiesen.

Bei sinkendem Luftdruck sind maximale Konzentrationen und Volumenströme nachzuweisen. Bei steigendem Luftdruck wird der Austritt von Deponiegas unterdrückt, wodurch geringere Volumenströme gemessen werden. Deshalb werden Gasmessungen mit Lemberger Boxen möglichst nur bei niedrigem Luftdruck durchgeführt. In jedem Fall ist es unerläßlich, die meteorologischen Parameter mit zu erfassen. Im Rahmen der Modellstandortbehandlung in Baden-Württemberg (Landesanstalt für Umweltschutz Baden-Württemberg 1992) hat sich gezeigt, daß die Werte für austretendes Deponiegas bei unterschiedlichen Wetterlagen um den Faktor 10 schwanken können.

Eine ausführliche Darstellung der Randbedingungen der Messungen, ihrer Durchführung, Qualitätssicherung und Auswertung enthält die VDI-Richtlinie "Meteorologische Messungen für Fragen der Luftreinhaltung-Niederschlag" (VDI 1985).

1.6.1.2   Windmessungen   H-Wi

Zur Beschreibung und Abschätzung des Ausmaßes von *Winderosion* an Bodenpartikeln sind die Häufigkeiten von Windrichtung und Windstärke am Untersuchungsstandort zu bestimmen. Da für diesen üblicherweise keine Daten über einen ausreichend langen Zeitraum (mehr als 1 Jahr) vorliegen, muß die Übertragbarkeit von Daten nahegelegener Meßstationen geprüft werden. Nähere Hinweise zur Übertragbarkeit sind der VDI-Richtlinie "Umweltmeteorologie - Meteorologische Messungen - Grundlagen" (VDI 1995) zu entnehmen. Ein Beispiel einer Auswertung von Windmessungen an verschiedenen Standorten des Lufthygienischen Überwachungssystem Niedersachsen (LÜN) zeigt Abb. 44.

Mit diesen Daten ist die Emissionsstärke des Bodens inklusive der Anteile der Inhaltsstoffe bestimmbar. Diese Information kann zur Abschätzung der Immissionsbelastungen über den Luftpfad und deren räumliche Verteilung, verursacht durch Altlasten, mittels Modellrechnungsverfahren (M-L) genutzt werden. Der Einsatz dieser Vorgehensweise ist selbstverständlich von der Bedeutung des untersuchten Altlastenproblems abhängig und dürfte nur in besonders gelagerten Einzelfällen zur Anwendung kommen.

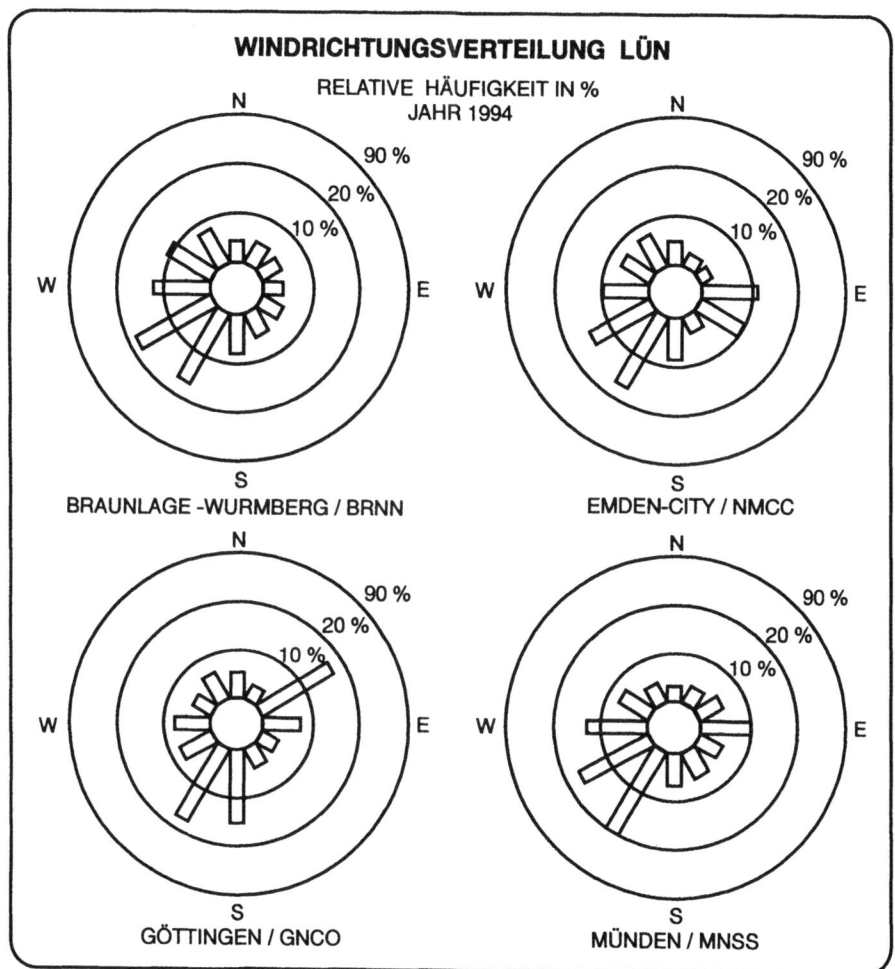

Abb. 44.   Häufigkeitsverteilungen der Windrichtungen. (Nach Niedersächsisches Landesamt für Ökologie 1994 a)

1.6.1.3 Niederschlagsmessungen   H-Mn

Unter dem *hydrologischen Zyklus* oder *Wasserkreislauf* auf der Erde versteht man eine "ständige Folge der Zustands- und Ortsveränderungen mit den

Hauptkomponenten Niederschlag, Abfluß, Verdunstung und atmosphärischem Wasserdampftransport" (DIN 4049, Teil 1, 1992).

Von der Erdoberfläche steigt Wasser durch Verdunstung in die Atmosphäre auf, wird mit den Luftmassen transportiert und gelangt als Niederschlag auf die Erde zurück. Der Abfluß erfolgt oberirdisch in Gewässern oder unterirdisch als Grundwasser (Abb. 45).

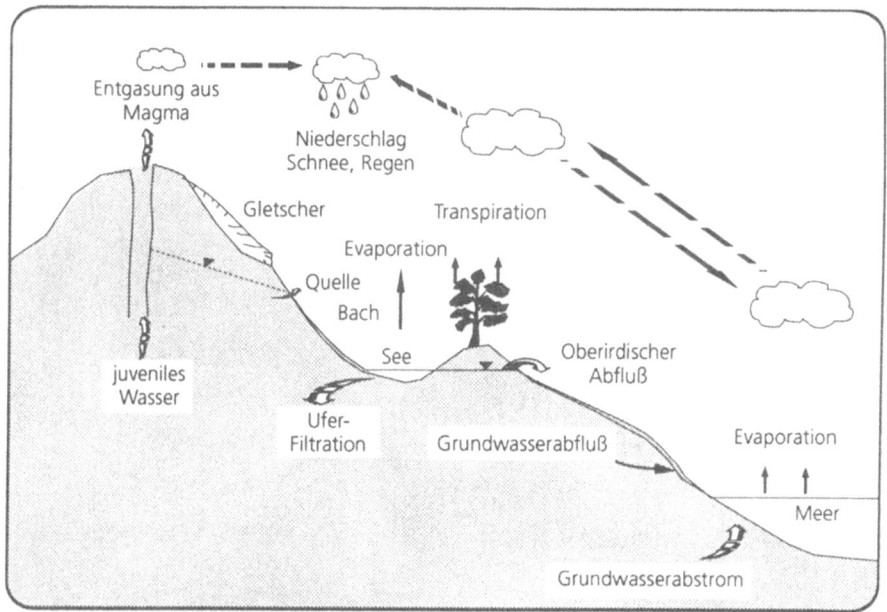

Abb. 45.   Schematische Darstellung des Wasserkreislaufs. (Nach Matt-heß und Ubell 1983)

Quantitativ läßt sich der Wasserkreislauf in der *hydrologischen Grundgleichung* oder *Wasserbilanzgleichung* ausdrücken:

$$Niederschlag = Abfluß + Verdunstung$$

Niederschlagsmessungen dienen der Erfassung der räumlichen und zeitlichen Verteilung der Niederschlagshöhen. Es erfolgen zumeist Messungen an einzelnen Standorten, die anschließend auf ein Gebiet übertragen werden (*Gebietsniederschlag*). Niederschlagsdaten können beim Deutschen Wetterdienst (Haupt- und Nebenstationen) sowie bei privaten Stationen erfragt werden (H-Mnd).

Die *Niederschlagshöhe* ist der Niederschlag an einem beliebigen Ort, ausgedrückt als Wasserhöhe [mm] über einer horizontalen Fläche, wobei 1 mm Niederschlagshöhe 1 l Wasser pro m^2 entspricht. Anzugeben ist zusätzlich der Bezugszeitraum (*Niederschlagsdauer* in min, h, d, a). Die *Niederschlagsintensität* ist der Quotient aus Niederschlagshöhe und Zeit [mm/Δt].

Bei Schnee werden die Schneehöhe, die Schneedichte und das Wasseräquivalent der Schneedecke gemessen. Die *Schneedichte* ist der Quotient aus der Masse des Schnees und seinem Volumen [g/cm^3]. Das *Wasseräquivalent* der Schneedecke ist sein Wassergehalt (Schmelzwassermenge), ausgedrückt als Niederschlagshöhe.

Der *Gebietsniederschlag* ist die über ein bestimmtes Gebiet gemittelte Niederschlagshöhe [mm/Δt], bezogen auf ein Zeitintervall (DIN 4049, Teil 3, 1994).

Anwendungsbereiche

Niederschlagsmessungen werden im Zusammenhang mit Grund- und Sickerwasserhaushaltsuntersuchungen durchgeführt, wenn keine Meßdaten benachbarter Wetterstationen zur Abschätzung des Wasserhaushaltes vorliegen. Sie sind notwendig bei Standorten, die im Bereich von Quellen, Hangwasser oder Oberflächengewässern liegen.

Planung/Durchführung

Niederschläge werden punktuell durch Auffanggeräte oder flächenhaft durch Radarmessungen erfaßt. Die Auffanggeräte müssen unbeeinflußt von Hindernissen (Bäume, Häuser) aufgestellt werden.

Punktmessungen des Niederschlags erfolgen entweder mit nichtregistrierenden *Niederschlagssammlern* oder mit registrierenden *Niederschlagsschreibern*. Das Standardgerät ist der Regenmesser nach HELLMANN (H-Mna), ein Gefäß mit einer runden Auffangfläche von 200 cm². Der Auffangtrichters sollte so aufgestellt sein, daß sich seine Oberkante 1 m über dem Boden befindet und der Niederschlag ungehindert einfallen kann. Die Messungen müssen täglich zur gleichen Zeit erfolgen.

Die Schneehöhe, das Wasseräquivalent und die Schneedichte der Schneedecke werden an zylindrischen Proben von ebenfalls 200 cm² Oberfläche bestimmt, die mit dem Schneeausstecher gewonnen werden. Während die Schneehöhe direkt gemessen wird, wird die Masse des Schnees nach dem Schmelzen ermittelt und die Schneedichte über das Volumen der Schneeprobe berechnet.

Mit Radarsystemen kann ein Überblick über die Flächenverteilung einzelner Niederschlagsereignisse gewonnen werden.

Eine ausführliche Darstellung der Randbedingungen der Messungen, ihrer Durchführung, Auswertung und Qualitätssicherung enthält die VDI-Richtlinie "Meteorologische Messungen für Fragen der Luftreinhaltung - Niederschlag" (VDI 1985).

Die Darstellung der Niederschlagshöhe erfolgt als Histogramm oder Summenpolygon (Abb. 46).

Auswertung

Die Berechnungen des Gebietsniederschlags [mm/Δt] erfolgen auf der Basis der in einem Gebiet durchgeführten Punktmessungen. Die wichtigsten Verfahren sind

- das Verfahren des arithmetischen Mittelwertes,
- das Rasterverfahren,
- das Thiessen-Verfahren,
- die Polygonmethode und
- das Isohyetenverfahren.

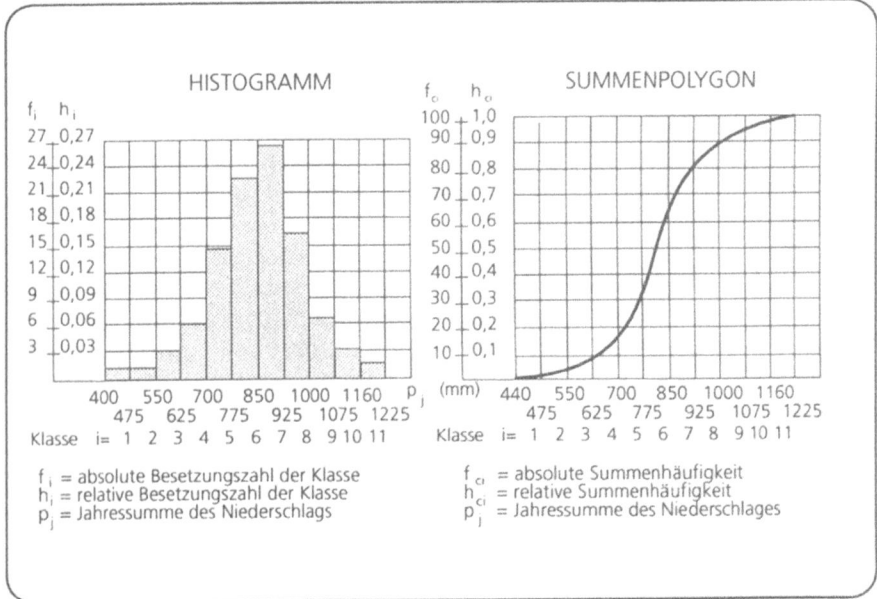

Abb. 46.　　Histogramm und Summenpolygon für die Jahresniederschläge 1870-1970 der Station Aachen. (Nach Mattheß und Ubell 1983)

Fehlerquellen/Qualitätssicherung

Niederschlagsmessungen sind grundsätzlich mit systematischen Fehlern behaftet, die sich aus mehreren Anteilen zusammensetzen: *Niederschlagsmesser* erzeugen in ihrer Umgebung Störungen des Windfeldes, die bei Regen zu Fehlern von ca. 10 % und bei Schnee von bis zu 40 % führen. Durch Benetzungsverdunstung und Vorratsverdunstung (Verdunstung aus dem Sammelgefäß) entstehen weitere Verluste, so daß die Niederschlagsmessungen generell zu niedrige Werte liefern.

Radarmessungen des Flächenniederschlags zeigen Abweichungen von über 20 % vom wahren Niederschlagswert.

Die Übertragung punktueller Meßergebnisse auf größere Gebiete ist zudem mit statistischen Fehlern behaftet. So können lokale Gewitterereignisse die Berechnung von Gebietsniederschlägen stark verfälschen.

Zusätzlich können Niederschlagsdaten vielfältigen Beeinflussungen unterliegen. Die wichtigsten sind

- methodische Meßfehler,
- Ablesefehler,
- Gerätedefekte,
- Gerätewechsel,
- Übertragungsfehler und
- anthropogene Einflüsse wie großräumige Bewässerung oder künstliche Wasserflächen.

Niederschlagsdaten sind vor jeder Verwendung auf Plausibilität zu überprüfen.

Windbedingte Fehler von Niederschlagsmessungen können durch Anordnung der Auffangfläche des Regenmessers auf Bodenniveau minimiert werden. Windschutzringe gleichen solche Fehler nur teilweise aus.

Zum rechnerischen Ausgleich von systematischen Niederschlagsmeßfehlern sind Korrekturverfahren entwickelt worden (WMO 1982).

Zeitaufwand

Die Beobachtungen sollten wenigstens über die Dauer eines hydrologischen Jahres (1. Nov. bis 31. Okt.) erfolgen.

1.6.1.4   Verdunstungsmessungen   H-Mv

Unter *Verdunstung* ist der physikalische Vorgang zu verstehen, bei dem Wasser bei Temperaturen unter dem Siedepunkt vom flüssigen oder festen Aggregatzustand in den gasförmigen übergeht. Zur Bestimmung der Verdunstung als Bestandteil des hydrologischen Wasserkreislaufs und zur Berechnung der Wasserbilanzgleichung sind Verdunstungsmessungen notwendig. Die in der Bilanzgleichung enthaltene Gesamtverdunstung oder *Evapotranspiration* (Abb. 47) umfaßt

- die Evaporation als Summe der Verdunstung von unbewachsener Erdoberfläche, von auf Pflanzenoberflächen zurückgehaltenem Niederschlag und von freien Wasserflächen sowie
- die Verdunstung von Pflanzenoberflächen aufgrund biotischer Prozesse (Transpiration).

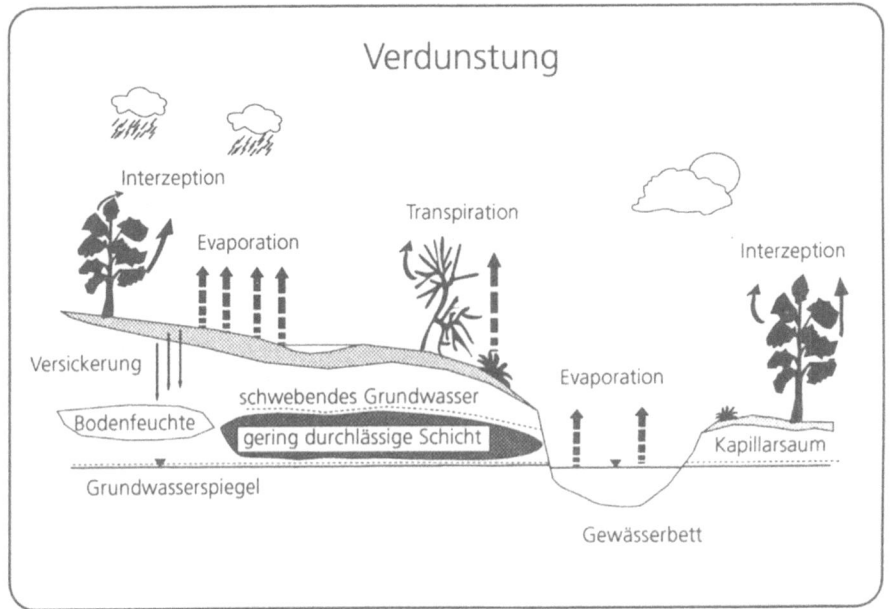

Abb. 47.   Komponenten der Verdunstung. (Nach Mattheß und Ubell 1983)

Von diesen Arten der realen Verdunstung (tatsächlich auftretende Evapotranspiration wird die *potentielle Verdunstung* ET_{pot} [mm/Δt] als größtmögliche Verdunstungshöhe von Oberflächen bei gegebenen meteorologischen Bedingungen und unbegrenzt verfügbarem Wasser unterschieden (DIN 4049, Teil 3, 1994.

Anwendungsbereiche
Die am häufigsten angewandte *Wasserbilanzmethode* ist die Lysimetermethode mit wägbaren Lysimetern, mit der sich neben der Versickerung die Bodenwasser-Vorratsänderungen feststellen läßt. Sie kann zur Ermittlung des Sickerwasserhaushalts von Altablagerungen eingesetzt werden, ist jedoch wegen des hohen Kostenaufwands vermutlich nicht realisierbar. Bei Altablagerungen, deren Basis im Grundwasser liegen, können Lysimetermethoden entfallen.

Planung/Durchführung
Direkte Messungen der Gesamtverdunstung (Gebietsverdunstung) sind nicht möglich. Daher erfolgt ihre Bestimmung zumeist über meßbare Einzelkomponenten (Evaporation, Transpiration, Bodenverdunstung) oder durch eine näherungsweise Bestimmung, basierend auf Klimadaten wie Strahlung, Sonnenscheindauer, Lufttemperatur, Luftdruck, Luftfeuchte, Windgeschwindigkeit und Bewölkung. Beide Methoden liefern zumeist die potentielle Verdunstung.

Messungen der *Evaporation* (H-Mve) erfolgen mit Geräten, bei denen das Wasser über feuchten Oberflächen (Atmometer), feuchten porösen Keramikkörpern (Evaporometer) oder offenen Wasserflächen (Evaporimeter, WILD'sche Waage, Verdunstungskessel) verdunstet, wobei der Massenverlust registriert wird (Mattheß und Ubell 1983).

Messungen der *Transpiration* (H-Mvt) werden mit Hilfe von Präzisionswaagen durch Bestimmung der Wasserabgabe abgepflückter Blätter bei verschiedenen Witterungsverhältnissen und Wachstumsphasen von Pflanzen durchgeführt.

Messungen der *Bodenverdunstung* und der *Evapotranspiration* erfolgen mit Hilfe von wägbaren (Abb. 48) und nicht wägbaren Lysimetern (H-Mvl). *Lysimeter* sind mit gestörtem oder ungestörtem Boden gefüllte Behälter, die so aufgestellt werden, daß ihre Oberfläche mit der Umgebung bündig Höhe abschließt. Durch Meßeinrichtungen werden die Durchsickerung und im Falle der wägbaren Lysimeter der Bodenwasserhaushalt bestimmt. Bei Bepflanzung kann neben der Bodenverdunstung auch die Evapotranspiration der jeweiligen Pflanzenart gemessen werden.

Die indirekte Messung der Verdunstung beruht auf empirischen Beziehungen zwischen Verdunstung und meteorologischen Daten.

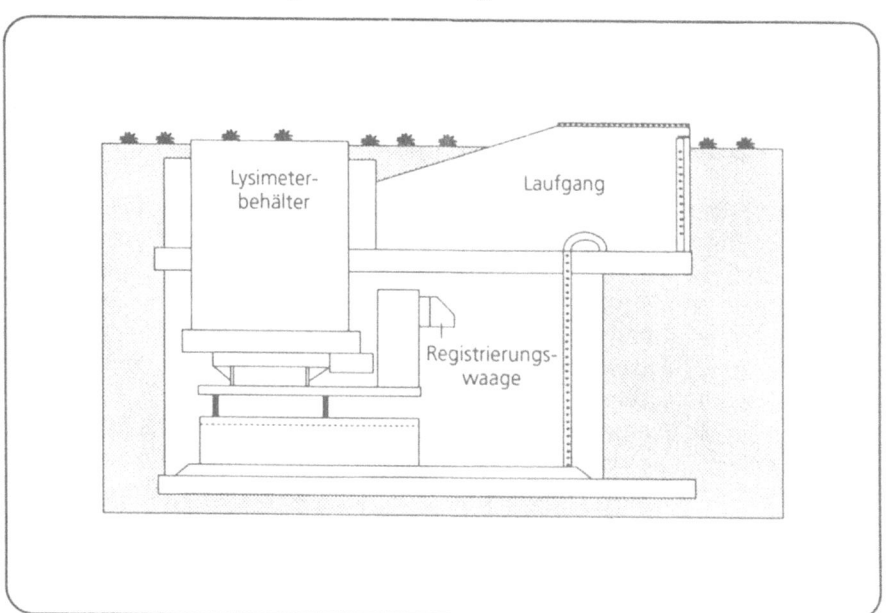

Abb. 48.   Schema einer wägbaren registrierenden Lysimeteranlage. (Nach Dyck und Peschke 1995)

Auswertung

Die Berechnung der Verdunstung erfolgt entweder auf der Grundlage der Wasserbilanzgleichung oder mittels empirischer Berechnungsverfahren (H-Mvb) nach Haude (1955, 1959), Thornthwaite (1948), Turc (1954) oder Penman (1948), s. auch Mattheß und Ubell (1983) sowie Dyck und Peschke (1995).

Fehlerquellen/Qualitätssicherung
Auf statistische Daten gegründete Verfahren (Ermittlung der Evapotranspiration als Restglied der Wasserbilanzgleichung) bieten keine zufriedenstellende Lösung.

Gegen die Lysimetermethoden zur Bestimmung der Evapotranspiration bestehen erhebliche Einwände, da durch Wandeffekte, unterschiedliche thermische Verhältnisse gegenüber dem natürlichen Boden, künstliche Dränung oder Luftdruckeinflüsse Abweichungen vom natürlichen Wasserhaushalt auftreten können.

Alle Auswerteverfahren, die sich auf wenige meteorologische Daten beziehen, ergeben die potentielle Verdunstung. Aussagen zur aktuellen Verdunstung liefern nur die empirischen Berechnungsverfahren, die auf ausreichend gesicherten Datenmengen basieren und zumindest näherungsweise den Wärme- und Wasserhaushalt des verdunstenden Körpers und den Wasserverbrauch der Pflanzen einbeziehen (Mattheß und Ubell 1983).

Zeitaufwand
Die Beobachtungen sollten mindestens über die Dauer eines hydrologischen Jahres (1. Nov. bis 31. Okt.) durchgeführt werden. Bei registrierenden Lysimetern erfolgt eine tägliche Zusammenstellung der Meßergebnisse.

1.6.1.5 Wasserstands- und Durchflußmessungen

Die Kenntnis der Wasserstände der Oberflächengewässer und ihrer Abflüsse dient unter anderem der Betrachtung von Ökosystemen. Die Bundesländer unterhalten auf der Grundlage des Wasserhaushaltsgesetzes und der Landeswassergesetze umfangreiche Meßnetze, die der Messung und Dokumentation von Wasserständen und Abflüssen dienen. In Niedersachsen obliegt diese Aufgabe dem *Gewässerkundlichen Landesdienst* am Niedersächsischen Landesamt für Ökologie in Hildesheim.

Stehen für die Bearbeitung von Altlastverdachtsflächen keine ausreichenden Daten zur Verfügung, werden Messungen von Wasserständen sowie Abfluß- und Durchflußmessungen erforderlich. Im folgenden werden die gängigsten Meßverfahren vorgestellt. Detaillierte Beschreibungen enthält die von der Länderarbeitsgemeinschaft Wasser (LAWA) und dem Bundesministerium für Verkehr herausgegebene *Pegelvorschrift*.

Wasserstandsmessungen   **H-Mow**
Wasserstandsmessungen werden in der Regel an Pegeln durchgeführt. Der einfachste Pegel ist der Lattenpegel (H-Mowl). Es handelt sich hier um eine fest installierte Meßlatte (Pegellatte) aus Holz, Kunststoff, Leichtmetall oder Stahl mit einer 1- oder 2-cm-Skalierung, von der der Wasserstand direkt abgelesen wird. Die Ausbildung des Gewässerufers kann eine gestaffelte Anordnung mehrerer vertikaler Pegellattenabschnitte (Staffelpegel) oder eine der Ufer-

böschung entsprechend geneigte Pegellatte (Schrägpegel) mit verzerrter Skalierung (Abb. 49 a) erforderlich machen.

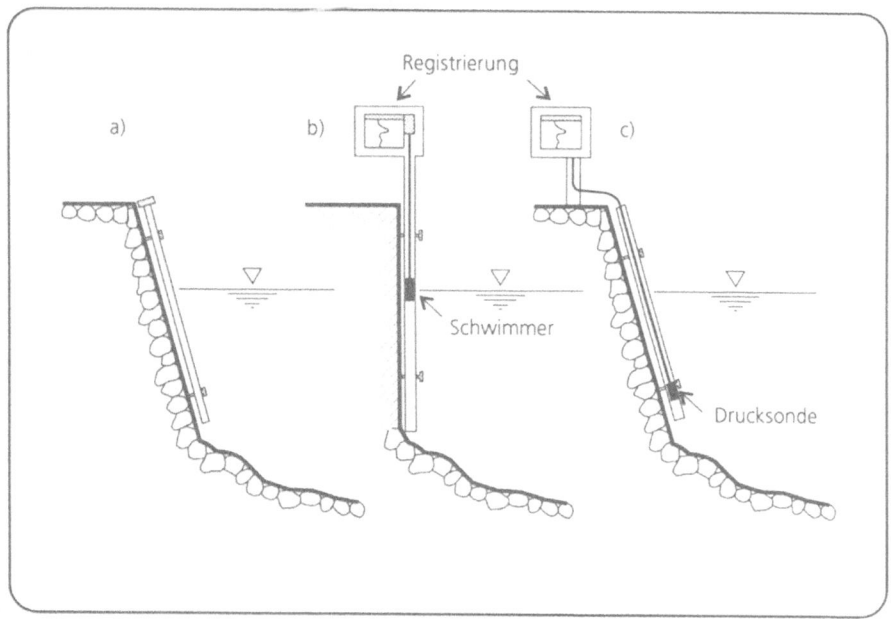

Abb. 49.   Geräte zur Wasserstandsmessung: **a** Lattenpegel als Schrägpegel, **b** Installation eines Pegels mit Schwimmer und **c** Installation eines Pegels mit Drucksonde. (Nach Spreafico 1988)

Die Wasserstände können durch regelmäßige Einzelablesungen oder mit ergänzenden Einrichtungen zur Meßwertaufnahme kontinuierlich registriert werden. Zur Meßwertaufnahme werden überwiegend Schwimmer- (H-Mows) und Drucksysteme (H-Mowd) eingesetzt (Abb. 49 b, c).
   Die kontinuierliche Registrierung erfolgt über analoge Schreibgeräte mit konstantem Zeitvorschub als Wasserstandsganglinie oder digital mittels elektronischer Datensammler.

Durchflußmessungen   **H-Md**
Zur Aufstellung von Wasserbilanzen ist die Ermittlung des oberirdischen Abflusses notwendig. Der Abflußanteil im hydrologischen Wasserkreislauf wird durch verschiedene Abflußkomponenten bestimmt (Abb. 50).
   Der *Oberflächenabfluß* A_O [l/s, m³/s] als der oberirdische Anteil des *Abflusses* erfolgt unter dem Einfluß der Schwerkraft in Vorflutern. Das können natürliche oder künstliche Gewässer sein. Er entstammt versiegelten sowie den gewässernahen und grundwassernahen Bereichen des Einflußgebietes (Sättigungsflächen) und ist der Anteil des Abflusses, der nicht in den Boden eingedrungen ist. Hierzu zählt auch der direkte Gewässerniederschlag. Auf großen Gebietsteilen entsteht Landoberflächenabfluß bei hoher Niederschlagsintensi-

tät, starkem positivem Relief, Frostböden oder hohem Bodenwassergehalt. Der am Oberflächenabfluß beteiligte Niederschlagsanteil wird stark durch die Vegetationsdecke, den morphologischen und geologischen Aufbau sowie künstliche Drainsysteme beeinflußt.

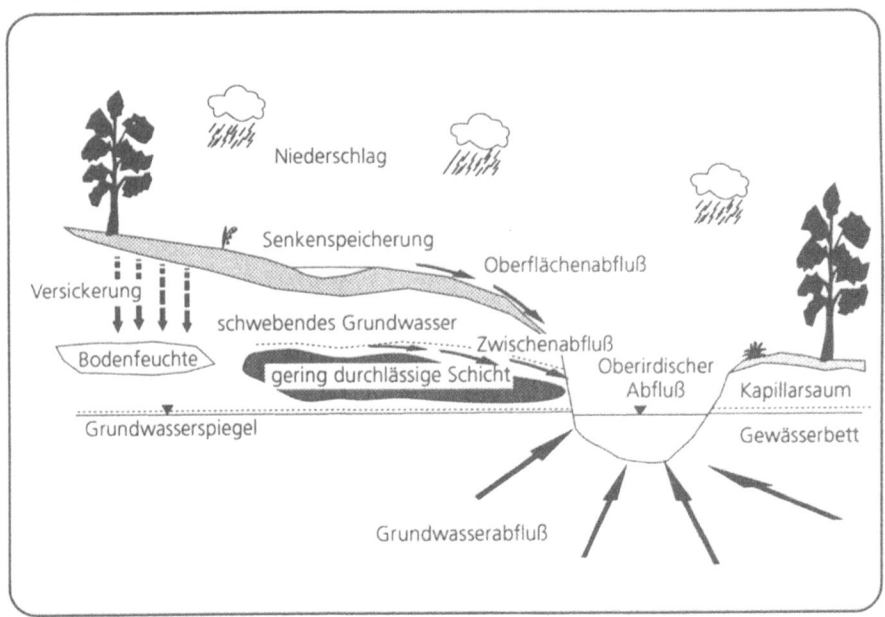

Abb. 50.   Schema des Abflußvorgangs. (Nach Mattheß und Ubell 1983)

Als *Zwischenabfluß* (Interflow) A_I wird der Teil des Abflusses verstanden, der das Grundwasser nicht erreicht, sondern dem Vorfluter in oberflächennahen Schichten verzögert zufließt (Abb. 50, 51).

Oberflächenabfluß und Zwischenabfluß bilden zusammen den *Direktabfluß* A_d (DIN 4049, Teil 3,1994).

Der *Grundwasserabfluß* A_U besteht aus dem Anteil infiltrierten Wassers, das bis zum Grundwasserspiegel sickert und dieses speist. Er fließt dem Vorfluter mit größerer zeitlicher Verzögerung zu (Quellschüttung, effluente Verhältnisse).

Im quantitativen Sinn ist der *Abfluß* die Wassermenge aus einem Einzugsgebiet, die den Abflußquerschnitt pro Zeiteinheit durchfließt [l/s, m³/s]. Er wird häufig auf die Fläche des Einzugsgebietes bezogen als *Abflußspende* [l/s km²] oder als *Abflußhöhe* [mm/Δt] angegeben.

Als *Abflußquerschnitt* ist der vom abfließenden Wasser angefüllte kleinste lotrechte Gerinnequerschnitt in fließenden Gewässern definiert (Mattheß und Ubell 1983).

Die *Abflußsumme* ist das Wasservolumen [m³], das in einer bestimmten Zeitspanne Δt abgeflossen ist.

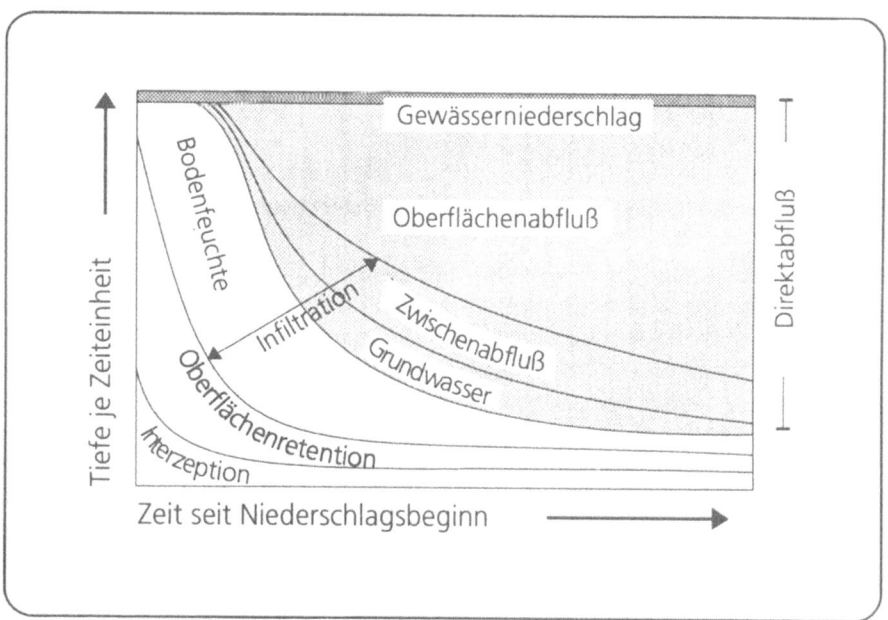

Abb. 51. Zeitliche Verteilung der Abflußkomponenten. (Nach Mattheß und Ubell 1983)

Anwendungsbereiche

Die *direkte Abflußmessung* mittels kalibrierter Gefäße (volumetrische Meßmethode) eignet sich zur Messung kleiner Abflüsse und Quellschüttungen bis etwa 3 l/s mit großer Genauigkeit.

Meßwehre werden zur genauen Messung kleiner Durchflußmengen in der Größenordnung von 1 - 0,1 m³/s eingesetzt. Für sehr kleine Durchflußmengen sind Meßwehre mit waagerechter Überfallkante zu ungenau; hier sollten Dreiecksüberfälle bevorzugt werden. Wegen Verlandung des Stauraumes sind Meßwehre in stark feststoffbeladenen Gewässern ungeeignet.

Der *Venturikanal* eignet sich besonders für stark feststoffbeladene Gewässer, da er im Gegensatz zu Meßwehren nicht verbaut wird und somit keine Verlandungsgefahr besteht. Für Messungen in Gewässern mit stark schwankender Wasserführung ist er wiederum nicht geeignet. Allgemein eignet sich der Venturikanal für Durchflußmengen von 10 l/s - 5 m³/s.

Mit *Schwimmkörpern* läßt sich die Fließgeschwindigkeit eines Gewässers näherungsweise direkt ermitteln.

Flügelmessungen scheiden bei unregelmäßigem Durchflußquerschnitt, hoher Turbulenz und starker Geschiebeführung aus.

Direkte Abflußmessungen mit Meßgefäßen   **H-Mdg**

Direkte Abflußmessung erfolgen volumetrisch mit kalibrierten Auffanggefäßen, wobei die Zeit bis zur Füllung des Gefäßes bekannten Inhaltes oder die in einer bestimmten Zeit in die Gefäße eingelaufene Wassermenge ermittelt werden.

Indirekte Abflußmessungen

Die *indirekten Methoden* zur Bestimmung des Abflusses/Durchflusses Q bedienen sich der Messung von *Fließgeschwindigkeit* v und *Abflußquerschnitt* A.

$$Q = v\,A \qquad\qquad [m^3/s]$$

Messung des Abflußquerschnitts an Meßbauwerken

Insbesondere für kleinere Gewässer können Durchflußermittlungen an sogenannten Meßbauwerken (Meßwehre und Venturikanäle) erfolgen. Die Verengung des Abflußquerschnitts an Wehren und Venturikanälen bewirkt eine Erhöhung des Wasserspiegels um den Betrag h auf die Überfallhöhe h_{max}. Aus ihr, den Abmessungen der Bauwerke und der Zuflußgeschwindigkeit läßt sich der Durchfluß berechnen. Der vom Bauwerk "unbeeinflußte" Wasserstand wird in einem Abstand von ca. 3 h_{max} oberhalb gemessen.

Meßwehre (H-Mdbm) sind Stauanlagen, die den Wasserspiegel von Fließgewässern so anheben, daß der Abfluß des über die Wehrkrone strömenden Wassers nicht vom Unterwasser beeinflußt wird (vollkommener Überfall). Nach ihrer konstruktiven Gestaltung werden Rechteck- und Dreicküberfalle unterschieden

Beim *Venturikanal* (H-Mdbv), einem dreiteiligen Gerinne aus Einlauf-, Einschnürungs- und Nachlaufstrecke, beruht die Durchflußmessung auf der Messung der Wasserspiegeldifferenz, die sich in Abhängigkeit vom Durchfluß an der Querschnittsverengung bildet (Abb. 52).

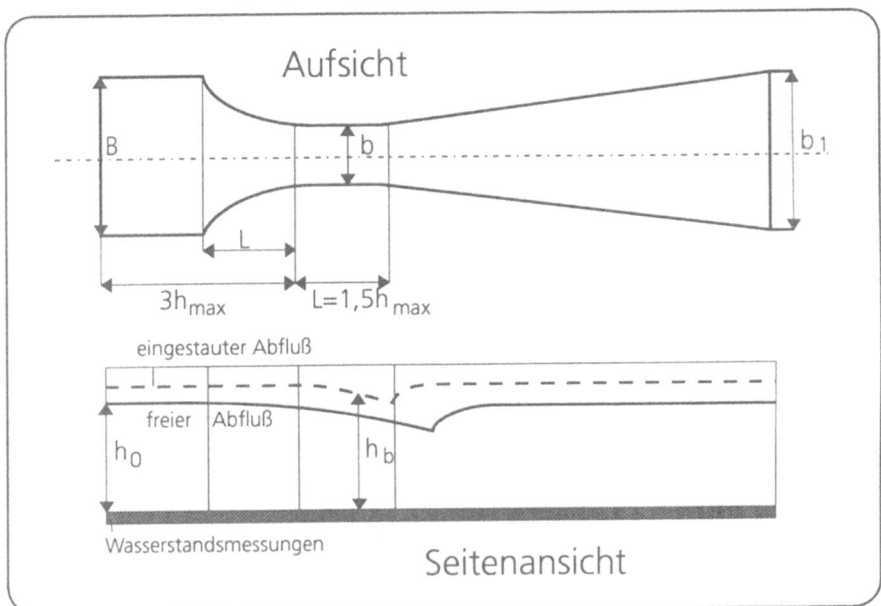

Abb. 52.   Venturikanal, B/b Einengung, h_0 Oberwassertiefe. (Nach Dracos 1980)

Messung der Fließgeschwindigkeit mit Meßflügeln   **H-Mdf**
Fließgeschwindigkeitsmessungen können näherungsweise mit Hilfe von *Schwimmern* durchgeführt werden. Die Fließgeschwindigkeit des Wassers ergibt sich aus der Transportzeit des Schwimmers über eine definierte Entfernung.

Zur Messung der Fließgeschwindigkeit hat sich der *hydrometrische Meßflügel* (WOLTMANN-Meßflügel, Abb. 53) bewährt. Aus der Umdrehungszahl des Propellerflügels an unterschiedlichen Stellen und in unterschiedlichen Tiefen des Abflußquerschnitts läßt sich mit Hilfe von Nomogrammen die mittlere Fließgeschwindigkeit ableiten. Die Punktmessungen sollten den Abflußquerschnitt möglichst gleichmäßig abdecken. Der Durchfluß wird schließlich durch Integration der gemessenen Verteilung der Strömungsgeschwindigeiten über den Meßquerschnitt ermittelt.

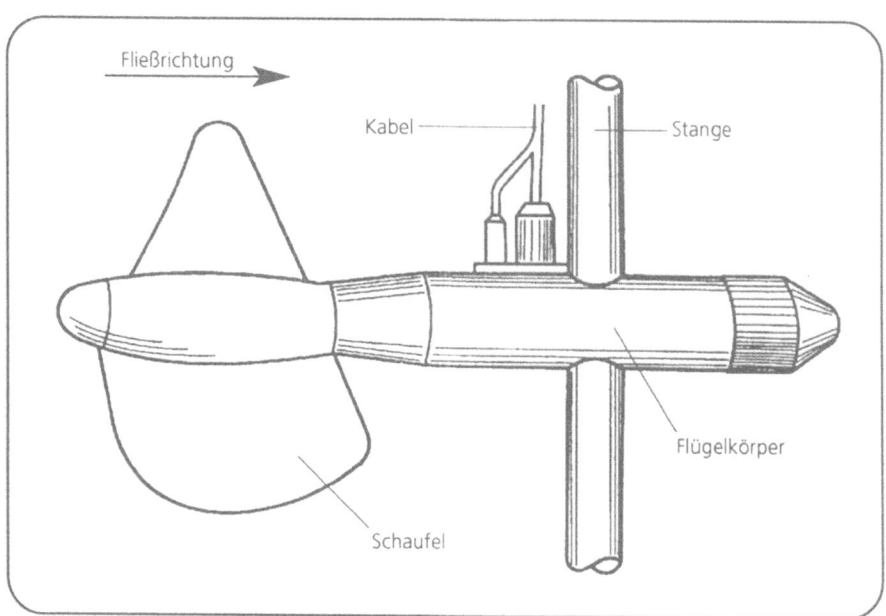

Abb. 53.   WOLTMANN-Meßflügel. (Nach Länderarbeitsgemeinschaft Wasser 1991)

Wasserstand/Durchfluß-Beziehungen
Durchflußmessungen dienen zunächst nur der Bestimmung des Durchflußvolumens zum Zeitpunkt der Messung. Aus wiederholten Messungen bei verschiedenen Wasserständen gelangt man zu Wasserstand/Durchfluß-Beziehungen (Abb. 54).

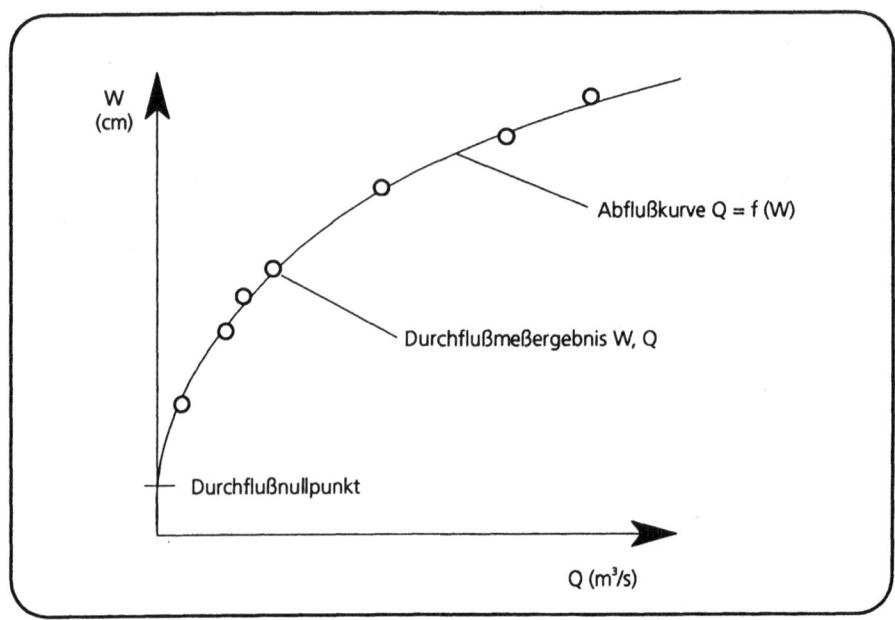

Abb. 54.   Wasserstand/Durchfluß-Beziehung (Abflußkurve). (Nach Länderarbeitsgemeinschaft Wasser 1991)

Durch die Punkteschar der Wertepaare W/Q wird eine ausgleichende *Abflußkurve* gelegt. W/Q-Beziehungen erlauben eine kontinuierliche *Durchfluß- und
Abflußermittlung* auf der Grundlage registrierter Wasserstandsganglinien.

Wegen der Instabilität natürlicher Gewässerquerschnitte (durch Erosion
oder Anlandung) und anderer jahreszeitlich bedingter Einflüsse (Wasseraufstau
durch Verkrautung im Sommer oder Vereisung im Winter) bearf es einer regelmäßigen Überprüfung der Abflußkurve mittels Durchflußmessungen.

Planung/Durchführung
Soweit im Einzelfall bei der Untersuchung von Altlastverdachtsfächen Zusammenhänge mit Oberflächengewässern zu berücksichtigen sind, sollte zunächst
Kontakt mit den für das Pegelwesen zuständigen Dienststellen aufgenommen
werden. In Niedersachsen sind dies vor allem die Staatlichen Ämter für Wasser
und Abfall, die als Ortsdienststellen des Gewässerkundlichen Landesdienstes
u.a. auch Wasserstands- und Durchflußdaten ermitteln, sammeln und auswerten.

Sollten die dort verfügbaren Daten nicht ausreichend sein, kann auf jeden
Fall Beratung zu Planung und Durchführung von Sondermessungen geboten
werden.

Detaillierte Informationen zum Bau von Pegeln, Auswahl von Pegelgeräten
sowie zum Messen und Ermitteln von Wasserständen, Durch- und Abflüssen
enthält die Pegelvorschrift (Länderarbeitsgemeinschaft Wasser 1978-1991).

Auswertung
Hinweise zur Berechnung des Durchflusses geben Mattheß und Ubell (1983) sowie Dyck und Peschke (1995).

Fehlerquellen/Qualitätssicherung
Unsicherheiten beim Messen von Wasserstand und Durchfluß werden für die hier dargestellten Methoden und zahlreiche Sonderverfahren in der Pegelvorschrift (Länderarbeitsgemeinschaft Wasser 1978-1991) behandelt. Bei Durchflußmessungen ist mit mittleren Fehlern von etwa 5 % zu rechnen. Bei visueller Durchführung von Wasserstandsmessungen müssen die Ablesungen nach jedem Niederschlagsereignis erfolgen, um eine homogene Datengrundlage zu gewährleisten. Praktischer ist der Einsatz von Geräten zur kontinuierlichen Datenerfassung (Kap. 1.1.5).

Zeitaufwand
Durchflußmessungen sollten wenigstens über den Zeitraum eines hydrologischen Jahres (1. Nov. bis 31. Okt.) erfolgen.

1.6.1.6   Bestimmung der Grundwasserneubildung   H-Gnb

Die Kenntnis der Grundwasserneubildung ist bei der Betrachtung von Grundwasserverunreinigungen von Bedeutung, da neben der natürlichen Infiltration von Niederschlagswasser eine künstliche Grundwasserneubildung durch anthropogene Maßnahmen (Beregnung, Überstau) erfolgen kann. Hierzu zählt auch die künstliche Erhöhung durch einen Sickerwasseraustrag aus einer Altablagerung.

Die *Grundwasserneubildung* wird als Grundwasserneubildungsrate G in mm/a angegeben. Sie bezeichnet den Zugang infiltrierten Wassers zum Grundwasser.

Die *Grundwasservorratsänderung* ist die Differenz aus Rücklage (Grundwassererneuerung) und Aufbrauch (Abfluß, Evapotranspiration), die über ein bestimmtes Gebiet gemittelt in mm Wasserhöhe angegeben wird (DIN 4049, Teil 3, 1994).

Anwendungsbereiche
Der Arbeitskreis Grundwasserneubildung der Fachsektion Hydrogeologie (1977) gibt folgende Einsatzmöglichkeiten der Verfahren in unterschiedlichen Untersuchungsgebieten an:

- In Lockergesteins- und Festgesteinsgebieten ohne Vorfluter entfallen alle Verfahren, die auf Abflußmessungen beruhen. Hier können Abschätzungen über Lysimeter gewonnen werden.
- In Gebieten mit überwiegendem Festgestein und mit Vorflutern eignen sich Abflußmeßverfahren, wobei das einfache

MoMNQ-Verfahren nach Wundt (1953) für eine größenord-
nungsmäßige Erfassung der Grundwasserneubildung angewandt werden kann. Bei stärkeren Reliefunterschieden muß
das Verfahren nach Kille (1970) korrigiert werden.

■ In Gebieten mit überwiegendem Festgestein ohne Vorfluter
können Hinweise über Aquiferdaten oder die Wasserhaus-
haltsgleichung gewonnen werden; Kraft und Schräber (1982)
beschreiben ein Verfahren, bei dem das Grundwasserdargebot
in Festgesteinsgrundwasserleitern über Schlüsselkurven ermittelt werden kann.

■ In Gebieten, in denen Fest- und Lockergesteine oder gut und
gering durchlässige Gesteine nebeneinander vorliegen, kann
mit Abflußmeßverfahren nur ein Mittelwert gewonnen werden. Hier sollte eine Aufgliederung in Einzelflächen und flä-
chendifferenzierte Ermittlung der Grundwasserneubildung erfolgen.

Aufgrund des hohen Kosten- und Erstellungsaufwands ist der Einsatz von Lysimetern in der Altlastenbearbeitung jedoch kaum oder nur im besonders gelagerten Einzelfall realisierbar.

Planung/Durchführung
Direkte Messungen der Grundwasserneubildungsrate sollten an der Grenze
zwischen dem gesättigten und ungesättigten Bereich des Bodens durchgeführt
werden. Dies ist mit Hilfe von *Lysimetermessungen* (H-Gnbl) möglich, die jedoch im allgemeinen nur punktuell durchgeführt werden können.

Im Lysimeter wird als Sickerwasser der Abfluß in vertikaler Richtung gemessen, der Zwischenabfluß (Interflow) geht in die Sickerwasserspende ein. Ein
auftretender Oberflächenabfluß wird nicht erfaßt.

Aus der Wasserbilanz der Lysimeter kann die aktuelle (tatsächliche) Evapotranspiration gewonnen werden.

Quellschüttungsmessungen (H-Gnbq) erfassen den direkten Grundwasserabfluß. Ihre Stärke wird durch die Durchlässigkeit des Grundwasserleiters, die
Größe des Einzugsgebietes und die Höhe der Grundwasserneubildung beeinflußt. Ganglinien von Quellen werden, vergleichbar der Trockenwetterganglinie
von Vorflutern, zur Konstruktion der Grundwasserabfluß-Ganglinie (A_u-Linie) in
Niederschlagszeiten herangezogen. Daraus ergeben sich Hinweise auf das Verhältnis A_u/N (Grundwasserabfluß/Niederschlag) und auf die Speicherkapazität
des Untergrundes.

Aus den Quellschüttungsmessungen läßt sich die Grundwasserneubildungsrate direkt ableiten, wenn man die Gebiete abgrenzen kann, die ausschließlich
durch Quellen entwässert werden (isolierte Bergkuppen, Hochplateaus). Solche
Einzugsgebiete, die häufig Flächen von 0,5 - 50 km² einnehmen, werden als
Naturlysimeter bezeichnet. Die Beobachtungen sollten sich über mehrere Jahre

erstrecken, um hydraulische Änderungen im Aquifer (Vorratsänderung) berücksichtigen zu können.

Auswertung
Dörhöfer und Josopait (1980) entwickelten ein Verfahren *zur flächendifferenzierten Ermittlung der Grundwasserneubildungsrate* (H-Gnbd), welches neben der Haupteingangsgröße der vieljährigen mittleren Niederschläge Einflußfaktoren der Grundwasserneubildung wie

- Verdunstung in Abhängigkeit von Bodentyp und Bodennutzung (Bewuchs) sowie
- A/A_u-Quotienten (Abfluß/Grundwasserabfluß) in Abhängigkeit von Reliefenergie und Grundwasserflurabstand

berücksichtigt.
   Verschiedene Verfahren zur *Ermittlung der Grundwasserneubildung aus Abflußdaten in Vorflutern* (H-Gnba) bieten Maillet (1905), Wundt (1953) sowie Natermann (1958).

Fehlerquellen/Qualitätssicherung
Bei der Ermittlung der Grundwasserneubildungsrate unter Verwendung von Lysimetern ist folgendes zu beachten:

- Lysimeter sind vorwiegend im Lockergesteinsbereich einsetzbar.
- Die natürlichen Verhältnisse im Lysimeter sind stets mehr oder weniger gestört.
- Lysimeter grundwasserferner Standorte müssen mindestens so tief sein, daß sich zwischen Wurzelraum und Kapillarsaum eine nicht durchwurzelte, immer feuchte Zone ausbildet.
- Punktwerte können nur unter Berücksichtigung der Inhomogenität des Untergrundes, des Klimas und anderer Faktoren näherungsweise auf größere Flächen übertragen werden.
- Es ergeben sich Fehler in Gebieten mit Oberflächenabfluß.
- Erstellung von Grundwasserhöhengleichenplänen zur Ermittlung des unterirdischen Einzugsgebietes (Grundwasserleiter im Lockergestein) und Markierungsversuche im Festgestein.

1.6.2   Hydraulische Erkundungsmethoden - ungesättigte Zone

1.6.2.1   Labormethoden

Zur Berechnung des Bodenwasserhaushaltes sind bodenphysikalische Kennwerte notwendig. Dies gilt insbesondere für den Einsatz von Modellen. Die Kennwerte Porengrößenverteilung pF, gesättigte Wasserleitfähigkeit k_f und ungesättigte Wasserleitfähigkeit k_u werden üblicherweise im Labor an ungestörten Stechzylinderproben ermittelt.

Um Aussagen zur Porengrößenverteilung pF machen zu können, werden im Labor *Wasserspannungskurven* (DIN 19 683, 1973) ermittelt. Die Wasserspannungskurven können nach der Unterdruck- oder der Überdruckmethode bestimmt werden. Bei der Unterdruckmethode (H-Pfu) wird eine Bodenprobe durch eine definierte Saugkraft über eine Wassersäule stufenweise entwässert und der sich einstellende Wassergehalt ermittelt. Bei der Überdruckmethode (H-Pfü) wird das Bodenwasser in einem Drucktopf einem definierten Druck ausgesetzt, so daß das Wasser, dessen Bindungskraft geringer als die angelegte Spannung ist, aus der Probe herauswandert

Die *ungesättigte Durchlässigkeit* k_u (H-Ku) charakterisiert in terrestrischen Böden die einzige, in den oberen Horizonten semiterrestrischer Böden die weitaus überwiegende Art der Wasserbewegung. Die ungesättigte Wasserdurchlässigkeit ist daher für den Wasserhaushalt und den damit verbundenen Stoffhaushalt eine ausschlaggebende Größe. Sie kann im Labor an speziellen Stechzylinderproben mit verschiedenen Methoden ermittelt werden. Da die Untersuchungen komplex und zeitaufwendig sind, kann bei vorliegender pF-Kurve und k_f-Wert die k_u-Kurve auch durch Parametrisierungsverfahren berechnet werden.

1.6.2.2   Feldmethoden

Zur Erfassung von Bodenwasserhaushaltskomponenten im Gelände können verschiedene Feldmethoden angewandt werden. Durch Ermittlung von Wassergehalt und Wasserspannung lassen sich Wasserflüsse berechnen und Wasserhaushaltsbilanzen aufstellen.

Das Matrixpotential *(Saugspannung)* ungesättigter Böden wird am einfachsten mit Tensiometern (H-Pft) verschiedener Bauart (Druckaufnehmer, Quecksilber) gemessen. Hierbei wird der Unterdruck des Bodenwassers über poröse Zellen an eine Meßeinheit weitergegeben. Die Saugspannung wird in hPa gemessen und als pF-Wert (log hPa) angegeben. In Bereichen bis zu pF 3 wird das Matrixpotential mit Tensiometern üblicher Bauart gemessen, in Bereichen pF > 3 sind Messungen mit Gipsblockelektroden (H-Pfgb) möglich (Hartge und Horn 1992).

Die Ermittlung des Wassergehalte erfolgt üblicherweise gravimetrisch (H-Wgg) oder mittels TDR-Sonden (H-Wgtdr). Mit dem Verfahren der Time Domaine Reflectometry werden aus den Laufzeiten elektromagnetischer Wellen Aussagen über die Bodenfeuchte gewonnen.

Für direkte Messungen der Wasser*durchlässigkeit* (H-Ku) stehen *Infiltrationsverfahren* zur Verfügung. Mit ihnen kann die Versickerungsintensität im Gelände gemessen werden. Unter *Versickerungsintensität* wird die Wassermenge verstanden, die pro Zeit- und Flächeneinheit senkrecht in den Boden eintritt. Eine verbreitete Meßmethode ist in DIN 19 682 (1972) mit dem Doppelzylinder-Infiltrometer (H-Kudz) beschrieben: Das Infiltrometer besteht aus 2 konzentrischen Zylindern, die in den Boden eingetrieben und über MARIOTTE'sche Flaschen mit Wasser befüllt werden. Aus dem Wasserverlust im Innenring wird die Versickerungsintensität in mm/sec ermittelt. Die Versickerungszone zwischen beiden Ringen dient der Abschirmung lateraler Wasserbewegungen unter dem Innenzylinder.

Als Verfahren zur Messung der *Wasserdurchlässigkeit* für grundwassernahe Böden ist die *Bohrlochmethode nach Hooghout* (1936) (van Beers 1962) (H-Kubl) einzusetzen. Diese sieht vor, ein Loch mit 80 mm Durchmesser unter den Ruhe-Grundwasserspiegel zu bohren, den Wasserspiegel im Bohrloch um mindestens 0,2 m abzusenken und die Geschwindigkeit des Wiederanstiegs zu ermitteln. In Böden mit mehreren Schichten ist für jede Schicht ein Loch zu bohren. Je ungleichmäßiger der Bodenaufbau ist, desto mehr Paralleluntersuchungen sind notwendig (DIN 19 682, 1972).

Die stoffliche Zusammensetzung des Bodenwassers kann an mit *Saugkerzen* (H-Saug) gewonnenen Bodenwasserproben analysiert werden. Die zahlreichen Vorschläge zum Aufbau der Entnahmeeinrichtung lassen sich wie folgt differenzieren:

- Förderung durch ein an die Kerze angelegtes Vakuum, wobei der Kerzenschaft als Unterdruckgefäß dient. Der Einbau der Kerze erfolgt senkrecht und die Probenahme über einen Schlauch, mit dem das gewonnene Sickerwasser aus der Kerze abgeführt wird. Der angelegte Unterdruck verändert sich in dem Maße wie sich das Verhältnis des Probevolumens zum Vakuumvorratsvolumen ändert.

- Förderung durch ein an die Kerze angelegtes Vakuum mit separatem Unterdruckgefäß. Die Probe wird direkt in eine Probenahmeflasche gesaugt. Der Einbau der Kerze kann senkrecht oder waagerecht erfolgen. Der angelegte Unterdruck verändert sich in Abhängigkeit der Förderhöhe.

- Förderung durch eine hängende Wassersäule. Bei diesem Verfahren wird das Sickerwasser über einen dünnen Schlauch in eine Probensammelflasche abgeleitet. Der Einbau der Kerze erfolgt waagerecht. Der Unterdruck wird durch die im Förderschlauch hängende Wassersäule bestimmt (Grossmann et al. 1987).

Ausführliche Vorschläge zum Einbau der Kerzen und Aufbau der Entnahmeapparatur finden sich bei Böttcher 1982 und Merkel et al. 1982.

Die Kerzen können aus Keramik, Teflon, PVC, Aluminiumoxid, Nickelsinter oder Glassinter bestehen. Da zwischen Kerzenmaterial und Bodenlösung Wechselwirkungen bestehen, muß das Kerzenmaterial entsprechend der Fragestellung und den zu analysierenden Stoffen ausgewählt werden. Für die Gewinnung von organischen Schadstoffen sind keramische Kerzen nicht brauchbar. Hierfür eignen sich Saugkerzen aus Glassintermaterialien.

Ein weiterer Faktor, der neben der Sorption von Inhaltsstoffen für die Zusammensetzung der Sickerwasserprobe zu berücksichtigen ist, ist die Höhe des an die Kerze angelegten Unterdruckes. Nach Untersuchungen von Mayer (1971) wurde bei zunehmendem Unterdruck ein Anstieg der Stoffkonzentration in der gewonnenen Sickerwasserprobe festgestellt.

1.6.3   Hydraulische Erkundungsmethoden - gesättigte Zone

Zur Erkundung und Beurteilung möglicher Migrationspfade bei Schadstoffeinträgen aus einer Altlastverdachtsfläche ins Grundwasser und der sich hieraus ergebenden Sanierungsmaßnahmen sind umfangreiche geologische und hydrogeologische Untersuchungsmaßnahmen notwendig. Detaillierte Kenntnisse der Geologie und Hydrogeologie können durch

- Aufschlußbohrungen,
- geophysikalische Oberflächen- und Bohrlochmessungen und
- Probenahmen/Laboranalysen von Gestein und Grundwasser

gewonnen werden. Charakteristische Kenndaten des Untergrundes wie

- Grundwasserstände,
- Durchlässigkeitsbeiwert k_f,
- Transmissivität T,
- Speicherkoeffizient S,
- durchflußwirksame Porosität n_f,
- longitudinale und transversale Dispersivität α_L und α_T sowie
- Parameter für chemische Reaktionen (z.B. Adsorption)

werden durch Laboruntersuchungen und in situ-Verfahren wie

- Siebanalysen und Durchströmungsversuche,
- Grundwasserstandsmessungen,
- hydraulische Tests und
- Tracer-Verfahren

bestimmt. Anhand dieser Parameter können Informationen über

- Fließrichtung und -gefälle des Grundwassers,
- die Grundwasserfließgeschwindigkeit (Abstandsgeschwindigkeit v_a),
- die Ergiebigkeit des Grundwasserleiters im Verhältnis zur Schadstoffmenge (Verdünnungseffekt),
- den Aufbau und die Homogenität des Untergrundes (Porengrößenverteilung, Durchlässigkeit in Lockergesteinen, Klüftigkeit, Gebirgsdurchlässigkeit, Filtereigenschaften) und

■   die Schadstoffausbreitung (Richtung und Geschwindigkeit)

gewonnen werden.

Die Ausführung der hydrogeologischen Erkundungsmethoden ist mit der Festlegung von Lokation, Anzahl, Tiefe und Ausbau von Bohrungen verbunden und richtet sich nach der

■   Größe der Altlastverdachtsfläche,
■   Komplexizität der Geologie,
■   Anzahl der Aquifere und dem
■   Ausmaß der existierenden oder potentiellen Kontamination.

Ein *Grundwasserleiter* (GWL) ist ein Gesteinskörper, der dazu geeignet ist, Grundwasser weiterzuleiten (DIN 4049, Teil 3, 1994). Nach der Ausbildung des Gesteinskörpers wird dabei in Porengrundwasserleiter und in Kluftgrundwasserleiter/Karst unterschieden (Abb. 55).

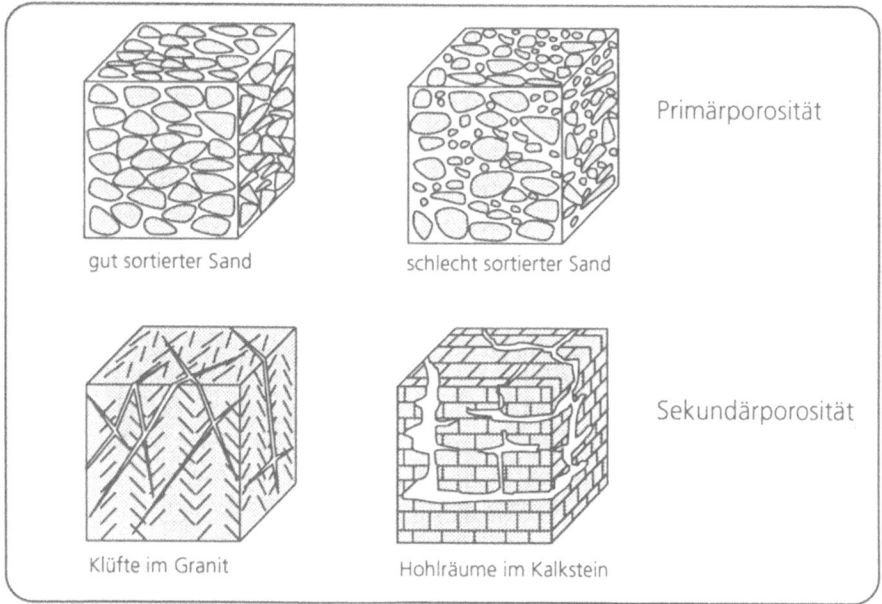

Abb. 55.   Verschiedene Hohlraumformen in Poren- und Kluftgrundwasserleitern. (Nach Heath 1988)

Als *Porosität n* wird der in einem betrachteten Gesteinsvolumen befindliche Hohlraumanteil bezeichnet. Der Anteil des Hohlraumvolumens, der für die Grundwasserströmung zur Verfügung steht, wird als durchflußwirksame (effektive) Porosität n_f oder Nutzporosität bezeichnet.

Bei Festgesteinen wird das Hohlraumvolumen, gebildet aus Klüften, Spalten und Lösungshohlräumen, als *Kluftporosität* bezeichnet.

Unter *Matrixporosität* versteht man den durch die Porenräume des Festgesteins gegebenen Hohlraumanteil. Ein Grundwasserleiter, der neben der Kluftporosität eine Matrixporosität aufweist, wird als *Zweiporositätsmedium* oder *Double Porosity Aquifer* bezeichnet (z.B. ein Sandstein).

Der *Durchlässigkeitsbeiwert* k_f [m/s] (hydraulische Leitfähigkeit) als Maß für die Durchlässigkeit hängt von den physikalischen Eigenschaften des Grundwassers wie Temperatur, Dichte und Viskosität und von der Ausbildung des Grundwasserleiters wie Poren und Trennfugen ab. Bei der Durchlässigkeit wird in Porendurchlässigkeit (überwiegend im Lockergestein) und Kluftdurchlässigkeit (Festgestein) unterschieden. Beide zusammen ergeben die Gebirgsdurchlässigkeit (DIN 4049, Teil 3, 1994).

Die *Permeabilität* k (Durchlässigkeit im engeren Sinne) ist eine gesteinsspezifische Konstante, die in der Einheit Darcy [D] angegeben wird. Bei einer Temperatur von 15,6 °C entspricht 1 Darcy $0,987 \cdot 10^{-12}$ m^2. Eine Umrechnung der Permeabilität k [D] in den Durchlässigkeitsbeiwert k_f [m/s] erfolgt durch Multiplikation mit dem Faktor 10^{-5} (Langguth und Voigt 1980).

Die *Transmissivität* T wird in homogenen gespannten Grundwasserleitern als Produkt von Durchlässigkeit und Aquifermächtigkeit gebildet (Abb. 56). In ungespannten Grundwasserleitern ist sie als Produkt aus hydraulischer Leitfähigkeit und mittlerer wassergesättigter Mächtigkeit definiert (Mattheß und Ubell 1983).

Die *Filtergeschwindigkeit* v_f [m/s] ist eine Größe, die als Quotient aus durchströmender Wassermenge und zugehöriger Filterquerschnittsfläche (Gestein und Poren) ermittelt wird.

Die *Abstandsgeschwindigkeit* v_a kann als der Quotient aus der Länge eines Stromlinienabschnittes und der Zeit, die das Grundwasser zum Durchströmen benötigt, aufgefaßt werden. Sie wird ermittelt durch Division der Filtergeschwindigkeit durch die durchflußwirksame Porosität (vgl. Kap. 2.2). Eine differenzierte Darstellung gibt Kapitel 1.6.3.5.

Das *Speichervermögen* eines gespannten oder ungespannten Aquifers wird durch den *Speicherkoeffizienten* gekennzeichnet. Dieser beinhaltet die Wassermenge, die bei Änderung der Standrohrspiegelhöhe um einen Meter durch eine Fläche von 1 m^2 zugeführt oder entnommen werden kann (Abb. 57).

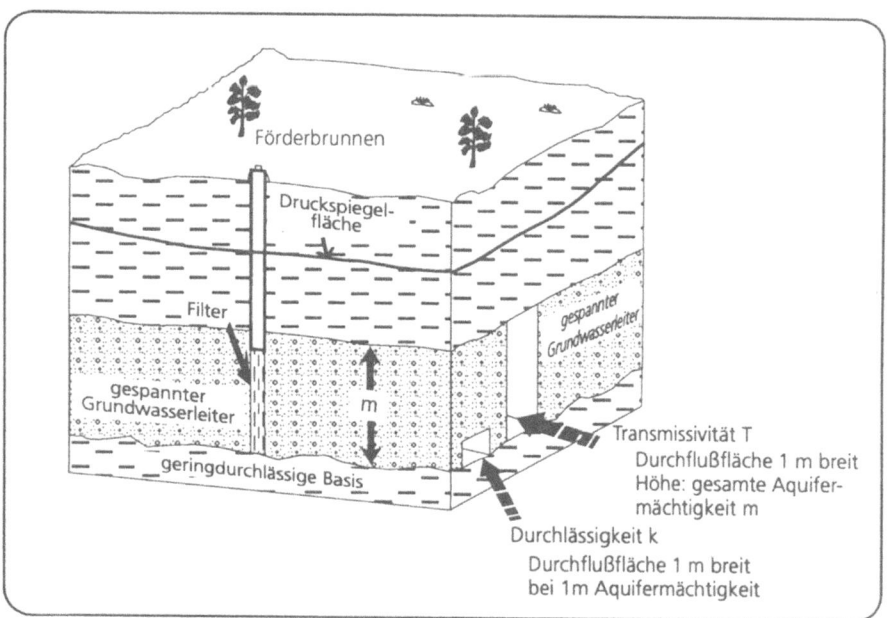

Abb. 56.   Zusammenhang zwischen Transmissivität und Durchlässigkeit. (Nach Ferris et al. 1962)

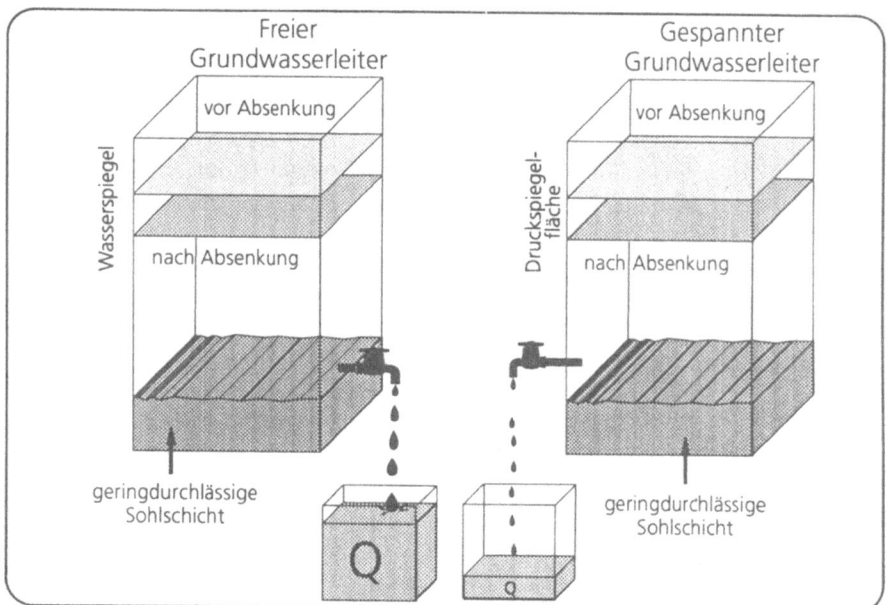

Abb. 57.   Verhältnis des Speicherkoeffizienten für gespannte und unge-spannte Grundwasserleiter

Freie oder *ungespannte Grundwasserleiter* werden im Liegenden von einer geringer durchlässigen Schicht begrenzt. Als obere Grenzfläche ist der Wasserspiegel definiert, an dem atmosphärischer Druck und Wasserdruck den gleichen Betrag aufweisen und sich somit ausgleichen.

Gespannte Grundwasserleiter werden sowohl im Liegenden als auch im Hangenden von einem Geringleiter begrenzt, dessen Durchlässigkeit um mehrere Größenordnungen geringer ist als die des Aquifers. Der Grundwasserdruck im Leiter ist an der oberen Grenzfläche größer als der Luftdruck. Somit stimmen Grundwasserdruckfläche und Grundwasseroberfläche nicht überein.

Steigt in einem Brunnen oder einer Meßstelle der Grundwasserdruckspiegel über die Geländeoberkante (GOK) an, handelt es sich um *artesisch gespanntes Grundwasser*.

Halbgespannte Grundwasserleiter werden ebenfalls im Hangenden und Liegenden von Geringleitern begrenzt. Die obere Deckschicht weist hier jedoch eine geringe, aber meßbare Durchlässigkeit auf. Eine Druckentlastung während der Förderung aus dem Grundwasserleiter bewirkt in der Deckschicht eine abwärts gerichtete Strömungskomponente, eine *Leckage*, die einen Wasserzutritt aus der Deckschicht in den Grundwasserleiter zur Folge hat. Ein halbgespannter Grundwasserleiter wird deshalb häufig auch als *Leaky Aquifer* bezeichnet.

Treten bei größeren hydraulischen Durchlässigkeiten in der Deckschicht überwiegend horizontale Strömungskomponenten auf, handelt es sich um einen *halbungespannten Grundwasserleiter* (Kruseman und de Ridder 1990).

Unter *Formationsdruck* versteht man den nicht künstlich beeinflußten hydraulischen Druck im Gebirge.

Als *Skin-Effekt* wird das Phänomen bezeichnet, daß um Brunnen herum eine Zone existiert, die gegenüber dem umliegenden Gebirge eine höhere oder geringere Durchlässigkeit aufweist. Ursache dafür können durch den Bohrvorgang induzierte Auflockerungseffekte des Gesteins oder Ansäuerung des Gesteins (besonders bei Kalkstein) sein. Beide Prozesse bewirken eine Erhöhung der Durchlässigkeit in der Umgebung des Bohrlochs. Im Lockergestein kann ein analoger Effekt durch Brunnenentwicklung (Intensiventsandung) erreicht werden. Eine Verringerung der Durchlässigkeit kann durch die Ausbildung eines Filterkuchens aus tonmineralhaltiger Spülung erzeugt werden. Auch bei Trockenbohrungen im Lockergestein kann eine Verringerung der Durchlässigkeit z.B. infolge eines zu feinen Filtersandes (Kolmation der Schüttung) auftreten. Der Skin-Faktor läßt sich mit geeigneten Auswerteverfahren berechnen. Positive Skin-Faktoren bedeuten zusätzliche hydraulische Widerstände, negative weisen auf eine Auflockerung der Brunnenumgebung und einen vergrößerten wirksamen Brunnenradius hin.

Der *Vollkommenheitsgrad* eines Brunnens gibt das Verhältnis des verfilterten Bereichs eines Grundwasserleiters zu seiner Gesamtmächtigkeit an.

Förderbrunnen weisen bei größerem Durchmesser, bezogen auf einen bestimmten Absenkungs- oder Aufhöhungsbetrag, ein beträchtliches Wasservolumen auf, so daß zu Beginn eines Pumpversuchs zunächst vorwiegend dieses Wasser gefördert wird. Dieser Effekt wird als *Eigenkapazität* des Brunnens oder

Brunnenspeicherung bezeichnet. Er muß bei der Auswertung hydraulischer Tests berücksichtigt werden, solange nicht allein hydrogeologische Gegebenheiten die Druckspiegeländerungen in der Grundwassermeßstelle, im Brunnen oder im Testintervall bestimmen. Dies ist bei Pumpversuchen erst der Fall, wenn der aus dem Brunnenvolumen und der Kiesschüttung entnommene Förderstrom ≤ 1 % des Gesamtförderstroms ist (Beims et al. 1985). In diesem Zusammenhang ist darauf hinzuweisen, daß bei hydraulischen Tests ausreichende Druckspiegeländerungen (bei Pumpversuchen durch eine dem Brunnen- oder Meßstellenausbau angepaßte Förderleistung) realisiert werden müssen.

1.6.3.1   Labormethoden

Die *gesättigte Wasserdurchlässigkeit* (k_f-Wert) kann im Labor ermittelt werden. Hierbei wird an ungestörten Stechzylinderproben unter Einhaltung eines gleichmäßigen Gefälles die perkolierende Wassermenge sowie die hierfür benötigte Zeit gemessen (H-Kf). Instationäre Messungen sind ebenfalls möglich (vgl. Hartge und Horn 1989). Die Stechzylinderproben werden in der Versuchsapparatur von unten nach oben durchströmt. Mithin wird der vertikale Durchlässigkeitsbeiwert $k_{f,v}$ bestimmt, der z.B. bei der 3D-Modellierung der Grundwasserströmung benötigt wird.

Korngrößenanalysen grobklastischer Sedimente (H-Sieb) aus hinsichtlich der Sedimentzusammensetzung weitgehend unverfälschten Proben können sowohl zur Bestimmung des (horizontalen) Durchlässigkeitsbeiwertes nach HAZEN oder BEYER (in Hölting 1992), zur Abschätzung der durchflußwirksamen Porosität als auch zur Bemessung von Filterkiesschüttungen in Brunnen und Grundwassermeßstellen durchgeführt werden.

1.6.3.2   Grundwasserstandsmessungen   H-Mgwst

Bei den Meßgeräten für Grundwasserstandsmessungen in Grundwassermeßstellen und Brunnen unterscheidet man

- Handmeßgeräte für einzelne oder periodische Messungen und
- stationäre Meßgeräte für kontinuierliche Messungen.

Im folgenden werden die Meßprinzipien und Anwendungstechniken der verschiedenen Geräte erläutert. Bezugspunkt für alle Messungen ist jeweils die Oberkante der Verrohrung. Generell gilt, daß mit wachsendem Flurabstand die Meßgenauigkeit abnimmt.

Handmeßgeräte

Die einfachsten Geräte für Grundwasserstandsmessungen sind der optisch-visuelle Meßstab, die akustische Brunnenpfeife und das elektrische Licht- oder Akustiklot. Alle 3 Verfahren sind Verfahren zur Längenmessung (Tiefenmessung).

Der *Meßstab* mit Zentimeterteilung wird an einem Maßband (Abb. 58 a) bis ins Grundwasser hinabgelassen und die Tiefe am Maßband abgelesen. Nach dem Ziehen des Meßstabs wird dessen benetzte Länge von der gemessenen Tiefe abgezogen. Zur genaueren Ermittlung des Grundwasserstandes kann der Meßstab vor der Messung mit Kreide eingerieben werden. Das Verfahren ist nur für geringe Tiefen geeignet; die Meßgenauigkeit liegt bei 1 cm.

Die *Brunnenpfeife* wird an einem Maßband (Abb. 58 b) abgesenkt. Beim Eintauchen ins Grundwasser wird durch Verdrängung der im Pfeifenkörper befindlichen Luft ein Pfeifton erzeugt. Die Tiefe wird am Maßband abgelesen und nach Ziehen der Brunnenpfeife um die Anzahl ihrer wassergefüllten Außenringe korrigiert, die die Eintauchtiefe angeben. Das Verfahren ist für mittlere Tiefen (20 - 30 m) in ruhiger Umgebung geeignet. Die Messung ist schnell durchführbar; die Meßgenauigkeit liegt bei 1 cm (= Abstand der Außenringe).

Die Sonde des *Licht-/Akustiklotes* wird am Maßband abgesenkt. Beim Eintauchen ins Grundwasser wird ein batteriegespeister Stromkreis geschlossen; an der Kabeltrommel übertage leuchtet eine Signallampe auf oder es wird ein akustisches Signal gegeben. Durch vorsichtiges Anheben und Absenken der Sonde läßt sich der Grundwasserstand exakt ermitteln: Die Meßgenauigkeit liegt bei 0,5 cm. Das Licht-/Akustiklot hat gegenüber den obigen Verfahren den Vorteil, zur Ablesung nicht gezogen werden zu müssen. Es ist bis in große Tiefen (über 100 m) und bei stark schwankendem Wasserspiegel (Pumpversuch) einsetzbar. Bei hohem Geräuschniveau ist das Lichtlot vorteilhaft, bei starker Sonneneinstrahlung das Akustiklot.

Stationäre Meßgeräte

Gängige stationäre Geräte für kontinuierliche Grundwasserstandsmessungen sind das mechanische Tiefenlot, die elektrische Widerstandskette und das Echolot (Ultraschall-Messung). Alle drei Verfahren sind wiederum Verfahren zur Längenmessung (Tiefenmessung). Neben ihnen hat sich das Verfahren der Druckmessung bewährt.

Das *Tiefenlot* besteht aus einem Schwimmer, der über ein Schwimmerseil mit einem Gegengewicht verbunden ist. Das Schwimmerseil läuft über ein Schwimmerrad mit Winkelkodierer. Bei Änderungen des Grundwasserspiegels wird das Schwimmerrad in eine Drehbewegung versetzt, die auf einer Diagrammrolle kontinuierlich aufgezeichnet oder über den Winkelkodierer in ein digitales Signal überführt wird. Die auf Haftreibung beruhende Kraftübertragung vom Schwimmerseil auf das Schwimmerrad birgt die Gefahr von Schlupf. Deswegen werden häufig gelochte Schwimmerbänder und gezahnte Schwimmerräder verwendet. Die Meßgenauigkeit beträgt etwa 0,5 cm. Die Mechanik des Meßsystems bedarf regelmäßiger Pflege und ist frostempfindlich, die Elektronik muß vor Feuchtigkeit geschützt sein. Das Tiefenlot ist nur in ausgebauten, vertikalen Bohrlöchern mit ausreichenden Durchmessern und geringen Flurabständen einsetzbar.

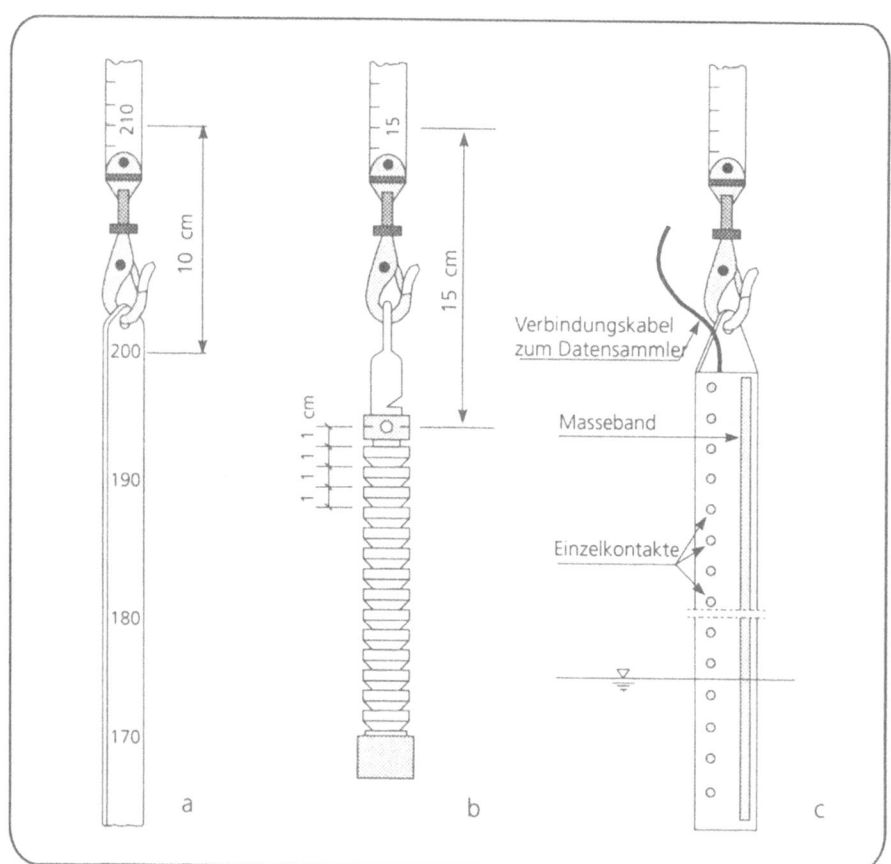

Abb. 58.   Geräte zur Grundwasserstandsmessung: **a** Meßstab, **b** Brunnenpfeife, **c** Widerstandskette. (Nach Busch u. Luckner 1973)

Widerstandsketten sind Sonden mit einer regelmäßigen Anordnung elektrischer Kontakte und einem durchgehenden Masseband (Abb. 58 c). Soweit die Widerstandskette ins Grundwasser eintaucht, erfolgt zwischen dem letzten eingetauchten Kontakt und dem Masseband ein Kurzschluß. Gemessen wird der Widerstand der nicht eingetauchten Kette. Die Meßgenauigkeit entspricht dem Abstand der elektrischen Kontakte. Der Vorteil des Systems besteht im Fehlen jeglicher beweglicher Teile.

Ein vom *Echolot* ausgehender Ultraschall-Impuls wird an der Grundwasseroberfläche reflektiert und vom Sensor detektiert. Aus der bekannten Laufzeit der Schallwellen in Luft wird der Flurabstand ermittelt. Umwelteinflüsse wie Luftdruck und Temperatur werden automatisch abgeglichen. Die Meßgenauigkeit beträgt ca. 0,1 cm. Die Einsatztiefe des Verfahrens ist wegen der räumlichen Ausbreitung der Schallwellen stark vom Durchmesser der Grundwassermeßstelle abhängig. Wegen seines hohen Stromverbrauchs kann das Echolot nicht mit Batterien betrieben werden.

Anders als die Geräte zur Längenmessung (Tiefenmessung) wird die *Drucksonde* unterhalb des Grundwasserspiegels der Grundwassermeßstelle oder des Brunnens installiert, wo sie den Druck der auflastenden Säulen von Grundwasser und atmosphärischer Luft als Summe und über eine Kapillare zusätzlich den atmosphärischen Druck separat mißt, die Differenz bildet und diesen mechanischen Wert über einen Druckwandler in ein elektrisches Signal umwandelt. Die Dichte des Wassers darf üblicherweise als konstant betrachtet werden; der Einfluß seiner Temperatur wird durch Temperaturkompensation der Sonde eliminiert. Die Meßgenauigkeit beträgt etwa 1 cm.

Digitale Meßsysteme

Ein funktionsfähiges digitales Meßsystem für kontinuierliche Wasserstandsmessungen erfordert zusätzlich zu den bereits genannten Meßgeräten noch einen elektronischen Datensammler (Data Logger, Memory Tool) und ein Bedienungs- und Auslesegerät. Der Datensammler (mit begrenzter Kapazität) speichert die Meßdaten, das (integrierte oder externe) Bedienungs- und Auslesegerät übernimmt sie zur weiteren Verarbeitung und dient gleichzeitig der Initiierung und Programmierung (Start, Einstellen von Meßintervallen etc.) des Datensammlers. Digitale Meßsysteme haben im Vergleich mit konventionellen analogen Systemen deutliche Vorteile:

- Meßgerät und Datensammler lassen sich im Gegensatz zu analogen Aufzeichnungsgeräten zumeist direkt in der Meßstelle, selbst unterflur und unter Wasser, installieren und sind somit vor Beschädigungen durch Dritte optimal geschützt.
- Die Möglichkeit der online-Auswertung bei Datenübertragung per Funk kann z.B. für die Steuerung der weiteren Datenerfassung sinnvoll sein.
- Die im Vergleich zu uhrwerkgesteuerten analogen Aufzeichnungsgeräten mit Diagrammrollen flexiblere Aufzeichnungsdichte erlaubt in Verbindung mit der hohen Speicherkapazität moderner Datensammler eine der Aufgabenstellung besser angepaßte Datenfrequenz und längere Einsatzzeiten bei weniger intensiver personeller Betreuung der Meßstellen.
- Wirtschaftliche Vorteile gegenüber konventionellen Aufzeichnungsgeräten ergeben sich bei ausgereiften Systemen durch höhere Betriebssicherheit und teilweise geringere Personalkosten.

Diesen Vorteilen stehen folgende Nachteile gegenüber:

- Da die Messungen i.d.R. zeitdiskret erfolgen, können kurzzeitige Wasserspiegelschwankungen unentdeckt bleiben oder die Meßdaten in schwer interpretierbarer Weise beeinflussen. In Gebieten, wo derartige Umstände wahrscheinlich sind, sollten vor Versuchsbeginn zusätzliche Testmessungen mit sehr kurzen Meßzeitabständen durchgeführt werden.

■ Wegen der rasanten Entwicklung auf dem Gebiet elektronischer Bausteine besteht die Gefahr, daß die Reparatur von Datensammlern wegen fehlender Ersatzteile nach einiger Zeit nicht mehr möglich ist und ihre Nutzungsdauer auf diese Weise im Vergleich zu analogen Aufzeichnungsgeräten kürzer ausfällt.

1.6.3.3 Hydraulische Tests   H-T

Die Mehrzahl der in diesem Kapitel behandelten hydraulischen Tests haben ihren Ursprung in der Tiefbohrtechnik und der Lagerstättenerkundung in Festgesteinen, finden jedoch bei der Erkundung von Altlasten, vornehmlich Altablagerungen, zunehmend Verwendung. Sie unterscheiden sich nicht grundsätzlich von den für Lockergesteine entwickelten herkömmlichen Verfahren; die Entwicklung der Techniken und ihrer Begriffe erfolgte teilweise parallel.

Die hydraulischen Parameter Speicherkoeffizient S [-] und Transmissivität T [m²/s] von Gesteinen werden routinemäßig durch hydraulische Tests in Bohrlöchern bestimmt. Dabei wird die Druckhöhe h_p [m/s] gemessen. Der Durchlässigkeitsbeiwert k_f [m/s] wird aus T abgeleitet.

Erfolgen solche Tests in nur einem Bohrloch, spricht man von Einbohrlochverfahren. Küpfer et al. (1989) beschreiben 2 grundsätzliche Möglichkeiten der Durchführung hydraulischer Tests in Bohrungen, nämlich (Abb. 59) als

■ Tests im offenen Bohrloch ohne Packer und
■ Packertests als Einfach- oder Doppelpackertests.
■ Tests in ausgebauten Beobachtungsbrunnen

sind die am häufigsten durchgeführten Tests in oberflächennahem Grundwasser.

Hydraulische *Tests im offenen Bohrloch* lassen sich ohne aufwendige Testausrüstung (ohne Packer) durchführen. Sie erlauben allerdings nur Aussagen über die gesamte offene (unverrohrte und unzementierte) Bohrlochstrecke. Weist diese stark unterschiedlich ausgebildete Schichten auf, sind die ermittelten hydraulischen Kennwerte für einzelne Schichten nicht repräsentativ. Hydraulisch wirksame Zonen oder Klüfte können nicht lokalisiert werden. Deshalb sollten hydraulische Tests im offenen Bohrloch gleichförmig ausgebildeten Formationen vorbehalten bleiben.

Einfachpackertests werden häufig ausgeführt, wenn während des Abteufens einer Bohrung Spülungsverluste oder Zutritte von Formationswässern Hinweise auf hydraulische Wegsamkeiten in der Bohrlochwand geben. Sie können in solchen Fällen sowohl der Ermittlung der hydraulischen Parameter der Testzone als auch der Gewinnung von Fluiden möglichst geringer Kontamination durch Spülung ohne große zeitliche Verzögerung dienen.

Einfachpackertests werden mit einer aus einem Testgestänge (Tübingstrang) mit Testventil und einem einzelnen Packer bestehenden Testgarnitur durchgeführt, die bis in die gewünschte Zone ins Bohrloch eingebaut wird. Ein *Packer* ist eine hydraulisch-pneumatisch oder mechanisch verformbare, armierte Gummimanschette von 0,5 bis 1 m Länge, die in verformtem (gesetztem) Zustand eine hydraulische Abdichtung des zu testenden Intervalls (hier zwischen Bohrlochsohle und Packer gegen den Ringraum über dem Packer) bewirken soll. Bedingungen für einen dichten Packersitz sind ein Bohrlochabschnitt mit gleichmäßigem Kaliber in standfestem Gebirge mit glatter Bohrlochwand ohne vertikale Klüfte. Hydraulische Testventile werden durch Wasser- oder Gasdruck betätigt. Sie ermöglichen beliebig viele Fließ- und Schließphasen.

Doppelpackertests werden üblicherweise erst nach dem Abteufen größerer Bohrlochabschnitte durchgeführt. Mit einer Doppelpackergarnitur werden durch Einbau von Zwischenstücken Testintervalle von 1,5 bis ca. 5 m Länge gezielt isoliert und getestet. Es sind Testgarnituren mit entsprechend dimensionierten Packern für Bohrlochdurchmesser zwischen ca. 30 und 300 mm verfügbar. Einige Testgarnituren verfügen über einen Bypass zum Druckausgleich der Bohrlochbereiche unterhalb und oberhalb des Testintervalls. Gemessen werden Druck und Temperatur im Testintervall.

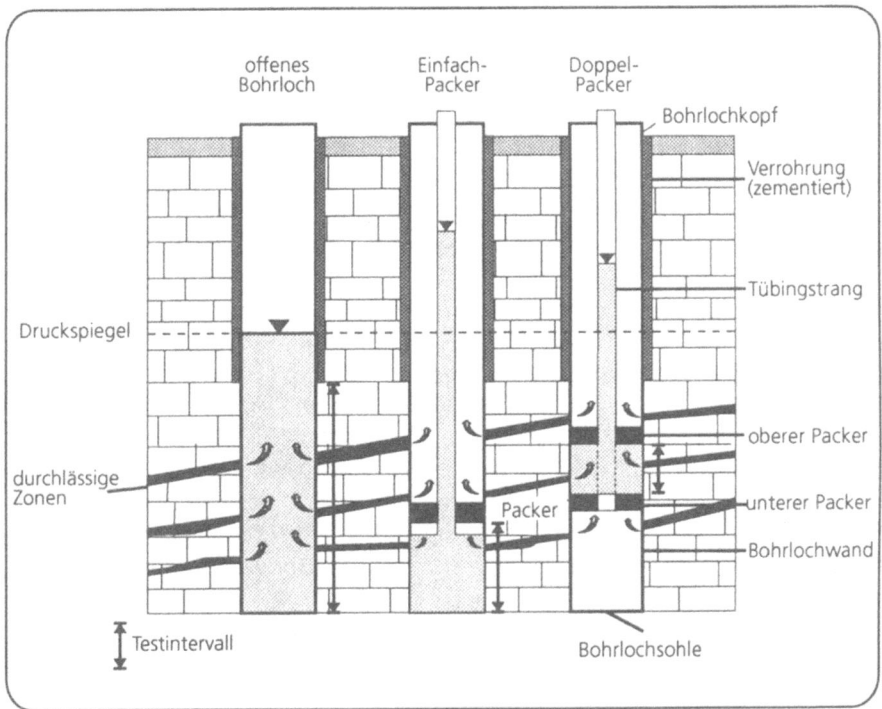

Abb. 59.   Verschiedene Möglichkeiten für die Durchführung hydraulischer Tests in Bohrungen. (Nach Küpfer et al. 1989)

Tests in ausgebauten Beobachtungsbrunnen sind bei korrektem Ausbau Pakkertests vergleichbar. Die Dichtungen sorgen für eine hydraulische Isolation der Filterstrecke.

Durch Abgleich von geologischer Ansprache des Bohrkerns und geophysikalischen Bohrlochmessungen können hydraulisch bedeutsame *Testintervalle* festgelegt werden. Dabei finden folgende Methoden Anwendung:

■ Durch das Kaliber-Log (CAL) können Ausbrüche in der Bohrlochwand festgestellt werden.

■ Leitfähigkeits-/Temperaturmessungen (SAL/TEMP) können Hinweise auf Zuflüsse salinarer Wässer geben. Durch Messung des scheinbaren spezifischen elektrischen Widerstandes der Gesteine (FEL/ES) können Schichtgrenzen bestimmt werden. Für spezielle Fragestellungen stehen weitere mechanische, elektrische und akustische Verfahren (s. Kap. 1.4.2) zur Verfügung.

Testprinzip
Bei allen hydraulischen Tests in Bohrungen wird als Referenzdruck der *Anfangsdruck* im Testintervall gemessen. Bei Packertests geschieht das nach dem Setzen der Packer während der sogenannten *Compliance*-Periode. Sie dient dem Abbau störender Auswirkungen durch Kompressibilitäten (*Squeeze-Effekt* durch Druck der Packer auf das Gebirge, durch den Bohrvorgang aufgeprägte *Pressure History*) und Temperatureinflüsse.

Im ersten Testschritt erfolgt grundsätzlich eine künstliche Veränderung des Anfangsdrucks im Testintervall zumeist durch Förderung (Druckabsenkung; Withdrawal, auch als Draw-down bezeichnet) oder durch Injektion (Injection) von Wasser, in dichtem Gestein auch Gas, der im zweiten Schritt die Beobachtung der Erholung bis zum *Formationsdruck* folgt. Unter diesem Begriff wird der ungestörte Gebirgsdruck ohne Beeinflussungen durch den Bohr- und Testprozeß verstanden. Der Anfangsdruck zu Testbeginn sollte gleich dem Formationsdruck sein, da ansonsten Fehler entstehen, die sich nur bedingt mit manchen Auswerteverfahren korrigieren lassen.

Zur Minimierung der Kosten für Stillstandszeiten des Bohrgeräts werden Tests in Bohrungen möglichst kurz durchgeführt. Häufig kann dadurch kein vollständiger Druckausgleich erreicht werden, so daß die Testauswertung auf der Grundlage der zeitlichen Veränderungen der Druckhöhen und Fließraten erfolgen muß. Für eine sinnvolle Auswertung sollten jedoch 60 % des Druckausgleichs erreicht sein.

Bei Tests in ausgebauten Beobachtungsbrunnen wird die Ruheganglinie als Referenz vor dem Beginn des Tests ermittelt.

Förder- und Injektionsverfahren
Zur Förderung von Wasser (Spülung wird vor der Durchführung hydraulischer Tests üblicherweise gegen Wasser ausgetauscht) im offenen Bohrloch ohne

Packer (bei geeigneten Abmessungen der Testgarnituren und vorhandenem Pumpensitz auch bei Packertests) finden gewöhnlich *Pumpen* Verwendung. Je nach Aufgabenstellung können das elektrische oder pneumatische Unterwassermotorpumpen oder gestängebetriebene Moineau- oder Kolbenpumpen sein. Zur Injektion von übertage eignen sich Kolbenpumpen. Mit allen Pumpen lassen sich kontinuierliche Fließraten erzielen.

Ein Verfahren zur diskontinuierlichen Förderung von Flüssigkeit ist das *Schwappen*. Hier wird eine Schwappstange mit elastischen Manschetten in den gefüllten Bohr- oder Teststrang abgesenkt, die beim Anheben die Flüssigkeitssäule ausfördert. Nachteile dieses Verfahrens beschreibt Haug (1985).

Eine weitere Möglichkeit der Förderung von Flüssigkeit (Abb. 60) aus dem Bohrloch besteht durch Injektion von Luft oder Stickstoff über Coiled Tubing (Wickelrohr) im Ringraum, wo das Gaspolster durch Verdrängung einen eher diskontinuierlichen Fluß im Gestänge (*Gas Lift*) erzeugt.

Ein häufig angewandtes Verfahren zur Förderung von Flüssigkeit und zur *Druckabsenkung* im Testintervall ist der *Einbau einer leeren Testgarnitur mit geschlossenem Testventil*, wie unter Slug-Test beschrieben.

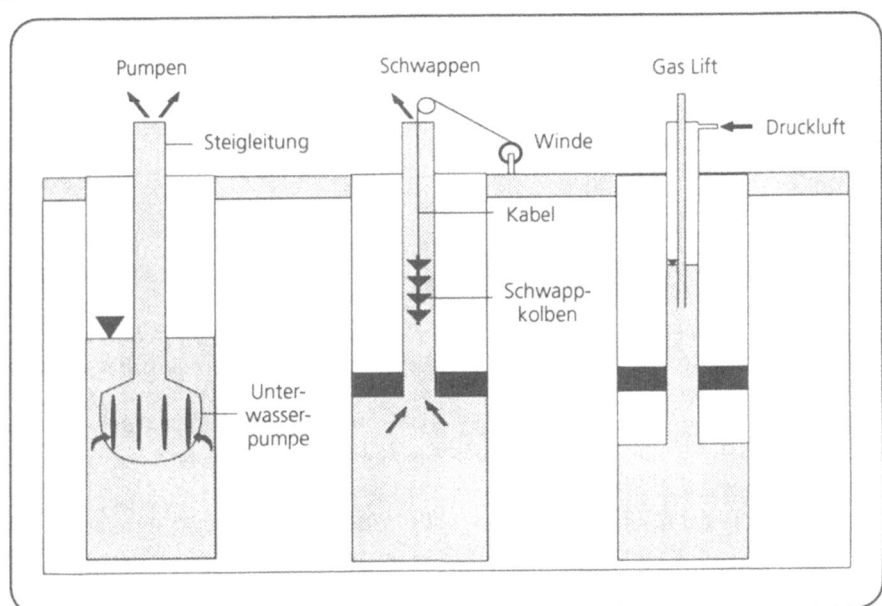

Abb. 60.   Verschiedene Förderverfahren. (Nach Küpfer et al. 1989)

Meß- und Registriergeräte

Für *Tests im offenen Bohrloch ohne Packer* und *Tests in ausgebauten Grundwassermeßstellen* sind Geräte zur Messung von Druck, Temperatur (zur Korrektur der Meßdaten) und Durchfluß (magnetinduktive Durchflußmeßgeräte, Wasseruhren) erforderlich. Für *Packertests* werden Druck und Temperatur sowohl im Testintervall als auch darüber, bei Doppelpackertests auch darunter gemessen (Abb. 61), so daß während des Tests hydraulische Kurzschlüsse (Packerum-läufigkeiten) erkennbar sind. Üblicherweise werden elektronische Meßgeräte mit Kabelverbindung nach übertage eingesetzt. Die Anforderungen an die Ge-räte bezüglich Genauigkeit, Auflösung, Druck- und Temperaturstabilität hän-gen von den Einsatzbedingungen ab. Moderne Testgarnituren erfassen stan-dardmäßig Drücke mit einer Auflösung von 1 hPa und Temperaturen mit einer Auflösung von 0,1 °C. Für bestimmte Anwendungen sind höher auflösende Geräte verfügbar. Für die Auswertung der Druckmessungen ist eine exakte und reproduzierbare Teufenzuordnung des Meßgeräteträgers oder der Meßsonden am Kabel erforderlich.

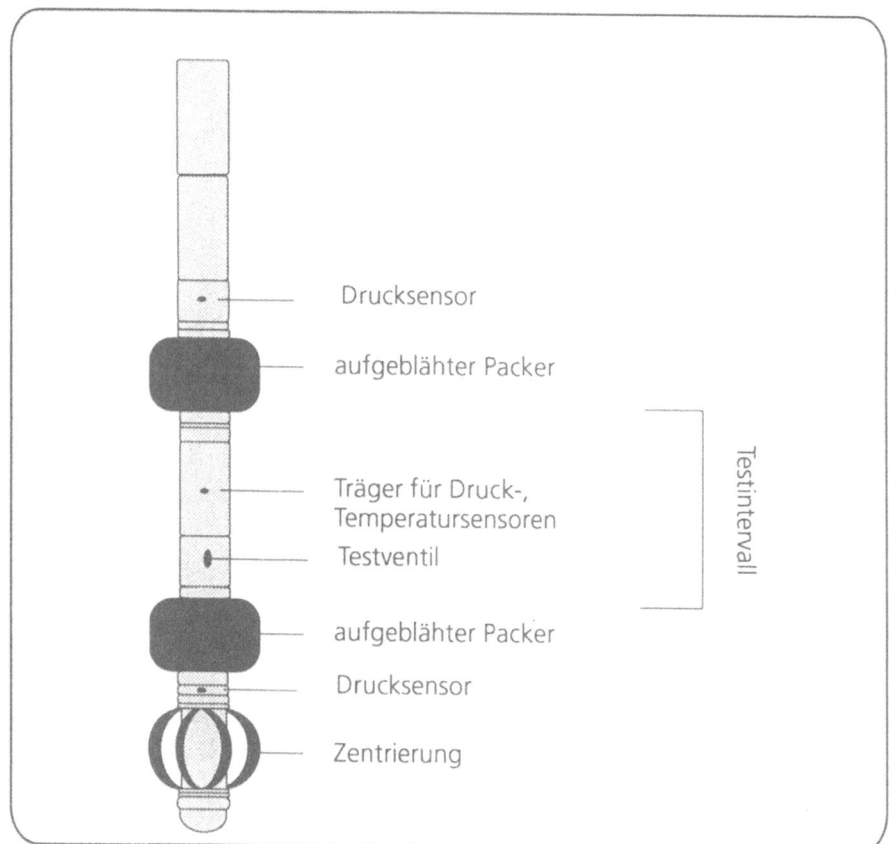

Abb. 61.   Schematische Darstellung einer Doppelpacker-Testgarnitur

Auswerteverfahren

Voraussetzung für die Testauswertung ist die Festlegung eines geeigneten kon-zeptionellen Modells für die Strömung des Grundwassers in der Umgebung des Bohrlochs (Abb. 62). Dieses Modell wird in mathematischen Gleichungen aus-gedrückt. Die gesuchten Parameter Transmissivität und Speicherkoeffizient er-hält man durch Vergleich der ermittelten Meßkurven mit den aufgrund des

Modells zu erwartenden theoretischen Modellkurven. Bei diesem Vergleich kommen Geradlinienverfahren, Typkurvenverfahren oder automatische Optimierungsverfahren zum Einsatz (Küpfer et al. 1989).

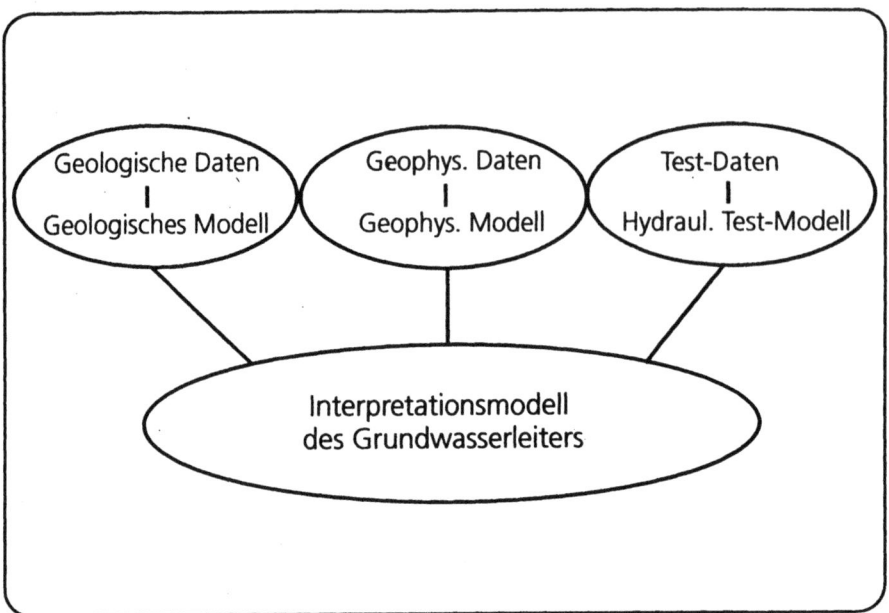

Abb. 62.   Erstellung eines Interpretationsmodells

Für die Auswertung hydraulischer Tests existieren eine Vielzahl von Modellen (Gringarten et al. 1979, Gringarten 1982, Deruyck et al. 1982), die auf das Basismodell von Theis (1935) für einen homogenen Grundwasserleiter zurückgeführt werden können. Weiterentwickelte Modelle berücksichtigen verschiedene innere Randbedingungen wie

- Brunnenspeicherung und Skin-Effekt (z.B. Ramey und Gringarten 1975),
- vertikales Kluftsystem (z.B. Gringarten und Witherspoon 1972) oder horizontales Kluftsystem (z.B. Ramey und Gringarten 1975)

sowie äußere Randbedingungen wie

- undurchlässige Barrieren oder
- Zuflüsse.

Heterogene Modelle wie das Zweiporositätsmodell berücksichtigen das Zusammenwirken zweier homogener poröser Medien unterschiedlicher Porositätsverteilung (Matrix- und Kluftporosität) und Permeabilität, z.B. Barenblatt et al. (1980), Warren und Root (1963), Bourdet und Gringarten (1980).

Bei der Auswahl eines Interpretationsmodells werden Beobachtungen des hydraulischen Verhaltens während des Tests, die in sogenannten diagnostischen Diagrammen dargestellt werden, sowie Beobachtungen bei der geologischen Bohrgutansprache und Kernaufnahme wie auch geophysikalische Bohrlochuntersuchungen berücksichtigt.

In diagnostischen Diagrammen werden die Druckänderungen als Funktion der Versuchsdauer in logarithmischem Maßstab aufgetragen. Aus der Darstellung kann die Dauer der verschiedenen charakteristischen Phasen eines Tests abgelesen werden. Der Kurvenverlauf wird durch brunnen- und aquiferspezifische Einflüsse geprägt, die bei der Interpretation der Absenkungs- oder Wiederanstiegsvorgänge im Bohrloch berücksichtigt werden müssen.

Bei der graphischen Darstellung einer Wiederanstiegskurve (Darstellung der Druck-/Zeit-Funktion, Abb. 63) lassen sich deutlich drei Bereiche unterscheiden, die durch unterschiedliche Parameter beeinflußt werden:

- Zu Beginn der Wiederanstiegsphase (A) wird der Druckaufbau von Brunneneinflüssen wie Brunnenspeicherung und Skin-Effekt geprägt.

- Die Einflüsse der Brunneneigenschaften gehen mit der Zeit zurück und die Wiederanstiegsfunktion geht bei einem homogenen Grundwasserleiter mit großer Ausdehnung allmählich in eine Gerade über, deren Verlauf von Aquifereigenschaften bestimmt wird (B). Der konstante Druckanstieg läßt die Ermittlung der Transmissivität T zu.

- Abweichungen der Langzeitdaten (C) vom geradlinigen Verlauf der Daten aus dem Mittelteil der Kurve (B) bilden die Einflüsse hydraulisch wirksamer Ränder (z.B. schlecht durchlässiger Bereich) ab. Es zeigt sich ein quasi stationärer Bereich der Druckaufbaufunktion, der zur Bestimmung des durchschnittlichen Drucks des Aquifers herangezogen wird.

Geradlinienverfahren beruhen auf der halblogarithmischen Darstellung der Meßdaten, wobei die Zeit auf der logarithmisch geteilten Achse aufgetragen wird. Darin zeigt sich eine radialsymmetrische Zuströmung zum Bohrloch, wenn die Daten eine Gerade bilden. Aus ihrer Steigung sowie aus der Verbindung mit der Zeitachse können die Transmissivität und der Speicherkoeffizient berechnet werden. Auswertungsmethoden für Tests mit konstanter Fließrate beschreiben Cooper und Jacob (1946), für Tests mit konstanter Druckhöhe Jacob und Lohman (1952). Das graphische Verfahren von Horner (1951) kann für den Wiederanstieg nach einem DST für die Druckaufbauphase (Abb. 69) bei stationären Fließbedingungen verwendet werden. Es eignet sich zur Ermittlung der ungestörten hydraulischen Druckhöhe und der Transmissivität (Hackbarth 1978).

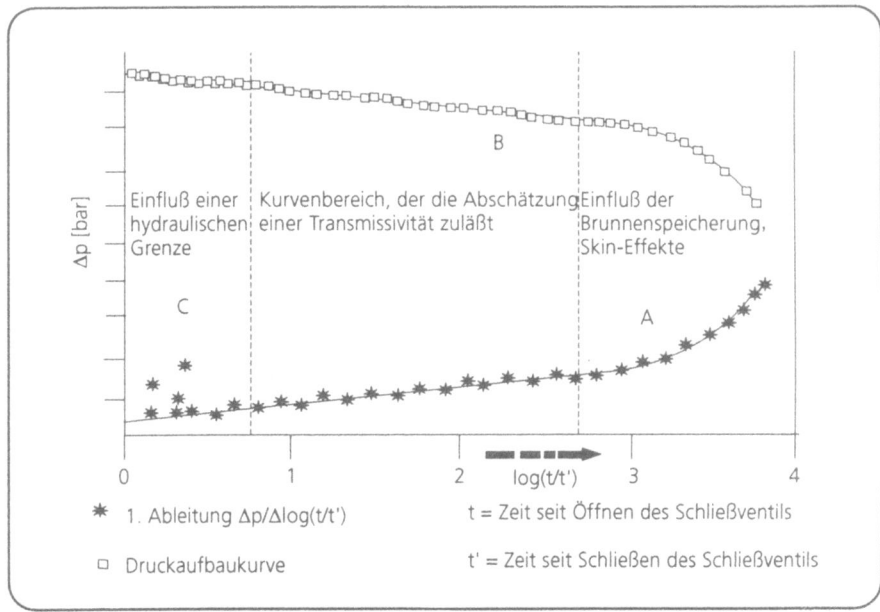

Abb. 63.   Zeitlicher Verlauf einer Druckaufbaukurve

Bei der Auswertung mit Hilfe von *Typkurvenverfahren* werden die mathematischen Gleichungen durch dimensionslose Parameter (Druckhöhenänderung und Zeit) dargestellt. Die in der Praxis gebräuchlichen Typkurven gehen auf Theis (1935) für konstante Fließraten und Cooper et al. (1967) für Slug und Pulse-Tests mit Berücksichtigung der Bohrlocheigenkapazität zurück. Ramey et al. (1975) berücksichtigen zusätzlich den Skin-Effekt (Earlougher 1977, Ostrowski und Kloska 1988, Lee 1982). Heute überwiegen numerische Ausverteverfahren.

Testverfahren
Die Auswahl des geeigneten Testverfahrens hängt neben der Zielsetzung im wesentlichen von der zu erwartenden Durchlässigkeit des Gesteins im Testintervall ab. Abbildung 64 zeigt die Anwendbarkeit der im folgenden beschriebenen Testverfahren auf Gesteine unterschiedlicher Durchlässigkeiten.

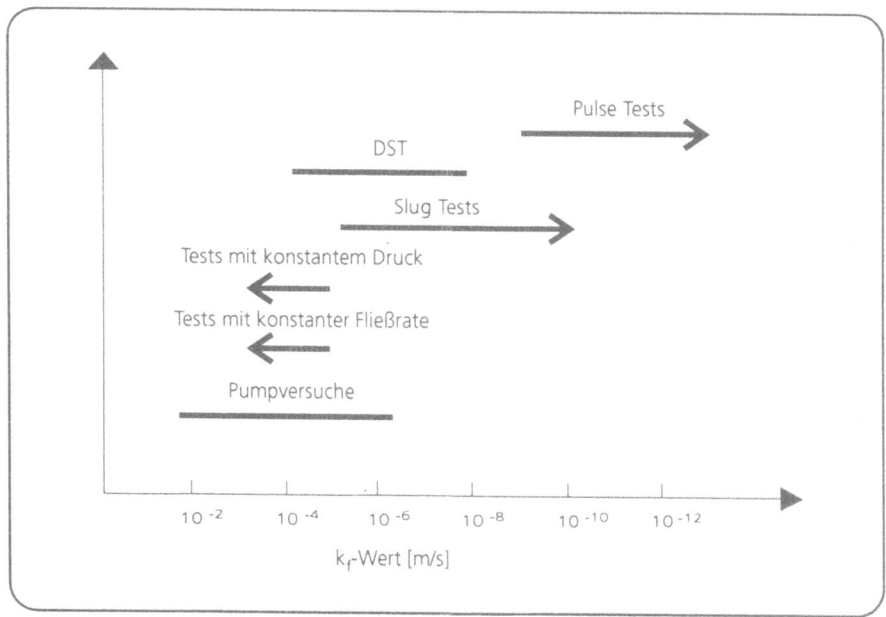

Abb. 64.   Anwendbarkeit von Testverfahren auf Gesteine unterschiedlicher Durchlässigkeiten

Test mit konstantem Druck   H-Tkd

Dieser Test ist auf Gesteine mit mittlerer bis hoher Durchlässigkeit ($k_f > 10^{-5}$ m/s) anwendbar. Er dient der Ermittlung von Speicherkoeffizient S und Transmissivität T. Eine regelbare Pumpe ermöglicht das Einstellen des konstanten Drucks. Er kann als Fördertest oder Injektionstest durchgeführt werden. Unter artesischen Bedingungen wird der freie Auslauf gemessen. Mit der Zeit stellt sich ein quasi-stationärer Fließzustand ein. In der Endphase des Tests wird die Druckerholung beobachtet.

Planung/Durchführung

Bei der Versuchsdurchführung wird aus dem Testintervall mittels einer stufenlos regelbaren Pumpe ein Volumenstrom mit konstantem Druck gefördert oder ins Testintervall injiziert und die Durchflußänderung kontinuierlich gemessen. Hochgenaue Durchflußmessungen sind allerdings schwieriger zu realisieren als hochgenaue Druckmessungen. In der Endphase des Tests wird die Druckerholung beobachtet.

Auswertung

Für die Auswertung von Fördertests kann der Druckaufbau während des Wiederanstiegs des Grundwasserspiegels zur Bestimmung des Speicherkoeffizienten S und der Transmissivität T herangezogen werden; beim Injektionstest wird analog der Druckabbau beim Absinken des Grundwasserspiegels erfaßt. Die

Auswertung kann mittels des Typkurvenverfahrens nach Jacob und Lohman (1952) durchgeführt werden. Heute überwiegen numerische Auswerteverfahren.

Fehlerquellen/Qualitätssicherung
Fehler können durch ungenaue Messungen, zu geringe Drücke, Packerumläufigkeiten sowie die Wahl eines falschen Aquifermodells für die Auswertung entstehen. Durch den Einsatz geeigneter Meß- und Registriergeräte (s. o.) können Fehler bei der Durchführung von Tests vermieden werden.

Test mit konstanter Fließrate   H-Tkf
Dieser Test ist ebenfalls auf Gesteine mit mittlerer bis hoher Durchlässigkeit ($k_f > 10^{-5}$ m/s) anwendbar. Er wird zumeist als *Pumptest mit konstanter Förderrate* durchgeführt. Er dient der Ermittlung von Speicherkoeffizient S und Transmissivität T. Eine regelbare Pumpe ermöglicht das Einstellen der konstanten Fließrate. Bei geringer Durchlässigkeit und zu hoher Fließrate kann beim Fördertest die Pumpe trockenlaufen, beim Injektionstest können sich schnell hohe Drücke einstellen. Er eignet er sich gut zur Vorbereitung von Fluidprobenahmen und zur Messung physikalischer und chemischer Parameter.

Unter den Pumptests mit konstanter Förderrate nehmen die *Pumpversuche* eine Sonderstellung ein. Sie werden ohne aufwendige Testausrüstung (ohne Packer) in Brunnen und Grundwassermeßstellen, zumeist in Lockergesteinen mit Durchlässigkeiten/Transmissivitäten zwischen k_f 10^{-2} und 10^{-6} m/s durchgeführt, wo sie große Eindringtiefen/Reichweiten erzielen.

Planung/Durchführung
Bei der Versuchsdurchführung wird aus dem Testintervall mittels einer stufenlos regelbaren Pumpe ein konstanter Volumenstrom gefördert, die Druckänderung kontinuierlich gemessen und zuletzt die Druckerholung beobachtet (Abb. 65). Hochgenaue Druckmessungen sind leichter zu realisieren als hochgenaue Durchflußmessungen.

Auswertung
Für die Auswertung von Fördertests kann der Druckaufbau während des Wiederanstiegs des Grundwasserspiegels zur Bestimmung der Durchlässigkeit herangezogen werden; beim Injektionstest wird analog der Druckabbau beim Absinken des Grundwasserspiegels erfaßt. Die Auswertung kann mittels der Typkurvenverfahren nach Theis (1935) oder Cooper und Jacob (1946) durchgeführt werden. Heute überwiegen numerische Auswerteverfahren.

Fehlerquellen/Qualitätssicherung
Fehler können durch ungenaue Messungen, zu geringe Entnahmemengen, Packerumläufigkeiten sowie die Wahl eines falschen Aquifermodells für die Auswertung entstehen. Durch den Einsatz geeigneter Meß- und Registriergeräte (s.o.) können Fehler bei der Durchführung von Tests vermieden werden.

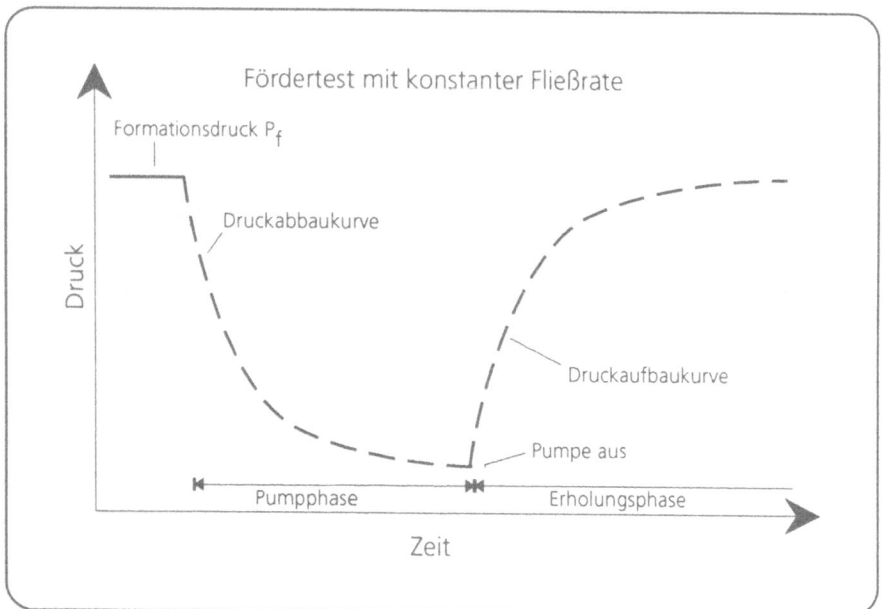

Abb. 65.   Schematische Darstellung des Druckverlaufs während eines Fördertests. (Nach Grisak et al. 1985)

Slug-Test   **H-Tsl**

Dieser Test ist auf Gesteine mit mittlerer bis geringer Durchlässigkeit ($k_f < 10^{-5}$ m/s) anwendbar. Neben der Permeabilität k lassen sich mit ihm die Brunnenspeicherung C (Wellbore Storage) und der Skin-Faktor S_f ermitteln. Der Slug-Test beruht auf der schlagartigen Veränderung des Drucks. Für seine Durchführung ist eine vollständige Testgarnitur mit Meß- und Registriergeräten erforderlich. Beim Slug-Test werden Bohrlochintervalle von i.d.R. 5 -10 m Länge untersucht.

Planung/Durchführung

- Einbau des Teststranges mit offenem Testventil,
- Setzen des Packers/der Packer,
- Schließen des Testventils,
- Veränderung des Drucks im Teststrang durch Entnahme von Spülung/Wasser (Slug-Withdrawal-Test) oder Zugabe von Wasser (Slug-Injection-Test),
- Öffnen des Testventils,

oder

- Einbau des leeren Teststranges mit geschlossenem Testventil (Slug-Withdrawal-Test),

- ■   Öffnen des Testventils und
- ■   Messung der Druckänderung über die Zeit (Druckausgleichs-phase, Fließphase) bei offenem Testventil.

Durch das Öffnen des Testventils wird die Druckveränderung schlagartig auf das Testintervall übertragen (Rechteckimpuls). Während der nun beginnenden Fließphase findet ein Druckausgleich statt, während sich je nach Druckgefälle ein Abfluß ins Gebirge (Slug-Injection-Test) oder ein Zufluß aus dem Gebirge (Slug-Withdrawal-Test) einstellt (Abb. 66), dessen Betrag sich aus der Volumen-änderung im Teststrang berechnen läßt.

Auswertung
Die Ermittlung und Berechnung der Permeabilität k und der Brunnenspeiche-rung C erfolgt z.B. mittels Typkurven nach Cooper et al. (1967) ohne Skin-Effekt oder nach Ramey et al. (1975) mit Skin-Effekt oder darauf basierender PC-Programme.

Räumliche und zeitliche Auflösung
Als Kurzzeitversuch ist der Slug-Test in seiner Reichweite auf die unmittelbare Umgebung des Bohrloches beschränkt. Die Reichweite ist abhängig von der Speicherkapazität der Formation und ihrer Durchlässigkeit (Schneider 1987).

Qualitätssicherung
In geschichteten Aquiferen sind die einzelnen Schichten separat zu testen, um für sie repräsentative Werte zu erhalten.

Zeitaufwand
In Abhängigkeit von der Gebirgsdurchlässigkeit kann der Test mehrere Stunden bis Tage dauern. In der Regel ist ein Zeitraum von ca. 0,5 - 3 Stunden ausrei-chend.

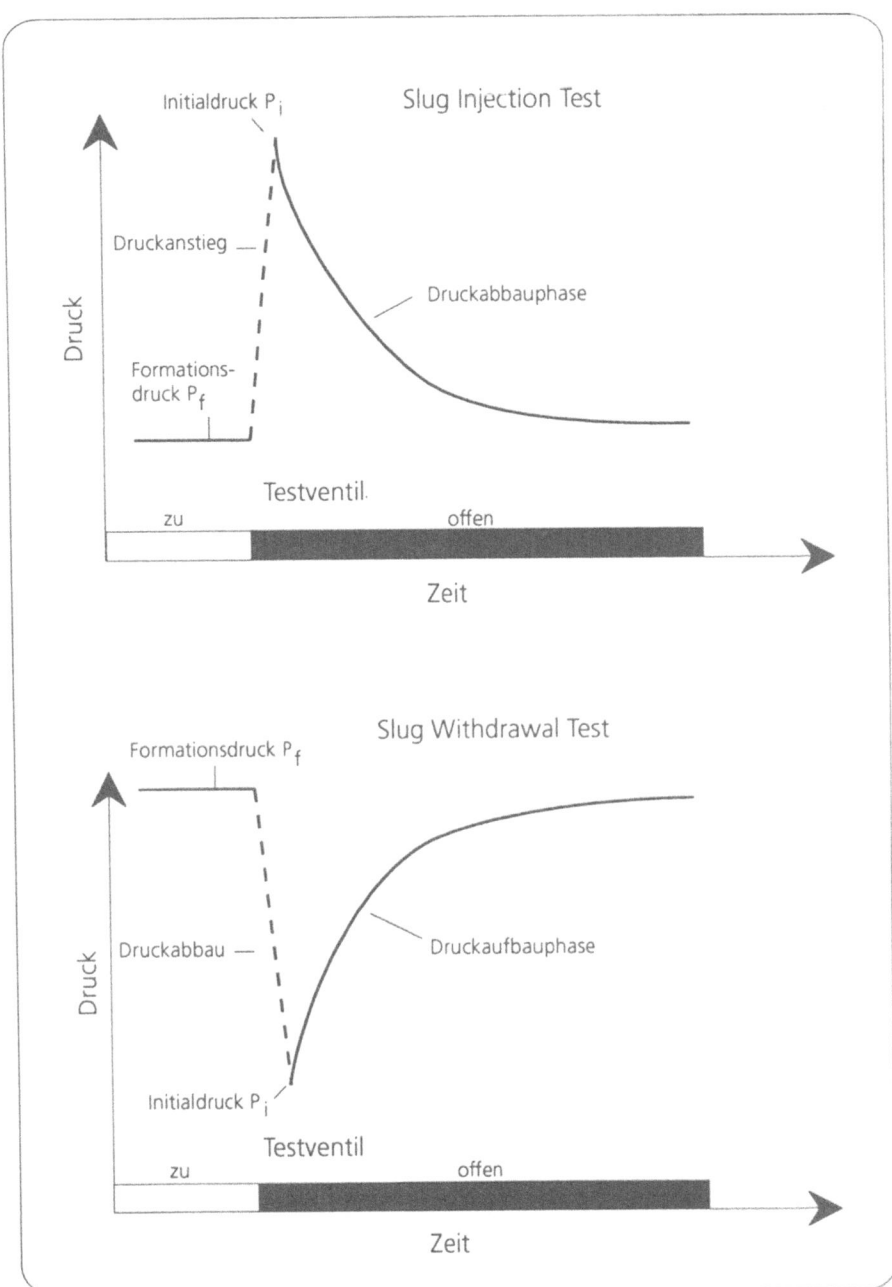

Abb. 66.   Druckverlauf während eines Slug-Tests. (Nach Grisak et al. 1985)

Slug/Bail-Test   H-Tslb
Der Slug/Bail-Test ist die für den ausgebauten Beobachtungsbrunnen ohne Verwendung von Packern entworfene Variante des Slug-Tests zur Bestimmung der
hydraulischen Leitfähigkeit. Er ist auf Gesteine mit mittlerer bis geringer Durchlässigkeit ($k_f < 10^{-4}$ m/s) anwendbar.

Planung/Durchführung
Anders als beim Slug-Test wird die "schlagartige" Druckänderung hier durch
Einbringen eines Verdrängungskörpers erzeugt (Der charakteristische Rechteckimpuls des Slug-Tests wird nur annähernd erreicht.). Anschließend wird das Ab-
klingen der erzeugten Aufhöhung des Grundwasserspiegels auf das Niveau des
Ruhewasserspiegels mittels einer Drucksonde gemessen (Slug-Phase). Nach der
Bergung des Verdrängungskörpers (Abb. 67) wird umgekehrt der Wiederanstieg des abgesenkten Grundwasserspiegels bis zum Ruhewasserspiegel gemessen (Bail-Phase).

Auswertung
Die Auswertung kann nach dem Verfahren von Hvorslev (1951) oder anhand
von Typkurvenverfahren nach Cooper et al. (1967) durchgeführt werden. Die
Typkurven von Papadopulos et al. (1973) wurden speziell für gering durchläs-
siges Gebirge berechnet. Das Verfahren von Bouwer und Rice (1976) wurde für
vollkommene oder unvollkommene Brunnen in freien oder halbgespannten homogenen Grundwasserleitern entwickelt. Heute überwiegen numerische Auswerteverfahren.

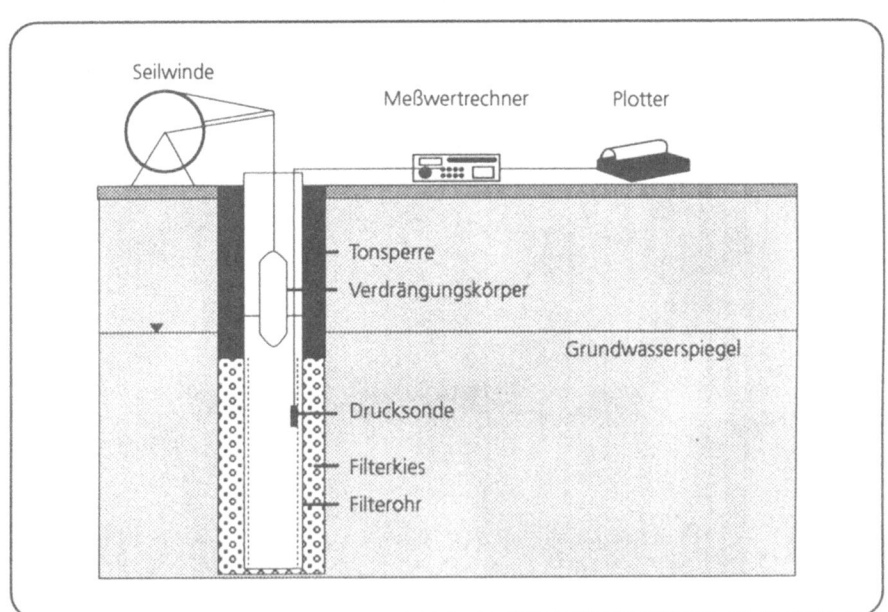

Abb. 67.   Meßeinrichtung zur Durchführung eines Slug/Bail-Tests.

Räumliche und zeitliche Auflösung
Der durch den Slug/Bail-Test erfaßte Untersuchungsbereich ist umso größer, je länger die Filterstrecke und je größer der Bohrdurchmesser (in Abhängigkeit von der Durchlässigkeit des anstehenden Gesteins) sind. Der Aussagebereich ist daher in der Praxis auf die nähere Umgebung des Bohrlochs beschränkt. Er entspricht etwa dem des Slug-Tests.

Qualitätssicherung
Voraussetzung für die Auswertung der Tests sind

- genaue Kenntnis der Brunnenbohr- und Ausbaudaten,
- fachgerechter Brunnenausbau und
- kurze Untersuchungsabschnitte/Filterstrecken bei geschichteten Aquiferen zur besseren Aussage über die vertikale Verteilung der Durchlässigkeit.

Zeitaufwand
Der Zeitaufwand ist von der Durchlässigkeit des geologischen Untergrundes abhängig. Da an einem Tag mehrere Tests an verschiedenen Beobachtungbrunnen durchgeführt werden können, wird der Zeitaufwand auch von deren Zugänglichkeit beeinflußt.

Pulse-Test   H-Tpulse
Dieser Test ist auf Gesteine mit geringer bis sehr geringer Durchlässigkeit ($k_f < 10^{-9}$ m/s) und für die Untersuchung der Durchlässigkeit einzelner Klüfte (Wang et al. 1978) anwendbar. Neben der Permeabilität k lassen sich mit ihm die Brunnenspeicherung C und der Skin-Faktor S_f ermitteln.

Planung/Durchführung
Der Pulse-Test unterscheidet sich vom Slug-Test lediglich dadurch, daß die Druckveränderung im Teststrang nur für wenige Sekunden auf das Testintervall wirkt; das Testventil bleibt danach geschlossen (Abb. 68). Es wird der Druckausgleich im Testintervall bis zum Formationsdruck gemessen. Für die Vorbereitung und Durchführung des Pulse-Tests ist die gleiche Ausrüstung wie beim Slug-Test erforderlich.

Auswertung
Die Ermittlung der Permeabilität k, der Brunnenspeicherung C und des Skin-Faktors S_f kann mittels Typkurvenverfahren nach Ramey et al. (1975) erfolgen. Heute überwiegen numerische Auswerteverfahren. Zur Abschätzung der Durchlässigkeiten einzelner Klüfte kann das Verfahren nach Wang et al. (1978) angewendet werden.

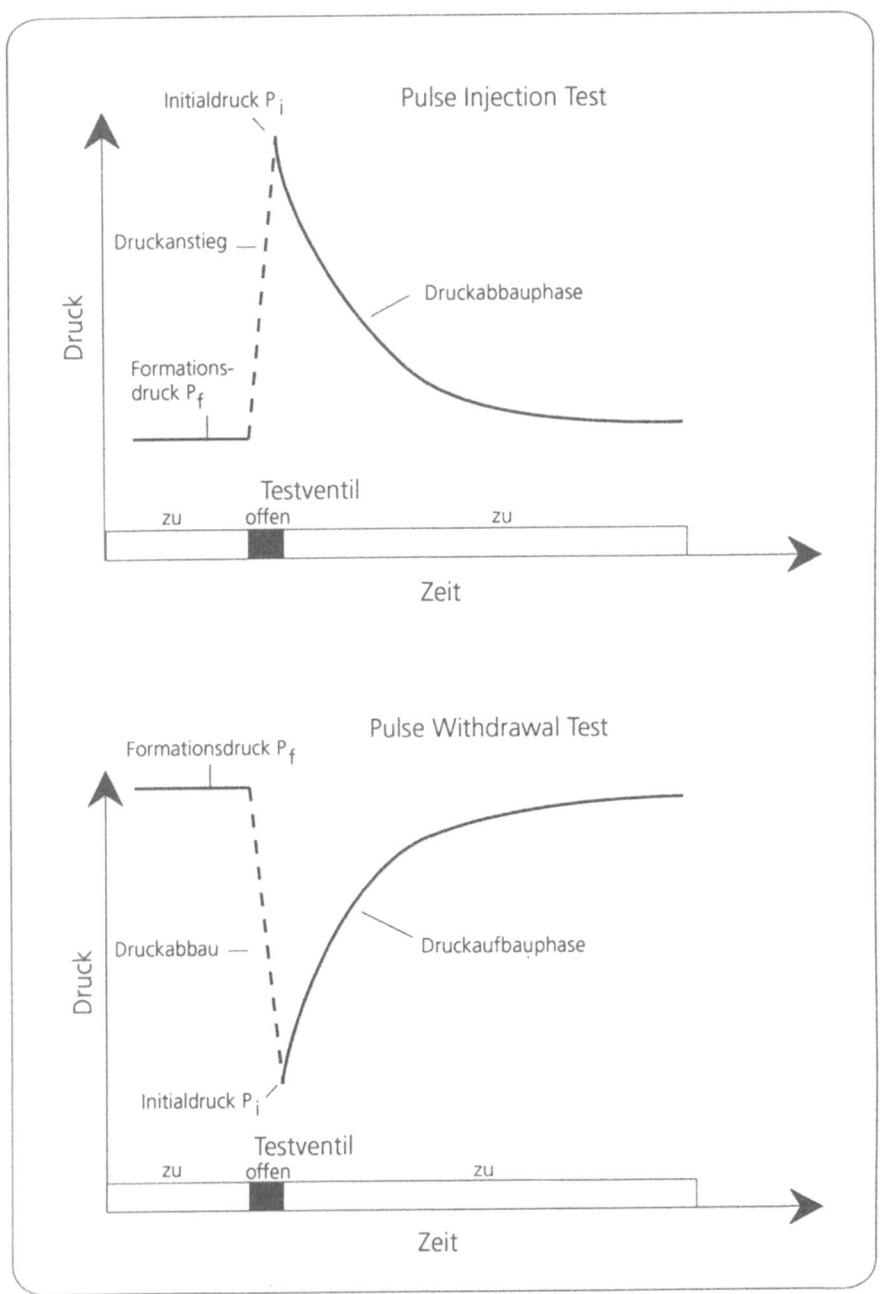

Abb. 68.   Druckverlauf während eines Pulse-Tests. (Grisak et al. 1985)

Räumliche und zeitliche Auflösung
Die ermittelte Durchlässigkeit ist nur für die unmittelbare Umgebung des Bohrlochs repräsentativ.

Fehlerquellen

Da die Eindringtiefe des Druckpulses in das Gebirge beim Pulse-Test relativ gering ist, wird die Auswertung durch Bohrlocheffekte (Skin-Effekt und Brunnenspeicherung) beeinflußt. Bei der Auswertung nach Wang et al. (1978) muß berücksichtigt werden, daß der Druckabbau bei einer unvollständig durchtrennten Kluft wesentlich langsamer erfolgt als bei einer vollständig durchtrennten (Grisak et al. 1985).

Zeitaufwand

Gegenüber dem Slug-Test tritt ein viel steilerer Druckanstieg oder -abfall auf, was besonders bei gering permeablen Formationen zu erheblich kürzeren Testzeiten (einige Stunden) führt (Kessels 1990). Bredehoeft und Papadopulos (1980) beschreiben, daß der Druckanstieg innerhalb des gleichen Systems bei einem konventionellen Slug-Test um ca. den Faktor 10^4 langsamer erfolgt als bei einem Pulse-Test.

Drill Stem-Test   H-TDST

Dieser Test ist auf Gesteine mit mittlerer bis geringer Durchlässigkeit (k_f 10^{-4} bis 10^{-7} m/s) anwendbar. Neben der Permeabilität k lassen sich mit ihm die Brunnenspeicherung C und der Skin-Faktor S_f ermitteln. Die Testzone sollte mindestens 10 m unterhalb des Grundwasserspiegels liegen.

Der Drill Stem-Test (DST) verdankt seinen Namen dem Umstand, daß für spontane Tests in Bohrungen häufig der Bohrstrang (Drill Stem) mit einem einzelnen Packer verwendet wird, wenn kein Teststrang zur Verfügung steht.

Planung/Durchführung

Für die Vorbereitung und Durchführung eines Drill Stem-Tests ist die gleiche Ausrüstung wie beim Slug-Test erforderlich.

Er gliedert sich in

- 1. kurze Fließphase,
- 1. Schließphase,
- 2. lange Fließphase und
- 2. lange Schließphase (Abb. 69).

Auswertung

Die Auswertung eines DST kann bei Erreichen des stationären Fließzustands nach dem Geradlinienverfahren von Horner (1951) durchgeführt werden. Das Typkurven-Verfahren nach Gringarten et al. (1979) ermöglicht auch die Auswertung der frühen und späten Druckverläufe eines DST. Musterkurven gibt es für eine Vielzahl möglicher Formationstypen (homogen, heterogen, Porensysteme, Kluft-Matrix-Porensysteme), Anfangsdruckverläufe unter Berücksichtigung des Bohrlochspeicher- und Skin-Effekts und für die späte Druckverlaufsphase. Heute überwiegen numerische Auswerteverfahren.

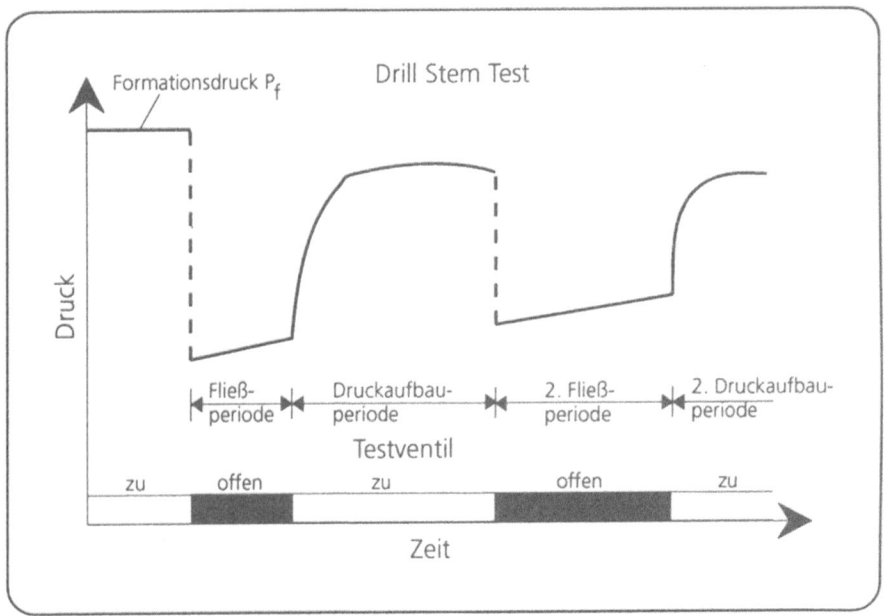

Abb. 69.   Druckverlauf während eines Drill Stem-Tests (DST)

Fehlerquellen/Qualitätssicherung

Die Auswertung nach dem Horner-Verfahren setzt eine annähernd konstante Fließrate während der Fließphase voraus. Entscheidend für die Auswertbarkeit ist eine Beobachtung des Druckverlaufs über einen langen Zeitraum. Fehler treten durch Temperaturänderungen im Testintervall auf. Sie können den Druckverlauf stark beeinflussen. Deshalb und um das Testende (Für eine Auswertung sind 60 % des Druckauf- oder -abbaus notwendig.) zu erkennen, sollte während des Tests eine kontinuierliche Aufzeichnung der Druck- und Temperaturdaten erfolgen.

Zeitaufwand

Die Testzeit hängt von der Gebirgsdurchlässigkeit und der Standfestigkeit des Gebirges ab. Sie kann je nach Durchlässigkeit 5 Minuten bis 5 Stunden betragen.

Interferenztest   **H-Ti**

Ein Interferenztest ist kein eigenständiger Test. Er dient der Bestimmung des hydraulischen Kontaktes zwischen verschiedenen Bohrungen und der Abschätzung der Permeabilität k sowie des Speicherkoeffizienten S. Als Pumpversuche ausgeführte Interferenztests bleiben in der Regel auf Gebirgsformationen mit größerer Durchlässigkeit beschränkt.

Planung/Durchführung

Bei der Versuchsdurchführung wird in wenigstens einer Bohrung ein Druck auf- oder abgebaut und die Reaktion auf diesen Druck in wenigstens einer weiteren Bohrung beobachtet. Interferenztests werden häufig als Fördertests durchgeführt (Grisak et al. 1985). Sind die Förderraten jedoch zu gering, werden Injektionstests bevorzugt. Im Lockersediment kann der Interferenztest als Pumpversuch in einer ausgebauten Bohrung durchgeführt werden. Im geklüfteten Gestein erfolgt die Versuchsdurchführung über eine Abdichtung des betreffenden Bohrlochabschnittes durch Packer.

Auswertung

Die Auswertung kann nach dem Typkurvenverfahren von Mueller und Witherspoon (1965) durchgeführt werden. Die Auswertung des Interferenztests als Pumpversuch entspricht den in Kapitel 1.6.3.4 genannten Verfahren.

Qualitätssicherung

Mehrere Grundwassermeßstellen müssen durch Ausbau oder Abdichtungsmaßnahmen gegen den Gebirgshorizont, der getestet werden soll, abgedichtet werden.

Zeitaufwand

Der Interferenztest kann als Pumpversuch zwischen mehreren Stunden bis zu Tagen (Langzeitversuch) dauern.

Pumpversuche   H-PV

Die an dieser Stelle behandelten hydraulischen Tests haben ihren Ursprung überwiegend in der Grundwassererschließung. Pumpversuche eignen sich besonders zur Ermittlung hydrogeologischer Parameter (z.B. Transmissivität, Speicherkoeffizient, Anisotropie), die für eine größere Umgebung des Brunnens repräsentativ sind. Dies ist hinsichtlich der späteren Verwendung dieser Parameter für großräumigere prognostische Aussagen ein bedeutender Vorteil. Er ist jedoch gegen eine möglicherweise notwendige Aufbereitung und Entsorgung kontaminierter Förderwässer und teilweise langer Versuchszeiträume im Vergleich zu alternativen Verfahren abzuwägen. Letztere bieten sich vor allem in geringer durchlässigen Gesteinen an (vgl. Abb. 64). Pumpversuche werden im Lockergestein als auch im Festgestein, hier vorwiegend bei gleichförmig ausgebildeten Formationen oder begleitet durch geophysikalische Bohrlochmessungen durchgeführt und wurden sowohl zur Ermittlung von. Parametern des Grundwasserleiters als auch zum Test von Brunnen entwickelt.

Mit einem Grundwasserleitertest wird nach Kruseman und de Ridder (1990) der Grundwasserleiter bezüglich seiner Eigenschaften

■ hydraulische Druckverhältnisse (gespannt oder ungespannt),
■ hydraulische Leitfähigkeit/Transmissivität,
■ Speichervermögen,

- ■ Zusickerung (Leckage) sowie
- ■ Randbedingungen (Einfluß von Anreicherungsgrenzen oder Barrieren) und
- ■ räumlich/zeitliches Verhalten

untersucht. Durch einen Brunnentest werden

- ■ Ergiebigkeit sowie
- ■ Güte des Brunnenausbaus und Filterwiderstand von Förderbrunnen

gemessen. Darüberhinaus gewinnen für die Altlastenbearbeitung zunehmend Pumpversuche im Rahmen von Tracer-Tests und zur Bilanzierung des Schadstoffaus- und -eintrags an Bedeutung. Dabei werden

- ■ Transportparameter wie Dispersivitäten und Abbauraten (s. a. Materialienband Modelle) sowie
- ■ die aus einer Altlast(verdachts)fläche pro Zeiteinheit über den Grundwasserpfad ausgetragene Schadstoffmasse

bestimmt. Diese Tests beinhalten eine Kombination hydraulischer und chemisch-analytischer Auswerteverfahren. Die genannten drei Zielrichtungen von Pumpversuchen können unter Umständen kombiniert werden. Im weiteren werden ausschließlich die hydraulischen Aspekte beleuchtet.

Grundlagen

Die tatsächlichen hydrogeologischen Gegebenheiten müssen i.d.R. mehr oder weniger idealisiert werden, um sie in dieser Form der Modelle mathematisch-physikalisch berechenbar zu machen. Solche analytischen und numerischen *Modellansätze* sind die gemeinsame Basis sowohl der Auswertung hydraulischer Tests als auch der Verwendung der aus ihnen gewonnenen Parameter in Strömungs- und Transportmodellen (s. Materialienband Modelle).

Bei Pumpversuchen wirkt eine bekannte Eingangsgröße (Grundwasserentnahme oder Injektion) auf das unbekannte System Grundwasserleiter, dessen Reaktion (Wasserstandsänderungen in Entnahme- und/oder Injektionsbrunnen sowie in Grundwassermeßstellen) gemessen wird. Der Absenkungsverlauf im Brunnen wird dabei jedoch nicht nur von den Gegebenheiten im Grundwasserleiter, sondern auch von *inneren Randbedingungen* wie dem Skin-Effekt, dem Vollkommenheitsgrad des Brunnenausbaus und der Eigenkapazität des Brunnens bestimmt. Auch nahegelegene Grundwassermeßstellen (Faustregel für Lockergesteins-Grundwasserleiter: bis zu einem Abstand ≤ Mächtigkeit des Grundwasserleiters) können von diesen Effekten beeinflußt werden.

Am Beginn theoretischer Überlegungen zu Strömungsverhältnissen bei Pumpversuchen standen als auch weiterhin wesentliche Grundlagen die Brunnenformel von Thiem (1906) für stationäre (sich über die Zeit nicht mehr verändernde) und die Formel von Theis (1935) für instationäre (zeitlich veränderliche) Strömungsverhältnisse, die unter den Annahmen von Dupuit (1863) abgeleitet wurden.

Dabei wurde folgende theoretische Situation vorausgesetzt:

- Der Grundwasserleiter hat (in Bezug auf das beim Versuch beeinflußte Gebiet) eine unbegrenzte horizontale Ausdehnung und ist homogen und isotrop.
- Seine Mächtigkeit ist konstant.
- Der Förderbrunnen ist vollkommen ausgebaut, das heißt, er ist über die gesamte Mächtigkeit des Grundwasserleiters verfiltert. Der Aquifer ist gespannt, so daß der Anstrom über die gesamte Mächtigkeit horizontal erfolgt.
- Die Förderrate bleibt über den gesamten Förderzeitraum konstant.
- Der Durchmesser des Förderbrunnens ist im Verhältnis zum beeinflußten Entnahmebereich vernachlässigbar klein.
- Vor Beginn des Pumpversuches ist die Druckspiegelfläche im Aquifer horizontal ausgebildet.
- Das Grundwasser wird mit dem Fallen des Druckspiegels sofort aus dem Vorrat des Aquifers entlassen.

Die genannten Lösungen enthalten keinen Term für den Ausgleich der dem Gesamtsystem entnommenen Wassermenge; der stationäre Zustand bei der Lösung von Thiem wird nur über die Einführung einer fiktiven Reichweite ermöglicht. Mit der Grundlösung von Theis (1935) wird die Strömung bei konstanter Entnahmemenge daher immer instationär bleiben müssen, da sich der durch die Förderung entstehende Absenkungstrichter immer weiter ausdehnen und eintiefen würde. Dieses Problem wurde bei späteren Lösungen, etwa der Zusickerung aus benachbarten Schichten (Leaky Aquifer) nach Hantush oder speisenden Randbedingungen (Spiegelung der Theis-Lösung mit umgekehrtem Vorzeichen zur Simulation eines Vorfluters) umgangen. Die genaue Berücksichtigung der Grundwasserneubildung ist numerischen Ansätzen vorbehalten, jedoch für die Auswertung von Pumpversuchen wegen deren Kürze i.d.R. auch nicht erforderlich. (Zu den Begriffen stationäre, quasi stationäre und instationäre Strömung siehe auch Hölting 1992, S. 111.) In der Praxis wird meist davon ausgegangen, daß ein stationärer Strömungszustand (Beharrungszustand) erst besteht, wenn sich unter Beachtung des angenommenen Strömungsmodells die Absenkungen in den Grundwassermeßstellen über einen längeren Zeitraum nicht mehr ändern.

Das Gebiet der Pumpversuchsauswertung wurde über Jahrzehnte weiterentwickelt. Einen umfassenden Überblick über heute verfügbare Ansätze und Verfahren geben für den Locker- und Festgesteinsbereich Kruseman und de Ridder (1990), besondere Hinweise für den Festgesteinsbereich Strayle et al. (1994).

Auswerteverfahren für Lockergesteinsgrundwasserleiter   H-PVL
Die der oben genannten Literatur entnommenen Auswerteverfahren werden
hier nach dem Typ des Grundwasserleiters und danach, ob sie einen Beharrungszustand beim Versuch voraussetzen (stationär) oder nicht (instationär),
unterteilt. Des weiteren werden Verfahren zur Berücksichtigung der Anisotropie in horizontaler oder vertikaler Richtung zusammengefaßt:

Gespannte Grundwasserleiter (Abb. 70)   H-PVLg

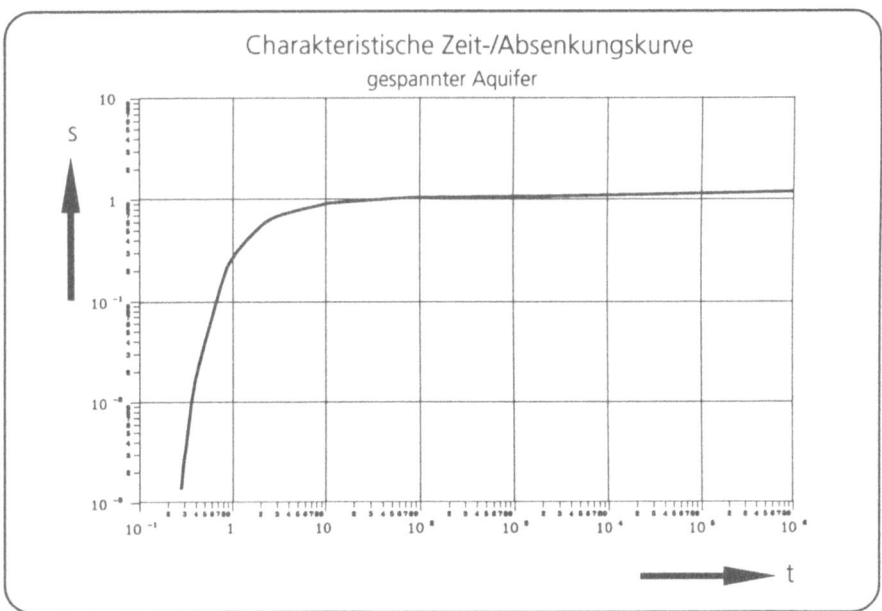

Abb. 70.   Typkurve für gespannte Grundwasserleiter

stationär:

■   Thiem (1906)
■   Dietz (1943) und Muskat (1937) mit Anreicherungsgrenze

instationär:

■   Theis (1935), auf dieser Grundlage
          Cooper und Jacob (1946)
          Chow (1952)
■   Hantush (1959) mit Anreicherungsgrenzen (auch unvollkom-
          menen und mit Eintrittswiderstand, Bildverfahren)
■   Stallman (1963) mit Stau- und Anreicherungsgrenzen
■   Hantush (1964) keilförmiger Grundwasserleiter (stationäre Ab-
          senkung sollte in etwa bekannt sein)

instationär mit Anisotropie:

- Hantush (1966), Hantush und Thomas (1966) horizontale Anisotropie
- Neuman (1984), Papadopulos (1965) horizontale Anisotropie
- Weeks (1969), Hantush (1964) vertikale Anisotropie

Halbgespannte Grundwasserleiter (Leaky Aquifers, Abb. 71)   H-PVLhg

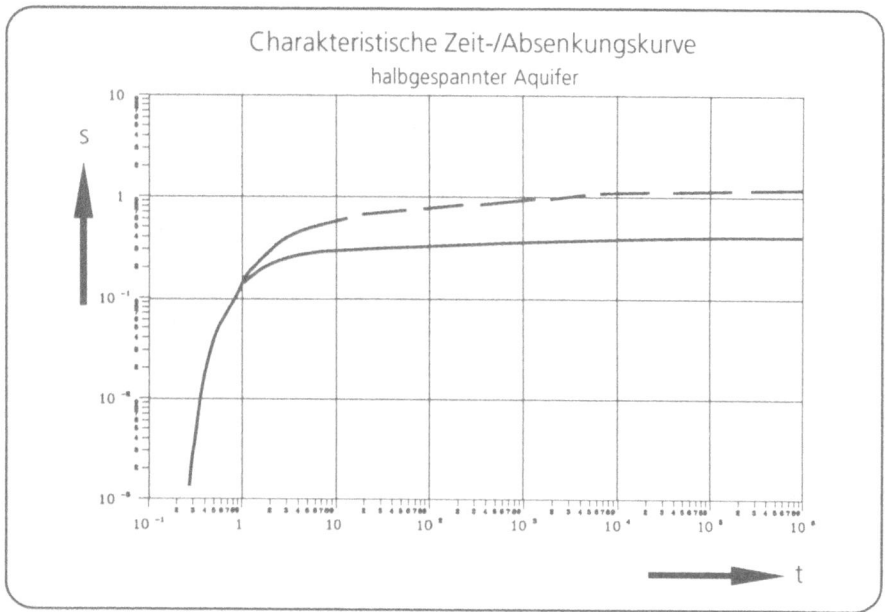

Abb. 71.   Typkurve für halbgespannte Grundwasserleiter (geringere Absenkung durch vertikale Zusickerung)

stationär:

- de Glee (1930, 1951)
- Hantush und Jacob (1955)

instationär:

- Hantush (1956, 1960)
- Walton (1962)
- Neuman und Witherspoon (1972)
- Vandenberg (1976, 1977) mit Stau- und Anreicherungsgrenze

instationär mit Anisotropie:

■   Hantush (1966) horizontale Anisotropie
■   Weeks (1969), Hantush (1964) vertikale Anisotropie

**Halbungespannte und ungespannte Grundwasserleiter
mit verzögerter Schüttung (Abb 72)**   **H-PVLhug**

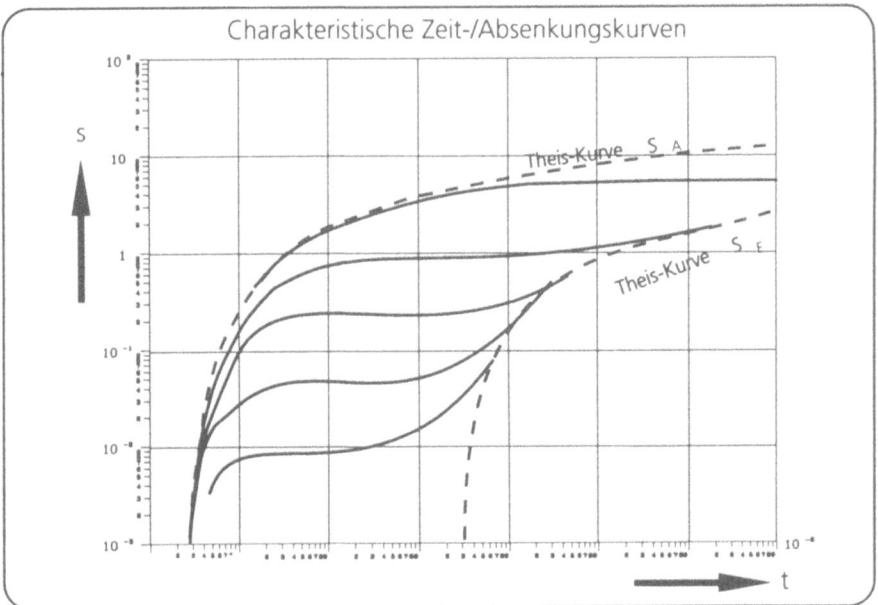

Abb. 72.   Typkurven für halbungespannte Grundwasserleiter mit verzögerter Schüttung (vertikale und horizontale Strömung in der Deckschicht)

instationär:

■   Boulton (1963)

Ungespannte Grundwasserleiter (Abb. 73)   **H-PVLug**

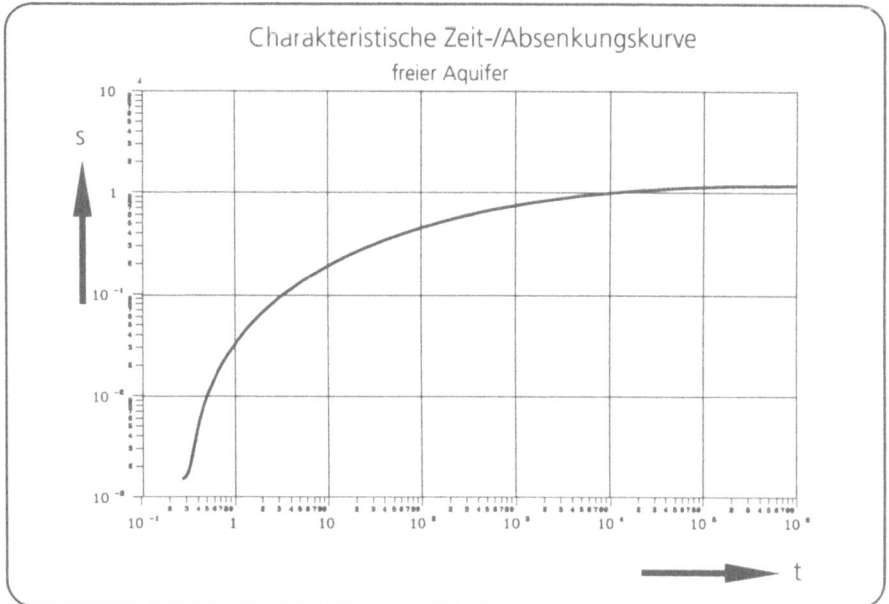

Abb. 73.   Typkurve für ungespannte Grundwasserleiter

stationär:

- Thiem (1902), Muskat (1937) und Dietz (1943) jeweils unter den Annahmen von Dupuit (1863)
- Kulminationspunktverfahren bei geneigtem Grundwasserleiter

instationär:

- Theis (1935) und darauf basierende Verfahren, Hantush (1959) und Stallman (1963) jeweils unter den Annahmen von Dupuit (1863)
- Hantush (1964) bei geneigtem Grundwasserleiter

instationär mit Anisotropie:

- Neuman (1972) isotrop oder vertikale Anisotropie
- Streltsova (1974) vertikale Anisotropie bei unvollkommenen Brunnen
- Neuman (1974, 1975) vertikale Anisotropie bei unvollkommenen Brunnen
- Boulton und Streltsova (1976) vertikale Anisotropie bei unvollkommenen Brunnen

Für mehrschichtige Grundwasserleiter werden von Kruseman und de Ridder (1990) verschiedene Auswertungsverfahren genannt. Darüber hinaus ist eine Reihe von Sonderverfahren für Pumpversuche mit variabler Entnahmerate, mehreren Entnahmebrunnen sowie Infiltrationstests bekannt, die auf der Basis des räumlichen und zeitlichen Superpositionsprinzips der Grundlösungen entwickelt wurden. Oft ist es bei sehr komplizierten Verhältnissen sinnvoller, numerische Auswertungsprogramme zu verwenden.

Auswerteverfahren für Festgesteinsgrundwasserleiter   H-PVF
Auch hinsichtlich der Auswertung von Pumpversuchen in Festgesteinen sind zahlreiche grundlegende Modellansätze erarbeitet worden. Die Einteilung der Verfahren erfolgt hier nach der Art und Notwendigkeit der separaten Behandlung von Festgesteinsmatrix und Klüften.

Engräumiges (statistisch verteiltes) Kluftsystem   H-PVFek
In einem Festgesteinskörper, der von sehr vielen *engmaschig statistisch verteilten Klüften* durchzogen ist, entspricht die Strömungsdynamik der in einem homogenen porösen Medium. Es sollte ein großräumig angelegtes Netz aus Beobachtungsmeßstellen vorliegen. Es können die integralen Transmissivitäts- und Speichereigenschaften des Aquifers ermittelt werden.

■   Unter Beachtung des repräsentativen Elementarvolumens können die Verfahren für Porengrundwasserleiter angewandt werden (Strayle et al. 1994).

Endliche Diskontinuitätsfläche
(vertikale und horizontale Klüfte)   H-PVFed
Manche Förderbrunnen im Bereich starker Auflockerungszonen (Störungszonen in Sandsteinen) können auch durch die Annahme eines negativen Skin-Faktors nicht hinreichend beschrieben werden. Von Dyes et al. (1958) wurde deshalb der Einfluß einer Vertikalkluft (*endliche Diskontinuitätsfläche*) in einem ansonsten homogenen und isotropen Aquifer erarbeitet. Eine parallel zur Grundwasserströmung angeordnete Kluft erhöht die Durchlässigkeit in einem derartigen System, eine senkrecht zur Strömungsrichtung verlaufende Kluft beeinflußt die hydraulische Leitfähigkeit hingegen nicht. Die Auswirkungen einer Horizontalkluft wurden von Gringarten (1971) und Gringarten und Ramey (1974) analytisch untersucht. Ein weiterreichendes Modell von Cinco und Samaniego (1977, 1978) berücksichtigt schräggestellte Klüfte sowie den Skin-Effekt in Kluftnähe und die Brunnenspeicherung.

Auswerteverfahren sind hier:

- Gringarten und Ramey (1970, 1973)
- Gringarten und Witherspoon (1972)
- Cinco und Samaniego (1977,1978)
- Agarwal (1979)

Unendliche Diskontinuitätsfläche (Klüfte und Multi-Layer)   H-PVFued
Häufig sind in einem Grundwasserleiter schmale Bereiche mit höherer hydraulischer Leitfähigkeit, entweder als Kluft oder als durchlässigerer Horizont, und große Bereiche mit kleiner Durchlässigkeit zu beobachten (*unendlich ausgedehnte horizontale Diskontinuitätsfläche*). Hantush (1959) und Berkaloff (1967) entwarfen Auswerteverfahren für diesen Typus eines Grundwasserleiters. Dabei wird für den Aquifer ein System mit unterschiedlich durchlässigen horizontalen Schichten angenommen. Die mächtigen Speicherschichten mit geringer Durchlässigkeit enthalten fast den gesamten Wasservorrat, während die schmalen Horizonte nur einen niedrigen Speicherkoeffizienten aufweisen. Diese semipermeablen Horizonte üben auf die Schichten höherer Durchlässigkeit eine Leckage-Wirkung aus. Aufgrund der vertikalen Symmetrie reicht es nach Boulton und Streltsova (1977) aus, einen Ausschnitt des Gebirges mit der Höhe H_M (Mächtigkeit der Matrix) + h_L (Mächtigkeit des Leiters) zu betrachten. Für diesen Block werden folgende Annahmen getroffen:

- Sowohl Leiter- als auch Speicherschicht sind kompressibel.
- In der Matrix erfolgt die Strömung vertikal, in der Leiterschicht horizontal. Diese Bedingung hat zur Folge, daß für einen Brunnen nur die Leiterschicht wirksam ist.
- Die Leckage-Wirkung erfolgt ohne Widerstand.
- Die Strömung erfolgt in beiden Schichten laminar.
- Der Brunnenradius ist vernachlässigbar klein und die Entnahme erfolgt konstant.

Auswerteverfahren sind hier:

- Hantush (1956, 1964)
- Berkaloff (1967)

Zweiporositätsmedium (Double Porosity)   H-PVFdp
Barenblatt et al. (1960) wiesen darauf hin, daß viele Festgesteinskörper aus zwei verschiedenen Bereichen mit unterschiedlicher Porosität und Durchlässigkeit bestehen. Der erste Bereich besteht aus einem Kluftsystem mit einer höheren hydraulischen Leitfähigkeit (Kluftdurchlässigkeit), der zweite Bereich besitzt eine geringere Porosität und Durchlässigkeit (Matrixdurchlässigkeit). Wird das bestehende Druckgleichgewicht durch Grundwasserentnahme aus dem Kluftsystem gestört, hat die entstehende Druckdifferenz zur Folge, daß die Leckage-

Wirkung der Matrix einsetzt und Wasser in die Klüfte einspeist. Auswerteverfahren sind hier:

- Barenblatt (1960)
- Warren und Root (1963)
- Bourdet und Gringarten (1980)
- Boulton und Streltsova (1977)

Planung/Durchführung
Für die korrekte Beschreibung der Aquifereigenschaften ist eine ordnungsgemäße und sorgfältige Durchführung von Pumpversuchen notwendig. Als Grundlage sollte das DVGW-Arbeitsblatt W111 (1995) dienen.
Vorbereitende Planungen und Untersuchungen sind:

- Erkundung der geologischen und hydrogeologischen Gegebenheiten im Untersuchungsgebiet (Informationen aus geologischen Karten, Kartierungen der jeweiligen Geologischen Landesämter, Schichtenverzeichnissen usw.).
- Erste Festlegung des zu erwartenden Aquifermodells.
- Auswertung hydraulischer Testergebnisse.
- Durchführung weiterer geologischer Untersuchungen wie Sondierbohrungen (Erkundung aquifertrennender Schichten) oder Aufschlußbohrungen (zur geologischen Erkundung und zum Meßstellenbau), die so angelegt werden, daß sie bei einem Pumpversuch mitverwendet werden können.
- Planung des Ausbaus von Förderbrunnen und Meßstellen hinsichtlich Durchmesser (mindestens 2"), Filterrohrschlitzweite und Filterkieskorngröße in Abhängigkeit von der zu erwartenden Durchlässigkeit/Transmissivität/Ergiebigkeit anhand von Korngrößenanalysen.
- Bestimmung der Grundwasserfließrichtung, des Aquifertyps und des Trends der zeitlichen Entwicklung des Grundwasserstands. Der Trend sollte durch eine durch den Versuch nicht beeinflußte Meßstelle (Referenzmeßstelle) erfaßt werden und dient der hydrologischen Korrektur der Pumpversuchsmeßdaten.
- Werden Meßstellen eingerichtet, die der späteren Dauerbeobachtung und Überwachung dienen sollen, ist ein Ausbaudurchmesser von mindestens 2" notwendig.
- Die Meßstellen sollten gut zugänglich und unterbrechungsfrei mit Energie versorgbar sein.
- Überprüfung der (älteren) Meßstellen auf ihre hydraulische Anbindung an den Grundwasserleiter durch einen einfachen Auffüllversuch oder vorteilhafter durch kurzzeitiges Abpumpen mit einer kleinen Tauchpumpe.

■ Ermittlung der Ausbaudaten vorhandener Meßstellen und Förderbrunnen (Lage von Filterstrecke und Tonsperren, Positionen
der einzelnen Meßstellen und Förderbrunnen, Höhe über NN;
Entfernungen der Meßstellen zum Förderbrunnen) sowie ihrer
Fördermengen.

■ Erfassung und Berücksichtigung von Daten oberirdischer Gewässer, die den Verlauf eines Pumpversuches beeinflussen können.

■ Erhebung meteorologischer Daten wie Niederschlag, Luftdruck
oder Evapotranspiration, besonders bei Langzeitpumpversu-
chen, zur Durchführung von Korrekturberechnungen (Luftdruckschwankungen bei gespannten Grundwasserleitern).

■ Druckmessung vor Testbeginn.

■ Sicherstellung, daß die geförderten Wassermengen nicht
schon im Untersuchungsgebiet wieder in den Untergrund eindringen und die Absenkungsbeträge verfälschen.

■ Untersuchung des Wassers vor Beginn des Pumpversuches,
insbesondere im Bereich von Altablagerungen oder anderen
eventuell belasteten Flächen auf Belastungen, um die ordnungsgemäße Aufbereitung und Entsorgung der geförderten
Wassermenge zu organisieren. Da bei einem länger dauernden
Pumpversuch erhebliche Wassermengen anfallen können,
kann das zu einem schwerwiegenden Problem werden, welches eine Entscheidung zugunsten eines anderen Testverfahrens bedeuten kann. Bedacht werden muß auch die Möglichkeit, daß sich durch einen Pumpversuch die Grundwasserströ-
mungsrichtungen ändern können. Damit wächst die Gefahr,
daß es während der Durchführung eines Pumpversuches zur
Verlagerung einer vorhandenen Schadstoffahne kommen
kann.

■ Der gewählte Standort muß mit seinen hydrogeologischen Gegebenheiten für das Untersuchungsgebiet repräsentativ sein.

■ Klärung der rechtlichen Fragen hinsichtlich der Eigentumver-
hältnisse von Meßstellen oder Förderbrunnen und Einholung
erforderlicher Genehmigungen.

■ Liegen Förderbrunnen und Meßstellen in unmittelbarer Nähe
stark befahrenen Straßen oder Eisenbahnstrecken, können bei
gespannten Grundwasserleitern geringfügige Beeinflussungen
durch seismische Wellen auftreten.

■ Häufig werden in Festgesteinen Pumpversuche zur Bestimmung von Aquiferparametern als Einbohrlochversuche durchgeführt. Trotzdem ist es sinnvoll, auch das Umfeld durch Beobachtungsmeßstellen mit zu überwachen, da hierdurch gerade
in Festgesteinsgrundwasserleitern Aussagen über eine evtl.

anisotrope Ausbildung des Absenktrichters getroffen werden können.

■ Eine Verunreinigung des Grundwassers durch den Austritt von Schmierstoffen bei Unterwasserpumpen ist zu unterbinden.

■ Je nach Aufgabenstellung muß entschieden werden, ob der Pumpversuch als sogenannter Kurzpumpversuch oder als längerfristiger Test gefahren wird. Daran orientiert sich u.a. der Automatisierungsgrad zur Aufzeichnung von Meßdaten, um den personellen Aufwand einzuschränken.

■ Die mit der Ausführung und Beobachtung betrauten Personen müssen geschult und qualifiziert sein und klar über die Art und Weise der Durchführung des Pumpversuchs unterrichtet sein (Memos, Erfassungsprotokolle). Insbesondere beim Einsatz elektronischer Erfassungssysteme ist der Einsatz von qualifiziertem Fachpersonal notwendig.

Anzahl und Position der Meßstellen richten sich nach Art und Umfang des durchzuführenden Pumpversuchs. Als Minimum geben Kruseman und de Ridder (1990) drei Beobachtungsbrunnen an, um eine Aussage auch über das räumliche und zeitliche Absenkungsverhalten zu ermöglichen.

Als Richtwert für die minimale Entfernung einer Meßstelle zum Förderbrunnen kann für vollkommene Brunnen die 1 - 1,5fache, bei mächtigen Grundwasserleitern das 3 - 5fache und bei unvollkommenen Brunnen das 1,5 - 2fache der Mächtigkeit des Grundwasserleiters angenommen werden. Dann werden vertikale Strömungskomponenten im Grundwasserleiter weitgehend nicht mehr erfaßt (Kruseman und de Ridder 1990).

Wird der Grundwasserleiter von einer weniger durchlässigen Schicht überlagert, müssen in ihr Meßstellen eingerichtet werden, um Auswirkungen des Pumpversuches auf die Deckschicht zu erfassen. In diesem Fall sowie bei mehrschichtigen Grundwasserleitern müssen mehrere Meßstellen oder Mehrfachmeßstellen eingerichtet werden. Entsprechend hoch kann dann jedoch auch der Informationsgewinn (horizontale Durchlässigkeitsbeiwerte mehrerer Schichten, vertikale Durchlässigkeitsbeiwerte) sein.

Arbeitssicherheit
Es sind die einschlägigen Arbeitsicherheitsvorschriften einzuhalten. Dies kann bei einem Pumpversuch im Bereich von Altlastverdachtflächen das Tragen von Schutzbekleidung erfordern. Bei ausströmendem Deponiegas (CH_4, CO_2) sind zudem Überwachungen mittels spezieller Detektoren erforderlich.

Durchführung

Zur Durchführung eines Pumpversuches sind einige Bedingungen zu erfüllen
(Langguth und Voigt 1980, Stober 1986, DVGW 1995):

- Vor dem eigentlichen Beginn eines Pumpversuches sollte der
  Wasserspiegel (bei freiem Grundwasser) bzw. der Druckspiegel
  (bei gespanntem Grundwasser) in den Meßstellen für einige
  Tage gemessen werden. Aus den erstellten Ganglinien können
  fallende oder steigende Tendenzen im Grundwasserhaushalt
  entnommen werden.

- Direkt vor Beginn des Pumpversuches ist in allen Meßstellen
  und Förderbrunnen der Ruhewasserstand zu messen. Ebenso
  sind die Wasserstände in Gewässern zu messen, die in Kontakt
  mit dem Grundwasserleiter stehen können.

- Bei längeren Pumpversuchen können Luftdruckänderungen
  und Niederschläge den Grundwasserleiter beeinflussen. Deshalb empfiehlt es sich, beide Parameter zu registrieren, um mit
  ihnen bei der Auswertung Korrekturen vornehmen zu können.
  Dazu können auch Daten von in der Nähe befindlichen Wetterstationen oder Schiffahrtsämtern herangezogen werden. In
  Küstennähe sollten die Gezeiten Berücksichtigung finden.

- Die Förderrate während eines Aquifertestes ist zur Vereinfachung der Auswertung möglichst konstant zu halten. Da sich
  für die Pumpe durch die fortschreitende Absenkung die Druckhöhe vergrößert, muß die Fördermenge in engen Abständen
  überwacht und nachreguliert werden.

- In der Anfangsphase eines Pumpversuches muß in möglichst
  kurzen Zeitabständen gemessen werden, damit das Absenkungsverhalten genau registriert werden kann. Wird dabei von
  Hand mit einem Lichtlot gemessen, bedeutet dies eine Messung der Absenkung alle 15 - 30 Sekunden. Nach einigen Minuten kann die Meßperiode für die erste Viertelstunde auf Mi-
  nutentakt umgestellt werden. Danach wird innerhalb der ersten Stunde im 5-Minuten-Takt gemessen. Mit fortschreitender Pumpzeit erfolgt die Messung der Absenkung in größeren
  Abständen.

- Eine elektronische Aufzeichnung des Absenkungs- und des
  Wiederanstiegsverlaufs kann mit Datenloggern und/oder Meß-
  wertrechnern erfolgen. Sie bieten den Vorteil, daß parallel eine
  Registrierung der Temperatur, der spezifischen elektrischen
  Leitfähigkeit, des pH-Werts, des Sauerstoffgehalts und anderer
  physikalisch-chemischer Parameter erfolgen kann. Mit deren
  Hilfe können Aussagen über Zutritte von Uferfiltrat oder über
  die Lage von Klüften in Festgesteinsbohrungen getroffen werden.

Auswertung

Für jede Grundwassermeßstelle wird eine Zeit-/Absenkungskurve, die Ganglinie, gezeichnet (Abb. 74). Dies kann auch schon während des Pumpversuchs erfolgen, um dessen weiteren Verlauf zu bestimmen.

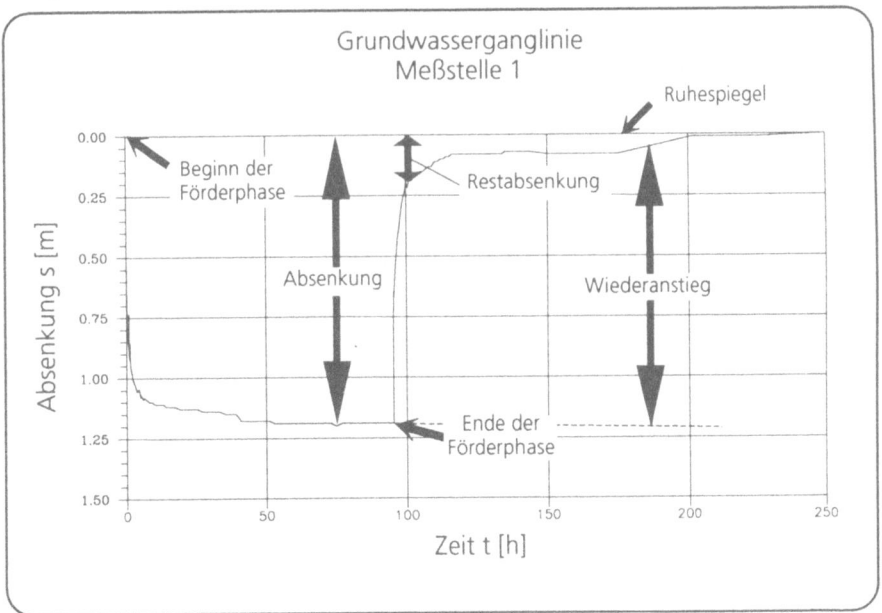

Abb. 74.   Beispiel einer Ganglinie während eines Pumpversuchs

Anhand des Absenkungsverhaltens im Haupgrundwasserleiter und in der Deckschicht können erste Rückschlüsse auf den Aquifertyp gezogen werden (Tabelle 11).

Tabelle 11.   Aquifertyp und Absenkungsverhalten in der Deckschicht

Leitertyp (nach Ganglinienverlauf)	Absenkung in der Deckschicht
Gespannt	Keine
Halbgespannt	Kaum
Halbungespannt	Merklich
Hngespannt	Gleich groß wie Leiter

Die eigentliche Auswertung kann in 4 Arbeitsschritte der Datenaufbereitung und -analyse untergliedert werden:

Im ersten Schritt erfolgt die Korrektur möglicher Fremdeinflüsse auf den Versuchsverlauf. Mögliche Fremdeinflüsse sind der hydrologische Gang, Grundwasserentnahmen oder -infiltrationen anderer Grundwassernutzer, Luftdruckschwankungen, mechanische Belastungen des Grundwasserleiters, Gezeiteneffekte sowie Temperatur- und Dichteunterschiede. Diese Korrektur ist u.U. kompliziert und setzt Erfahrung und fundierte Fachkenntnis des räumlichen und zeitlichen Ausbreitungsverhaltens von Signalen in verschiedenen Typen von Grundwasserleitern voraus. Diese Korrektur muß am Ende der Auswertung anhand der gewonnenen Daten überprüft werden.

Im zweiten Schritt der Datenaufbereitung werden die durch Abweichungen von der theoretischen inneren Randbedingung (unendlich dünner, vollkommen ausgebauter Brunnen mit konstanter Förderleistung) bedingten Effekte eliminiert, wenn nicht auf die durch sie beeinflußten Daten verzichtet werden kann. Dies ist nur der Fall, wenn der Pumpversuch so lange dauerte, daß genügend unbeeinflußte Daten vorliegen und wenn anhand der geologischen und hydrogeologischen Kenntnisse ausgeschlossen werden kann, daß im beeinflußten Zeitraum äußere Randbedingungen angefahren wurden. Letzteres muß unter Umständen ebenfalls am Ende der Auswertung anhand der gewonnenen Daten überprüft werden. Kann auf die beeinflußten Daten nicht verzichtet werden, müssen die Korrekturverfahren zur Berücksichtigung der Unvollkommenheit und/oder Eigenkapazität des Brunnens sowie zur Einbeziehung der Förderschwankungen eingesetzt werden (Kruseman und de Ridder 1990).

Im dritten Schritt der Datenaufbereitung kann anhand des Versuchsverlaufs im Brunnen und den Grundwassermeßstellen der Aquifertyp bestimmt und das Vorhandensein von äußeren Randbedingungen erkannt werden. Liegen ungespannte Verhältnisse vor, müssen die Absenkungen auf gespannte Verhältnisse durch Berechnung der reduzierten Absenkung zurückgeführt werden. Zur Ermittlung der Aquifertypen können *diagnostische Diagramme* eingesetzt werden, um verschiedene Versuchsphasen zu erkennen und auf der Basis der geologisch-hydrogeologischen Kenntnisse das am besten zutreffende Aquifermodell zu bestimmen.

Im vierten Schritt der Datenaufbereitung und -analyse werden schließlich die interessierenden Parameter des Aquifers und der hangenden/liegenden Schicht(en) quantitativ ermittelt. Hinsichtlich der analytischen Lösungen werden dabei vornehmlich Geradlinienverfahren und Typkurvenverfahren eingesetzt.

Beim *Geradlinienverfahren* wird die Absenkung (oder ein mit ihr gebildeter Quotient) linear auf der y-Achse als Funktion der logarithmischen Zeit (oder eines mit ihr gebildeten Quotienten, z.B. Entfernung Meßstelle-Brunnen) auf der x-Achse aufgetragen. Die Wertepaare können durch eine Gerade angeglichen werden (Cooper und Jacob 1946). Voraussetzung ist, daß das Zeitkriterium, welches den nicht logarithmisch-linearen vom logarithmisch-linearen Teil der Theis-Kurve abgrenzt, erfüllt ist. Dies muß insbesondere bei Daten von Grundwassermeßstellen anhand der Auswertungsergebnisse überprüft werden. Das Zeitkriterium ist bei entfernter gelegenen Meßstellen und ungespannten Aquiferen oft erst erhebliche Zeit nach Beginn der Förderung/des Wiederanstiegs erfüllt.

Bei *Typkurvenverfahren* ist der theoretische Verlauf der Wasserstandsentwicklung (z.T. auch die erste Ableitung dieser Kurven) als Typkurve dimensionslos gegen die dimensionslose Zeit (oft auf doppeltlogarithmischem Papier) aufgetragen. Die gemessenen Daten werden auf einem zweiten Blatt gleicher Teilung dargestellt. Durch achsenparalleles Verschieben wird die Datenkurve mit einer passenden Typkurve zur Deckung gebracht. An einem gewählten Deckungspunkt (Match-Punkt) werden auf dem Datenblatt Zeit und Absenkung, auf dem Typkurvenblatt die entsprechenden dimensionslosen Parameter abgelesen. Durch Einsetzen in entsprechende Formeln können die hydraulischen Kenndaten bestimmt werden. Die Vorteile der Typkurvenverfahren liegt zum einen in der Unabhägigkeit von der Linearisierbarkeit der theoretischen Kurve (Das bei Geradlinienverfahren genannte Zeitkriterium muß nicht erfüllt sein.). Zum anderen besteht die grundsätzliche Möglichkeit, aus einem Kurvenast drei freie Parameter zu bestimmen (z.B. Transmissivität T, Speicherkoeffizient S und Leckage-Faktor L_r), während aus einer Gerade naturgemäß nur zwei freie Parameter bestimmt werden können.

Die genannten 4 Arbeitsschritte können in Programmen zur Pumpversuchsauswertung ganz oder teilweise zusammengefaßt berücksichtigt sein, worüber sich der Anwender Klarheit verschaffen muß. Für Auswertungen bei komplexeren Randbedingungen, Mehrbrunnenanlagen, schwankender Förderung und einer Vielzahl von Grundwassermeßstellen ist der Einsatz auf analytischen Lösungen basierender Modellprogramme mit automatischer Anpassung an die Daten aller Meßstellen (Suchverfahren zur Minimierung einer Gütefunktion) sinnvoll (DVGW Arbeitsblatt W 111 1995). Unter den numerischen Verfahren zur Pumpversuchsauswertung findet vor allem die rotationssymmetrische, vertikalebene 2-dimensionale Lösung (Brunnensimulator) Anwendung. Mit ihr ist die Simulation auch kompliziertester Kombinationen von Verhältnissen in unmittelbarer Brunnennähe und von Grundwasserleitern möglich, für die keine analytischen Lösungen existieren. Darüber hinaus ist die Bedeutung von Annahmen analytischer Lösungen analysierbar und es können neue Typkurvenblätter entwickelt werden. Der Brunnensimulator ist jedoch nicht für Mehrbrunnenanlagen anwendbar und es können nur kreisförmige äußere Randbedingungen berücksichtigt werden.

Räumliche und zeitliche Auflösung

Die Reichweite eines Pumpversuches hängt von der Versuchsdauer, der geohydraulischen Zeitkonstante und bei Erreichen des stationären Zustandes von der geförderten Wassermenge ab.

Häufig stehen zur Auswertung von Pumpversuchen in Festgesteinen nur die im Förderbrunnen selbst ermittelten Daten zur Verfügung. In solchen Fällen lassen sich die ermittelten Ergebnisse nur in beschränktem Maße auf die weitere Umgebung eines Bohrloches oder Brunnens übertragen. Falls im Einflußbereich des Förderbrunnens Meßstellen zur Verfügung stehen, lassen sich zumindest qualitative Aussagen hinsichtlich der räumlichen und zeitlichen Auflösung treffen (Isotropie/Anisotropie).

Fehlerquellen/Qualitätssicherung

Neben dem offensichtlichen Ausfall technischer Geräte können auch Fehler auftreten, die nicht sofort augenscheinlich sind:

- falsche Kalibrierung der Meßwertaufnehmer (Druck- und Temperatursonden),
- nicht ausgereifte EDV-Programme zur Datenaufzeichnung (Absturzsicherheit, Datensicherheit),
- falscher Ausbau von Meßstellen hinsichtlich der Lage von Filterstrecken und Tonsperren,
- mangelhafter hydraulischer Anschluß einer Meßstelle an den Grundwasserleiter (durch mangelhaftes Klarpumpen),
- Auftreten hydraulischer Kurzschlüsse (wenn gefördertes Wasser an ungeeigneter Stelle wieder in den Untergrund eingeleitet wird, Umläufigkeit von Tonsperren, Packern),
- Ablesefehler bei Wasserstandsmessungen,
- unklar oder fehlerhaft definierte Bezugspunkte (Oberkante Schutzrohr ?),
- Nichteinhaltung der Forderung nach kurzen Ableseintervallen zu Beginn der Absenkungs- und Wiederanstiegsphase,
- Übertragungsfehler bei der Protokollierung sowie
- Fehler bei Datenkorrektur und -auswertung.

Die Genauigkeit der mit einem Pumpversuch erzielten Ergebnisse hängt unter anderem von der Qualität der eingesetzten Geräte ab. Es ist wichtig, die Förderrate konstant zu halten. Vorraussetzung dafür ist eine genaue Messung der geförderten Wassermenge über Wasseruhren oder magnetinduktive Durchflußmeßgeräte sowie eine manuelle oder rechnergestützte Nachregulierung.

Bei den Messungen der Absenkung und des Wiederanstiegs ist dem meist in erster Näherung logarithmisch/linearen Absenkungsverlauf durch entsprechende Meßzeitabstände am Beginn jeder Förder-/Infiltrationsänderung Rechnung zu tragen. Insbesondere bei Notwendigkeit einer Dichte- und Temperaturkorrektur empfiehlt sich der Einsatz von elektronischen Meßapparaturen und Datenloggern.

Pumpversuche erfordern eine qualifizierte, sorgfältige Vorbereitung, Durchführung und Auswertung. Dem hierzu auf der Seite des Auftragnehmers erforderlichen Fachpersonal sollten sowohl in der Phase der Beauftragung wie auch der Durchführung und Auswertung erfahrene Berater auf der Auftraggeberseite gegenüberstehen.

Zeitaufwand

Die Dauer des Pumpversuches kann je nach Aufgabenstellung und Pumpversuchsverlauf zwischen ca. 0,5 Stunden und etlichen Wochen liegen. Die Auftragung der Meßergebnisse während des Versuches hilft bei der Entscheidung über die Dauer des Pumpversuchs.

Ist die Versuchsdauer zu gering, besteht die Gefahr, daß die Förderung im wesentlichen aus der Brunnenspeicherung erfolgt und deshalb keine Aussage zu den eigentlichen Aquifereigenschaften gemacht werden kann. Bei der Planung der Versuchsdauer ist daran zu denken, daß die Messung der Wiederanstiegsphase aus theoretischen Gründen sinnvoll ist und den Versuch um mindestens die Hälfte der Absenkphase verlängert. Hinzu kommt bei längeren Versuchen der Zeitraum, der vor und nach dem eigentlichen Pumpversuch zur Ermittlung des hydrologischen Trends dient. Datenaufbereitung und -auswertung nach Beendigung eines Pumpversuchs erfordern ebenfalls einen nicht zu unterschätzenden zeitlichen Aufwand.

1.6.3.4   Tracer-Verfahren   H-VTrac

Tracer-Versuche werden bei der Erkundung von Altablagerungen und Altstandorten

- zum Nachweis vertikaler und lateraler Schadstoffausbreitung,
- zur Bestimmung von Ausbreitungsgeschwindigkeiten im ungesättigten und gesättigten Boden,
- zur Ermittlung von Leckagen zwischen Grundwasserstockwerken,
- zur Bestimmung der Grundwasserfließrichtung und -geschwindigkeit in Festgesteinen (Karst) und
- zur Ermittlung von Feldparametern (Durchlässigkeit, Dispersivität, Porosität, Retardation) für die Durchführung von Schadstofftransportmodellierungen

durchgeführt.

Ein *Markierungsstoff*, der sich gegenüber seiner festen und flüssigen Umgebung inert verhält und die Eigenschaften der Flüssigkeiten nicht beeinflußt, wird als idealer Markierungsstoff bezeichnet.

Die *Konvektion* beschreibt die Bewegung von Inhaltsstoffen in Richtung der Grundwasserströmung mit der Größe der Abstandsgeschwindigkeit. Die *molekulare Diffusion* ist ein physikalischer Ausgleichsprozeß, in dessen Verlauf Teilchen infolge der BROWN'schen Molekularbewegung von Orten höherer Konzentration zu solchen niederer Konzentration gelangen, so daß allmählich ein Konzentrationsausgleich erfolgt (vgl. Kap. 2.2.2.5).

Die *Dispersion* beschreibt eine Konzentrationsabnahme durch Geschwindigkeitsvariationen nach Betrag und Richtung innerhalb einer Pore. Sie ist an das Porensystem und das Vorhandensein einer Wasserbewegung gebunden. Je nach Fließrichtung wird die transversale (senkrecht zur Fließrichtung) und longitudinale (in Fließrichtung) Dispersion unterschieden (vgl. Kap. 2.2.2.6), während die *Dispersivität* eine Gesteinsgröße (abhängig vom Rundungsgrad, Ungleichförmigkeitsgrad, Korngröße des porösen Gesteins) ist, die zur Beschreibung der Dispersionseffekte herangezogen wird. Unter *hydrodynamischer Dis-*

persion versteht man das Zusammenwirken von molekularer Diffusion und mechanischer Dispersion. Sie zeigt sich in einer Abnahme des Konzentrationsgradienten während des Transportes. Als *Makrodispersion* wird der Vorgang der Schadstoffverteilung verstanden, der im großen Maßstab durch Inhomogenitäten des geologischen Aufbaus des Aquifers hervorgerufen wird.

Unter der *Abstandsgeschwindigkeit* wird die Geschwindigkeit eines Wasserteilchens in der Hauptfließrichtung zwischen 2 Punkten verstanden. Bei der Definition der Abstandsgeschwindigkeit werden aufgrund der hydrodynamischen Dispersion verschiedene Geschwindigkeiten unterschieden:

Die *maximale Abstandsgeschwindigkeit* ist durch das erste Eintreffen des Tracers bestimmt, während die *modale* oder wirkungsvolle *Abstandsgeschwindigkeit* über den Zeitpunkt des Konzentrationsmaximums berechnet wird. Die *mediane Geschwindigkeit* wird durch den Zeitpunkt der 50 % Tracerkonzentration bestimmt. Die *mittlere Abstandsgeschwindigkeit* (v) berechnet sich als Mittel aller Einzelgeschwindigkeiten. Die *Filtergeschwindigkeit* ist eine fiktive Geschwindigkeit, die dem spezifischen Durchfluß entspricht. Die *effektive Fließgeschwindigkeit* ist der Quotient aus der Filtergeschwindigkeit und der kinematischen Porosität. Unter der *kinematischen Porosität* versteht man den Hohlraum, der effektiv vom Grundwasser durchströmt wird.

Anwendungsbereiche
Der Anwendungsbereich eines Tracers ist stark von den herrschenden chemisch-physikalischen Bedingungen des Grundwassers sowie den petrographischen Bedingungen des Aquifers abhängig.

Planung/Durchführung
Vor Durchführung eines Markierungsversuches sollten folgende Arbeiten durchgeführt werden:

- Erkundung der geologischen Verhältnisse, des Schichtenaufbaus, der Tektonik und Morphologie,
- Erkundung der hydrogeologischen Verhältnisse,
- Erfassung der Wasservorkommen (Quellen, Bäche, Flüsse, Seen, unterirdische Wässer in Höhlen, Stollen, Brunnen),
- Erfassung bestehender Grundwassermeßstellen,
- Erfassung von gebietstypischen Klimadaten sowie
- Erhebung der wichtigsten chemischen und physikalischen Kennwerte (Quellschüttung, Abschätzung von Temperatur, elektrischer Leitfähigkeit, pH-Wert, Gesamt- und Karbonathärte, Sulfat- und Chlorid-Gehalt).

Zur Überprüfung sollte eine Geländebegehung erfolgen. Die Informationen dienen

- der Auswahl des günstigsten Verfahrens,

- der Kenntnis von Anordnung und Ausbau der Beobachtungsbrunnen,
- der Wahl des Markierungsstoffes,
- der Festlegung der Versuchsdauer,
- der Festlegung der Markierungsmenge und
- der Festlegung des Probenahmerhythmus.

Bei der Durchführung eines Markierungsversuches im Bereich einer Altablagerung sind die Methoden, die mittels Förderbrunnen einen erzwungenen Gradienten hervorrufen, nur anzuwenden, wenn die Altablagerung nicht im
Grundwasser liegt, das geförderte Wasser nicht kontaminiert ist oder die Möglichkeit der Entsorgung besteht.

Die Anordnung der Beobachtungsbrunnen und deren Ausbau richtet sich
nach dem gewählten Verfahren. Abbildung 75 zeigt ein Beispiel für die Anordnung von Beobachtungsbrunnen bei einem Mehrbrunnenversuch.

Die Tabellen 12 und 13 zeigen eine Übersicht über mögliche Markierungs-
stoffe.

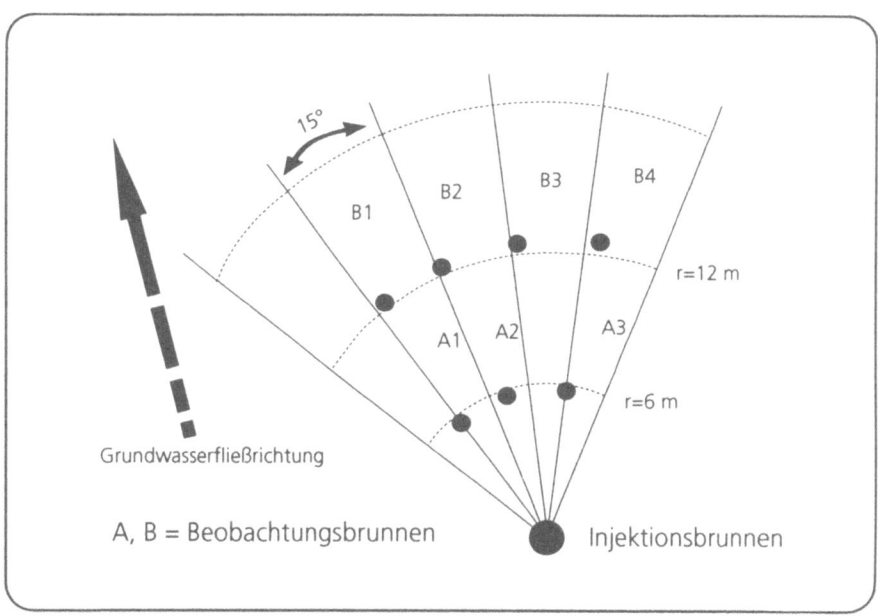

Abb. 75.   Mögliche Anordnung von Meßstellen zur Durchführung eines
Tracer-Versuchs. (Nach Fried 1975)

Tabelle 12.   Übersicht über eine Auswahl verfügbarer Tracer. (Nach Rogers 1958 und Davis et al. 1980)

Lösl. Substanzen	Triftstoffe	Gase	Geruchsstoffe
Salze	Sporen	Xenon	Isomylsalycilat
NaCl	Lycopodium	Radon	Isobornylacetat
KCl		Krypton	Dipenten
LiCl	Bakterien	Ethylmercaptan	DL-Limonen
NaBrO	Serratia maresc.	H_2S	
NH_4Cl	Escheria coli	CO_2	
$CaCl_2$		Freone	
	Viren		
Floureszierende Farbstoffe	Coliphage T4		
Tinopale	Poliovirus		
Uranin			
Eosin			
Pyranin			
Amidorhodamin			
Rhodamine			
Sulforhodamine			
Detergentien			

Tabelle 13.   Übersicht über eine Auswahl verfügbarer Tracer. (Nach Rogers 1958 und Davis et al. 1980)

Natürliche Tracer	Radioaktive Tracer	Aktivierbare Tracer
Stabile Umweltisotope	Tritium	Brom
Deuterium	Natrium-24	Indium
Sauerstoff-18	Chrom-51	Mangan
Kohlenstoff-13	Kobalt-58	Lanthan
	Kobalt-60	Dysprosium
Radioaktive Umweltisotope	Brom-82	
Tritium	Jod-131	
Kohlenstoff-14	Gold-198	
Silizium-32		
Chlor-36		
Argon-37		
Argon-39		
Krypton-81		
Krypton-85		

Die Wahl eines Tracers ist von der geologischen und hydrochemischen Situation im Untersuchungsgebiet abhängig, da sich der Tracer nur selten als "idealer Tracer" verhält. Es existieren verschiedene Wirkungsmechanismen, die aufgrund von Adsorptions- und Desorptionsvorgängen, Flockungs-, Peptisations- und Ausfällungserscheinungen, mechanischer Absiebung und chemischer Umwandlung zu Veränderungen der Tracer-Konzentration und damit zu fehlerhaften Versuchsinterpretationen führen. Grundbelastungen von Tracern im Grundwasser (z.B. bei der Anwendung von Salzen, Uranin) schränken die Auswahl ein (Tabelle 14).

Tabelle 14.   Wirkungsmechanismen und Grundbelastungen, die die Auswertung eines Markierungsversuches beeinflussen können

Markierungsstoff		Beeinflussung des Tracers oder der Versuchsdurchführung
Salze	Natriumchlorid Kaliumchlorid	Anthropogene Grundlast bei Sickerwässern aus Hausmüll- oder Bohrschlammdeponien, Bergbau, Adsorption
	Lithiumchlorid	Anthropogene Grundlast bei Sickerwässern aus Hausmüll- oder Bohrschlammdeponien, Adsorption
	Metaborsäure	Bor als anthropogene Grundlast bei Sickerwässern aus Hausmüll-, Bohrschlamm- oder Bauschuttdeponien
Fluoreszierende Farbstoffe	Tinopale	?
	Uranin	Zerstörung bei pH < 5, bei Vorhandensein von Chlor, Photolytischer Zerfall, Adsorption
	Eosin	Zerstörung bei pH < 5, Adsorption
	Pyranin	Adsorption
	Fuchsin	?
Pigmentfarbstoffe		Flockung, Sedimentation bei hohen Salzkonzentrationen
	Amidorhodamine	Adsorption
	Rhodamine	Adsorption
	Flavine	?
Detergentien		Anthropogene Grundlast
Triftstoffe	Lycopodiumsporen	Entfärbung in Deponiesickerwässern
	Bakterien	Anthropogene Grundlast im Bereich von Fäkalwässern
	Viren, Pilze	Anthropogene Grundlast
Radioaktive Tracer		Grundlast bei Sickerwässern aus Krankenhausabfällen

Bei Multitracer-Experimenten sollte die Wahl des Markierungsmittels so erfolgen, daß ein einfacher analytischer Nachweis der nebeneinander vorliegenden Tracer möglich ist.

Die Versuchsdauer ist von der Art des Markierungsverfahrens sowie von der Entfernung des Eingabeortes von den Beoachtungsbrunnen abhängig. Eine wichtige Rolle spielt auch die hydrogeologische Situation (Durchlässigkeit des Untergundes, geschätzte Abstandsgeschwindigkeiten). Die Versuchszeit muß so festgelegt werden, daß eine vollständige Erfassung des Markierungsmittels sichergestellt ist.

Die Einspeismenge des Tracers ist abhängig

- vom Volumen des betroffenen unterirdischen Gewässers,
- von der Nachweisgrenze des Tracers,
- von der Entfernung der Beobachtungsmeßstellen vom Eingabeort und
- von der Versuchsdauer.

Formeln zur Berechnung der Tracer-Menge finden sich bei Luckner und Schestakow (1986) und Hölting (1992).

Die *Überwachung* eines Tracer-Versuchs beruht im wesentlichen auf der Einhaltung eines festgelegten Probenahmezeitpunktes an den Beobachtungsmeßstellen, der fachgerechten Probenahme, dem ordnungsgemäßen Transport (Lagerung, Konservierung) der Proben zum Labor und der Führung eines Probenahmeprotokolles.

Käss (1972) beschreibt folgenden Probenahmerhythmus bei einem mehrtägigen Tracer-Versuch:

- Am ersten Versuchstag halbstündliche Probenahme bei einer Ansaugmenge von 25 ml/min,
- am zweiten Versuchstag stündliche Probenahme,
- am dritten und vierten Versuchstag zweistündliche Probenahme,
- am fünften und sechsten vierstündliche Probenahme,
- vom siebenten Tag an zunächst tägliche Probenahme bei einer Fördermenge von 150 ml/min und
- später Beprobung in immer längeren Zeitabständen.

Je nach Fragestellung sollte bei der Probenahme berücksichtigt werden, ob grundwasserspezifische Parameter als Mischprobe über den gesamten Aquifer ermittelt oder über Punktproben Informationen über einzelne Schichten gewonnen werden sollen. Bei langfristigen Beobachtungen im Karst muß mit einer Zumischung von Regen- oder Schmelzwasser gerechnet werden, so daß es zu Konzentrationsänderungen kommen kann. Hier sollten die Proben sowohl vor als auch nach den Niederschlags-/Schmelzperioden entnommen werden.

Das Probenahmeprotokoll sollte folgende Angaben enthalten:

- Probenahmestelle,
- Probenahmedatum,
- Zeitpunkt der Probenahme
- Schwierigkeiten bei der Probenahme,
- Bohrlochausbau (Lage von Filterstrecke und Tonsperren),
- Grundwasserverhältnisse (gespannt, ungespannt),
- Lage des Ruhewasserspiegels,
- Absenkung/Position/Förderleistung/Art der Pumpe,
- Wassertemperatur,
- Leitfähigkeit und
- chemische Wasserzusammensetzung.

Für den Umgang und die Beförderung radioaktiver Stoffe bedarf es einer *atom-rechtlichen Genehmigung* durch die zuständige Landesbehörde sowie einer Umgangs- und Transportgenehmigung für die autorisierten Personen. Von der Genehmigungspflicht ausgenommen sind Stoffe, deren Radioaktivität unterhalb der sogenannten Freigrenze liegt (Moser und Rauert 1980). Für isotopenhydrologische Untersuchungen von Umweltisotopen entfallen die Strahlenschutzmaßnahmen.

Beim Einbringen von Stoffen ins Grund- und Oberflächenwasser bedarf es zusätzlich einer *wasserrechtlichen Genehmigung* durch die zuständigen Wasserbehörden der Länder.

Auswertung

Die Darstellung des zeitlichen Verlaufs der Tracer-Konzentration in einer Beobachtungsmeßstelle als Durchgangskurve ermöglicht beim eindimensionalen Fall die Berechnung von Abstandsgeschwindigkeiten. Auf der Grundlage der Summenkurve können die Porengeschwindigkeit und die longitudinale Dispersion annähernd bestimmt werden (Mattheß und Ubell 1983).

Analytische Lösungsansätze bei ein-, zwei- und dreidimensionaler Ausbreitung bieten Klotz (1973), Bear (1979), Mull et al. (1979), Schweizer et al. (1985) sowie Luckner und Schestakow (1986).

Analytische Lösungsansätze bei radialsymmetrischer Ausbreitung zeigen Sauty (1977) sowie Hoehn und Roberts (1982 b).

Schweizer et al. (1985) beschreiben analytische Lösungen mit Hilfe von Typkurven.

Räumliche und zeitliche Auflösung

Die räumliche und zeitliche Auflösung von Tracerversuchen wird im wesentlichen von

- der Versuchsdurchführung und -dauer,
- der Größe des erfaßten Gebietes,

- der Auswertegenauigkeit,
- der Genauigkeit der Tracer-Analytik,
- der subjektiven Wahrnehmung des Betrachters beim visuellen Nachweis von Farb-Tracern, Detergentien oder Sporen und
- der Repräsentanz der ermittelten Tracer-Konzentrationen

bestimmt. Letztere wird durch

- biologische Abbaubarkeit (Detergentien),
- natürliche Sterberate (Bakterien, Viren),
- Halbwertszeit (radioaktive Substanzen),
- Geruchsschwellenwert (Geruchsstoffe),
- chemische Reaktion mit der Gesteinsmatrix und den löslichen Inhaltsstoffen im Wasser sowie
- Sedimentationsverhalten (mechanische Absiebung)

beeinflußt.

Fehlerquellen/Qualitätssicherung

Bei der Durchführung eines Tracer-Versuches können Fehler, die eine korrekte Auswertung nicht ermöglichen, in den unterschiedlichsten Versuchsphasen auftreten:

- falsche Annahme der Grundwasserströmungsverhältnisse,
- falsches Bohrverfahren (Tonspülung verursacht bei Fluoreszenz-Tracern Fluoreszenzabfluß)
- ungeeigneter Tracer,
- Unter-/Überdosierung (Ausfällung, Dichte-/Viskositätsänderung),
- Verfälschung der Tracer-Analytik durch Verschleppung und
- fehlerhafte Probenahme (photolytischer Zerfall von Fluoreszenzfarbstoffen, Nachweisempfindlichkeit).

Zur Qualitätssicherung sind folgende Forderungen zu stellen:

- Vorversuch bei langfristigen Versuchen,
- Fehlen oder geringes Vorkommen des Tracers im natürlichen Wasser, um die Konzentrationsdifferenz zwischen Eingabe- und Beobachtungsstellen einwandfrei feststellen zu können,
- Nullbeprobung,
- Mehrfachbeprobung,
- qualitativer und möglichst quantitativer Nachweis in sehr starker Verdünnung,
- Zwischenauswertung (Überprüfung der Richtigkeit der getroffenen Annahmen),

- ■ Dokumentation der Versuchsdurchführung und der klimatischen Bedingungen sowie
- ■ Kontrollrechnungen und Parametervariationen bei der Auswertung/Modellierung.

Zeitaufwand

Der Zeit- und damit auch der Kostenaufwand sind in der Regel sehr hoch und vom gewählten Verfahren (Anzahl der Beobachtungsbrunnen, Größe des Untersuchungsgebietes, Dauer des Versuches) abhängig. Danach richten sich

- ■ die Analysekosten,
- ■ die Personalkosten und
- ■ der apparative Aufwand.

Einbohrlochverfahren   **H-VTracE**

Die Einbohrlochmethode dient der Erfassung der Grundwasserströmung im Vertikalprofil des Grundwasserleiters, wobei Schicht für Schicht mit hoher Auflösung untersucht werden kann.

Das Einbohrlochverfahren wird zur Bestimmung der Filtergeschwindigkeit, der Fließrichtung des Grundwassers im Grundwasserleiter und der vertikalen Fließrichtung und Filtergeschwindigkeit des Grundwassers in Filterrohren benutzt (Drost 1982).

Die *Einbohrlochmethode* mit Hilfe eines erzwungenen Gradienten (Single Well Pulse-Verfahren) wurde von Leap und Kaplan (1986) entwickelt. Sie wird zur Bestimmung der Abstandsgeschwindigkeit und effektiven Porosität in Lockergesteinsaquiferen herangezogen.

Als radioaktive Tracer werden *Radionuklide* eingesetzt. Es handelt sich hierbei um instabile Nuklide, deren Gammastrahlung (energiereiche elektromagnetische Strahlung) gemessen wird.

Anwendungsbereiche

Die Einbohrlochmethode findet vornehmlich in Lockergesteinen mit hoher Nutzporosität wie Sand, Kies und Geröll Anwendung (Drost 1984). Sie liefert in kurzer Zeit Grundwasserparameter für einen kleinen, abgegrenzten Bereich einzelner Schichten, ist reproduzierbar und läßt sich bei der Wahl geeigneter Meßmethoden wiederholen (Moser und Rauert 1980).

Planung/Durchführung

Die Einbohrlochmethode erfordert nur einen Brunnen. Er sollte den Grundwasserleiter vollständig durchdringen und über die gesamte Mächtigkeit oder verschiedene Horizonte fachgerecht ausgebaut sein und einen sandfreien Grundwasserdurchfluß bei geringem Filterwiderstand garantieren.

In den Brunnen wird ein Tracer injiziert, der mit dem natürlichen Grundwasserfluß abtransportiert wird. Aus der Verdünnung (Abnahme der Anfangskonzentration K_0 mit der Zeit Δt) eines konservativen Tracers läßt sich der Betrag

der Grundwassergeschwindigkeit in einer bestimmten Teufe in einem Filter-
rohrabschnitt bestimmen. Vertikalströmungen im Filterrohr, die einen Abtransport und eine Verdünnung des Markierungsstoffes nach unten oder oben verursachen, werden durch Packer verhindert. Das unerwünschte Vorhandensein
von Vertikalströmungen wird durch Kontrolldetektoren überwacht.

Das Tracer-Verdünnungsverfahren ermöglicht im Gegensatz zur Richtungs-
bestimmung (Tracer-Verteilungsermittlung) nicht nur den Einsatz radioaktiver
Tracer. Hier haben sich auch Salze bewährt, deren Konzentrationen durch Leit-
fähigkeitsmessungen leicht bestimmbar sind.

Die Fließrichtung des Grundwassers in einem einzigen Bohrloch kann durch
radioaktive Markierung der Wassersäule in der Bohrung bestimmt werden. Mittels eines Detektors kann die Abströmungsrichtung des Markierungsstoffes (die
emittierende Gamma-Strahlung) als Funktion des Azimuts gemessen werden
(Abb. 76).

Die Durchführung der Einbohrlochmethode mit Hilfe eines erzwungenen
Gradienten (*Single Well Pulse-Verfahren* SWPV) erfolgt durch momentane Eingabe der Tracer-Lösung in einen vollkommenen Filterbrunnen. Nach Eingabe
des Tracers wird der Brunnen zunächst mit klarem Wasser gespült. Die Tracer-
Lösung läßt man dann zunächst in den Grundwasserleiter abfließen. Befindet
sie sich nach einer gewissen Zeit im Abstand r vom Brunnen, wird das markierte Wasser mit konstanter Förderrate zurückgepumpt. Bei der Versuchsdurchführung (Leap und Kaplan 1988) wurde die Förderrate so festgesetzt, daß die
Absenkung nur 10 % der gesättigten Aquifermächtigkeit betrug.

Auswertung
Auswertungen für die Einbohrlochmethode (natürlicher Gradient) geben Drost
(1972), Freeze und Cherry (1979) sowie Luckner und Schestakow (1986).
Auswertemöglichkeit für die Versuchsdurchführung mittels der Einbohr-
lochmethode und des erzwungenen Gradienten (Förderbrunnentest) sind bei
Leap und Kaplan (1988) beschrieben.

Räumliche und zeitliche Auflösung
Im Vergleich zur Verdünnungsmethode kann durch die Single Well Pulse-Me-
thode (Förderung) ein größerer Bereich des Grundwassers erfaßt werden.

Fehlerquellen
Die Übertragbarkeit der Meßergebnisse auf ein größeres, die Meßstelle umge-
bendes Gebiet hängt weitgehend von der Homogenität und Isotropie der einzelnen Schichten des Grundwasserleiters ab. Vertikalströmungen im Filterrohr
und in der Filterkiesschüttung wirken auf die Meßergebnisse verfälschend.

Bei der Einbohrlochmethode treten Fehler bei der Zeitabschätzung auf, zu
der das Zurückpumpen des Tracers erfolgen soll. Die errechnete Abstandsgeschwindigkeit liegt bis zu 30 % unter der wahren Geschwindigkeit, wenn
das Driften des Tracers zu kurzfristig erfolgte.

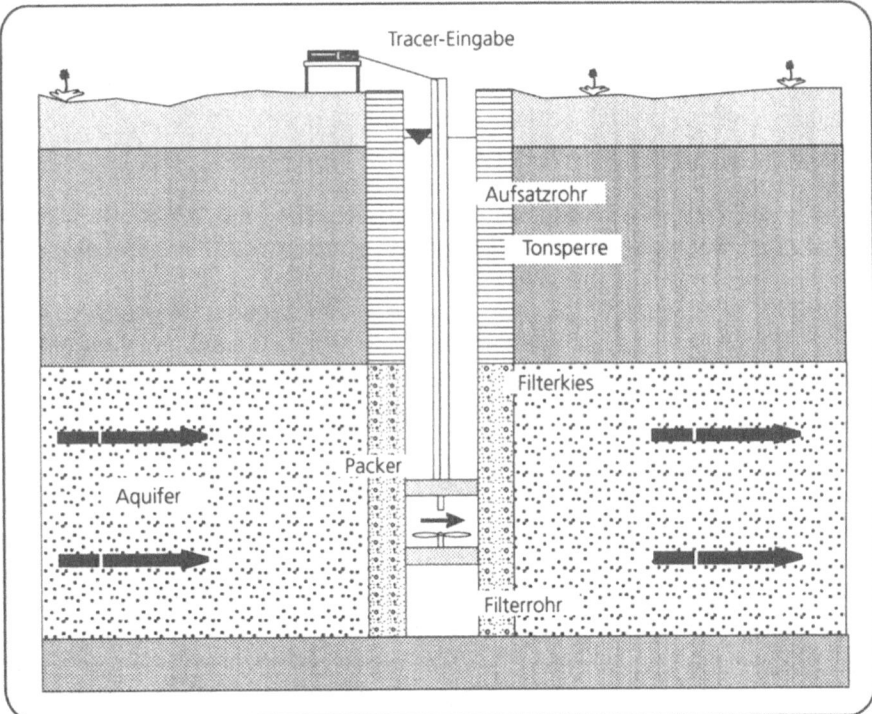

Abb. 76.   Versuchsaufbaus eines Tracer-Tests nach der Einbohrlochmethode. (Nach Freeze und Cherry 1979)

Mehrbohrlochverfahren   H-VTracM
Anwendungsbereiche

Mehrbohrlochmethoden werden in gering durchlässigen Formationen hauptsächlich zur Bestimmung der longitudinalen Dispersion und des Speicherkoeffizienten eingesetzt, seltener zur Bestimmung der Grundwasserfließrichtung und
-geschwindigkeit, da sie relativ aufwendig sind.

In Festgesteinsaquiferen können Fördertests zur Ermittlung der Fließgeschwindigkeit und des nutzbaren Hohlraumvolumens eingesetzt werden. Halevi
und Nir (1962), Webster et al. (1970), Groove und Beetem (1971) sowie Seiler
(1972) beschreiben einen zirkulierenden Förderbrunnentest zur Bestimmung
des Hohlraumgehaltes und der Dispersionskonstanten in klüftigem Festgestein.

Fördertests können nur angewandt werden, wenn die Möglichkeit der Entsorgung oder Aufbereitung des Wassers besteht. Ihrer Anwendung in der Nähe
von Altlasten sind aufgrund der Gefahr, kontaminiertes Wasser zu fördern,
Grenzen gesetzt.

Planung/Durchführung

Bei den am häufigsten durchgeführten Mehrbohrlochmethoden unterscheidet man drei Verfahren:

Beim *Natural Gradient Test* (Fried 1976) wird ein Tracer über eine vollkommene Grundwassermeßstelle in den Grundwasserstrom injiziert. Um eine Störung des natürlichen Grundwasserstromes zu verhindern, darf diese Injektion dem Grundwasserleiter praktisch kein zusätzliches Wasser zuführen. Die Tracer-Eingabe erfolgt entweder

- ■ *impulsförmig* mit einer Tracer-Menge m [kg/m³], die in einer sehr kurzen Zeit Δt injiziert wird (Momentaninjektion),
- ■ *sprungförmig* durch Zuführung eines stetigen Tracer-Massenstroms m [kg/s] (für t > 0) oder konstanter Konzentration K im Injektionsbrunnen oder
- ■ *rechteckimpulsförmig* mit m = const. oder K = const. wie zuvor, aber auf einen Zeitraum begrenzt (kontinuierliche Injektion einer konstanten Menge über eine gewisse Impfzeit, Luckner und Schestakow 1986).

In galerieartig, kreis- oder halbkreisförmig angeordneten Beobachtungsmeßstellen werden dann die Konzentrationsdurchgänge mit der Zeit beobachtet.

Beim *Injektionsbrunnentest* wird der Tracer einem Injektionsvolumenstrom zugemischt, der dem Grundwasser über seine gesamte Mächtigkeit zugegeben wird (Luft und Morgenschweis 1982). Dabei wird häufig zunächst ein Injektionsstrom ohne Tracer-Zusatz infiltriert, um annähernd stationäre Strömungsverhältnisse zu erreichen. Für die Tracer-Eingabe mittels Injektionsstrom ist ein separater Wasservorrat notwendig; häufig beliefert auch ein im gleichen Aquifer abgeteufter Brunnen den Injektionsbrunnen. Die Beobachtungs- und Beprobungsmeßstellen sollten nicht mehr als 10 m vom Injektionsbrunnen entfernt sein (Luckner und Schestakow 1986). Für die Versuchsauswertung ist die Art der Beprobung (Punktprobe aus einer Schicht oder Mischprobe über den gesamten Grundwasserleiter) entscheidend (Abb. 77).

Förderbrunnentests können zirkulierend (Two Well Recirculating Test, Groove und Beetem 1971, Thompson 1981) und nicht zirkulierend (Güven et al. 1986) durchgeführt werden. Der Tracer wird zunächst mit einer stetigen Fließrate in eine Grundwassermeßstelle injiziert, die sich im Abstand r zu einem vollkommen ausgebauten Förderbrunnen befindet. Dabei können die Fließraten von Injektions- und Förderbrunnen gleich sein, müssen das jedoch nicht (Gelhar 1982).

Bei der zirkulierenden Methode wird das markierte Wasser vom Förderbrunnen zurück zum Injektionsbrunnen geleitet (Abb. 78).

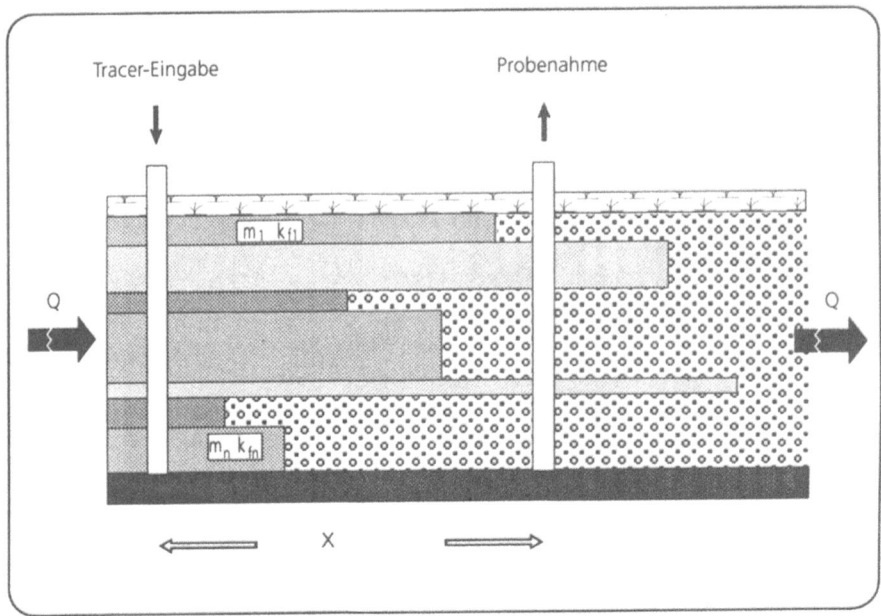

Abb. 77.   Einfluß der Probenahme (Punktprobe oder Mischprobe) auf die Versuchsauswertung. (Nach Luckner und Schestakow 1986)

Bei der nicht zirkulierenden Methode wird das aus dem Förderbrunnen gepumpte Wasser nicht mehr gebraucht. Hier besteht der Vorteil, daß der Tracer nicht unbedingt mit dem Injektionsstrom eingegeben werden muß (Abb. 79). Ein Vorteil der Förderbrunnentests liegt darin, daß der Tracer den Förderbrunnen nicht verfehlen kann, auch wenn dieser etwas abweichend von der wahren Grundwasserfließrichtung steht; er wird nur mit einem minimalen Fehler in der Geschwindigkeit in den Förderbrunnen gepumpt. Als Injektionsbohrung kann eine Bohrung geringen Durchmessers dienen. Im Festgestein (standfestes Gebirge) kann auf den Ausbau der Injektionsbohrung verzichtet werden (Seiler 1972).

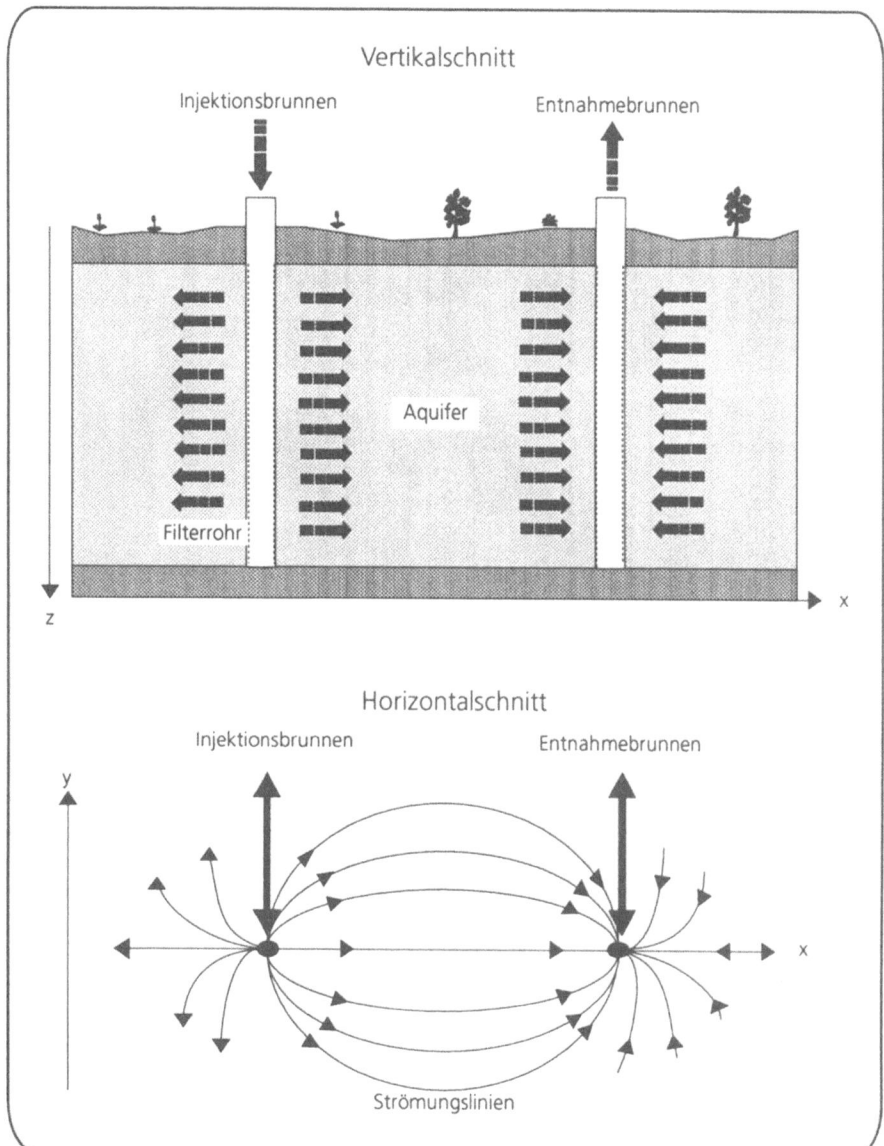

Abb. 78.   Versuchsanordnung und Fließmuster eines zirkulierenden Förderbrunnentests

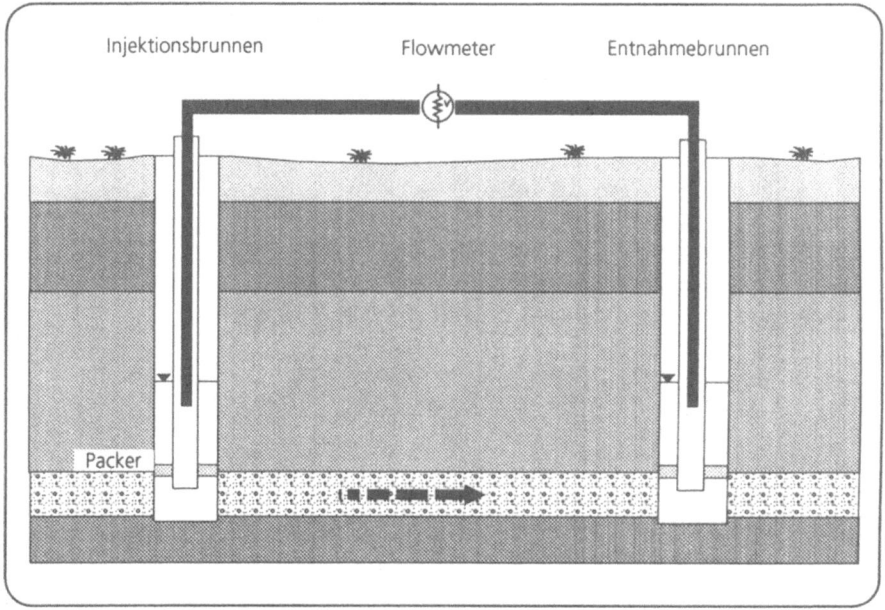

Abb. 79.   Darstellung eines Förderbrunnentests in einem geschichteten Aquifer. (Nach Güven et al. 1986)

Auswertung
Lösungsmöglichkeiten sind bei Sauty (1978) sowie Luckner und Schestakow (1986) beschrieben. Theoretische Lösungen für konvektiven und dispersiven Transport im Fließfeld beim zirkulierenden Fördertest bieten Hoopes und Harleman (1967) sowie Groove und Beetem (1971).

Räumliche und zeitliche Auflösung
Der Abstand der Beobachtungsbrunnen vom Injektionsbrunnen und damit der Untersuchungsraum kann relativ groß gewählt werden, wenn die erforderliche Versuchszeit verfügbar ist. Dabei sind jedoch die Verdünnung des Tracers und die Nachweisgrenzen der Untersuchungsverfahren zu berücksichtigen.

Fehlerquellen/Qualitätssicherung
Fehler können durch

- Viskositäts- und Dichteänderungen bei impulsförmiger Tracer-Eingabe,
- Störung des hydraulischen Systems bei Grundwasserentnahme aus dem Versuchs-Aquifer sowie
- durch fehlerhafte Probenahme (Misch- oder Schichtprobe)

hervorgerufen werden.

Sie werden vermieden durch

- Grundwasserentnahme in genügend weiter Entfernung zum Versuchsort oder Sicherung des Infiltrationsstromes aus dem Trinkwassernetz und
- Ausstattung der Grundwassermeßstellen mit isolierten Multilevel-Probesammlern.

Tracer-Anwendung in der Karsthydrologie   **H-VTracK**
Anwendungsbereiche
Karstwassermarkierungen werden zur Verfolgung belasteter Wässer und zur Feststellung von Grundwasserfließrichtung und -geschwindigkeit durchgeführt.

Planung/Durchführung
Die Versuchsdurchführung sieht eine Eingabe des Tracers über Dolinen innerhalb kürzester Zeit vor. Ortsabhängig erfolgt ein Vor- oder Nachspülen mit Wasser. Für den Tracer-Nachweis werden sämtliche vorhandene Quellen und Brunnen wöchentlich beprobt. In den Bereichen, in denen ein Tracer-Durchgang erwartet wird, erfolgt eine tägliche bis halbtägliche Probenahme über einen Zeitraum von einigen Wochen.

Auswertung
Eine Möglichkeit der Auswertung beschreiben Behrens und Seiler (1981).

Fehlerquellen/Qualitätssicherung
Die Problematik bei der Aussage von Markierungsversuchen im Karst liegt in der Abhängigkeit von Niederschlagsereignissen und den damit herrschenden hydrologischen Bedingungen. Hoch-, Mittel- und Niedrigwasser im Karstkörper beanspruchen unterschiedliche Fließwege und können dadurch die Aussage eines Markierungsversuches stark beeinflussen. Deshalb ist die Dokumentation der Wetterverhältnisse und Niederschlagsereignisse für die Beurteilung der Versuche von großer Bedeutung.

1.7   Probenahmeverfahren   S

Probenahmen sind bei Altlastverdachtsflächen für konkrete Untersuchungen im Rahmen von Orientierungs-, Detail- und Sanierungsuntersuchungen sowie bei Erfolgskontrollen bereits durchgeführter Maßnahmen auszuführen. Der Aussagewert solcher Untersuchungen wird durch die Probenahme wesentlich mitbestimmt. Dort entstandene Fehler lassen sich im weiteren Verlauf der Untersuchung nicht mehr ausgleichen.

Vor einer Probenahme muß neben der Fragestellung der Untersuchung auch der Parameterumfang bekannt sein. Eine nachträgliche Erweiterung des Untersuchungsumfanges ist nur dann möglich, wenn die Probenahme auch in bezug auf hinzukommende Parameter fehlerfrei ist. So sollten Grundwasserproben, die mittels Saugpumpe gewonnen wurden, nicht auf leichtflüchtige Verbindungen untersucht werden, da durch den verfahrensbedingt entstehenden Unterdruck im Pumpenkopf diese Verbindungen bereits bei der Probenahme quasi ausgestrippt werden. Die Bedeutung eines möglichen Fehlers bei der Probenahme für das Analysenergebnis zeigt Abb. 80.

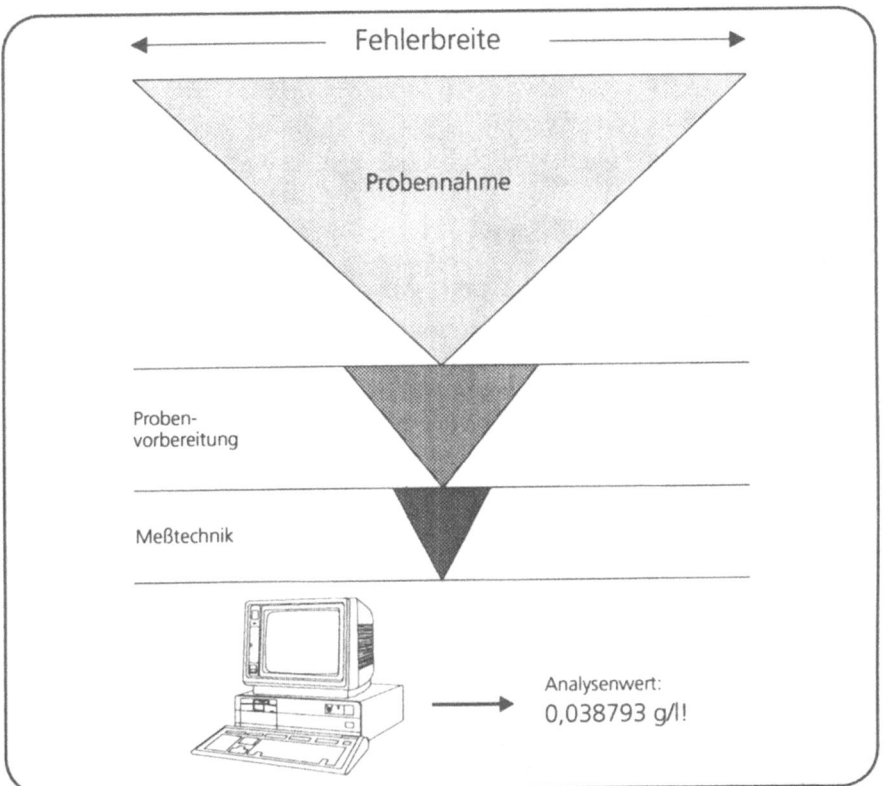

Abb. 80.   Bedeutung eines möglichen Fehlers bei der Probenahme

1.7.1 Wasser S-W

In diesem Kapitel wird die Beprobung von Grund- und Oberflächenwasser behandelt. Den Schwerpunkt bildet die Grundwasserprobenahme, da diese bei der Untersuchung von Altlastverdachtsflächen i.allg. von größerer Bedeutung ist. Zu diesem Themenkomplex existiert eine Reihe von Fachveröffentlichungen, auf die nicht im einzelnen eingegangen wird, stellvertretend dafür seien folgende Richtlinien, Hinweise, Arbeiten und Veröffentlichungen genannt: Barczewski und Marshal (1990), Länderarbeitsgemeinschaft Wasser (LAWA), DIN-Normen DIN 38 402 - A 13 und DIN 38 402 - A 21, Landesamt für Wasser und Abfall Nordrhein-Westfalen (1989), Ministerium für Umweltschutz Baden-Württemberg (1989).

Die Analytik beginnt mit der Probenahme. Die Fehler, die bei der Probenahme auftreten, sind größer als spätere Analysenfehler; daher ist es sehr wichtig, die Beprobung sachgemäß durchzuführen. Es ist anzustreben, qualifiziertes Personal einzusetzen.

1.7.1.1 Entnahme von Wasserproben

Grundwasser
Pumpen S-Wpump
Bevor mit der Probenahme begonnen wird, ist die Lage des Ruhewasserspiegels zu messen. Zweckmäßig ist es auch, die Brunnentiefe auszuloten, um die Wassersäule berechnen zu können und evtl. Verschlammungen der Meßstelle zu erkennen. Grundwasserproben werden generell als Pumpproben gewonnen, das Schöpfen ist nur in Ausnahmefällen oder bei besonderen Fragestellungen zulässig.

Um zu verhindern, daß bei der Verwendung von Saugpumpen durch das Entstehen von Unterdruck Wasserinhaltsstoffe ausgasen können, sollten Unterwassertauchpumpen eingesetzt werden. Dieser Effekt ist bei längerem Abpumpen ohne Bedeutung, da dann ein kontinuierlicher Durchfluß resultiert, so daß der Effekt der vorzeitigen Ausgasung keine Rolle mehr spielt. Im Altlastenbereich werden aus Kostengründen die Beobachtungsbrunnen oft mit einem Innendurchmesser von 50 mm (DN50) gebaut. Aus diesem Grund wird empfohlen, eine leistungsfähige 2"-Pumpe einzusetzen.

Ziel der Beprobung muß die Entnahme einer für den jeweils betrachteten Grundwasserbereich repräsentativen Probe sein. Dazu ist es erforderlich, das Standwasser im Brunnenrohr durch Abpumpen zu entfernen. Die früher gebräuchlichen Faustformeln für die Zeitdauer des Abpumpens wie das zweimalige Austauschen des Brunnenrohrinhaltes reichen nicht aus, um den für die Probenahme richtigen Zeitpunkt zu erkennen. Vielmehr besitzt jede Meßstelle eine eigene Charakteristik, die über Gütepumpversuche ermittelt werden kann. Mit Gütepumpversuchen wird anhand von ausgewählten Parametern (Leitfähigkeit, Nitrat, Säurekapazität, Summe Erdalkalien, Chlorid) für jede Meßstelle der Probenahmezeitpunkt bestimmt (Barczewski et al. 1993).

In der Regel gibt es jedoch keine Vorgaben, so daß stattdessen der zeitliche Verlauf von Leitparametern bis zur Konstanz verfolgt wird. Die Konstanz der Parameter und damit der Probenahmezeitpunkt ist erreicht, wenn sich innerhalb von 5 min

- die Leitfähigkeit um ca. 10 µS/cm
  (bei Leitfähigkeiten > 1000 µS/cm um 1 %),
- der pH-Wert um 0,1 Einheiten und
- die Temperatur um 0,1 °C

nicht mehr verändern. Diese Zahlen sind als Anhaltspunkte zu verstehen; in einigen Fällen werden sie nicht einzuhalten sein.

Die Pumpe wird ca. 1 m unter den maximal abgesenkten Wasserspiegel eingehängt. Da bei 2"-Meßstellen Wasserstandsmessungen und gleichzeitiges Abpumpen schwierig sind, wird die Pumpe in diesen Fällen ca. 1 m unter der Oberkante des Filters eingehängt. Dabei ist zu berücksichtigen, daß aus der Filterkiesschüttung durch die turbulente Strömung Feinststoffe herausgelöst werden können.

Eine zu hohe Förderleistung ist zu vermeiden. Als Anhaltspunkt kann gelten, daß die Absenkung höchstens 1/3 der Wassersäule betragen soll. Diese Vorgabe läßt sich aber in vielen Fällen nicht einhalten, wie z. B. bei gering durchlässigen Grundwasserleitern.

Das abzupumpende Wasser ist in ausreichendem Abstand von der Meßstelle abzuleiten. Für kontaminierte Grundwässer muß gegebenenfalls eine Entsorgungsmöglichkeit (Bereitstellung eines Tankwagens/Aufbereitung) vorgehalten werden.

Für die Probenahmegerätschaften ist die Möglichkeit einer Grobreinigung vor Ort vorzuhalten. Da im Altlastenbereich i.d.R. kontaminierte Grundwässer zu beproben sind, ist darauf zu achten, diese in der Reihenfolge zunehmender Belastung zu beproben. Sinnvoll ist es, mehrere Pumpen und Schlauch-/Steigrohrsätze einzusetzen.

Gerade bei Altlastverdachtflächen kann es vorkommen, daß Sickerwässer höherer Dichte auftreten, die sehr viel stärker vertikal als horizontal verfrachtet werden. Sollten in solchen Fällen die Meßstellen über weite Bereiche verfiltert sein (sog. vollkommene Brunnen in relativ mächtigen Aquiferen) kann eine Beprobung, wie sie hier dargestellt ist, falsche Ergebnisse liefern. In diesen Fällen ist der Einsatz sog. „Milieusonden", z.B. zur Bestimmung der richtigen Einhängtiefe der Pumpe, sinnvoll.

Schöpfen   **S-Wschöpf**

Wie schon erwähnt, werden Grundwasserproben nur in Ausnahmefällen geschöpft, so z.B., um eine aufschwimmende Ölphase zu erfassen oder geschichtete Wässer zu beproben. Für die Entnahme von Deponiewasser (Stauwasser, Sickerwasser) können gelochte 2"-Stahlrohre in den Boden gerammt werden. Da für ein Abpumpen meist nicht genügend Wasser vorhanden ist, werden diese Proben i.d.R. geschöpft.

Oberflächenwasser

Bei Quellen erfolgt die Probenahme möglichst nahe am Quellaustritt. Wenn die Quelle frei ausläuft, werden die Flaschen mit einem Kunststofftrichter befüllt. Die Probenflaschen können bei überstauten Quellausläufen auch in das Wasser eingetaucht werden. Dann darf jedoch die Hand nur unterstromig mit dem Wasser in Berührung kommen. Gegebenenfalls sind Schutzhandschuhe zu tragen. Hier sei auf die Veröffentlichung der Landesanstalt für Umweltschutz Baden-Württemberg (1994) verwiesen, die das Thema Arbeitsschutz behandelt.

Bei Oberflächenwasserproben genügt i.d.R. auch das Eintauchen der Flaschen. Für bestimmte Fragestellungen wie die tiefenorientierte Beprobung sind spezielle Schöpfgeräte auf dem Markt erhältlich, so z.B. neben einfachen Schöpfhülsen und Schöpfbechern (aus Kunststoff oder Edelstahl) auch der *Ruttner*-Schöpfer. Dieses Schöpfgerät wird beim Einlassen vom Wasser durchströmt. In einer bestimmten Wassertiefe wird der Schöpfer durch ein Fallgewicht geschlossen. Somit ist die Entnahme von Wasserproben aus jeder gewünschten Tiefe möglich.

Näheres zur Entnahme von Wasserproben aus stehenden oder fließenden Gewässern ist DIN 38 402 A12 und DIN 38 402 A15 zu entnehmen.

Sedimente

Zur Ermittlung zurückliegender andauender Belastungen ist es zweckmäßig, Gewässersedimente (DIN 38 414 S1) zu beproben. Besonders Schwermetalle und organische Problemstoffe akkumulieren in Schweb- und Sinkstoffen. Dabei ist der gelöste Anteil dieser Substanzen i.d.R. relativ gering, der akkumulierte Anteil kann dagegen eine 10^3 - 10^5 höhere Größenordnung als in der Wasserphase ausmachen. Falls eine Beeinflussung vorliegt, kann diese durch Sedimentprobenahmen oberhalb und unterhalb der Verdachtsflächen nachgewiesen werden. Bei noch andauernden Belastungen ist der Einsatz von Sedimentkästen generell vorzuziehen, da hier keine Verfälschungen durch anstehenden Boden etc. zu befürchten sind. Bei der Auswertung von Sedimentuntersuchungen sind generell Korngrößenanalysen und Bestimmungen des TOC (gesamt. org. Kohlenstoff) mit vorzulegen, da ein Zusammenhang zwischen Korngrössenverteilung und Konzentration der Schadstoffe besteht. Schwermetalle und bestimmte organische Schadstoffe lagern sich sehr viel stärker an feinkörnige (Schlick) als an grobkörnige Feststoffe (Sand) an.

1.7.1.2 Materialeinfluß

Durch das Material der Probenahmegeräte und das Ausbaumaterial von Meß-stellen kann die Beschaffenheit der Wasserprobe beeinflußt werden. Dies macht sich besonders bei Bestimmungen im Spurenbereich bemerkbar. So kann es bei einem Edelstahlausbau zu einem Übergang von Metallen in das Grundwasser durch Korrosion oder bei einem Ausbau mit Kunststoffmateria-lien zu Adsorptions-/Desorptions-Vorgängen kommen. Diese Effekte sind bei-spielsweise bei Remmler (1990) ausführlich beschrieben. Für neu einzurichten-de Meßstellen können die Materialien somit je nach Untersuchungsziel ausge-wählt werden. Nach längerer Einsatzdauer ist teilweise von einer Verringerung der Materialeffekte auszugehen; so sollten neue Meßstellen erst nach einer Konditionierungszeit von einigen Wochen beprobt werden, wenn die Bestim-mung von Stoffen im Spurenbereich im Vordergrund steht. Bei der Bestim-mung in höheren Konzentrationsbereichen, z.B. bei kontaminierten Wässern, ist der Materialeinfluß allerdings nicht mehr von großer Bedeutung.

Im Altlastenbereich wird hauptsächlich HDPE zum Meßstellenausbau ver-wendet, da es sich vor dem Hintergrund des Kosten/Nutzen-Aspektes bewährt hat.

1.7.1.3 Physikochemische Vor-Ort-Parameter   S-Wvo

Die organoleptische Prüfung der Beschaffenheit des Grundwassers beinhaltet Farbe, Trübung, Geruch und Bodensatz. Treten bei der Probenahme Verände-rungen wie Trübung oder Ausgasung auf, so sind diese zu protokollieren.

Eine Reihe von Untersuchungsparametern ist sofort bei der Probenahme zu messen, da sie sich schnell verändert. Hierfür kommen hauptsächlich Feldmeß-geräte zum Einsatz.

Im allgemeinen werden folgende Parameter vor Ort gemessen, in Klammern sind die jeweiligen DIN-Normen genannt:

- Wassertemperatur   (DIN 38 404 C4),
- pH-Wert   (DIN 38 404 C5),
- elektrische Leitfähigkeit (DIN 38 404 C8),
- Sauerstoffgehalt   (DIN 38 408 C22) und
- Redoxpotential   (DIN 38 404 C6).

Die Messung des Redoxpotentials bedarf einer besonders sorgfältigen Durch-führung. Selbst bei ordnungsgemäßer Durchführung lassen sich nicht immer plausible Ergebnisse erzielen, *daher sollte die Bestimmung des Redoxpotentials nicht in Routineprogrammen enthalten sein.*

Als weiteren Parameter kann man die

■   Säure- und Basekapazität   (DIN 38 409 C7)

vor Ort bestimmen, um CO_2-Verluste und das Ausfallen von $CaCO_3$ zu minimieren. Das empfiehlt sich besonders bei weichen und alkalischen Wässern.
    Die physikochemischen Untersuchungsparameter werden vorzugsweise in
einer Durchflußmeßzelle ermittelt. Dabei ist darauf zu achten, daß die Anordnung der Elektroden sowie die Konstruktion der Meßstrecke (Durchflußmeßzelle) selbst eine laminare Anströmung mit optimaler Anströmgeschwindigkeit
gewährleisten. Dokumentiert werden die Werte in einem zeitlichen Abstand
von max. 5 min. Bei geschöpften Proben kann man sich auf die Bestimmung
von Leitfähigkeit, pH-Wert und Temperatur beschränken.
    Für die Probenahme (Befüllen der Probenflaschen) ist vor der Meßstrecke
eine Abzweigung (Bypass-Schlauch) vorzusehen.

1.7.1.4   Befüllen der Probenflaschen   S-Wfüll

Das Material und die Vorbehandlung der in Frage kommenden Probenflaschen
sollen möglichst keine Veränderung der zu bestimmenden Parameter durch
Kontamination, Adsorption, Diffusion und Ausgasung bewirken. Zum Einsatz
kommen meist PE-Flaschen sowie Glasflaschen (Braunglas mit Vollglasschliff-
stopfen).
    Es ist unerläßlich, sich vor der Probenahme mit dem Labor, das die Untersu-
chungen durchführen wird, bezüglich der zu verwendenden Flaschenmaterial-
en abzustimmen. Vom Labor kommen auch die Vorgaben zum Probenvolumen, zur Vorbehandlung sowie zur Konservierung. Falls Konservierungschemikalien verwendet werden, sind diese i.d.R. bereits vorgelegt. Ideal ist es in diesem Zusammenhang, wenn Probenahme und Analytik in einer Hand liegen.
    Um Veränderungen der Wasserbeschaffenheit (z.B. durch Lufteinwirkung)
zu minimieren, muß das Befüllen umsichtig erfolgen. Es soll nicht aus dem Förderschlauch, sondern aus einem Bypass-Schlauch (austauschbar wegen möglicher Verunreinigungen, z. B. durch Konservierungsstoffe) mit geringerem
Querschnitt befüllt werden. Zuerst werden die Gefäße, die keine Konservierungschemikalien enthalten, blasenfrei befüllt. Die Flaschen sollen kurz über-
laufen und dann sofort verschlossen werden. Sind im Wasser ungelöste Stoffe
enthalten, darf mit diesem Wasser nicht gespült werden. Die durch den Spül-
vorgang in der Flasche verbleibenden Reste von ungelösten Stoffen können ansonsten zu nicht repräsentativen Höherbefunden führen.
    Bei den Probenflaschen mit vorgelegten Konservierungsstoffen entfällt das
Überlaufenlassen. Hier ist besonders darauf zu achten, daß mit dem Befüll-
schlauch keine Verschleppung von Konservierungschemikalien erfolgt.

1.7.1.5   Probenbehandlung und -konservierung   S-Wpbk

Ist es nicht möglich, eine entnommene Probe sofort im Labor zu analysieren, sind für bestimmte Parameter gemäß den geltenden Vorschriften Konservierungs- und Vorbehandlungsmaßnahmen erforderlich. Als Stabilisierungs-/Konservierungsmethoden kommen z. B. in Frage:

- Für die Schwermetallbestimmung Ansäuern mit HNO_3 auf pH 1, Verwendung von Glasflaschen,
- für Stickstoffparameter und DOC Membranfiltration (0,45 µm), Verwendung von PE-Flaschen,
- für Cyanidbestimmungen alkalische Fixierung und
- für AOX-Bestimmungen Ansäuern mit HNO_3 auf pH 2, Verwendung von Braunglasflaschen mit Schliffstopfen.

Der Parameter AOX ist aus der unfiltrierten Probe zu bestimmen.

Auf die verschiedenen weiteren Verfahren soll hier nicht weiter eingegangen werden; es wird auf die Fachliteratur (Entwurf DIN EN ISO 5667-3, Anleitung zur Konservierung und Handhabung von Proben März 1995; DVWK, Entnahme und Untersuchung von Grundwasserproben 1992) verwiesen.

Da die Probe i.d.R. bei physikalischen Methoden (Kühlen, Tiefgefrieren) am wenigsten verändert wird, sind diese Methoden den chemischen grundsätzlich vorzuziehen. Vorbehandlungsschritte wie Filtrieren oder Sedimentieren erfolgen vor der Konservierung.

1.7.1.6   Probenahmedokumentation/Übergabe ans Labor   S-Wdok

Die Probenahme ist zu protokollieren. Im Protokoll sollen alle Messungen und Tätigkeiten im Zusammenhang mit der Probenahme eingetragen werden. Es muß mindestens enthalten:

- Probenahmezeitpunkt,
- Art des Probenahmegerätes,
- Dauer des Abpumpens,
- Förderleistung,
- Entnahmetiefe, Ruhewasserspiegel, Absenkung sowie
- Angaben zur Probenvorbehandlung und Konservierung.

"Auffälligkeiten, insbesondere Veränderungen an der Meßstelle und im Umfeld der Meßstelle, die für die spätere Interpretation der Ergebnisse wichtig sein können, sind im Protokoll zu vermerken." (Länderarbeitsgemeinschaft Wasser LAWA 1994).

Das vor Ort erstellte, handgeschriebene und unterschriebene Protokoll (Feldblatt) ist zusammen mit der Probe abzuliefern. Die Proben sind möglichst schnell dem Labor zu übergeben; sie sollten gekühlt und dunkel transportiert werden. Falls die Untersuchung nicht unmittelbar nach der Probenahme erfolgen kann, sind die Proben fachgerecht zu lagern.

Eine Kopie dieses "Feldblattes" ist Bestandteil einer Gefährdungsabschätzung.

Das beigefügte Formular (Anlage 5) ist als Beispiel für ein solches Probenahmeprotokoll zu verstehen.

1.7.1.7 Computergestützte Probenahmesysteme

Auf die Notwendigkeit einer guten Probenahmedokumentation wurde bereits eingegangen. In den letzten Jahren wurden zur Optimierung der Probenahme vermehrt computergestützte Systeme eingesetzt. Mit ihrer Hilfe ist es möglich, die jeweiligen Verhältnisse bei der Beprobung genau zu erfassen. Neben der kontinuierlichen Aufnahme der physikochemischen Vorort-Parameter erhält man i.d.R. Informationen über abgepumpte Wassermengen, die Veränderung des Wasserspiegels etc.. Generell kann man feststellen, daß Probenahmen, die mit Hilfe solcher Systeme durchgeführt wurden, die anschließende Beurteilung erleichtern.

1.7.2   Boden und Substrate   S-B

Die Wahl des anzuwendenden Probenahmeverfahrens ist abhängig von den ermittelten Vorinformationen zu konkreten Fragestellungen, den Standortgegebenheiten und Aspekten der Arbeitssicherheit auszurichten. So sind in Abhängigkeit von der Fragestellung Entscheidungen hinsichtlich des Probenvolumens, der Probenahmetiefe oder der Entnahme von gestörten oder ungestörten Bodenproben zu treffen.

Die Bearbeitung bodenkundlicher Fragestellungen sollte Gutachtern mit bodenkundlicher Fachkompetenz vorbehalten bleiben, die über eingehende Erfahrung in der Bodenkartierung verfügen und bereits bodenkundliche Arbeiten auf anthropogen veränderten Standorten durchgeführt haben. Bei der Geländearbeit ist zu klären, ob sich das gesamte Bodenmaterial überwiegend als homogen darstellt, ob fließende Übergänge zwischen unterschiedlich stark kontaminierten Bereichen bestehen oder ob scharf gegeneinander abgegrenzte Kontaminationsfelder vorherrschen, wie es z.B. bei Kontaminationen mit Teerölen häufig der Fall ist. Bei Auffüllungen durch Schlacken oder Bauschutt ist auch der sog. Nugget-Effekt zu berücksichtigen: So können in einem Material bestimmte Metalle wie Blei wechselweise als Stück oder Pigmentklumpen ($PbCrO_4$, Hg-Salze etc.) auftreten.

1.7.2.1 Probenahmestrategie   **S-Bps**

Gemäß der Vorgabe des Entwurfs zum Bundesbodenschutzgesetz (Bundes-Bodenschutzgesetz Entwurf 1996) ist die Probenahme in Abhängigkeit vom Untersuchungsziel, den relevanten Wirkungspfaden, der Flächengröße, den
Kenntnissen über mögliche Kontaminationsschwerpunkte bzw. zu erwartender
Schadstoffverteilung und der Nutzung festzulegen.

In Abhängigkeit vom Untersuchungsziel ist die zu beprobende Fläche unter
Zuhilfenahme eines regelmäßigen Rasters repräsentativ zu beproben. In be-
gründeten Fällen kann vom regelmäßigen Raster abgewichen werden und ein
spezifischer Beprobungsplan aufgestellt werden.

So liegen aus den Niederlanden für die Festlegung der Probenverteilung
und -anzahl (Abb. 81 - 84) standardisierte Strategien für

- *punktförmige Schadstoffquellen an bekannten Stellen (S-Bpspb),*
- *punktförmige Schadstoffquellen an unbekannten Stellen (S-Bpspu) sowie*
- *diffus über die Verdachtsfläche verteilte Stoffe (S-Bpsdif)*

vor (Hortensius et al. 1990).

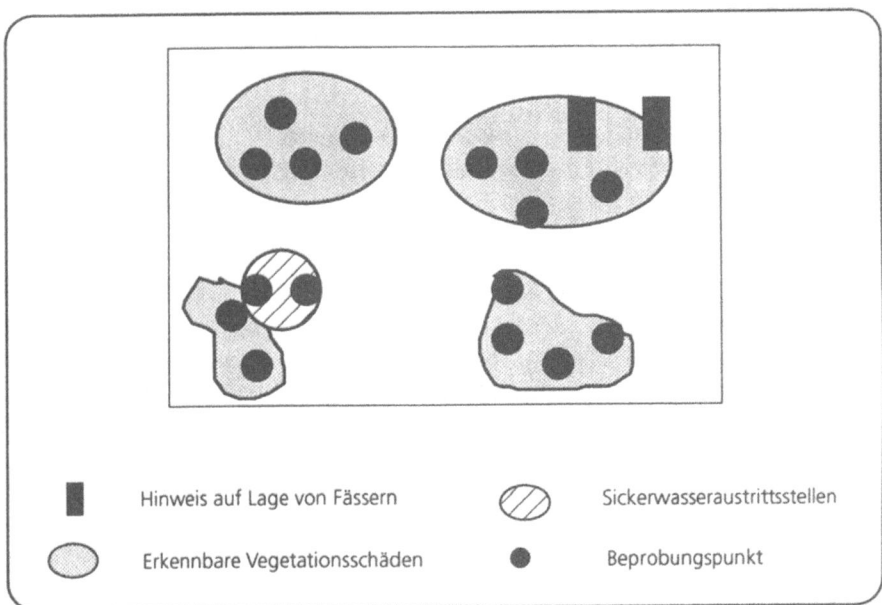

	Hinweis auf Lage von Fässern		Sickerwasseraustrittsstellen
	Erkennbare Vegetationsschäden		Beprobungspunkt

Abb. 81.   Probenahmestrategie bei scharf gegenüber der Umgebung ab-
               gegrenzten Verunreinigungen/Fremdkörpern in der Bodenma-
               trix. (Nach Hortensius et al. 1990)

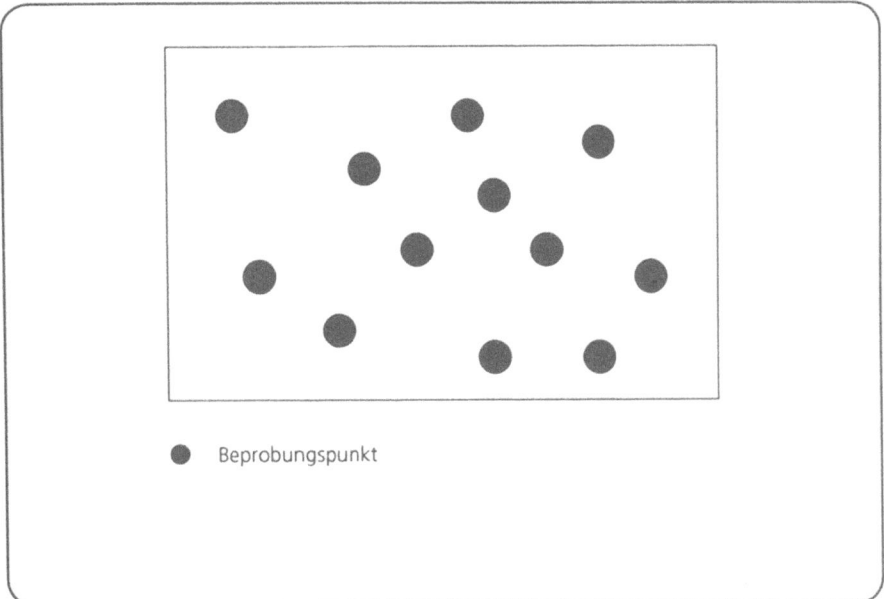

Abb. 82.   Probenahmestrategie bei scharf abgegrenzten Verunreinigungen an unbekannten Stellen/*ohne* Informationen zur Fläche. (Nach Hortensius et al. 1990)

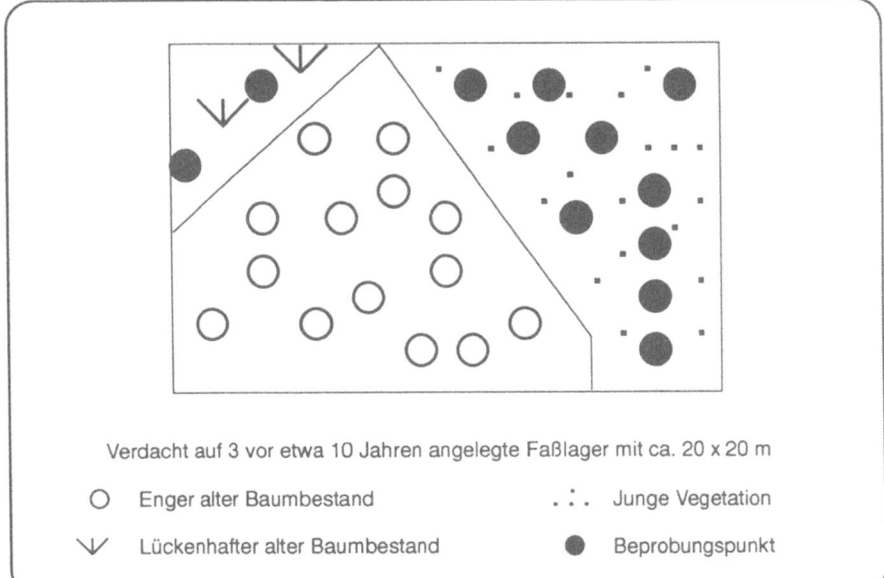

Abb. 83.   Probenahmestrategie bei scharf abgegrenzten Verunreinigungen an unbekannten Stellen/*mit* Informationen zur Fläche. (Nach Hortensius et al. 1990)

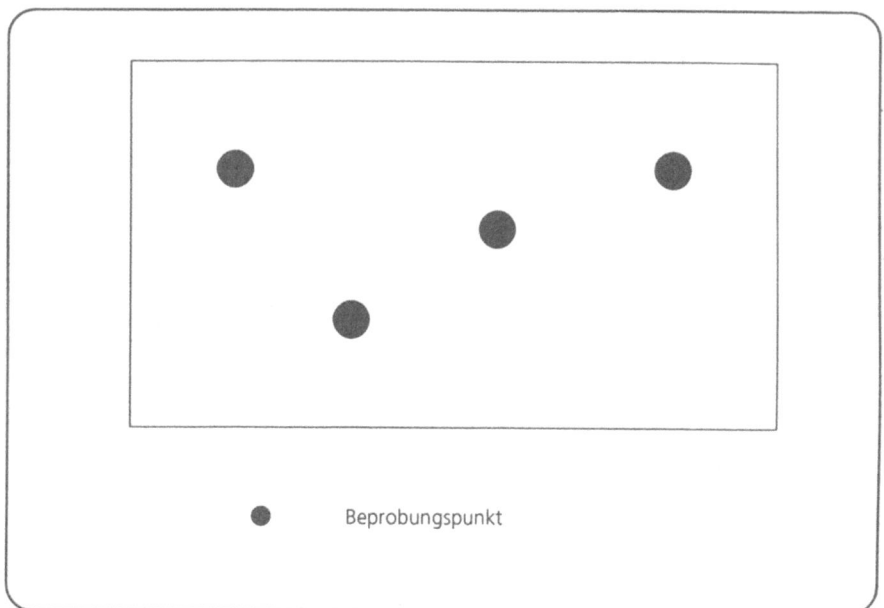

Abb. 84.   Probenahmestrategie bei diffusen Verunreinigungen. (Nach Hortensius et al. 1990)

Weitere Möglichkeiten für anzuwendende Beprobungsschemata bei geringem oder hohem Vorinformationsstand (Hennings 1993) sind in Abb. 85 - 88 dargestellt. Explizit sei an dieser Stelle auf den Nutzen vorhandener Vorinformationen über Lagerbehälter, Leitungen, Anlagenteile etc. und polarer Probenahmeverfahren (S-Bpspol) für Emissionsfragestellungen hingewiesen. Diese Vorinformationen sind bei der Festlegung des Probenahmedesigns unbedingt zu berücksichtigen, sofern sie bekannt sind.

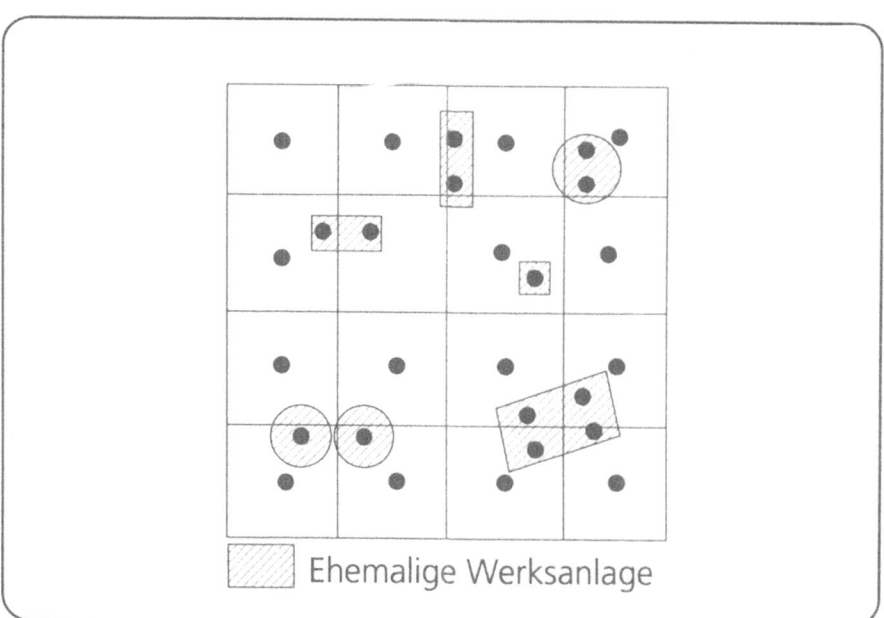

Abb. 85.   Mögliche Beprobungsschemata bei hohem Vorinformationsstand (Beispiel 1). (Nach Hennings 1993)

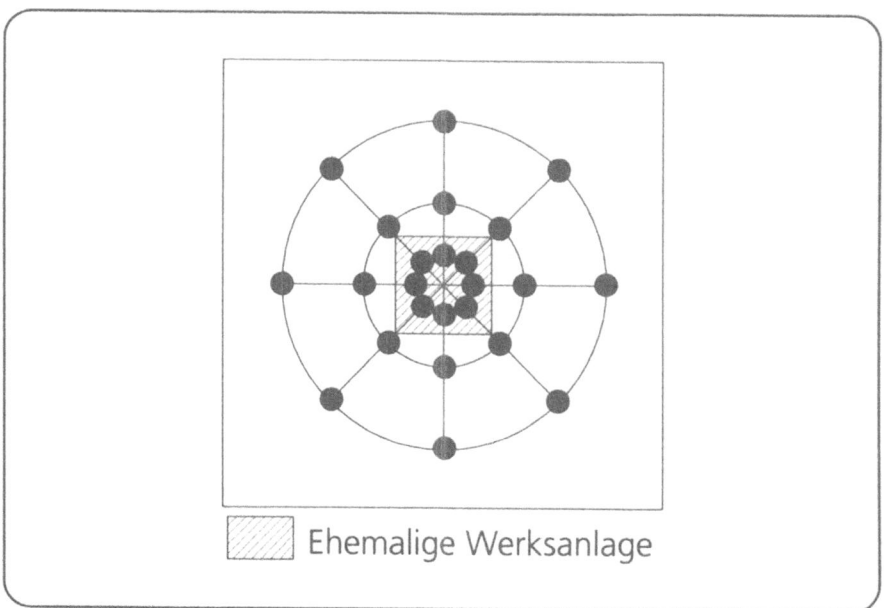

Abb. 86.   Mögliche Beprobungsschemata bei hohem Vorinformationsstand (Beispiel 2). (Nach Hennings 1993)

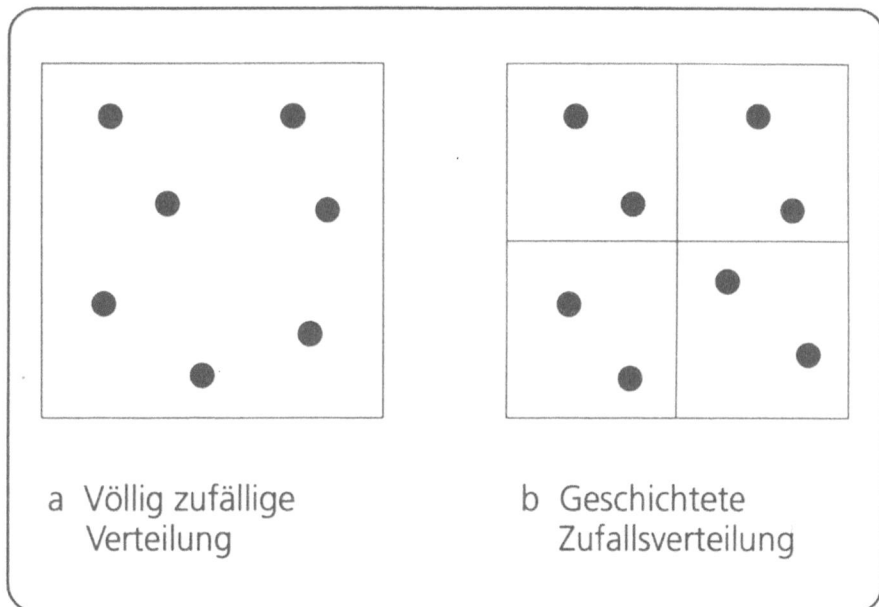

a Völlig zufällige
  Verteilung

b Geschichtete
  Zufallsverteilung

Abb. 87.   Mögliche Beprobungsschemata bei geringem Vorinformationsstand (Teil 1). (Nach Hennings 1993)

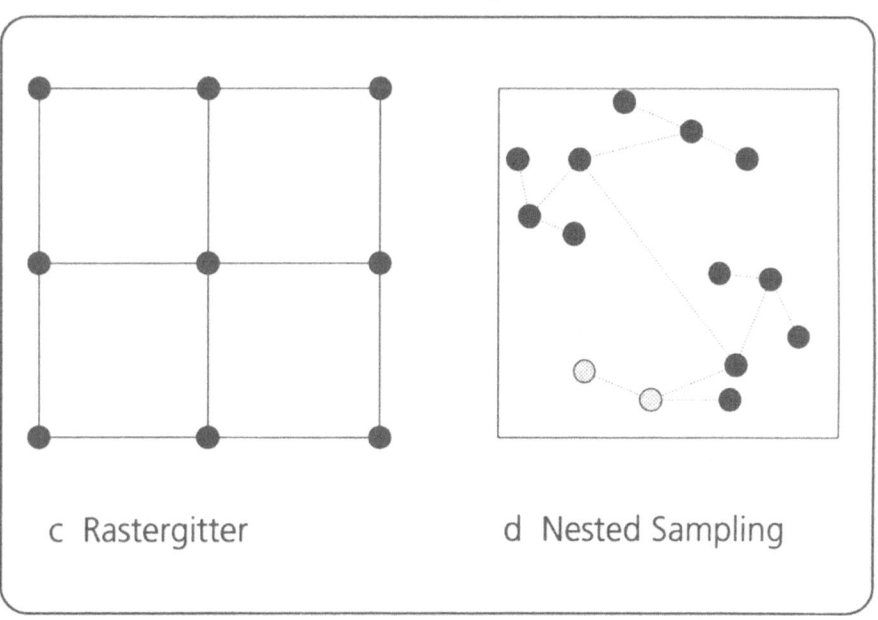

c Rastergitter

d Nested Sampling

Abb. 88.   Mögliche Beprobungsschemata bei geringem Vorinformationsstand (Teil 2). (Nach Hennings 1993)

Die Anzahl der erforderlichen Punkte für die Entnahme von Bodenproben richtet sich nach der Flächengröße, der Flächennutzung und der Lage der möglichen Kontaminationen. Im Bereich der Kontaminationsschwerpunkte und bei sensibler Nutzung (Kinderspielplätze, Wohngebiete, Park- und Freizeitflächen) ist eine verdichtete Beprobung vorzusehen.

Die Tabellen 15 und 16 geben Orientierungshilfen, um den auf den Einzelfall abgestimmten Probenahmeplan im Detail festzulegen. Abweichungen hiervon sind zu begründen und zu dokumentieren.

Tabelle 15.   Orientierungshilfe für die Festlegung der Probenahmepunkte im Bereich von vermuteten Kontaminationsschwerpunkten. (Nach Bundes-Bodenschutzgesetz Entwurf 1996)

Flächengröße der vermuteten Kontaminations- schwerpunkte	Anzahl der Probenahmepunkte	durchschnittliche Fläche je Probenahmepunkt in m²
< 25 m²	1 - 2	< 25
25 - 100 m²	2 - 3	15 - 35
100 - 500 m²	2 - 4	50 - 125
500 - 1.000 m²	4 - 6	125 - 170
1.000 - 2.000 m²	6 - 8	170 - 250
> 2.000 m²	5 - 10	400

Tabelle 16.   Orientierungshilfe für die Festlegung der Probennahmepunkte bei Altstandorten im Bereich zwischen Kontaminationsschwerpunkten und bei Flächen mit allgemeinen Verdachtshinweisen (Altablagerungen). (Nach Bundes-Bodenschutzgesetz Entwurf 1996)

Flächengröße in m²	Nutzungsklassen			
	Kinderspielplätze, Wohngebiete, Park- und Freizeitanlagen		Industrie- und Gewerbegebiete	
	Anzahl der Probe- nahme- punkte	durch- schnittliche Fläche je Probenahme- punkt in m²	Anzahl der Probe- nahme- punkte	durch- schnittliche Fläche je Probenahme- punkt in m²
< 500	1 - 3	ca. 200	1 - 2	250 - 500
500 - 10.000	2 - 10	250 - 1.000	2 - 5	250 - 2.000
10.000 - 100.000	10 - 40	1.000 - 2.500	5 - 10	2.000 - 10.000
100.000 - > 500.000	40 - 200	2.500	10 - 50	10.000

Die Probenahmestrategie für Boden umfaßt neben der horizontalen (Anzahl, Lage, Dichte, Verteilung) auch die vertikale Verteilung (Beprobungstiefe und -intervalle).

Die *Entnahmetiefe* für die Bodenproben ist prinzipiell abhängig von der jeweiligen Fragestellung und den örtlichen Gegebenheiten. Die genaue Festlegung der Entnahmetiefe hat nach der bodenkundlichen Ansprache des Profils zu erfolgen. Ob eine zusätzliche Differenzierung zu den in Tabelle 17 ausgewiesenen Beprobungstiefen notwendig wird, ist abhängig vom Horizont- oder Schichtaufbau. Sind in den exemplarisch ausgewiesenen Probenahmetiefen unterschiedliche Horizonte oder Schichten anzutreffen, so sind hier getrennte Probenahmen vorzusehen. Dieses Vorgehen ist notwendig, um Belastungsschwerpunkte eindeutig lokalisieren zu können. Die Verminderung von Stoffbelastungen durch Mischungen von belastetem und unbelastetem Material ist durch strikte horizont- oder schichtspezifische Beprobungen zu vermeiden.

Tabelle 17.   Beprobungstiefen für unterschiedliche Wirkungspfade. (Nach Viereck et al. 1993 und Bundes-Bodenschutzgesetz Entwurf 1996)

Wirkungspfad	Beprobungstiefe
Boden - Luft (Winderosion)	0 - 10 cm
Boden - Oberflächenwasser (Wassererosion)	0 - 10 cm
Boden - Mensch Kinderspielplätze Park- und Freizeitflächen Gewerbe- und Industrieflächen Sonstige Flächen	0 - 2 cm sowie 0 - 10 cm, 10 -35 cm 0 -10 cm
Boden - Pflanze Landwirtschaft Forstwirtschaft Gartenbau Grünland	0 - 30 cm, 30 - 90 cm, standortspezifisch standortspezifisch 0 - 30 cm, 30 - 90 cm, standortspezifisch 0 - 10 cm, 10 - 30 cm
Boden - Grundwasser	0 - unterhalb des wahrnehmbar belasteten Bereiches (Beprobungsschritte i.d.R. < 1 m)

Mischproben über verschiedene Einheiten (Horizonte, Schichten oder Substrate) *sind i. allg. zu vermeiden* und nur bei speziellen Fragestellungen vorzusehen.

Horizonte oder Schichten mit einem hohen durch organische Substanz oder Ton bedingten Akkumulationspotential sind in Abhängigkeit von den Sorptionseigenschaften der vermuteten Schadstoffe zu beproben. Haben sich z.B. im Wald Auflagehumusformen ausgebildet, so ist auch der Streulage L, dem Fermentationshorizont O_f bzw. dem Humifizierungshorizont O_h eine Probe zu entnehmen. Diese ist für eine volumengerechte Probenahme mittels Auflagehumus-Stechzylindern durchzuführen. Bei Standorten mit Grünland-, Park-, Ödland- und Rasennutzung sind aus dem Humushorizont des Mineralbodens A_h gesonderte Proben aus dem Graswurzelbereich sowie den darunterliegenden Horizontbereichen zu entnehmen. Die Probenahme sollte maximal in 10-cm-Intervallen erfolgen. Bei den folgenden Horizonten bis 1 m u. GOK sind 20 cm Entnahmetiefe-Intervalle und unterhalb 1 m u. GOK 40 cm Entnahmetiefe-Intervalle nicht zu überschreiten. Substrate und Fremdmaterial sind bei Verdacht auf eine hohe Schadstoffbelastung getrennt zu analysieren. Unbekanntes, undefinierbares Fremdmaterial ist in jedem Fall zu beproben. Bei einem Risikoverdacht für eine bestehende Nutzung sind die Entnahmetiefen u.U. nutzungsspezifisch anzupassen. So ist in Acker- und Gartenböden, bedingt durch die jährliche Pflug- und Grabearbeit, eine Unterteilung der Oberbodenhorizonte wie unter Grünland-, Park- und Rasennutzung nicht notwendig (Niedersächsisches Landesamt für Bodenforschung/Bundesanstalt für Geowissenschaften und Rohstoffe 1993).

1.7.2.2 Bodenkundliche Vor-Ort-Parameter/Grundmerkmale   S-Bis

Die bodenkundliche Kartierung ist Voraussetzung für eine zielgerichtete Beprobung. Vor der eigentlichen Probenahme ist deshalb eine bodenkundliche Profilansprache durchzuführen. Dabei hat die Erfassung bodenkundlicher Merkmale auf der Grundlage der Bodenkundlichen Kartieranleitung, 4. Auflage (KA4) zu erfolgen (Arbeitsgruppe Bodenkunde 1994). Die KA4 wird durch den Datenschlüssel Bodenkunde (Oelkers 1984), insbesondere bezüglich der DV-Anwendung ergänzt und für Stadtböden erweitert (Empfehlung zur Kartierung von Stadtböden, Arbeitskreis Stadtböden 1989). Für Niedersachsen ist außerdem die 'Erfassungsanweisung' des Niedersächsischen Landesamtes für Bodenforschung (Benne 1992) zu berücksichtigen. Da es sich bei den Stadtböden ebenso wie bei Altlastverdachtsflächen um anthropogen stark veränderte bzw. technogene und z.T. belastete Substrate handelt, ist die Empfehlung zur Kartierung von Stadtböden eine wertvolle Hilfe für die Kartierung auf Altlastverdachtsflächen.

    Die Beschreibung bodenkundlicher Inhalte ist nach den Begriffsdefinitionen der KA4 vorzunehmen. Für die Profilbeschreibung sind folgende, für die Altablagerungsproblematik interpretierbaren bodenkundlichen Parameter und Merkmale direkt vor Ort zu erheben und zu dokumentieren:

Horizonte: Tiefe und Mächtigkeit

Für die Horizont- oder Schichtbezeichnung werden festgestellte Merkmale und Eigenschaften gegeneinander gewichtet und die verschiedenen Horizonte voneinander abgegrenzt. Ihre Abgrenzung ist meist nur nach einer groben Gliederung der Profilwand anhand der profilprägenden Merkmale möglich. Die weitere Beschreibung erfolgt dann horizont-/schichtbezogen. Ist eine eindeutige Differenzierung nicht möglich, können auch feste Tiefenstufen beschrieben werden.

Bei Verdachtsflächen von Altablagerungen ist z.b. die Horizontmächtigkeit und -beschaffenheit für die Prognose des Verhaltens von Schadstoffen im Boden erforderlich.

Bodenfarbe

Die Grundfarbe wird im feuchten Zustand mit Hilfe der Farbtafel nach *Munsell* beschrieben. Die Farbe von Flecken, wie z.b. Rostflecken, wird ebenfalls bestimmt. Die Farbtafel nach *Munsell* ermöglicht es, die Farbe durch Farbton (Hue), Farbintensität (Farbtiefe, Chroma) und relative Farbhelligkeit (Farbwert, Value) mit Hilfe von Buchstaben- und Zahlenkombinationen zu beschreiben (Schachtschabel et al. 1982). Alternativ sind die Farbbezeichnungen der KA4 (Arbeitsgruppe Bodenkunde 1994) und der Empfehlungen des Arbeitskreises Stadtböden (1989) zu benutzen.

Die Bodenfarbe kann u.a. Hinweise auf den Humusgehalt und damit auf das Akkumulationspotential für Schadstoffe geben oder durch eine Blaufärbung auf ein reduzierendes Milieu durch Methan- oder Grundwassereinfluß hinweisen.

Einige Böden weisen farbliche Besonderheiten auf. Farbgebende Eisen- und Manganverbindungen finden sich beispielsweise in hydromorphen Böden. Aufgrund von rostfarbenen 3wertigen Eisenverbindungen und schwarzen Manganverbindungen läßt sich die jahreszeitlich bedingte Grundwasserschwankungshöhe ablesen. Deponiegas kann ebenso reduzierende Bedingungen verursachen und damit eine spezifische Fleckung bewirken.

Bodenart und Körnung, abgelagertes Material, Inhomogenitäten

In der Empfehlung zur Kartierung von Stadtböden (Arbeitskreis Stadtböden 1989) wird vorgeschlagen, den Begriff "Bodenart" für Natursubstrate und den Begriff "Körnung" für technogene Substrate zu verwenden. Die Mengenangaben beider Größen sind getrennt aufzunehmen.

Die Bodenart (Korngrößenbereich und Korngrößenverteilung) wird mittels einer Fingerprobe und dem Vergleich mit Standardproben geschätzt. Die Körnung (Größenbereich, Verteilung und Form) ist wie die Bodenart zu ermitteln. Mit zunehmender Korngröße wird der Individualcharakter des Einzelpartikels des technogenen Substrates und damit der Individualcharakter des Körpers sichtbar. Zur näheren Beschreibung von Fremdmaterialkörpern werden folgende Merkmale vorgeschlagen:

- Körper: Balken, Plastiktüten etc.,
- Korngröße und Kornform: kugelig, blättrig etc. sowie
- Oberflächengestaltung und innere Porung.

Der Größenbereich von Körnung/Bodenart gibt neben weiteren Indikatoren Auskunft über das Sorptionspotential von Schadstoffen. Unter Einbeziehung der Größenbereiche und der Verteilung von Körnung und Bodenart ist die potentielle Schadstoffmobilität und -ausbreitungsrate abzuleiten.

Karbonatgehalt im Boden und Ausgangsgestein
Über den Karbonatgehalt gibt die Intensität und Dauer der CO_2-Entwicklung nach der Zugabe von 10 %iger Salzsäure Auskunft.

Humusgehalt und -form
Der Humusgehalt wird im Feld in erster Linie aufgrund der Farbe bestimmt. Je dunkler der Boden ist, desto höher ist i.d.R. der Humusgehalt. In technogenen Substraten kann die Eigenfarbe des Substrats diese Einschätzung verfälschen.

Bodengefüge
Das Bodengefüge beschreibt die Lagerungsart und Porengrößenverteilung, also die räumliche Anordnung der festen Bodenbestandteile. "Es beeinflußt maßgeblich den Wasser- und Lufthaushalt, die Durchwurzelbarkeit, die Verfügbarkeit der Nährstoffe ..." (Arbeitsgruppe Boden 1994). Gegebenenfalls sollte eingeschätzt werden, ob das Gefüge anthropogen (durch Pflügen, Aufschüttung, Planierung) oder pedogen (Quellung, Schrumpfung) entstanden ist. Das Gefüge bietet z.B. auch einen Indikator für die Gasdurchlässigkeit von Böden.

Konsistenz
Die Konsistenz eines Bodens ist abhängig von der aktuellen Feuchte und vom jeweiligen Quellungs- und Schrumpfungszustand des Bodens. Besonders bedeutend ist dieser Parameter bei Schlämmen und bindigen Böden. Aus der Konsistenz lassen sich die Stand- und Scherfestigkeit des Substrates ableiten.

Lagerungsdichte und Substanzvolumen
Die Lagerungsdichte kann durch das Ausgangssubstrat, das Makrogefüge, die Porung und den Wassergehalt abgeschätzt werden. Die Lagerungsdichte wird z.B. zur Abschätzung der Gasdurchlässigkeit des Bodens nach KA4 (Arbeitsgruppe Boden 1994) benötigt.

Durchwurzelungstiefe, -intensität und Gründigkeit
Die Durchwurzelungsintensität wird anhand der Anzahl der Feinwurzeln pro Flächeneinheit ermittelt. Die Gründigkeit ist die Tiefe, bis zu welcher die Pflanzen bei den gegebenen Verhältnissen tatsächlich einzudringen vermögen. Diese Angaben können evtl. als Indikator für die Freisetzung von Deponiegas fungieren.

Beimengungen: Pflanzenreste, sonstige natürliche Beimengungen, Fremd (Deponie-) material

Die Beimengungen sind Bestandteile des Bodens. Bei Altlastverdachtsflächen sind Beimengungen aus Fremdmaterial und deren Beschaffenheit von besonderem Interesse.

Bodenfeuchte

Im Gelände wird bei bindigen Böden die Bodenfeuchte vorwiegend anhand der Konsistenz, bei nicht bindigen Böden aufgrund der Färbung und des Wasseraustrittsverhaltens bestimmt.

Die Bodenfeuchte ist abhängig von der Witterung und dem Klima. Sie hat Einfluß auf die Vegetationszusammensetzung (s. Bodenkundliche Feuchtestufe nach KA4, Arbeitsgruppe Bodenkunde 1994), die Erosionsgefährdung und die Schadstoffmobilität.

Wasserbindung und Porengrößenverteilung

Je nach der Bodenart, dem Humusgehalt bzw. der Zersetzungsstufe der Torfe und der effektiven Lagerungsdichte bzw. dem Substanzvolumen wird die Wasserbindung und Porengrößenverteilung geschätzt (s. Tabelle 18). Sie geben Auskunft über die Verfügbarkeit und potentielle Beweglichkeit des Wassers im Boden und sind damit ein Indikator für die Mobilität löslicher und eluierbarer Schadstoffe.

Geruch

Der Geruch gibt evtl. Auskunft über das Vorhandensein von Gasen und läßt darüber hinaus u.U. weitergehende Interpretationen zum Bodenmilieu zu. Ein fauliger Geruch ist ein Hinweis auf das Vorhandensein von Schwefelwasserstoff (H_2S). Die Anwesenheit von Schwefelwasserstoff ist wiederum ein Indiz für ein anaerobes Milieu und ein niedriges Redoxpotential. Verunreinigungen sind evtl. ebenfalls anhand des Geruchs auszumachen, z.B. Benzin und PAK.

Sonstige Auffälligkeiten

Jegliche über die aufgeführten Parameter hinausreichenden Auffälligkeiten sind auf jeden Fall in einem Feldbuch oder Felderhebungsbogen zu notieren. Derartige Vermerke können bei der Interpretation evtl. zur Klärung von Widersprüchen oder zur Vermeidung von Fehlinterpretationen beitragen.

Aus den Einzelmerkmalen sind abzuleiten:

Ausgangssubstrat

Ausgangssubstrate sind zum einen natürliche Substrate wie Löß, Sand oder Ton, zum anderen sind unter diesem Begriff technogene Substrate, also Materialien wie Bauschutt, Aschen, Schlacken oder Hausmüll zusammengefaßt.

Bodentyp
Der Bodentyp ist anhand der Horizontierung und bestimmter, horizontspezifischer Eigenschaften zu definieren. Zu beachten ist, daß sowohl zwischen Horizont- und Schichttypen als auch zwischen Boden- und Substrattypen zu unterscheiden ist.

Dokumentation
Die im Gelände erhobenen bodenkundlichen Vor-Ort- bzw. Grundmerkmale sind in einem Geländeformblatt zu dokumentieren (Anlage 6).

1.7.2.3   Entnahme ungestörter Bodenproben   S-Bpu

Unter einer ungestörten Probe versteht man eine Probe, deren Bodengefüge bei der Entnahme aus dem Boden weitgehend erhalten bleibt. Für die Entnahme von ungestörten Proben eignen sich Stechzylinder, die je nach Bodenart, Homogenität und Untersuchungszweck unterschiedliche Größen haben können. Der Mindestinhalt des Stechzylinders soll 100 cm^3 betragen. Die Entnahmetiefen im Profil sind so festzulegen, daß jeder Horizont oder jede Schicht erfaßt wird. Oft erfordern bei Mineralböden große Gefügeaggregate, bei Moorböden Torfart und Zersetzungsgrad oder vorhandene Einschlüsse eine große Anzahl von Parallelproben. Die Anzahl notwendiger Proben für K_f, pF und K_u-Untersuchungen ist in Tabelle 18 aufgelistet.

Tabelle 18.   Anzahl notwendiger Parallel-Proben für K_f, pF und K_u-Untersuchungen. (Nach Niedersächsisches Landesamt für Bodenforschung/Bundesanstalt für Geowissenschaften und Rohstoffe 1993)

Untersuchung auf:	Standard
K_f - Gesättigte Wasserleitfähigkeit	7
pF - Porengrößenverteilung	3
K_u - Ungesättigte Wasserleitfähigkeit	5

Ungestörte Bodenproben sind vorzugsweise bei Feldkapazität (Frühjahr oder Spätherbst) zu gewinnen. In Moorböden ist die Entnahme der Proben auch bei geringerem Wassergehalt möglich. Vor der Probenahme ist am Profil eine Profilbeschreibung mit ausführlicher Gefügeansprache durchzuführen und zu dokumentieren. Es wird empfohlen, die Probenahme von unten nach oben durchzuführen, um sekundäre Kontaminationen auszuschließen. Bei der Entnahme von ungestörten Bodenproben sind folgende Fallunterscheidungen möglich:

- Entnahme in vertikaler Richtung und
- Entnahme in horizontaler Richtung.

Die Entnahme in vertikaler Richtung hat besondere Bedeutung für die Ermittlung der Wasserdurchlässigkeit in Böden oder Substraten mit plattigem Gefüge und bei schroffen Schichtwechseln. Hierzu wird der Boden bis zur Ansatztiefe der Stechzylinder abgetragen und geglättet. Auf der so entstandenen Stufe werden die Stechzylinder senkrecht eingedrückt oder eingetrieben.

Die Entnahme von Stechzylindern in horizontaler Richtung wird zur Ermittlung gefügebedingter Wasserdurchlässigkeiten angewandt. Hierzu werden die Stechzylinder in die ebene Wand des Aufschlusses bzw. der Schürfgrube eingedrückt.

Generell ist bei der Probenahme auf Sauberkeit zu achten. Die Geräte sind nach jeder Probenahme sorgfältig zu reinigen (Kontaminationsgefahr durch Verschleppung). Nachdem die Probe aus dem Bodenverband gelöst ist, muß Sorge getragen werden, daß die zu prüfenden Bodenparameter sich nicht durch Transport- und Lagerungsbedingungen oder Kontakt mit den Probenahmegeräten verändern.

Ungestörte Proben sind möglichst erschütterungsfrei zu transportieren. Hierzu bieten sich gepolsterte Stechzylinderkisten an, wobei die Proben gegen Verdunstung zu sichern sind.

1.7.2.4 Entnahme gestörter Bodenproben   S-Bpg

Unter einer gestörten Probe versteht man eine Probe, die aus dem Bodenverband ohne Rücksicht auf die Erhaltung des Gefüges entnommen wird. Gestörte Boden- und Substratproben werden für bodenchemische Untersuchungen, für Korngrößenanalysen und bodenmineralische Untersuchungen gewonnen. Die Probenahme ist horizontbezogen (Bodenproben) oder schichtbezogen (Substratproben) durchzuführen. Gestörte Bodenproben können mit unterschiedlichen Verfahren und Geräten gewonnen werden. Übliche Vorgehensweisen zur Gewinnung von Feststoffproben sind an die Aufschlußmethoden gekoppelt. So werden die in Kap. 1.5.2 beschriebenen Verfahren (Schürfe, Sondierungen) i. d. R. für die Gewinnung gestörten Probenmaterials eingesetzt. Weitere Verfahren zur Gewinnung von Feststoffproben sind aus der Erosionsforschung bekannt. Hier wurden Materialfangkästen (Schmidt 1983, Herweg 1988, Prasuhn und Schaub 1988, Schaub 1989) zur Ermittlung flächenhafter Abspülungen entwickelt und eingesetzt, die Aussagen zur Quantität und Qualität abgetragenen Bodenmaterials ermöglichen.

Menge des Probenmaterials
Für chemische und physikalische Routineuntersuchungen wird meist eine Probenmenge von 1 kg Trockenmasse benötigt (Barrenstein und Leuchs 1991). Bei einem Trockenraumgewicht von z. B. 1,5 g/cm^3 entspricht dies etwa 0,7 l Probenvolumen. Für die repräsentative Probenahme wird bei einer Teilchengröße von 10 mm eine Probe von 1 kg benötigt, bei 60 mm Teilchengröße sind es bereits ca. 20 kg Material (s. Tabelle 19).

Tabelle 19. Abhängigkeit zwischen maximalem Korndurchmesser und Mindestprobenmenge. (Nach Barrenstein und Leuchs 1991)

Geschätztes Größtkorn der Bodenprobe [mm]	Mindestprobenmenge [g]
2	150
5	300
10	700
20	2.000
30	4.000
40	7.000
50	12.000
60	18.000

Der Korndurchmesser des Probenmaterials richtet sich auch nach der Öffnungsweite der Probengefäße. Finden sich große Steine und Blöcke, ist zu entscheiden, ob das Material sich chemisch inert verhält (z. B. Glas) oder ob es belastet ist (sein könnte). In letzterem Fall ist das Material zu zerkleinern und ebenfalls zu analysieren.

1.7.2.5 Haufwerkbeprobungen   S-Bhauf

Die Beprobung von Haufwerken geschieht z.B. im Rahmen von Bodenbehandlungsmaßnahmen oder bei Aushub- und Sanierungsverfahren. Da die Einordnung der Böden zu den verschiedenen Entsorgungs- und Verwertungswegen und die damit verbundenen Kosten durch die Analysenwerte des Probenmaterials bestimmt werden, ist die Repräsentativität der entnommenen Proben entscheidend.

Grundsätze zur Haufenbeprobung sind auch in der Literatur folgendermassen dargestellt (vgl. Bayerisches Landesamt für Umweltschutz 1995):

■ Der Aushub ist gegen Abwehungen, Abschwemmungen und weitere Transportvorgänge zu sichern.

■ Die Probenahme ist in Abhängigkeit von der Schadstoffart, dem zu erwartenden Schadstoffgehalt, dem Korngrößenspektrum etc. festzulegen.

■ Verschieden kontaminierte Bereiche sind zu separieren.

■ Die Einzelproben sind aus ca. 5 m³ Bodenmaterial zu entnehmen. Als Anhaltswert kann eine Dichte von 1,7 - 2 t/m³ angenommen werden. Das Gewicht der Einzelproben ist in Abhängigkeit der Korngrößenverteilung des zu beprobenden Materials festzulegen. Eine Probenmenge von 1 kg soll nicht unterschritten werden.

Die Beprobung von Haufwerken kann auf unterschiedliche Weise realisiert werden (vgl. Tabelle 20):

- Oberflächennahe Entnahme: Die Proben sind aus den Mieten aus definierten Entnahmebereichen oberflächennah zu entnehmen. Die Entnahmeflächen sind auf den Böschungen und auf dem Plateau anzuordnen.
- Beprobung nach Ausbreitung der Mieten bis zu einer Höhe von 30 cm.
- Mit Hilfe eines Bohrstocks werden Proben aus bis zu 20 m³ großen Mieten aus unterschiedlichen Entnahmetiefen entnommen und zu Mischproben vereinigt.

Tabelle 20. Beprobung von Haufwerken. (Nach Bayerisches Landesamt für Umweltschutz 1995)

Größe des Haufwerks	Anzahl der zu erstellenden Mischproben	Anzahl der zu entnehmenden Einzelproben je Mischprobe
≤ 50 t	1	6
≤ 100 t	2	6
≤ 200 t	3	8
≤ 400 t	4	12
≤ 500 t	5	12
≤ 700 t	6	14
≤ 1.000 t	7	17
≤ 1.500 t	8	22
≤ 2.000 t	9	26
> 2.000 t	Je angefangene 500 t zusätzlich je 1 Mischprobe	26 + x

1.7.2.6 Probenbehandlung und -konservierung   S-Bpbk

Der Transport von Bodenproben erfolgt in Abhängigkeit von der Probenart und den vorgesehenen Analysen. Für gestörte Proben, an denen bodenkundliche Grundparameter (Bodenart, pH-Wert, Humusgehalt etc.) ermittelt werden sollen, haben sich beschichtete Papiertüten oder Tüten und Flaschen aus Polyethylen bewährt. Ist das Analysespektrum auf organische Schadstoffe ausgerichtet, haben sich braune Glasflaschen bewährt. Für organische Schadstoffanalytik ist das Probenahmegefäß nach der Probenahme unverzüglich kühl und vor starker Sonneneinstrahlung geschützt zu lagern. Durch den Einsatz von Kühlboxen im Gelände kann eine derartige Zwischenlagerung sichergestellt werden. Eine Kühlung auf 2 - 5 °C sichert häufig nur eine Haltbarkeit der Probe von

24 - 48 h (Landesamt für Wasser und Abfall Nordrhein-Westfalen 1991). Ein Schwachpunkt bei den Probenahmegefäßen ist der Verschluß. Das Verschlußmaterial und das Abdichtmaterial im Deckel sind auf die nachzuweisenden Schadstoffe abzustimmen; z.T. erfolgt eine doppelte Abdichtung mit Alufolie und Gummidichtung oder es sind die nach der Gasprobenahme durchstochenen Septen sicherheitshalber mit einer Gummilösung zu versiegeln. Das Einfrieren bei -18 - -20 °C verlängert die mögliche Lagerzeit auf 8 Tage bis einen Monat (Bachhausen und Baiersdorf 1991). Laut Sonderarbeitsgruppe Informationsgrundlagen Bodenschutz der Umweltministerkonferenz (1991) sind Proben für die Analyse auf organische Spurenstoffe langzeitig bei -80 °C zu lagern.

Bei einer chemischen Konservierung ist darauf zu achten, daß das Konservierungsmittel die anschließende Analyse nicht stört.
Während der Lagerung ist die Kontamination des Probenmaterials durch Staubeintrag, Nähe zu offenen Proben oder Chemikalienflaschen ebenfalls auszuschließen.

Bei der breiten Palette der zu beprobenden Schadstoffe ist es durchaus möglich, daß verschiedene Probenahmegefäße zu befüllen sind (z. B. ein PE- und ein Glasgefäß). Die Abfüllung der Probenahmegefäße für den Nachweis leichtflüchtiger Stoffe sollte in diesem Rahmen als erste erfolgen.

Die Reinigung der Probenahmegefäße ist ebenfalls von der späteren Analyse abhängig. Die Gefäße sind sorgfältig und rückstandsfrei zu reinigen und bis zur Probenmaterialabfüllung geschlossen zu lagern.

Tabelle 21 enthält eine Zusammenstellung von Parametern, unterschiedlichen Probenbehältern, Angaben zur physikalischen Konservierung und der damit erzielten Haltbarkeit von Bodenproben nach Barth und Mason (1984) (erweitert von NLfB/BGR 1993).

Probenaufbereitung
Bodenproben sollen in Abhängigkeit vom jeweiligen Analyseverfahren präpariert werden. Für bodenkundliche Grunduntersuchungen sind die Empfehlungen von Kuntze et al. (1991) anzuwenden. Verfahren zur Aufbereitung von Proben, die hinsichtlich ihres Schadstoffgehaltes analysiert werden sollen, sind in Kap. 1.8.2 dokumentiert.

Personal
Späte und Werner (1991) fordern, daß die "...Probenahme durch geschultes Personal durchgeführt wird, das nicht nur in der Lage ist, die Probenahme korrekt auszuführen, sondern auch eine den Anforderungen entsprechende Standortbeschreibung vorzunehmen." Für die bodenkundliche Profilansprache ist dem Personal für die Probenahme ein wissenschaftlicher Mitarbeiter mit bodenkundlichen Fachkenntnissen nebenzustellen.

Tabelle 21.　　Probenbehälter, Konservierung und Haltbarkeit von Bodenproben

Parameter	Probenbehälter	Konservierung	Haltbarkeit
Karbonat, Sulfat, Phosphor	Papier, Polyethylen	Kühlen, trocknen	6 Monate, lufttrocken unbegrenzt
KAK	Papier, Polyethylen	Kühlen, trocknen	6 Monate, lufttrocken unbegrenzt
Kohlenstoff, Phosphat, Oxide	Papier, Polyethylen	Kühlen, trocknen	6 Monate, lufttrocken unbegrenzt
Korngrößen	Papier, Polyethylen		Unbegrenzt
Acidität	Glas, Polyethylen	Kühlen, trocknen	6 Monate, lufttrocken unbegrenzt
Sulfid	Glas, Polyethylen	Kühlen	4 Tage
Nitrat	Glas, Polyethylen	Kühlen, trocknen	8 Tage, 105 °C unbegrenzt
Nitrit	Glas, Polyethylen	Kühlen	8 Tage
Quecksilber	Glas, Polyethylen	Kühlen	28 Tage
weitere Metalle	Papier, Glas, Polyethylen	Kühlen, trocknen	6 Monate, 105 °C unbegrenzt
Öl	Glas	Kühlen	28 Tage
Extrahierbare organische Stoffe (z. B: Phthalate, Nitrosamine, Chlorpestizide, PCB, NH-Organika, aromat. Kohlenwasserstoffe, CKW, PCDD/PCDF	Glas, Teflon beschichtet	Kühlen	7 Tage bis Extraktion, 30 Tage nach Extraktion
Phenole	Glas, Polyethylen	Kühlen	30 Tage nach Extraktion

1.7.2.7　Probenahmedokumentation　　　　　　　　S-Bdok

Für die Interpretation ist es unerläßlich, ein Probenahmeprotokoll auszufüllen. Das Probenahmeprotokoll ist entsprechend dem Geländeformblatt (Anlage 6) auszufüllen. Die horizont- oder schichtbezogenen Daten beider Formulare müssen einander entsprechen. Als bundesweit verbindlicher Mindestdatensatz gelten die im Mindestdatensatz Bodenuntersuchungen (AK Mindestdaten 1991) festgelegten Daten.

1.7.2.8 Entnahme von Bodenluftproben S-Blp

Ist der Boden nicht wassergesättigt und nicht sehr bindig, ist von den 3 Teilsystemen des Bodens (s. Abb. 89) die Bodenluft aufgrund ihrer Mobilität am geeignetsten, ein relativ großes Umfeld um das Bohrloch herum schnell und kostengünstig auf flüchtige sowie leichtflüchtige Schadstoffe zu beproben.

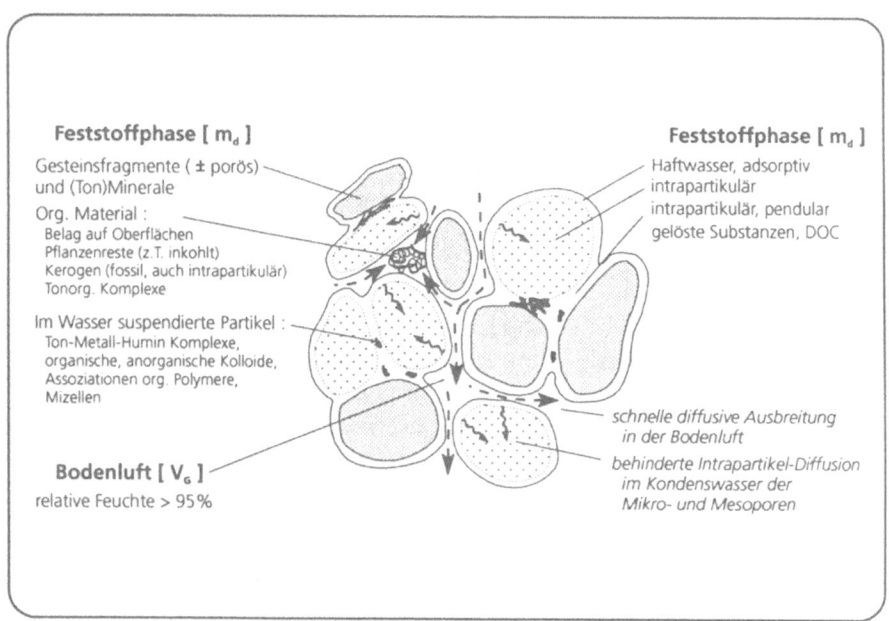

Feststoffphase [m_d]
Gesteinsfragmente (± porös)
und (Ton)Minerale

Org. Material :
  Belag auf Oberflächen
  Pflanzenreste (z.T. inkohlt)
  Kerogen (fossil, auch intrapartikulär)
  Tonorg. Komplexe

Im Wasser suspendierte Partikel :
  Ton-Metall-Humin Komplexe,
  organische, anorganische Kolloide,
  Assoziationen org. Polymere,
  Mizellen

Bodenluft [V_G]
relative Feuchte > 95 %

Feststoffphase [m_d]
Haftwasser, adsorptiv
intrapartikulär
intrapartikulär, pendular
gelöste Substanzen, DOC

schnelle diffusive Ausbreitung
in der Bodenluft

behinderte Intrapartikel-Diffusion
im Kondenswasser der
Mikro- und Mesoporen

Abb. 89. Boden als Drei-Phasen-System. (Nach Rosenkranz et al. 1988)

Gelangen Schadstoffe in den Untergrund, so kann ein Teil der Substanzen in die Gasphase übergehen und in den verfügbaren Porenraum eindringen. Auch aus der mit Schadstoffen kontaminierten gesättigten Zone diffundiert ein Teil der Komponenten in das überlagernde Bodenmaterial, so daß diese nachweisbar werden. Als Einflußgrößen für die Bodenluftkonzentration sind im wesentlichen die physikochemischen Eigenschaften der Schadstoffe, die Stoffkonzentrationen, der Abstand zwischen Erdoberfläche und Grundwasseroberfläche, der Wassergehalt in der ungesättigten Zone sowie die pedogenen Gegebenheiten wie z.B. Art und Anteil der organischen Bestandteile des Untersuchungsraumes zu nennen.

Aus diesen Gründen ist es für die Repräsentativität einer Bodenluftprobe wichtig, keine Proben während einer Regenperiode zu entnehmen, da der Feuchtegehalt des Bodens die Phasenverteilung reguliert und somit Schadstoffe ausgewaschen werden können. Ebenso sollten keine Proben bei gefrorenem Boden entnommen werden, da hier der sog. Kühlfalleneffekt zum Tragen kommt.

Die Bestimmung der Bodenluftbelastung läßt zwar keine Aussage über die absolute Schadstoffkonzentration im Boden zu, ist jedoch für die Ermittlung relativer Belastungen von großer Bedeutung. Ihr Anwendungsbereich erstreckt sich vor allem auf das Aufspüren von Belastungsschwerpunkten sowie die Abgrenzung von belasteten Gebieten.

Der Einsatz von bodenkundlich geschultem Personal ist bei Bodenluftmessungen zu empfehlen. Matz et al. (1990): "Vor Ort kann nämlich die Probenahmestrategie der Bodenqualität angepaßt werden. So können z.B. homogene Bodenschichten durch eine geringe Analysenzahl beurteilt werden, inhomogene dagegen verdichtet beprobt werden ...". Von größtem Wert ist die sofortige Aufzeichnung des Konzentrationsprofils für die Beurteilung einer Sondierbohrung. Dies gilt für die Feststellung der Grenzen der Kontamination und kann zu einer intelligenten Leitung der Sondierungsarbeiten führen. Weßling (1991) benennt Faktoren, welche die Möglichkeiten und Grenzen der Bodenlufterkundung bestimmen:

■ Schadstoffeigenschaften: Dampfdruck, Löslichkeit in Wasser, Löslichkeit in anderen vorhandenen Stoffen, Dichte der Gasphase im Vergleich zur Dichte der Luft, Dichte der Flüssigkeit im Verhältnis zur Dichte des Wassers.

■ Örtliche Umgebung: Vertikaler und horizontaler Abstand zur Ausgasungsquelle, Abstand des Grundwasserspiegels, Bodenart, diffusionssperrende Schichten, adsorptiv wirkende Schichten, Temperatur.

Isoanomalien können durch die Interpolation von Meßpunkt zu Meßpunkt erstellt werden. Dieses Vorgehen erlaubt evtl. die Aufdeckung von Schadstoffherden oder die Prognose über das Vorkommen weiterer Schadstoffe.

Die Ausbreitung der Bodenluft und der Austritt von in einer Altablagerung enthaltenem Deponiegas beruht auf den Prinzipien

■ der konvektiven Ausbreitung (Druckdifferenz) entprechend dem allgemeinen DARCY-Gesetz

■ und der diffusiven Ausbreitung (Konzentrationsdifferenz) entsprechend dem 1. und 2. FICK'schen Gesetz.

Eine Ausbreitung aufgrund von Druckdifferenzen bewirkt, daß sich Bodenluft/ Deponiegas aus Bereichen mit hohem Druck in Bereiche mit geringem Druck bewegt. In einer Deponie (Gasproduktion) überwiegt der Transport durch die Druckdifferenz.

Bei der Diffusion bewegt sich Bodenluft/Deponiegas aus Bereichen höherer Konzentration in Bereiche mit niedrigerer Konzentration. Die Diffusion wird im wesentlichen gesteuert durch die Porosität, den Wassergehalt und die chemisch-physikalischen Stoffeigenschaften (s. Tabellen 29 und 30, Kap. 1.8.3.1).

Betrachtet man Modellrechnungen (Seeger 1994), ist festzustellen, daß bei ausschließlich diffusiver Ausbreitung (i.d.R. der entscheidende Transportweg) im stationären Zustand in einer Entfernung von 10 m nur noch rund 1/1.000 der Ausgangskonzentration vorhanden ist. Hinderungsgründe für den Transport der Bodenluft/des Deponiegases können dichte Schichten und Horizonte, das Vorhandensein von Wasser sowie geringe Konzentrations- oder Druckdifferenzen sein. Prinzipiell werden die transportbedingenden Prozesse in interne und externe Faktoren unterschieden. Während interne Faktoren wie Wassergehalt, Temperatur, Nährstoffgehalt, pH-Wert, Stoffkonzentration und der Aufbau einer Altablagerung im wesentlichen die Produktion von Gasmengen durch den Abbau mittels Bakterien beeinflussen, bedingen externe Faktoren wie Luftdruck, Niederschlag, Außentemperatur und Abdeckung vorrangig die Verteilung in einer Altablagerung und den Austritt aus einer Altablagerung.

Zur Untersuchung der Bodenluft sind Meßsonden mit geschlitzten Spitzen bekannt, die nach Erstellen eines Bohrloches in den Boden getrieben werden (Abb. 90). Vor- und Nachteile von tempörären und stationären Meßstellen listet Tabelle 22 auf. Anschließend wird mit einer Pumpe Bodenluft abgesaugt oder durch ein in die Sonde eingesetztes Meßröhrchen geleitet. Liegen für spezielle Fragestellungen keine marktüblichen Bestimmungsröhrchen vor, kann die Untersuchung der Bodenluft direkt, d.h. abgefüllt in Glasampullen, Head-Space-Gläschen oder Gasbeutel (sog. Gas-Mäuse) oder indirekt über Anreicherungsverfahren (Tenax, Aktivkohle, XAD-Harze) erfolgen.

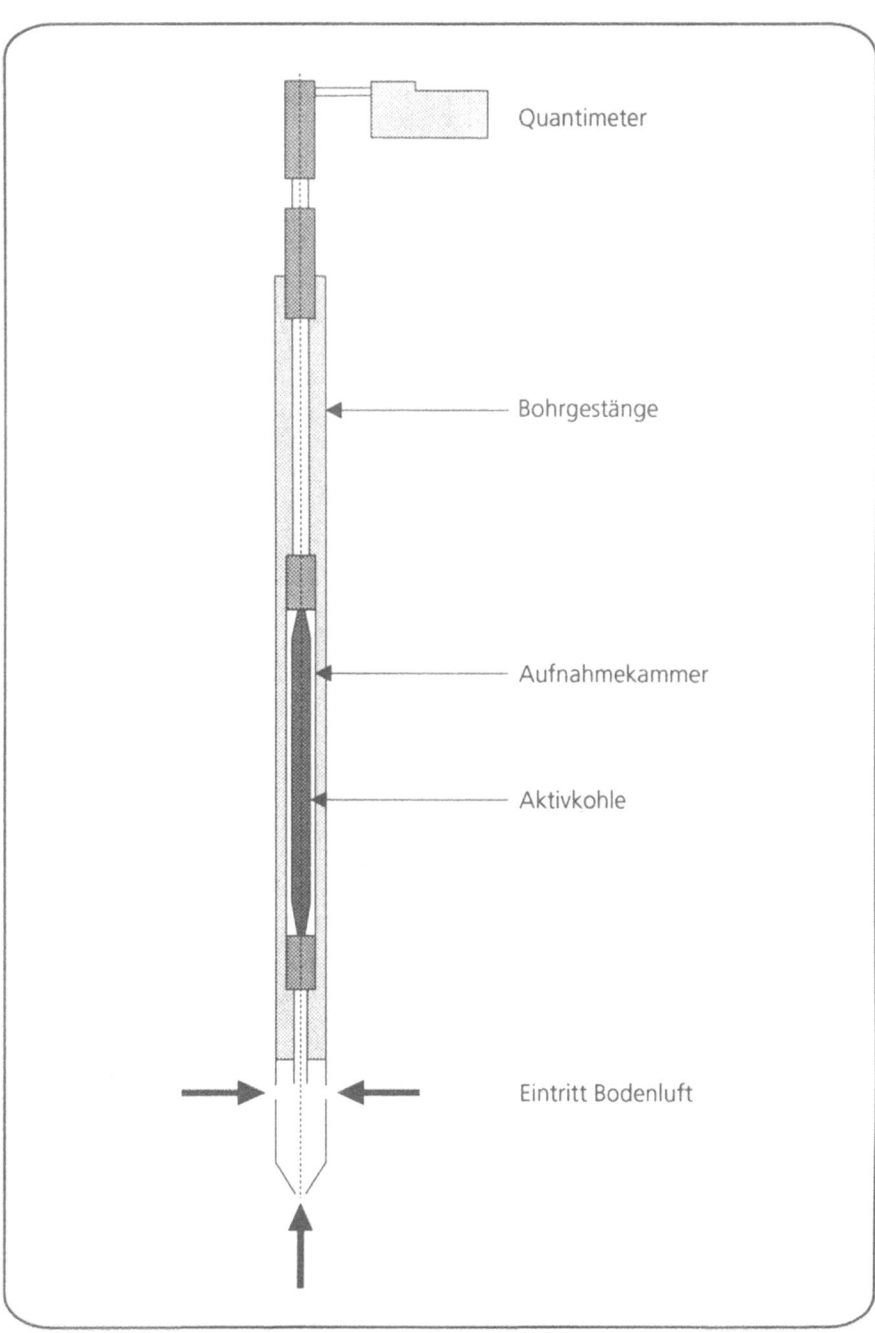

Quantimeter

Bohrgestänge

Aufnahmekammer

Aktivkohle

Eintritt Bodenluft

Abb. 90.   Prinzipskizze einer Bodengassonde

Tabelle 22.   Prinzipien verschiedener Meßstellen. (Nach Landesanstalt für Umweltschutz LfU Baden-Württemberg 1992 b)

	Stationäre Meßstelle	Temporäre Meßstelle
Herstellung	Rammkernsondierung 60 mm Ausbau mit HDPE-Rohr 30-cm-Dichtung mit quellfähigem Tonmaterial	Rammkernsondierung Dichtung mit quellfähigem Ton oder pneumatischer Schlauchdichtung
Zeitbedarf	2 h	30 min ohne Schicht- oder Profilbeschreibung
Probenahme	Wartezeit mehrere Tage Direktbeprobung Anreicherungsverfahren Größere Probenmenge möglich	Wartezeit mehrere Stunden Direktbeprobung problematisch Anreicherungsverfahren Geringe Probenmenge
Vorteil	Keine Falschluft Kein Stauwasser Erkenntnisgewinn über Untergrund	Kostengünstig Erkenntnisgewinn über Untergrund
Nachteil	Hoher Aufwand Hohe Kosten	Falschluftzutritt Probenahme eingeschränkt
Anwendung	Bei Langzeituntersuchungen	Bei größerer Tiefe Bei Unkenntnis des Untergrunds

Für alle Bodenluft/Gasuntersuchungen sind die Probenahmebedingungen (Temperatur, Luftdruck, Probenahmezeitpunkt etc.) zu dokumentieren. Eine Lagerzeit von 6 Tagen soll für die Proben nicht überschritten werden. Üblicherweise wird für Bodenluftmessungen ein Tiefenbereich von 1 - 2 m u. GOK beprobt. Dabei ist es notwendig, in Probenahmeprotokollen die CO_2-Gehalte bei, vor und nach der Probenahme mit anzugeben. Der Grund hierfür ist, daß sich die natürliche Zusammensetzung der Bodenluft aufgrund mikrobieller Umsetzungsprozesse deutlich von der Atmosphärenluft unterscheidet (Tabelle 23).

Tabelle 23.   Durchschnittliche Zusammensetzung von Bodenluft und Atmosphärenluft

Bestandteil	Bodenluft	Bodenluft im Bereich einer Altablagerung (stabile Methanphase)	Atmosphärenluft
Sauerstoff	8 - 20,3 %	Ca. 0 %	20,9 %
Kohlendioxid	0,3 - 5 %	Ca. 44 %	0,03 %
Methan	Spuren	Ca. 55 %	ca. 0 %

Der Unterschied der CO_2-Gehalte zwischen atmospärischer Luft (0,03 Vol.-%) und Bodenluft (> 0,3 Vol.-%) (Tabelle 23) kann als Indikator für die Qualität der Probenahme herangezogen werden (in Altablagerungen findet man z.B.

CO_2-Gehalte bis zu 40 Vol.-%). Ein geringer CO_2-Gehalt kann somit ein Indiz für das Ansaugen von atmosphärischer Luft durch Undichtigkeiten im System sein.

Generell äußert sich der Einfluß atmosphärischer Druck- und Temperatur-verläufe, abhängig von der Bodenart, bis in Tiefen von 2 m. Daneben können sich auch noch Schwankungen der Grundwasseroberfläche auf die Zusammen-setzung der Bodenluft auswirken, da hierdurch entweder Bodenluft verdrängt wird oder atmosphärische Luft in den Bodenkörper einströmen kann.

Für die Probenahme sind in Abhängigkeit des eingesetzten Verfahrens i.d.R. folgende Grundsätze zu beachten:

■   Probenahme erst nach entsprechender Wartezeit, da die In-stallationsarbeiten die Verhältnisse im Untergrund beeinflus-sen,

■   Abdichtung der Sonden gegen Zutritt von Außenluft und

■   kleines Probenvolumen, um Verhältnisse im Untergrund nicht zu stören bzw. eine Beeinflussung anderer Entnahmehorizonte auszuschließen.

Für ein Beprobungsraster ist zu berücksichtigen, daß schon mit einer geringen Anzahl von Meßwerten (ca. 10) nach Untersuchungen der Landesanstalt für Umweltschutz in Baden-Württemberg (1992) aussagekräftige Ergebnisse erzielt werden.

Nähere Hinweise zur Meßstrategie und Probenahme von Bodenluft gibt die VDI-Richtlinienreihe 3865.

In jüngster Zeit werden auch Adsorber-Verfahren für die Schadstofferkun-dung in der Bodenluft (und im Grundwasser) angeboten. Hierbei werden Ad-sorber-Materialien in wasserdichten gasdurchlässigen Materialien in den Boden eingebracht, um diffundierende gasförmige Bodenschadstoffe auf der Basis passiver Adsorption erfassen zu können. Somit kann das Verfahren für Böden eingesetzt werden, deren Standortbedingungen den Einsatz anderer Boden-luft-Untersuchungsverfahren limitieren.

1.7.3   Luft   S-L

An dieser Stelle werden nur die Innenraumluft und die atmosphärische Luft be-handelt, da der Punkt Bodenluft bereits im Kap. 1.7.2. beschrieben wurde. Aufgrund seiner besonderen Bedeutung für den Altlastenbereich wird zusätz-lich der Punkt Deponiegas erläutert.

1.7.3.1 Entnahme von Raumluftproben S-Lrp

Entsprechend ihrer jeweiligen physikalisch-chemischen Eigenschaften können Problemstoffe in der Raumluft als Gas, Dampf, in Partikelform oder gleichzeitig dampf- und partikelförmig vorliegen.

Die Probenahme kann dabei entweder aktiv oder passiv erfolgen. Die passive Probenahme kann bei Gasen oder Dämpfen angewendet werden. Bei ihr erfolgt der Stofftransport zum Probenträger durch Diffussion oder Permeation. I.d.R. erfolgt die Probenahme jedoch aktiv, d.h. es wird schadstoffbelastete Luft angesaugt. Diese Art der Probenahme eignet sich nicht nur für Gase und Dämpfe sondern auch für Stäube, Nebel und Rauche. Durch die exakte Probenahme soll sichergestellt werden, daß die in der Raumluft herrschenden Konzentrationsverhältnisse richtig erfaßt werden. Ursache für Verfälschungen können z.B. der Einsatz ungeeigneter Sammelphasen oder die Wahl falscher Luftansaugraten sein. Detaillierter soll an dieser Stelle nicht auf die Entnahme von Raumluftproben eingegangen werden. Umfassende Informationen enthält die Arbeitsmappe des Berufsgenossenschaftlichen Institutes für Arbeitssicherheit (BIA) „Messung von Gefahrstoffen", auf die hier verwiesen werden soll.

1.7.3.2 Entnahme atmosphärischer Luftproben S-Lap

Generell läßt sich sagen, daß leichtflüchtige organische Komponenten bei ihrem Übertritt von der Bodenluft in die Atmosphäre stark verdünnt werden. Nach Aussage von Rettenberger (1978) ist in Atemhöhe mit einer Verdünnung um den Faktor 10^4 zu rechnen.

Eine Untersuchung der Außenluft wird bei Altlastverdachtsflächen i.d.R. dann durchgeführt, wenn z. B. Geruchsbelästigungen vorliegen. In einem ersten Schritt sollte man eine Übersichtsmessung des Gesamtkohlenstoffgehaltes an der Oberfläche durchführen. Ein möglichst vollständiges Bild des Emissionsgeschehens erhält man durch Begehungen mit einem Gasspürgerät (FID). Auf diese Weise lassen sich z. B. auf Altablagerungen Methanemissionen lokalisieren. An den festgestellten Maximalpunkten kann mit einer sog. "Lemberger Box" (Rettenberger 1982) die Menge und Zusammensetzung der aus dem Boden diffundierenden Gase abgeschätzt werden. Es ist zu berücksichtigen, daß solche Boxenmessungen nur punktförmige Gültigkeit haben. Zur Abschätzung der austretenden Gasmenge wird der Behälter mit einem Prüfgas, z. B. Helium, gefüllt und anschließend die Verdrängung dieses Gases durch Probenahmen in definierten Zeitabständen beobachtet. Das Verfahren ist im Leitfaden Deponiegas der Landesanstalt für Umweltschutz (LfU) Baden-Württemberg (1992) näher beschrieben.

Bei der Beurteilung der Ergebnisse sind die meteorologischen Gegebenheiten unbedingt zu berücksichtigen. Bei sinkendem Luftdruck sind sowohl die Volumenströme als auch die Konzentrationen maximal. Die LfU hat am Modellstandort Mannheim festgestellt, daß sich die Werte für das austretende Deponiegas je nach Wetterlage um den Faktor 10 unterscheiden.

Falls an der Oberfläche der Verdachtsfläche ausgasende Schadstoffe nachgewiesen werden, sollte in einem zweiten Schritt die Möglichkeit der Gasausbreitung in bodennahen Luftschichten überprüft werden. Es besteht die Möglichkeit, daß sich ausströmendes Gas in Geländesenken sammelt und über weite Strecken am Boden kriecht. In der Praxis kommt es normalerweise nur selten vor, daß Schadgase außerhalb von Verdachtsflächen in analytisch nachweisbaren Konzentrationen angetroffen werden. Falls solche Messungen sinnvoll erscheinen, sollten sie in geringer Höhe luv- und leeseitig zur Verdachtsfläche durchgeführt werden.

Ein anderes Problem kann die Verlagerung von Staubpartikeln in angrenzende Gebiete durch Winderosion darstellen. Um Belastungen durch diese Verwehungen feststellen zu können, ist der Luftstaub, ähnlich wie bei der Beprobung der atmosphärischen Luft, luv- und leeseitig zu beproben. Solche Proben lassen sich sowohl aktiv als auch passiv gewinnen; aufgrund der üblicherweise nur geringen Probemengen ist die Analytik relativ schwierig.

1.7.3.3 Deponiegas

Das größte Problem für Bebauungen auf oder in der Nähe von Altablagerungen stellt i.d.R. das Deponiegas dar, weshalb an dieser Stelle auf diesen Punkt genauer eingegangen werden soll.

Da Altablagerungen deutliche Anteile organischer Abfallbestandteile enthalten, entsteht durch mikrobielle Tätigkeiten Deponiegas. Dabei können die im Deponiegas enthaltenen brennbaren oder explosiven Gase (hauptsächlich Methan) in Mischung mit Luft zu Bränden, Explosionen und Verpuffungen führen. Zur Beurteilung des Vorliegens einer zündfähigen Mischung wird ein Dreistoffdiagramm, das sogenannte Explosionsdreieck, herangezogen (s. Abb. 91).

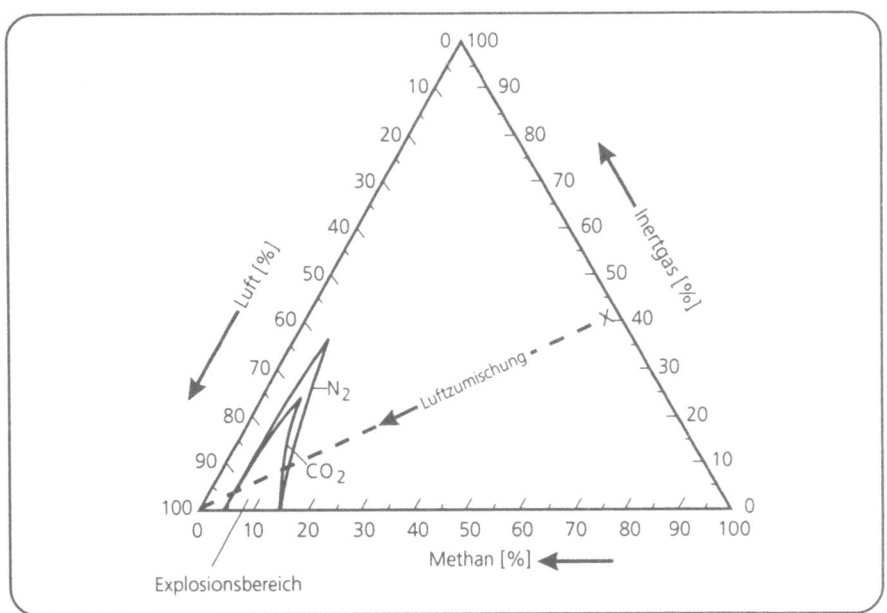

Abb. 91.   Explosionsdreieck

Aus dem Dreistoffdiagramm sind die Explosionsbereiche der Gemische Methan
(CH_4)/Luft/Kohlendioxid (CO_2) bzw. Methan/Luft/Stickstoff (N_2) ersichtlich. Von
den Inertgasen CO_2 und N_2 (der ebenfalls im Deponiegas enthaltene Was-
serdampf ist aufgrund der Temperatur bereits kondensiert) hat CO_2, wie man
auch in Abb. 91 gut erkennt eine bessere Inertisierungswirkung. Der Explosionsbereich von CH_4 allein liegt bei Luftzumischung innerhalb bestimmter Grenzen (untere Explosionsgrenze 5 Vol.-%, obere Explosionsgrenze 15 Vol.-%). Bei
einer Zunahme des Inertgasanteils verengt sich der Explosionsbereich bis bei
einem Luftanteil von 58 Vol.-% beide Grenzen zusammenfallen; d.h. unterhalb
dieses Luftanteils (entspricht einem Sauerstoffanteil von 11,6 Vol.-%), liegt das
Gasgemisch immer außerhalb des Explosionsbereiches. Beispielhaft für Gasgemische, die explosionsfähig werden können, ist in Abb. 91 die Luftzumi-
schungsgerade für ein explosionsfähiges Deponiegemisch von 55 Vol.-% CH_4,
40 Vol.-% CO_2 und 5 Vol.-% Luft eingetragen. Dieses Gemisch erreicht durch
steigende Luftzumischung bei 11,5 Vol.-% CH_4, 7,5 Vol.-% CO_2 und 81 Vol.-%
Luft den Explosionsbereich.

  Belastete Bodenluft kann über Diffussionsprozesse oder Druckströmung
größere Distanzen zurücklegen. Insofern sind nicht nur Gebäude direkt auf den
Altlastverdachtsflächen gefährdet, sondern es kann auch das nähere Umfeld
betroffen sein. Die Größe der Migrationsstrecke ist abhängig von der Art des
umgebenden Gesteins; falls hierzu keine oder zu geringe Informationen vorliegen, kann beispielsweise durch Sondenmessungen die Größe des Migrations-
gebietes festgelegt werden.

In der ersten Phase einer solchen Untersuchung sind insbesondere Kellerräume, Schächte und Rohrleitungen zu überprüfen, wobei das Auftreten von Geruchsbelästigungen oder der Nachweis von Methan bzw. Kohlendioxid als erster Hinweis auf eine Beeinflussung zu interpretieren ist. Bei diesen Messungen ist vorrangig zu klären, ob explosive Gasgemische vorhanden sind. Dies geschieht durch Ex- oder Combi-Warngeräte, welche die Anwesenheit von brennbaren Gasen anzeigen (Explosionsdreieck s. Abb. 91).

Erst wenn dieser Verdacht auszuschließen ist, sollte mit Hilfe eines Gasspürgerätes eine gezielte Untersuchung der Räumlichkeiten vorgenommen werden. Dabei kann sowohl ein Gasspürgerät mit FID als auch mit PID eingesetzt werden (ein Gasspürgerät mit FID enthält eine Zündquelle und sollte deshalb erst dann in Räumen eingesetzt werden, wenn sicher ist, daß kein explosives Gasgemisch vorliegt.)

Die Art der durchgeführten Untersuchungen inklusive einer Dokumentation der Meßorte ist ebenso wie die bei den Untersuchungen vorliegenden Randbedingungen (Luftdruck, gefrorener Boden, Räume über mehrere Tage geschlossen oder belüftet) in einem Protokoll niederzulegen. Bei geänderten Bedingungen sind jeweils mindestens 2 Meßreihen aufzunehmen.

Um Aussagen über toxikologisch relevante Stoffe, wie z. B. Vinylchlorid, zu gewinnen, kann man beispielweise diese Deponiegasspurenstoffe über mehrere Tage in geschlossenen Räumen auf Adsorbermaterialien (s. a. Kap. 1.7.3.1) anreichern. Solche relativ kostenintensiven Methoden sind nur bei begründetem Verdacht sinnvoll, z.B. wenn Deponiegas bereits in den Räumen festgestellt wurde oder bei Umfelduntersuchungen hohe Konzentrationen an Deponiegasspurenstoffen gemessen wurden. Bei der Durchführung solcher Untersuchungen ist darauf zu achten, daß keine Beeinflussung der Meßergebnisse durch Haushaltschemikalien wie Lacklösemittel oder Kaltreiniger vorliegt.

Meßtechnik

Im folgenden werden die Meßprinzipien der FID- und PID-Messung kurz dargestellt:

Der Flammenionisationsdetektor (FID) dient zum Messen von Kohlenwasserstoffspuren in einer Gasprobe. Mit Hilfe eines Ansaugsystemes wird die Gasprobe kontinuierlich in die Brennkammer gefördert. Hier befindet sich eine sog. „Wasserstoffflamme", welche durch das Brenngas (H_2/N_2-Gemisch) und den in der Gasprobe enthaltenen Sauerstoff gespeist wird. Das Meßprinzip beruht darauf, daß die elektrische Leitfähigkeit dieser Wasserstoffflamme durch in ihr verbrannte Kohlenwasserstoffverbindungen stark erhöht wird. Mit Hilfe einer elektronischen Verstärkerschaltung sind so geringste Kohlenwasserstoffspuren nachweisbar.

Der Photoionisationsdetektor (PID) mißt die Konzentration an ionisierbaren Gasen in der Probe. Eine Ultraviolett-Lampe erzeugt Photonen, die bestimmte Moleküle der Probe ionisieren können. Das dabei erzeugte elektrische Signal (durch die Ionenbewegung im elektrischen Feld wird ein Strom erzeugt) wird von einem Mikroprozessor aufgezeichnet. Die verwendeten Lampen erzeugen eine Energie, die nicht ausreicht, um die Permanentgase, wie z.B. Kohlendioxid, Stickstoff und Methan zu ionisieren; allerdings werden die häufig im Deponiebereich anzutreffenden Spurengase (s. Kap. 1.8.3.1), also die leichtflüchtigen halogenierten Kohlenwasserstoffe und die Monoaromaten sehr empfindlich angezeigt. Ähnlich wie beim FID wird das PID i.d.R. eingesetzt, um Summenkonzentrationen zu erfassen. Die Empfindlichkeit ist stoffspezifisch, i.d.R. sind die Geräte auf bestimmte Einzelstoffe wie z.B. Isobuten geeicht.

1.8   Chemische Untersuchungsverfahren   C

Bei chemischen Untersuchungsverfahren ist die Qualität der mit ihnen zu erzielenden Laborergebnisse von enormer Bedeutung für alle Folgerungen, die aus ihnen gezogen werden. Ungenaue oder falsche Analyseresultate können zu gravierenden Fehleinschätzungen in der Praxis führen. Aus diesem Grund gibt es große Bemühungen, analytische Verfahren zu standardisieren. Für den Bereich der Wasseruntersuchungen ist das auch größtenteils gelungen, während für die Untersuchung von Feststoffen und Böden im Bereich Altlasten bislang nur wenige genormte oder standardisierte und somit einheitliche Analyseverfahren zur Verfügung stehen. Eine Untersuchung erfolgt vielfach nach laborinternen „Hausverfahren", die erzielten Analysenergebnisse sind unmittelbar von der angewandten Methode abhängig und somit i.d.R. nicht vergleichbar. Abbildung 92 zeigt die Anzahl verschiedener Methoden für ausgewählte Substanzklassen in Hessen.

Die Länderarbeitsgemeinschaft Abfall (LAGA-ATA-AG „Analysenmethoden") hat in ihren „Richtlinien für das Vorgehen bei physikalischen und chemischen Untersuchungen im Zusammenhang mit der Beseitigung von Abfällen" Analysemethoden erarbeitet, die sich mit der Probenahme, -vorbehandlung, -aufbewahrung und Analytik von Abfall- und Feststoffproben befassen. Sie sind im Erich Schmidt Verlag GmbH Berlin erschienen. Für die Untersuchung von Proben aus dem Altlastenbereich reichen diese teilweise dringend überarbeitungsbedürftigen LAGA-Richtlinien jedoch nicht aus. Speziell zur Thematik „organische Verbindungen in Feststoff- und Bodenproben" gilt es, länderübergreifend einheitliche Analysenverfahren zu entwickeln und fortzuschreiben.

Vielfach wird versucht, für den eigentlichen Meßschritt auf genormte Verfahren aus anderen Bereichen zurückzugreifen. Für die Umweltkompartimente Grund-, Oberflächen- und Sickerwasser finden oftmals die entsprechenden DIN- oder DEV- Verfahren der Wasseranalytik Anwendung. Bei der Anwendung von Verfahren aus der Wasseranalytik ist unbedingt zu beachten, daß diese für einen klar definierten Anwendungsbereich bestimmt sind.

Aufgrund der Vielzahl der betrachteten Parameter und der Tatsache, daß die einzelnen Verfahren in den jeweils zitierten Normen bereits ausreichend beschrieben werden, beschränkt sich die Betrachtung der Analysemethoden für die Kompartimente Wasser und Boden im wesentlichen auf ein Zitat der jeweiligen Norm.

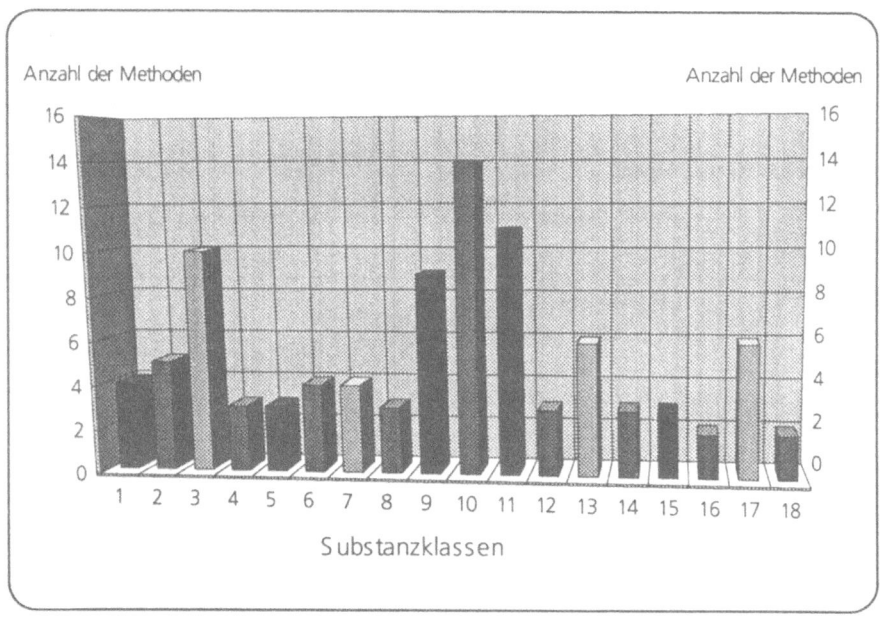

Abb. 92. Anzahl verschiedener Methoden für ausgewählte Substanzklassen in Hessen. *1* = Amine, *2* = halogenierte/nitrierte Benzole/Toluole, *3* = BTEX (Monoaromaten), *4* = chemische Kampfstoffe, *5* = MKW (Mineralölkohlenwasserstoffe), *6* = LHKW (Leichtflüchtige Halogenierte Kohlenwasserstoffe), *7* = Nitroaromaten, *8* = organisch gebundenes Chlor, *9* = PSM (Pflanzenschutzmittel), *10* = PAK (Polycyclische Aromatische Kohlenwasserstoffe), *11* = PCB (Polychlorierte Biphenyle), *12* = PCDD/F (Dioxine/Furane), *13* = Phenole, *14* = Phenolindex, *15* = Phthalate, *16* = schwerflüchtige lipophile Stoffe, *17* = SHKW (Schwerflüchtige Halogenierte Kohlenwasserstoffe), *18* = Tenside. (Nach Hessische Landesanstalt für Umweltschutz 1995)

1.8.1   Wasser/wäßrige Phase   C-W

In diesem Kapitel werden in den Tabellen 24 - 27 die Analyseverfahren für Wasser und wäßrige Phase aufgelistet.

Tabelle 24.　　　Physikalisch-chemische Kenngrößen (Wasser/wäßrige Lösung)

Lfd. Nr.	Parameter	Analyseverfahren für die wäßrige Lösung	Methode/Bemerkungen
1	Elektrische Leitfähigkeit	DIN EN 27 888 (November 1993)	Elektrometrische Bestimmung
2	Färbung	DIN EN ISO 7887 (Dezember 1994)	Sensorische bzw. photometrische Bestimmung
3	Geruch	DEV B 1/2 (6. Lfg. 1971)	Sensorische Bestimmung
4	pH-Wert	DIN 38 404 C 5 (Januar 1984)	Elektrometrische Bestimmung
5	Redox- Spannung	DIN 38 404 C 6 (Mai 1984)	Elektrometrische Bestimmung
6	Spektraler Absorptionskoeffizient SAK 254 nm	DIN 38 404 C 3 (Dezember 1976)	Photometrische Bestimmung
7	Spektraler Absorptionskoeffizient SAK 436 nm	DIN EN ISO 7887 (Dezember 1994)	Photometrische Bestimmung
8	Temperatur	DIN 38 404 C 4 (Dezember 1976)	Thermometer
9	Trübung	DIN EN 27 027 (März 1994)	Sensorische bzw. photometrische Bestimmung

Tabelle 27.　　　Anionen, sonstige Parameter (Wasser/wäßrige Lösung)

Lfd. Nr.	Parameter	Analysenverfahren für die wäßrige Lösung	Untere Anwendungsgrenze des Normverfahrens	Methode/Bemerkungen
1	Abfiltrierbare Stoffe	DIN 38 409 H 2-2 DIN 38 409 H 2-3 (März 1987)	20 mg (Mindestauswaage)	Filtration über Papierfilter Filtration über Glasfaserfilter Bestimmung der Massenkonzentration
2	Absetzbare Stoffe	DIN 38 409 H 9 (Juli 1980)	0,1 ml/l	Bestimmung des Volumenanteils
		DIN 38 409 H 10 (Juli 1980)	20 mg (Mindestauswaage)	Bestimmung der Massenkonzentration
3	Basekapazität	DIN 38 409 H 7-2 (Mai 1979)		Titrimetrie (direktes Titrationsverfahren, nicht gegen Indikator)
4	Bromid	DIN 38 405 D 19 (Februar 1988)	0,05 mg/l	Bei gering belasteten Wässern: Bestimmung mittels Ionenchromatographie
		DIN 38 405 D 20 (September 1991)	0,05 mg/l	Bei stark belasteten Wässern: Bestimmung mittels Ionenchromatographie

Fortsetzung Tabelle 25				
5	Chlorid	DIN 38 405 D 1-1 (Dezember 1985)	10 mg/l	Maßanalytische Bestimmung nach MOHR
		DIN 38 405 D 19 (Februar 1988)	0,1 mg/l	Bei gering belasteten Wässern: Bestimmung mittels Ionenchromatographie
		DIN 38 405 D 20 (September 1991)	0,1 mg/l	Bei stark belasteten Wässern: Bestimmung mittels Ionenchromatographie
6	Cyanid, gesamt	DIN 38 405 D 13-1 (Februar 1981)		Bei stark belasteten Wässern: photometrische Bestimmung mittels Barbitursäure-Pyridin
		DIN 38 405 D 14-1 (Dezember 1988)		Bei gering belasteten Wässern: photometrische Bestimmung mittels Barbitursäure-Pyridin
7	Cyanid, leicht freisetzbar	DIN 38 405 D 13-2-3 (Februar 1981)		Bei stark belasteten Wässern: photometrische Bestimmung mittels Barbitursäure-Pyridin
		DIN 38 405 D 14-2 (Dezember 1988)		Bei gering belasteten Wässern: photometrische Bestimmung mittels Barbitursäure-Pyridin
8	Filtrattrockenrückstand, Filtratglührückstand/Gesamttrockenrück Gesamtglührückstand	DIN 38 409 H 1 (Januar 1987)	20 mg (Mindestauswaage)	Gravimetrische Bestimmung
9	Fluorid	DIN 38 405 D 4-1 DIN 38 405 D 4-2 (Juli 1985)		Bestimmung des gelösten Anteils, Bestimmung des anorganisch gebundenen Gesamtfluorids mittels ionenselektiver Elektrode
		DIN 38 405 D 19 (Februar 1988)	0,1 mg/l	Bestimmung mittels Ionenchromatographie
10	Nitrat-Stickstoff	DIN 38 405 D 9-2 (Mai 1979)	0,5 mg/l	Photometrische Bestimmung mittels 2,6-Dimethyl-phenol
		DIN EN 33 395 (August 1995)	0,01 mg/l	Fließ-Analyse
		DIN 38 405 D 19 (Februar 1988)	0,1 mg/l	Bei gering belasteten Wässern: Bestimmung mittels Ionenchromatographie
		DIN 38 405 D 20 (September 1991)	0,1 mg/l	Bei stark belasteten Wässern: Bestimmung mittels Ionenchromatographie

Fortsetzung Tabelle 25				
11	Nitrit-Stickstoff	DIN 38 405 D 10 (April 1993)		Photometrische Bestimmung nach Diazotierung
		DIN EN 33 395 (August 1994)	0,2 mg/l	Fließ-Analyse
		DIN 38 405 D 19 (Februar 1988)	0,05 mg/l	Bei gering belasteten Wässern: Bestimmung mittels Ionenchromatographie
		DIN 38 405 D 20 (September 1991)	0,05 mg/l	Bei stark belasteten Wässern: Bestimmung mittels Ionenchromatographie
12	Phosphat (ortho-)	DIN 38 405 D 11-1 (Oktober 1983) Entwurf: CEN TC 239/WG 1 N 99 D Teil 1	0,005 mg/l	Photometrische Bestimmung mittels Ammoniummolybdat
		DIN 38 405 D 19 (Februar 1988)	0,1 mg/l	Bei gering belasteten Wässern: Bestimmung mittels Ionenchromatographie
		DIN 38 405 D 20 (September 1991)	0,1 mg/l	Bei stark belasteten Wässern: Bestimmung mittels Ionenchromatographie
13	Phosphat, gesamt	DIN 38 405 D 11-4 (Oktober 1983) Entwurf: CEN TC 230/WG 1 N 99 D Teil IV/V	0,005 mg/l	Photometrische Bestimmung nach Aufschluß mit Kaliumperoxodisulfat oder Salpetersäure/ Schwefelsäure
14	Sauerstoff, gelöst	DIN EN 25 813 (Januar 1993)	0,2 mg/l	Iodometrische Bestimmung
		DIN EN 25 814 (November 1992)	0,2 mg/l	Elektrometrisches Verfahren
15	Säurekapazität in Verbindung mit lfd. Nr. 3	DIN 38 409 H 7-1 (Mai 1979)		Titrimetrische Bestimmung (direktes Titrationsverfahren nicht gegen Indikator)
16	Schwefel	DIN 38 406 E 22 (März 1988)	0,5 mg/l	ICP-OES
17	Stickstoff, gesamt	DIN 38 409 H 27 (Juli 1992) Entwurf: ISO/DIS 11 905-1 ISO/DIS 11 905-2	0,5 mg/l	Bestimmung z.B. durch Messung der Chemolumineszens Druckaufschluß mit Peroxodisulfat, photometrische Bestimmung nach Oxidation
		DIN 38 409 H 28 (April 1992)	10 mg/l	Maßanalytische Bestimmung nach Reduktion und katalytischem Aufschluß

		Fortsetzung Tabelle 25		
18	Sulfat	DIN 38 405 D 5-1	20 mg/l	Komplexometrische Titration
		DIN 38 405 D 5-2		Gravimetrische Bestimmung
		(Januar 1985)		nach Fällung als Bariumsulfat
		DIN 38 405 D 19	0,1 mg/l	Bei gering belasteten Wässern:
		(Februar 1988)		Bestimmung mittels Ionenchromatographie
		DIN 38 405 D 20	0,1 mg/l	Bei stark belasteten Wässern:
		(September 1991)		Bestimmung mittels Ionenchromatographie
19	Sulfid-Schwefel, gelöst	DIN 38 405 D 26 (April 1989)	0,08 mg/l	Photometrische Bestimmung
20	Sulfid-Schwefel leicht freisetzbar	DIN 38 405 D 27 (Juli 1992)	0,08 mg/l	Photometrische Bestimmung
21	Sulfit	Analog: DIN 38 405 D 19 (Februar 1988)		Bei gering belasteten Wässern: Bestimmung mittels Ionenchromatographie
		Analog: DIN 38 405 D 20 (September 1991)		Bei stark belasteten Wässern: Bestimmung mittels Ionenchromatographie
22	Wasserdampf-flüchtige organische Säuren	DEV H 21 (6. Lfg. 1971)		Abtrennung mittels Destillation, titrimetrische Bestimmung

Tabelle 26.   Metalle, Metalloide und sonstige Kationen (Wasser/wäßrige Lösung)

Lfd. Nr.	Parameter	Analyseverfahren für die wäßrige Lösung	Untere Anwendungsgrenze des Normverfahrens	Methode/Bemerkungen
1	Aluminium	DIN 38 406 E 25-1 (Juni 1995)		AAS-Flamme
		DIN 38 406 E 22 (März 1988)	0,1 mg/l	ICP-OES
2	Ammonium-Stickstoff	DIN 38 406 E 5-1	0,03 mg/l	Photometrie
		DIN 38 406 E 5-2 (Oktober 1983)	0,5 mg/l	Destillation, maßanalytische Bestimmung
		DIN 38 406 E 23 (Dezember 1993)	0,1 mg/l	Fließanalyse, photometrische Bestimmung
3	Antimon	Analog DIN 38 405 D 18 (September 1985)		AAS-Hydridtechnik
		DIN 38 406 E 22 (März 1988)	0,1 mg/l	ICP-OES

Fortsetzung Tabelle 26				
4	Arsen	DIN 38 405 D 18 (September 1985)	0,001 mg/l	AAS-Hydridtechnik
		DIN EN 31 969 (August 1994)		AAS-Hydridtechnik
		DIN 38 405 E 22 (März 1988)	0,1 mg/l	ICP-OES
5	Barium	DIN 38 406 E 22 (März 1988) in Verbindung mit	0,002 mg/l	ICP-OES
		Entwurf: DIN 38 406 E 19-1	1 mg/l	AAS-Flamme
		DIN 38 406 E 19-2 (Juli 1993)	0,5 mg/l	AAS-Graphitrohr
6	Beryllium	DIN 38 406 E 22 (März 1988)	0,002 mg/l	ICP-OES
7	Blei	DIN 38 406 E 6-1	0,5 mg/l	AAS-Flamme
		DIN 38 406 E 6-3 (Mai 1981)	0,002 mg/l	AAS-Graphitrohr
		DIN 38 406 E 16 (März 1990)		Voltammetrie
		DIN 38 406 E 22 (März 1988)	0,1 mg/l	ICP-OES
8	Bor	DIN 38 405 D 17 (März 1981)	0,01 mg/l	Photometrie
		DIN 38 406 E 22 (März 1988)	0,005 mg/l	ICP-OES
9	Cadmium	Vornorm:		
		DIN 38 406 E 19-1	0,05 mg/l	AAS-Flamme
		DIN 38 406 E 19-2 (Juli 1993)	0,0003 mg/l	AAS-Graphitrohr
		Entwurf:		
		DIN EN ISO 5961 (Mai 1995)		AAS
		DIN 38 406 E 16 (März 1990)		Voltammetrie
		DIN 38 406 E 22 (März 1988 9	0,01 mg/l	ICP-OES

Fortsetzung Tabelle 26				
10	Calcium	DIN 38 406 E 3-1 (September 1982)	0,2 mg/l	AAS-Flamme
		DIN 38 406 E 22 (März 1988)	0,0002 mg/l	ICP-OES
11	Chrom	DIN 38 406 E 10-1; DIN 38 406 E 10-2 (Juni 1985) Entwurf: DIN EN 1233 (Februar 1994)	0,5 mg/l 0,002 mg/l	AAS-Flamme AAS-Graphitrohr
		DIN 38 406 E 22 (März 1988)	0,01 mg/l	ICP-OES
12	Chrom (VI)	DIN 38 405 D 24 (Mai 1987)	0,05 mg/l	Photometrie
13	Eisen	Analog Vornorm: DIN 38 406 E 19-1 (Juli 1993)		AAS-Flamme
		DIN 38 406 E 22 (März 1988)	0,02 mg/l	ICP-OES
14	Kalium	DIN 38 406 E 13 (Juli 1992)	1 mg/l	AAS-Flamme
		DIN 38 406 E 22 (März 1988)	2 mg/l	ICP-OES
		DIN 38 406 E 27 (Februar 1994)		Flammenphotometrie
15	Kobalt	Entwurf: DIN 38 406 E 24-1 DIN 38 406 E 24-2 (März 1993)	0,2 mg/l 0,002 mg/l	AAS-Flamme AAS-Graphitrohr
		DIN 38 406 E 16 (März 1990)		Voltammetrie; Querstörung durch Nickel
		DIN 38 406 E 22 (März 1988)	0,01 mg/l	ICP-OES
16	Kupfer	DIN 38 406 E 7-1 DIN 38 406 E 7-2 (September 1991)	0,1 mg/l 0,002 mg/l	AAS-Flamme AAS-Graphitrohr
		DIN 38 406 E 22 (März 1988)	0,01 mg/l	ICP-OES
17	Magnesium	DIN 38 406 E 3-1 (September 1982)	0,05 mg/l	AAS-Flamme
		DIN 38 406 E 22 (März 1988)	0,0005 mg/l	ICP-OES

Fortsetzung Tabelle 26				
18	Mangan	Analog Vornorm: DIN 38 406 E 19-1 (Juli 1993)		AAS-Flamme
		DIN 38 406 E 22 (März 1988)	0,002 mg/l	ICP-OES
19	Molybdän	DIN 38 406 E 22 (März 1988)	0,03 mg/l	ICP-OES
		Entsprechend Entwurf: DIN EN 1189 (Februar 1994)		Photometrie, indirekte Bestimmung über die Bestimmung von Phosphor mittels Ammoniummolybdat
		Entsprechend: DIN 38 405 D 21 (Oktober 1990)		Indirekte Bestimmung über Molybdänblau/Benzidinblau
20	Natrium	DIN 38 406 E 14 (Juli 1992)	5 mg/l	AAS-Flamme
		DIN 38 406 E 22 (März 1988)	0,1 mg/l	ICP-OES
		Entwurf: DIN 38 406 E 27 (Februar 1994)		Flammenphotometrie
21	Nickel	DIN 38 406 E 11-1, DIN 38 406 E 11-2 (September 1991)	0,2 mg/l 0,005 mg/l	AAS-Flamme AAS-Graphitrohr
		DIN 38 406 E 22 (März 1988)	0,002 mg/l	ICP-OES
22	Quecksilber	DIN 38 406 E 12-3 (Juli 1980)	0,0002 mg/l	AAS-Kaltdampf mit Anreicherung (Amalgierung)
		Vorschlag: DEV E 12 (24. Lfg. 1991)		AAS
		Entwurf: DIN EN 1483 (Aug. 1994)		AAS-Kaltdampf
23	Selen	DIN 38 405 D 23-1, DIN 38 405 D 23-2 (Oktober 1994)	0,005 mg/l 0,001 mg/l	AAS-Graphitrohr AAS-Hydridtechnik
		ISO 9965 (Juli 1993)		AAS-Hydridtechnik
		DIN 38 406 E 22 (März 1988)	0,1 mg/l	ICP-OES

Fortsetzung Tabelle 26				
24	Silber	DIN 38 406 E 18 (Mai 1990) analog Vornorm:	0,0005 mg/l	AAS-Graphitrohr
		DIN 38 406 E 19-1 (Juli 1993)		AAS-Flamme
		DIN 38 406 E 22 (März 1988)	0,02 mg/l	ICP-OES
25	Thallium	Entwurf: DIN 38 406 E 26 (September 1994)	0,005 mg/l	AAS-Graphitrohr
		DIN 38 406 E 16 (März 1990)		Voltammetrie
		analog DIN 38 406 E 22 (März 1988)		ICP-OES
26	Titan	Aufschluß mit Ammoniumsulfat/ Schwefelsäure entsprechend DIN 38 406 E 22 (März 1988)	0,005 mg/l	ICP-OES bzw. photometrische Bestimmung als Peroxotitanyl-kation
27	Vanadium	DIN 38 406 E 22 (März 1988)	0,01 mg/l	ICP-OES
		DEV-E 20 (6. Lfg. 1971)	0,05 mg/l	Photometrische Bestimmung
28	Zink	DIN 38 406 E 8-1 (Oktober 1980)	0,005 mg/l	AAS-Flamme
		DIN 38 406 E 22 (März 1988)	0,01 mg/l	ICP-OES
29	Zinn	Analog DIN 38 405 D 18 (September 1985)		AAS-Hydridtechnik
		DIN 38 406 E 22 (März 1988)	0,1 mg/l	ICP-OES

Tabelle 27.   Organische Substanzen: Summen-, Gruppen- und Einzelparameter (Wasser/wäßrige Lösung)

Lfd. Nr.	Parameter	Analyseverfahren für die wäßrige Lösung	Untere Anwendungsgrenze des Normverfahrens	Methode/Bemerkungen
1	Adsorbierbares organisch gebundenes Halogen (AOX)	DIN 38 409 H 14 (März 1985) Entwurf: DIN EN 1485 (August 1994)	0,01 mg/l 0,1 mg/l	Mineralisierung im Sauerstoffstrom, coulometrische Bestimmung, Berechnung als Chlorid
2	Benzol und Derivate (BTXE)	DIN 38 407 F 9-1 (Mai 1991) DIN 38 407 F 9-2 (Mai 1991)	5 µg/l 5 µg/l	Dampfraumanalyse Flüssig-Flüssig-Extraktion (z.B. mit Pentan), kapillargaschromatographische Bestimmung, Detektion mit FID oder MS
3	Biochemischer Sauerstoffbedarf (BSB$_5$)	DIN 38 409 H 51 (Mai 1987) Entwurf: DIN EN 1899-1 (Juli 1995)	3 mg/l 3 mg/l	Messung des Sauerstoffverbrauches nach 5 Tagen, maßanalytische oder elektrometrische Bestimmung
4	Bismutaktive Substanzen BiAS (Nichtionische Tenside)	DIN 38 409 H 23-2 (Mai 1980)		Fällung mit Dragendorff-Reagenz, potentiometrische Bestimmung mit Pyrroliindithiocarbamatlösung, Berechnung als Nonylphenolethoxylat
5	Chemischer Sauerstoffbedarf (CSB)	DIN 38 409 H 41-1 DIN 38 409 H 41-2 (Dezember 1980) DIN 38 409 H 44-1 DIN 38 409 H 44-2 (Mai 1992)	15 mg/l 15 mg/l 5 mg/l 5 mg/l	Bei ≤ 1 g/l Chlorid Bei > 1 g/l Chlorid Bei ≤ 0,3 g Chlorid Bei > 0,3 g/l Chlorid Oxidation mit Kaliumdichromat, maßanalytische Bestimmung
6	Chlorbenzole Chlorbenzol Dichlorbenzole Trichlorbenzole Tetrachlorbenzole, Pentachlorbenzol, Hexachlorbenzol	DIN 38 409 F 4 (Mai 1988) Analog DIN 38 409 F 2 (Februar 1993) DIN EN 26 468 (August 1994)	 1 - 10 ng/l	Flüssig-Flüssig-Extraktion mit z.B. Hexan oder Pentan, kapillargaschromatographische Bestimmung, Detektion mit ECD Flüssig-Flüssig-Extraktion mit z.B Hexan, bei Bedarf Clean up, Extraktkonzentrierung, kapillargaschromatographische Bestimmung, Detektion mit ECD

Fortsetzung Tabelle 27				
7	Disulfinblau-aktive Substan-zen (Kationische Tenside)	DIN 38 409 H 20 (Juli 1989)	0,01 mg/l	Photometrische Bestimmung, Berechnung als Distearyldimethyl-ammoniumchlorid DSDMAC
8	Einwertige Phenole/ Chlorphenole	Entwurf DIN 38 409 F 10 (Dezember 1991)	0,1 µg/l	Extraktion mit Diethylether, gas-chromatographische Bestim-mung, Detektion mit FID oder ECD
		Entwurf: DIN 38 409 F15 (Dezember 1991)	< 0,1 µg/l	Derivatisierung mit Pentafluor-benzoylchlorid, gaschromato-graphishe Bestimmung, Detek-tion mit ECD
9	Extrahierbares organisch gebundenes Halogen (EOX)	DIN 38 409 H 8 (September 1984)	0,02 mg/l	Extraktion mit Hexan, im zweiten Extraktionsschritt ggf. mit Diisopropylether, Mineralisierung in der Wasserstoff/ Sauerstoff-Flamme, argentometrische Be-stimmung, Berechnung als Chlo-rid
10	Gelöster orga-nisch gebunde-ner Kohlenstoff (DOC)	DIN 38 409 H 3 (Juni 1983) Entwurf:CEN TC 230/ WG1/TG6/N21 (April 1994)	0,1 mg/l 0,3 mg/l	Thermische oder naßchemische Oxidation zu Kohlenstoffdioxid, Detektion mit z.B. Infrarotspek-troskopie
11	Gesamter orga-nisch gebunde-ner Kohlenstoff (TOC)	DIN 38 409 H 3-1 (Juni 1983) Entwurf: CEN/TC 230/WG1/TG/N21 (April 1994)	0,1 mg/l	Thermische oder naßchemische Oxidation zu Kohlenstoffdioxid, Detektion mit z.B. Infrarotspek-troskopie
12	Kohlenwasser-stoffe gesamt	DIN 38 409 H 18 (Februar 1981)	0,1 mg/l	Extraktion mit 1,1,2-Trichlortri-fluorethan, Abtrennung polarer Verbindungen aus dem Extrakt mit Aluminiumoxid (bei Verwen-dung von Florisil resultieren bes-sere Wiederfindungen der aro-matischen Kohlenwasserstoffe), infrarotspektroskopische Bestim-mung

Fortsetzung Tabelle 27				
13	Komplexbildner: NTA EDTA DPTA	In Anlehnung an Vorschlag: DIN 38 413 P 3 (14. Lfg. 1985)		Veresterung mit Acetylchlorid/ n-Butanol, Extraktion mit Hexan, kapillargaschromatographische Bestimmung, Detektion mit Stickstoff/Phosphor-Detektor (TSD)
	Komplexbildner	DIN 38 413 P 5 (Oktober 1990)	0,1 mg/l (NTA) 0,1 mg/l (EDTA)	Polarographische Bestimmung
14	Leichtflüchtige Halogenkohlen- wasserstoffe (LHKW)	DIN 38 409 F 4 (März 1988) DIN 38 407 F 5 (November 1991) Entwurf: DIN EN 30 301 (November 1994)		Flüssig-Flüssig-Extraktion mit He- xan oder Pentan, gaschromato- graphische Bestimmung, Detek- tion mit ECD Dampfraumanalyse, gaschroma- tographische Bestimmung, De- tektion mit ECD Flüssig-Flüssig-Extraktion z.B. mit Hexan oder Dampfraumanalyse, gaschromatographische Bestim- mung, Detektion mit ECD
15	Vinylchlorid	DIN 38 413 P 2 (Mai 1988)	5 µg/l	Dampfraumanalyse, gaschroma- tographische Bestimmung mit gepackten Säulen, Detektion mit FID
16	Methylenblau- aktive Substan- zen MBAS (An- ionische Ten- side)	DIN 38 409 H 23-1 (Mai 1980)		Photometrische Bestimmung, Berechnung als Natriumdodecyl- benzolsulfonat

Fortsetzung Tabelle 27

17	Organische Schwefelver-bindungen: Dimethylsulfid Dimethyldisulfid Dimethyltrisulfid Schwefelkoh-lenstoff 1,1-Bis(methyl-thio)ethan S,S-Dithiokoh-lensäuredime-thylester Trithiokohlen-säuredimethyl-ester Methylmercap-tan	In Anlehnung an: DIN 38 413 P 2 (Mai 1988)		Dampfraumanalyse, gaschroma-tographische Bestimmung mit gepackten Säulen, Detektion mit flammenphotometrischem Detektor (FPD)
18	Organische Stickstoff- und Phosphor-Ver-bindungen (Pflanzenbe-handlungsmit-tel)	Vornorm: DIN-V 38 407 6 (April 1995)		Festphasenextraktion, gaschro-matographische Bestimmung, Detektion mit Stickstoff/ Phos-phor-Detektor (TSD)
19	Phenolindex	DIN 38 409 H 16-1 DIN 38 409 H 16-2	0,01 mg/l 0,01 mg/l	Nach Farbstoffextraktion, Nach Destillation und Farbstoff-extraktion
		DIN 38 409 H 16-3 (Juni 1984)	0,1 mg/l	nach Destillation, ohne Farb-stoffextraktion, Reaktion mit 4-Aminoantipyrin, photometrische Bestimmung, Berechnung als Phenol
20	Polychlorierte Biphenyle Congenere: Nr. 28 Nr. 52 Nr. 101 Nr. 118 Nr. 138 Nr. 153 Nr. 180 Nr. 194	DIN 38 407 F 2 (Februar 1993) Entwurf: DIN 38 407 F 3 (Oktober 1995) Entwurf: DIN EN 26 468 (August 1994)	1 - 10 ng/l	Flüssig-Flüssig-Extraktion z.B. mit Hexan, bei Bedarf Clean up, Extraktkonzentrierung, kapillar-gaschromatographische Bestim-mung, Detektion mit ECD Flüssig-Flüssig-Extraktion z.B. mit Hexan, kapillargaschromatogra-phische Bestimmung, Detektion mit ECD

Fortsetzung Tabelle 27				
21	Polycyclische aromatische Kohlenwasser- stoffe 6 Einzelsubstan- zen	Entwurf: DIN 38 407 F 8 (Mai 1993)	5 ng/l je Einzel- substanz	Extraktion mit Cyclohexan, Hochleistungs- Flüssigkeits- Chromatographie, Detektion mit Fluoreszensdetektor
	EPA - PAK: 15 Einzelsub- stanzen	Manuskriptentwurf: DIN 38 407 F 18 (Februar 1994)		Flüssig-Flüssig-Extraktion mit Hexan, Hochleistungs-Flüssig- keits-Chromatographie, Gra- dientenelution, Detektion mit Fluoreszenzdetektor (Wellen- längenprogramm)
	Acenaphthylen	Analog Manuskript- entwurf: DIN 38 407 F 18 (Februar 1994)	50 ng/l	UV-Detektion (Diodenarray- detektor bei 230 nm)
22	Phenoxyalkan- carbonsäuren (Pflanzenbe- handlungs- mittel)	DIN 38 407 F 14 (Oktober 1994)	50 ng/l je Ein- zelsubstanz	Festphasenextraktion, Derivati- sierung mit Methanol/ Schwefelsäure, gaschromatographische Trennung, massenspektrome- trische Bestimmung
23	Schwerflüchtige Halogenkohlen- wasserstoffe (SHKW)	DIN 38 407 F 2 (Februar 1993)	1 - 10 ng/l je Einzelsubstanz	Extraktion mit Hexan oder Pen- tan, kapillargaschromatographi- sche Bestimmung, Detektion mit ECD

1.8.2   Boden/Substrat/Feststoff   C-B

1.8.2.1   Untersuchungen an Feststoff   C-Bf

In diesem Kapitel werden in den Tabellen 28 - 31 Analyseverfahren zu Böden und Feststoffen vorgestellt. Die bodenkundlichen Untersuchungsverfahren ent- sprechen den in Niedersachsen benutzten Laborverfahren nach DIN für Bela- stungsfragestellungen. Sie sind im Unterschied zu den für die Feststoff-/(Ab- fall)analytik im Zuge von Abfalluntersuchungen gebräuchlichen Verfahren durch Fettdruck kenntlich gemacht.

Tabelle 28. Physikalisch-chemische Kenngrößen (Boden, Feststoffe)

Lfd. Nr.	Parameter	Analyseverfahren/ Probenvorbereitung für Feststoffe	Analyseverfahren für die wäßrige Lösung	Methode/Bemerkungen
1	Brennwert	DIN 51 900 (August 1977)		Bestimmung mittels Bombenkalorimeter, Berechnung des Heizwertes
2	**Elektrische Leitfähigkeit**	**DIN 19 684 T 11**		**Elektrometrische Bestimmung im Bodensättigungsextrakt**
		DIN 38 414 S 4 (Oktober 1984)		Elution mit demineralisiertem Wasser
			DIN EN 27 888 (Nov. 1993)	Elektrometrische Bestimmung
3	Färbung	DIN 38 414 S 4 (Oktober 1984)		Elution mit demineralisiertem Wasser
			DIN EN ISO 7887 (Dezember 1994)	Sensorische bzw. photometrische Bestimmung
4	Geruch			Sensorische Bestimmung
		DIN 38 414 S 4 (Oktober 1984)		Elution mit demineralisiertem Wasser
			DEV B 1/2 (6. Lfg. 1971)	Sensorische Bestimmung
5	**pH-Wert**	DIN 38 414 S 5 (September 1985)		Für Schlamm und Sedimente
		DIN 19 684 T 1 (Februar 1977)		**Für Böden**
		DIN 38 414 S 4 (Oktober 1984)		Elution mit demineralisiertem Wasser
			DIN 38 404 C 5 (Januar 1984)	Elektrometrische Bestimmung
6	Redox- Spannung	DIN 38 414 S 4 (Oktober 1984)		Elution mit demineralisiertem Wasser
			DIN 38404 C 6 (Mai 1984)	Elektrometrische Bestimmung
7	Spektraler Absorptionskoeffizient SAK 254 nm	DIN 38 414 S 4 (Oktober 1984)		Elution mit demineralisiertem Wasser
			DIN 38 404 C 3 (Dezember 1976)	Photometrische Bestimmung
8	Spektraler Absorptionskoeffizient SAK 436 nm	DIN 38 414 S 4 (Oktober 1984)		Elution mit demineralisiertem Wasser
			DIN EN ISO 7887 (Dezember 1994)	Photometrische Bestimmung

Fortsetzung Tabelle 28				
9	Temperatur		DIN 38 404 C 4 (Dezember 1976)	Thermometer
10	Trübung		DIN EN 27 027 (März 1994)	Sensorische bzw. photometrische Bestimmung

Tabelle 29. Anionen, sonstige Parameter (Boden, Feststoffe)

Lfd. Nr.	Parameter	Analyseverfahren/ Probenvorbereitung für Feststoffe	Analyseverfahren für die wäßrige Lösung	Methode/Bemerkungen
1	Bromid	DIN 38 414 S 4 (Oktober 1984)		Elution mit demineralisiertem Wasser
			DIN 38 405 D 19 (Februar 1988)	Bei gering belasteten Wässern: Bestimmung mittels Ionenchromatographie
			DIN 38 405 D 20 (September 1991)	Bei stark belasteten Wässern: Bestimmung mittels Ionenchromatographie
2	**Chlorid**	**DIN 38 414 S 4 (Oktober 1984)**		**Elution mit demineralisiertem Wasser**
			DIN 38 405 D 1-1(Dezember 1985)	**Maßanalytische Bestimmung nach Mohr**
			DIN 38 405 D 19 (Februar 1988)	Bei gering belasteten Wässern: Bestimmung mittels Ionenchromatographie
			DIN 38 405 D 20 (September 1991)	Bei stark belasteten Wässern: Bestimmung mittels Ionenchromatographie
3	Cyanid, gesamt	LAGA- Richtlinie CN 2/79 * DIN 38 414 S 4 (Oktober 1984)		Photometrische Bestimmung mittels Barbitursäure-Pyridin Elution mit demineralisiertem Wasser
			DIN 38 405 D 13-1 (Februar 1981)	Bei stark belasteten Wässern: photometrische Bestimmung mittels Barbitursäure-Pyridin
			DIN 38 405 D 14-1 (Dezember 1988)	Bei gering belasteten Wässern: photometrische Bestimmung mittels Barbitursäure-Pyridin

Fortsetzung Tabelle 29

4	Cyanid, leicht freisetzbar	LAGA-Richtlinie CN 2/79 * DIN 38 414 S 4 (Oktober 1984)		Photometrische Bestimmung mittels Barbitursäure-Pyridin Elution mit demineralisiertem Wasser
			DIN 38 405 D 13-2-3 (Februar 1981)	Bei stark belasteten Wässern: photometrische Bestimmung mittels Barbitursäure-Pyridin
			DIN 38 405 D 14-2 (Dezember 1988)	Bei gering belasteten Wässern: photometrische Bestimmung mittels Barbitursäure-Pyridin
5	Fluorid	VDI- Richtlinie 3795 Blatt 1 (Juni 1978) DIN 38 414 S 4 (Oktober 1984)		Elution mit demineralisiertem Wasser
			DIN 38 405 D 4-1	Bestimmung des gelösten Anteils mittels ionenselektiver Elektrode
			DIN 38 405 D 4-2 (Juli 1985)	Bestimmung des anorganisch gebundenen Gesamtfluorid mittels ionenselektiver Elektrode
			DIN 38 405 D 19 (Februar 1988)	Bestimmung mittels Ionenchromatographie
6	**Glührückstand /Glühverlust 550°C**	**DIN 38 414 S 3 (November 1985) DIN 19 864 T 3 (Februar 1977)**		**Gravimetrische Bestimmung**
7	Nitrat-Stickstoff	DIN 38 414 S 4 (Oktober 1984)		Elution mit demineralisiertem Wasser
			DIN 38 405 D 9-2 (Mai 1979) DIN EN 33 395 (August 1994)	Photometrische Bestimmung mittels 2,6-Dimethyl-phenol Fließ-Analyse
			DIN 38 405 D 19 (Februar 1988)	Bei gering belasteten Wässern: Bestimmung mittels Ionenchromatographie
			DIN 38 405 D 20 (September 1991)	Bei stark belasteten Wässern: Bestimmung mittels Ionenchromatographie

Fortsetzung Tabelle 29

8	Nitrit-Stickstoff	DIN 38 414 S 4 (Oktober 1984)		Elution mit demineralisiertem Wasser
			DIN 38 405 D 10 (April 1993)	Photometrische Bestimmung nach Diazotierung
			DIN EN 33 395 (August 1994)	Fließ-Analyse
			DIN 38 405 D 19 (Februar 1988)	Bei gering belasteten Wässern: Bestimmung mittels Ionenchromatographie
			DIN 38 405 D 20 (September 1991)	Bei stark belasteten Wässern: Bestimmung mittels Ionenchromatographie
9	Phosphat (ortho-)	DIN 38 414 S 4 (Oktober 1984)		Elution mit demineralisiertem Wasser
			DIN 38 405 D 11-1 (Oktober 1983)	Photometrische Bestimmung mittels Ammoniummolybdat
			Entwurf: CEN TC 239/WG 1 N 99 D Teil 1	
			DIN 38 405 D 19 (Februar 1988)	Bei gering belasteten Wässern: Bestimmung mittels Ionenchromatographie
			DIN 38 405 D 20 (September 1991)	Bei stark belasteten Wässern: Bestimmung mittels Ionenchromatographie
10	Phosphor, säurelöslicher Anteil	DIN 38 414 S 12 (November 1986)		Oxidativer Aufschluß
			In Verbindung mit DIN 38 405 D 11 (Oktober 1983)	Photometrische Bestimmung mittels Ammoniummolybdat
11	Sauerstoffverbrauchsrate	DIN 38 414 S 6 (April 1986)		Bestimmung der Aktivität, elektrometrisches Verfahren
12	Schwefel/Gesamtschwefel	DIN 51 409 (Januar 1971)		Verbrennung nach Wickbold, gravimetrische Bestimmung

Fortsetzung Tabelle 29

13	**Sulfat**	**DIN 38 414 S 4 (Oktober 1984)**		**Elution mit demineralisiertem Wasser**
			DIN 38 405 D 5-1	**Komplexometrische Titration**
			DIN 38 405 D 5-2 (Januar 1985)	**Gravimetrische Bestimmung nach Fällung als Bariumsulfat**
			DIN 38 405 D 19 (Februar 1988)	Bei gering belasteten Wässern: Bestimmung mittels Ionenchromatographie
			DIN 38 405 D 20 (September 1991)	Bei stark belasteten Wässern: Bestimmung mittels Ionenchromatographie
14	**Sulfid-Schwefel, gelöst**	**DIN 19 684 T 9-2 (1977)**		**gravimetrisch, titrimetrisch**
		DIN 38 414 S 4 (Oktober 1984)		Elution mit demineralisiertem Wasser
			DIN 38 405 D 26 (April 1989)	Photometrische Bestimmung
15	Sulfid-Schwefel leicht freisetzbar	DIN 38 414 S 4 (Oktober 1984)		Elution mit demineralisiertem Wasser
			DIN 38 405 D 27 (Juli 1992)	Photometrische Bestimmung
16	Sulfit	DIN 38 414 S 4 (Oktober 1984)		Elution mit demineralisiertem Wasser
			Analog: DIN 38 405 D 19 (Februar 1988)	Bei gering belasteten Wässern: Bestimmung mittels Ionenchromatographie
			Analog: DIN 38 405 D 20 (September 1991)	Bei stark belasteten Wässern: Bestimmung mittels Ionenchromatographie

[a] Das Verfahren wird derzeit von der LAGA ATA AG "Analysenmethoden" überarbeitet

Tabelle 30.   Metalle, Metalloide und sonstige Kationen (Boden, Feststoffe)

Lfd. Nr.	Parameter	Probenvorbereitung für Feststoffe	Analyseverfahren für die wäßrige Lösung	Methode/Bemerkungen
1	**Aluminium**	**DIN 38 414 S7 (Januar 1983)** **DIN 38 414 S 4 (Oktober 1984)**		**Aufschluß mit Königswasser** **Elution mit demineralisiertem Wasser**
			Entwurf: DIN 38 406 E 25-1 (Juni 1995)	**AAS-Flamme, nur für gering belastete Eluate**
			DIN 38 406 E 22 (März 1988)	**ICP-OES**
2	Ammonium-Stickstoff	DIN 38 414 S 4 (Oktober 1984)		Elution mit demineralisiertem Wasser
			DIN 38 406 E 5-1	Photometrie
			DIN 38 406 E 5-2 (Oktober 1983)	Destillation, maßanalytische Bestimmung
			DIN 38 406 E 23 (Dezember 1993)	Fließanalyse, photometrische Bestimmung
3	**Antimon**	**DIN 38 414 S7 (Januar 1983)** **DIN 38 414 S 4 (Oktober 1984)**		**Aufschluß mit Königswasser** **Elution mit demineralisiertem Wasser**
			Analog DIN 38 405 D 18 (September 1985)	**AAS-Hydridtechnik**
			DIN 38 406 E 22 (März 1988)	**ICP-OES**

Fortsetzung Tabelle 30

4	Arsen	DIN 38 414 S 7 (Januar 1983) DIN 38 414 S 4 (Oktober 1984)		Aufschluß mit Könlgswasser Elution mit demineralisiertem Wasser
			DIN 38 405 D 18 (September 1985)	AAS-Hydridtechnik
			DIN EN 31 969 (August 1994) Analog:	AAS-Hydridtechnik
			DIN 38 405 D 23-1 (Oktober 1994)	AAS-Graphitrohr
			DIN 38 405 E 22 (März 1988)	ICP-OES
5	Barium	DIN 38 414 S 7 (Januar 1983) DIN 38 414 S 4 (Oktober 1984)		Aufschluß mit Königswasser Elution mit demineralisiertem Wasser
			DIN 38 406 E 22 (März 1988) in Verbindung mit Vornorm:	ICP-OES
			DIN 38 406 E 19-1	AAS-Flamme
			DIN 38 406 E 19-2 (Juli 1993)	AAS-Graphitrohr
6	Beryllium	DIN 38 414 S 7 (Januar 1983) DIN 38 414 S 4 (Oktober 1984)		Aufschluß mit Königswasser Elution mit demineralisiertem Wasser
			DIN 38 406 E 22 (März 1988)	ICP-OES

Fortsetzung Tabelle 30

7	Blei	DIN 38 414 S7 (Januar 1983)		Aufschluß mit Königswasser
		DIN 38 414 S 4 (Oktober 1984)		Elution mit demineralisiertem Wasser
			DIN 38 406 E 6-1	AAS-Flamme
			DIN 38 406 E 6-3 (Mai 1981)	AAS-Graphitrohr
			DIN 38 406 E 16 (März 1990)	Voltammetrie
			DIN 38 406 E 22 (März 1988)	ICP-OES
8	Bor	DIN 38 414 S 7 (Januar 1983)		Aufschluß mit Königswasser
		DIN 38 414 S 4 (Oktober 1984)		Elution mit demineralisiertem Wasser
			DIN 38 406 E 22 (März 1988)	ICP-OES
9	Cadmium	DIN 38 414 S 7 (Januar 1983)		Aufschluß mit Königswasser
		DIN 38 414 S 4 (Oktober 1984)		Elution mit demineralisiertem Wasser
			Vornorm: DIN 38 406 E 19-1	AAS-Flamme
			DIN 38 406 E 19-2 (Juli 1993)	AAS-Graphitrohr
			Entwurf: DIN EN ISO 5961 (Mai 1995)	AAS
			DIN 38 406 E 16 (März 1990)	Voltammetrie
			DIN 38 406 E 22 (März 1988)	ICP-OES

Fortsetzung Tabelle 30

10	Calcium	DIN 38 414 S 4 (Oktober 1994)		Elution mit demineralisiertem Wasser
			DIN 38 406 E 3-1 (September 1982)	AAS-Flamme
			DIN 38 406 E 22 (März 1988)	ICP-OES
11	Chrom	DIN 38 414 S 7 (Januar 1983)		Aufschluß mit Königswasser
		DIN 38 414 S 4 (Oktober 1984)		Elution mit demineralisiertem Wasser
			DIN 38 406 E 10-1	AAS-Flamme
			DIN 38 406 E 10-2 (Juni 1985)	AAS-Graphitrohr
			Entwurf: DIN EN 1233 (Februar 1994)	AAS
			DIN 38 406 E 22 (März 1988)	ICP-OES
12	Chrom (VI)	DIN 38 414 S 4 (Oktober 1984)		Elution mit demineralisiertem Wasser
			DIN 38 405 D 24 (Mai 1987)	Photometrische Bestimmung
13	Eisen	DIN 38 414 S 7 (Januar 1983)		Aufschluß mit Königswasser
		DIN 38 414 S 4 (Oktober 1984)		Elution mit demineralisiertem Wasser
			analog Vornorm: DIN 38 406 E 19-1 (Juli 1993)	AAS-Flamme
			DIN 38 406 E 22 (März 1988)	ICP-OES

Fortsetzung Tabelle 30

14	Kalium	DIN 38 414 S 4 (Oktober 1984)		Elution mit demineralisiertem Wasser
			DIN 38 406 E 13 (Juli 1992)	AAS-Flamme
			DIN 38 406 E 22 (März 1988)	ICP-OES
			DIN 38 406 E 27 (Februar 1994)	Flammenphotometrie
15	Kobalt	DIN 38 414 S 7 (Januar 1983)		Aufschluß mit Königswasser
		DIN 38 414 S 4 (Oktober 1984)		Elution mit demineralisiertem Wasser
			Entwurf: DIN 38 406 E 24-1	AAS-Flamme
			DIN 38 406 E 24-2 (März 1993)	AAS-Graphitrohr
			DIN 38 406 E 22 (März 1988)	ICP-OES
16	Kupfer	DIN 38 414 S 7 (Januar 1983)		Aufschluß mit Königswasser
		DIN 38 414 S 4 (Oktober 1984)		Elution mit demineralisiertem Wasser
			DIN 38 406 E 7-1	AAS-Flamme
			DIN 38 406 E 7-2 (September 1991)	AAS-Graphitrohr
			DIN 38 406 E 22 (März 1988)	ICP-OES
17	Magnesium	DIN 38 414 S 4 (Oktober 1984)		Elution mit demineralisiertem Wasser
			DIN 38 406 E 3-1 (September 1982)	AAS-Flamme
			DIN 38 406 E 22 (März 1988)	ICP-OES

Fortsetzung Tabelle 30

18	Mangan	DIN 38 414 S 7 (Januar 1983) DIN 38 414 S 4 (Oktober 1984)		**Aufschluß mit Königswasser** **Elution mit demineralisiertem Wasser**
			Analog Vornorm: DIN 38 406 E 19-1 (Juli 1993)	**AAS-Flamme**
			DIN 38 406 E 22 (März 1988)	**ICP-OES**
19	Molybdän	DIN 38 414 S 7 (Januar 1983) DIN 38 414 S 4 (Oktober 1984)		**Aufschluß mit Königswasser** **Elution mit demineralisiertem Wasser**
			DIN 38 406 E 22 (März 1988)	**ICP-OES**
			Entwurf: DIN EN 1189 (Februar 1994)	**Photometrie, indirekte Bestimmung**
20	Natrium	DIN 38 414 S 4 (Oktober 1984)		Elution mit demineralisiertem Wasser
			DIN 38 406 E 14 (Juli 1992)	AAS-Flamme
			DIN 38 406 E 22 (März 1988)	ICP-OES
			Entwurf. DIN 38 406 E 27 (Februar 1994)	Flammenphotometrie
21	Nickel	DIN 38 414 S 7 (Januar 1983) DIN 38 414 S 4 (Oktober 1984)		**Aufschluß mit Königswasser** **Elution mit demineralisiertem Wasser**
			DIN 38 406 E 11-1	**AAS-Flamme**
			DIN 38 406 E 11-2 (September 1991)	**AAS-Graphitrohr**
			DIN 38 406 E 22 (März 1988)	**ICP-OES**

Fortsetzung Tabelle 30

22	**Quecksilber**	**Hindel & Fleige (UBA-Texte 13/91)**		Pyrolyse
		DIN 38 414 S 7 (Januar 1983)		Aufschluß mit Königswasser
		DIN 38 414 S 4 (Oktober 1984)		Elution mit demineralisiertem Wasser
			DIN 38 406 E 12-1	AAS-Kaltdampf ohne Anreicherung
			DIN 38 406 E 12-2	
			DIN 38 406 E 12-3 (Juli 1980)	AAS-Kaltdampf mit Anreicherung (Amalgierung)
			Vorschlag: DEV E 12 (24. Lfg. 1991)	AAS
			Entwurf: DIN EN 1483 (August 1994)	AAS-Kaltdampf
23	Selen	DIN 38 414 S 7 (Januar 1983)		Aufschluß mit Königswasser
		DIN 38 414 S 4 (Oktober 1984)		Elution mit demineralisiertem Wasser
			DIN 38 405 D 23-1	AAS-Graphitrohr
			DIN 38 405 D 23-2 (Oktober 1994)	AAS-Hydridtechnik
			ISO 9965 (Juli 1993)	AAS-Hydridtechnik
			DIN 38 406 E 22 (März 1988)	ICP-OES
24	Silber	Aufschluß mit HNO_3 oder mit HNO_3/H_2O_2 entsprechend : DIN 38 406 E 22 (März 1988)		
			DIN 38 406 E 18 (Mai 1990)	AAS-Graphitrohr
			DIN 38 406 E 22 (März 1988)	ICP-OES

Fortsetzung Tabelle 30

25	Thallium	DIN 38 414 S 7 (Januar 1983) DIN 38 414 S 4 (Oktober 1984)	Entwurf: DIN 38 406 E 26 (September 1994) DIN 38 406 E 16 (März 1990) Analog DIN 38 406 E 22 (März 1988)	Aufschluß mit Königswasser Elution mit demineralisiertem Wasser AAS-Graphitrohr Voltammetrie ICP-OES
26	Titan	Aufschluß mit HNO_3/H_2O_2 oder mit Königswasser / HF	DIN 38 406 E 22 (März 1988)	ICP-OES bzw. photometrische Bestimmung als Peroxotitanylkation
27	Vanadium	DIN 38 414 S 7 (Januar 1983) DIN 38 414 S 4 (Oktober 1984)	DIN 38 406 E 22 (März 1988)	Aufschluß mit Königswasser Elution mit demineralisiertem Wasser ICP-OES
28	Zink	DIN 38 414 S 7 (Januar 1983) DIN 38 414 S 4 (Oktober 1984)	DIN 38 406 E 8-1 (Oktober 1980) DIN 38 406 E 22 (März 1988)	Aufschluß mit Königswasser Elution mit demineralisiertem Wasser AAS-Flamme ICP-OES
29	Zinn		Analog DIN 38 405 D 18 (September 1985) DIN 38 406 E 22 (März 1988)	AAS-Hydridtechnik ICP-OES

Tabelle 31.   Organische Substanzen: Summen-, Gruppen- und Einzelparameter (Boden, Feststoffe)

Lfd. Nr.	Parameter	Probenvorbereitung	Analyseverfahren	Methode/Bemerkungen
1	Benzol und Derivate (BTXE)		In Anlehnung an Entwurf: VDI-Richtlinie 3865 Blatt 5 (Juli 1988)	Dampfraumanalyse, gaschromatographische Bestimmung, Detektion mit FID
2	Chlorbenzole Chlorbenzol Dichlorbenzole Trichlorbenzole, Tetrachlorbenzole, Pentachlorbenzol, Hexachlorbenzol		In Anlehnung an Entwurf: VDI-Richtlinie 3865 Blatt 5 (Juli 1988) Analog lfd. Nr. 11	Dampfraumanalyse, gaschromatographische Bestimmung, Detektion mit FID
3	Einwertige Phenole/ Chlorphenole		Analog LAGA-Richtlinie LM/84 in Verbindung mit Entwurf DIN 38 409 F 10 (Dezember 1991) Entwurf DIN 38 407 F 15 (Dezember 1991)	Wasserdampfdestillation aus stark schwefelsaurer Lösung Gaschromatographische Bestimmung, Detektion mit FID oder ECD Derivatisierung mit Pentafluorbenzoylchlorid, gaschromatographische Bestimmung, Detektion mit ECD
4	Extrahierbares organisch gebundenes Halogen (EOX)		DIN 38 414 S 17 (November 1989)	Extraktion mit Hexan, Mineralisierung in der Wasserstoff/ Sauerstoff- Flamme, argentometrische Bestimmung, Berechnung als Chlorid
5	Kohlenwasserstoffe gesamt (bezogen auf Heizöl El)		LAGA-Richtlinie KW/85 (Februar 1990) in Verbindung mit: DIN 38 409 H 18 (Februar 1981)	Extraktion in der Soxhlet-Apparatur mit 1,1,2-Trichlortrifluorethan, Abtrennung polarer Verbindungen aus dem Extrakt mit Aluminiumoxid (bei Verwendung von Florisil resultieren bessere Wiederfindungen der aromatischen Kohlenwasserstoffe), infrarotspektroskopische Bestimmung

Fortsetzung Tabelle 31

6	Leichtflüchtige Halogenkohlenwasserstoffe (LHKW)		in Anlehnung an Entwurf VDI-Richtlinie 3865 Blatt 5 (Juli 1988)	Dampfraumanalyse, kapillargaschromatographische Bestimmung, Detektion mit ECD oder FID
		Aufschlämmung mit Wasser (300 g / 50 ml Extrakt)		Extraktion mit Hexan, kapillargaschromatographische Bestimmung, Detektion mit ECD (Dietz et al. (1982))
7	Organische Stickstoff- und Phosphor-Verbindungen (Pflanzenbehandlungsmittel)	Manuskriptentwurf: DIN 38 414 S 22 (Februar 1994) alternativ: Trocknung durch Verreiben mit wasserfreiem Natriumsulfat	Analog Vornorm: DIN 38 407 6 (April 1995)	Gefriertrocknung Extraktion in der Soxhlet-Apparatur mit Ethylacetat, gaschromatographische Bestimmung, Detektion mit Stickstoff/ Phosphor-Detektor (TSD)
8	Polychlorierte Biphenyle Congenere: Nr. 28 Nr. 52 Nr. 101 Nr. 138 Nr. 153 Nr. 180	Manuskript zum Normentwurf DIN 38 414 S 22 (Februar 1994)	Manuskriptentwurf DIN 38 414 S 20 (Oktober 1993) in Verbindung mit DIN 38 407 F 2 (Februar 1993)	Gefriertrocknung Extraktion in der Soxhlet-Apparatur mit Hexan, ggf. Extraktreinigung und Extraktkonzentrierung, gaschromatographische Trennung, Detektion mit ECD oder massenspektrometrische Bestimmung

Fortsetzung Tabelle 31				
9	Polycyclische aromatische Kohlenwasserstoffe PAK	Manuskript zum Normentwurf: DIN 38 414 S 22 (Februar 1994)		Gefriertrocknung
	6 Einzelsubstanzen:		Entwurf DIN 38 414 S 21 (Oktober 1993)	Extraktion in der Soxhlet-Aparatur mit Hexan, Hochleistungs-Flüssigkeits-Chromatographie, Detektion mit Fluoreszenzdetektor
	EPA-PAK: 15 Einzelsubstanzen	Manuskriptentwurf: DIN 38 414 S 22 (Februar 1994)		Gefriertrocknung
	EPA-PAK		analog Entwurf DIN 38 414 S 21 (Oktober 1993)	Extraktion mit Aceton bzw. Toluol, Hochleistungs-Flüssigkeits-Chromatographie, Detektion mit Fluoreszenzdetektor (Wellenlängenprogramm)
	Acenaphtylen			UV-Detektion (Diodenarraydetektor bei 230 nm)
10	Polychlorierte Dibenzodioxine und Furane (PCDD/F)	Manuskriptentwurf: DIN 38 414 S 22 (Februar 1994)		Gefriertrocknung
			Manuskript zum Normentwurf DIN 38 414 S 24 (Januar 1995)	Extraktion in der Soxhlet-Apparatur mit Toluol, gaschromatographische Trennung, massenspektrometrische Bestimmung
11	Schwerflüchtige Halogenkohlenwasserstoffe (SHKW)	Manuskriptentwurf: DIN 38 414 S 22 (Februar 1994) alternativ: Trocknung durch Verreiben mit wasserfreiem Natriumsulfat		Gefriertrocknung
			analog DIN 38 407 F 2 (Februar 1993)	Extraktion in der Soxhlet-Apparatur mit Hexan, ggf. Clean up und Extraktkonzentrierung, gaschromatographische Bestimmung, Detektion mit ECD
12	Gesamter organisch gebundener Kohlenstoff TOC			Ein entsprechendes Verfahren wird derzeit von der LAGA erarbeitet

1.8.2.2   Elutionsverfahren   C-Be

Zur Beurteilung von Altlastverdachtsflächen ist die Frage, ob eine Gefährdung des Grundwassers durch mobilisierbare Schadstoffanteile erfolgen kann, von besonderer Bedeutung. Dabei sind chemische, physikalische und biologische Einflußgrößen zu berücksichtigen.

Zu den physikalischen Einflußgrößen zählen die Wasserwegsamkeit, die Porenstruktur und die spezifische Oberfläche des abgelagerten Materials. Als chemische Einflußgrößen sind der pH-Wert, das Puffervermögen eines kontaminierten Bodens oder Abfalls, chemische Bindungsformen und physikalisch-chemische Wechselwirkungen mit anderen Medien, z.B. eine Mobilisierung von Schadstoffen durch einsickerndes Regenwasser oder eine Auslaugung durch im Grundwasser befindliche Teilbereiche einer Altablagerung, zu nennen.

Biologische Einflußgrößen wie Zersetzungsprozesse, mikrobiologische Besiedlung und Milieuveränderung durch biologische Aktivität führen bei Eintrag von Oberflächenwasser unter bestimmten Randbedingungen (geeignete Zusammensetzung der Rückstände) auch zu Kontaminationen der Kompartimente. Bekannt sind diese Umsetzungen in Siedlungsabfalldeponien aufgrund der in der Vergangenheit praktizierten gemischten Ablagerung unbehandelter Abfälle mit organischen Inhaltsstoffen.

Mikrobiologische Umsetzungen führen häufig zu einer Änderung des chemischen Milieus, z.B. zu einer Änderung des pH-Wertes und der Redoxverhältnisse. Dadurch können Inhaltsstoffe freigesetzt oder neue Umsetzungsprodukte gebildet werden, die zunächst aufgrund des chemischen Verhaltens keine Freisetzung oder Bildung erwarten ließen. Derartige zukünftig eintretende Vorgänge können zwar häufig aufgrund der Zusammensetzung von kontaminierten Böden oder von Rückständen vorausgesagt werden, sie sind allerdings nur durch biologische Tests im Labormaßstab nachweisbar. Laugungsversuche allein können über die mikrobiologische Umsetzung von kontaminierten Materialien oder Rückständen keine Auskunft geben.

Untersuchungen über das Auslaugverhalten unter natürlichen Bedingungen sind aus den o.g. Gründen nur eingeschränkt möglich und sehr zeit- und kostenintensiv. Daher bemüht man sich, das chemische Langzeitverhalten von Rückständen oder kontaminierten Böden mittels sog. Elutionstests im Labormaßstab abzuschätzen. Unter dem Begriff "Elution" wird das Extrahieren oder das Laugen einer Feststoffprobe mit einer wäßrigen Lösung im Hinblick auf das Löseverhalten der Inhaltsstoffe verstanden.

Über Elutionsverfahren und Elutionsergebnisse zur Beurteilung von kontaminierten Böden, Abfällen oder Rückständen wurde in den letzten Jahren in der Fachliteratur häufiger berichtet und diskutiert. Beispiele hierfür sind die Arbeiten, Vorschläge und Zusammenstellungen von Faulstich und Tidden (1990), Jakob et al. (1990), Cremer und Obermann (1991), Jacob und Brasser (1992) sowie Blankenhorn (1994). In Rahmen dieses Handbuchs wird daher nur eine kleine Zusammenstellung vorgestellt und auf die am häufigsten angewendeten Verfahren hingewiesen.

Elution nach DIN 38 414 S 4 (DEV S 4)

Die einzige, zur Zeit genormte, allgemein praktizierte Standardmethode in Deutschland zur Elution von Böden und Feststoffen ist der Test nach der DIN 38 414 S 4, der seinen Ursprung in der Schlamm- und Sedimentuntersuchung zur Ermittlung der wasserlöslichen Inhaltsstoffe hat. Da keine andere anerkannte Methode zur Abfall- oder Bodenuntersuchung zur Verfügung steht und die Durchführung dieses Tests normiert und relativ einfach ist, wird er auch im Altlastenbereich eingesetzt. Die zunehmende routinemäßige Anwendung dieser Methode führte somit zu einer hohen Anzahl an Elutionsergebnissen der unterschiedlichsten kontaminierten Materialien und Rückstände mit der Folge, daß die DIN 38 414 S 4 auch in der TA Abfall (1991) und der TA Siedlungsabfall (1993) zur Ermittlung des Auslaugeverhaltens für die Zuordnung von Abfällen für unterirdische und oberirdische geordnete Ablagerung vorgeschrieben wurde. Auch beziehen sich z.Z. viele Grenz-, Richt- oder Zuordnungswerte der verschiedenen Listen einzelner Bundesländer zur Beurteilung von kontaminierten Böden auf die DIN 38 414 S 4.

Zur Durchführung der Elution wird die zu untersuchende Probe 24 h in entmineralisiertem Wasser über Kopf gedreht oder geschüttelt. Das Verhältnis Feststoff/Flüssigkeit, bezogen auf die Trockensubstanz des Feststoffes, ist dabei 1 : 10. Die Abtrennung der wäßrigen Phase vom Feststoff erfolgt durch Filtration bzw. Zentrifugation. Das erhaltene Filtrat/Zentrifugat soll völlig klar sein. Hierzu ist ggf. eine zusätzliche Filtration über ein Membranfilter mit einer Porenweite von 0,45 µm vorzunehmen.

Führt man diesen Elutionsversuch zur Beurteilung von Abfällen nach der TA Abfall (Teil 1, Anhang B) aus, so sind folgende Ergänzungen zu berücksichtigen:

- Die Originalstruktur der einzusetzenden Probe sollte weitgehend erhalten bleiben. Grobstückige Anteile sind zu zerkleinern.
- Die Probe wird einmal pro Minute über Kopf geschüttelt.
- Es wird zentrifugiert und anschließend filtriert.

Zu beachten ist, daß in der Vorschrift darauf hingewiesen wird, daß zur Klärung spezieller Fragestellungen auch andere Elutionsflüssigkeiten als entmineralisiertes Wasser eingesetzt werden können.

Bei der Bestimmung von organischen Inhaltsstoffen wird häufig eine Zentrifugation durchgeführt, da es bei einer Filtration durch Adsorption an das Filtermaterial zu deutlichen Minderbefunden kommen kann. Auch ist zu beachten, daß eine Elution nach DIN 38 414 S 4 für die Bestimmung unpolarer organischer Parameter wenig geeignet ist, da diese Verbindungen i.d.R. nur gering in Wasser löslich sind.

Die vorhandene spezifische Oberfläche des Probematerials ist entscheidend für die Konzentration an auslaugbaren Stoffen im Eluat. Insofern kommt es beim Einsatz von nicht zerkleinerten Proben generell zu Minderbefunden gegenüber dem Einsatz der gleichen Probe in zerkleinerter Form. Aus diesem Grund ist es ratsam, bei zerkleinerten Proben unbedingt, aber auch bei unzerkleinerten Proben, den Feinkornanteil < 2 mm zu bestimmen und in der Versuchsauswertung anzugeben. Die aussagekräftigsten Versuchsergebnisse werden erzielt, wenn bestimmte Kornfraktionen (z.B. 2 - 10 und 0 - 2 mm) getrennt untersucht werden. Hierdurch wird eine differenzierte Aussage über das Laugungsverhalten einer Probe möglich.

Im allgemeinen empfiehlt die DIN 38 414 S 4, grobkörniges Material (Korngröße > 10 mm) zu zerkleinern. Das Material darf auf keinen Fall gemahlen werden. Das beim Zerkleinern anfallende Feinkorn ist der Probe wieder beizumischen.

Modifikationen des Elutionstests nach DIN 38 414 S 4 - Mehrfachelution

Die Elution wird mehrfach wiederholt, wobei die Probe entweder aus der ersten Elution erneut mit frischem Wasser oder das jeweils abfiltrierte Eluat mit frischem Probenmaterial erneut gelaugt wird. Durch diese mehrfache Elution wird versucht, durch mehrfachen Einsatz von Wasser oder der Elutionslösung den maximal mobilisierbaren Anteil der Probe zu bestimmen. Dabei ist zu berücksichtigen, daß durch mehrfachen Einsatz der Elutionslösung sich das in der Lösung einstellende chemische Milieu zusätzlich auf die Probe einwirkt.

Trogverfahren

Das Trogverfahren ist ein Verfahren, bei dem die Probe unter Vermeidung einer mechanischen Belastung gelaugt wird. Aus diesem Grund kann es, wenn nur grobstückige Proben im Trogverfahren untersucht werden, im Vergleich zum DEV S 4-Verfahren zu Minderbefunden in den Eluaten kommen.

Das Verfahren dient speziell zur Untersuchung der Auslaugung verfestigter oder nicht verfestigter industrieller Rückstände. Die Probe befindet sich dabei in einem Siebeinsatz und wird in einem Trog gelaugt. Bei einem Feststoff-/Flüssigkeitsverhältnis von 1 : 10 wird analog zum DEV S 4-Verfahren 24 h mit entmineralisiertem Wasser gelaugt. Um mechanische Belastungen der Probe durch Kontakt mit dem Elutionsgefäß zu vermeiden, erfolgt die Bewegung des Wassers durch einen Magnetrührer. Der Einsatz dieses Verfahrens erfolgt zur Zeit hauptsächlich im Straßenbau (Bialucha 1993).

Schweizer Eluattest

Die Elution erfolgt mit einem CO_2-gesättigten entmineralisierten Wasser (pH 4 - 4,5). Während des Versuches wird CO_2 kontinuierlich nachgeliefert. Es

wird ein Eluat aus dem Zeitintervall 0 - 24 h und eines aus dem Zeitintervall
24 - 48 h untersucht. Die Methode wird für Schwermetalle und DOC angewendet; Anionen, Kohlenwasserstoffe und chlorierte Verbindungen werden ohne
CO_2-Begasung untersucht.

Der Einsatz von Kohlendioxid soll eine Zeitrafferfunktion haben, um das
lang- und mittelfristige Verhalten dieser Stoffe abschätzen zu können (Faulstich
und Tidden 1990).

Elution mit Ammoniumnitrat nach DIN V 19 730

Diese Vornorm dient der Bestimmung mobiler pflanzenverfügbarer Spurenelemente in Mineralböden. Die zu untersuchende Bodenprobe wird bei 40 °C
getrocknet und auf unter 2 mm zerkleinert. 20 g der Probe werden mit 50 ml
1-m NH_4NO_3-Lösung zwei Stunden über Kopf geschüttelt. Der Überstand wird
filtriert und mit Salpetersäure stabilisiert.

Sequentielle Extraktion

Die sequentielle Extraktion erlaubt eine Differenzierung der chemischen Bindungsart von Metallen (Metallspeziierung) in einer untersuchten Probe durch
Einsatz verschiedenartiger chemischer Elutionslösungen.

Dazu wird die Probe mit mehreren Lösungen in Kontakt gebracht, wobei jeder Kontakt mit einer Elutionslösung eine bestimmte Bindungsart eines Metalls
löst. So wird eine genauere Aussage über das Löseverhalten der Metalle erzielt,
aus dem auch die Mobilisierbarkeit unter bestimmten Umwelteinflüssen, wie
z.B. durch sauren Regen oder saure Sickerwassereinflüsse, ableitbar ist. Die
Elutionsreihenfolge, die Elutionslösungen und der durch die Elutionslösung mobilisierbare Anteil ist in Tabelle 32 zusammengestellt.

Tabelle 32.   Sequentielles Extraktionsverfahren und mobilisierbare Fraktio-
nen. (Nach Jakob et al. 1990)

Gewünschte Fraktion	Extraktionsmedium
Austauschbare Kationen	1-m Ammoniumacetatlösung, pH 7
Karbonatische Anteile	1-m Natriumacetatlösung, pH 5
Leicht reduzierbare Phasen [a] (amorphe Fe/Mn-Oxide)	0,1-m Hydroxylaminhydrochloridlösung + 0,01m Salpetersäure, pH 2
Mäßig reduzierbare Phasen [a] (kristalline Fe/Mn-Oxide)	0,2-m Ammoniumoxalatlösung +0,2-m Oxalsäure, pH 3
Organische Fraktion, Sulfide [a]	30 %ig H_2O_2, pH 2
Restfraktion (Kristallgitter von Silikaten etc.)	konzentrierte Salpetersäure bei 120 °C

[a] inclusive an diese Fraktion gebundene Schwermetalle

Durch den Einsatz mehrerer Elutionslösungen liefert die sequentielle Laugung
von allen beschriebenen Laugungsverfahren die meisten Informationen über

die Bindungsart und die Freisetzung der Metalle aus einer Probe. Dadurch wird eine differenziertere Aussage zu Metallfreisetzungen unter bestimmten Umwelt- oder Stoffeinflüssen erhalten.

In der Bodenkunde wurden im Rahmen eines BMFT-Forschungsvorhabens (Zeien und Brümmer 1991) unterschiedliche sequentielle Extraktionsverfahren verglichen. Da beim Vergleich der Methoden von Tessier et al. (1979), Förstner und Calmano (1982), Sposito et al. (1982) und Shuman und Hargrove (1985) große Unterschiede bei den Extraktionen festgestellt wurden, haben Zeien und Brümmer (1991) ein optimiertes sequentielles Extraktionsverfahren entwickelt, das heute quasi einen Standard für sequentielle Untersuchungen darstellt. Hierbei werden die in Tabelle 33 dargestellten Untersuchungsschritte durchgeführt:

Tabelle 33. Darstellung des optimierten sequentiellen Extraktionsverfahrens und der damit erfaßten Schwermetall-Bindungsformen. (Nach Zeien und Brümmer 1991)

Fraktion	Bezeichnung und Bindungsform	Extraktionsmittel
I.	Mobile Fraktion: Wasserlösliche und austauschbare (=unspezifisch adsorbierte) Schwermetalle sowie leicht lösliche metall-organische Komplexe	1-m NH_4NO_3
II.	Leicht nachlieferbare Fraktion: Spezifisch adsorbierte, oberflächennah okkludierte und an $CaCO_3$ gebundene Formen sowie metallorganische Komplexe geringer Bindungsstärke	1-mM NH_4OAc (pH 6,0)
III.	An Mn-Oxide gebundene Fraktion	0,1-m $NH2OH$-HCl + 1-m NH_4=Ac (pH 6,0 bzw. 5,5)
	Organisch gebundene Fraktion	0,025-m NH_4-EDTA (pH 4,6)
V.	An schlecht kristalline Fe-Oxide gebundene Fraktion	0,2-m Oxalatpuffer (pH 3,25)
VI.	An kristalline Fe-Oxide gebundene Fraktion	0,1-m Ascorbinsäure im 0,2-m Oxalatpuffer (pH 3,25)
VII.	Residual gebundene Fraktion	Konz. $HClO_4$/konz. HNO_3 oder konz. HF/ konz. $HClO_4$

Säulenversuche

Die zu untersuchende Probe wird in Abhängigkeit von der Korngröße in unterschiedlich dimensionierte Säulen gepackt. Die Aufgabe der Elutionsflüssigkeit erfolgt entweder einmalig mit der gesamten Menge oder in bestimmten Zeitintervallen. Das anfallende Eluat kann kontinuierlich aufgefangen oder im Kreislauf geführt werden.

Da sich durch ungleichmäßiges Packen bevorzugte Wasserwegsamkeiten aus-
bilden können oder bei längeren Laufzeiten mikrobiologische Aktivitäten möglich sind, ist die Reproduzierbarkeit solcher Versuche schwierig. Allerdings läßt
sich durch Säulenversuche der zeitliche Verlauf einer Auslaugung gut dokumentieren.

pH_{STAT}-Verfahren

Der pH_{STAT}-Versuch wurde zur besseren Beschreibung und Abschätzung des
Langzeitverhaltens von Metallen in mineralischen Feststoffen bei Kontakt mit
wäßrigen Medien entwickelt (Cremer und Obermann 1991). Da der pH-Wert
auf die Mobilität von Metallen einen sehr starken Einfluß hat, wird durch die
Einstellung konstanter pH-Werte über die gesamte Versuchsdauer der bei dem
gewählten pH-Wert maximal mobilisierbare Anteil an Metallen (Worst Case) ermittelt. So kann durch Elution im sauren Bereich z.B. der Einfluß saurer Depo-
niewässer oder sauren Regens auf Böden oder Abfälle beschrieben werden. Bei
der alkalischen Elution sollen die Anteile der Schwermetalle bestimmt werden,
die entweder über anionische Komplexe mobilisierbar sind (wie As), in irgend-
einer Form mit Huminstoffen assoziiert sind oder generell im alkalischen Milieu
eine erhöhte Mobilität aufweisen.

Zur Versuchsdurchführung werden die zu untersuchenden Proben bei konstanten pH-Werten von vorzugsweise 4 oder 11 gelaugt. Der pH-Wert wird
während des gesamten Versuchs durch Zugabe von Salpetersäure/Natronlauge
konstant gehalten. Das Feststoff-/Flüssigkeitsverhältnis beträgt 1 : 10, die Versuchszeit ist auf 24 h begrenzt. Die Probe wird nach Möglichkeit in unverän-
derter Körnung untersucht; große Einzelpartikel sollen nach Vorgabe der Ver-
suchsanleitung auf unter 6 mm zerkleinert werden. Bei einer Zerkleinerung ist
der Feinkornanteil mit zu untersuchen. Es empfielt sich, den Feinkornanteil zu
bestimmen und mitanzugeben. Durch die Elution bei konstanten pH-Werten
durch Zugabe von Säure/Base ist die Bestimmung der Base-/Säureneutralisa-
tionskapazität möglich. Hierdurch wird eine Aussage über die Pufferkapazität
des untersuchten Materials ermöglicht.

Wird dieses Verfahren zur Untersuchung von Proben angewendet, ist für
die Mobilisierung der Schwermetalle unbedingt zu berücksichtigen, daß es gegenüber dem DEV S 4-Verfahren, je nach den Eigenschaften und der zu untersuchenden Proben und der darin vorliegenden Bindungsarten, zu wesentlich
höheren Metallkonzentrationen im Eluat kommen kann (Faktor 5 - 10). Aus
diesem Grund liefert der pH_{STAT}-Versuch grundsätzlich andere Ergebnisse als das
DEV S 4-Verfahren. Ein Vergleich der pH_{STAT}-Versuchsergebnisse mit bestehenden Listen oder Tabellen für Zuordnungs-, Richt- oder Grenzwerte, die für eine
Beurteilung nach der DEV S 4-Methode entwickelt wurden, ist aufgrund der
Art der Versuchsdurchführung nicht zulässig.

Zur Auswertung wird die Eluatkonzentration auf die aus der Originalsubstanz freigesetzte Masse umgerechnet und in bezug zur Konzentration des In-
haltsstoffes in mg/kg in der Originalsubstanz OS gesetzt. Die Ergebnisdarstel-

lung liefert somit die relative mobilisierte Masse eines Inhaltsstoffs aus der Originalsubstanz und kann so zur Interpretation des Langzeitverhaltens einer Probe verwendet werden.

Elutionsverfahren für organische Schadstoffe

Alle in Deutschland eingesetzten Verfahren haben in der Regel ihren Ursprung in der Untersuchung anorganischer mineralischer Feststoffe und verfestigter Abfälle und sind daher im wesentlichen zur Ermittlung der wasserlöslichen Inhaltsstoffe geeignet. Zur Ermittlung der Mobilisierung von schwerlöslichen organischen Substanzen, die auch bei geringer Wasserlöslichkeit unter Ablagerungsbedingungen durch Sickerwassereinfluß oder bei Kontamination eines Bodens eine Gefahr für die Umwelt darstellen können, existiert in Deutschland zur Zeit noch kein zur Anwendung empfohlenes oder genormtes Elutionsverfahren. Dazu beigetragen hat sicherlich die Schwierigkeit der Beurteilung einer Gefährdung durch Elutionsversuche unter Einsatz von organischen Lösemitteln.

Grenz- oder Richtwerte beziehen sich daher auf die DEV S 4, obwohl dieses Verfahren zur Elution von schwerlöslichen organischen Verbindungen wenig geeignet ist.

Eine aktuelle Übersicht über Elutionsverfahren für schwerlösliche organische Inhaltsstoffe und deren Entwicklung mit Schwerpunkt auf den Niederlanden, die USA und Kanada wurden von der Landesanstalt für Umweltschutz in Baden-Württemberg als Literaturstudie veröffentlicht (1994 a, b).

Auf 2 Methoden wird an dieser Stelle noch hingewiesen: Diese sind zum einen die EPA-Methode 1311, die analog zur "Gewerbeabfallrichtlinie" des NLÖ (Niedersächsisches Landesamt für Ökologie 1994 c) Essigsäure als Elutionslösung vorsieht, und die vom Institut für Umweltanalytik und Angewandte Geochemie der Universität GH Essen in Zusammenarbeit mit dem Landesamt für Wasser und Abfall Nordrhein-Westfalen (NRW) veröffentlichte Untersuchung über die "Entwicklung eines Routinetests zur Elution von organischen Komponenten aus Abfällen und belasteten Böden" als Weiterentwicklung des bereits beschriebenen pH_{STAT}-Verfahrens (Schriever und Hirner 1994).

EPA-Methode 1311 (Toxicity Characteristic Leaching Procedure)

Mit diesem Test der US-amerikanischen Umweltbehörde EPA wird das Laugungspotential von organischen und anorganischen Schadstoffen (8 Metalle, 25 organische Verbindungen) ermittelt. Bei Abfällen mit weniger als 0,5 % Feststoffanteil wird die abfiltrierte Probe als zu untersuchender Extrakt definiert. Bei Proben mit höherem Feststoffanteil werden feste und flüssige Phase getrennt untersucht, wobei die feste Phase vor der Untersuchung auf < 9,5 mm zerkleinert wird. Stellt sich bei der Elution der festen Phase ein pH-Wert > 5 ein, so wird die Probe mit einer Essigsäurelösung (pH 2,88) gelaugt, bei einem gemessen pH-Wert < 5 erfolgt eine Laugung mit einem Essigsäure-Acetat-Puffer (pH 4,93). Die Probe wird mit einem Feststoff-/Flüssigkeitsverhältnis von 1 : 20 18 h eluiert, wobei die Probe mit 30 Umdrehungen pro Minute über Kopf geschüttelt wird. Anschließend erfolgt eine Filtration über eine Glasfritte (0,6 - 0,8 µm).

Leichtflüchtige Substanzen werden direkt mittels Head-Space-GC bestimmt.

NRW-Verfahren zur Elution von organischen Komponenten

In Deutschland wurde vor kurzem das Ergebnis des Forschungsprojekts "Entwicklung von Routinetests zur Elution von organischen Komponenten aus Abfällen und belasteten Böden" veröffentlicht (Schriever und Hirner 1994). In dieser Untersuchung wird in Anlehnung an das in NRW entwickelte pH_{STAT}-Verfahren die Elution von PAK, PCB, KW, Phenolen sowie von Pflanzenbehandlungs- und Pflanzenschutzmitteln mit einer Lösungsvermittler enthaltenden wäßrigen Lösung zur Ermittlung einer potentiellen Emission organischer Inhaltsstoffe beschrieben. Der Lösungsvermittler (Modifier) dient in diesem Verfahren zur Modifizierung des wäßrigen Elutionsmittels zur Lösung der in der zu untersuchenden Probe enthaltenen, in Wasser nur schwerlöslichen organischen Inhaltsstoffe. Als Modifier kommen organische, in Wasser gut lösliche Lösemittel in Frage. Die Untersuchungen ergaben, daß Ethanol der geeignetste Modifier ist.

Aufgrund der Korrelation der Pufferkapazitäten der untersuchten Proben aus rein wäßrigen Versuchsreihen (nach dem pH_{STAT}-Verfahren) mit denen der binären Elution unter pH_{STAT}-Bedingungen wurde ein Zusatz von 200 ml Ethanol als Modifier in der Elutionslösung als optimal ermittelt.

Als Vorteile der pH_{STAT}-Elutionsverfahren werden genannt:

- Die pH_{STAT}-Elution mobilisiert nur die unter den gewählten Worst-Case-Bedingungen zugänglichen und somit umweltrelevanten Schadstoffmengen, die immer nur einen Anteil der Gesamtkonzentration darstellen.
- Der Matrixeinfluß der Probe auf die Analysenergebnisse ist bei der pH_{STAT}-Elution deutlich schwächer als bei der S 4-Elution, da Mastervariable der pH-Wert und nicht der Einfluß des Probenguts selbst ist.
- Durch die Definition der Elutionsbedingungen und die damit einhergehende Automatisierung kann die Elution unter pH_{STAT}-Bedingungen auf nahezu alle Feststoffproben mit guter Reproduzierbarkeit angewandt werden (Schriever und Hirner 1994).

Für Einzelheiten zum Extraktionsverhalten einzelner organischer Schadstoffgruppen wird auf die Orginalarbeit verwiesen.

Auch hier ist zu berücksichtigen, daß die erhaltenen Elutionsergebnisse nicht mit Ergebnissen anderer Elutionsverfahren und somit auch nicht mit bestehenden Richt- oder Grenzwerten vergleichbar sind. Die Interpretation der erhaltenen Ergebnisse hat anwendungsbezogen auf die gestellten Fragen zur

Mobilisierung und immer mit Blick auf die Versuchsbedingungen der Elution zu erfolgen. Ein anderer Ansatz ist nicht zulässig und führt im allgemeinen zu Fehlinterpretationen.

1.8.3   Luft   C-L

1.8.3.1   Untersuchungen an Bodenluft   C-Lb

In der Bodenluft gibt es als wesentliche Stoffgruppen die sog. Permanentgase wie z. B. Methan und Kohlendioxid und die sog. Deponiegasspurenstoffe wie z. B. die leichtflüchtigen halogenierten Kohlenwasserstoffe.

In den folgenden Tabellen (34 - 37) werden einige Meßverfahren für die Permanentgase CH_4, CO_2, O_2 und N_2 dargestellt:

Tabelle 34.   Übersicht über Meßfahren für Methan

Meßprinzip	Bemerkungen
Meßröhrchen (spezifische Indikatorsubstanz)	Die Bestimmung ist nur für orientierende Untersuchungen geeignet, da Querempfindlichkeiten bestehen (z. B. andere Kohlenwasserstoffe).
Wärmeleitfähigkeit	Bei der Messung von Deponiegasen ist zu berücksichtigen, daß CO_2 eine deutlich geringere und CH_4 eine deutlich höhere Wärmeleitfähigkeit als Luft aufweisen (Kompensationseffekt möglich).
Wärmetönung	Es handelt sich hierbei um ein kalorisch-elektrisches Meßprinzip. Bei nicht ausreichenden Sauerstoffmengen kann es zu Fehlmessungen kommen.
Gasspürgerät mit FID	Es werden alle Stoffe gemessen, die verbrannt werden können.
IR-Gerät	Es werden alle Stoffe mitgemessen, die in dem Bereich der Messung ebenfalls IR-aktiv sind.
Gaschromatograph mit WLD oder FID	Es erfolgt eine Auftrennung des Gasgemisches, so daß eine quantitative und gezielte Gasanalyse möglich ist.

Tabelle 35.   Übersicht über Meßverfahren für Kohlendioxid

Meßprinzip	Bemerkungen
Meßröhrchen (spezifische Indikatorsubstanz)	Nur für orientierende Untersuchungen geeignet, da Querempfindlichkeiten bestehen (z. B. H,S).
IR-Gerät	Es werden alle Stoffe mitgemessen, die im Bereich der Messung ebenfalls IR-aktiv sind.
Gaschromatograph mit WLD	Es erfolgt eine Auftrennung des Gasgemisches, so daß eine quantitative und gezielte Gasanalyse möglich ist.

Tabelle 36.   Übersicht über Meßverfahren für Sauerstoff

Meßprinzip	Bemerkungen
Meßröhrchen (spezifische Indikatorsubstanz)	Nur für orientierende Untersuchungen geeignet, da Querempfindlichkeiten bestehen (z.B. LHKW).
Elektrochemische Zelle	Eventuelle Störkomponenten werden durch einen vor der Meßzelle angeordneten Absorptionsfilter entfernt.
Gaschromatograph mit WLD	Es erfolgt eine Auftrennung des Gasgemisches, so daß eine quantitative und gezielte Gasanalyse möglich ist.

Tabelle 37.   Übersicht über Meßverfahren für Stickstoff

Meßprinzip	Bemerkungen
Gaschromatograph mit WLD	Es erfolgt eine Auftrennung des Gasgemisches, so daß eine quantitative und gezielte Gasanalyse möglich ist.

Deponiegasspurenstoffe

Betrachtet werden hier nur die Stoffe, die aufgrund ihrer Eigenschaften und ihres häufigen industriellen Einsatzes im Deponiegas zu erwarten sind; sie besitzen eine geringe Wasserlöslichkeit, hohe Oktanol-Wasser-Verteilungskoeffizienten, einen hohen Dampfdruck und eine geringe Neigung zur Adsorption an Feststoffen. Im wesentlichen handelt es sich um Aromatische Kohlenwasserstoffe. Diese Stoffgruppe enthält als wesentliche Vertreter die BTXE (Benzol, Toluol, Xylol, Ethylbenzol).

Zur Gruppe der Halogenierten Kohlenwasserstoffe gehören die organischen Lösungsmittel und deren Abbauprodukte, wie sie z.B. in Tabelle 3 der DIN 38 407 F4 aufgeführt sind und die FCKW, die früher in Kühlschränken oder als Treibmittel verwendet wurden. Einige wesentliche Vertreter der Halogenierten Kohlenwasserstoffe sind Dichlormethan, Trichlorethen, 1,1,1-Tri-chlorethan, Trichlormethan, Tetrachlorethen, cis-1,2-Dichlorethen, Vinylchlorid, Trichlorfluormethan, Dichlorfluormethan und Trifluortrichlormethan.

Tabelle 38 zeigt eine Zusammenstellung der wichtigsten chemisch-physikalischen Daten für einige der o.g. Verbindungen. Die Dichte der betrachteten LHKW ist mit Ausnahme des Vinylchlorid größer als die von Wasser, so daß eine Versickerung in Phase bis auf die Sohle des Grundwasserleiters möglich ist. Die Monoaromaten und auch die nicht halogenierten Kohlenwasserstoffe mit Relevanz für Bodenluftuntersuchungen, wie z. B. Hexan, haben eine geringere Dichte als Wasser und können sich somit in Phase auf der Grundwasseroberfläche sammeln. Obwohl alle betrachteten Substanzen unpolar bzw. nur sehr schwach polar sind, ist ihre Wasserlöslichkeit teilweise nicht unerheblich. So beträgt die Wasserlöslichkeit von Dichlormethan 13.200 mg/l, die von Trichlorethen 1.090 mg/l (bei 20 °C). Die Oberflächenspannung der leichtflüchtigen organischen Verbindungen ist geringer als die von Wasser, d.h. sie benetzen die Minerale im Untergrund schlechter als Wasser und dringen damit auch in kleinste Hohlräume ein. Die im Hinblick auf die Altlastenproblematik wichtigste Eigenschaft der organischen Verbindungen ist deren Dampfdruck, der den Übergang in die Gasphase beschreibt. Im Verhältnis zu Wasser haben außer Tetrachlorethen alle relevanten leichtflüchtigen Verbindungen einen höheren Dampfdruck, d.h. ihr Übertritt in die Gasphase wird begünstigt. Der Oktanol-Wasser-Verteilungskoeffizient (K_{ow}) ist ein Maß für die Tendenz zur Adsorption an natürliche organische Substanz. Die Adsorbierbarkeit (K_{oc}) stellt den Verteilungskoeffizienten zwischen der organischen Fraktion und der Wasserphase dar. Vereinfacht läßt sich sagen: Je höher der Dampfdruck der jeweiligen Verbindung und je niedriger ihr K_{oc}-Wert ist, umso größer ist ihre Tendenz zum Übergang in die Gasphase.

Tabelle 38. Charakteristische Kenndaten einiger leicht-/schwerflüchtiger Stoffe

Stoff	Schmelz-punkt [°C]	Siedepunkt [°C]	K_{oc}	Dampfdruck bei 20 °C [kPa]
Vinylchlorid	-154	- 13.9	8,2	340
cis-1,2-Dichlorethen	-81	60	59	20
Trichlorethen	-73	87	100	7,7
Tetrachlorethen	-23	121	240	1,9
Benzol	5,5	80	92	10
Toluol	-95	111	250	2,9
m-Xylol	-48	139		0,8
Ethylbenzol	-94	136		1 - 2
Benzo(a)pyren	179	310	$1,8 - 5,8 \cdot 10^6$	$0,09 \cdot 10^{-6}$
PCB Nr. 29	78 - 79			$44 \cdot 10^{-5}$

Fortsetzung Tabelle 38

Stoff	Dichte	Wasserlöslichkeit bei 20 °C [mg/l]	log K_{ow}
Vinylchlorid	0,911	1.100	1,27
cis-1.2-Dichlorethen	1,284	800	1,48
Trichlorethen	1,462	1.090	3,06
Tetrachlorethen	1,623	150	2,87
Benzol	0,879	1.780	2,12
Toluol	0,870	550	2,66
m-Xylol	0,866	130	3,20
Ethylbenzol	0,881	140	3,20
Benzo(a)pyren	1,282	0,004 - 0,014	6,04
PCB Nr. 29		0,09 - 0,29	5,5 - 6,3

Wie man anhand der Tabelle 38 deutlich erkennt, ist es i.d.R. nicht sinnvoll, Bodenluftanalysen auf schwerflüchtige Verbindungen wie PCB oder PAK durchzuführen.

Die Untersuchung auf Substanzen mit einem entsprechenden Dampfdruck erfolgt häufig entweder direkt mittels der Kapillar-GC mit entsprechender Detektionsmöglichkeit (z.B. FID, ECD, MSD, PID) oder in angereicherten Gasproben. Dabei werden die auf den jeweiligen Anreicherungsmaterialien (Aktivkohle, Tenax, XAD-Harze) gesammelten Gasproben nach deren Desorption durch Lösungsmittel oder Wärme gaschromatographisch analysiert. Ein GC-Lauf für Standarduntersuchungen sollte bis in den Bereich der Substanzen mit Siedepunkten von 200 °C durchgeführt werden. Bei schwerflüchtigen Verbindungen ist eine Anreicherung der Probe die einzige Möglichkeit, die Nachweisgrenze so zu senken, daß überhaupt eine Detektion möglich wird. Die Untersuchung erfolgt z. B. in Anlehnung an die DIN 38 407 F 4 und F 9.

Die VDI-Kommission zur Reinhaltung der Luft erarbeitet eine Richtlinienreihe, die sich mit der Untersuchung der Bodenluft beschäftigt (Verein Deutscher Ingenieure VDI). Geplant ist, daß sich das Blatt 3 der VDI 3865 mit der analytischen Bestimmung mit und das Blatt 4 ohne Anreicherung beschäftigt.

1.8.3.2   Untersuchungen an Raumluft   C-Lr

Die Untersuchungsmethoden für Innenraumluft, die sich zur Konzentrationsbestimmung von Gefahrstoffen eignen, sind in der BIA-Arbeitsmappe „Messung von Gefahrstoffen" zusammengefaßt.

Erläuterungen zu den verwendeten Abkürzungen:

AOX Adsorbierbare organische X = Halogenverbindungen
BTXE Benzol, Toluol, Xylol, Ethylbenzol
DOC gelöster organischer Kohlenstoff (Dissolved Organic Carbon)
ECD Elektronen-Einfang-Detektor (Electron Capture Detector)
FCKW Fluor-Chlor-Kohlenwasserstoffe
FID Flammenionisationsdetektor
GC Gaschromatographie
IR Infrarotspektroskopie
KW Kohlenwasserstoffe
LHKW leichtflüchtige halogenierte Kohlenwasserstoffe
MSD Massenselektiver Detektor
PAK Polyzyclische Aromatische Kohlenwasserstoffe
PCB Polychlorierte Biphenyle
TOC gesamter organischer Kohlenstoff (Total Organic Carbon)
WLD Wärmeleitfähigkeitsdetektor
XAD Handelsname für bestimmte Adsorbentien auf der Basis von Amberlite

1.9   Biologische Testverfahren   T

In der Gruppe L der DEV (DIN 38 412) sind Testverfahren mit Wasserorganismen genormt. Im Unterschied zur chemischen Analytik, die nach Einzelstoffen sucht oder Summenparameter bestimmt, werden mit biologischen Testverfahren toxische *Wirkungen* erfaßt. Die Wirkungsparameter umfassen akut toxische (z.B. Tod, Leuchthemmung), chronische (z.B. Wachstumsbehinderung) und gentoxische (z.B. Mutationen) Effekte. Die gemessene Wirkung bildet alle von der Probe ausgehenden Effekte integral ab; dies schließt sowohl synergistische und antagonistische Effekte ein, als auch die Effekte, die von Metaboliten und nicht analysierten Stoffen ausgehen. Darüberhinaus können Biotestverfahren Hinweise auf Mobilisierbarkeit und Bioverfügbarkeit von Schadstoffen geben. Damit schließen Biotestverfahren im Rahmen ihrer Empfindlichkeit bis zu einem gewissen Grad die Lücke, die selbst bei umfangreichem Einsatz chemischer Analytik zur Gefahrenabschätzung von Proben mit komplexer stofflicher Zusammensetzung zwangsweise offen bleiben muß. Allerdings werden auch mit Biotestverfahren allgemeintoxikologische Aussagen über konkrete Gefährdungen von Schutzgütern nicht möglich. Die Testergebnisse sind vielmehr als Indikatoren für mögliche Umweltgefährdungen zu werten.

Sickerwässer oder Eluate aus Altlastverdachtsflächen weisen neben der zum Teil hohen organischen und anorganischen Belastung häufig erhöhte Toxizitätswerte gegenüber Testorganismen aus verschiedenen Organismenklassen auf. Es ist zur Zeit noch weitgehend unklar, inwieweit aus Testergebnissen mit der Wasserphase die Auswirkungen auf das Edaphon abzuschätzen sind.

Für Toxizitätsprüfungen können eine ganze Reihe von Biotestverfahren eingesetzt werden. Eine gute Übersicht über Testsysteme für die toxikologische Prüfung von Bodenmaterial und Sickerwasser gibt der 4. Bericht des Dechema Arbeitskreises Umweltbiotechnologie - Boden „Biologische Testmethoden für Böden"(Dechema 1995). Aus den im Niedersächsischen Landesamtes für Ökologie gemachten Erfahrungen können folgende Verfahren mit einigen Einschränkungen empfohlen werden:

- Daphnientest nach DIN 38 412, Teil 30,
- Algentest nach DIN 38 412, Teil 33,
- Leuchbakterientest nach DIN 38 412, Teil 34,
- Leuchtbakterienwachstumshemmtest nach DIN 38 412, Teil 37 (Entwurf),
- umu-Test auf Gentoxizität nach DIN-Entwurf und
- Fischtest nach DIN 38 412 Teil 31 (aus Tierschutzgründen nur eingeschränkt).

Bei der Auswahl der Biotestverfahren sollte DIN-Verfahren stets der Vorzug gegeben werden; sie sind standardisiert und es liegen viele Erfahrungen mit ihnen vor. Die Prüfungen auf Toxizität erfolgen üblicherweise an Sickerwässern oder wäßrigen Auszügen aus der Festsubstanz (Eluaten). Die Proben werden für den Testansatz in standardisierten Schritten verdünnt. Die Verdünnungsstufe, in der das Toxizitätskriterium nicht mehr erfüllt wird, ist das Testergebnis und wird als G-Wert bezeichnet (G = Giftigkeit). Ein tiefgestellter Index stellt den Bezug zum eingesetzten Testsystem her (z.B. G_A = Giftigkeit im Algentest) Die tägliche Praxis in der Abwassertechniküberwachung hat erwiesen, daß sich auf Basis der G-Werte Grenzwerte praktikabel formulieren lassen. Echte Bodentests mit Feststoff als Testsubstrat, wie sie z.B. mit Pflanzen und Regenwürmern von der OECD standardisiert worden sind, erfordern z.T. noch unverhältnismäßig lange Testzeiten und sind nur unter schwer realisierbaren Versuchsrahmenbedingungen zu interpretieren. Sie eignen sich daher nur schlecht für Routineprüfungen.

Die Elution von Feststoffen kann die Sickerwasserbildung in Altlastverdachtsflächen in erster Näherung simulieren. Echte Sickerwässer sind als Untersuchungsobjekt i.d.R. vorzuziehen, da zum einen die real vorliegenden Verhältnisse in einem Elutionstest nur schwer erfaßbar sind und zum anderen Sickerwässer i.d.R. eine größere Teilfläche repräsentieren als Eluate aus Bodenproben. Bei Eluaten ist zu berücksichtigen, daß die Elutionstechnik maßgeblich bestimmt, welcher Anteil der toxisch wirkenden Stoffe extrahiert werden kann. Über die anzuwendende Elutionstechnik als Probenvorbereitung für Biotests herrscht in der Fachwelt noch Uneinigkeit (s. a. Kap. 1.8.2.2.). Für die Untersuchungen nach TA Siedlungsabfall ist beispielsweise das DIN-38 414 S 4-Eluat festgeschrieben. Möglicherweise ist dieses Verfahren wegen des hohen Wasseranteils zur Probenvorbereitung für Biotests unter dem Gesichtspunkt der Nachweisgrenze nicht die beste Wahl.

Sickerwässer und Eluate aus Altlastverdachtsflächen stellen allgemein ein Gemisch verschiedenster Stoffe dar. Sie enthalten neben echt gelösten Stoffen Schwebstoffe und kolloidal gelöste Substanzen auch reichlich Komplexe; darüber hinaus sind die Proben oft bräunlich gefärbt. Häufig werden große Mengen an lebenden Bakterien, Hefen und Pilzen in die Eluate eingespült. Daraus resultieren z.T. intensive Veratmungsprozesse an der organischen Substanz und in der Folge Sauerstoffschwund und chemische Umsetzungen und damit Veränderungen der Probe, die auch durch Kühlung, Zentrifugation und Filtration nur schwer zu beherrschen sind. Schließlich enthalten die Eluate und häufig auch die Sickerwässer potentielle Nahrungsstoffe insbesondere für Testbakterien. Auch Salze und Vitamine können fördernde Auswirkungen auf die Testorganismen besitzen und dadurch die Giftwirkungen kaschieren. Alle genannten Effekte erschweren die Durchführung von Biotestverfahren; dabei ist zu berücksichtigen, daß viele der im Altlastenbereich anwendbaren Tests zum Zwecke der Prüfung von gereinigtem Abwasser genormt wurden oder werden und für den hier betrachteten Anwendungsbereich nicht unbedingt problemlos einzusetzen sind. Bei Tests von extrem hoch organisch belasteten Proben müssen einige Biotestverfahren an die komplexe Matrix angepaßt werden.

Die methodische Eignung ausgewählter Tests wird im folgenden beschrieben.

Daphnientest   **T-Daph**
Dieses Testverfahren ist für die Anwendung im Altlastenbereich i.d.R. gut ge-
ignet. Bei den bisherigen Untersuchungen traten keine methodischen Schwie-
igkeiten auf.

Algentest   **T-Alg**
Der Algentest reagierte von allen von uns eingesetzten Biotestverfahren am
empfindlichsten auf Inhaltsstoffe aus Altlastverdachtsflächen. Gefärbte Proben
stellen allerdings ein methodisches Problem dar. So werden z.B. während der
Elution Huminstoffe aus dem Probenmaterial gelöst. Diese Stoffe sind nur sehr
schwer biologisch abbaubar und dürften zu einem großen Teil die Braunfär-
bung der Eluate und auch der Sickerwässer erzeugen. Die Huminstoffe üben
wahrscheinlich keine toxischen Effekte auf die Algen aus, durch ihre Färbung
wirken sie aber wie ein Lichtfilter und schwächen die eingestrahlte Lichtintensi-
tät in den Algentestgefäßen. Die Lichtminderung bewirkt natürlich geringeres
Algenwachstum als in der Kontrolle. Diese färbungsbedingte Wachtumshem-
mung ist nicht als Toxizität einzustufen. Bei stark toxischen Proben ist dieser
Effekt vernachlässigbar, da die Färbung der Proben nach nur wenigen Verdün-
nungsschritten so stark gemindert ist, daß kein Einfluß auf die Photosynthese-
aktivität mehr auftritt. Bei schwach toxischen Proben macht sich die Eigenfär-
bung der Probe stark bemerkbar. Für die Prüfung von Eluaten bedeutet dies,
daß gefärbte Proben im Bereich niedriger G_A-Werte nicht beurteilt werden
können. Um universell einsetzbar zu sein, müßte das Algentest-DIN-Verfahren
um eine Farbkorrektur erweitert werden, mit der der lichtschwächende Effekt
der Probe quantifiziert und somit von den toxischen Effekten subtrahiert werden kann. Eine derartige Farbkorrektur existiert für den Algentest noch nicht.

Bakterientests   **T-Bakt**
Lumineszenzhemmtest mit Leuchtbakterien   **T-BaktI**
Der Leuchtbakterien-Lumineszenztest sprach auf organisch hoch belastete
Eluate ähnlich deutlich an wie der Algentest. Die hohe Empfindlichkeit bei Proben mit hohem Anteil an biologisch abbaubarer Substanz beruht nach unserem
heutigen Wissensstand jedoch nur z.T. auf toxischen Effekten. Aus eigenen
Versuchen wissen wir, daß Leuchtbakterien auf Nährstoffe, wie sie z.B. in He-
feextrakt oder Peptongemischen vorliegen, mit starken und bei Verdünnung
nur langsam abnehmenden Leuchthemmungen reagieren. Da selbst isoliert
dargebotene Aminosäuren diese Leuchthemmungen erzeugen können, dürften
vielfach keine toxischen Effekte vorliegen, sondern die Hemmung der Leucht-
stärke auf zellinterne Stoffwechseländerungen wie z.B. die Induktion von
Wachstumsprozessen unter Reduktion der Leuchtleistung zurückzuführen sein.
Diese nicht als toxisch anzusehenden zellinternen Umstellungen des Stoffwech-
sels interferieren mit möglicherweise sehr wohl toxischen Wirkungen von In-

haltsstoffen aus den Proben und machen eine Beurteilung der Toxizität über G-Stufen unmöglich. Auf diese Störquelle wird in dem entsprechenden DIN-Verfahren (DIN 38 412, Teil 34) ausdrücklich hingewiesen. Es existieren wenig Erkentnisse darüber, wie hoch der Gehalt an organischer Substanz sein muß, um den beschriebenen Effekt auszulösen und welche Stoffe in Umweltproben dafür verantwortlich sein könnten. Nach den von uns bisher gemachten Erfahrungen, insbesondere mit zahlreichen Prüfungen von Kläranlagenabläufen mit niedriger organischer Fracht, ist die Durchführung des Leuchtbakterientests bei BSB_5-Werten < 100 mg O_2/l unproblematisch.

Die Vorteile dieses Tests liegen in der schnellen Durchführbarkeit, der guten Reproduzierbarkeit der Ergebnisse und der weiten Verbreitung dieses Tests in vielen analytischen Umweltlaboratorien. Die Untersuchung gefärbter Proben stellt bei diesem Test kein methodisches Hindernis dar, da eine leistungsfähige Farbkorrektur standardisiert ist (Klein 1990).

Wachstumshemmtest mit Leuchtbakterien   T-Baktw

Bei Proben mit hoher Fracht an biologisch abbaubarer Substanz können mit dem Leuchtbakterien-Lumineszenztest keine zufriedenstellenden Ergebnisse ermittelt werden (s.o.). Hier bietet sich als Ersatz ein bakterieller Atmungs- oder Wachstumshemmtest an. Mit der Bakterie *Pseudomonas putida* sind derartige Verfahren genormt worden (DIN 38 412, Teile 8 und 27). Ein Wachstumshemmtest mit Leuchtbakterien befindet sich gerade im Prozeß der Normung. Bei Toxizitätsbestimmungen an einigen organischen und anorganischen Reinsubstanzen erwies sich der Leuchtbakterien-Wachstumshemmtest als empfindlicher als das Verfahren mit *Pseudomonas putida*, er sollte deshalb die interessantere Alternative sein. Methodisch bereitet der Test inzwischen auch bei organisch hoch belasteten Proben keine Probleme mehr, sofern auf die Durchführung der Tests in Mikrotiterplatten aus Kunststoff verzichtet und statt dessen in Glasröhrchen geprüft wird. Die Proben sollten durch scharfe Zentrifugation von Fremdkeimen befreit werden. Der Einfluß der Probenfärbung kann durch eine Blindwertmessung wirkungsvoll eliminiert werden.

umu-Test auf Gentoxizität   T-umu

Mit dem umu-Test werden gentoxische Effekte mit gentechnisch veränderten Bakterien schnell und vergleichsweise unkompliziert nachgewiesen. Gentoxizität ist ein Sammelbegriff für alle das Erbgut schädigenden Effekte (z.B. Mutationen, Keimgutschädigungen, Krebsentstehung).

Der Angriff eines Schadstoffs auf die Erbsubstanz kann mit dem umu-Test durch die gentechnische Veränderung in den Testbakterien (letztlich über eine enzymatisch induzierte Farbreaktion) detektiert werden. Durch Zusatz von Rattenleberenzymen können mit den Testbakterien gentoxische Effekte simuliert und bewertet werden, die erst durch die Stoffwechselprozesse in der Wirbeltierleber entstehen (viele zunächst nicht gentoxische Verbindungen werden nach Aufnahme in den Körper vom Leberstoffwechsel verändert und damit gentoxisch).

Uns liegen momentan noch keine ausreichenden Erkenntnisse über diesen Test vor. Bisher kann lediglich festgestellt werden, daß methodische Unzulänglichkeiten des umu-Tests bei Prüfung von hoch organisch belastetem Probenmaterial bestehen. Die in einigen Eluaten gefundenen Induktionsraten lagen z.T. erheblich unter denen in den Kontrollen; wir führen diesen Effekt zum gegenwärtigen Stand der Untersuchungen auf eine Hemmung des Detektorenzyms zurück. Einen kurzfristig realisierbaren Ausweg aus diesem methodischen Dilemma sehen wir z.Z. nur darin, die gentoxisch wirksamen Substanzen (überwiegend Organika) aus den Eluaten oder direkt aus den Feststoffen mit organischen Lösungsmitteln zu extrahieren und diese Extrakte im umu-Test zu prüfen. Mit dieser Variante liegen allerdings noch keine praktischen Erfahrungen vor.

2 Darstellung, Interpretation und Prognose

2.1 Darstellungs- und Auswertemethoden D

2.1.1 Karten und Profilschnitte

Daten und Meßwerte lassen sich in textlicher, numerisch-tabellarischer, graphischer, kartographischer und bildhafter Form darstellen (Arnberger 1966). Für die präzise und übersichtliche räumliche Darstellung lokaler und regionaler Verhältnisse an der Erdoberfläche eignet sich keine Darstellungsform so gut wie die kartographische. Diese Erkenntnis hat dazu geführt, daß die Darstellungsmöglichkeiten der *thematischen Kartographie* auch als Forschungsmittel in vielen Bereichen von Wissenschaft, Wirtschaft und Verwaltung, so auch bei der Bearbeitung von Altlastverdachtsflächen, große Bedeutung erlangt haben. Im folgenden soll auf die Möglichkeit der Darstellung von Sachverhalten in Karten und den kartenverwandten Profilschnitten eingegangen werden.

2.1.1.1 Karten D-K

Da die großmaßstäblichen topographischen Karten TK25 und DGK5 für Niedersachsen flächendeckend zur Verfügung stehen, besteht normalerweise keine Notwendigkeit, eine topographische Karte als *Basiskarte* für die Bearbeitung einer Altlastverdachtsfläche selbst zu erstellen. Erfordert die darzustellende Fläche die Verwendung eines Kartenausschnitts oder einer Ausschnittsvergrößerung, sind diese Kartenausschnitte mit folgenden Informationen zu versehen:

- Bezeichnung der Karte,
- Kartenmaßstab,
- Angabe der Hoch- und Rechtswerte,
- Angabe der Nordrichtung,
- Legende mit Erläuterung von Farben, Signaturen und Kürzeln,
- Maßstabsleiste sowie
- Anlagennummer, Name des Bearbeiters und Erstellungsdatum.

In die Basiskarte werden alle nötigen Informationen zur Altlastverdachtsfläche eingetragen:

- Abgrenzung der Fläche,
- Lage von Brunnen, Grundwassermeßstellen, Probenahmepunkten sowie
- Lage und Verlauf technischer Einrichtungen (Gebäude, Leitungssysteme, Sammelbecken, Schächte, Umzäunungen).

Ihre Lage läßt sich mit Hilfe eines Planzeigers (Lautsch und Pilger 1982) in Karten des Maßstabs 1 : 25.000 mit einer Genauigkeit von 5 m, in Karten des Maßstabs 1 : 5.000 mit einer Genauigkeit von 1 m eintragen. Auf computergestützte Verfahren wird in Kap. 2.1.5 eingegangen.

Bei der Darstellung der Informationen sollte zur besseren Lesbarkeit auf zu großen Detailreichtum verzichtet werden. Häufig ist die Darstellung von Daten unterschiedlicher Themenkomplexe auf mehreren Basiskarten sinnvoll. Die *kartographischen Ausdrucksformen* wie Signaturen, Symbole, graphische Darstellungsmöglichkeiten, Farben und ihre Anwendung werden in der einschlägigen Literatur (Arnberger 1966, Imhof 1972) ausführlich behandelt.

2.1.1.2 Profilschnitte   D-Sp

Profilschnitte sind vertikale Darstellungen der Verhältnisse des Untergrundaufbaus. Grundlage für ihre Konstruktion ist üblicherweise eine topographische Karte, in die zunächst die gewünschte Lage der Schnittlinie eingetragen wird. Schnittlinien sollten möglichst gerade, können jedoch mehrfach geknickt verlaufen. Dann legt man einen Streifen Millimeterpapier an die Schnittlinie und markiert die Schnittpunkte der Profillinie mit Höhenlinien, Flüssen und Verkehrswegen sowie die Lage markanter Geländepunkte (Gipfel, Täler). So entsteht zunächst ein morphologischer Profilschnitt im Längenmaßstab der topographischen Basiskarte. Überträgt man zusätzlich die Verbreitung geologischer Einheiten sowie die Schnittpunkte mit Schichtgrenzen und Störungen in den morphologischen Profilschnitt, lassen sich zweidimensionale Bilder des geologisch-tektonischen Baus des Untergrunds konstruieren, die bei entsprechender Anordnung als Längs- und Querprofile ein dreidimensionales Bild ergeben. Bei dieser Vorgehensweise sind lithologische Profile auf der Schnittlinie gelegener oder in den Profilschnitt projizierter Bohrungen und der geologischen Basiskarte zu entnehmenden Angaben zur Abfolge der Gesteine, ihrer Petrographie und ihrer Mächtigkeiten einzubeziehen. Ob die Profildarstellungen gleichen Höhen- und Längenmaßstab aufweisen oder überhöht gezeichnet werden sollten, hängt im Einzelfall von den morphologischen und geologisch-tektonischen Gegebenheiten ab. In jedem Fall sollten Profilschnitte an beiden Enden Höhenskalen aufweisen.

Abbildung 93 zeigt ein Beispiel für einen hydrostratigraphischen Profilschnitt mit der vertikalen Gliederung der Grundwasserleiter und -geringleiter.

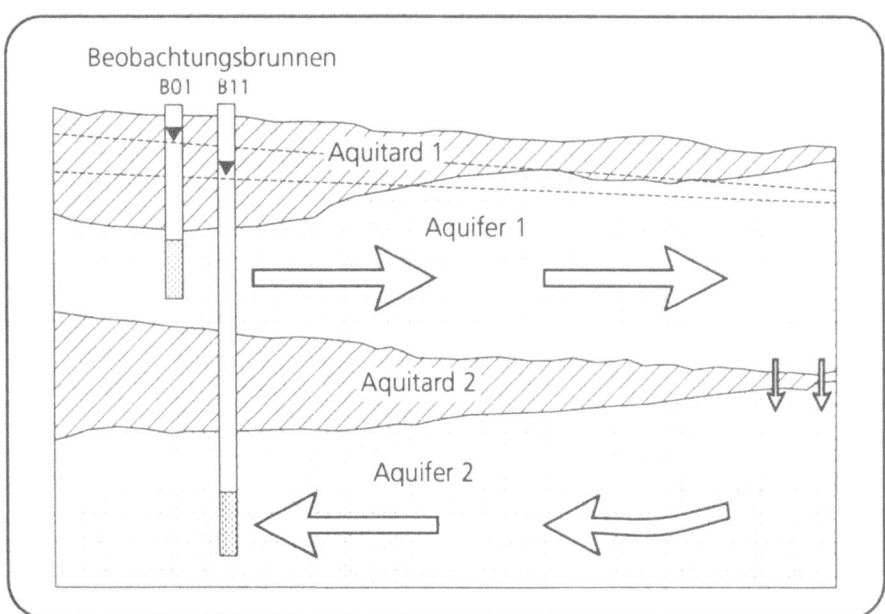

Abb. 93.   Hydrostratigraphischer Profilschnitt

2.1.2   Lithologische Säulen/Ausbauzeichnungen

2.1.2.1   Lithologische Säulen   **D-SI**

Die Schichtfolgen von *Sondierbohrungen* und *Bohrungen* werden in Form li-
thologischer Säulen (Profile, Abb. 94) dargestellt. Die Schichtgrenzen werden,
unabhängig vom tatsächlichen Schichteinfallen, durch horizontale Striche gekennzeichnet. Der Höhenmaßstab sollte für alle Bohrungen einheitlich möglichst 1 : 100 betragen. Es ist zu beachten, daß geophysikalische Bohrlochmessungen zumeist im Maßstab von 1 : 200 abgebildet werden.
   Die Schichtgrenzen haben links neben der lithologischen Säule Tiefenangaben und/oder einen Maßstab in Metern unter Geländeoberkante aufzuweisen.
Teufenangaben von < 0,1 m sind in Abhängigkeit vom eingesetzten Bohrverfahren zumeist nicht sinnvoll. Zwischen den Schichtgrenzen der Säule selbst
werden die unterschiedlichen Gesteine durch entsprechende Signaturen und
ggf. Farben symbolisiert. Rechts der Säule findet sich zwischen den Schichtgrenzen die lithologische Beschreibung, nach Möglichkeit mit Angaben zur
stratigraphischen Stellung der einzelnen Schichtglieder in Lang- oder Kurzform.
Was die Auswahl der zu verwendenden Signaturen und die Farbgebung
betrifft, sei hier auf die Literatur (Kap. 4) verwiesen. Für Sondierbohrungen und
Bohrungen, deren Profile mit dem Schichtenerfassungsprogramm *SEP* (Kap.
1.3.2.3) aufgenommen worden sind, existiert weiterverarbeitende Software.

Weitere wichtige Informationen sind

- die eindeutige Bezeichnung des Aufschlusses,
- die Angabe der Geländehöhe des Ansatzpunktes der Sondierbohrung oder der Bohrung, bezogen auf NN,
- die Angabe der Endteufe und des Endduchmessers sowie
- die Lage des erbohrten Grundwasserspiegels.

Die Höhe des beim Bohren angetroffenen Grundwasserspiegels wird links neben dem Profil durch einen horizontalen Strich mit auf einer Spitze stehendem
gleichseitigen Dreieck mit Angabe des Datums gekennzeichnet. Hier lassen sich
Meßgenauigkeiten von 0,01 m einhalten. Alle verwendeten Signaturen, Farben
und Kürzel sind in einer Legende zu erläutern. Bei der Konstruktion von *Profilschnitten* aus lithologischen Säulen gleichen Maßstabs ist sicherzustellen, daß
die Schichtkorrelation gewährleistet ist.

Von *Schürfen* lassen sich auf direktem Weg Profilschnitte der einzelnen
Wände unter Angabe der Schichtmächtigkeiten und der Lage der Profilschnitte
zeichnen.

2.1.2.2 Ausbauzeichnungen   D-Za

Ausbauzeichnungen von Meßstellen und Brunnen werden entsprechend der
Darstellung und im Maßstab der lithologischen Säulen erstellt (Abb. 94). Sie
befinden sich rechts neben der lithologischen Säule und zeigen den Ausbau mit
Rohrmaterial (Bodenkappe, Filterstrecke, Aufsatzrohre, Verschlußkappe/Stras-
senkappe) und *Füllmaterial des Ringraums* (Dichtungsmaterial, Material von Filter und Gegenfilter, Füllmaterial) mit Tiefenangaben unter Geländeoberkante
links und Bezeichnungen rechts neben der Ausbauzeichnung sowie Angaben
zum Ausbaudurchmesser unter der Ausbauzeichnung.

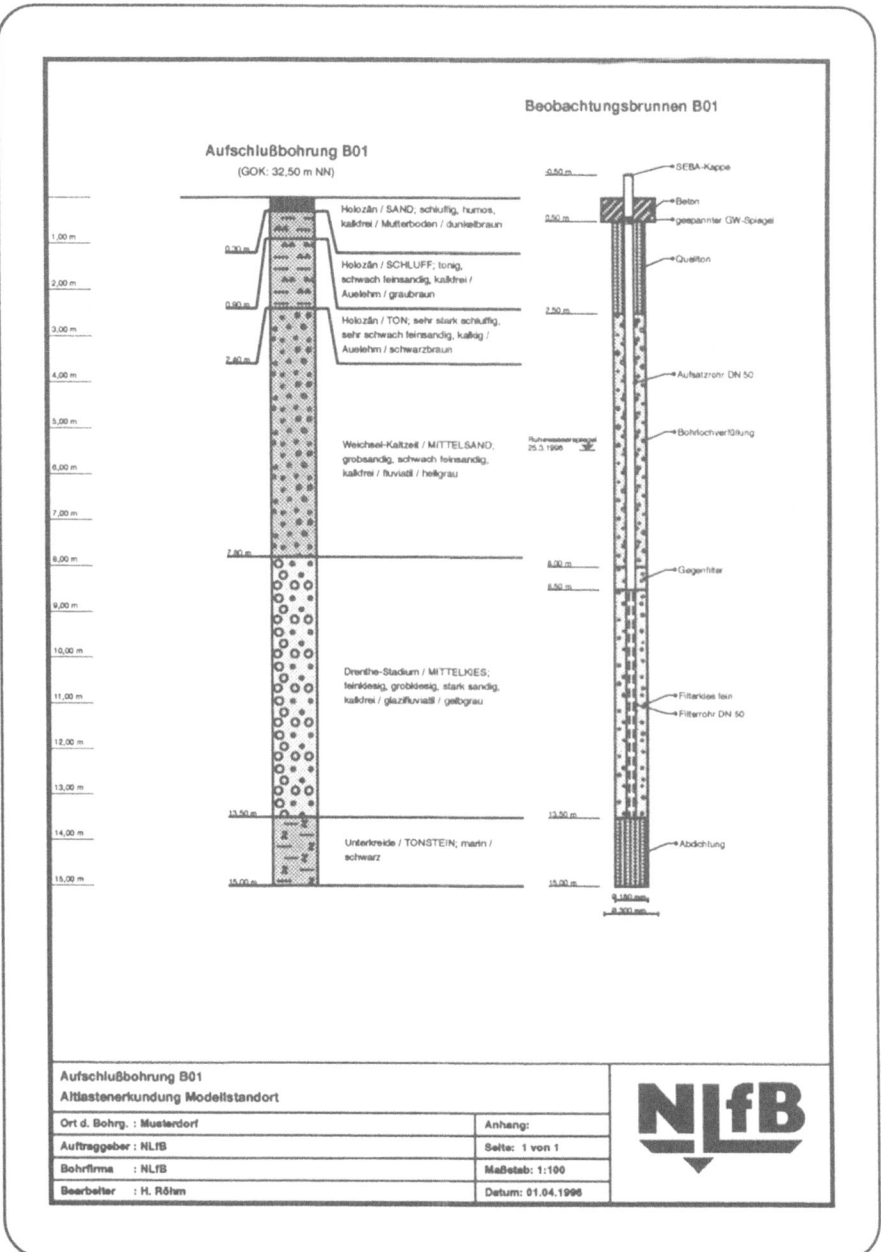

Abb. 94.   Lithologische Säule und Ausbauzeichnung

2.1.3   Isolinienkarten   D-Kiso

Isolinienkarten sind bei aller inhaltlichen Vielfalt eine eigenständige Gruppe der thematischen Karten. Ihre Gemeinsamkeit besteht darin, die diskrete, räumliche Verteilung von Daten (Höhen über NN, Grundwasserstände, Konzentrationen etc.) als Kontinua durch Isolinien darzustellen und durch Zahlenwerte zu quantifizieren.

Das *Konstruktionsprinzip* von Isolinienkarten erscheint einfach: Jedem Punkt mit bekanntem Wert wird sein geometrischer Ort auf der Basiskarte zugeordnet. Dann werden durch Interpolation zwischen jeweils 3 benachbarten Punkten Punkte gleicher Zahlenwerte in der vorgesehenen Abstufung durch Isolinien (0, 20, 40...) konstruiert und miteinander verbunden (Abb. 95), wobei davon ausgegangen wird, daß das Gefälle zwischen zwei benachbarten Punkten konstant ist. Man sollte entweder mit der minimalen oder der maximalen auf der Karte vertretenen Isolinie und in Bereichen größter Datendichte beginnen.

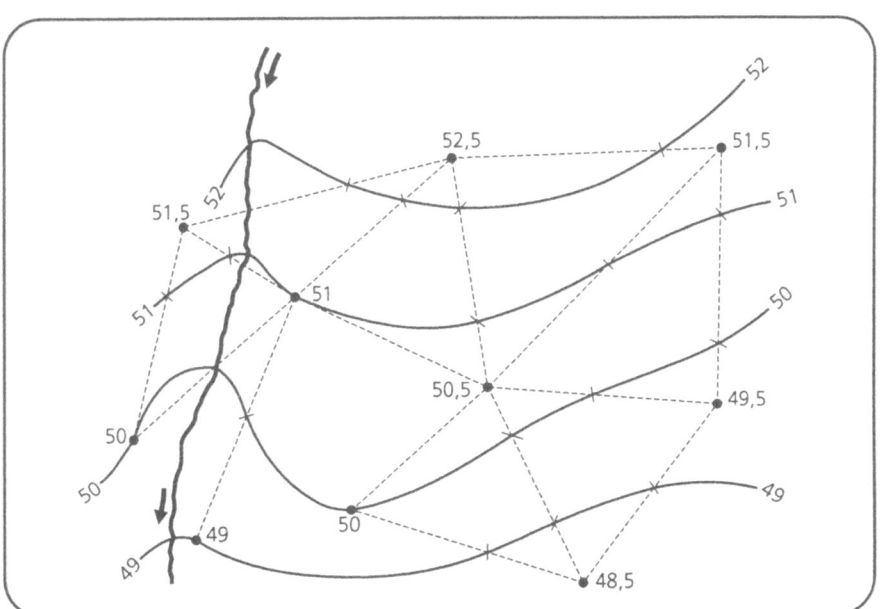

Abb. 95.   Konstruktion der Isolinien eines Grundwassergleichenplans mit Hilfe hydrologischer Dreiecke. (Nach Castany 1968)

Tatsächlich ist die Interpolation diskreter Meßwerte oft ein schwieriges Unterfangen, da die Lage von Isolinien auf der Karte durch die Daten, besonders bei geringer Datendichte, nicht eindeutig definiert ist. Abbildung 96 b - d zeigt 3 deutlich unterschiedliche Interpretationen der selben in Abb. 96 a dargestellten Datenpunkte. Die in Abb. 96 b dargestellte Interpretation beruht auf der oben skizzierten, am häufigsten angewandten Methode, die der Abb. 96 c und d auf seltener benutzte Methoden.

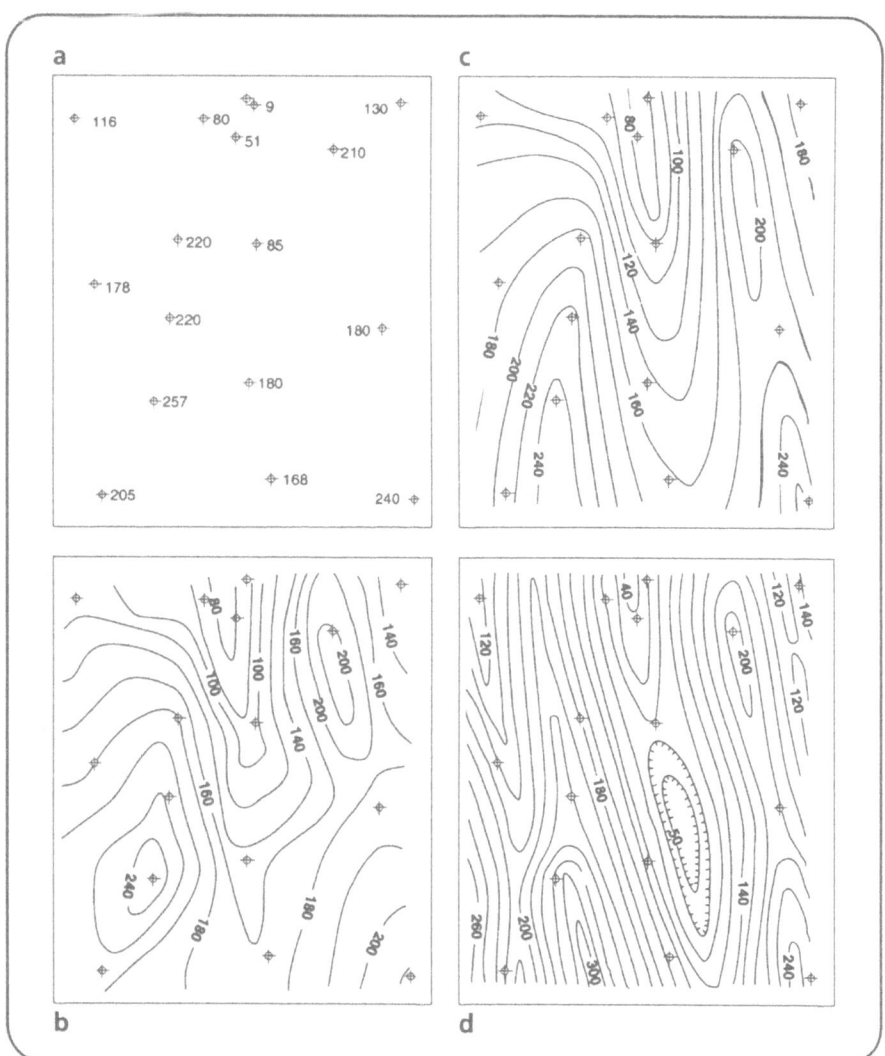

Abb. 96.   Drei unterschiedliche Interpretationen **b**, **c**, und **d** der in **a** dargestellten Datenpunkte. (Nach Sara 1994)

Für die Erstellung einer topographischen Karte ist die beschriebene Methode problemlos anwendbar, da die Meßpunkte gezielt auf markante topographische Punkte (Gipfel, Täler) gelegt werden können und die Annahme konstanten Gefälles überprüfbar ist. Bei der Darstellung unterirdischer Strukturen oder Konzentrationsverteilungen ist der Bearbeiter auf die verfügbaren Daten angewiesen, ohne Hoch- und Tiefpunkte und die tatsächlichen Gefälle zu kennen. Daß das Meß- bzw. Probenahmenetz so engmaschig ist, daß Untergrundstrukturen oder Konzentrationsverteilungen vollständig (kontinuierlich!) erfaßt werden, ist unwahrscheinlich. Zudem ist die Art der Messung oder Beprobung (Rasterbeprobung, Zufallsbeprobung) der Problemlösung, nämlich der Erfassung eines Kontinuums, häufig unangemessen. Es ist also zu erwarten, daß Isolinienkarten unterirdischer Strukturen oder Konzentrationsverteilungen (Schadstofffahnen), so überzeugend sie aussehen mögen, die Realität im Detail nicht korrekt wiedergeben.

2.1.4   Graphische Meßwertdarstellung   D-Mg

Graphische Darstellungen von Meßwerten dienen der Veranschaulichung von Beziehungen zwischen einzelnen Parametern sowie deren räumlicher und zeitlicher Veränderlichkeit. Zu den Darstellungsmöglichkeiten von Meßwerten mittels unterschiedlichster Diagramme, deren Aufgaben und Eignungen sei hier auf Heft 89 der Schriftenreihe des Deutschen Verbandes für Wasserwirtschaft und Kulturbau e. V. verwiesen.

Es erläutert Einzeldiagramme zur Darstellung mehrerer Parameter einer Analyse oder eines Einzelparameters mehrerer Analysen in Form verschiedener

- Säulendiagramme,
- Kreisdiagramme,
- Strahlendiagramme und
- Ganglinien

sowie Sammeldiagramme zur vergleichenden Darstellung mehrerer Analysen in Gestalt von

- Dreieckdiagrammen,
- Viereckdiagrammen und
- Kombinationsdiagrammen.

2.1.5   Geographische Informationssysteme   D-GIS

Im letzten Jahrzehnt wurden für die Probleme der Raumordnung und Landesplanung sowie für das Vermessungswesen Informationssysteme entwickelt, die raumbezogene Daten der Erdoberfläche, von der Lithosphäre und Atmosphäre bis hin zu fachthematischen Sachverhalten, wie z.B. des Umweltschutzes, verarbeiten können. Geographische Informationssysteme (GIS) sind in erster Linie Systeme, die in der Lage sind, Informationen mit geographischem Bezug, d.h. Daten, die mit geographischen Koordinaten verknüpft sind, zu erfassen, zu verwalten, zu editieren, zu analysieren und darzustellen.

Mittels GIS können raumbezogene Daten (Punkt-, Linien- und Flächeninformationen) und dazugehörige Attribute (z.b. Fachinformationen) geographisch referenziert gespeichert, analysiert, für selektive Abfragen zur Verfügung gestellt, bearbeitet und in vielfältiger Form wieder ausgegeben werden, z.b. als Karte, Tabelle oder Diagramm (s. Abb. 97). Diese Abfragen, sog. Retrievals, ermöglichen nicht nur Selektionen in bezug auf fachthematische Inhalte, sondern auch auf Nachbarschaftsbeziehungen der Objekte (Topologie). Von CAD- und Desktop-Mapping-Programmen unterscheiden sich GIS v.a. durch ihre Fähigkeit, Daten zu analysieren und neue Datensätze zu erzeugen. Im deutschsprachigen Raum gibt es eine Vielzahl von GIS-Anbietern, von denen 4 rund 2 Drittel des Marktes beherrschen (Wiesel 1995 a).

Die Bezeichnung „GIS" wird oft nicht nur für die Software, sondern auch für die Gesamtheit eines GIS-Projektes inklusive Software, Daten, Datenbank und deren Struktur, Hardware und „Personware" (die damit beschäftigten Personen) gebraucht. Es besteht demzufolge eine Gleichbenennung sowohl des Werkzeugs, nämlich der Software, als auch des Produkts, wie z.b. das Altlasten-GIS einer abfallentsorgungspflichtigen Körperschaft.

Die Anwendungsbereiche von GIS erstrecken sich heute über weite Gebiete, wie z.b. Tourismus, Verkehrsplanung, Marketing, Regionalplanung, Umweltschutz etc.. Im Bereich der Altlasten werden sie zunehmend eingesetzt für

- die flächenhafte Erfassung und Darstellung von Altlastverdachtsflächen (Altlastenkataster),
- die Verwaltung und Darstellung digitaler topographischer Daten (ATKIS),
- die Archivierung, Auswertung und Darstellung von Probenahme- und Analysendaten (Anbindung von Tabellenkalkulationsprogrammen, Datenbanken, Businessgrafikprogrammen),
- die Darstellung geologischer und hydrogeologischer Sachverhalte (Anbindung von geologisch-hydrogeologischer Software),
- die Integration von Bilddaten (Luftbilder, Fotos von Altlasten) sowie
- die Projektplanung, -verwaltung, -auswertung und -darstellung (z.b. Sanierungsprojekte).

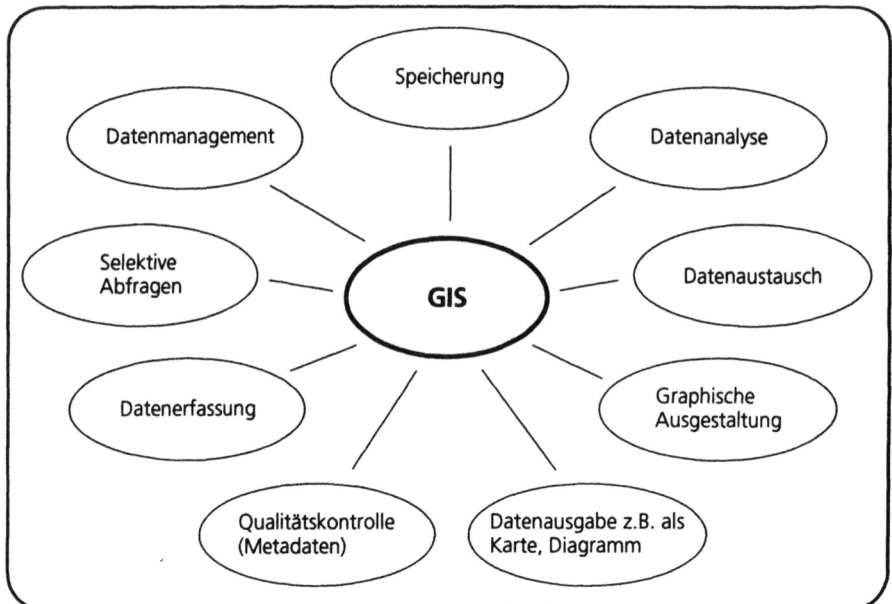

Abb. 97.   Möglichkeiten Geographischer Informationssysteme

2.1.5.1 Aufbau von Geographischen Informationssystemen

Geographische Informationssysteme funktionieren nach dem Prinzip der miteinander kombinierbaren thematischen „Layer" (Layer-Prinzip). Daten verschiedenen thematischen Inhaltes werden, definiert je nach verlangter Nutzung, getrennt in verschiedenen Dateien geführt. Die Speicherung der Daten geschieht in der jeweiligen Datenbankeinheit des GIS. Fast immer ist es möglich, die Daten externer Datenbanken bei Bedarf dem Selektions-, Analyse- oder Editionswerkzeug des GIS verfügbar zu machen.

Bis vor kurzem wurde die geographische Lage der geometrischen Einheiten Punkte, Linien, Flächen und ihre Topologie getrennt von ihren Attributen bzw. Sachdaten abgelegt und behandelt. Neuere objektorientierte Ansätze speichern die Lage als weiteres Attribut.

Eine Vielzahl von Fachinformationen können mit den graphischen Elementen (Punkt-, Linien- und Flächendaten) verknüpft werden:

- *Punktdaten:* z.B. Lage von Bohr- und Probenahmepunkten sowie der damit verknüpften geologischen Daten, Brunnenausbaudaten, Untersuchungsergebnisse etc.,
- *Liniendaten:* z.B. Vorfluter und deren Eigenschaften wie Gewässergüte und Abflußmenge, topographische Elemente wie Straßen und Bahnlinien,

- *Flächendaten*: z.B. flächenhafte Objekte wie Grundstücke oder Gebäude mit Informationen über Eigentümer, Zugehörigkeit zur Gemeinde, Gemarkung; z.B. flächenhafte geologische Einheiten wie Vorkommen von Gesteinen mit Angaben zur Stratigraphie, Petrographie, Genese und evtl. Kontaminationsgrad; Konzentrationsverteilungen im Grundwasser (Schadstofffahnen).

GIS können Raster- oder Vektordaten und als „hybride" Systeme beides verarbeiten, wobei dann der Schwerpunkt auf einer der beiden Möglichkeiten liegt. Rasterdaten als Grundlage von Pixelgrafiken wie Luftbildern, gescannten Lagepläne und Fotos sind nur unter Qualitätsverlust skalierbar, d.h. man kann sie nicht vergrößern oder verkleinern. Die Datenmengen sind abhängig von der Auflösung (dpi, dots per inch) und der Farbtiefe (Anzahl der Farben). Raster-GIS finden hauptsächlich in der Fernerkundung und Luftbildauswertung Verwendung. Vektordaten enthalten nur die mathematisch-geometrischen Beschreibungen zur Darstellung von Objekten (Punkte, Linien, Flächen) und beanspruchen daher weniger Speicherplatz, sind weitgehend beliebig skalierbar und lassen sich schneller verarbeiten.

GIS leisten somit die

- Darstellung räumlicher Einheiten und ihrer Beziehungen zueinander auf der Basis topographischer Karten unterschiedlichsten Maßstabs,
- Selektion von Daten aus Datenbanken und Karten,
- Auswertung von Lagebeziehungen von Objekten (z.B. Nutzungen im Umkreis einer Altlast),
- Darstellung von Sachdaten in Form von Grafiken (Bohrsäulen, Analysendiagramme etc.) und die
- Darstellung von Ergebniskarten (z.B. Karte der Verbreitung potentieller Barrieregesteine).

Ein Beispiel für eine Bildschirmdarstellung gibt Abb. 98.

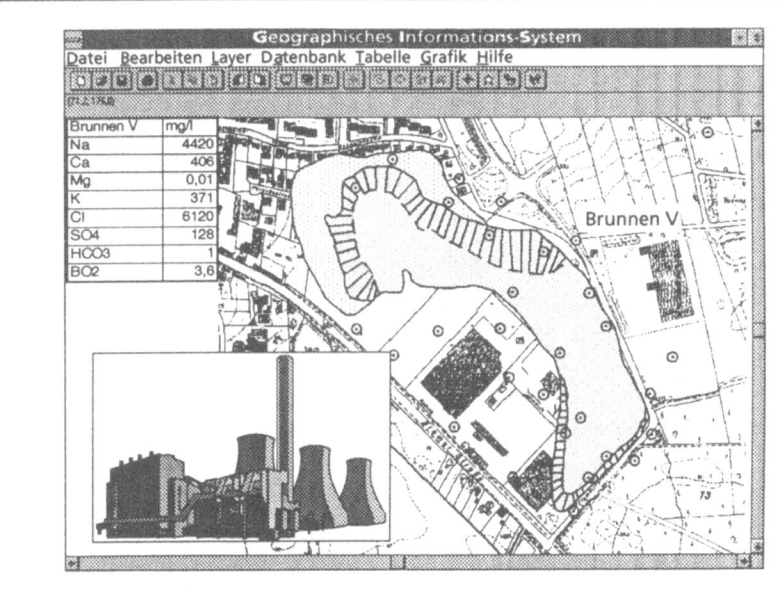

Abb. 98.   Anwendungsbeispiel eines GIS

Weiterführende Literatur zum Thema "Geographische Informationssysteme" findet sich bei Bill und Fritsch (1991, 1996).

2.1.5.2   Anwendungsbereich

Mit Hilfe von GIS kann eine Vielzahl unterschiedlichster Informationen, wie sie für Problemstellungen in Zusammenhang mit Altlastverdachtsflächen auftreten, verarbeitet und veranschaulicht werden. Dabei werden GIS sowohl bei der Erfassung von Altablagerungen und Altstandorten als auch bei der Erfassung von Verunreinigungen der Luft, des Wassers und des Bodens eingesetzt.

Umweltgefährdungspotentiale, beispielsweise Altlastverdachtsflächen in Wasserschutzgebieten, können berechnet, modelliert und dargestellt werden. Ganze kommunale Umweltinformationssysteme sind als GIS konzipiert und dienen nicht nur der Information von Bearbeitern und Betroffenen, sondern helfen als Planungsinstrumente bei der Ergreifung vorbeugender, korrektiver und nachsorgender Maßnahmen.

Das o.g. Layer-Prinzip ermöglicht es, Daten unterschiedlicher Thematiken miteinander zu verbinden und so zu neuen Ergebnissen zu kommen. Das bedeutet, daß beispielsweise die Verschmutzungsempfindlichkeit des Bodens und des Untergrunds mit der Quantität sowie Qualität vorhandener Schadstoffeinträge aus Altablagerungen kombiniert werden kann. Werden diese Ebenen miteinander verschnitten (mit dem Analyse-Tool des jeweiligen GIS), so kann als Ergebnis eine zur ersten Abschätzung nutzbare Karte der mutmaßlichen Gefährdung von Grundwasser und - mittelbar - von Mensch, Tier und Pflanze ausgegeben werden. Notwendig ist hier auch eine dem Erkundungsstand entsprechende ständige Ergänzung der Informationen, z.B. durch spätere Eingabe der Grundwasserfließrichtung, Beprobungsdaten etc.. Die Nutzung und Anwendbarkeit eines GIS hängt in der Hauptsache von der Aktualität und Qualität seiner Daten ab.

2.1.5.3 Fehlermöglichkeiten und Qualitätssicherung

Ein wichtiger Aspekt bei GIS ist die fach- und aufgabenbezogene Visualisierung geometrischer Informationen und Fachdaten zunächst digital am Bildschirm und schließlich als Karte oder Druckvorlage. Die Anschaulichkeit der dabei entstehenden Produkte darf nicht darüber hinwegtäuschen, daß die Datenaufnahme oder Übertragung mit bestimmten Ungenauigkeiten verbunden ist, die oft nicht vermeidbar sind wie z.B.

- Meßfehler,
- Digitalisierungsfehler,
- Skalierungsfehler,
- Berechnungsfehler und
- Übertragungsfehler.

Dies ist der Hauptgrund für die Notwendigkeit des aufwendigen Betreibens von Faktendaten- und Metadatenbanken. Faktendaten als objektbeschreibende Daten werden oft als nichtbibliographische Daten bezeichnet (Grossmann und Pohlmann 1994). Als Metadaten bezeichnet man „Daten über Daten, jedoch nicht die Dateninhalte selbst" (Schütt et al. 1981). Sie besitzen immer einen beschreibenden, verweisenden Charakter.

Metadatenbanken zur Qualitätssicherung und zum Qualitätsnachweis sollten Informationen zum Ursprung des Quellenmaterials sowie zur Methode der Datenerhebung, zu Zuverlässigkeit, Vollständigkeit und Konsistenz, Erhebungszeitraum und Bearbeiter beeinhalten. Detailliertere Informationen zu Meta- und Faktendaten liefert Großmann (1994).

Bei der Planung zur Beschaffung und zum Einsatz eines GIS sollte beachtet werden, daß das ausgewählte Produkt möglichst weitgehend kompatibel zu Produkten anderer Hersteller ist. Besonderes Augenmerk sollte dabei auf

- mögliche Datenaustauschformate und
- das Vorhandensein von Schnittstellen zu weiteren Softwareprodukten (Businessgrafik, CAD, Datenbanken, geologisch-hydrogeologische Software)

gelegt werden. Eine wichtige Rolle spielt dabei auch die Berücksichtigung der Anlieferung durch/und Übergabe von Daten an Dritte (Fachbüros, Behörden).

2.1.5.4   Kosten und Aufwand

Bei der Planung und Anwendung eines GIS-Projektes werden immer wieder die Kosten der Datenbeschaffung, -eingabe und -pflege sowie der damit verbundene Personaleinsatz und Zeitaufwand unterschätzt. Der Datenbeschaffungs- und Bearbeitungsaufwand ist um ein Vielfaches höher als die Kosten für die Software (Lizenzen, Wartung, Anwenderschulung). Kosten für die Beschaffung von Hardware sowie Wartungs- und Betriebskosten sind dagegen die geringsten Aufwendungen.

2.2 Berechnungsverfahren und Modelle - Grundwasser M-G

In diesem Kapitel werden in verkürzter Form die Methoden dargestellt, die ausführlich in dem Materialienband "Berechnungsverfahren und Modelle" des Altlastenhandbuchs beschrieben werden. Die nachfolgend dargestellten Berechnungsverfahren und Modelle gewinnen zunehmend an Bedeutung, wenn es darum geht, Prognosen über mögliche Auswirkungen von Altlastverdachtsflächen auf das Schutzgut Grundwasser abzugeben.

Bei der Vielzahl der vorhandenen Altlastverdachtsflächen ist eine generelle Sanierung aller Flächen nicht möglich und auch nicht in jedem Fall erforderlich. Um dennoch einen angemessenen Beitrag zum Schutz der Umwelt leisten zu können, müssen Gefährdungspotential der Altlastverdachtsfläche und Kosten/Nutzen-Verhältnis von Folgemaßnahmen abgewogen werden. Im Vergleich mehrerer Verdachtsflächen kann es so zu einer Prioritätensetzung und damit effizienteren Nutzung beschränkter finanzieller Resourcen kommen.

Ergibt die Erstbewertung bei Beweisniveau 1 weiteren Untersuchungsbedarf (Orientierungsuntersuchung), so sind die weiteren Maßnahmen für das betroffene Kompartiment zu präzisieren.

Bei Altablagerungen mit Grundwasseranschluß sind der Eintragspfad ins Grundwasser und die anschließend mögliche Ausbreitung von Schadstoffen im Grundwasser die entscheidenden Beurteilungsgrundlagen für die von der Altablagerung ausgehende Gefährdung (Gefährdungsabschätzung bei Beweisniveau 2). Neben der räumlichen Ausbreitung ist aber auch das zeitliche Verhalten der Schadstoffe von Interesse, d.h. die Laufzeit eines Schadstoffs von einer Altablagerung zu einer Trinkwasserfassung. Eine eventuell notwendige Sanierung zielt auf die Unterbrechung dieses Pfades über dem Grundwasserspiegel oder im Grundwasser und möglicherweise die Rückgewinnung bereits ins Grundwasser gelangter Schadstoffe ab.

Die Beurteilung der Gefahr für das Grundwasser (Gefahrenbeurteilung bei Beweisniveau 3) sollte im Grunde auf der prognostizierten Kontamination des Grundwassers durch Schadstoffe an jedem Punkt im Abstrom basieren. Diese Aufgabe ist schwierig und in der Regel nur mit extrem aufwendigen Untersuchungsprogrammen zu bewältigen. Auch bei hohem Erkundungsaufwand ist die Prognose mit großen Unsicherheiten behaftet. Es müssen deshalb Wege aufgezeigt werden, um insbesondere im Vergleich von Altlastverdachtsflächen zu Prioritäten zu gelangen. Dazu muß die Prognose genauer Konzentrationen zugunsten der Prognose möglicher Größenordnungen und Konzentrationsbereiche bei der Entscheidungsfindung als Anforderung aufgegeben werden.

Der letzte Schritt bei der Altlastenbehandlung ist die Wahl einer Abwehr- oder Sanierungsstrategie bei Beweisniveau 4. Hierbei sollten mehrere unterschiedliche Varianten berücksichtigt, untersucht und miteinander verglichen werden (Machbarkeitsstudie). Für die letztliche Sanierung muß jedoch nicht unbedingt die technisch perfekte Lösung ausgewählt, sondern ein akzeptabler

Kompromiß auf der Basis von technischen und wirtschaftlichen Argumenten gefunden werden.

Auf jedem Beweisniveau ist die Anwendung von Formeln und Modellen nur bei Vorhandensein von Felddaten möglich. Modellrechnungen können Felddaten nicht ersetzen.

Analytische Verfahren und numerische Modelle können besonders für folgende Aufgaben und Fragestellungen eingesetzt werden:

- In welche Richtung verläuft die Ausbreitung von Schadstoffen?
- Fällt eine Altlastverdachtsfläche in das Einzugsgebiet einer Trinkwasserfassung?
- Wie groß ist maximal der durch eine Altlastverdachtsfläche beeinflußte Bereich eines Grundwasserleiters?
- Mit welchen maximalen Konzentrationen ist im Abstrom zu rechnen?
- Wie ist der zeitliche Verlauf der Gefährdung?
- In welcher Zeit kann der Grundwasserpfad zwischen Altlastverdachtsfläche und einem Punkt im Abstrom (z.B. Trinkwasserfassung) durchlaufen werden?
- Wieviel Schadstoff enthält eine Altlast und wieviel Schadstoff kann in den Grundwasserabstrom gelangen?
- Welches Verdünnungspotential besteht?
- Interpretation von Experimenten und Messungen an und in der Umgebung der Altlastverdachtsfläche, um das hydraulische System im Ist-Zustand vor der Sanierung zu verstehen.
- Vorauslegung eines Sanierungsverfahrens.
- Welcher Aufwand ist für eine hydraulische Sanierung bzw. Gefahrenabwehr erforderlich?
- Welche Kombination von geotechnischen und hydraulischen Maßnahmen kommt in Frage?
- Überwachung und Erfolgskontrolle.

Modelle können konkret eingesetzt werden zur Berechnung von

- Standrohrspiegelhöhen (Grundwasserhöhengleichenplänen),
- Druckverteilungen (bei Luft- und Dichteströmungen),
- Geschwindigkeitsfeldern,
- Bahn- und Stromlinien,
- Laufzeiten und Isochronen,
- Konzentrationen wassergelöster Stoffe,
- Verteilungen nicht mischbarer Fluide sowie
- chemischen und biochemischen Reaktionsbilanzen.

Die Anwendungsgebiete können nach Strömungs- und Transportmodellen wie folgt zusammengefaßt werden:

Strömungsmodelle

- Interpretation beobachteter Grundwasserhöhen,
- Auswertung von Pumpversuchen,
- Voraussage von Absenkungen oder Aufhöhungen,
- Grundwasserbilanzen,
- Planung und Entwurf von Abwehr- und Sanierungsmaßnahmen,
- Bestimmung von Schutzzonen, Kurzschlußzonen zwischen Zugaben und Entnahmen sowie Einzugsgebieten,
- Grundlage zur Berechnung von Isochronen,
- Grundlage für Strom- und Bahnlinienberechnungen,
- Grundlage für Transportberechnungen.

Transportmodelle

- Interpretation von Konzentrationsdaten,
- Auswertung von Tracer-Experimenten,
- Prognose der zukünftigen Entwicklung von Konzentrationsverteilungen,
- Schadstoffmassenbilanzen,
- Planung und Entwurf von Abwehr- und Sanierungsmaßnahmen,
- Planung von Erkundungs- und Überwachungsprogrammen,
- Risikoanalyse bei der Altlastenbeurteilung und Standortwahl.

Im Anschluß an jede Untersuchungsphase findet in den Regionalen Bewertungskommissionen (RBK) eine "Bewertung" der Sachlage statt. Dabei wird im wesentlichen hinterfragt, ob relevante Schadstoffkonzentrationen den Schadherd verlassen, transportiert werden und letztlich Rezeptoren (Mensch, Tier oder Pflanze) erreichen. Grundlage dieser Beurteilung ist eine "Gekoppelte Transportbetrachtung" (s. Abb. 99), die nacheinander die folgenden Prozesse berücksichtigt:

- Den *Auslaugungsprozeß* als Ergebnis der Durchsickerung des Schadherdes mit versickerten Niederschlagsanteilen,
- den *Transport in der ungesättigten Zone*,
- den *Transport in der gesättigten Zone* und
- den *Aufnahmeprozeß des Rezeptors*.

Bei der gekoppelten Transportbetrachtung liefert das Ergebnis des vorherigen Prozesses jeweils den Quellterm für den anschließenden Prozeß. Die Schadstofffrachten werden gleichermaßen von einem Prozeß an den nächsten übergeben.

Da der Auslaugungsprozeß auch in der ungesättigten Zone stattfindet, kann er auch mit dem Transportprozeß in dieser Zone gemeinsam betrachtet werden. Zuerst empfiehlt es sich jedoch, an der Grenze des Schadstoffherdes auch eine Betrachtungsgrenze zu setzen, weil die Strukturen in beiden Abschnitten meist sehr unterschiedlich sind. Während der Schichtaufbau in der Bodenzone und der ungesättigten Zone in ungestörter Lagerung klaren geologischen Gesetzmäßigkeiten folgt, ist der Schadherd oft anthropogen überprägt oder vollständig künstlich geschaffen.

Sowohl für den Transport in der ungesättigten wie in der gesättigten Zone werden Modelle mit großem Erfolg zur Simulation der Prozesse und zur Prognose des Fließ- und Transportverhaltens eingesetzt.

Die hierzu erforderlichen Grundlagen werden nachfolgend im Sinne eines Überblickes dargestellt. Ausführliche Abhandlungen für den Anwender sind dem entsprechenden Materialienband zu entnehmen.

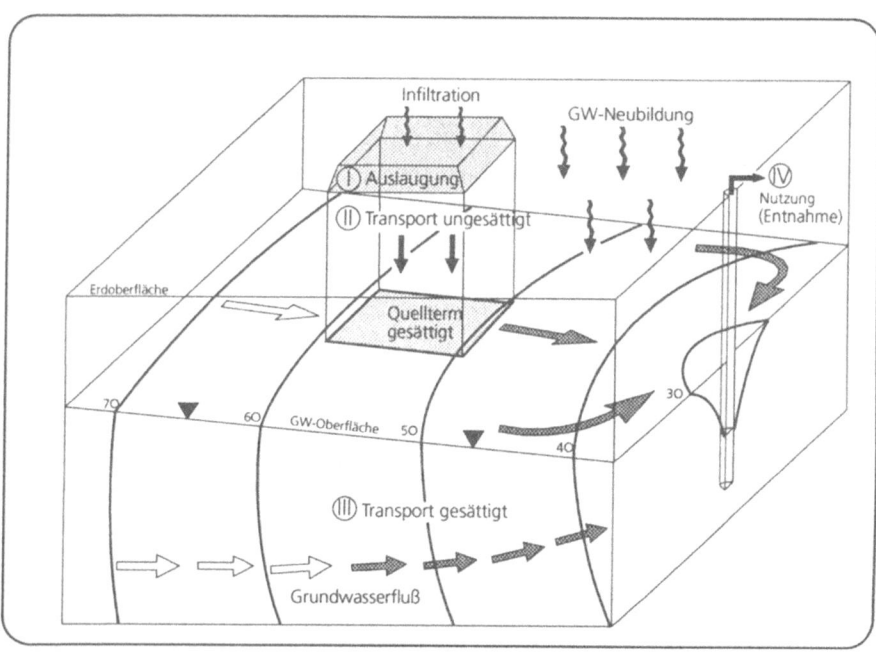

Abb. 99.   Gekoppelte Transportbetrachtung bei der Beurteilung von Altlasten und Altlastverdachtsflächen

2.2.1 Übersicht und Kriterien für den Einsatz von Modellen

2.2.1.1 Allgemeines

Grundwasserströmungs- und Schadstofftransportmodelle können sowohl bei der Gefährdungsabschätzung und Gefahrenbeurteilung von Altablagerungen und Altstandorten als auch bei der Planung von Sanierungsmaßnahmen an Altlasten eingesetzt werden. Im Ablauf der Erkundung von Altablagerungen und Altstandorten erfolgt die Gefährdungsabschätzung nach Erreichen des Beweisniveaus 2 (BN 2). Als Basis stehen die Ergebnisse der Orientierungsuntersuchungen zur Verfügung. In bezug auf das Gefährdungspotential sind insbesondere der *Emissionspfad* und das *Schadstoffaustragspotential* von Interesse. Die Kenntnis des Emissionspfads macht deutlich, welche Schutzgüter von einer Kontamination betroffen oder potentiell gefährdet sind. Insbesondere ist zu klären, ob Oberflächengewässer oder Aquifere durch die jetzt oder in der Zukunft von einer Altablagerung ausgehenden Kontamination betroffen sein können. Mit Hilfe von Modellen können innerhalb gewisser Grenzen solche Aussagen gemacht werden. Auch bei der Abschätzung der in einer Altablagerung enthaltenen Schadstoffmasse können einfache Berechnungsverfahren angewendet werden (s. Kap. 2.2.2.9).

Ein Schadstofftransportmodell kann eingesetzt werden, um darüber hinaus *Konzentrationswerte* zu prognostizieren. Die Beeinträchtigung der Schutzgüter wird nicht zuletzt an den zu erwartenden Konzentrationen gemessen. Für die Beurteilung des Gefährdungspotentials ist es daher wichtig, die Höhe der zu erwartenden Konzentrationen zumindest der Größenordnung nach zu kennen. Letztlich richtet sich die Notwendigkeit der Sanierung einer Altlast auch nach der Einstufung in Grenzwerttabellen für Konzentrationen (z.B. Holland-Liste, Trinkwasserverordnung).

Ein weiterer Gesichtspunkt bei der Gefährdungsabschätzung ist die Prognose des *zeitlichen Verlaufs* des Schadstofftransports für die relevanten Emissionspfade. Bei der Gefährdungsabschätzung (BN 2) sollen zunächst Schätzformeln, analytische Lösungen und einfache Modelle zum Einsatz kommen, die mit geringem Rechenaufwand und geringen Kosten verbunden sind.

Bei der Detailuntersuchung, die zum Erreichen des Beweisniveaus 3 (BN 3) dient, können dann komplexe Modelle eingesetzt werden. Auf der Grundlage der Detailuntersuchung ist eine Gefahrenbeurteilung möglich. Die Detailuntersuchung dient im wesentlichen der genaueren und detaillierteren Interpretation der während der Orientierungsuntersuchung gewonnenen Ergebnisse. In dieser Phase sind Modelle daher im Prinzip wie in der Orientierungsuntersuchung einsetzbar. Jedoch wird es sich in der Regel um numerische Modelle unter Berücksichtigung der detaillierten Untergrundstruktur und entsprechender Randbedingungen handeln.

Numerische Grundwasserströmungs- und Schadstofftransportmodelle können in einer weiteren Stufe immer dann eingesetzt werden, wenn eine Sanierungsmaßnahme mit hydraulischer Komponente entworfen und dimensioniert oder überwacht werden soll. Dies geschieht in der Regel nach Abschluß sämtlicher Orientierungs- bzw. Detailuntersuchungen, d.h. im Erkundungsschritt E_{3-4}, mit dem Ziel des Erreichens von Beweisniveau 4 (BN 4).

Zu den Sanierungsmaßnahmen, bei denen Modelle eingesetzt werden können, gehören

- die rein hydraulischen Sanierungsmaßnahmen,
- die Kopplung von geotechnischen und hydraulischen Maßnahmen,
- die biologische Sanierung in der gesättigten Zone in situ und
- die Sanierung durch Bodenluftabsaugung in der ungesättigten Zone.

Bei rein hydraulischen Verfahren werden dem Untergrund mit Hilfe von Entnahmebrunnen Schadstoffe entzogen. Als unterstützende Maßnahmen können auch Infiltrationsbrunnen zur Reinfiltration des gereinigten Wassers notwendig sein. Die Auslegung und Dimensionierung solcher Maßnahmen nach Ort und Entnahmerate der Brunnen kann mit Modellen erfolgen.

Ein häufiges Problem bei der Sanierung ist die Kombination von unterschiedlichen Maßnahmen. Die Sicherung einer Altlast kann sowohl durch geotechnische als auch durch hydraulische Barrieren erfolgen. Eine Kombination beider Verfahren stellt dabei oft eine ökologisch und ökonomisch günstige Lösung dar. Mit Hilfe von Modellen können solche Kombinationen optimiert werden.

Zu einer biologischen in situ-Sanierung gehört immer eine hydraulische Komponente. Sie dient der gezielten Einbringung des Elektronenakzeptors und evtl. in Wasser gelöster Nährstoffe in den Aquifer, um den biologischen Abbau der im Untergrund festliegenden organischen Verschmutzungen durch Mikroorganismen anzuregen. Die Auslegung der hydraulischen Maßnahme kann wiederum mit einem Modell durchgeführt werden.

Bodenluftströmungen in der ungesättigten Zone lassen sich mit ähnlichen Methoden berechnen wie die Grundwasserströmung in der gesättigten Zone. Unter der Annahme der Gültigkeit des DARCY-Gesetzes für die Gasströmung und der Konstanz der Bodenfeuchte kann jedes Standardgrundwasserströmungsmodell bei entsprechender Interpretation der Variablen und Parameter auch zur Berechnung von stationären Luftströmungen in der ungesättigten Bodenzone eingesetzt werden.

2.2.1.2 Aufgaben und Einsatz von Modellen

Die den Grundwasserpfad oder die Erfordernisse an die Sanierungsmaßnahmen bestimmenden Größen wie Durchlässigkeiten, Durchflüsse und Massenflüsse sind in der Natur nicht direkt meßbar. Daher werden meßbare Größen wie Grundwasserstände, Drücke, Fördermengen und Stoffkonzentrationen, die in Untersuchungen der Erkundungsphasen gewonnen wurden, mit einfachen Modellen (i.d.R. einfachen Formeln) interpretiert und liefern so Anhaltswerte für hydrogeologische Parameter. Diese Untersuchungen sind u.a.:

- Tracer-Experimente (n, n_f, α_L, α_T),
- Pumpversuche (T, k_f, S),
- Konzentrationsmessungen in der Fahne (n, α_L, α_T) und
- Standrohrspiegelhöhen (Fließrichtung).

Die so gewonnenen Daten finden Eingang in das Modell, bei dessen Kalibrierung der Zusammenhang zwischen beobachtbaren und interessierenden Größen hergestellt wird. Das kalibrierte Modell stellt eine Interpretation der Felddaten (z.B. Standrohrspiegelhöhen und Konzentrationen) dar. Mit ihm kann dann in einem zweiten Schritt auf die Ausbreitung von Schadstoffen geschlossen werden.

Die relevanten oder möglichen Fragestellungen bei der Altlastenbeurteilung sind in den folgenden Kapiteln beschrieben. Ihre Beantwortung kann mit unterschiedlichem Grad der Sicherheit erfolgen. Es wird hier eine hierarchische Vorgehensweise vorgeschlagen, bei der zunächst mit Hilfe stark vereinfachender Formeln grobe Schätzzahlen für einen ersten Überblick gewonnen werden. In einem zweiten Schritt können zweidimensionale und schließlich dreidimensionale Modelle eingesetzt werden, die eine bessere Nutzung der vorliegenden Daten erlauben. Schließlich wird eine Methodik zur Berücksichtigung der Unsicherheit der mit Formeln oder numerischen Modellen gewonnenen Aussagen angeboten.

2.2.1.3 Beschreibung und Klassifizierung von Modellen

Grundsätzlich werden Simulationsmodelle unterteilt in

- Grundwasserströmungsmodelle und
- Schadstofftransportmodelle.

Strömungsmodelle berechnen Standrohrspiegelhöhenverteilungen und Filtergeschwindigkeiten. Sie sind gleichzeitig Grundlage von Transportmodellen, die zur Berechnung von Konzentrationsverteilungen dienen. Eine weitergehende Klassifikation von Modellen kann erfolgen nach:

physikalischen Optionen

- Strömung/Transport,
- gespannter/freier Aquifer,
- homogener/inhomogener Aquifer,

- isotroper/anisotroper Aquifer,
- mischbare/nicht mischbare Fluide,
- mit/ohne Dichteeinfluß,
- mit/ohne Berücksichtigung chemischer Reaktionen und
- transportierte Spezies (Einzel-/Multi-Spezies).

Dimensionalität

- 0-D: Regionale Bilanzen,
- 1-D: Säulenexperimente,
- 2-D horizontal: Regionale Strömungs- und oft auch Transportprobleme,
- 2-D vertikal: Bei geringen Höhen- und/oder Konzentrationsgradienten in einer horizontalen Richtung und
- 3-D: Kleinskalige Probleme, Dichte, vertikale Strömungskomponenten, nichtlineare Chemie.

Zeitstruktur

- Stationäre Lösung oder
- instationäre (zeitvariable) Lösung.

Lösungsverfahren

- Analytische Lösung (Formel),
- Bahnlinienlösung (Vernachlässigung der Dispersion bzw. Diffusion),
- numerische Lösung:
  - Finite - Differenzen - Methode (FD-Methode),
  - Finite - Elemente - Methode (FE-Methode) sowie
- bei Transportmodellen zusätzlich:
  - Charakteristikenmethode (MOC),
  - Zufallsschritt (Random-Walk)-Methode.

2.2.1.4 Vor- und Nachteile von Modellen

Vorteile

Da Strömungs- und Transportprozesse im Untergrund nur sehr langsam ablaufen, scheiden experimentelle Methoden zur Entscheidungsfindung meist aus. Die Wirksamkeit von Maßnahmen kann nicht abgewartet werden; deshalb ist eine Prognose der Wirksamkeit notwendig. Insbesondere können Auslegung und Überwachung von Sanierungsmaßnahmen mit Hilfe von Modellen schnell und gezielt durchgeführt werden. Ebenso kann aber auch die Gefährdung von

Kompartimenten bei Unterlassung von Maßnahmen (Nullvariante) untersucht werden.

Die zur Beurteilung einer Altlastverdachtsfläche erforderlichen Größen (wie z.B. Filtergeschwindigkeiten und Laufzeiten) sind nicht direkt meßbar. Sie müssen aus beobachtbaren Größen (wie Standrohrspiegelhöhen und Stoffkonzentrationen) mit Hilfe von Modellen berechnet werden.

Erste Aussagen im Rahmen der Gefährdungsabschätzung als auch bei der Planung einer Sanierung sind schon mit wenigen Daten und Parametern möglich. Stehen dann zu einem späteren Zeitpunkt zusätzliche Daten zur Verfügung, können diese durch Fortschreibung des Modells berücksichtigt werden. Trotz Unsicherheiten bei den Parametern können durch Simulation des schlimmsten Falles (Worst Case) oder durch Simulationen mit Bandbreiten von Parametern oder stochastischen Verteilungen von Parametern sichere Dimensionierungen in der Auslegung von Sanierungsmaßnahmen erreicht werden.

Nachteile

Als Nachteil muß gesehen werden, daß die natürlichen Verhältnisse immer nur grob wiedergegeben werden können, d.h. Modelle können nur ein grobes Abbild der komplexen Untergrundverhältnisse abgeben. Die Eingabedaten, die zur Reproduktion bzw. Prognose natürlicher Verhältnisse benötigt werden, sind in der Regel unvollständig oder beruhen nur auf Annahmen oder Vereinfachungen. Es ist daher kaum möglich, mit großer Genauigkeit Strömung, Transport oder Reaktionen im Untergrund nachzuvollziehen oder zu prognostizieren. Der Modelleinsatz setzt bei den Anwendern Ausbildung und Erfahrung voraus.

Trotz dieser Nachteile führt eine informierte und systematische Abschätzung mit Hilfe eines Modells zu einer besseren Beurteilung von Sanierungsmaßnahmen als ein Ausprobieren am Objekt, wobei sich letzteres oft schon aus Sicherheits- und Zeitgründen verbietet.

2.2.2 Analytische Lösungen für die Gefahrenbeurteilung und Durchführung von hydraulischen Sanierungsmaßnahmen

2.2.2.1 Grundwasserfließrichtung/Grundwassergefälle   M-Gr/M-Gi

Der mögliche Einflußbereich einer Altlastverdachtsfläche hinsichtlich einer Grundwasserbelastung hängt in erster Linie von der Grundwasserfließrichtung im Umfeld des kontaminierten Bereiches ab. Die Grundwasserfließrichtung (M-Gr) und das Grundwassergefälle (hydraulischer Gradient) (M-Gi) werden aus den Standrohrspiegelhöhen/Grundwasserspiegelhöhen bestimmt (Abb. 100). Je mehr Meßstellen zur Verfügung stehen (mindestens 3 Meßstellen), um so genauer wird die Aussage über *Fließrichtung* und *Gefälle* des Grundwassers. Eine wichtige Voraussetzung dabei ist die Verfilterung der Meßstellen im selben

Aquifer, da die Meßwerte sonst nicht vergleichbar sind. Sind mehrere Grundwasserstockwerke betroffen, gilt dies analog für jeden Aquifer.

2.2.2.2   Grundwasserfließgeschwindigkeiten/Laufzeiten/ Brunnenformeln   M-Gv/M-Gt/M-Gb

Die Grundlage bei der Beurteilung des zeitlichen Aspekts einer Gefährdung des Grundwassers durch eine Altlast ist die *Fließgeschwindigkeit*. Dabei wird grundsätzlich zwischen der Filtergeschwindigkeit und der Abstandsgeschwindigkeit unterschieden. Die Filtergeschwindigkeit ist der spezifische Abfluß, d.h. der Durchfluß durch eine geometrische Einheitsfläche. Die Abstandsgeschwindigkeit ist die tatsächliche mittlere Geschwindigkeit der Wassertröpfchen bzw. eines gelösten Stoffes in den Poren des Aquifers (M-Gv). Sie beschreibt die Geschwindigkeit, mit der eine Schadstofffront im Grundwasser (bei vernachlässigbarer Adsorption) voranschreitet.

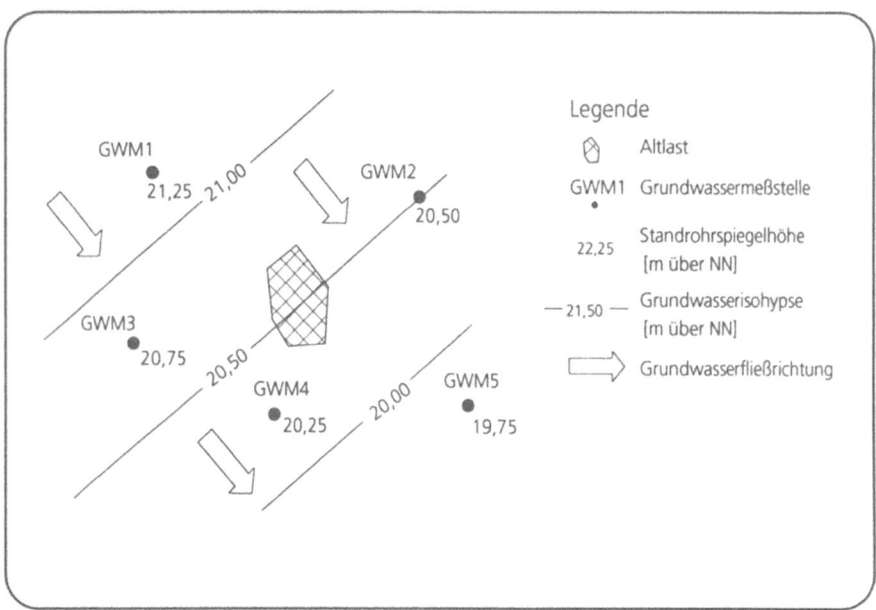

Abb. 100.   Ermittlung der Grundwasserfließrichtung

Für den einfachsten Fall einer Parallelströmung läßt sich die *Laufzeit* eines Wasserteilchens oder Tracers aus dessen zurückgelegtem Weg und der Abstandsgeschwindigkeit ermitteln (M-Gt).

Bei hydraulischen Sanierungsmaßnahmen werden dem Untergrund durch Grundwasserentnahmen Schadstoffe mit Hilfe von Entnahmebrunnen entzogen. Dabei entstehen Absenktrichter und Einzugsbereiche, die bei entsprechender Größe eine Verschmutzung des Grundwassers im Abstrom verhindern können. Zur Erhaltung der Grundwassernettobilanz oder auch als unterstützende Maßnahme bei der Sanierung, z.B. zur Beeinflussung der Fließrichtung, Verstärkung der Durchspülung oder zum Einbringen von Sauerstoff (oder anderen gelösten Stoffen) bei der biologischen in situ-Sanierung, können Infiltrationen erforderlich sein.

Aus der allgemeinen Strömungsgleichung lassen sich *Brunnenformeln* (M-Gb) zur Berechnung der Grundwasserstandshöhen in einem Aquifer ableiten. Voraussetzung für die Anwendung der Formeln ist ein unendlicher, homogener und isotroper Aquifer mit einer ebenen Sohle und eine parallele Strömung des Grundwassers. Die Berechnung der Strömungsfelder für *freie* und *gespannte Aquifere* (vgl. Abb. 101) ist unterschiedlich. Auch für einzelne kompliziertere Fragestellungen (Mehrbrunnenanlagen, geometrisch einfache Stau- oder Anreicherungsgrenzen) sind Lösungen auf der Basis von Brunnenformeln entwickelt worden [s. Programm PAT (Kinzelbach und Rausch 1990)] im Materialienband). Sind die Voraussetzungen für diese Lösungen jedoch nicht einmal näherungsweise erfüllt, muß für die Berechnung des Strömungsfeldes auf ein numerisches Modell zurückgegriffen werden.

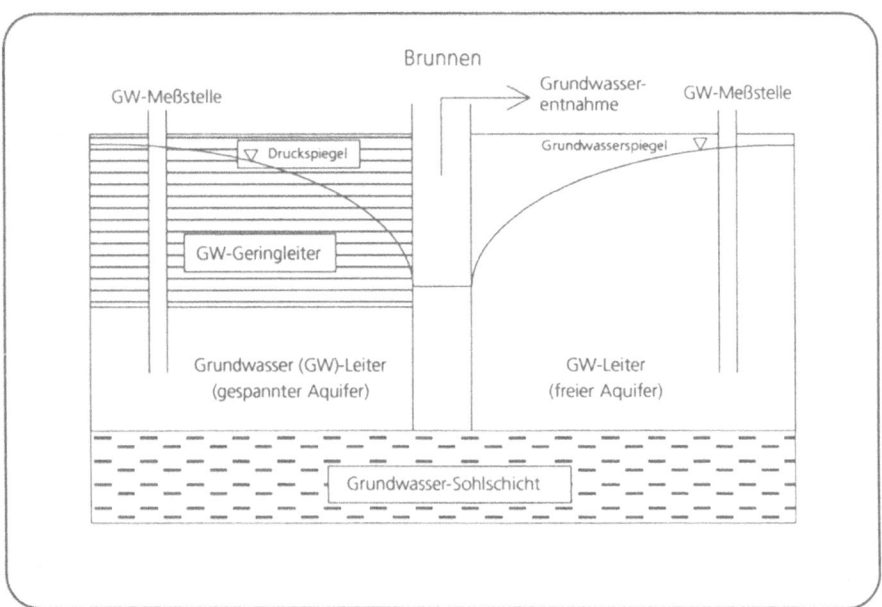

Abb. 101. Darstellung eines freien und eines gespannten Grundwasserleiters bei Grundwasserentnahme

Einzelbrunnen in paralleler Grundströmung
Ein wichtiger Spezialfall ist der Einzelbrunnen in paralleler Grundströmung. Ein Einzelbrunnen in Grundströmung ist die einfachste Konfiguration zur Sanierung eines kontaminierten Bereiches oder zur Abwehr des kontaminierten Ab-

stroms aus einer Altlast. Sie kann auch verwendet werden, um festzustellen, ob eine Altlast in den Einzugsbereich eines Einzelbrunnens im Abstrom fällt. Für diese Konfiguration lassen sich die Trennstromlinie und die Laufzeit eines Wasserteilchens durch eine geschlossene Formel angeben. Die Auslegung einer hydraulischen Abwehr- oder Sanierungsmaßnahme besteht in der Wahl der Position eines Brunnens sowie dessen Entnahmerate. Um eine Kontamination des Abstroms zu verhindern, sollte die gesamte Schadstoffmenge innerhalb der Trennstromlinie des Sanierungsbrunnens zu liegen kommen. Eine optimale Methode zur Wahl von Position und Entnahmerate besteht darin, eine Entnahme mit einer Isochrone zu erzeugen (Abb. 102 a), die die Kontamination möglichst eng umschließt (Kinzelbach und Herzer 1983).

Bei Unsicherheiten in der Fließrichtung besteht die Gefahr, daß nicht die gesamte Schadstoffmasse vom Sanierungsbrunnen erfaßt wird (Abb. 102 b). In diesem Fall kann eine erhöhte Entnahmerate bei bekannter Schwankungsbreite der Grundwasserfließrichtung Sicherheit herstellen (Abb. 102 c und d).

Für die Beurteilung einer Altlast oder den Entwurf eines Sanierungsbrunnens ist von entscheidender Bedeutung, daß von einer kontaminierten Fläche nur dann eine Gefährdung z.B. eines Trinkwasserbrunnens ausgehen kann, wenn die Kontamination ganz oder teilweise innerhalb der Trennstromlinie, d.h. im Einzugsbereich des Brunnens, liegt. Für ein im Bereich der kontaminierten Fläche startendes Schadstoffpartikel läßt sich dessen Fließzeit zum Brunnen ermitteln. Das im Materialienband enthaltene *Programm WSG* (Rausch und Voss 1990) berechnet die Trennstromlinie für einen Einzelbrunnen in einer parallelen Grundströmung sowie die n-Tage-Isochrone innerhalb der Trennstromlinie. Die Ermittlung der Fließzeiten ist nur für den gesättigten Bereich gültig. Für den Fall, daß sich eine Altablagerung, Deponie o.ä. oberhalb des Grundwasserspiegels befindet, muß zusätzlich noch die Fließzeit der Schadstoffe in der ungesättigten Zone berücksichtigt werden (Abb. 103). Eine Vernachlässigung der Fließzeit in der ungesättigten Zone führt zu Abschätzungen der Mindestfließzeit, die auf der sicheren Seite liegen.

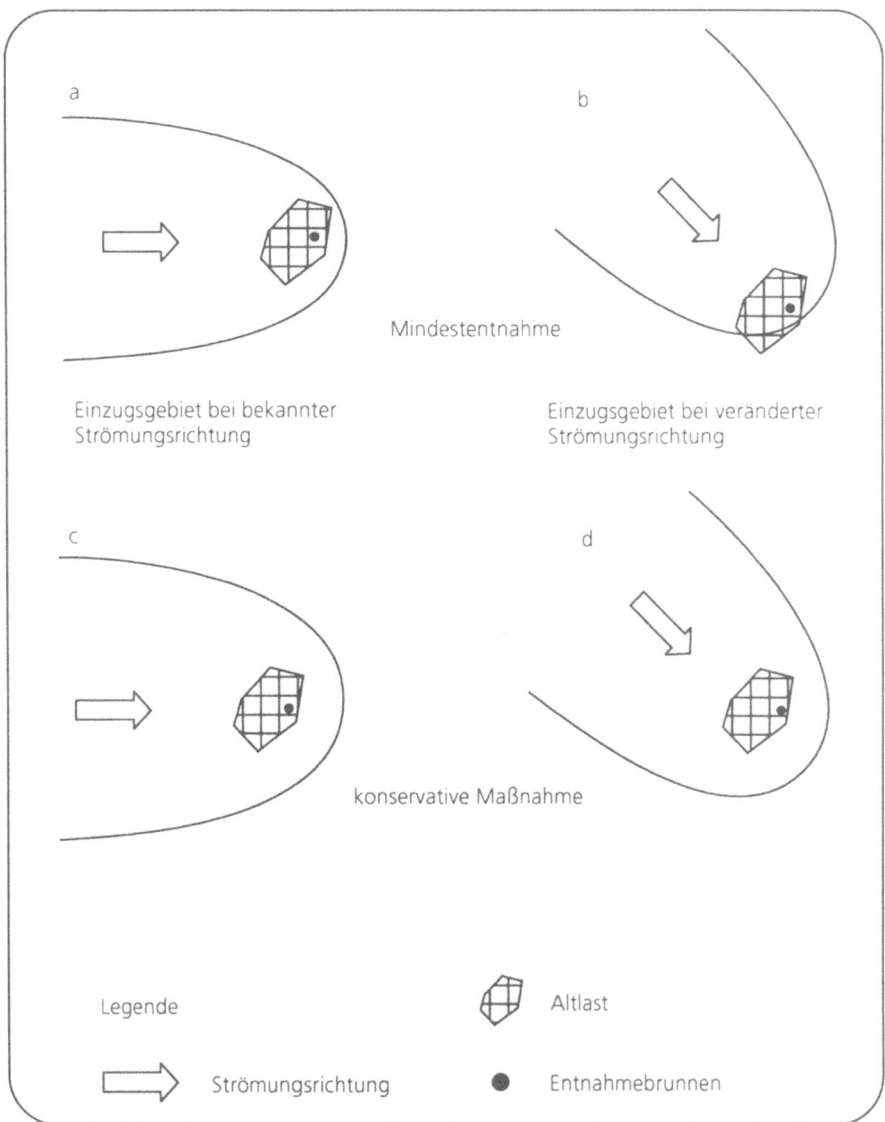

Abb. 102. Einfluß der Grundströmungsrichtung auf das Einzugsgebiet eines Brunnens

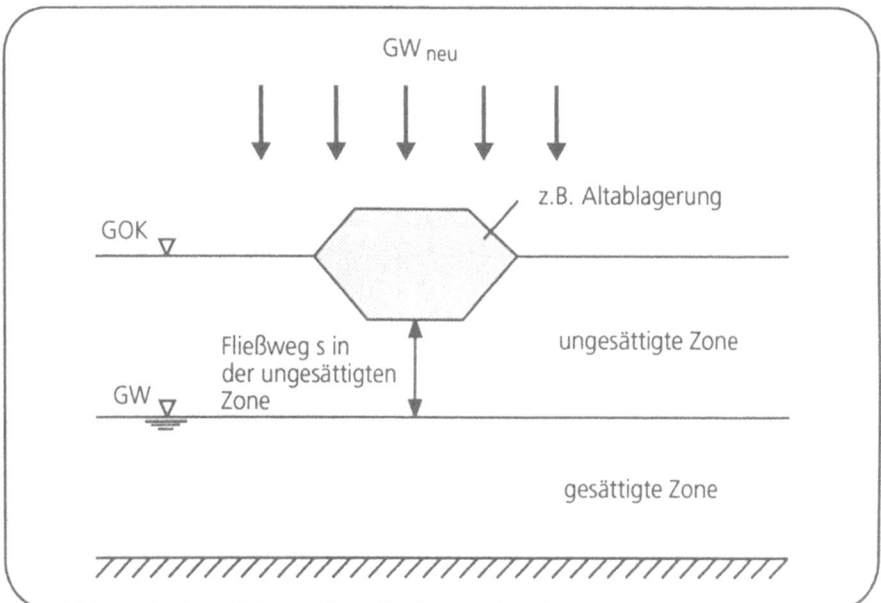

Abb. 103.   Ermittlung der Fließzeiten in der ungesättigten und gesättigten Zone

Brunnenreihe in paralleler Grundströmung
Eine Brunnenreihe quer zur Grundströmung wird dann zur Sanierung eingesetzt, wenn das Fassungsvermögen eines einzelnen Brunnens nicht mehr ausreicht, um eine Schadstoffahne größerer Breite zu erfassen (Abb. 104). Die Un-
terschreitung des kritischen Abstandes zwischen den Brunnen ist erforderlich,
um zu verhindern, daß ein Teil der Schadstoffe ungehindert nach Unterstrom
passieren kann.
     Für 2 - 5 Brunnen kann der kritische Abstand mittels einer analytischen For-
mel berechnet werden. Wenn 6 oder mehr Brunnen vorhanden sind, sollte die
Wirksamkeit der Brunnenreihe mit einem Modell untersucht werden.

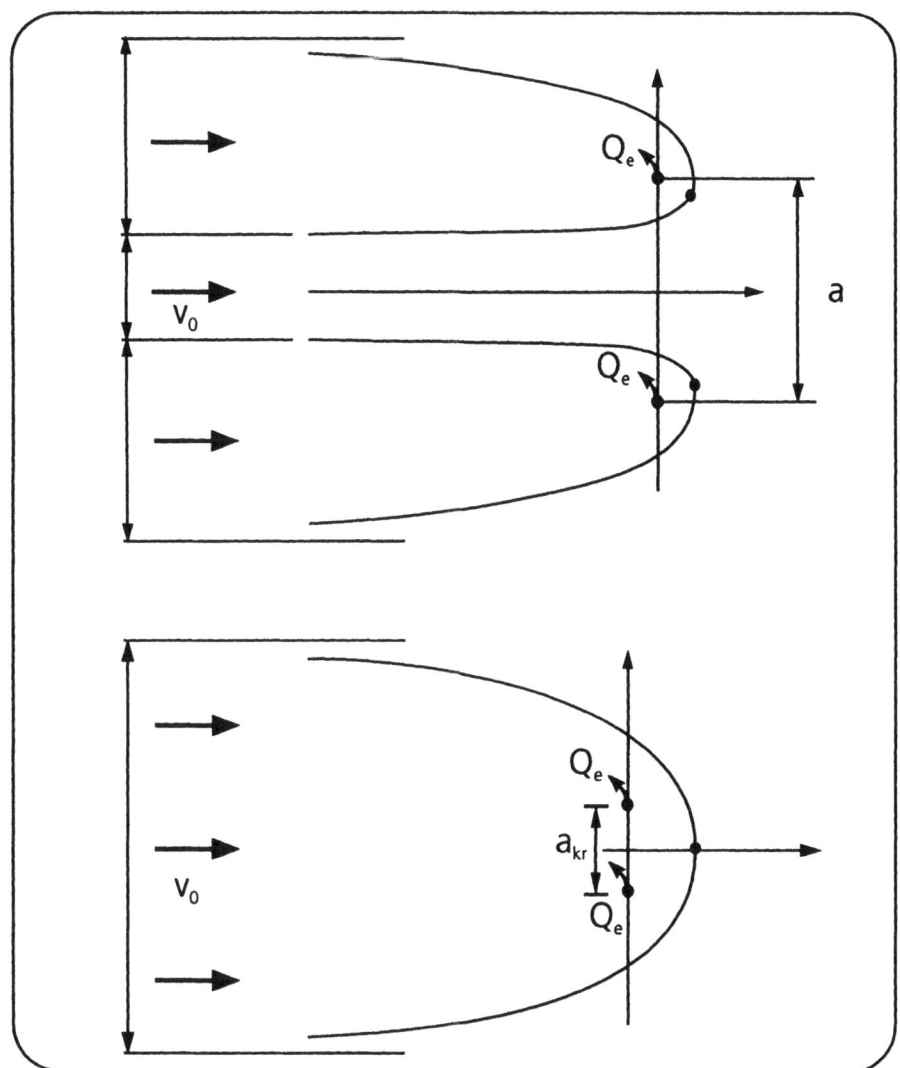

Abb. 104.   Kritischer Abstand zwischen 2 Brunnen

Entnahmebrunnen und Rückinfiltration im Unterstrom bei hydraulischer Sanierung

Eine Rückinfiltration gereinigten Grundwassers (Abb. 105) hat den Vorteil der Erhaltung der Grundwassernettobilanz. Vor der Infiltration ist eine Reinigung erforderlich. Ein Nachteil bei jeder Rückinfiltration ist die Gefahr der Versinterung und/oder Verockerung der Infiltrationsbrunnen, wenn eine Wasseraufbereitung fehlt oder nur unzureichend ausgeführt wird. Liegen Entnahmebrunnen und Infiltrationsbrunnen zu nahe beieinander, wird ein Teil des infiltrierten

Wassers vom Entnahmebrunnen wieder gefördert. Es liegt in diesem Fall ein unerwünschter hydraulischer Kurzschluß vor, d.h. der kritische Abstand zwischen Entnahme- und Infiltrationsbrunnen ist unterschritten.

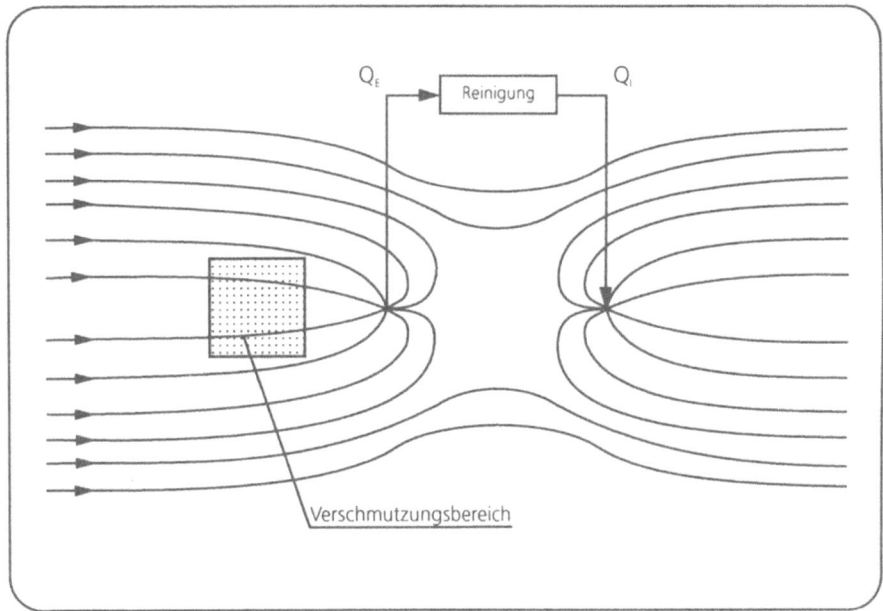

Abb. 105.   Grundwasserentnahme mit Rückinfiltration im Unterstrom

Entnahmebrunnen und Rückinfiltration im Oberstrom
Ein Entnahmebrunnen und ein Infiltrationsbrunnen im Oberstrom führen zu einer Sanierungsinsel, in der das Wasser im Kreislauf zirkuliert, während der natürliche Grundwasserstrom die Sanierungsinsel seitlich umströmt. (Abb. 106). Es wird somit ein lokaler Kurzschlußbereich erzeugt, in dem aufgrund der dort herrschenden Strömungsgeschwindigkeiten eine bessere Spülwirkung und somit eine kürzere Sanierungszeit erzielt werden kann. Die Kontamination sollte dabei vollständig innerhalb der Trennstromlinie liegen. Außerdem läßt sich mit Hilfe eines Infiltrationsbrunnens ein gelöster Elektronenakzeptor (z.B. Sauerstoff oder Nitrat) zur Anregung der biologischen Untergrundaktivität in den Aquifer einbringen. Für die Berechnung des Abstandes zwischen Entnahme- und Infiltrationsbrunnen sowie der Breite der Sanierungsinsel liefern Kobus und Rinnert (1981) entsprechende Formeln.

Ist die Verbindungslinie der beiden Brunnen nicht parallel zur Grundströmungsrichtung, so entsteht kein perfekter Kreislauf. Zur vollständigen Erfassung der Kontamination muß dann eine größere Entnahmerate gewählt werden.

Fassungsvermögen

Das Fassungsvermögen eines Brunnens ist nach Sichardt (1928) die maximale Entnahmerate, die ein Brunnen durch seine Filterfläche aufnehmen kann. Das Fassungsvermögen ist größer oder gleich der dem Brunnen tatsächlich zufließenden Wassermenge. Die Ermittlung des Fassungsvermögens dient der Überprüfung der Dimensionierung eines Entnahmebrunnens.

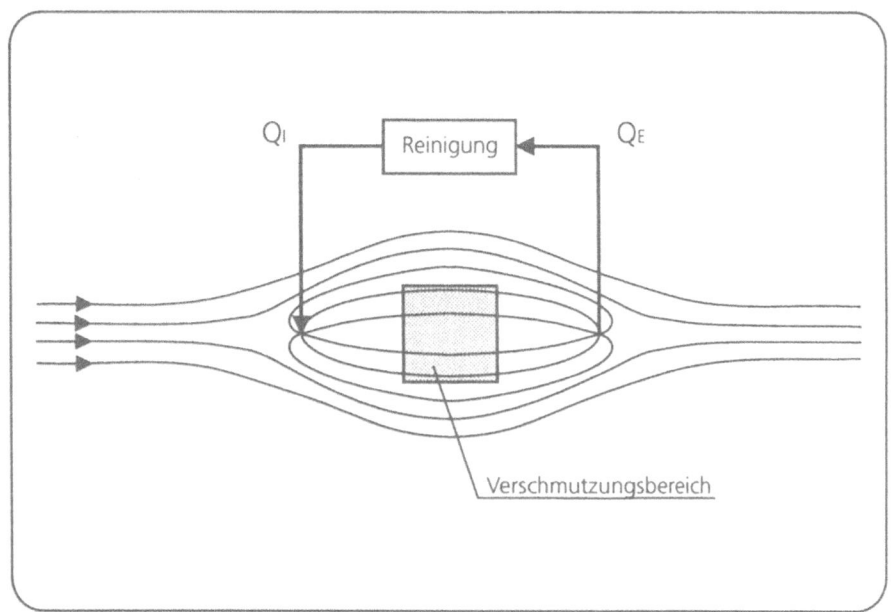

Abb. 106. Grundwasserentnahme mit Rückinfiltration im Oberstrom (Sanierungsinsel)

2.2.2.3 Bodenluftabsaugung   **M-Gab**

Eine Gefährdung des Grundwassers kann auch von einer flüssigen oder gasförmigen Schadstoffphase in der ungesättigten Zone ausgehen. Somit kann eine Entfernung der Schadstoffe aus der ungesättigten Zone eine Gefährdung des Grundwassers erheblich mindern. Ob eine Kontamination mit Hilfe der Bodenluftabsaugung saniert werden kann, läßt sich anhand von Schätzformeln nach Johnson et al. (1990) überprüfen. Bei darauf basierenden Berechnungen der Sanierungszeit ist jedoch zu beachten, daß sich nach dem ersten Luftaustausch, insbesondere bei hohen Absaugraten, nicht mehr überall im Boden die Sättigungskonzentration einstellen wird und daher die tatsächliche Sanierungszeit größer ist.

2.2.2.4 Nicht mischbare Flüssigkeiten/Restsättigung   M-Gkwc

Eine Vielzahl von Grundwasserkontaminationen wird durch Mineralölprodukte verursacht. Dabei spielen Altlasten auf Raffineriestandorten, Flughäfen und militärischen Einrichtungen eine große Rolle. Mineralölprodukte zählen zu den mit Wasser nicht mischbaren Flüssigkeiten und zeichnen sich durch eine geringere Dichte als Wasser aus, während ihre Viskosität größer ist als die des Wassers. Mit Wasser nicht mischbare Flüssigkeiten sind aber auch chlorierte Lösemittel oder aromatische und aliphatische Kohlenwasserstoffe.

Die Eindringtiefe eines Schadstoffes mit geringerer Dichte als Wasser in den Boden kann nach AK Wasser und Mineralöl (1969) aus dem infiltrierten Ölvolumen, der Infiltrationsfläche auf der Geländeoberkante und dem Festhaltevermögen des Porenvolumens (auch Restsättigung genannt) abgeschätzt werden.

Erreicht das Öl den Kapillarsaum bzw. die Grundwasseroberfläche, breitet sich der Schadstoff auf der Oberfläche aus. Die maximale Ausdehnung auf dem Grundwasserspiegel kann abgeschätzt werden, wenn der Flurabstand und die Ölschichtdicke bekannt sind.

Nach CONCAWE (1974) werden die unterschiedlichen Viskositäten diverser Mineralölprodukte zusätzlich durch Korrekturfaktoren berücksichtigt.

Für nicht mischbare Fluide mit einer Dichte > 1 (z.B. CKW) liegen Anhaltswerte für die Restsättigung vor (Ministerium für Ernährung, Landwirtschaft und Forsten Baden-Württemberg 1983). Die Werte für die ungesättigte Zone gelten jedoch nur im Anfangsstadium der Ausbreitung, d.h. vermutlich nur in den ersten Wochen und in gut durchlässigen Böden vielleicht nur in den ersten Tagen, da durch die Verdunstung die CKW-Phase mehr oder weniger rasch abnimmt.

Wenn der Nachschub ausreicht, um in der ungesättigten Zone bis zum Grundwasserspiegel das Festhaltevermögen (Restsättigung) zu überschreiten, so kann es zum Eindringen einer Flüssigkeit auch in den gesättigten Bereich kommen. Damit eine nicht mischbare Flüssigkeit in die gesättigte Zone eindringen kann, ist ein Mindestdruck (kritische Höhe) notwendig, der nach Mercer und Cohen (1990) berechnet werden kann.

2.2.2.5 Advektion und Diffusion

Advektion und Diffusion sind zwei grundlegende physikalische Transportprozesse eines gelösten Schadstoffes im Grundwasser.

Die *Advektion* ist die Bewegung des gelösten Stoffes mit der mittleren Richtung und Abstandsgeschwindigkeit der Grundwasserströmung. Der gelöste Stoff wird mit der Abstandsgeschwindigkeit transportiert. Der advektive Transport ist also abhängig von der Richtung der Grundwasserströmung und der Größe der Abstandsgeschwindigkeit. Beide Größen werden dabei als Mittelwerte über repräsentative Volumina angesehen. Die Konzentrationsfront bewegt sich ohne Veränderung ihrer Kontur (Abb. 107).

Die molekulare *Diffusion* bewirkt, unabhängig von Richtung und Betrag der Strömungsgeschwindigkeit des Grundwassers, einen Ausgleich von Konzentrationsunterschieden. Infolge der BROWN'schen Molekularbewegung gelangen gelöste Schadstoffmoleküle von Orten höherer Konzentration zu Orten mit niedrigerer Konzentration. Die in alle Richtungen wirkende Ausbreitung führt zu einer Vermischung.

Die Messung des für die Berechnung der Diffusion entscheidenden Diffusionskoeffizienten ist schwierig. Alternativ können Schätzungen des Diffusionskoeffizienten mit Hilfe von empirischen Formeln vorgenommen (Lyman et al. 1982) oder in der Literatur aufgelistete Werte (z.b. Luckner und Schestakow 1986, Tinsley 1979) verwendet werden.

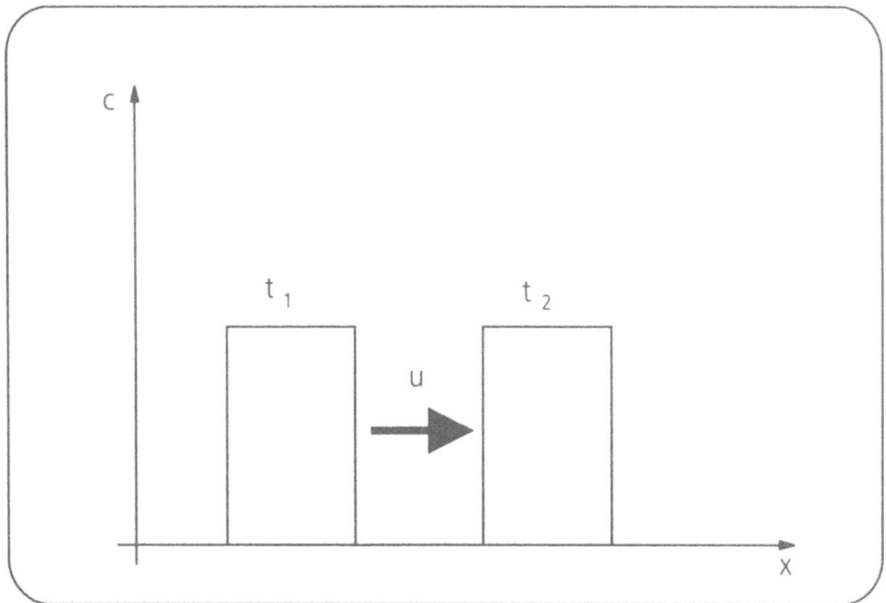

Abb. 107.   Advektiver Transport

Der Anteil, der per molekularer Diffusion im Grundwasser transportiert wird, ist sehr klein und kann i.alllg. vernachlässigt werden, wenn die Abstandsgeschwindigkeit größer als 0,1 m/d ist. Bei stagnierendem Grundwasser ist die Diffusion der einzige wesentliche Transportprozeß. In gering durchlässigen Schichten wie z.B. in Tonschichten und mineralischen Abdichtungen ist der advektive Transport in der Regel geringer als der Transport durch die molekulare Diffusion. Im strömenden Grundwasser wird die Vermischung hauptsächlich durch die Dispersion verursacht (Abb. 108), die im nächsten Kapitel diskutiert wird.

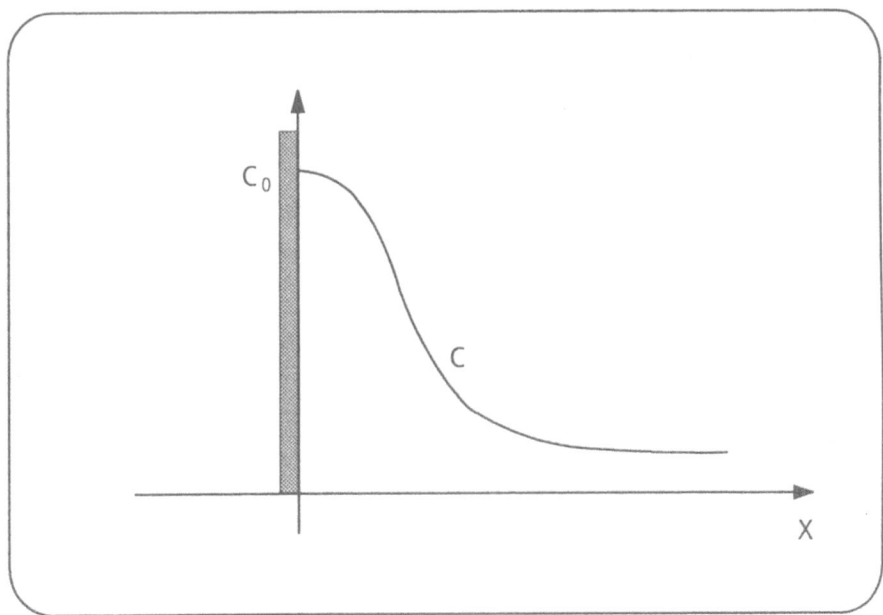

Abb. 108.   Verteilung der Konzentration C über die Zeit bei rein diffusivem Transport

2.2.2.6   Dispersion und Vermischung

Der Transport eines Stoffes im Grundwasser folgt der mittleren Fließrichtung. Der Verfrachtung mit der mittleren Fließgeschwindigkeit überlagert sich die Vermischung, die durch molekulare Diffusion und Dispersion bedingt wird. Die *korngerüstbedingte Dispersion* bewirkt ebenso wie die molekulare Diffusion ein Auseinanderziehen einer Schadstoffahne und damit eine Abnahme des Konzentrationsgradienten. Sie wird durch die mikroskopische Variabilität der Geschwindigkeit nach Betrag und Richtung in den Poren verursacht. Die Geschwindigkeitsvariation ist wiederum eine Folge des ungleichförmigen Geschwindigkeitsprofils innerhalb einer Pore, unterschiedlicher Porenquerschnitte und/oder der Abweichungen von der mittleren Hauptfließrichtung, die durch das feste Korngerüst bedingt sind (Abb. 109).

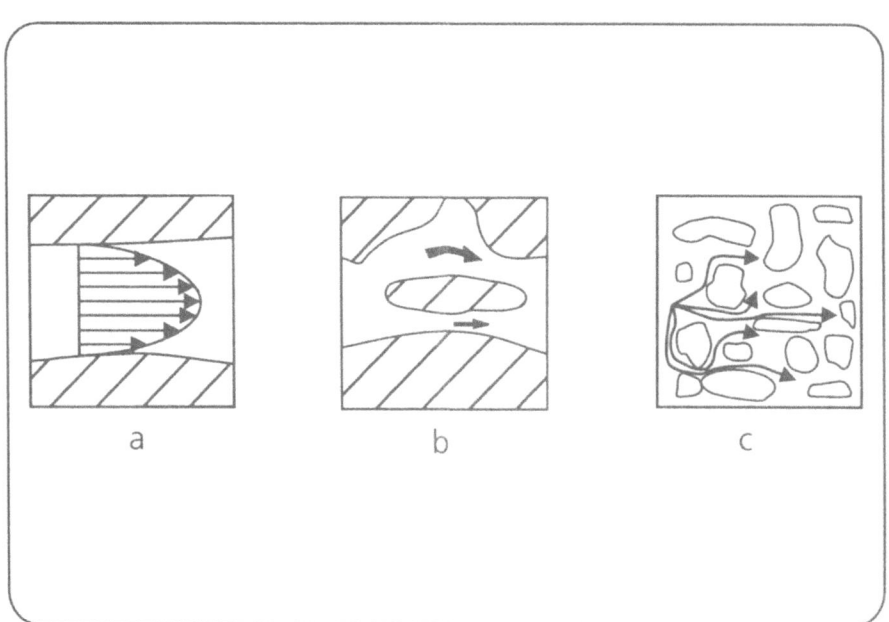

Abb. 109.   Komponenten der Dispersion

Im Unterschied zur molekularen Diffusion ist die Dispersion richtungsabhängig. Sie ist stärker in Grundwasserfließrichtung (longitudinale Dispersion) als senkrecht dazu (transversale Dispersion).

Die Dispersionskoeffizienten sind im Gegensatz zu molekularen Diffusionskoeffizienten auch abhängig vom Betrag der Strömungsgeschwindigkeit des Grundwassers. Der longitudinale und transversale Dispersionskoeffizient lassen sich als Produkt aus einer Aquifereigenschaft, der Dispersivität, und einer Strömungseigenschaft, dem Betrag der Abstandsgeschwindigkeit, beschreiben.

Die Dispersivitäten sind abhängig von Lagerungsdichte, Korndurchmesser, Kornform und Ungleichförmigkeitsgrad des Aquifermaterials sowie von der Zeit. In Laborversuchen wurden für unterschiedliche Materialien Dispersivitäten zwischen 0,01 und 1 cm gefunden. In der Natur stellt sich jedoch aufgrund von Inhomogenitäten im Aquifer, wie z.B. Ton- und Schlufflinsen, schon nach einer Fließstrecke von wenigen Metern die *Makrodispersion* ein. In Tracer-Versuchen wurden longitudinale Dispersionen festgestellt, die die korngerüstbedingten Dispersionen um einige Größenordnungen übertreffen (Lenda und Zuber 1970). Mit zunehmender Ausbreitung der Schadstoffe wächst der Einfluß größerer Inhomogenitäten. Die Makrodispersion ist deshalb skalenabhängig, d.h., bei großräumiger Betrachtung ist sie größer als im näheren Bereich der Schadstoffquelle.

Makrodispersivitäten können auch anhand empirischer Beziehungen oder unter Einbeziehung statistischer Kenngrößen der Durchlässigkeiten abgeschätzt werden. Sie können jedoch nur dann eingesetzt werden, wenn die Transportdistanz groß ist gegenüber der typischen Erstreckung der Inhomogenitäten. Extrem advektiv dominierte Transportbewegungen, wie z.B. das Auseinanderreißen von Konzentrationsverteilungen durch lange durchlässige Rinnen im Untergrund, können damit nicht beschrieben werden.

Unter Berücksichtigung der statistischen Verteilung der Durchlässigkeiten und der Länge des Fließweges geben Mercado (1976) und Gelhar et al. (1983) unter bestimmten Voraussetzungen Berechnungsmöglichkeiten an. Empirische Werte der longitudinalen Dispersivität aus Tracer-Exeperimenten über unterschiedliche Distanzen sind in Diagrammen von Beims (1983) und Gelhar et al. (1986) zusammengefaßt.

Über die Größe der transversalen Dispersivität ist sehr viel weniger bekannt als über die longitudinale Dispersivität. In der Regel ist die transversale Dispersivität um einen Faktor 10 bis 20 kleiner als die longitudinale Dispersivität (z.B. Klotz und Seiler 1980). Pickens und Grisak (1980) ermittelten aus Feldstudien Verhältnisse zwischen 0,01 und 0,3. Bei regionalem Transport wird die Quervermischung hauptsächlich durch periodische Variationen der Strömungsrichtung verursacht (Kinzelbach und Ackerer 1986).

Dispersivitäten lassen sich auch aus gemessenen Konzentrationsverteilungskurven entlang der Hauptachse einer Schadstoffahne und quer dazu abschätzen. Eine weitere Möglichkeit zur Bestimmung von Dispersivitäten bietet die Auswertung eines Tracer-Tests mit Hilfe von analytischen Lösungen der Schadstofftransportgleichung, wie sie dem im Materialienband enthaltenen *Programm CATTI* (Sauty et al. 1991) zugrunde liegen.

2.2.2.7 Mischungsrechnung   M-Gmix

Die Konzentration in einer Quelle oder einem Entnahmebrunnen erlaubt zusammen mit dem Abfluß bzw. der Pumprate die Bestimmung eines Schadstoffmassenflusses (Masse pro Zeiteinheit).

Falls eine Mischung aus Teilströmen mit unterschiedlichen Konzentrationen erfolgt, ist der gesamte Massenfluß gleich der Summe der einzelnen Massenströme. Die Division des gesamten Massenflusses durch den gesamten Abfluß führt zur mittleren Konzentration. Die Information über Massenflüsse ist wichtig für die Ermittlung des Kontaminationspotentials auf der Immissionsseite, die Dimensionierung von Reinigungsanlagen, die Abschätzung der Belastung eines Vorfluters und Massenbilanzen über längere Zeiträume.

2.2.2.8 Adsorption und Abbau   M-Gads/M-Gabb

Adsorption ist die physikalische oder chemische Bindung von im Wasser gelösten Stoffen an der Oberfläche eines festen Stoffes (des Gesteins) (M-Gads).

Im Fall einer schnellen Adsorption kann von einem Gleichgewicht zwischen der adsorbierten und der gelösten Schadstoffkonzentration ausgegangen werden. Die adsorbierte Konzentration ist dann eine Funktion der gelösten Konzentration. Diese Funktion wird als Isotherme bezeichnet. Dafür gibt es unter Einbeziehung des Adsorptionskoeffizienten verschiedene Formeln (z.B. HENRY-, FREUNDLICH-, LANGMUIR-Isotherme).

Der Adsorptionskoeffizient von z.B. gelösten Kohlenwasserstoffen ist abhängig vom Octanol-Wasser-Verteilungskoeffizienten der betrachteten Substanz und dem Gehalt des Aquifermaterials an organischem Kohlenstoff. In der Literatur werden hierfür verschiedene Regressionsgleichungen angegeben, z.B. Briggs (1981) für hydrophobe aromatische Kohlenwasserstoffe (z.B. Benzol) und halogenierte Kohlenwasserstoffe (z.B. Trichlormethan) und Schwarzenbach und Westall (1981) für Tetrachlorethen und chlorsubstituierte Benzole.

Der Gehalt an organischem Kohlenstoff im Boden läßt sich durch Messungen an Mischproben von Aquifermaterial feststellen. Die Octanol-Wasser-Verteilungskoeffizienten für die gängigen Stoffe können Tabellenwerken (z.B. Ministerium für Ernährung, Landwirtschaft und Forsten Baden-Württemberg 1983, Deutscher Verein des Gas- und Wasserfaches 1981, Montgomery und Welkom 1990) entnommen werden.

Die Adsorption führt zu einer Verzögerung der Schadstoffausbreitung. Die Abstandsgeschwindigkeit des Wasserinhaltsstoffes wird gegenüber der des Wassers um den sog. Retardationsfaktor verkleinert.

Veränderungen durch chemische oder chemisch-biologische Abbauprozesse führen zu einem Abbau der Schadstoffe im Untergrund. Dafür gibt es unter Einbeziehung der Abbaukonstanten verschiedene Formeln (z.B. Abbau 1. Ordnung, MICHAELIS-MENTEN-Kinetik) (M-Gabb).

Die Schwierigkeit liegt in der Bestimmung der Abbaukonstanten, die für Schadstoffe, wie sie in der Altlastensanierung häufig vorkommen, nur wenig bekannt und von Fall zu Fall sehr unterschiedlich sind. In der Regel können sie nur im nachhinein aus einer Massenbilanz bestimmt werden.

Bei radioaktiven Stoffen wird die Halbwertszeit, d.h. die Zeit, in der sich die Konzentration des Stoffes halbiert, angegeben. Sie ist für radioaktive Stoffe genau bekannt.

2.2.2.9 Bilanzierung   M-Gbil

Im Rahmen einer Erkundung wird die Verteilung der Untergrundbelastung an Punkten eines Untersuchungsrasters bestimmt. Aus den gemessenen Konzentrationen an diesen Punkten und der Größe des zugehörigen Aquiferelementes läßt sich die vorhandene Schadstoffmasse abschätzen. Eventuell ist nur ein Teil der Schadstoffe in Wasser gelöst, während ein anderer Teil an der Oberfläche der Bodenmatrix adsorbiert ist. Die gesamte Schadstoffmasse pro Volumeneinheit setzt sich demnach i.allg. zusammen aus der Schadstoffmasse im darin enthaltenen Wasservolumen und der adsorbierten Schadstoffmasse auf der dazugehörigen Kornmatrix.

Unter der Annahme eines Gleichgewichtes zwischen gelöster und adsorbierter Konzentration (schnelle Adsorption) läßt sich die adsorbierte Konzentration in erster Näherung durch eine lineare Adsorptionsisotherme ausdrücken.

Da das Berechnungsverfahren nur für Volumenelemente anwendbar ist, für die die Konzentration als relativ konstant angenommen werden darf, muß die Verteilung in Volumina aufgeteilt werden, in denen diese Voraussetzung erfüllt ist. Die Genauigkeit der Abschätzung der Schadstoffmasse hängt im entscheidenden Maße von der Dichte der Meßpunkte ab. In der Regel ist deren Anzahl aus wirtschaftlichen Gründen sehr begrenzt. Zur Abschätzung der Schadstoffmasse wird jeder Meßstelle eine Fläche zugeordnet, von der angenommen wird, daß die gemessenen Konzentration für diese Fläche repräsentativ ist. Falls es sich um eine Meßstelle mit tiefenspezifischer Probenahme handelt, wird die prismatische Säule weiter in Abschnitte eingeteilt. Die Zuordnung einer Fläche zum Meßpunkt erfolgt i.allg. über THIESSEN-Polygone. Andere Methoden sind die Dreiecksmethode, Blockmethode oder Profilmethode (Abb. 110).

Mit Kriging-Verfahren lassen sich zusätzliche Werte interpolieren, so daß eine bessere Ermittlung der Schadstoffmasse pro Fläche möglich ist. Bei dieser Methode wird auf der Grundlage vorhandener Konzentrationswerte an einem gewünschten Punkt durch die Bildung eines gewichteten Mittels ein Schätzwert interpoliert. Die Gewichte werden so gewählt, daß die räumliche Korrelationsstruktur der Meßwerte optimal berücksichtigt wird. Die Schätzung liefert neben dem Wert auch eine Maßzahl für den wahrscheinlichen statistischen Fehler (Akin und Siemes 1988). Sie ist nur sinnvoll, wenn aus vorliegenden Daten eine Korrelationsstruktur (Variogramm) ersichtlich ist. Liegt Schadstoff auch in Phase vor, so ist die Bilanzierung mit der angeführten Methode nicht möglich.

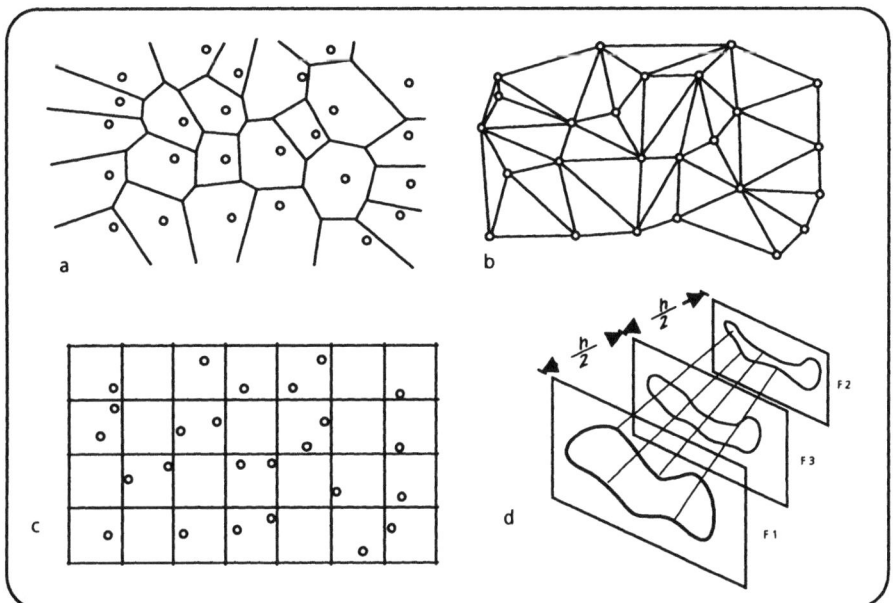

Abb. 110. Methoden der Flächenzuordnung: **a** Polygonmethode, **b** Drei-eckmethode, **c** Blockmethode, **d** Profilmethode

2.2.2.10 Analytische Lösungen der Transportgleichungen M-Gla

Grundlage für die Modellierung des Stofftransports im Grundwasser ist die Transportgleichung. Sie beschreibt die Ausbreitung der Schadstoffe im Grund-wasser unter Berücksichtigung von Advektion, Dispersion, Adsorption sowie chemischen Reaktionen.

Die ein-, zwei- und dreidimensionale Transportgleichung läßt sich für einen instantanen (momentanen) Schadstoffeintrag und für den Spezialfall des per-manenten Schadstoffeintrags analytisch (durch eine geschlossene Formel) lö-sen. Diese Basislösungen sind für überschlägige Berechnungen von Bedeutung. Der Schadstoffeintrag erfolgt über eine Punktquelle. Eventuelle Veränderungen des Strömungsfeldes durch Grundwasserneubildung (Zunahme der Strömungs-geschwindigkeit) oder durch Dichteeffekte des Schadstoffs müssen vernachläs-sigbar sein.

Eindimensionale Lösungen sind im Bereich der Altlastensanierung weniger bedeutend.

In einem unendlich ausgedehnten, isotropen und homogenen Aquifer mit konstanten Dispersivitäten sind die gebräuchlichen Lösungsverfahren 2D-Lö-sungen.

Bei adsorbierenden Schadstoffen muß die Abstandsgeschwindigkeit durch die retardierte Geschwindigkeit ersetzt werden.

Für spezielle Fragestellungen wie den Schadstoffeintrag einer Punktquelle endlicher Dauer, die Berücksichtigung undurchlässiger Ränder parallel zur Strömungsrichtung, die die transversale Ausbreitung der Fahne nach einer oder zwei Seiten verhindern, oder Berandungen mit einer vorgegebenen Konzentration existieren erweiterte Berechnungsverfahren.

In der Praxis liegen nicht nur punktförmige Schadstoffquellen vor. Für den Fall, daß die Quelle flächenhaft ausgedehnt ist, kann die entsprechende Lösung durch Superposition mehrerer auf der Fläche verteilter Punktquellen angegeben werden.

Bei regionaler Betrachtungsweise, bei der die Mächtigkeit des Aquifers wesentlich kleiner als die horizontale Erstreckung ist, kommt die Lösung der Transportgleichung in 3 Dimensionen für momentane Injektion des Schadstoffs als Grundlösung zum Tragen, wobei in den meisten praktischen Anwendungsfällen die obere Begrenzung und ggf. auch die Aquifersohle als undurchlässiger Rand durch Spiegelungen der Grundlösung berücksichtigt werden müssen. Eine permanente Punktquelle kann in ihrer Wirkung durch Superposition gegeneinander verzögerter monentaner Punktquellen berechnet werden.

2.2.3   2D-Modelle   M-G2D

2.2.3.1 Strömungsmodelle   M-G2Df

Die theoretischen Grundlagen der Strömungsmodellierung sind die Kontinuitätsbedingung und das DARCY-Gesetz. Sie führen zur Strömungsgleichung, die allerdings nur für einfache Fälle geschlossen lösbar ist.

Analytische Lösung der Strömungsgleichung
Analytische Lösungen der Strömungsgleichung haben in der Grundwasserhydraulik trotz der Vereinfachungen, die dafür vorgenommen werden müssen, ihre Bedeutung. Sie kommen für erste Abschätzungen, zur Beurteilung von Daten aus Aquifertests oder bei der Auswertung von Pumpversuchen zur Anwendung.

Numerische Lösung der Strömungsgleichung
Auch wenn Altlasten meist lokal begrenzt sind, muß zur Beurteilung ihrer möglichen Auswirkungen in der Regel das regionale Strömungsfeld verstanden und simuliert werden. Für regionale Strömungsprobleme sind die Voraussetzungen der analytischen Lösungen i.allg. nicht erfüllt, weil

- die Grundwasserneubildung eine entscheidende Rolle spielt und korrekt berücksichtigt werden muß,
- die Durchlässigkeitsstruktur entsprechend den geologischen Gegebenheiten variabel ist und

■ die Berandung eines Aquifers eine geometrisch komplizierte Form haben kann.

Die Strömungsgleichung muß deshalb numerisch gelöst werden. Ein numerisches Strömungsmodell stellt eine räumlich und zeitlich diskrete Wasserbilanz eines Aquifers dar. Die Elemente der Bilanz sind

■ Grundwasserneubildung durch Niederschlag,
■ Randzuflüsse,
■ Ex- und Infiltration aus Oberflächengewässern,
■ Entnahmen und Zugaben durch Brunnen,
■ Speicherung/Entspeicherung sowie
■ horizontaler und vertikaler Wasseraustausch.

Bei Strömungsproblemen mit horizontalen Dimensionen, die sehr viel größer als die vertikalen Abmessungen der betreffenden Aquifere sind, ist meistens die näherungsweise tiefengemittelte Betrachtung der Strömung in 2 Dimensionen gestattet. Bei Stockswerkstrennung, unvollkommenen Brunnen oder sehr tiefen Aquiferen ist die dreidimensionale Modellierung in der Regel unerläßlich.

Einen wichtigen Punkt bei der Modellierung stellen die Grenzen des Modellgebiets dar. Sie müssen aus hydrogeologischen Gesichtspunkten heraus gewählt werden. Als Grenzen kommen in Frage:

■ infiltrierende oder dränierende Gewässer,
■ Gebirgsränder, an denen ein Lockergesteinsgrundwasserleiter endet,
■ relativ konstante Stromlinien oder Höhengleichen (die von zu ergreifenden Maßnahmen so weit entfernt sind, daß sie durch diese nicht oder nur unwesentlich beeinflußt werden) sowie
■ Vorfluter außerhalb des Modellgebiets, die über einen Widerstand am Modellrand wirksam werden.

Es ist nutzlos, die Grenzen des Modellgebiets so zu wählen, daß ein Ausschnitt mit möglichst einfacher Geometrie entsteht oder gar eine Verwaltungsgrenze berücksichtigt wird.

Die Eingabedaten für alle 2D-Grundwasserströmungsmodelle sind im Prinzip gleich. Sie umfassen

■ die Mächtigkeit des Aquifers bzw. Aquifersohle,
■ die Durchlässigkeitsbeiwerte,
■ die Speicherkoeffizienten,
■ die Grundwasserneubildungsrate,
■ den konstanten oder potentialabhängigen GW-Austausch mit einem anderen Aquiferstockwerk,

■   die Entnahme-/Infiltrationsraten von Brunnen,
■   die Flußwasserspiegelhöhen, Flußsohlenhöhen, Leakage-Faktoren für Gewässer, die mit dem Aquifer in Verbindung stehen sowie
■   die Randwerte (Randpotentiale bzw. Randzuflüsse bzw. Leakage-Faktoren und Wasserspiegelhöhen von Vorflutern außerhalb des Modellgebiets).

Numerische Modelle erfordern zunächst eine räumliche Diskretisierung. Sie muß in Gebieten mit starkem Standrohrspiegelhöhengradienten feiner sein als in Gebieten mit geringem Gradienten. In der Regel wird die Diskretisierung in der Nähe von Brunnen und im Bereich der im Detail interessierenden Altlast fein gewählt, während im weiteren Umkreis eine grobe Diskretisierung ausreicht. Im folgenden werden Grundwassermodelle bezüglich der räumlichen Diskretisierung in Finite-Differenzen-Modelle (FD-Modelle) und in Finite-Elemente-Modelle (FE-Modelle) unterschieden.

Wird nicht nur eine langfristig mittlere oder stationäre Strömung betrachtet, so ist auch eine Diskretisierung in der Zeit erforderlich. Sie muß die zu simulierenden Standrohrspiegelhöhenverläufe auflösen können. Eine variable zeitliche Diskretisierung ist vorteilhaft hinsichtlich der Rechenzeit.

Finite-Differenzen-Modelle
Bei der Methode der Finiten Differenzen (FD-Methode) wird der Aquifer i.allg. in rechteckige Zellen eingeteilt. Das Zentrum einer Zelle wird als Knoten bezeichnet. Im Fall des gespannten Aquifers entspricht die Höhe der Zelle der Mächtigkeit des Aquifers. Für jede rechteckige Zelle wird die Wasserbilanz über ein Zeitintervall aufgestellt. Die Zelle kann bei 2D-Modellierung mit ihren vier direkt benachbarten Zellen Wasser austauschen. Die Summe der horizontalen Zuflüsse sowie der vertikalen Zugaben über das Zeitintervall stehen mit dem im Zeitintervall gespeicherten Volumen im Gleichgewicht. Abflüsse werden dabei als negative Zuflüsse betrachtet. Die horizontalen Flüsse von und zu den Nachbarknoten werden nach dem DARCY-Gesetz berechnet. Sie werden durch die Standrohrspiegelhöhen der Nachbarknoten ausgedrückt. Für N Zellen bzw. N Knoten ergeben sich N Gleichungen mit N unbekannten Standrohrspiegelhöhen, die gelöst werden können, wenn die Standrohrspiegelhöhenverteilung zum Anfangszeitpunkt sowie die Randbedingungen bekannt sind. Bei der Berechnung einer stationären bzw. langfristig gemittelten Lösung entfällt in der Bilanz der Speicherterm. Es ergibt sich ebenfalls ein Gleichungssystem mit N unbekannten Höhen, das bei gegebenen Randbedingungen gelöst werden kann. Als Randbedingungen (RB) kommen in Frage:

■   Festpotentialrand, d.h. vorgegebene Grundwasserspiegelhöhe am Rand (RB 1. Art). Darunter kann man sich ein Gewässer vorstellen, das mit dem Aquifer in so engem hydraulischen

Kontakt steht, daß es den Grundwasserspiegel durch Infiltration oder Exfiltration auf der Höhe des Gewässerspiegels fixiert.
- Rand mit vorgegebenem festen Randzufluß (RB 2. Art), beispielsweise Grenze eines Lockergesteinsaquifers zu einem Festgesteinsaquifer, der aus seinem Einzugsgebiet einen bekannten Zufluß spendet. Zu den RB 2. Art gehört auch der undurchlässige Rand, beispielsweise eine Verwerfung, eine Grenze zu undurchlässigem (bzw. sehr gering durchlässigem) Gestein oder eine Stromlinie mit relativ konstantem räumlichen Verlauf. Der konstante Randzufluß ist dann gleich Null.
- Leakage-Rand (RB 3. Art), beispielsweise Gewässer mit gegenüber der unter „Festpotentialrand" beschriebenen Situation verringertem hydraulischem Kontakt zum Aquifer oder entfernt von dem gewählten Modellrand liegender Vorfluterspiegel, der über die zwischengeschaltete Aquiferstrecke mit verminderter Stärke als bestimmendes Potential wirksam wird.

Während im gespannten Aquifer die Speicherung durch die Kompressibilität von Gestein und Wasser zustande kommt, wird sie im freien Aquifer durch die Bewegung des Wasserspiegels getätigt. Im Fall des freien Aquifers muß der Speicherkoeffizient durch die durchflußwirksame Porosität ersetzt werden. Die Transmissivitäten hängen im freien Aquifer von der Höhe des Grundwasserspiegels über der Aquifersohle ab.

Ist die zeitliche Veränderung des Wasserspiegels klein gegenüber der Tiefe der gesättigten Zone, kann der freie Aquifer in guter Näherung durch einen gespannten Aquifer ersetzt werden. Dies führt zu Rechenzeitersparnis.

Finite-Elemente-Modelle
Bei der Finite-Elemente-Methode (FE-Methode) wird das Untersuchungsgebiet in Elemente von unregelmäßiger Größe und Form diskretisiert. Diese flexiblere Methode der Diskretisierung hat den Vorteil, daß sich die Ränder der Untersuchungsgebiete und Gewässer besser nachbilden lassen. Außerdem sind lokale Verfeinerungen mit geringerem Aufwand zu bewerkstelligen als bei der FD-Methode. Bei der Altlastenproblematik ist dieser Vorteil interessant, da das eigentlich interessierende Gebiet oft nur ein kleiner Ausschnitt des Gebiets ist, das wegen der Anschlußmöglichkeit an sinnvolle hydraulische Ränder modelliert werden muß (Abb. 111). Die Grundwasseroberfläche bzw. Standrohrspiegelhöhenverteilung wird durch eine Interpolationsfunktion in jedem Punkt der Ebene dargestellt. Die einfachste Methode verwendet zur Diskretisierung Dreieckselemente und eine lineare Interpolationsfunktion.

Die unbekannten Standrohrspiegelhöhen an den Stützstellen (Knoten) werden so bestimmt, daß die exakte Höhenverteilung durch die Interpolationsfunktion möglichst gut approximiert wird. Dafür können nach GALERKIN Bedingungen für die Güte der Anpassung gestellt werden, die zu N Gleichungen für die N unbekannten Knotenwerte der Standrohrspiegelhöhe führen.

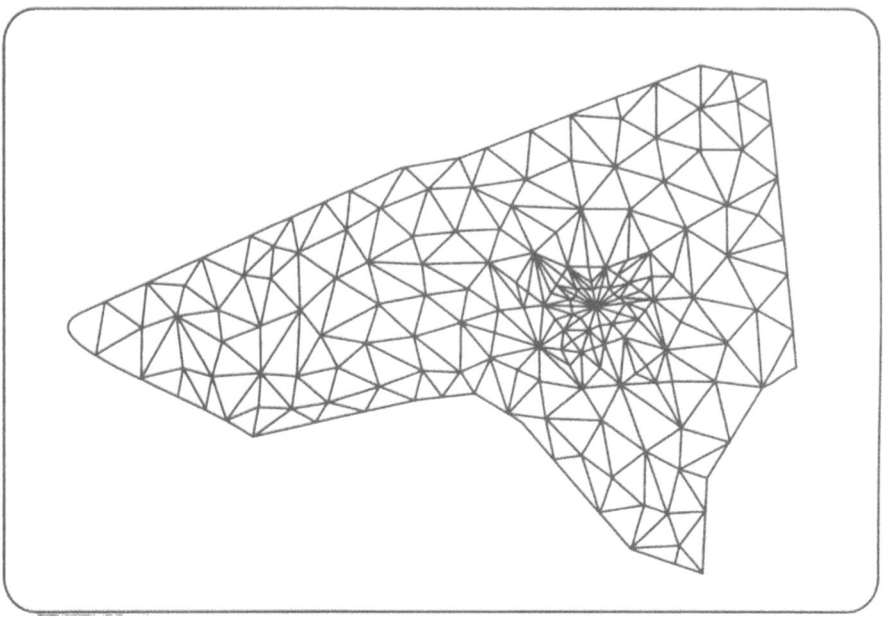

Abb. 111. Verfeinerung eines Finite-Elemente-Modellnetzes

Bahnlinienmodelle (Dispersionsfreie Näherung: Methode der Bahnlinien und Laufzeiten)
Die Beschreibung des Schadstofftransports unter Vernachlässigung von Vermischungsprozessen wie der Dispersion kann immer dann angewendet werden, wenn nur die Richtung des Schadstofftransports und mittlere Ankunftszeiten bzw. Laufzeiten des Schadstoffs interessieren. Die Transportgleichung läßt sich in diesem Fall in 2 Gleichungen trennen, die Gleichung der Bahn und die Gleichung zur Beschreibung der Konzentrationsentwicklung längs der Bahn. Wenn das Strömungsfeld bekannt ist, lassen sich Bahnlinien durch die Integration der Bahngleichung bestimmen. Zur Bestimmung von Bahnlinien, die in einem vorgegebenen Punkt enden, muß lediglich die Integrationsrichtung umgekehrt werden.

Die Laufzeiten hängen außer von den spezifischen Durchflüssen des modellierten Strömungsfeldes auch von der Größe der durchflußwirksamen Porosität des Untergrunds ab. Da letzterer Parameter in der Regel jedoch nur mit großer Unsicherheit bekannt ist, sind Laufzeiten weniger sicher als Strömungsmuster. Die konstruierten Bahnlinien sind von der Größe der durchflußwirksamen Porosität unabhängig und vermitteln damit oft eine zuverlässigere Aussage als Laufzeitenangaben.

Als analytisches Modell für die Berechnung und Darstellung von Bahnlinien und Laufzeiten steht im Materialienband z.B. das *Programm PAT* (Kinzelbach und Rausch 1990) zur Verfügung.

2.2.3.2 Transportmodelle M-G2Dt

Grundlage für ein vollständiges Schadstofftransportmodell ist die Transportgleichung, die eine räumliche und zeitliche Schadstoffmassenbilanz darstellt. Als Schadstoffe werden in Wasser gelöste Inhaltsstoffe mit toxikologischer Relevanz betrachtet. Diese unterliegen bei ihrer Ausbreitung einer Reihe von Einflüssen, die vom Transportmodell berücksichtigt werden müssen (Abb. 112). Die wesentlichen Beiträge zum Transport sind

- Speicherung,
- advektiver Transport,
- Diffusion,
- Dispersion,
- Adsorption sowie
- chemischer und biologischer Abbau.

Im folgenden wird vorausgesetzt, daß die Konzentration der gelösten Schadstoffe so gering bleibt, daß eine Rückwirkung auf das Strömungsfeld durch Dichteeffekte vernachlässigt werden kann.

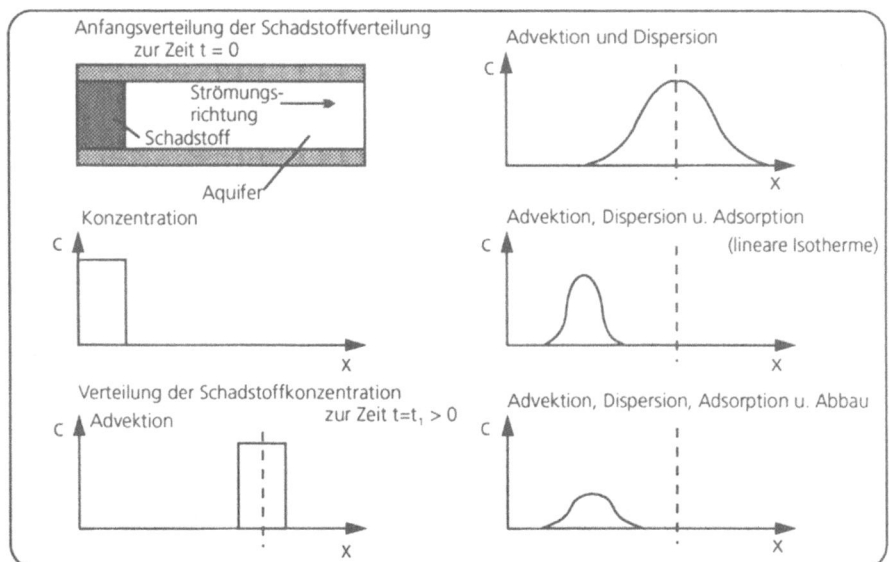

Abb. 112. Einfluß der am Transport beteiligten Prozesse

Analytische Lösungen der Transportgleichung
Eine analytische Lösung der Schadstofftransportgleichung läßt sich nur unter einfachsten Strömungsverhältnissen und Randbedingungen angeben. Trotzdem sind diese Lösungen von Bedeutung, weil sie sowohl bei der Interpretation von Tracer-Experimenten als auch bei der groben Abschätzung von Ausbreitungsparametern angewandt werden.

Numerische Lösung der Transportgleichung
Für die numerische Lösung der vollständigen Transportgleichung stehen eine Reihe von Lösungsverfahren zur Verfügung, die unterschieden werden können nach

- Differenzenverfahren,
- Finite-Elemente-Verfahren,
- Charakteristikenverfahren und
- Zufallsschritt (Random Walk)-Verfahren.

Alle Transportmodelle benötigen dieselben Eingabedaten. Die wichtigste Eingabe ist das Strömungsfeld, das oft mit Hilfe eines Strömungsmodells berechnet wird. Um sinnvolle Randbedingungen für das Strömungsmodell zu erhalten, muß das Untersuchungsgebiet für die Modellierung der Grundwasserströmung meist wesentlich größer sein als das Gebiet für die Transportmodellierung.

Weitere Eingabedaten sind

- longitudinale und transversale Dispersivitäten,
- Quellen und Senken (Eintragsrate und -dauer sowie Abbauraten) sowie die
- Adsorption (Verzögerungsfaktor).

Diese Parameter sind allerdings i.d.R. nicht bekannt oder liegen nur als grobe Schätzung vor. Sie müssen daher durch Anpassung des Modells an beobachtete Daten bestimmt werden. Erste Schätzungen für longitudinale Dispersionswerte können den Diagrammen von Beims (1983) oder Gelhar et al. (1986) (s. Kap. 2.2.2.6) entnommen werden.

Differenzenverfahren
Beim Differenzenverfahren wird analog zum Vorgehen bei der Strömungsmodellierung das Gebiet in rechteckige Zellen unterteilt. Für jede Zelle wird eine Bilanz der Schadstoffmasse über jeweils einen Zeitschritt $[t, t+\Delta t]$ gebildet. Für jede Zelle gilt über jedes Zeitintervall, daß die Summe aus advektivem und dispersivem Zufluß, Zufluß aus Quellen und Senken vermindert um die Schadstoffverluste durch Abbau gleich der Speicherung sein muß.

Ein Problem bei der numerischen Lösung mit Differenzen- und Finite-Elemente-Verfahren stellen numerische Dispersion und Oszillationen dar. Die numerische Dispersion ist eine durch zu grobe Diskretisierung verursachte scheinbare Vermischung. Sie gewinnt dann an Einfluß, wenn die Gitterabstände deutlich größer werden als die Dispersivität. Sie läßt sich ebenso wie Oszillationen durch Einhaltung von Vorschriften bei der Diskretisierung vermindern.

Finite-Elemente-Verfahren
Finite-Elemente-Verfahren unterteilen das Untersuchungsgebiet wie bei der Strömungsberechnung in Elemente unregelmäßiger Form. Im einfachsten Falle sind dies dreieckige Elemente. Die Lösungsfunktion ist eine Konzentrationsverteilung in Form einer facettierten Fläche, die zwischen den berechneten Konzentrationen an den Knoten interpoliert. Die Systemgleichungen für die unbekannten Knotenkonzentrationen zum Zeitpunkt t+Δt können mit dem GALERKIN-Verfahren gewonnen werden.

Finite-Elemente-Verfahren haben gegenüber den Differenzenverfahren den Vorteil der größeren Flexibilität, was die Anpassung an die Form des Modellgebiets betrifft. Des weiteren läßt sich das Modellgebiet auf einfache Weise lokal verfeinern. Durch die Möglichkeit, die Elementeseiten längs der Stromlinien auszurichten, läßt sich im Gegensatz zum Differenzenverfahren die numerische Dispersion in transversaler Richtung verringern. Der Nachteil liegt im größeren Programmieraufwand und in dem größeren Speicherplatzbedarf.

Charakteristikenverfahren
Charakteristiken- und Random Walk-Verfahren werden angewandt, wenn die numerische Dispersion unterdrückt werden soll, aber aus Gründen des Rechenaufwands eine Einhaltung der Diskretisierungsvorschriften der Finite-Differenzen- bzw. Finite-Elemente-Verfahren nicht möglich ist. Im Charakteristikenverfahren (z.B. Konikow u. Bredehoeft 1978) wird der advektive Transport durch die Bewegung von Tracer-Teilchen entlang der Bahnlinien simuliert. Die Dispersion wird auf dem überlagerten Differenzengitter berechnet. Die Konzentrationsveränderungen aufgrund der Dispersion werden den Tracer-Teilchen als Konzentrationsänderungen mitgeteilt.

Zufallsschritt (Random Walk)-Verfahren
Während sich im Charakteristikenverfahren gleichmäßig über alle Zellen verteilte kontaminierte und nicht kontaminierte Teilchen entlang der Bahnlinien bewegen, werden im Random Walk-Verfahren nur kontaminierte Teilchen verwendet. Der advektive Transport erfolgt durch Verschieben der Teilchen längs der Bahnlinien. Der dispersive Transport wird durch Überlagerung der advektiven Teilchenbahnen mit einer Zufallsbewegung (Random Walk) bestimmter dispersivitätsbezogener Eigenschaften erreicht. Die Simulation vieler Einzelbahnen führt zu einer Massenverteilung. Aus dieser erhält man die Konzentrationsverteilung, indem die Punkteverteilung mit einem Gitter überlagert wird. Aus der

Anzahl der Teilchen pro Gitterzelle läßt sich unter Berücksichtigung der Masse der Einzelteilchen und des in der Zelle enthaltenen Wasservolumens die Konzentration ermitteln. Wie beim Charakteristikenverfahren ist eine Buchhaltung über Position und Anzahl der Teilchen erforderlich. Quellen und Senken werden durch Zugabe und Vernichtung von Teilchen simuliert. An undurchlässigen Rändern werden Teilchen reflektiert.

2.2.4   Numerische 3D-Modelle   M-G3D

Numerische dreidimensionale Modelle werden angewandt, wenn über die Tiefe eines Aquifers keine Homogenitätsannahme hinsichtlich der Standrohrspiegelhöhe bzw. im Fall des Stofftransports der Konzentration gemacht werden kann. In der Regel handelt es sich bei den dreidimensionalen Strömungsmodellen um Schichtenmodelle, bei denen der Aquifer in mehrere Aquiferstockwerke getrennt wird (Abb. 113). Bei Schichtenmodellen ist die Diskretisierung in der Vertikalen grob und berücksichtigt stratigraphische Einheiten, deren Dicken längs der Schicht variabel sein können. Der Wasseraustausch mit der oberen bzw. unteren Nachbarschicht erfolgt nach dem Leakage-Prinzip. Bei echt dreidimensionalen Modellen werden auch stratigraphische Einheiten noch weitergehend in der Vertikalen diskretisiert. Sie sind insbesondere bei der Modellierung des Schadstofftransports von Interesse.

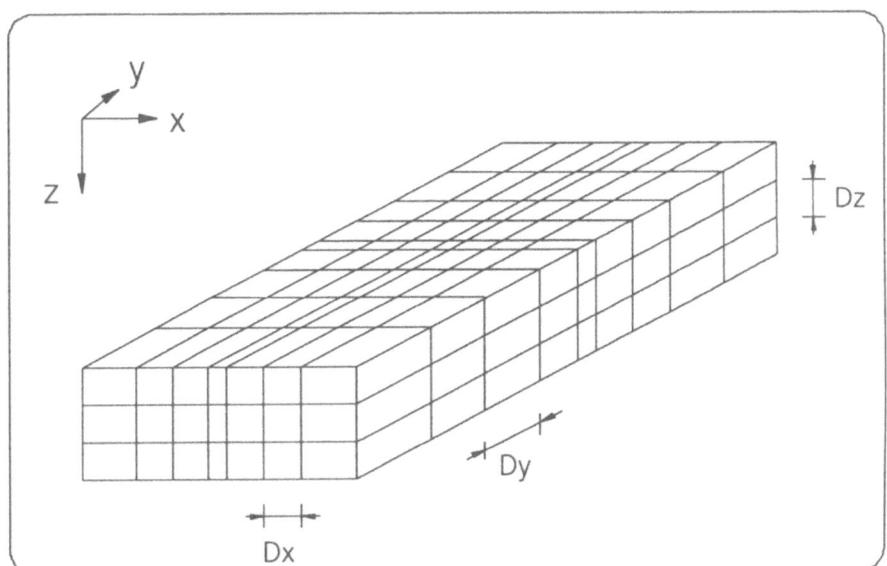

Abb. 113.   Diskretisierung eines Aquifers in 3 räumlichen Dimensionen

Die Lösung der Strömungsgleichung erfolgt analog der zweidimensionalen Lösung. Das numerische Strömungsmodell stellt wiederum eine räumlich und zeitlich diskrete Wasserbilanz des Aquifers dar. Der Unterschied zur zweidimensionalen horizontalen Lösung besteht darin, daß die Bilanz der Einzelzelle um Austauschterme mit den Nachbarzellen in der dritten Dimension (Vertikale) erweitert werden muß.

Analog wird im dreidimensionalen Transportmodell die Schadstoffbilanz über eine Zelle im Vergleich zum 2D-Modell um die Stoffflüsse in der Vertikalen ergänzt. Numerische dreidimensionale Modelle können wie im 2D-Fall in FD- und FE-Modelle unterschieden werden.

Auch die Modellierung eines Aquifers in 3 Dimensionen erfordert Randbedingungen. Es stehen die gleichen Typen von Randbedingungen zur Verfügung wie im zweidimensionalen Modell. Sie müssen jedoch für jede Schicht bzw. über die Tiefe differenziert vorgegeben werden.

Der Vorteil der dreidimensionalen Modelle ist, daß sie eine Anpassung des Modells an die natürlichen Gegebenheiten komplexer Aquifere erlauben. Dabei können mehrere Schichten oder eine vertikale Gliederung in Bereiche mit unterschiedlichen Durchlässigkeiten berücksichtigt werden. Die Simulation von Entnahme- und Infiltrationsbrunnen ist nicht nur auf vollkommene Brunnen beschränkt, sondern es können auch unvollkommene Brunnen berücksichtigt werden. Insbesondere bei der Simulation von kleinräumigen Sanierungsmaßnahmen und Stofftransport über Distanzen, bei denen eine Vermischung über die Aquifertiefe noch nicht möglich ist, sind 3D-Modelle angebracht.

Die Schwierigkeit der dreidimensionalen Modelle liegt weniger im größeren Rechenaufwand als vor allem in der Erfüllung des Modells mit Daten begründet. Des weiteren ist eine Eichung des 3D-Modells sehr viel aufwendiger und eventuell noch viel stärker von Mehrdeutigkeit belastet als die eines 2D-Modells.

2.2.5 Modelle für nicht mischbare Flüssigkeiten   M-Gkw

Eine der häufigsten Ursachen von Grundwasserverschmutzungen sind Kontaminationen durch mit Wasser nicht mischbare Flüssigkeiten. Die bekanntesten Vertreter dieser Stoffe sind chlorierte Lösemittel (z.B. CKW) und aromatische und aliphatische Kohlenwasserstoffe (z.B. Mineralöl, Heizöl, Diesel- und Ottokraftstoffe). Die wichtigsten sanierungsrelevanten, physikalischen Kenngrößen dieser Stoffe sind die Dichte und die Viskosität. Erdölprodukte haben in der Regel eine geringere Dichte und eine größere Viskosität als Wasser, während es bei leichtflüchtigen CKW umgekehrt ist. Anwendungsreife Modelle hinsichtlich der Gefährdungsabschätzung/Gefahrenbeurteilung und Sanierung von Verunreinigungen durch mit Wasser nicht mischbare Fluide sind nur für Stoffe mit einer geringeren Dichte als Wasser vorhanden. Im folgenden werden deshalb nur nicht mischbare Stoffe mit Dichten < 1 kg/l betrachtet.

Eine Grundwassergefährdung ist bei diesen Stoffen im wesentlichen nur bei freier Grundwasseroberfläche möglich, da bei einem gespannten Aquifer das Grundwasser durch eine gering durchlässige Schicht besser geschützt ist. Nach der Versickerung an der Geländeoberkante dringt das Fluid zunächst in die ungesättigte Zone ein. Hier erfolgt der Transport aufgrund der Schwerkraft in vertikaler Richtung. Die Form und Größe des sich ausbildenden Schadstoffkörpers hängen von der Masse und Art des Schadstoffes sowie vom Aufbau und der Struktur des Untergrunds ab. Ein Stoff niedriger Viskosität dringt schneller in den Untergrund ein als ein Stoff mit höherer Viskosität. Der Einfluß des Untergrunds auf das Eindring- und Ausbreitungsverhalten ist in Abb. 114 dargestellt.

Nach der Durchwanderung der ungesättigten Zone bewegen sich derartige Flüssigkeiten bis zum Kapillarsaum, bzw. Grundwasserspiegel, auf dem sie aufschwimmen. Ein Vordringen der Flüssigkeiten auch unter den ursprünglichen Wasserspiegel ist möglich (Eisbergeffekt). Solange ein Nachsickern des Fluids gewährleistet ist, bildet sich auf dem Wasserspiegel eine Schicht wachsender Dicke aus. Erst nach Erreichen des Grundwasserspiegels erfolgt ein horizontaler Transport in und gegen die Richtung der mittleren Grundwasserströmung. Nur ein geringer Teil des Schadstoffs wird in Wasser gelöst und mit der Grundwasserströmung über größere Distanzen nach Unterstrom transportiert.

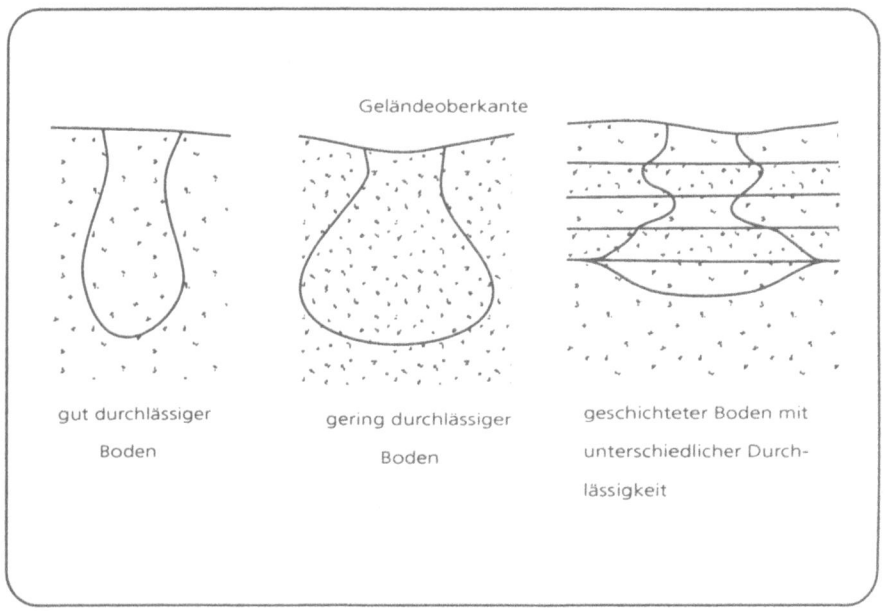

Abb. 114.   Eindringverhalten von Öl im Untergrund. (CONCAWE 1979)

Die maximale Eindringtiefe in die ungesättigte Zone eines Porengrundwasserleiters sowie die maximale Ausbreitung von Erdölprodukten auf der Grundwasseroberfläche kann mit Formeln überschlägig berechnet werden (s. Materialienband "Berechnungsverfahren und Modelle", Kap. 2.4).

Mehrphasenmodelle, die im Detail den gemeinsamen Transport von Wasser, Bodenluft, nicht mischbarer Flüssigkeit und deren in Wasser oder Luft gelösten Anteilen beschreiben, sind in der Entwicklung. Für die praktische Anwendung in der Altlastensanierung sind sie derzeit nur bedingt geeignet.

2.2.6   Hinweise zur Modellauswahl

Nach Abschluß aller Voruntersuchungen steht eine mehr oder weniger große Anzahl von Daten zur Verfügung. Es stellt sich dann das Problem der Wahl des Strömungs- bzw. Transportmodells, mit dem unter Zugrundelegung der vorhandenen Daten eine adäquate Gefahrenbeurteilung von Altlastverdachtsflächen und/oder Berechnung zur Sanierung von Altlasten durchgeführt werden kann. Die unterschiedlichen Modelltypen erfordern unterschiedliche Voraussetzungen in ihrer Anwendung. Sie erlauben aber entsprechend auch unterschiedlich sichere und unterschiedlich detaillierte Aussagen.

Falls die Altlast Grundwasseranschluß hat, ist ein Strömungsmodell direkt anwendbar. Handelt es sich dagegen um eine Ablagerung ohne direkten Grundwasseranschluß, aber mit möglichen Eintragspfaden in das Grundwasser, so ist ein kombiniertes Modell der ungesättigten und der gesättigten Zone erforderlich. Die Anwendung eines 3D-Modells der ungesättigten bzw. gesättigten Wasserströmung ist zwar grundsätzlich möglich, aus Gründen des Aufwands und der erforderlichen Daten meistens aber nicht gerechtfertigt. Eine pragmatische Lösung besteht darin, die Strömungsprozesse aufzuteilen. Für die Berechnung der Verweilzeit im ungesättigten Bereich wird ein einfaches Modell für die ungesättigte Zone herangezogen. Meistens ist dafür schon eine Schätzformel oder ein 1D-Modell ausreichend. Nach Eintrag in den gesättigten Bereich schließt sich dann ein Strömungsmodell für die gesättigte Zone an. Dieses Vorgehen ist zulässig, weil der Transport in der ungesättigten Zone im wesentlichen in vertikaler Richtung erfolgt. Erst in der gesättigten Zone findet ein horizontaler Transport über größere Entfernung statt, der zu einer Gefährdung führen kann.

Grundlegende Angaben über den Aquifer, die die Wahl eines Strömungsmodells beeinflussen, sind

- Art des Grundwasserleiters,
- räumliche Verteilung (Homogenität/Heterogenität),
- Richtungsabhängigkeit (Isotropie/Anisotropie),
- Druckverhältnisse des Grundwasserspiegels (frei/gespannt),
- Stratigraphie,
- Zeitabhängigkeit,
- Grundwasserneubildung,
- Zugaben/Entnahmen und
- Berücksichtigung von Gewässern.

Grundwasserleiter (GWL) werden eingeteilt in Lockergesteins- oder Poren-grundwasserleiter und Festgesteins- bzw. Kluftgrundwasserleiter. Ein Grund-wassergeringleiter wird im Modell wie ein Lockergesteins- oder Festgesteins-GWL behandelt. Der einzige Unterschied besteht in der Größe der Durchlässig-keit. Festgesteins-GWL können in erster Näherung wie Lockergesteins-GWL betrachtet werden, solange die Modelldimension sehr viel größer als die typi-sche Kluftlänge oder Karstspaltenlänge ist.

Eventuell muß das Standardströmungsmodell zur Berücksichtigung der Ani-sotropie im Kluftgrundwasserleiter ergänzt werden. In einer weitergehenden Näherung ist die Anwendung eines Doppelporositätsmodells (Double Porosity Model) möglich. Hierbei wird der GWL wie zwei miteinander gekoppelte Me-dien behandelt, die Klüfte und Matrix repräsentieren. Zwischen beiden Poro-sitäten besteht ein Druck- und Wasseraustausch. Noch detailliertere Modelle berücksichtigen Einzelklüfte. Dies ist aber vom Rechen- und Datenaufwand her sehr aufwendig. Diese Technik wird heute nur bei Fragen der radioaktiven End-lagerung eingesetzt. Karstgrundwasserleiter können wie Kluftgrundwasserleiter behandelt werden. Probleme ergeben sich im stark verkarsteten Aquifer, wo Wasser und Schadstoffe hauptsächlich in wenigen unbekannten Spalten und Hohlräumen großer Erstreckung transportiert werden. Hier kommt der Modell-einsatz im allgemeinen nicht in Frage.

Die Homogenität des GWL sowie die Größenskala des betrachteten Pro-blems bestimmen die erforderliche Dimensionalität des Modells.

Stockwerktrennung, eventuell mit Fenstern, weit ausgedehnte durchgän-gige Schichtung und unvollkommene Brunnen können nur im dreidimensiona-len Modell adäquat wiedergegeben werden.

Feinschichtung kann nur summarisch durch eine vertikale Anisotropie im 3D-Modell repräsentiert werden. Horizontale Anisotropie ist nur bei Kluftge-steinen mit Vorzugsrichtungen der Spalten in der Horizontalen von Interesse.

Bei relativ paralleler Anströmung einer Brunnengalerie ist auch ein vertikal zweidimensionales Modell möglich.

Das Vorhandensein von Grundwasserneubildung und Gewässern, die ent-weder in den Aquifer infiltrieren oder aus dem Aquifer Wasser entnehmen, führt zu Situationen, die nicht mehr analytisch gelöst werden können oder bei denen die analytische Lösung aufwendiger ist als die numerische Lösung. Hier muß auf ein numerisches 2D- oder 3D-Modell zurückgegriffen werden.

In Tabelle 39 sind Kriterien für die Auswahl eines Strömungsmodells zusam-mengefaßt. Aus den gegebenen Bedingungen läßt sich in der vorletzten Spalte ablesen, welcher Modelltyp erforderlich ist, also z.B. ein einfaches analytisches 2D-Modell oder ein komplexes 3D-Modell. In der letzten Spalte sind als Beispiel einige konkrete Modell-Codes angegeben, die im Materialienband enthalten sind oder in der Praxis schon häufiger angewandt wurden. Die Angaben stellen Mindestanforderungen dar, wobei aufwendige Anforderungen die weniger aufwendigen mit einschließen.

Tabelle 39. Kriterien für die Auswahl eines Strömungsmodells

Art des GW-Leiters	Homogenität	Isotropie	Druckverh. des GW-Sp.	Zeitabhängigkeit	GW-Neubildung	Zugaben / Entnahmen	Gewässer	Modell-dimension	Programm-beispiel
Locker-gestein	Homogen (Tiefe << Ausdehnung)	Isotrop	Gespannt (frei, wenn $\Delta h \ll m$)	Stationär	Nein	Ja	Nein	2 D (analytisch)	PAT
Locker-gestein	Vertikal homogen	Isotrop	Gespannt und frei	Stationär und instationär	Ja	Ja	Ja	2 D horizontal	ASM
Locker-gestein	Vertikal homogen komplexe Rand-geometrie	Horizontal anisotrop	Gespannt und frei	Stationär und instationär	Ja	Ja	Ja	2 D horizontal	FEM
Locker-gestein	In eine horizontale Richtung homogen	Anisotrop	Gespannt und frei	Stationär und instationär	Ja	Ja	Ja	2 D vertikal	ASM, FEM
Locker-gestein	Vertikal hetero-gen und/oder große Tiefe	Voll anisotrop	Gespannt und frei	Stationär und instationär	Ja	Ja	Ja	3 D	ModFlow FeFlow
Festgestein	Vertikal hetero-gen und/oder große Tiefe	Voll anisotrop	Gespannt und frei	Stationär und instationär	Ja	Ja	Ja	3 D	RockFlow

2.2.7 Beurteilung von Modellaussagen

2.2.7.1 Überprüfen von Modellergebnissen

Bei der Anwendung von Grundwassermodellen werden aufgrund unvollständiger Informationen Annahmen und Vereinfachungen gemacht. Ein Modell muß deshalb durch Vergleich mit Meßergebnissen überprüft, d.h. geeicht werden. Dieser Prozeß der Eichung ist essentiell, wenn ein Modell als Grundlage für Aussagen bei der Gefahrenbeurteilung oder bei der Sanierung eingesetzt werden soll. Er besteht aus einer Korrektur bzw. Anpassung der gemachten Annahmen (z.B. über Zahlenwerte der Aquiferparameter) derart, daß Modellergebnisse und Feldmessungen bis zu einem gewissen Grade zur Übereinstimmung gebracht werden. Insbesondere muß überprüft werden, ob die konzeptionellen Voraussetzungen des Modells erfüllt sind.

Aber auch ein geeichtes Modell enthält noch Unsicherheiten, da für die Eichung in der Regel nur eine geringe Datendichte zur Verfügung steht und die Eichung nicht eindeutig zu sein braucht. Insbesondere können Durchflüsse und Durchlässigkeiten in einem stationären Modell nicht gleichzeitig aus Höhen eindeutig bestimmt werden. Sind die Durchlässigkeiten innerhalb von Grenzen bekannt, so liefert die Eichung nur Schranken für die unbekannte Grundwasserneubildungsrate.

Zur weiteren Prüfung besteht die Möglichkeit, durch zusätzliche Feldmessungen die Annahmen des Modells zu bestätigen oder zu korrigieren. Andererseits sind auch mit ungenauen Modellen Aussagen möglich, solange sie nicht konzeptionell falsch sind.

2.2.7.2 Berücksichtigung von Unsicherheiten

Im Zusammenhang mit Modellanwendungen im Altlastenbereich sind 3 Arten von Unsicherheiten von Interesse:

- Unsicherheiten im Modellkonzept,
- Unsicherheiten in den flächigen Mittelwerten der Eichparameter und
- Unsicherheiten infolge mangelnder Kenntnis der kleinräumigen Inhomogenitäten in der Durchlässigkeitsverteilung.

Unsicherheiten im Modellkonzept, d.h. in der qualitativen Vorstellung der Strömungsverhältnisse und des Aquiferaufbaus, führen zu den gravierendsten Einschränkungen für die Voraussage. Die übrigen Unsicherheiten sind im wesentlichen Parameterunsicherheiten.

Als unsicherste Parameter in der Strömungsmodellierung müssen i.a. die Grundwasserneubildungsrate, Randzuflüsse und Leakage-Faktoren angesehen werden. Besonders in Gebieten mit geringem hydraulischen Gefälle können schon geringe Ungenauigkeiten in der Strömungsberechnung zu großen Schwankungen in der Fließrichtung führen. Ein Strömungsmodell sollte deshalb mit Daten über Grundwasserinhaltsstoffe hinsichtlich der berechneten Ausbreitungsrichtung überprüft werden. Dies kann auch anhand von Kontrasten in den natürlichen Inhaltsstoffen geschehen.

Beim Stofftransport ist die durchflußwirksame Porosität der unsicherste Parameter. Da die durchflußwirksame Porosität die Zeitskala des Modells festlegt, folgt daraus, daß Laufzeitangaben grundsätzlich mit Vorsicht zu betrachten sind.

Die Dispersivitäten sind die entscheidenden Parameter zur Berechnung der Ausbreitung von Schadstoffen. In Transportmodellen werden konstante Dispersivitäten verwendet, obwohl das ihnen zugrunde liegende FICK'sche Gesetz erst in größerer Entfernung von der Eintragsstelle Gültigkeit hat. Außerdem sind diese Werte zunächst unbekannt und müssen durch Modelleichung bestimmt werden. Die Unsicherheit der Dispersivitäten ist von untergeordneter Bedeutung, solange nur mittlere Transportrichtungen und Bahnlinien gesucht sind. Sie ist gravierend, wenn es um Maximalkonzentrationen oder die erste Ankunft von Spuren eines Schadstoffs an einer Meßstelle oder einem Brunnen geht.

Ein weiterer unsicherer Parameter bei der Anwendung eines Schadstofftransportmodells ist der Schadstoffeintrag. In der Regel sind weder die Intensität, noch der zeitliche Verlauf oder der Beginn des Schadstoffeintrags aus Altlasten bekannt. Hier können oft nur einfache Annahmen, z.B. eine konstante Quellstärke, zugrunde gelegt werden.

Die Berücksichtigung von Unsicherheiten bei der Modellanwendung kann auf mehrere Arten geschehen:

- Verwendung *konservativer Annahmen*, die zu Ergebnissen führen, die auf jeden Fall auf der sicheren Seite liegen,
- Anwendung der *Szenarienmethode*, die verschiedene mögliche Situationen (günstige *und* ungünstige) miteinander vergleicht,
- Durchführung einer *Sensitivitätsanalyse*, um den Einfluß von unsicheren Parametern auf das Ergebnis zu untersuchen und damit die Bedeutung der Unsicherheit zu quantifizieren,
- Durchführung einer *stochastischen Modellierung*, bei der Erwartungswert und Streuungsmaß von interessierenden Größen in die Berechnungen mit einfließen.

Konservativismen

Bei dieser Vorgehensweise werden Annahmen getroffen, die zu einem Ergebnis führen, das auf jeden Fall auf der sicheren Seite liegt. Da jedoch nicht alle Parameteränderungen zu einer konservativen Annahme führen, muß zuvor mit

Hilfe einer Sensitivitätsanalyse untersucht werden, welche Richtung der Parameteränderungen zu einem konservativen Ergebnis führt. Die Formulierung einer konservativen Annahme ist abhängig von der Fragestellung an das Modell. Im Fall der Schadstoffmodellierung führt eine dispersionsfreie Abschätzung zu einer maximalen Konzentration in einem vorgegebenen Punkt, z.B. einer Meßstelle, wenn der Punkt in der Hauptausbreitungsrichtung des Schadstoffs liegt. Große longitudinale Dispersionskoeffizienten sowie die Vernachlässigung der Adsorption führen zu einer kürzeren Ankunftszeit in einem bestimmten Punkt. In bezug auf die Sanierungsdauer kann gesagt werden, daß große Dispersivitäten eine längere Sanierungsdauer zur Folge haben. Gleichzeitig vermindern sie die maximale Schadstoffkonzentration. Eine Überschätzung der Adsorption verringert die prognostizierte Effizienz der Maßnahme und verlängert ebenfalls die berechnete Sanierungsdauer. Eine Vernachlässigung des Schadstoffabbaus führt in den meisten Fällen zu konservativen Aussagen eines Modells hinsichtlich der Sanierungsmaßnahmen. Bei der Anwendung dieser Methode muß vermieden werden, daß durch eine Vielzahl von konservativen Annahmen ein äußerst unwahrscheinlicher Extremfall entsteht. Vielmehr sollten mehrere Lösungsmöglichkeiten aufgezeigt und als Entscheidungshilfe herangezogen werden.

Szenarienmethode
Sie besteht in der vergleichbaren Modellierung von Situationen, die unterschiedlichen Modellannahmen entsprechen. Insbesondere bei Unsicherheit über das konzeptionelle Modell kann die Szenarienmethode eingesetzt werden. Verschiedene Modellvorstellungen werden jeweils in ein mathematisches Modell umgesetzt und die Ergebnisse miteinander verglichen. Auch unterschiedliche Hypothesen beispielsweise über Schadstoffeintrag, Abbau oder Randbedingungen können mit Hilfe unterschiedlicher Modellszenarien miteinander verglichen werden. Die Sanierung einer Altlast ist sehr teuer. Im Zuge von geplanten Maßnahmen ist es daher wichtig, verschiedene Varianten zu untersuchen und zu vergleichen. Nur so können Kosten minimiert und eine optimale Lösung gefunden werden. Auch hier kann der Einsatz von Grundwassermodellen sehr hilfreich und nutzbringend sein. Der Einfluß von bautechnischen und hydraulischen Maßnahmen, Drainagen und Sickergräben und/oder Kombinationen bei der Sanierung kann mit einem Modell in Form von Szenarien untersucht werden.

Sensitivitätsanalyse
Mit der Sensitivitätsanalyse kann der Einfluß der einzelnen Modellparameter auf die Berechnungsergebnisse systematisch aufgezeigt werden. Dabei können die Auswirkungen von Unsicherheiten in den Modellparametern auf die Modellergebnisse gezielt untersucht werden. Die Sensitivität einer berechneten Größe Y bezüglich eines Parameters p ist definiert als das Verhältnis der relativen Änderung in Y pro relativer Änderung in p.

Ein Problem bei der Sensitivitätsanalyse ist, daß die Veränderung von Parametern jeweils um eine feste Parameterkombination vorgenommen werden muß. Der Aufwand, den gesamten in Frage kommenden Parameterraum auszutesten, ist groß und im Falle des Austestens des Einflusses von Parameterwerten auf der Ebene der einzelnen Modellzellen oder -elemente nicht mehr durchführbar. Hier bietet sich die stochastische Modellierung als Alternative an.

Stochastische Modellierung

Bei der stochastischen Modellierung nach der *Monte-Carlo-Methode* wird davon ausgegangen, daß ein oder mehrere Parameter eines realen Aquifers jeweils nur als Mittelwert und Standardabweichung sowie die dazugehörige Verteilungsart und -struktur bekannt sind. Mit Hilfe eines Zufallsgenerators werden mehrere Realisationen der Verteilung eines Parameters bzw. einer Parameterkombination erzeugt. Zum Beispiel können räumliche Verteilungen des Parameters Durchlässigkeit erzeugt werden, die Inhomogenitäten mit bestimmter mittlerer Größe und mittlerem Kontrast gegenüber dem Mittelwert enthalten. Die auf diese Weise erzeugten Aquifere stimmen mit dem natürlichen Aquifer nur bezüglich der statistischen Eigenschaften überein. Für jede zufällig bestimmte Realisation kann dann ein Ergebnis ermittelt werden. Aus der Summe der Ergebnisse können wiederum Mittelwert und Standardabweichung von interessierenden Größen berechnet werden.

Die erforderliche Anzahl der Realisationen ist zunächst unbekannt. Sie ist erreicht, wenn die Mittelwerte und Standardabweichungen berechneter interessierender Größen konvergieren. Der Nachteil dieser Methode liegt darin, daß die Anzahl der Realisationen sehr hoch sein kann und die Methode damit sehr rechen- und zeitintensiv ist. Eine Berücksichtigung von Meßwerten bei der Erzeugung von Realisationen ist möglich. Methoden zur Verringerung der erforderlichen Anzahl von Realisationen sind in der Entwicklung.

2.2.7.3 Grenzen des Modelleinsatzes

Jedes Modell stößt in seiner Aussagekraft an Grenzen. Prinzipiell sind Prognosen zum zeitlichen Verlauf des Austrags und der Konzentrationsentwicklung in der Zukunft problematisch, wenn der Prognosezeitraum größer wird als der Beobachtungszeitraum oder wenn die Zukunftsaussage wesentlich von den unbekannten hydrologischen Bedingungen in der Zukunft abhängt. Eine zweite Art von prinzipieller Grenze betrifft die Erfaßbarkeit von Inhomogenitäten. Solange Inhomogenitäten als klein gegen die räumliche Ausdehnung des Modells oder des modellierten Problems vorausgesetzt werden können, ist ihr Einfluß gering. Falls aber lang ausgestreckte Inhomogenitäten existieren (z.B. Rinnen, Verwerfungen, Kluftzonen), die unbekannt sind, so muß das Modell i.d.R. an der Wahrheit vorbeigehen.

## 2.2.8	Zusammenstellung von analytischen und numerischen Modellen

In den folgenden Tabellen 40 - 42 werden die im Materialienband enthaltenen Modelle sowie einige andere zur Zeit gebräuchliche analytische und numerische Modelle aufgeführt und kurz beschrieben.

Tabelle 40.	Analytische Modelle

Modell	Kurzbeschreibung	Autoren	Bezugsquelle
WSG	Berechnung der Trennstromlinie und n-Tage Isochrone, stationäre und gespannte Grundwasserverhältnisse, 2D-horizontal	R. Rausch, A. Voss	Materialienband "Berechnungsverfahren und Modelle"
SIC	Stochastische Berechnung von Isochronen, stationäre und gespannte GW-Verhältnisse, 2D-horizontal	W. Kinzelbach, R. Rausch	Materialienband "Berechnungsverfahren und Modelle"
PAT	Berechnung von Bahnlinien und Laufzeiten, stationäre und gespannte GW-Verhältnisse, 2D-horizontal	W. Kinzelbach, R. Rausch	Materialienband "Berechnungsverfahren und Modelle"
CATTI	Auswertung von Tracerexperimenten mit automatischer Parameteranpassung, 1D- und 2D- Lösungen der Transportgleichung	J.-P. Sauty, W. Kinzelbach, A. Voss	Materialienband "Berechnungsverfahren und Modelle"
QuickFlow	Berechnung von Standrohrhöhenverteilung, Bahnlinien und Laufzeiten für stationäre und instationäre, gespannte und ungespannte GW-Verhältnisse, 2D-horizontal	Geraghty & Miller Modelling Group	Geraghty & Miller Inc., 1895 Preston White Drive, Suite 301 Reston, Va. 22091, USA

Tabelle 41. Numerische 2D-Modelle

Modell	Kurzbeschreibung	Autoren	Bezugsquelle
ASM	Berechnung von stationärer und instationärer GW-Strömung und Schadstofftransport für freie und gespannte Aquifere, FD-Modell, 2D-horizontal und vertikal	W. Kinzelbach, R. Rausch	ETH Zürich CH 8093 Zürich
FEM	Berechnung von stationärer und instationärer GW-Strömung für gespannte Aquifere, FE-Modell, 2D-horizontal oder vertikal	W.-H. Chiang, C. Cordes, W. Kinzelbach, R. Rausch, S. Vassolo	ETH Zürich CH 8093 Zürich
PROFI	Berechnung von stationären und instationären Strömungs- und Transportproblemen, freie und gespannte Aquifere, FE-Modell, 2D-horizontal	W. Kinzelbach, W.-H. Chiang, S. Vassolo, C. Cordes	ETH Zürich CH 8093 Zürich
SUTRA	Berechnung von 2D-horizontalen und vertikalen GW-Strömungen in der gesättigten Zone und 1D-vertikalen GW-Strömung in der ungesättigten Zone, FE-Modell	C. I. Voss	Scient. Software Publ.[a] oder IGWMC Delft[b] oder USGS[c]
FEFlow	Berechnung von stationärer und instationärer GW-Strömung, Schadstoff- und Wärmetransport, für freie und gespannte Aquifere, 3D-FE-Modell	H.-J. Diersch	WASY Gesellschaft für Wasserwirtschaftliche Planung und Systemforschung mbH Waltersdorfer Str. 105, 12526 Berlin
AQUA	Berechnung von stationärer und instationärer GW-Strömung, Schadstoff- und Wärmetransport, FE-Modell, 2D-horizontal und vertikal	Vatnaskil Consulting Engineers	Vatnaskil Consulting Engineers, Armuli 11, 108 Reykjavik, Island

[a] Scientific Software Publ. Co., P.O. Box 23041, Wa. D.C. 20026-3041, USA
[b] IGWMC, TNO-DGV Institute of Applied Geoscience, P.O. Box 285, 2600AG Delft, The Netherlands
[c] U.S. Geological Survey, Books and Open-File Reports, Federal Center, Bldg. 810, Box 25425, Denver, Co. 80225

Tabelle 42. Numerische 3D-Modelle

Modell	Kurzbeschreibung	Autoren	Bezugsquelle
GFR	Berechnung von stationären Grundwasserströmungen in 3D für gespannte Aquifere mit hydraulischen und geotechnischen Maßnahmen, FE-Methode	W.H. Chiang, W. Kinzelbach, C. Cordes	Materialienband "Berechnungsverfahren und Modelle"
ModFlow	Berechnung von stationärer und instationärer Grundwasserströmung in 1D, 2D und 3D, freie und gespannte Aquifere, FD-Modell	M.G. McDonald, A.W. Harbaugh	Scient. Software Publ.[a] oder IGWMC Delft[b] oder USGS[c]
ModPath	Berechnung von Bahnlinien in einem stationären Strömungsfeld	D. Pollock	Scient. Software Publ.[a] oder IGWMC Delft[b] oder USGS[c]
PM	Prä- und Postprozessor für das Modell ModFlow/ModPath inkl. modifizierten Modellen ModFlow und ModPath	W.-H. Chiang, W. Kinzelbach	ETH Zürich CH 8093 Zürich
ModWalk	Berechnung von Stofftransport auf der Basis des Strömungsfeldes aus ModFlow mit Hilfe der Random-walk-Methode in 3D	D. Schäfer	Inst. f. Umweltphysik Universität Heidelberg Im Neuenheimer Feld 69120 Heidelberg
MT3D	Berechnung von Stofftransport auf der Basis des Strömungsfeldes aus ModFlow mit Hilfe der Charakteristiken-(bzw. FD-) Methode in 3D	C.M. Zheng	Scient. Softw. Publ.[a] oder Prof. Chunmiao Zheng, Univ. of Alabama, Dept. of Geol., Box 870338 Tuscaloosa, Alabama, 354870338, USA
RockFlow	Berechnung von Grundwasserströmung und Transport in klüftigen Grundwasserleitern mit Einzelklüften	J. Wollrath, K.-P. Kröhn	Inst. f. Strömungsmechanik und elektronisches Rechnen im Bauwesen, Universität Hannover
HST3D	Berechnung von stationärer und instationärer GW-Strömung, Wärme- und Schadstofftransport, FD-Modell	K. L. Kipp jr.	U.S. Geological Survey[c]
AIR	Berechnung von stationärer Luftströmung in der ungesättigten Zone und 3D-Bahnlinien, Druckgleichen in 2D-Schnitten, FD-Modell	W. Kinzelbach, J.Y. Lin	Inst. f. Umweltphysik Universität Heidelberg Im Neuenheimer Feld 69120 Heidelberg

[a], [b], [c] s. Tabelle 41

2.2.9   Möglichkeiten des Modelleinsatzes an einem typischen Beispiel

2.2.9.1   Allgemeines

Anhand eines synthetischen Falles, der einem konkreten Altlastenproblem im Land Niedersachsen nachempfunden ist, sollen in diesem Kapitel die Anwendungsmöglichkeiten verschiedener Modellansätze im Vergleich aufgezeigt werden. Dabei kommen analytische Faustformeln, ein analytisches, ein numerisches zweidimensionales sowie ein dreidimensionales Modell zum Einsatz. Es wird dargestellt, welche Ergebnisse bei einem Einsatz aufwendiger Methoden im Vergleich zu groben Abschätzungen mit Formeln erzielt werden können. Weiter soll gezeigt werden, welcher Mehraufwand an Erkundung notwendig ist, bevor höherwertige Methoden auch zu sichereren Aussagen führen können. Aus der Darstellung sollten keine Folgerungen über den tatsächlichen Fall gezogen werden, da fehlende Daten durch synthetische Daten ergänzt wurden und hier v.a. der Methodenvergleich im Vordergrund stehen soll.

2.2.9.2   Fallbeschreibung

Beschreibung der Situation

Es handelt sich bei diesem Beispiel um 4 Altablagerungen A, B, C und D, in deren Abstrombereich eine aus vier Entnahmebrunnen bestehende Brunnengalerie eines Wasserwerkes liegt (Abb. 115). Die Altablagerungen liegen südwestlich der Brunnengalerie innerhalb der Schutzzone IIIa. Die Entfernungen der Altablagerungen zu den Brunnen betragen zwischen 700 m und 3,1 km. Bei den Altablagerungen handelt es sich um sog. "wilde" Grubenverfüllungen mit Abfallarten wie Hausmüll, Sperrmüll, Bauschutt, Schlämmen aus der Mineralölraffination, Abfällen aus der Gummiproduktion (C) und evtl. auch Rückständen von abgelagerten Pflanzenschutzmitteln (B und D). Die Altablagerungen wurden mit Oberflächenabdeckungen versehen, die jedoch schadhaft sind. An Beobachtungsbrunnen in der näheren Umgebung der Altablagerungen wurden z. T. hohe Konzentrationen von Schwermetallen und erhöhte AOX-Werte festgestellt. Pestizide konnten ebenfalls nachgewiesen werden. Die Werte der Trinkwasserverordnung wurden dabei teilweise erheblich überschritten. Es ist zu klären, ob und inwieweit die Brunnen des Wasserwerkes durch die Altablagerungen gefährdet sind.

Darstellung der geohydraulischen Verhältnisse

Grundsätzlich können in dem Gebiet 2 Hauptgrundwasserstockwerke unterschieden werden. Der obere freie Aquifer hat eine Mächtigkeit von 20 - 70 m und besteht aus quartären Sanden. Der Grundwasserflurabstand beträgt zwischen 10 und 40 m. Im Bereich der Altablagerung C ist eine weitere Untergliederung in 2 Teilaquifere zu erkennen, wobei die Sohle der Altablagerung bis in den oberen Teilaquifer reicht. Der untere Aquifer ist gespannt und besitzt eine Mächtigkeit von 50 - 100 m. Er besteht aus tertiären und quartären Mittel- bis Feinsanden. Die beiden Hauptaquifere werden durch eine 20 - 65 m mächtige Geschiebemergelschicht getrennt. Im Westen ist diese Trennschicht jedoch durch eine eiszeitliche Erosionsrinne unterbrochen, so daß von einer hydraulischen Verbindung der beiden Aquiferstockwerke ausgegangen werden muß (Abb. 116). Die Erosionsrinne besteht aus pleistozänen groben Sanden. Für die im folgenden durchgeführten zweidimensionalen Untersuchungen wird die Aquifermächtigkeit m = 150 m abgeschätzt.

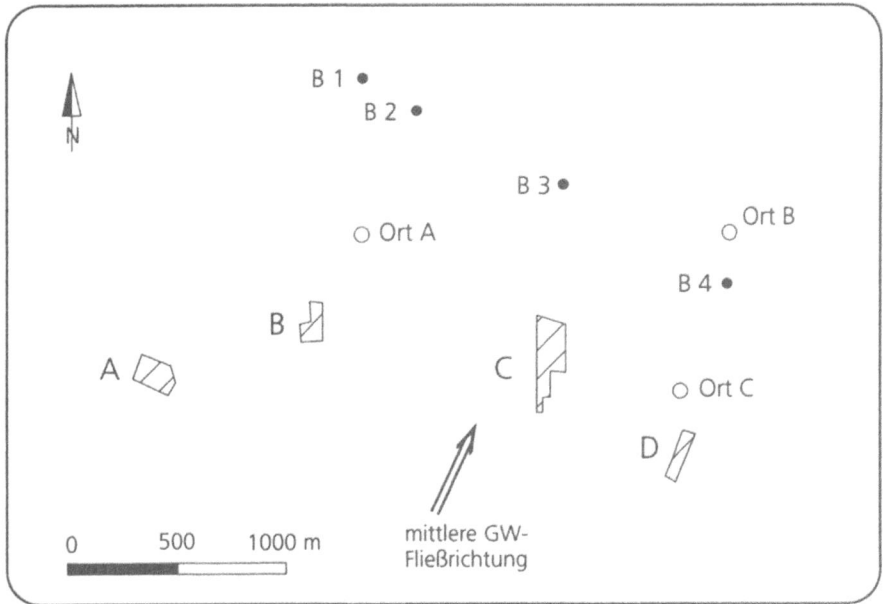

Abb. 115.   Lage der Altablagerungen und Wasserwerksbrunnen

Die Altablagerungen lassen sich 2 Arten von Standorttypen zuordnen. Die Bereiche der Altablagerungen A, B und D entsprechen dem Standorttyp 11. Kennzeichnend ist ein tiefer Grundwasserstand mit freiem Grundwasserspiegel. Im Bereich der Altablagerung C liegt der Standorttyp 13 vor, d.h. Grundwasseranschluß der Altablagerung und eine Stockwerkstrennung.

Das Wasserwerk entnahm 1990 dem Aquifer über die 4 Entnahmebrunnen B1, B2, B3 und B4 insgesamt $3,7 \cdot 10^6$ m³. Im einzelnen waren dies:

$$QB_1 = 1,0 \cdot 10^6 \text{ m}^3/\text{a} = 0,032 \text{ m}^3/\text{s}$$
$$QB_2 = 0,9 \cdot 10^6 \text{ m}^3/\text{a} = 0,028 \text{ m}^3/\text{s}$$
$$QB_3 = 0,5 \cdot 10^6 \text{ m}^3/\text{a} = 0,016 \text{ m}^3/\text{s}$$
$$QB_4 = 1,3 \cdot 10^6 \text{ m}^3/\text{a} = 0,041 \text{ m}^3/\text{s}$$

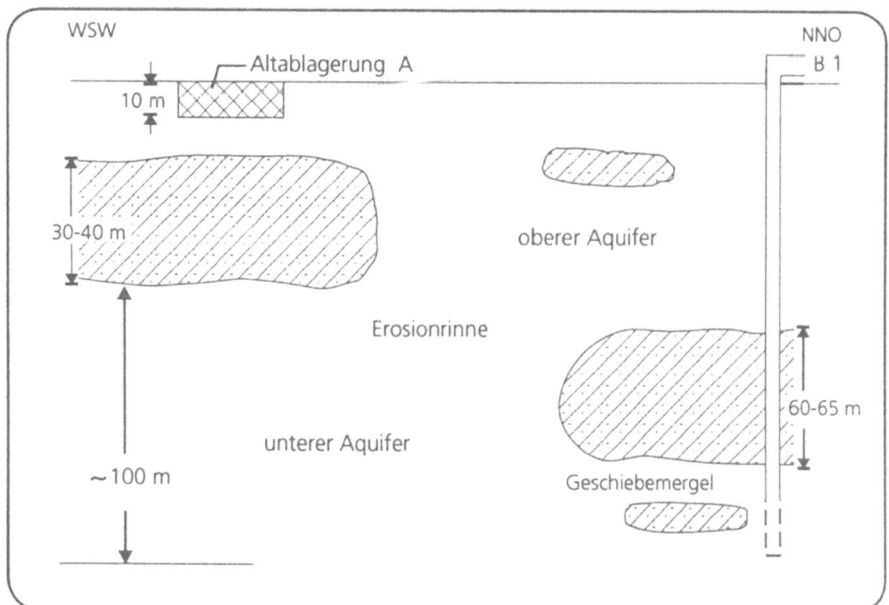

Abb. 116.   Geologisches Profil im Bereich der Altablagerung A

Es handelt sich bei den Brunnen um unvollkommene Entnahmebrunnen, die aus dem unteren Aquiferstockwerk fördern. Weitere nennenswerte Grundwasserentnahmen sind nicht bekannt. Die Grundwasserneubildungsrate wird für das zu untersuchende Gebiet auf 60 mm/a geschätzt.

Aus den Ergebnissen einer Stichtagsmessung kann eine generelle Fließrichtung des Grundwassers von Südwesten nach Nordosten abgeleitet werden, die senkrecht auf die Brunnenreihe des Wasserwerks weist. Der Grundwasserabstrom von den Altablagerungen erfolgt mit einem Gefälle von ca. 5 ‰.

Die beiden Grundwasserleiter bestehen aus Mittel- und Feinsanden und werden als sehr gut durchlässig bis durchlässig beschrieben. Die durchflußwirksame Porosität wird in der Literatur mit n_f = 0,07 - 0,2 (z.B. Busch und Luckner 1974) angegeben. Für den vorliegenden Beispielfall wird eine durchflußwirksame Porosität n_f = 0,1 angenommen. Die durchflußwirksame Porosität geht mit ihrem Kehrwert als Skalenfaktor in die Laufzeitenberechnung ein. Die Angabe der Laufzeiten ist daher mit einem Unsicherheitsfaktor von etwa 2 behaftet.

Ein im Jahre 1985 am Brunnen 1 durchgeführter Pumpversuch ergab für das untere Grundwasserstockwerk einen mittleren Durchlässigkeitsbeiwert von k_f = $1 \cdot 10^{-4}$ m/s. Da beide Grundwasserstockwerke etwa den gleichen geologischen Aufbau besitzen, wird dieser Wert für beide Grundwasserstockwerke angenommen.

Konkret sollen mit allen Methoden bei vergleichbaren Eingabedaten die folgenden Fragen beantwortet werden:

- Liegen die Altablagerungen im Einzugsgebiet der Entnahmebrunnen des Wasserwerks?
- Wie groß sind die Laufzeiten von den Altablagerungen zu den Brunnen?
- Wie groß ist das Verdünnungspotential?

2.2.9.3 Gefahrenbeurteilung mit analytischen Formeln

Einzugsgebiet
Zunächst wird die asymptotische Entnahmebreite der 4 Wasserwerksbrunnen getrennt berechnet. Mit den jeweiligen Entnahmeraten der Brunnen und einer Mächtigkeit m = 150 m des Gesamtaquifers (1. und 2. Stockwerk) sowie der Grundströmungsgeschwindigkeit $v_0 = 5 \cdot 10^{-7}$ m/s (aus regionalem Gefälle und k_f-Wert) ergeben sich die folgenden Entnahmebreiten:

$$B_{\infty B1} = 430 \text{ m} \qquad\qquad B_{\infty B3} = 215 \text{ m}$$
$$B_{\infty B2} = 370 \text{ m} \qquad\qquad B_{\infty B4} = 550 \text{ m}$$

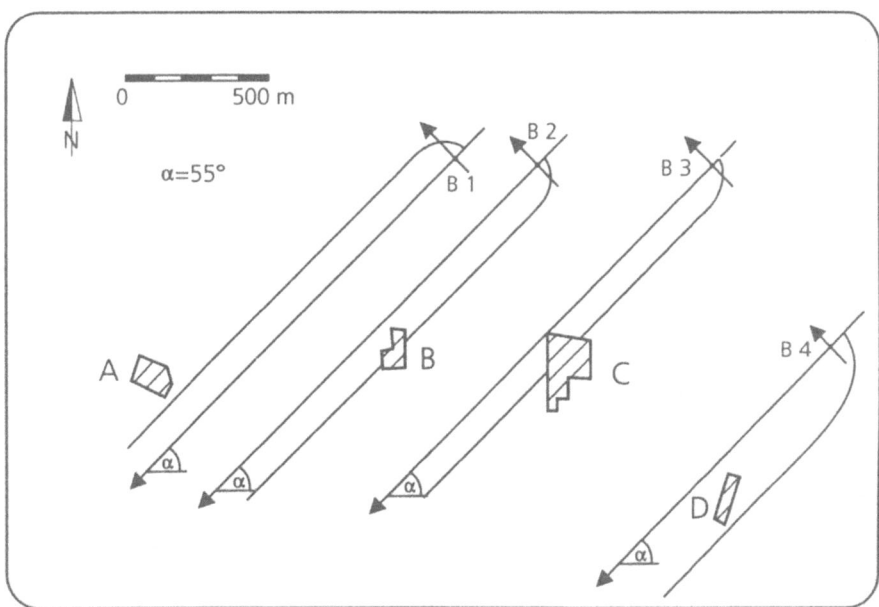

Abb. 117.   Analytische Bestimmung der Brunneneinzugsgebiete

Für jeden Brunnen ist der Entnahmebereich in Abb. 117 dargestellt. Geht man von einer mittleren parallelen Grundströmungsrichtung von $\alpha = 55°$ zur Horizontalen aus, so liegen die Altablagerungen B und C nur teilweise im Einzugsgebiet der Brunnen B2 und B3, während die Altablagerung D vollständig im Einzugsgebiet des Brunnens B4 liegt und Altablagerung A den Brunnen B1 nicht beeinflußt, da sie außerhalb dessen Einzugsgebiet liegt. Die Beeinflussung ist stark von der Fließrichtung abhängig. Die Berechnung kann deshalb schon bei kleinen Änderungen der Fließrichtung zu anderen Ergebnissen führen. Hier ist die Betrachtung von 2 Grenzfällen (minimaler und maximaler Winkel) unbedingt erforderlich. Die Einzeleinzugsgebiete der Brunnen B1 und B2 überlappen, deshalb ist eine getrennte Einzugsgebietsbestimmung nicht zulässig. Die gegenseitige Beeinflussung der beiden Brunnen kann mit dem analytischen Modell PAT korrekt berücksichtigt werden (Kap. 2.2.9.4).

Laufzeiten
Die Berechnung der Laufzeiten erfolgt nach der Formel von Bear und Jacobs (1965). Mit einer durchflußwirksamen Porosität $n_f = 0,1$ und den jeweiligen Eckkoordinaten der Altablagerungen als Startpunkten ergeben sich die in Tabelle 43 aufgeführten Laufzeiten.

Tabelle 43.   Berechnete horizontale Laufzeiten zwischen Eckpunkten der Altablagerungen und dem jeweils gefährdeten Brunnen

Eckpunkt	Altablagerungen		
	B	C	D
1	6,2 a	2,9 a	4,7 a
2	7,2 a		4,5 a
3	7,3 a		6,8 a
4			6,3 a

Die Laufzeiten sind jedoch nur für die horizontale Ausbreitung im gesättigten Bereich gültig. Da die Sohlen der Altablagerungen B und D oberhalb des Grundwasserspiegels liegen, müssen zusätzlich die Fließzeiten im ungesättigten Bereich berücksichtigt werden.

Der Abstand der Sohle bis zum Grundwasserspiegel beträgt für die Altablagerung B 37,2 m und für die Altablagerung D 10,8 m. Mit einer geschätzten Grundwasserneubildungsrate von 60 mm/a und einer effektiven Porosität von 0,1 beträgt die mittlere vertikale Fließzeit

$$t_{v,B} = 62\ a \quad und \quad t_{v,D} = 18\ a.$$

Die Gesamtfließzeit ergibt sich aus der Summe der minimalen horizontalen und der vertikalen Laufzeit:

$$t_{ges, B} = t_h + t_v = 6,2 + 62 = 68,2 \text{ a}$$

$$t_{ges, D} = 4,5 + 18 = 22,5 \text{ a}$$

Verdünnungspotential

Das im Brunnen geförderte Wasser setzt sich aus unbelastetem Grundwasser und schadstoffhaltigem Sickerwasser der Altablagerung zusammen. Unter der Annahme eines persistenten Schadstoffs ist im langfristigen Mittel der Massenfluß im Sickerwasser der Deponie gleich dem Massenfluß in der Entnahme des Brunnens, der den Abstrom der Deponie erfaßt. Die Schadstoffkonzentration wird jedoch infolge Vermischung des Sickerwassers mit dem unbelasteten Wasser des Aquifers verringert. Die Berechnung der Konzentration im Brunnen erfolgt unter der Annahme einer Schadstoffkonzentration von 100 Einheiten im Sickerwasser der Altablagerung nach der Formel

$$Q_{inf} \cdot c_{100} = Q_{Br} \cdot c_{Br}$$

mit

Q_{Br}:   Entnahmerate des Brunnens [m³/s]
Q_{inf}:   Sickerwasserrate der Altablagerung [m³/s]
c_{Br}:   Konzentration des geförderten Wassers [mg/l]
c_{100}:   Konzentration am Eintragsort (= 100 gesetzt) [mg/l]

Die belastete Sickerwasserrate wird als Produkt aus Grundwasserneubildungsrate und unbefestigter kontaminierter Fläche berechnet. Mit den Größen der unbefestigten Flächen der Altablagerungen

$$A_{unbef}, B = 22.400 \text{ m}^2 \quad \text{und} \quad A_{unbef}, D = 20.675 \text{ m}^2$$

ergeben sich die folgenden Infiltrationsraten:

$$Q_{inf, B} = 22.400 \text{ m}^2 \cdot 2 \cdot 10^{-9} \text{ m}^3/\text{s/m}^2 = 4,3 \cdot 10^{-5} \text{ m}^3/\text{s}$$

$$Q_{inf, D} = 20.675 \text{ m}^2 \cdot 2 \cdot 10^{-9} \text{ m}^3/\text{s/m}^2 = 3,9 \cdot 10^{-5} \text{ m}^3/\text{s}$$

Die Konzentration des geförderten Wassers beträgt damit nach Vermischung nur noch

c_{B2} : 0,15 % bzw.

c_{B4} : 0,1 % der ursprünglichen Konzentration.

2.2.9.4 Gefahrenbeurteilung mit dem analytischen Modell PAT

Mit dem analytischen Modell PAT können unter Annahme einer stationären, parallelen Grundströmung Bahnlinien und Laufzeiten in einem homogenen, isotropen und gespannten Aquifer mit beliebig vielen Brunnen unter Berücksichtigung der gegenseitigen Beeinflussung berechnet werden. Eine Anwendung auf freie Aquifere kann in guter Näherung erfolgen, wenn die Variabilität des Grundwasserspiegels klein gegenüber der Tiefe der gesättigten Zone ist. Diese Bedingung ist im vorliegenden Beispielfall erfüllt. Die Stockwerkstrennung kann allerdings nicht berücksichtigt werden.

Für das zu untersuchende Gebiet werden die folgenden Eingangsparameter verwendet:

Durchlässigkeitsbeiwert: $k_f = 10^{-4}$ m/s
Durchflußwirksame Porosität: $n_f = 0,1$
Aquifermächtigkeit: $m = 150$ m
Hydraulischer Gradient: $I = 5$ ‰
Zugabe-/Entnahmeraten von Brunnen: Q
Anströmwinkel der Grundströmung: $\alpha = 55°$

In Abb. 118 ist das Ergebnis der Bahnlinienberechnungen dargestellt. Die Bahnlinien wurden rückwärts in der Zeit berechnet, d.h. von den Brunnen ausgehend entgegengesetzt des Grundwasserfließgefälles. Der zeitliche Abstand zwischen den Markierungen auf den Bahnlinien entspricht 1 Jahr. Die Laufzeiten sind in Tabelle 44 aufgeführt. Sie sind vergleichbar mit den in Kap. 2.2.9.3 bestimmten Werten.

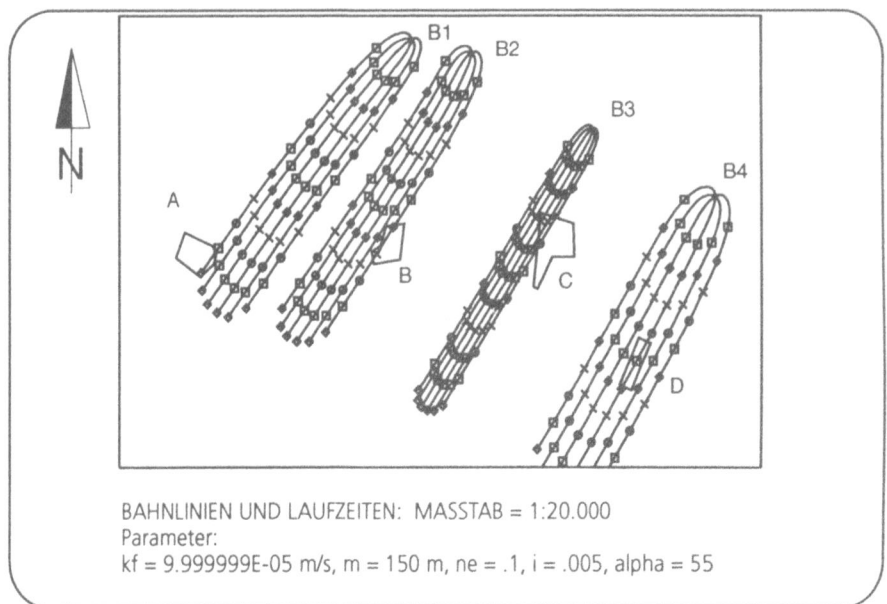

BAHNLINIEN UND LAUFZEITEN: MASSTAB = 1:20.000
Parameter:
kf = 9.999999E-05 m/s, m = 150 m, ne = .1, i = .005, alpha = 55

Abb. 118. Bahnlinien bei einer mittleren Grundströmungsrichtung $\alpha = 55°$ (PAT)

Tabelle 44. Berechnete horizontale Laufzeiten zwischen Eckpunkten der Altablagerungen und dem jeweils gefährdeten Brunnen (PAT)

Eckpunkt	Altablagerungen			
	A	B	C	D
1	10,0 a	7,9 a	2,8 a	6,0 a
2	9,7 a	6,6 a		5,9 a
3	9,4 a	6,6 a		4,3 a
4	9,3 a	5,6 a		4,3 a

Gegenüber der mehrfachen Anwendung der Formel zur Bestimmung des Einzugsbereichs eines Einzelbrunnens ist mit der Anwendung einer Mehrbrunnenlösung ein Fortschritt erzielt, da die gegenseitige Beeinflussung der Einzugsbereiche der Brunnen berücksichtigt wird. Die grundlegenden Annahmen sind jedoch gleich. Die Ergebnisse weichen geringfügig von denen in Kap. 2.2.9.3 ab. Durch die gegenseitige Verdrängung der Einzugsgebiete der Brunnen 1 und 2 wird die Altablagerung A jetzt noch von der Trennstromlinie tangiert. In bezug auf das Verdünnungspotential lassen sich grundsätzlich keine neuen Erkenntnisse gewinnen. Lediglich die Verteilung auf die einzelnen Brunnen ist gegenüber Kap. 2.2.9.3 geringfügig verändert.

2.2.9.5 Gefahrenbeurteilung mit dem numerischen Modell ASM

ASM ist ein zweidimensionales numerisches FD-Modell. Das gewählte Modellgebiet hat eine Erstreckung von 3.750 · 3.925 m und wird in 48 · 49 Elemente unterschiedlicher Größe diskretisiert. Im Süden wird das Modell von der Grundwasserhöhengleiche 32,50 mNN begrenzt. Diese GW-Höhengleiche wird als Festpotentialrand modelliert. Der westliche Rand des Modellgebiets wird als Randstromlinie modelliert. Ränder längs der Stromlinien entsprechen undurchlässigen Rändern im Modell. In weiterer nördlicher und östlicher Entfernung liegen ein Fluß und ein Nebenfluß, die als Vorfluter für den betrachteten Aquifer wirksam sind. Der nördliche und östliche Rand werden daher als Leakage-Rand modelliert. Für die Strömungs- und Bahnlinienberechnung werden folgende räumliche Mittelwerte als Eingabeparameter verwendet:

Aquifer-Mächtigkeit:	$m = 150$ m
Transmissivität:	$T = 0,015$ m^2/s
Grundwasserneubildungsrate:	$N = 2 \cdot 10^{-9}$ m^3/(m^2/s)
Entnahmeraten durch Brunnen:	Q (siehe 4.10.2)
Durchflußwirksame Porosität:	$n_f = 0,1$
Randwerte (z.B. Festpotentiale, Randzuflüsse, usw.)	

Für die Modelleichung stand nur der Grundwassergleichenplan aus einer Stichtagsmessung aus dem Jahr 1986 zur Verfügung. Bei der stationären Eichung können entweder die Durchlässigkeiten oder die Zuflüsse (z.B. Grundwasserneubildung) angepaßt werden. Die Vorgaben für Grundwasserneubildung und Durchlässigkeiten wurden unverändert übernommen. Die Leakage-Faktoren wurden angepaßt. Aus der Eichung ergaben sich die Werte:

Nördlicher Rand:	$L = 4 \cdot 10^{-9}$ 1/s
Östlicher Rand:	$L = 7 \cdot 10^{-9}$ 1/s

Abbildung 119 zeigt die berechneten Grundwasserhöhen in Form von Isolinien.

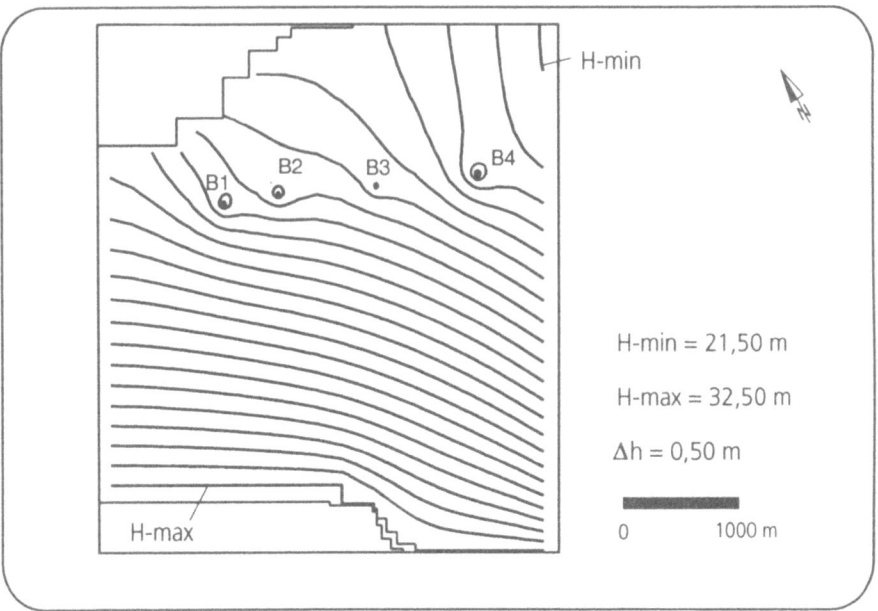

H-min

H-min = 21,50 m

H-max = 32,50 m

Δh = 0,50 m

0   1000 m

Abb. 119.   Berechneter Grundwasserhöhengleichenplan (ASM)

Für die Gefährdungsabschätzung der Wasserwerksbrunnen wird wiederum die Darstellung von Bahnlinien herangezogen. Die Berechnung der Laufzeiten ist konservativ, wenn sie für einen nichtadsorbierenden Schadstoff erfolgt (Retardierungsfaktor 1). Das bedeutet, daß ein Brunnen im Vergleich zum Fall mit Adsorption schneller erreicht wird. Als Startpunkte der Bahnlinien werden die Eckpunkte der Altablagerungen gewählt. Abbildung 120 zeigt das Ergebnis der Bahnlinienberechnung.

Aus der Abbildung ist zu erkennen, daß von einer Gefährdung aller Wasserwerksbrunnen ausgegangen werden muß. Die Altablagerung D liegt allerdings nicht wie bei den vorangegangenen Berechnungen im Einzugsbereich des Brunnens B4. Hinsichtlich des Wasserwerks stellt diese Altablagerung demnach keine Gefahr dar.

Die mittleren horizontalen Laufzeiten von den Altablagerungen zu den Brunnen sind in Tabelle 45 angegeben. Sie sind größer als beim analytischen Modell PAT, da die Strömung infolge Grundwasserneubildung und Randbedingungen keine homogene Parallelströmung darstellt.

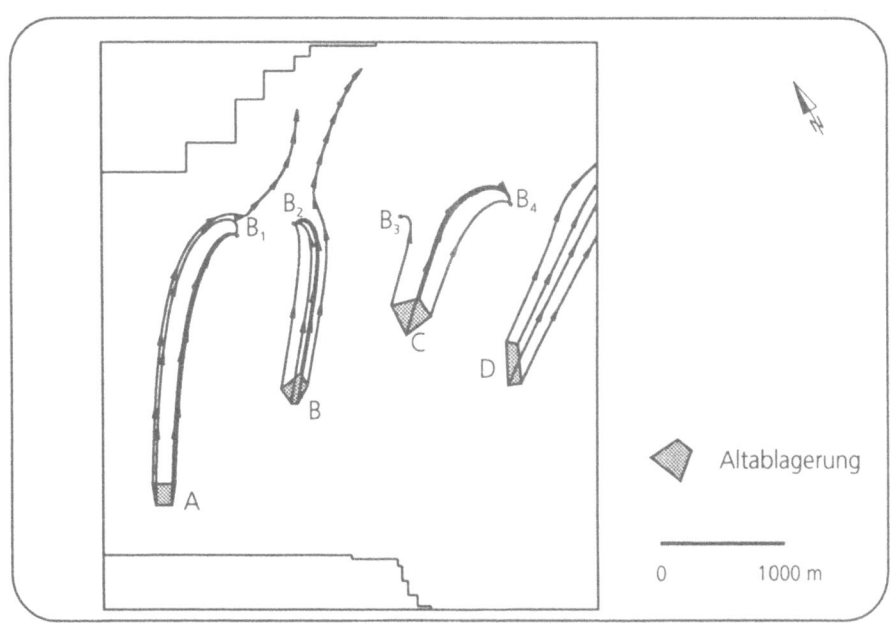

Abb. 120.   Bahnlinien für einen nichtadsorbierenden Schadstoff (ASM)

Tabelle 45.   Berechnete horizontale Laufzeiten zwischen den Altablagerungen und dem jeweils gefährdeten Brunnen (ASM)

Altablagerungen		
A	**B**	**C**
19,2 a zum Brunnen 1	9,9 a zum Brunnen 2	7,2 a zum Brunnen 3 13,0 a zum Brunnen 4

Gegenüber den analytischen Ansätzen können im numerischen 2D-Modell die Grundwasserneubildung und realistische Randbedingungen berücksichtigt werden. Von der ebenfalls möglichen Inhomogenität der Verteilungen von Durchlässigkeit und Grundwasserneubildung aus Niederschlag wurde wegen Mangels an Daten kein Gebrauch gemacht. Die Schichtung des Aquifers und die unvollständige Verfilterung der Brunnen können auch hier nicht berücksichtigt werden.

Die Tatsache, daß im numerischen Modell realistische Randbedingungen berücksichtigt werden können, muß nicht unbedingt zu einem sichereren Ergebnis führen, insbesondere wenn keine Angaben über die Randbedingungen bekannt sind. Im vorliegenden Fall ist die Annahme einer Parallelströmung, wie sie in den analytischen Lösungen vorausgesetzt wurde, nicht korrekt. Es herrscht eine divergente Grundwasserströmung in Richtung der Wasserwerksbrunnen vor. Das beobachtete Strömungsmuster läßt sich in diesem Beispiel mit einem numerischen Modell besser berücksichtigen als mit der analytischen Methode. Insofern ist das numerische Modell vorzuziehen.

Mit Hilfe der Transportberechnung können die Konzentrationsverteilung sowie die Konzentrationen in Brunnen nach einer bestimmten Zeit berechnet werden. Dazu werden die folgenden zusätzlichen Parameter eingegeben:

Injektionsrate:	$M = 100$ kg/d,
Retardierungsfaktor:	$R = 1$,
Dispersivitäten:	$\alpha_L = 10$ m (aus Diagramm Beims),
	$\alpha_T = 1$m (geschätzt).

Es wird ein stationärer Endzustand der Konzentration am Brunnen berechnet, der mit den vorherigen Berechnungen vergleichbar ist. An den Brunnen wurden mit beliebig zu 1 kg/d eingesetzten Eintragsraten die folgenden Konzentrationen bestimmt:

$$c_{B1} : 34,4 \text{ mg/l},$$
$$c_{B2} : 39,8 \text{ mg/l},$$
$$c_{B4} : 27,5 \text{ mg/l}.$$

Zur Berechnung der Verdünnungsraten muß der Eintragsrate eine Anfangskonzentration gegenübergestellt werden, die sich als Quotient aus der Eintragsrate und der Infiltrationsrate auf der Altablagerung bestimmt. Es ergeben sich die folgenden Verdünnungsraten:

$$c_{B1} = 0,1 \text{ %},$$
$$c_{B2} = 0,15 \text{ %},$$
$$c_{B4} = 0,1 \text{ %}.$$

Die Lösungen für die Altablagerungen B und D entsprechen genau denen der analytischen Berechnungen. Das numerische Modell bringt in diesem Beispiel gegenüber den analytischen Ansätzen also keine Vorteile. Dies ist zu erwarten, da die Entnahme- und Infiltrationsraten modellunabhängig sind. Bei der Transportberechnung wird im Gegensatz zu den vorherigen Berechnungen die Dispersion berücksichtigt. Die Dispersion hat jedoch im vorliegenden Fall keinen Einfluß auf die Konzentrationen im Brunnen, da kein Schadstoff am Brunnen vorbeiläuft.

2.2.9.6 Gefahrenbeurteilung mit dem 3D-Modell ModFlow/ModPath

Mit dem dreidimensionalen Finite-Differenzen-Modell ModFlow/ModPath wurde ein aus 3 Schichten bestehendes Modell erstellt. Das in $48 \cdot 49$ horizontale Elemente unterschiedlicher Größe diskretisierte Modellgebiet ist in Abb. 121 dargestellt. Die erste und dritte Schicht stellen den oberen und unteren

Grundwasserleiter dar. Die zweite Schicht stellt die trennende Geschiebemergelschicht zwischen den beiden wasserführenden Schichten dar. Sie hat eine sehr viel geringere Durchlässigkeit. Im Westen des Modellgebiets ist sie durch eine Erosionsrinne unterbrochen (Abb. 121). Die Erosionsrinne wird berücksichtigt, indem in diesem Teilgebiet in der zweiten Schicht die gleiche Durchlässigkeit wie in der ersten Schicht angesetzt wird. Insgesamt werden die horizontalen Durchlässigkeiten so gewählt, daß sie der Transmissivität des zweidimensionalen Modells entsprechen. Die vertikalen Durchlässigkeiten werden um eine Zehnerpotenz kleiner gewählt. Die einzelnen Werte sind:

$$\text{Schicht 1:} k_{fh} = 3 \cdot 10^{-4} \text{ m/s}$$
$$k_{fv} = 3 \cdot 10^{-5} \text{ m/s}$$

$$\text{Schicht 2:} k_{fh} = 1 \cdot 10^{-8} \text{ m/s}$$
$$k_{fv} = 1 \cdot 10^{-9} \text{ m/s}$$
$$\text{im Bereich der Erosionsrinne } k_{fh} \text{ und } k_{fv} \text{ wie Schicht 1}$$

$$\text{Schicht 3:} k_{fh} = 1 \cdot 10^{-4} \text{ m/s}$$
$$k_{fv} = 1 \cdot 10^{-5} \text{ m/s}$$

Die Mächtigkeiten sind jeweils in einer Schicht variabel. Die Summe der Einzelmächtigkeiten beträgt über die gesamte Tiefe in jedem Element 150 m.

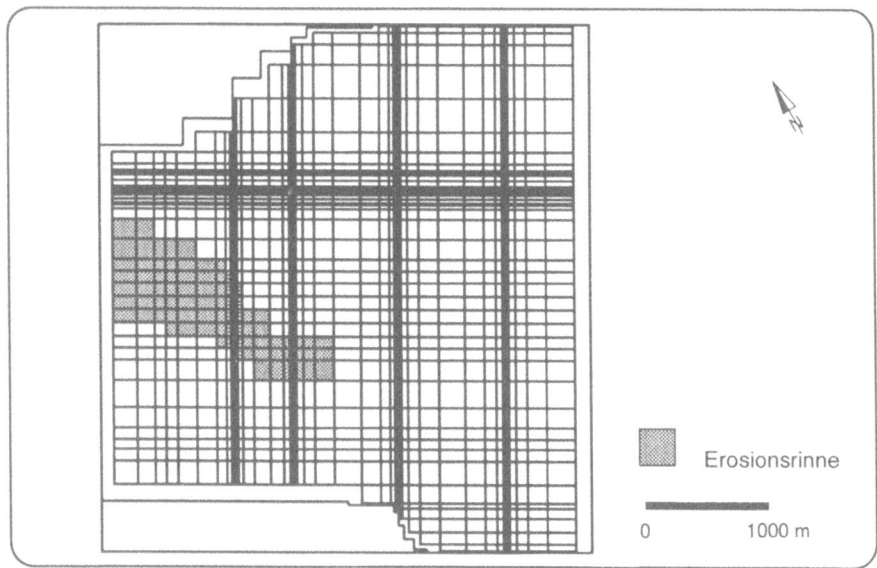

Erosionsrinne

0   1000 m

Abb. 121. Diskretisiertes Modellgebiet (ModFlow)

Für jede Schicht müssen Randbedingungen angegeben werden. Sie wurden wie im Falle des zweidimensionalen Modells gewählt. Der Festpotentialrand wurde in der ersten Schicht auf eine Höhe von 32,50 m gelegt. In der zweiten und dritten Schicht liegt die Höhe jedoch 1,50 m und 2,50 m tiefer.

In den Abb. 122 und 123 sind die berechneten Grundwasserhöhen des oberen und unteren Grundwasserleiters in Form von Isolinien dargestellt. In der ersten Schicht macht sich die Rinnenstruktur deutlich bemerkbar (Abb. 122). Die Entnahmebrunnen sind in der dritten Schicht verfiltert. Die Auswirkungen bleiben jedoch aufgrund der geringen Entnahmeraten auf die dritte Schicht begrenzt (Abb. 123).

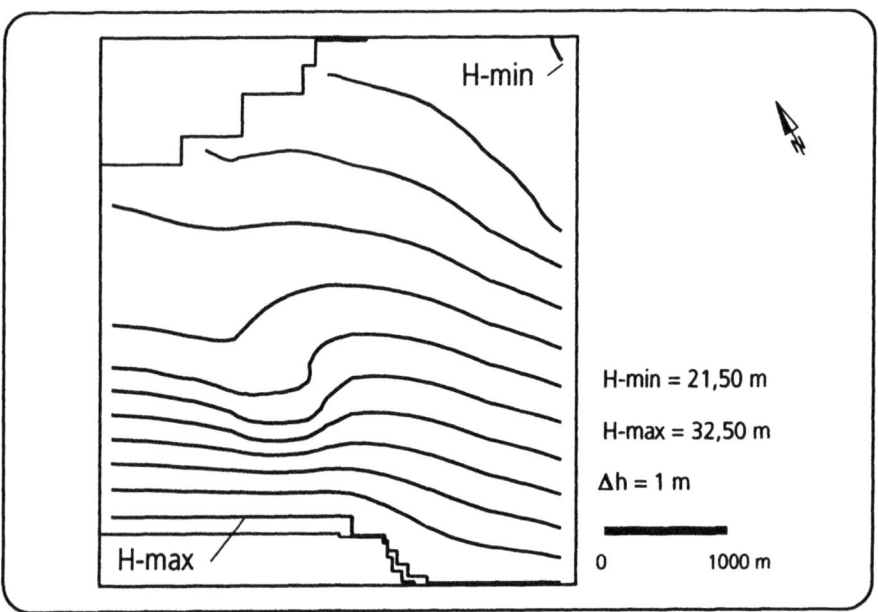

Abb. 122.   Berechneter Grundwasserhöhengleichenplan (Schicht 1, Mod-Flow)

Das Ergebnis der Bahnlinienberechnung ist in den Abb. 124 - 127 dargestellt. Aus den Abbildungen ist zu erkennen, daß nur der Brunnen B1 durch die Altablagerung B gefährdet ist. Die von den anderen Altablagerungen startenden Bahnlinien werden durch die Trennschicht zurückgehalten und verbleiben dadurch im oberen Grundwasserstockwerk, wo sie das Modellgebiet über den Rand verlassen.

Die Abbildungen 124 - 127 zeigen Projektionen der 3D-Bahnlinien auf die Geländeoberfläche (XY), auf die rechte vertikale Berandung (YZ) und auf die vordere vertikale Berandung (XZ). Ob eine Bahnlinie zum Brunnen gelangt, läßt sich am besten aus der vertikalen Projektion YZ ersehen. Die Bahn muß in die Tiefe absinken, um den Brunnen zu erreichen.

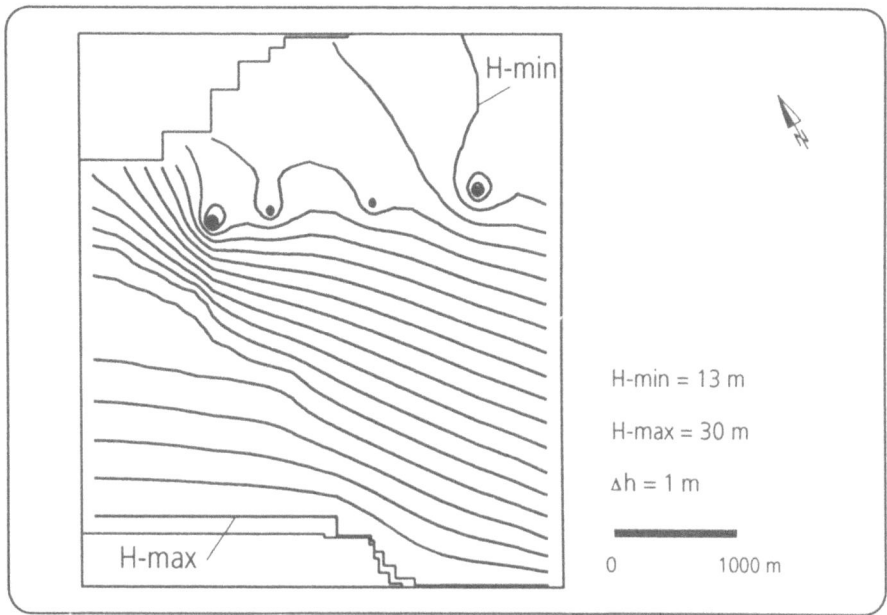

Abb. 123. Berechneter Grundwasserhöhengleichenplan (Schicht 3, Mod-Flow)

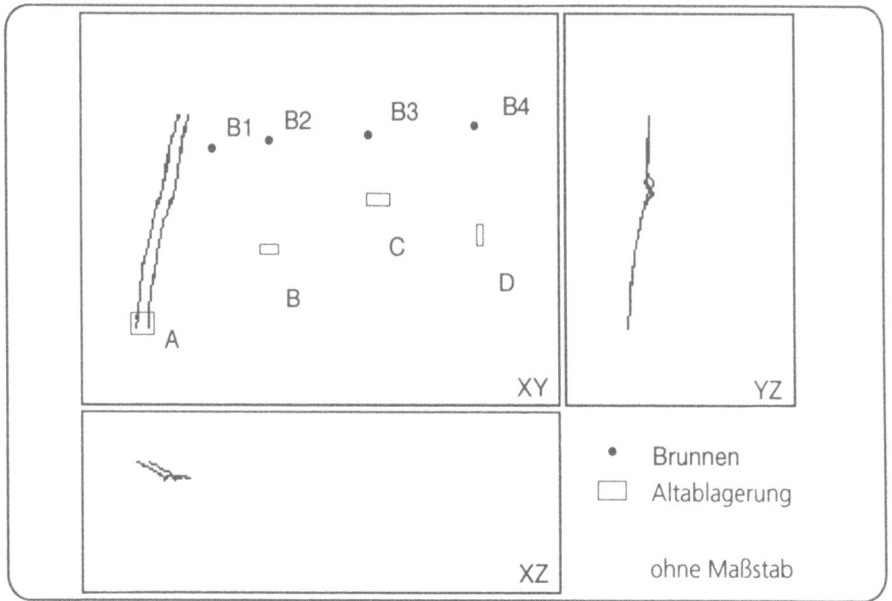

Abb. 124. Bahnlinien ausgehend von der Altablagerung A (ModPath)

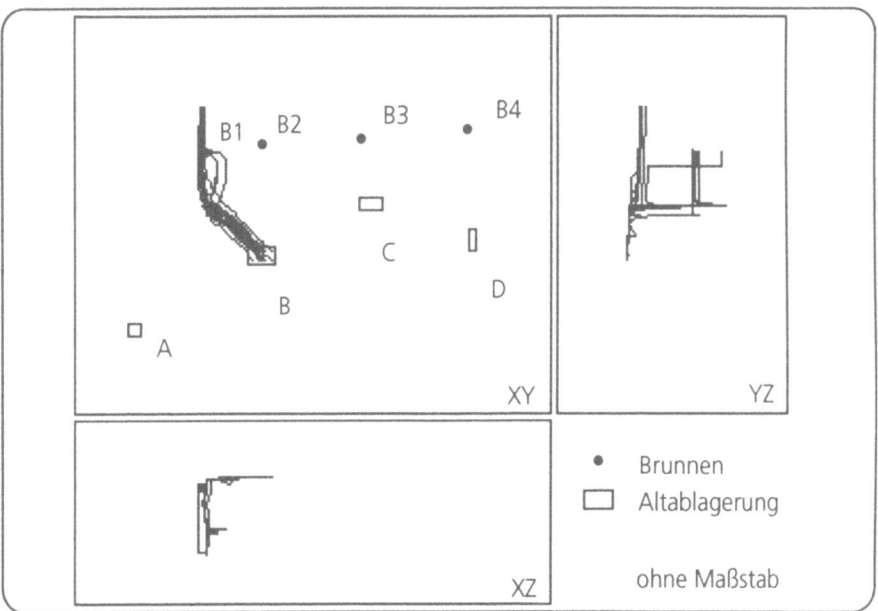

Abb. 125. Bahnlinien ausgehend von der Altablagerung B (ModPath)

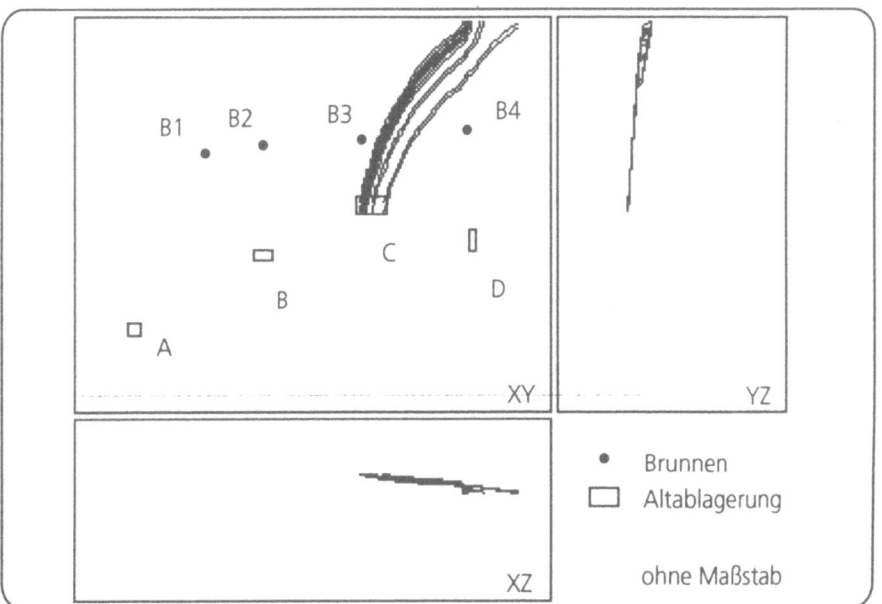

Abb. 126. Bahnlinien ausgehend von der Altablagerung C (ModPath)

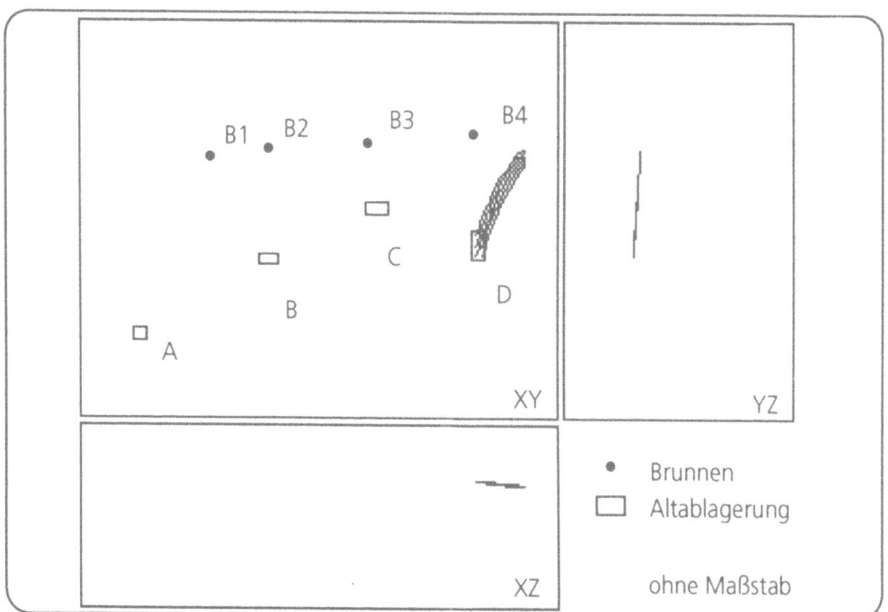

Abb. 127. Bahnlinien ausgehend von der Altablagerung D (ModPath)

Die Laufzeiten von 6 Startpunkten in der Altablagerung B zum Brunnen B1 sind in Tabelle 46 aufgeführt. Sie berücksichtigen jedoch nicht die Laufzeit, die zum Durchlaufen der ungesättigten Zone benötigt wird. Die große Laufzeit von Startpunkt 6 erklärt sich daraus, daß die Bahn zufällig sehr nahe an einem Staupunkt vorbeiläuft.

Tabelle 46. Berechnete Laufzeiten zwischen Startpunkten in der Altablagerung B und dem Brunnen B1 (gesättigte Zone) (ModPath)

Startpunkt	Altablagerung B
	Brunnen B1
1	5,2 a
2	6,2 a
3	6,1 a
4	6,4 a
5	6,5 a
6	163,8 a

Aus der Anzahl der in einem Brunnen ankommenden fiktiven Schadstoffpartikel kann auf die Verdünnungsrate geschlossen werden.

Grundlage ist die Formel zur Ermittlung der Konzentration

$$c_{Br} = \frac{N_B \, Q_{neu}}{N \, Q_{Br}} \cdot c_0,$$

wobei

N_B: Anzahl der in der Brunnenzelle ankommenden Teilchen,

N: Anzahl der Teilchen, auf die die gesamte Schadstoffmasse verteilt ist,

Q_{neu}:   Infiltrationsrate der Altablagerung als Produkt aus GW-Neubildungsrate durch Niederschlag und Fläche der Altablagerung,

Q_{Br}:   Entnahmerate des Brunnens.

Mit einer Fläche der Altablagerung B von 39.375 m² ergibt sich eine Infiltrationsrate $Q_{neu} = 7{,}5 \cdot 10^{-5}$ m³/s. Von einer Gesamtzahl von 504 gestarteten Teilchen erreichten 189 Teilchen den Brunnen B1. Daraus ergibt sich

$$c_{Br} = 0{,}001 \cdot c_0.$$

Die Schadstoffkonzentration im Entnahmebrunnen B1 beträgt demnach nur noch 1‰ der ursprünglichen Konzentration.

Erst das dreidimensionale Modell kann die vertikale Struktur des Aquifers berücksichtigen. Die Sperrwirkung der Geschiebemergelschicht ist in allen vorherigen Modellierungsversuchen nicht erfaßbar. Dasselbe gilt für die Erosionsrinne. Erst die Anwendung eines dreidimensionalen Modells ermöglicht es, deren Einfluß auf die genauen Fließwege der Schadstoffe zu studieren. In dem vorliegenden Fall ist der Einfluß gravierend. Die Trennschicht verhindert eine Migration der Schadstoffe in den unteren Grundwasserleiter. Nur aufgrund der Erosionsrinne können von der Altablagerung B Schadstoffe in den unteren Grundwasserleiter und somit zum Entnahmebrunnen B1 gelangen. Es muß jedoch berücksichtigt werden, daß auch das dreidimensionale Modell noch Unsicherheiten hinsichtlich der Modellparameter enthält.

2.2.9.7 Zusammenfassung

Zusammenfassend läßt sich feststellen, daß einfache analytische Berechnungsverfahren nur dann erfolgreich angewandt werden können, wenn keine starke horizontale oder vertikale Gliederung vorhanden ist. Andernfalls muß eine große Strukturunsicherheit in den Ergebnissen in Kauf genommen werden.

Die Anwendung eines komplexen Modells lohnt sich andererseits nur dann, wenn die horizontale und vertikale Gliederung des Aquifers zumindest in groben Zügen bekannt ist und damit auch berücksichtigt werden kann. Bei starker vertikaler Gliederung und Teilverfilterung von Brunnen ist ein dreidimensionales Modell erforderlich. Je mehr Informationen (auch qualitativer Art) über die horizontale und vertikale Gliederung in die Berechnungen mit eingehen können, desto geringer ist die Strukturunsicherheit eines Modells.

Für einfache Berechnungsverfahren werden relativ wenige Eingabedaten und Eichparameter benötigt. Auf der anderen Seite stellen diese auch nur grobe Mittelwerte dar. Komplexe Modelle erfordern viele Eingabedaten bzw. haben viele Eichparameter. Diese ermöglichen die Berücksichtigung lokaler Abweichungen der Parameterwerte vom Mittel. Der Preis, der dafür gezahlt werden muß, ist nicht in erster Linie der erhöhte Rechenaufwand, sondern die sehr viel umfangreichere und schwieriger durchzuführende Eichung.

Letztlich müssen sowohl bei einfachen Berechnungsverfahren als auch bei komplexen Modellen die Parameterunsicherheiten bei der Eichung mit berücksichtigt werden, um zu einer sinnvollen Aussage, z.B. bei der Gefahrenbeurteilung, zu kommen. Bei der Wahl des Modells muß zunächst geklärt werden, ob die jeweiligen Voraussetzungen auch erfüllt sind. Im dargestellten Beispiel sind nur die Voraussetzungen für ein 3D-Modell erfüllt.

2.3   Berechnungsverfahren und Modelle -
Sickerwasser, Boden, Luft   M

Zur Interpretation bzw. zur Prognose von Gefährdungsabschätzungen von Altlasten über Pfadbetrachtungen wie Sickerwasser, Boden und Luft stehen Berechnungsverfahren und Modelle zur Verfügung, die hierzu Aussagen erlauben. Durch die in Kap. 1 vorgestellten Erkundungsmethoden, Probenahmeverfahren, chemischen Untersuchungsverfahren etc. werden Daten erhoben, die
für die Beurteilung von Fragestellungen im Rahmen der Altlastenproblematik
aus geowissenschaftlicher Sicht notwendig sind. Neben der Erhebung von Pri-
märdaten können durch den Einsatz von Auswertemethoden und Modellen
hierfür ebenfalls Daten bereitgestellt werden.

Mit Modellen werden funktionelle Zusammenhänge und Verfahren zur
Kennwertermittlung aus Basisdaten beschrieben. Berechnungen können sowohl mit einfachen statistischen Verfahren, als auch mit aufwendigen numerischen Lösungen vorgenommen werden. Es können empirische Modelle, deter-
ministisch-analytische und deterministisch-numerische Modelle unterschieden
werden. Die Berechnung statischer Größen erfolgt durch empirische Modelle,
die Beschreibung dynamischer Prozesse mit vereinfachten Ansätzen durch de-
terministisch-analytische Modelle und die Beschreibung dynamischer Prozesse
durch numerische mathematische Ansätze im Rahmen deterministisch-nume-
rischer Modelle (Oelkers 1993). Problemorientierte Auswertemethoden beruhen in der Regel auf empirisch ermittelten Zusammenhängen und legen die zu
berücksichtigenden Basisdaten sowie die Abfolge der Berücksichtigung fest.

Für Pfadbetrachtungen hinsichtlich des Sickerwassers und des Bodens sind
Auswertungsmethoden und Modelle verfügbar, die in analoger oder digitaler
Form vorliegen. Exemplarisch werden im folgenden geeignete Modelle und
Auswertemethoden vorgestellt.

2.3.1   HELP-Modell (Sickerwasser)   M-Help

Das HELP-Modell (Hydrologic Evaluation of Landfill Performance Model) ist ein
quasi-zweidimensionales deterministisches Wasserhaushaltsmodell, das in den
USA von der U.S. Army Engineer Waterways Experiment Station (WES) für die
U.S. Environmental Protection Agency (EPA) entwickelt wurde.

Es wurde zur Erfassung des Wasserhaushaltes von Mülldeponien und Deponieabdeckungen in Zeiträumen von einem bis zu hundert Jahren konzipiert
und ermöglicht Aussagen zu Oberflächenabfluß, Drainage und Versickerung.
Zur Berechnung des Wasserhaushaltes werden die Auswirkungen von Niederschlag, Retention, Oberflächenabfluß, Infiltration, Versickerung, Evapotranspiration, Bodenwassergehaltsänderung und Drainage in Abhängigkeit vom De-
ponieaufbau auf der Basis täglicher Wasserhaushaltsbilanzierungen berücksichtigt, mittels derer mehrjährige Berechnungen erfolgen. Damit bietet es sich

als Instrument zum Vergleich verschiedener Deponieabdeckungen und zu deren Optimierung an. Weiterhin besteht die Möglichkeit des Vergleichs des Sickerwasseranfalls bei verschiedenen Alternativen des Aufbaus, was bei der Auswahl und der Dimensionierung eines geeigneten Drain- und Sammelsystems und der Dimensionierung der Sickerwasserbehandlung hilfreich sein kann.

Die Entwicklung des Modells erfolgte unter Verwendung modifizierter Teile der Modelle CREAMS (Chemical Runoff and Erosion from Agricultural Management Systems), SWRRB (Simulator for Water Resources in Rural Basins) des U.S. Agricultural Research Service und HSSWDS (Hydrologic Simulation Model for Estimating Percolation at Solid Waste Disposal Sites) der U.S. Environmental Protection Agency.

Seit September 1994 liegt die dritte Version des Modells vor. Als Programmiersprache wurde ANSI FORTRAN 77 verwendet. Der Betrieb des Programmes ist auf IBM-kompatiblen Personalcomputern in einer DOS-Umgebung möglich. In dieser dritten Version besteht die Wahlmöglichkeit zwischen US Customary Units und metrischen SI-Einheiten.

Überprüfungen der Ergebnisse dieses Wasserhaushaltmodelles mit anderen Ansätzen zur Bestimmung von Kenngrößen des Bodenwasserhaushaltes auf naturnahen Standorten (vgl. Renger und Strebel 1977, 1980; Wessolek 1983) haben ergeben, daß das HELP-Modell speziell für langfristige Prognosen (Zeitraum > 5 Jahre) gute bis sehr gute Ergebnisse liefert (Heinsberg 1992).

2.3.1.1 Schichtaufbau

Der Aufbau des Deponiekörpers wird durch die Abfolge und die physikalischen Eigenschaften seiner Schichten beschrieben. Es besteht die Möglichkeit, bis zu 20 Schichten zu definieren. Mehrere Schichten werden in Abhängigkeit von der Lage der Dichtungsschichten zu einem Subprofil und damit zu einer Modellierungseinheit zusammengefaßt.

Jede Schicht muß einer der folgenden Typen zugeordnet werden (Abb. 128):

- Schicht vertikaler Durchsickerung,
- Drainageschicht,
- Kunststoffdichtungsbahn und/oder
- mineralische Dichtungsschicht.

Eine korrekte Einordnung der Schichten ist sehr wichtig, da der Wasserfluß durch die Schichten jeweils unterschiedlich modelliert wird.

Die Hauptaufgabe der Schichten vertikaler Durchsickerung ist die Bereitstellung von Speicherraum für Feuchtigkeit. Abfallschichten oder die Schichten, die die Vegetation tragen, werden hier zugeordnet. Die Drainageschichten liefern lateralen Abfluß zu einem Sammelsystem, während die eingefügten mineralischen Dichtungsschichten ebenso wie die Kunststoffdichtungsbahnen den vertikalen Fluß behindern.

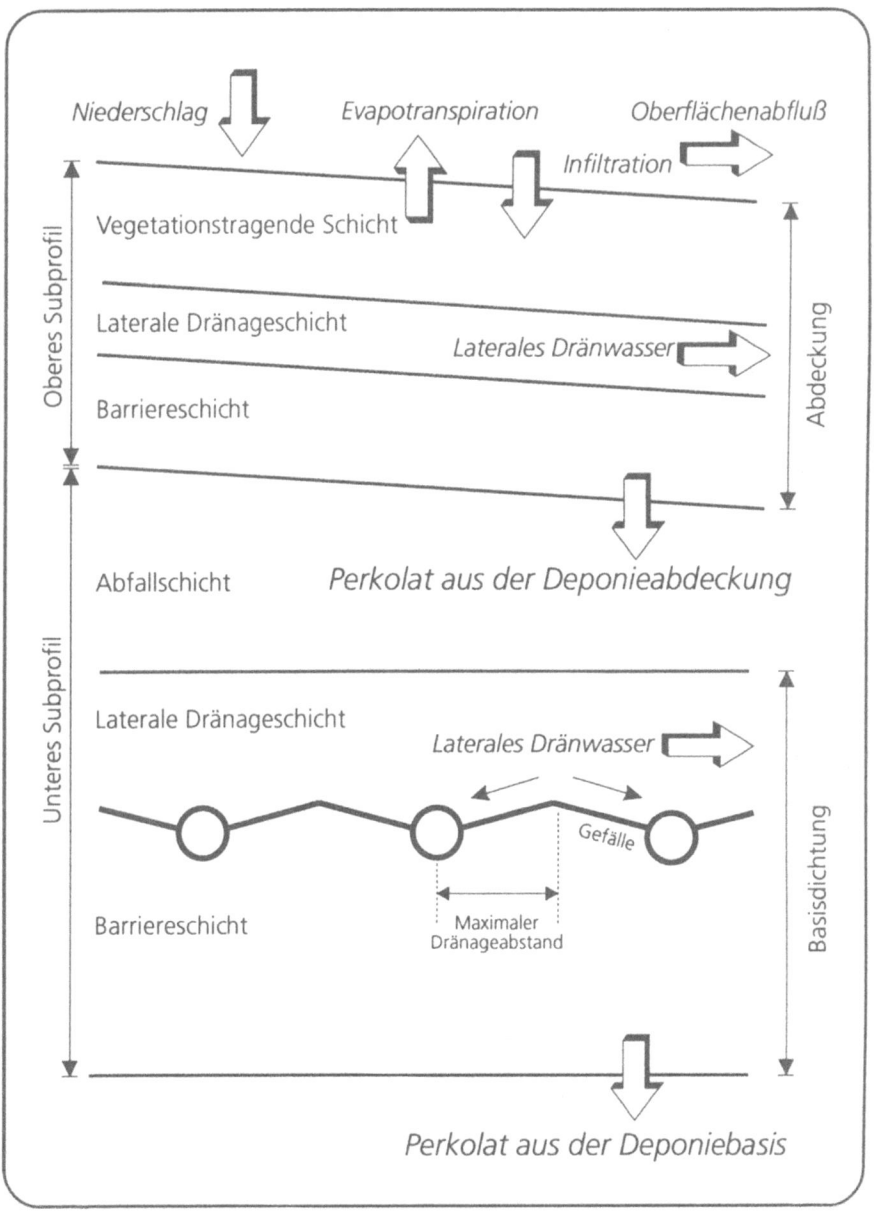

Abb. 128. Schichtaufbau einer Deponie im HELP-Modell

2.3.1.2 Datengrundlage

Die Benutzung des HELP-Modells erfordert mehrere Arten von Eingaben: Klima- und Vegetationsdaten, Bodenkennwerte und geometrische Daten, die den Aufbau und die Morphologie der Deponie beschreiben.

Klimadaten
Die erforderlichen Klimadaten umfassen Evapotranspirations-, Niederschlags-, Temperatur- und Strahlungsintensitätswerte. Die Eingabe dieser Daten kann jeweils auf verschiedene Arten erfolgen:

- Auswahl aus der programminternen Klimadatenbank für die USA und Kanada, wobei zu berücksichtigen ist, daß die Übertragbarkeit dieser Daten auf deutsche Verhältnisse fraglich ist (unterschiedliche klimatische Bedingungen sowie unterschiedliche Definition und Messung von Niederschlag und durchschnittlicher Tagestemperatur),
- manuelle Eingabe eigener Daten,
- Einlesen fremder Datenfiles im ASCII-Format, aus dem HELP-Programm Version 2 oder von Dateien des National Climatic Data Center (NCDC), NOAA oder des Canadian Climate Center sowie
- stochastische Generierung täglicher Temperatur- und Einstrahlungsdaten nach Eingabe bestimmter Kennwerte.

Vegetationsdaten
Die benötigten Werte des maximalen Blattflächenindex und der Evaporationszonentiefe gehören zu den Kennwerten, die zur Generierung der Klimadaten verwendet werden.

Boden- und Deponiedaten
Zur Beschreibung der verschiedenen Schichten können Daten aus einem Datenpool ausgewählt werden oder eigene Werte eingegeben werden. Je nach Art der ausgewählten Schicht werden dazu verschiedene Eingabedaten benötigt. Diese müssen z.B. für Böden die Porosität, die Feldkapazität, die gesättigte hydraulische Leitfähigkeit und den initialen volumetrischen Bodenwassergehalt und für Kunststoffdichtungsbahnen die Fehlstellendichte, die Defekte durch das Verlegen der Bahnen, die gesättigte hydraulische Leitfähigkeit (Dampfdurchlässigkeit) und die Transmissivität von Geotextilien umfassen.

Zur Bestimmung des Oberflächenabflusses wird die Angabe der Soil Conservation Service (SCS) Runoff Curve Number benötigt. Diese kann entweder direkt eingegeben werden oder sie wird in Abhängigkeit von Größe und Länge der Oberflächenneigung, der Bodenart der obersten Schicht und der Pflanzendecke ermittelt. Die Berücksichtigung der Oberflächenneigung wurde erst in Version 3 des HELP-Modells aufgenommen.

Neben den Schichtdaten wird die Eingabe von Flächendaten, wie z.B. der Flächengröße und der Anteil der Fläche, auf der Oberflächenabfluß möglich ist, benötigt.

Datenausgabe
Nach Abschluß der Simulation werden Werte für Niederschlag, Abfluß, Evapotranspiration und zusätzliche Informationen zu einzelnen Subprofilen ausgegeben. Dabei existieren verschiedene Wahlmöglichkeiten in Bezug auf die Parameter und die zeitliche Auflösung der Ausgabe (tägliche, monatliche oder jährliche Werte).

2.3.1.3 Einschränkungen

Das HELP-Modell kann nur zur Modellierung von Standorten oberhalb des Grundwasserspiegels verwendet werden.

Die Berechnung des Abflusses erfolgt aus täglichen Niederschlagswerten und der Schneeschmelze. Es ist nicht vorgesehen, Wasserzuflüsse aus angrenzenden Gebieten zu berücksichtigen.

Den Simulationen liegt außerdem die Annahme zugrunde, daß die Bodenschichten homogen sind, d.h. Hohlräume oder Makroporen durch mechanische Rißbildung oder bio- oder anthropogene Tätigkeiten werden in den Berechnungen nicht berücksichtigt.

In die Berechnung fließen weder die Dauer und Intensität der Niederschlagsereignisse noch die Hangneigung, noch die Struktur der Vegetationsbestände ein. Auch können Zwischenabflüsse, gasförmige und kapillare Wasserbewegungen nicht simuliert werden.

Während des Simulationszeitraumes bleiben die physikalischen Eigenschaften des betrachteten Gebietes konstant. Die Alterung der Materialien und die daraus resultierenden Änderungen können somit ebenso wie der Füllprozeß einer Deponie nicht in einem Schritt modelliert werden.

Das Programm unterliegt in Bezug auf die Kombinationsmöglichkeiten der unterschiedlichen Schichttypen verschiedenen Restriktionen. So kann z.B. die oberste Schicht nicht als Dichtungsschicht definiert werden.

Um Fehleinschätzungen der Ergebnisse möglichst gering zu halten, setzt das HELP-Modell detaillierte hydrologische Kenntnisse beim Benutzer voraus.

2.3.2   Methodenbank FIS Bodenkunde   M-Fisbo

Weitere Modelle zum Wasserhaushalt, die für Böden im Umfeld von Altlasten herangezogen werden können, gehen auf Arbeiten von Renger et al. (1989) und Renger und Wessolek (1992) zurück.

2.3.2.1 Nomogramme

Ausgehend von Rechenmodellen wurden Nomogramme entwickelt, die eine Abschätzung der Sickerwasserraten erlauben. Hierzu werden Eingangsdaten zur Nutzung, Exposition, Hangneigung, nutzbaren Feldkapazität, Verdunstung, zum kapillaren Aufstieg sowie zum Sommer- und Winterniederschlag einbezogen. Beispiele geben Abb. 129 - 130.

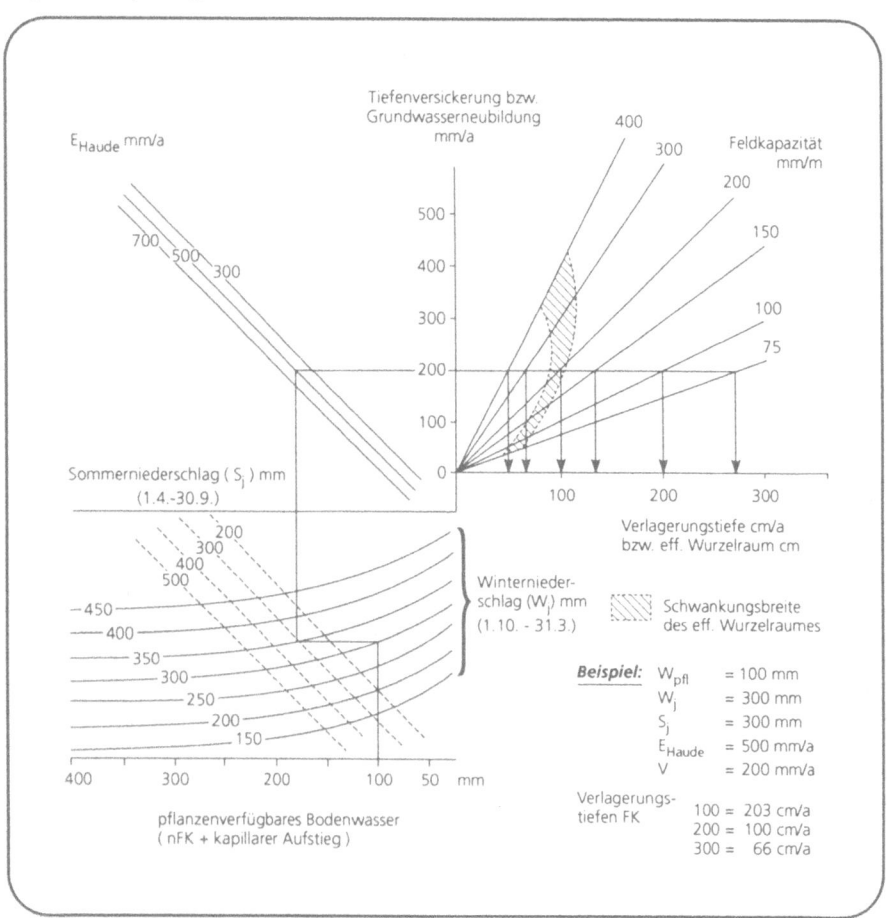

Abb. 129.   Nomogramm zur Bestimmung der Grundwasserneubildung und der Nitratverlagerungstiefe unter Ackerland (Getreide). (Nach Renger und Wessolek 1992)

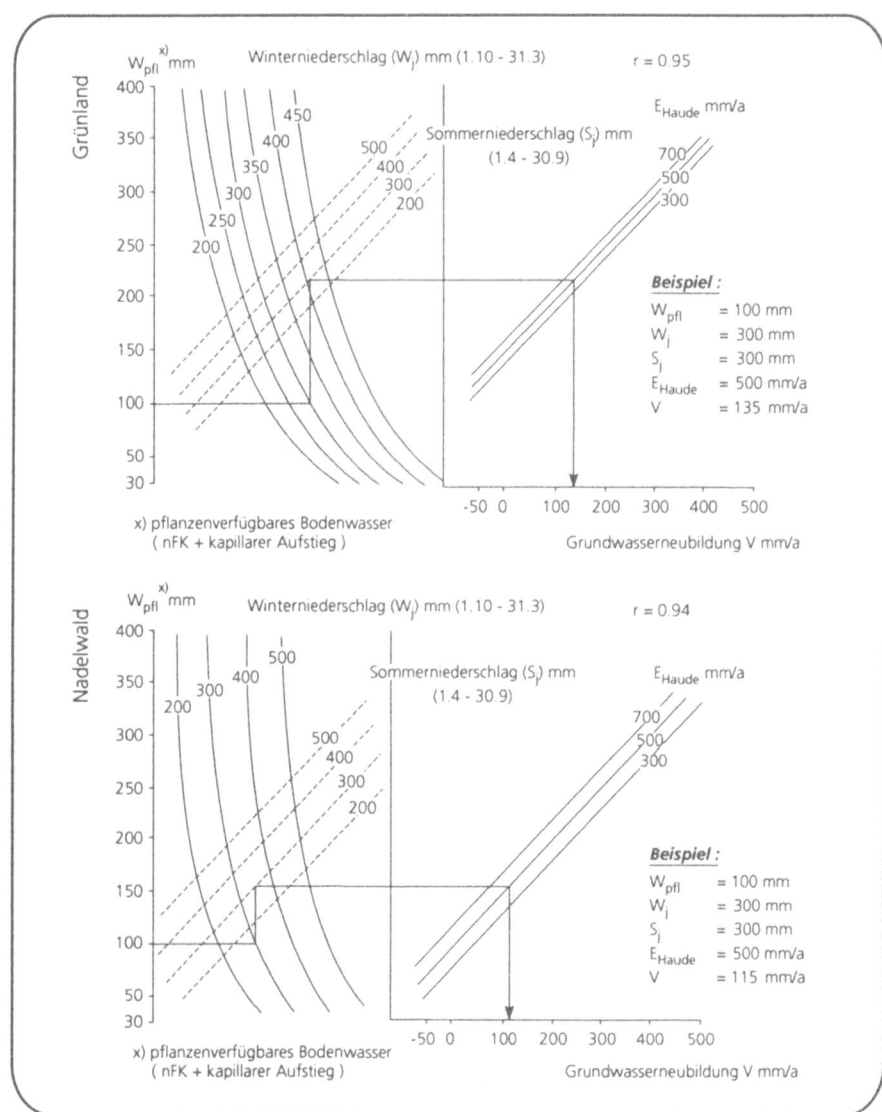

Abb. 130. Nomogramm zur Bestimmung der Grundwasserneubildung unter Grünland und Nadelwald. (Nach Renger und Wessolek 1992)

Sofern die Datenlage für den Einsatz der Modelle und Nomogramme von Renger und Wessolek (1992) und Renger et al. (1989) nicht ausreicht, kann hier eine erste Einschätzung anhand der Typen des oberflächennahen Bodenwasserhaushaltes (Kneib 1993, s. a. Anlage 7 - 10) vorgenommen werden. Werden diese ermittelt, ist die Wahrscheinlichkeit des Sickerwasseranfalles abzuschätzen (Tabelle 47).

Tabelle 47.   Einfluß der Exposition und Hangneigung auf die Tiefenversickerung bei Ackernutzung (Raum Süd-Hannover). (Nach Renger und Wessolek 1992)

Exposition/Position	Differenz der Tiefenversickerung im Vergleich zu ebenen Standorten [mm/a]		
Hangneigung	5 %	10 %	20 %
Südhang	- 12	- 25	- 50
Nordhang	+ 10	+ 20	+ 40
	Differenz der Tiefenversickerung im Vergleich zum Oberhang (Lößstandort) [mm/a]		
Hangneigung	10 %	15 %	20 %
Mittelhang, Unterhang	2	3	6
Hangfuß	30	40	45

Der Ansatz beruht auf der Auswertung vorhandener Karten, anhand derer eine Konzeptkarte zum Bodenwasserhaushalt erstellt wird. Der oberflächennahe Gebietswasserhaushalt wird im wesentlichen bestimmt durch das Vermögen der Böden, in Abhängigkeit von ihren Eigenschaften und der Reliefsituation, Wasser in unterschiedlicher Menge aufzunehmen, zu speichern, zu transportieren und an angrenzende Umweltmedien wie Pflanze, Atmosphäre, Oberflächengewässer und Grundwasser wieder abzugeben. Tabelle 47 zeigt z.b. den Einfluß der Exposition und Hangneigung auf die Tiefenversickerung bei Ackernutzung. Als Basis dienen Informationen zum Substrat (geologische Karten, Karten der Reichsbodenschätzung, Baugrundkarten, forstliche Standortkartierungen, kleinmaßstäbige Bodenkarten usw.), zum Relief (aus topographischen Karten und aus Luftbildern) und zur Nutzung (aus topographischen sowie historischen Karten und aus Luftbildern).

2.3.2.2   Digitale Auswertungsmethoden

Digitale bodenkundliche Auswertungsmethoden werden eingesetzt, um bodenkundliche Datenbestände effizient und zielgerichtet auswerten zu können. Im Niedersächsischen Landesamt für Bodenforschung wurden im Rahmen des Niedersächsischen Bodeninformationssystems NIBIS, Fachinformationssystem Boden, Strukturen aufgebaut, die es ermöglichen, vorhandene Datenbestände digital vorzuhalten und mittels geeigneter Verfahren auszuwerten. Der Verbund aus Kernsystem, Datenbanken, Methodenbanken und Komponenten, die der Kommunikation dienen, stellen die Grundstrukturen von Fachinformationssystemen dar. Im Fachinformationssystem Boden des Niedersächsischen Bodeninformationssystems sind Methodenverzeichnisse enthalten, in denen die

Regeln zur problemorientierten Verknüpfung von Daten und Methoden, die Methodenbeschreibungen, dokumentiert sind. Diese Verzeichnisse sind standardisiert und enthalten Informationen zur Beschreibung der Methode, zu den Eingangsdaten, dem Vorgehen zur Kennwertermittlung, den Kennwerten, die sich aus der Methode ergeben sowie weitere Informationen wie rechtliche Grundlagen, Verantwortlichkeiten und Quellennachweise (ad-hoc-AG Kernsysteme und Methodenbanken 1994).

Beispiel　　　　Schematische Darstellung einer im FIS Boden realisierten Methodenbeschreibung:

Inhalt
　　Gefährdung des Grundwassers durch Schwermetalle

Eingangsdaten
　　pH-Wert
　　Horizont
　　Horizontmächtigkeit
　　Auflagehorizont
　　Bodenart
　　Grobboden/Festgestein
　　Humusgehalt
　　Grundwasserstufe
　　Klimatische Wasserbilanz
　　Element

Kennwert
　　Potentielle Gefährdung des Grundwassers durch ein
　　Schwermetall

Kennwertermittlung
　　Die Kennwerte werden mit Hilfe von Verknüpfungsregeln
　　ermittelt

Qualität der Ergebnisse
　　Die Kennwerte sind als relative Ergebnisse auf Nominal
　　skalenniveau (Stufen 1-5, sehr gering - sehr stark) zu inter
　　pretieren

Anwendungsrestriktionen
　　Anwendbar auf landwirtschaftlich genutzte Gebiete
　　Nicht anwendbar auf natürlich oder anthropogen stark
　　belastete Böden

Anmerkungen
Die Eingangsdaten Auflagehorizont und Grobboden/
Festgestein sind keine Voraussetzung für die Kennwert
ermittlung, sie werden nur bei Vorhandensein berück
sichtigt

Ansprechpartner
Niedersächsisches Landesamt für Bodenforschung

Quelle
DVWK (1988): Filtereigenschaften des Bodens gegenüber
Schadstoffen, DVWK-Merkblatt 212, Teil 1, Beurteilung der
Fähigkeit von Böden, zugeführte Schwermetalle zu immo
bilisieren. Verlag Paul Parey

Alternative Methode
Keine

Rechtliche Grundlagen
Keine

In den in Abb. 131 exemplarisch dargestellten Verknüpfungsregeln sind die Wege zur Ermittlung der Zielkennwerte aufgezeigt. Aus den Basisdaten können Kennwerte zunehmender Komplexität ermittelt und dargestellt werden. Alle digital verfügbaren Methoden, u.a. die für bodenkundliche Fragestellungen hinsichtlich der Altlastenbearbeitung relevanten Methoden, sind in einer Dokumentation zur Methodenbank des Fachinformationssystems Boden dargestellt (Müller et al. 1991). In der Dokumentation ist ein Status beschrieben, der aktualisiert und fortgeführt wird. Aktuelle Entwicklungen sind beim NLfB, Bodenkundliche Beratung, zu erfragen.

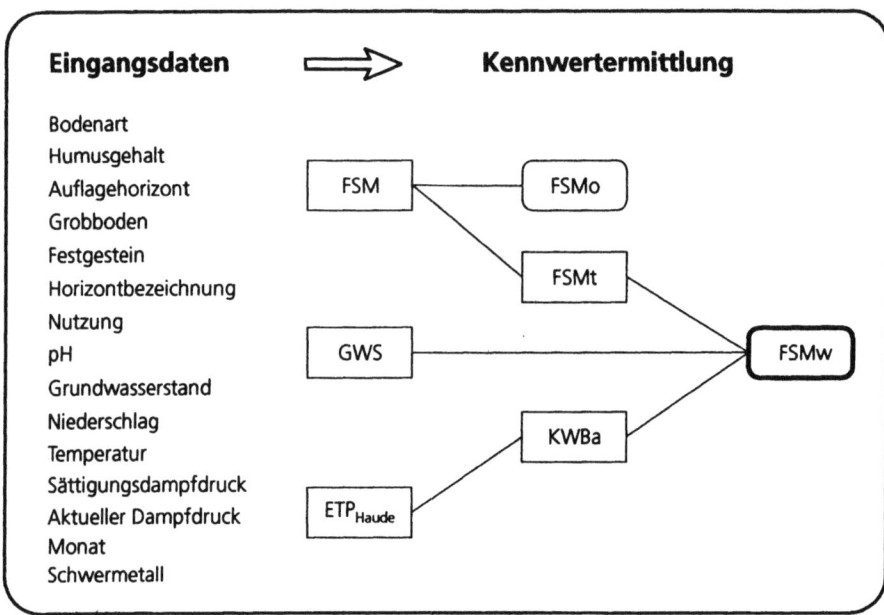

Abb. 131.   Filtereigenschaften des Bodens gegenüber Schwermetallen

FSM	Relative Bindungsstärke
FSMo	Relative Bindungsstärke des Oberbodens
FSMt	Relative Bindungstärke von Schwermetallen im total grundwasserfreien Boden
FSMw	Gefährdung des Grundwassers durch Schwermetalle
GWS	Grundwasserstufe
ETP$_{Haude}$	Potentielle Verdunstung
KWBa	Jährliche klimatische Wasserbilanz

2.3.3   Berechnungsverfahren und Luftschadstoffausbreitungs- modelle   M-L

In diesem Kapitel werden in stark verkürzter Form Methoden dargestellt, die eine Abschätzung der Immissionsbelastung über den Luftpfad ermöglichen. Die dargestellten Verfahren haben meist nur in speziellen Fällen der Altlastenproblematik eine größere Bedeutung. Dabei sind die Altstandorte mit überwiegend punktuellen Entgasungsquellen von den Altablagerungen zu unterscheiden. Letztere sind je nach Inhaltsstoffen und Umsetzungsphase eher als flächenhafte Emissionsquellen zu betrachten. Bei der Planung von Erkundungs- und Überwachungsprogrammen können diese Methoden helfen, eine räumliche Eingrenzung von Belastungsräumen durchzuführen, um letzlich eine effizientere Nutzung finanzieller Ressourcen zu erreichen.

Sowohl in der Planungsphase als auch in der Realisierungsphase einer Abwehr-oder Sanierungsmaßnahme kann der Einsatz von Luftschadstoffausbreitungs-modellen für folgende Fragestellungen sinnvoll sein:

- Wie war die klimatologisch bedingte, räumliche Verteilung der Stoffbelastung während des Betriebes oder während des Zeit-raumes nach Betriebseinstellung auf der heutigen Altlastver-dachtsfläche?
- Mit welcher Belastung ist bei störfallartiger Freisetzung von Stoffen bei Sanierungsaktivitäten typischerweise zu rechnen?
- Welche Stoffbelastung tritt tatsächlich aktuell während einer Sanierungsmaßnahme auf?

Modelle können eingesetzt werden zur Berechnung der Immissionsbelastung

- als Luftkonzentration und
- als kumulative Deposition auf dem Boden.

Als Anwendungsgebiete sind zu nennen:

- Interpretation beobachteter Bodenbelastungen,
- Planung von Erkundungs- und Überwachungsprogrammen,
- Ermittlung von Stoffstrombilanzen,
- Planung und Entwurf von Sanierungsmaßnahmen,
- Risikoanalyse bei der Altlastenbeurteilung und Standortwahl sowie
- Begleitung von Sanierungsmaßnahmen.

Bei den Transportbetrachtungen liefert die Schadstoffausbreitungsmodellie-rung den Quellterm für den anschließenden Aufnahmeprozeß (s. Abb. 132). Die Aufnahmeprozesse der unterschiedlich empfindlichen Rezeptoren (Mensch, Tier, Pflanze, Boden, Wasser) werden dem Verfahren nachgeschaltet.

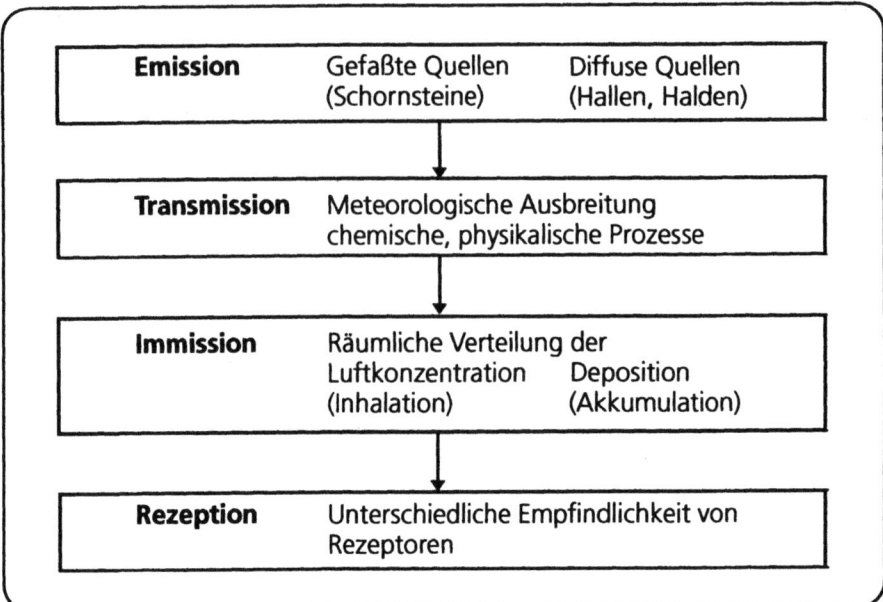

Abb. 132. Untersuchungskette bei luftgetragener Schadstoffausbreitung

Zur Bestimmung des Gefährdungspotentials sind das Emissionspotential und der Transportpfad sowie das Aufnahmepotential des Rezeptors von Bedeutung. Luftschadstoffausbreitungsmodelle werden eingesetzt, um Konzentrationswerte in der Luft sowie Depositionswerte im Boden oder Wasser zu bestimmen. Die Verläßlichkeit der Modellrechenergebnisse ist hierbei abhängig von der Beschreibung des Emissionsquellterms, z.B. der Staubemission einer Halde, der topographischen Situation und der zeitlichen Einordnung der Emission. Die Modellergebnisse stehen zum direkten Vergleich mit Immissionswerten oder als Eingabedaten für Transfermodelle zur Verfügung.

2.3.3.1 Allgemeine Übersicht zur Luftschadstoffausbreitung

Die für die Schadstofftransport- und Ausbreitungsprozesse in der Atmosphäre (Transmission) wesentlichen Einflußgrößen sind schematisch in Abb. 133 aufgeführt.

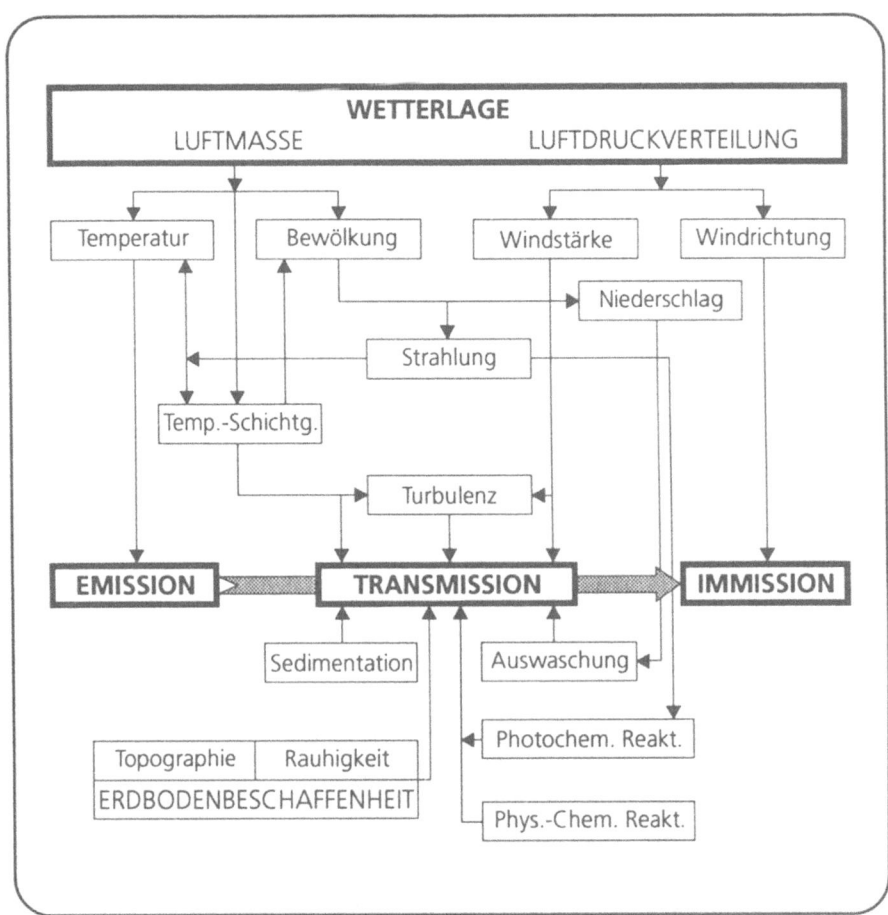

Abb. 133.   Einflußgrößen auf die Transmission. (Nach Fortak 1972)

In der Historie eines Altlastenfalles treten typischerweise aus Punkt- (z.B. Kamine) und Flächenquellen (z.B. Hallen) Emissionen unterschiedlicher Stärke und in verschiedenen geometrischen Quellhöhen H auf. Meteorologische Bedingungen können die effektive Quellhöhe h ständig verändern, bei der Betrachtung von Altstandorten sind oft Schornsteinüberhöhungen Δh bei der historischen Rekonstruktion zu beachten (Abb. 135). Hierdurch werden die Lage des Immissionsmaximums und die Höhe der Konzentration bestimmt. Bei großer effektiver Quellhöhe vergrößert sich die Entfernung des Maximums von der Quelle und die Konzentrationsbelastung verringert sich (Abb. 134). Die atmosphärische Ausbreitung bodennaher Betriebshallenemissionen wird zusätzlich durch den Einfluß des eigenen und umliegender Gebäude und der unterschiedlichen Rauhigkeit (Bewuchs) verändert. Die Lage der Emissionsquellen zu benachbarten Halden hat ebenfalls einen erheblichen Einfluß auf die Strömung und damit auf die Konzentrationsverteilung.

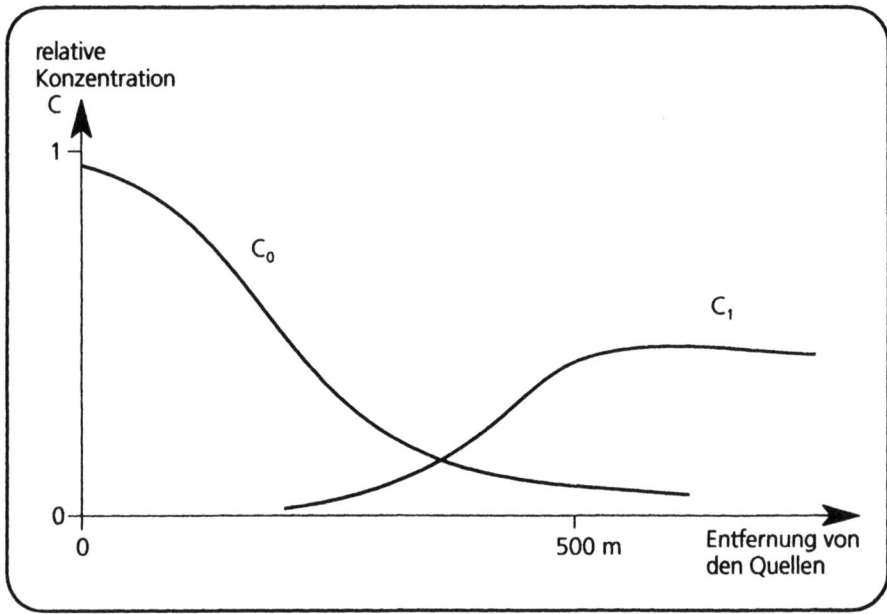

Abb.134   Typische Längsprofile der Luftkonzentration C am Boden. C_0: Quelle im bodennahen Bereich, z.B. Halde (Höhe < 10 m); C_1: hohe Punktquelle, z.B. Schornstein (Höhe > 50 m)

Der heutige, aktuelle Zustand einer Altlast wird meist durch Flächenquellen (Halde, Deponie) ohne Punktquellenemission beschrieben. Unter Windeinfluß kann bei Halden eine zeitlich stark variierende Quellstärke auftreten. Die bodennahe Ausbreitung wird ähnlich wie im Fall der Betriebshallen durch eventuell vorhandene Gebäude und die Vegetation bestimmt. Bei Sanierungsmaßnahmen sind kurzzeitig auftretende Freisetzungen z.B. bei Kampfmittelräumarbeiten für die Luftschadstoffausbreitung zu betrachten.

Bei der Berechnung der Schadstoffausbreitung in der Luft sind Änderungen durch chemische Umwandlungen, radioaktiven Zerfall sowie trockene und nasse Ablagerungen am Boden zu berücksichtigen.

Die räumliche und zeitliche Verteilung von Schadstoffen kann in der Modellvorstellung durch Wirbel unterschiedlicher Größe beschrieben werden. Der Transport mit dem mittleren Windfeld (Advektion) wird durch große Wirbel wie Tief- und Hochdruckgebiete verursacht. Kleine Wirbel sind der *turbulenten Diffusion* zuzuordnen.

Die Vertikalstruktur verschiedener meteorologischer Parameter übt einen bedeutenden Einfluß auf die Ausbreitungsvorgänge aus. Das vertikale Windprofil beschreibt die Änderungen von Windgeschwindigkeit und Windrichtung und des Turbulenzzustandes mit der Höhe.

Man unterscheidet zwischen *mechanisch* und *thermisch* induzierter Turbulenz.

Bewuchs und Bebauung an der Erdoberfläche üben eine *mechanische* Verzögerungswirkung auf das Windfeld aus. Je größer Rauhigkeitselemente sind, desto stärker wird ein vorgegebenes Windfeld verändert. Eine erhöhte Turbulenzintensität über rauheren Oberflächen führt zu einer stärkeren Verteilung und damit Konzentrationsabnahme von Luftschadstoffen.

Entsprechend der *thermischen* Schichtung werden Vertikalbewegungen abgeschwächt (stabile Schichtung) oder verstärkt (labile Schichtung).

Bei der Simulation der Ausbreitung von Schadstoffen sind damit Informationen notwendig über

- den Transport mit dem mittleren Windfeld und
- den Turbulenzzustand der Atmosphäre.

Es ist im Einzelfall zu klären, ob die bei Altlasten-Fragestellungen üblicherweise bodennahe Ausbreitung in einem ebenen, praktisch ungestörten Gelände stattfindet. Es genügt dann die Annahme bestimmter Werte für die Windgeschwindigkeit, Windrichtung und eine Modellbeschreibung der turbulenten Diffusion. Die Bestimmung des Strömungsfeldes ist von großer Bedeutung, wenn die Ausbreitung in stark strukturiertem Gelände abläuft.

Modellsimulationsverfahren in Vorschriften

Das Bundes-Immissionsschutzgesetz schreibt für Genehmigungsverfahren von industriellen Anlagen das GAUß-Fahnenmodell (M-Lgf) vor. Die Vorgehensweise ist detailliert im Anhang C der TA Luft beschrieben (Technische Anleitung zur Reinhaltung der Luft - TA Luft 1986). Dieses Fahnenmodell geht von der Annahme einer biaxialen Normalverteilung der Schadstoffkonzentration in der Ebene senkrecht zur Ausbreitungsrichtung aus (Abb. 135).

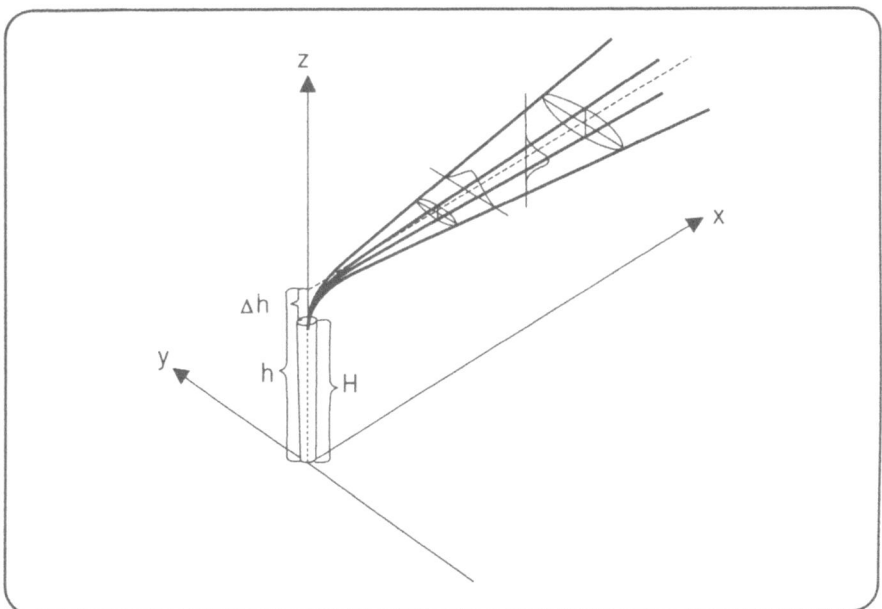

Abb. 135.   GAUß-Fahnenmodell

Unter vereinfachenden Annahmen ist dieses Modell eine exakte Lösung der Diffusions-Advektionsgleichung:

- Die meteorologischen Parameter sind zeitlich stationär.
- Die meteorologischen Parameter sind räumlich homogen.
- Die Erdoberfläche ist eben und von einheitlicher Rauhigkeit.
- Die Schadstoffe unterliegen während der Ausbreitung keinerlei chemischen oder physikalischen Veränderungen.
- Die Diffusion in Ausbreitungsrichtung ist gegenüber der Advektion vernachlässigbar.

Die Aufweitung der die Abluftfahne beschreibenden Ausbreitungsparameter wurde in Naturexperimenten bestimmt. Für jede stündliche Ausbreitungssituation im klimatologisch relevanten Zeitraum (5-10 Jahre) werden die Luftschadstoffkonzentrationen in der Umgebung der Quelle bestimmt und dann die gebildeten Häufigkeitsverteilungen ausgewertet. Beurteilt werden entsprechend der TA Luft Mittelwert und 98 %-Wert der Summenhäufigkeitsverteilung des jeweiligen Luftschadstoffes. Zur Beurteilung von Kurzzeitemissionen und spezieller Stoffe können auch andere Kenngrößen ermittelt werden.

In (VDI/DIN-Handbuch Reinhaltung der Luft) Richtlinie 3782 (Ausbreitungsmodell für Luftreinhaltepläne) wird basierend auf dem GAUß-Fahnenansatz die Berücksichtigung von Deposition und Sedimentation von Luftschadstoffen umfangreicher beschrieben.

Im Rahmen der Störfallvorsorge ist die Kenntnis der typischen Schadstoffkonzentration bei störfallbedingten Freisetzungen notwendig. Mit der Hilfe der Programmsysteme der VDI-Richtlinien 3783 Blatt 1 und 2 (VDI/DIN-Handbuch Reinhaltung der Luft) werden mit einem speziell abgewandelten Fahnenmodell Konzentrationen berechnet. Der zeitliche Verlauf der Schadstoffkonzentration in der Umgebung und die Dosis können ebenfalls bestimmt werden. Diese Richtlinien dienen primär zur Ermittlung von Gefährdungsabschätzungen und damit als Diskussionsgrundlage für mögliche emissionsbeschränkende Maßnahmen im Störfall. Sie sind nicht für eine aktuelle Störfallbeschreibung geeignet.

Weitere Modellsimulationsverfahren
Neben diesen „einfachen", pragmatischen Modellansätzen werden für Spezialuntersuchungen spezielle numerische Verfahren eingesetzt, die Modellansätze werden kurz dargestellt.
Modellsimulationen sind aufzuteilen in die Strömungsmodellierung und die Ausbreitungsmodellierung.

Strömungsmodellierung
Hier wird unterschieden zwischen

- *diagnostischer* Strömungsmodellierung und
- *prognostischer* Strömungsmodellierung.

Als praktikable, ökonomische Methode werden *diagnostische* Strömungsmodelle, die den „Ist-Zustand" des aus Meßwerten abgeleiteten atmosphärischen Strömungsfeldes beschreiben, entwickelt. Diese Modelle liefern das mittlere Windfeld. Das nachgeschaltete Ausbreitungsmodell benötigt zusätzlich als Eingabedatum Turbulenzfelder, die nur separat über einen meteorologischen Präprozessor bereitgestellt werden.
Die Prinzipien der Masse-, Impuls- und Energieerhaltung werden in einem System gekoppelter Differentialgleichungen berücksichtigt, um die atmosphärische Strömung mit einem *prognostischen* Strömungsmodell zu ermitteln. Ergebnisse dieser Rechnungen sind Wind-, Temperatur-, Druck- und Turbulenzfelder. Diese Informationen können an sog. fortschrittliche Ausbreitungsmodelle weitergegeben werden.

Numerische Ausbreitungsmodelle
Diese Modelle berücksichtigen

- zeitlich und örtlich variables Windfeld,
- zeitlich und örtlich variables Turbulenzfeld sowie
- komplexe Umwandlungsmechanismen für Schadstoffe.

Als Beispiel seien Teilchensimulationsmodelle (LAGRANGE-Modelle) aufgeführt. Das Teilchensimulationsmodell LASAT (Müller et al. 1991, Janicke 1994) ist vielfach erfolgreich zur Beschreibung von Ausbreitungssituationen im Nahbereich von Emittenten eingesetzt worden (Abb.136).

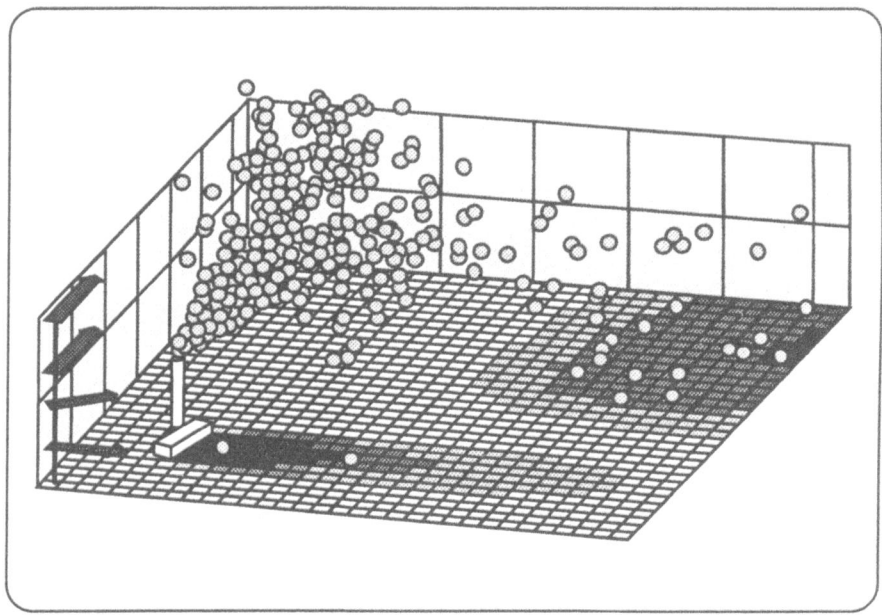

Abb. 136.   Teilchensimulationsmodell LASAT. (Nach Janicke 1994)

2.3.3.2 Kombiniertes Meß- und Modellsystem

Umfangreiche, ausführliche Beschreibungen zur Auswahl, Aufstellung, Wartung und Auswertung von meteorologischen Geräten sind in den VDI-Richtlinien 3786 (Blätter 1-14) (VDI/DIN-Handbuch Reinhaltung der Luft) dargestellt. Diese Ausführungen berücksichtigen speziell die Aspekte der Messung für Fragen der Luftreinhaltung. Behandelt werden meteorologische Parameter wie Lufttemperatur, Luftfeuchte, Globalstrahlung, Trübung und visuelle Wetterbeobachtung.

In den bisherigen Darstellungen zu den einsetzbaren Modellen wurde die besondere Bedeutung der Turbulenzparameter deutlich. Neben der Messung des *Mittleren Windes* (Blatt 2) sind in den VDI-Richtlinien 2 Verfahren zur Turbulenzbestimmung beschrieben: *Doppler-Sodar* (Blatt 14) und *Messung mit Ultraschallanemometer.* (Blatt 12) (VDI-Handbuch Reinhaltung der Luft).

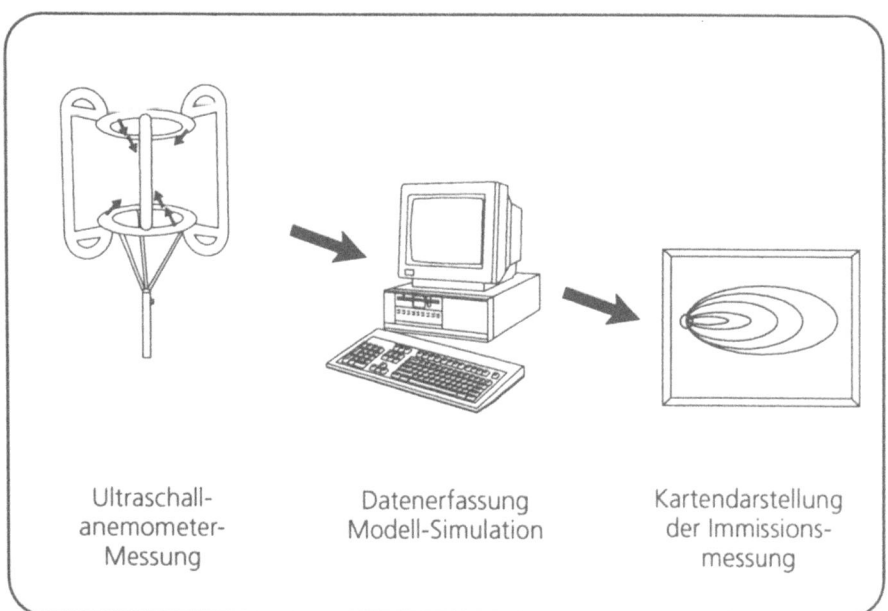

Ultraschall-   Datenerfassung   Kartendarstellung
anemometer-   Modell-Simulation   der Immissions-
Messung   messung

Abb. 137.   Kombiniertes Meß- und Modellsystem

Für bodennahe Quellen wie Altlasten ist es möglich, eine Wind- und Turbulenz-
messung durchzuführen und online ein geeignetes Ausbreitungsmodell anzu-
schließen (Abb. 137). Diese Ergebnisse können dann z.B. bei Sanierungsmaßnahmen zu emissionsbeschränkenden Maßnahmen führen.

2.4   Statistische Methoden   X

Aufgabe der Statistik ist es, Daten zu gewinnen, darzustellen, zu analysieren und zu interpretieren. Statistische Methoden sind überall dort erforderlich, wo Ergebnisse nicht beliebig oft und exakt reproduzierbar sind. Aufgrund dieser Nichtreproduzierbarkeit kommt es in den Beobachtungsreihen zu einer Streuung quantitativ erfaßter Merkmale, die zu einer Ungewißheit führt. Deshalb wird die Statistik von WALD folgendermaßen definiert:

„Statistik ist eine Zusammenfassung von Methoden, die uns erlauben, vernünftige optimale Entscheidungen im Falle von Ungewißheit zu treffen."

Eine statistische Untersuchung läßt sich in folgende Phasen gliedern:

- Formulierung der Ziele der Untersuchung und Definition des Untersuchungsgegenstandes, Formulierung von testbaren Hypothesen,
- Planung und Durchführung der Datenerhebung (natürliche Meßdaten, geplante Experimente, systematische Erhebung),
- Aufbereitung des gewonnenen Datenmaterials und
- Schlußfolgerungen aufgrund des vorliegenden Datenmaterials.

Für statistische Auswertungen mit Hilfe der EDV steht inzwischen ein umfangreiches Angebot an Software-Produkten (SAS, SPSS, STATGRAPHICS etc.) zur Verfügung, auf die hier nicht explizit eingegangen wird.

Im folgenden wird eine Untergliederung nach deskriptiven (beschreibenden) und analytischen (beurteilenden) Statistikmethoden getroffen, wobei die Wahrscheinlichkeitsrechnung als Voraussetzung für die beurteilende Statistik im Kap. 2.4.2 beschrieben wird. Die Geostatistik schließlich behandelt spezielle Verfahren, die im Bereich der Geowissenschaften zur Anwendung kommen. Auf die Darstellung der mathematischen Hintergründe und Formeln wird verzichtet und auf die einschlägige Literatur (DIN, ISO, Bahrenberg und Giese 1975, Kreyszig 1979, Linder und Berchtold 1975, Sachs 1992) verwiesen. Weiterhin wird auf den Charakter dieses Kapitels als allgemeine Einführung in die Statistik hingewiesen; hier enthält die angeführte Literatur ebenfalls vertiefende Darstellungen.

In bezug auf die Altlastenbearbeitung ergeben sich folgende Schwerpunkte der Anwendung statistischer Methoden:

- Statistik im Rahmen der Auswertung großer Datenmengen, die bei der Altlastenbearbeitung anfallen,
- Statistik im Rahmen der Analytik und
- Statistik im Rahmen der Planung von Standortuntersuchungen.

2.4.1   Beschreibende Statistik   X-D

Die beschreibende oder deskriptive Statistik umfaßt das Erheben, Ordnen, Aufbereiten und Darstellen von Daten sowie das Bestimmen von Kenngrößen (Parametern) dieses Datenmaterials und deren Interpretation. Die Aussagen aus der beschreibenden Statistik beziehen sich nur auf die untersuchte Datenmenge; Schlüsse auf eine übergeordnete Gesamtheit sind nicht ohne weiteres möglich.

Im Rahmen der deskriptiven Statistik werden *Merkmale* an *Objekten* der *statistischen Masse* erhoben und statistische Kennziffern errechnet. Grundsätzlich unterscheidet man 4 Arten von Daten bzw. Merkmalen. Diese Unterscheidung ist für die spätere statistische Auswertung von Bedeutung. *Nominaldaten* (nominalskalierte Merkmale) stellen Namen (in Form von Zahlen) für Gruppen dar. Ordnet man die Elemente einer Menge nach der Größe eines ausgewählten Merkmals, stellen die Daten eine Rangordnung dar und heißen *Ordinaldaten* (rangskalierte Merkmale). *Metrischen Daten* dagegen liegt eine konstante Meßeinheit zugrunde. Man unterscheidet zwischen Rational- und Intervalldaten. *Rationaldaten* (verhältnisskalierte Merkmale) liegen vor, wenn für die Daten ein absoluter Nullpunkt gegeben ist. *Intervalldaten* (intervallskalierte Merkmale) haben keinen absoluten Nullpunkt. Analysedaten sind in der Regel metrisch skaliert. Generell gilt: Je höher das Skalenniveau ist, desto größer ist der Informationsgehalt der betreffenden Daten und desto mehr Rechenoperationen und statistische Maße lassen sich auf die Daten anwenden. Zur Erhöhung der Übersichtlichkeit der Daten und der Vereinfachung ihrer Analyse kann eine Transformation von einem höheren auf ein niedrigeres Skalenniveau sinnvoll sein.

Merkmale lassen sich nicht nur nach den Beziehungen zwischen ihren Ausprägungen, sondern auch nach Anzahl klassifizieren, wobei zwischen *diskreten* (Anzahl der möglichen Merkmalsausprägungen ist abzählbar) und *stetigen* *Merkmalen* (Anzahl der möglichen Merkmalsausprägungen ist nicht abzählbar) unterschieden wird. Stetige Daten lassen sich durch reelle Zahlen beschreiben; nahezu alle physikalisch meßbaren Größen sind stetiger Natur.

2.4.1.1   Empirische Häufigkeitsverteilungen   X-Dh

Ausgangspunkt einer statistischen Auswertung ist die *Urliste*, die in eine geordnete Urliste oder eine Strichliste überführt werden kann. Es kann sinnvoll sein, vor Bildung einer Strichliste eine *Klasseneinteilung* vorzunehmen. Durch Auszählen läßt sich die absolute Häufigkeit jeder Klasse bestimmen, man erhält eine *Häufigkeitsverteilung* der Werte; die Darstellung erfolgt in Form einer Häufigkeitstabelle. Die relative Häufigkeit gibt die Häufigkeit unabhängig von der Gesamtzahl der Werte an. Sie kann auch in Prozentzahlen zwischen 0 und 100 % angegeben werden (prozentuale Häufigkeit).

Graphisch läßt sich die Häufigkeitsverteilung in Form eines Histogramms (Block-oder Stabdiagramm) oder Häufigkeitspolygons (Verteilungskurve, Summen-häufigkeitskurve) darstellen (Abb. 138).

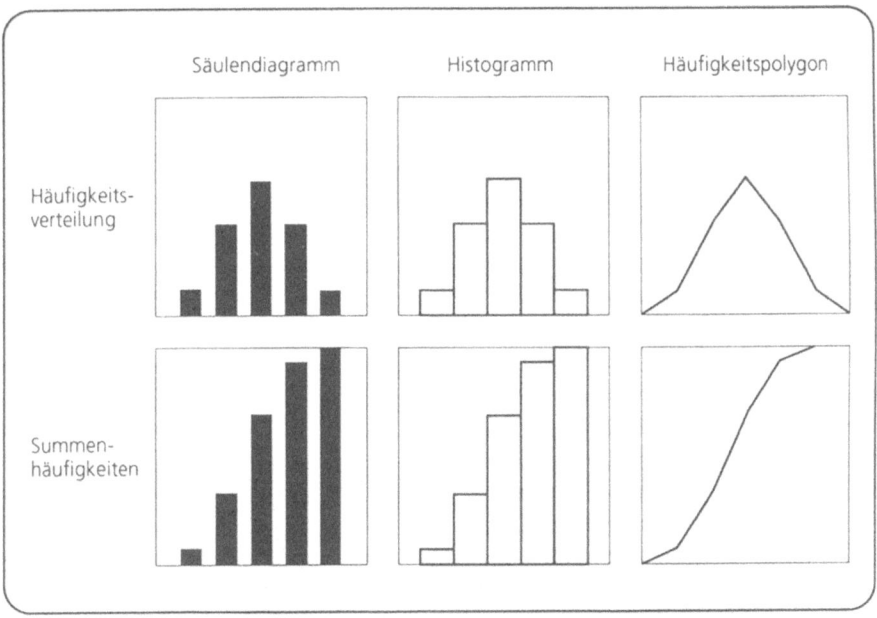

Abb. 138.   Graphische Darstellung von empirischen Häufigkeitsverteilungen. (Nach Hötzl 1982)

Bei der Darstellung von Daten in Tabellenform sei auf die entsprechende DIN 55 301 (Gestaltung statistischer Tabellen) verwiesen. Weiterhin ist auf andere Darstellungsarten (Kreis-, Dreieck-, Balken-, Streifendiagramm) z.B. für qualitative Merkmale (= nominal- und ordinalskalierte Merkmale) hinzuweisen. In Abb. 139 sind häufig verwendete Darstellungsformen im geowissenschaftlichen Bereich aufgeführt. Die DVWK-Schrift Nr. 89 (DVWK 1990) und Sara (1994) enthalten eine Zusammenstellung von Diagrammdarstellungen für Grundwasserbeschaffenheitsdaten.

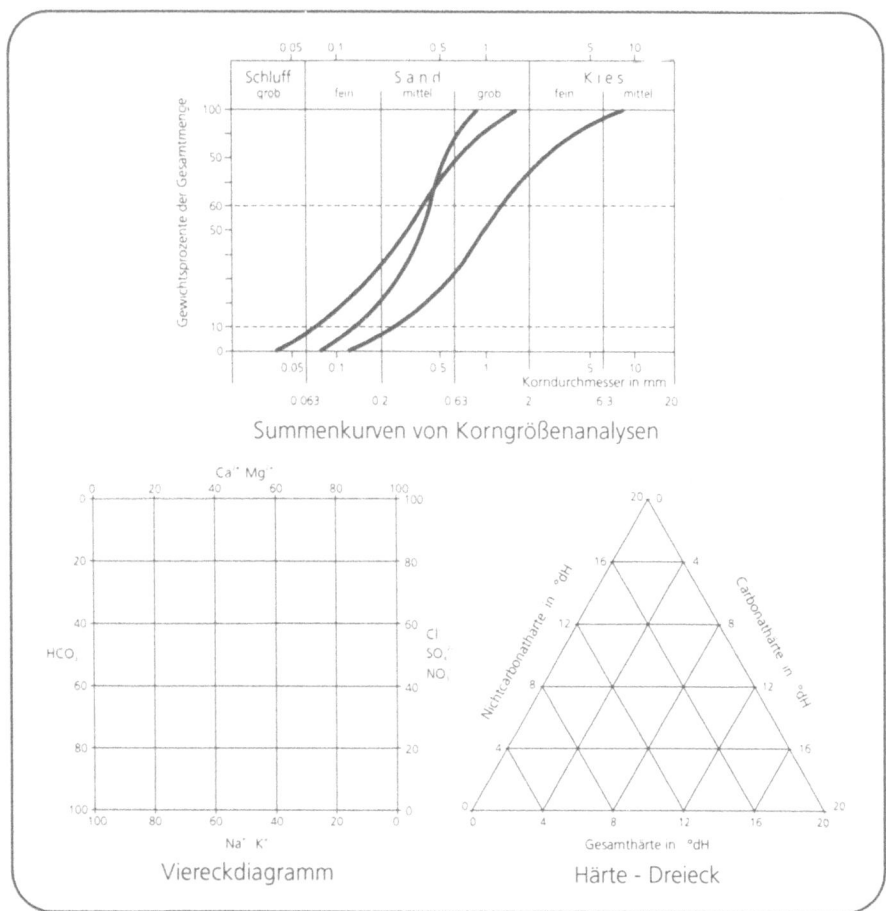

Abb. 139. Beispiele für Diagrammdarstellungen geowissenschaftlicher bzw. hydrochemischer Daten

2.4.1.2 Lageparameter X-DI

Eine Datenreihe oder die Häufigkeitsverteilung kann durch einige wenige Maßzahlen charakterisiert werden. Solche Maßzahlen sind Lageparameter oder Streuungsmaße. Die *Lageparameter* (= Lagemaße, Lokalisationsmaße) dienen dazu, die Beobachtungsreihen durch einen zentralen Wert zu repräsentieren (Abb. 140).

Eine große praktische Bedeutung hat dabei das arithmetische Mittel $\bar{x}$ (*Mittelwert*). Sollen einige Werte eine größere Gewichtung erhalten, benutzt man das gewichtete arithmetische Mittel. Je stärker asymmetrisch eine Verteilung ist, desto weniger kann das arithmetische Mittel als idealer repräsentativer Wert gelten. Die Anwendung des *harmonischen Mittels* ist dann sinnvoll, wenn in den Daten Reziprozität (z.B. bei k_f-Werten) enthalten ist. Das *geometrische Mittel* wird verwendet, wenn Wachstumserscheinungen vorliegen. Der Zentralwert oder *Median* ist derjenige Wert, der in der nach Größe geordneten Reihe die Reihe halbiert. Der Median ist weitgehend unabhängig von Ausreißern innerhalb einer Datenreihe. Der *Modus* (Modalwert, Dichtemittel) ist der Wert, der in einer Stichprobe am häufigsten vorkommt.

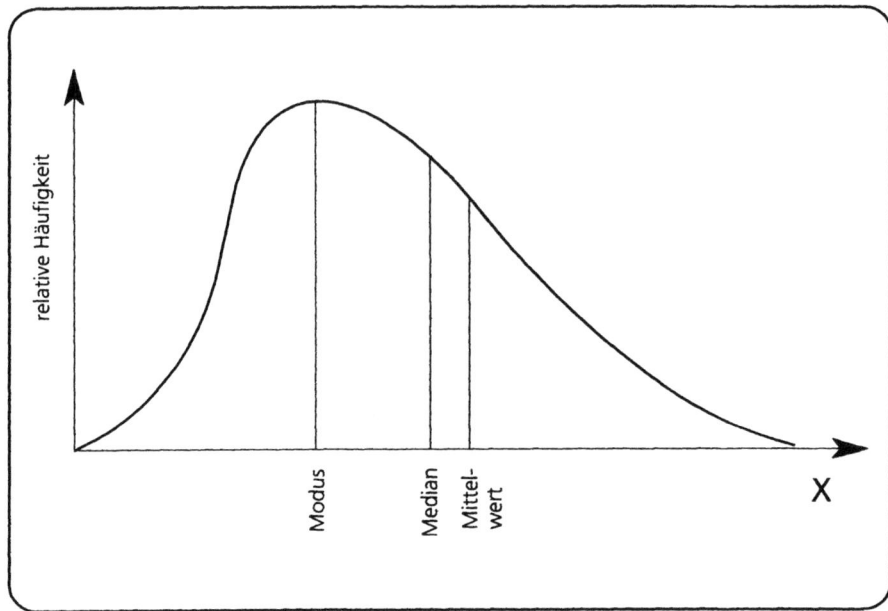

Abb. 140.   Beziehungen zwischen zentralen Lageparametern einer asymmetrischen Häufigkeitsverteilung. (Nach Davis 1986)

Minimal- und Maximalwert stellen *Extremwerte* dar. Weitere Lageparameter stellen die Perzentile (Prozentpunkte), Quartile (unteres Quartil = 25 %-Punkt, oberes Quartil = 75 %-Punkt) und Dezile (unteres Dezil = 10 %-Punkt, oberes Dezil = 90 %-Punkt) dar.

Bei Verteilungen auf Flächen werden die entsprechenden bivariaten Lageparameter Mittelzentrum, Medianzentrum und Modalzentrum verwendet.

2.4.1.3 Streuungsmaße   X-Ds

Die *Streuungsmaße* (= Streuungsparameter, Dispersionsmaße, Variabilitätsmaße) vermitteln die Variabilität von Daten, d.h. wie Werte um die Lageparameter streuen. Sie sind insbesondere dann von Bedeutung, wenn die Lageparameter wenig aussagen.

Die Variationsbreite bzw. *Spannweite* ist die Differenz zwischen den Extremwerten innerhalb der Datenreihe. Der Quartilabstand ist die Differenz zwischen oberem und unterem Quartil; der Dezilabstand ist die Differenz zwischen oberem und unterem Dezil. Ein weiteres einfaches Streuungsmaß ist die *mittlere Abweichung* (mittlerer Abweichungsbetrag) vom Mittelwert bzw. vom Median. Die *Varianz* s^2 ist die mittlere quadratische Abweichung; die nichtnegative Quadratwurzel aus der Varianz heißt *Standardabweichung* s. Ein normiertes Streuungsmaß stellt der *Variationskoeffizient* von PEARSON dar, der die Standardabweichung in Prozent des arithmetischen Mittels angibt. Die *relative Variabilität* V setzt die mittlere Abweichung in Beziehung zum Absolutbetrag des Mittelwertes $\bar{x}$. Abbildung 141 zeigt die Standardabweichung bei unterschiedlichen Häufigkeitsverteilungen.

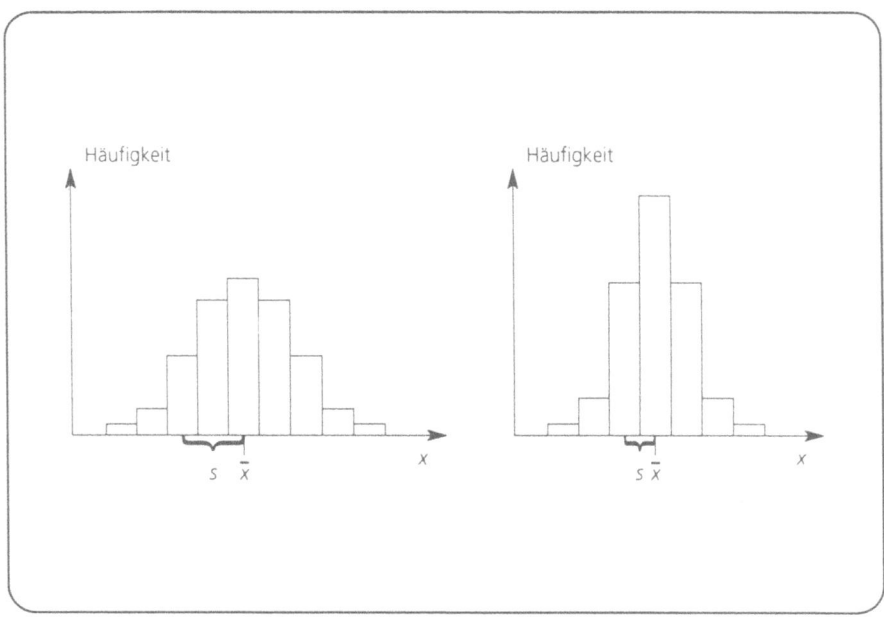

Abb. 141.   Standardabweichungen bei unterschiedlichen Häufigkeitsverteilungen

2.4.2   Beurteilende Statistik   X-B

Die beurteilende (= schließende, mathematische, wertende, induktive, analytische) Statistik ermöglicht - aufbauend auf der beschreibenden Statistik - den Schluß von der *Stichprobe* auf die zugehörige *Grundgesamtheit*, auf allgemeine Gesetzmäßigkeiten, die über den Beobachtungsbereich hinaus gültig sind. Der zu prüfende Teil der Grundgesamtheit wird dabei zufällig ausgewählt (*Zufallsstichprobe*) und soll *repräsentativ* für die Grundgesamtheit sein. Die analytische Statistik ermöglicht durch Gegenüberstellung empirischer Befunde mit Ergebnissen, die aus wahrscheinlichkeitstheoretischen *Modellen* hergeleitet werden, die Beurteilung empirischer Daten und die Überprüfung wissenschaftlicher *Hypothesen* und Theorien. *Schätzverfahren* dienen dazu, anhand einer Stichprobe möglichst viel über die charakteristischen Kennwerte der zugehörigen Grundgesamtheit zu erfahren. *Vertrauensgrenzen* oder *Konfidenzintervalle* legen die Grenzen fest, innerhalb derer ein Parameter der Grundgesamtheit mit vorgegebener Wahrscheinlichkeit (häufig verwendet: 95 % Sicherheitswahrscheinlichkeit = 5 % Irrtumswahrscheinlichkeit) liegt. Die Abweichung der aus Stichproben ermittelten Kennwerte von den entsprechenden Werten der Grundgesamtheit wird als *Stichprobenfehler* bezeichnet. Die *Testverfahren* entscheiden, ob die Stichprobe aus einer bestimmten (vorgegebenen) Grundgesamtheit entnommen wurde.

Die beurteilende Statistik basiert auf der *Wahrscheinlichkeitsrechnung*, die mathematische Methoden zur Erfassung zufallsbedingter oder stochastischer Experimente beschreibt. Wahrscheinlichkeiten werden im allgemeinen als *relative Häufigkeiten* bestimmt und interpretiert. Die Zuordnung einer Ereignismenge zu einer Menge von Zahlen erfolgt durch eine Funktion, die *Zufallsvariable X*. Man unterscheidet zwischen diskreten und stetigen Zufallsvariablen und ihren Verteilungen.

Eine Zufallsvariable heißt *diskret*, wenn sie nur endlich viele oder abzählbar viele Werte annehmen kann und wenn in jedem endlichen Intervall der reellen Zahlengerade nur endlich viele der genannten Werte liegen. In diesem Fall kann man jedem der Werte die Wahrscheinlichkeit als Funktionswert (*Wahrscheinlichkeitsfunktion*) zuordnen. Die dazugehörige *Verteilungsfunktion* erhält man durch Addition der Wahrscheinlichkeiten. Generell treten diskrete Verteilungen bei Zufallsexperimenten auf, bei denen man <u>zählt</u>. Beispiele für diskrete Verteilungen sind die *Binominalverteilung* (= BERNOULLI-Verteilung) oder die POISSON-*Verteilung*.

Die Zufallsvariable *X* und deren Verteilung heißen *stetig*, wenn die zugehörige Verteilungsfunktion in Integralform dargestellt werden kann. Die *Wahrscheinlichkeitsdichte* entspricht der Wahrscheinlichkeitsfunktion im diskreten Fall. Stetige Verteilungen treten bei Experimenten auf, bei denen man <u>mißt</u>, d.h. eine kontinuierliche Größe beobachtet wird. Die wichtigste stetige Verteilung ist die *Normalverteilung* (=GAUß'sche Verteilung, de MOIVRE'sche Verteilung, Abb. 142). Durch Standardisierung der Zufallsvariablen *X* erhält man die standardisierte Zufallsvariable *Z* (*Standardnormalverteilung*). Viele statistische Verfahren setzen eine Normalverteilung voraus. Einige diskrete Verteilungen lassen sich durch eine Normalverteilung annähern. Die statistischen Koeffizienten *Schiefe* und *Exzess* (Wölbung, Kurtosis) beschreiben eine bestimmte Häufigkeitsverteilung im Vergleich zur Normalverteilung. Viele biochemische, hydrochemische und geologische Vorgänge weisen *lognormale Verteilungen* auf.

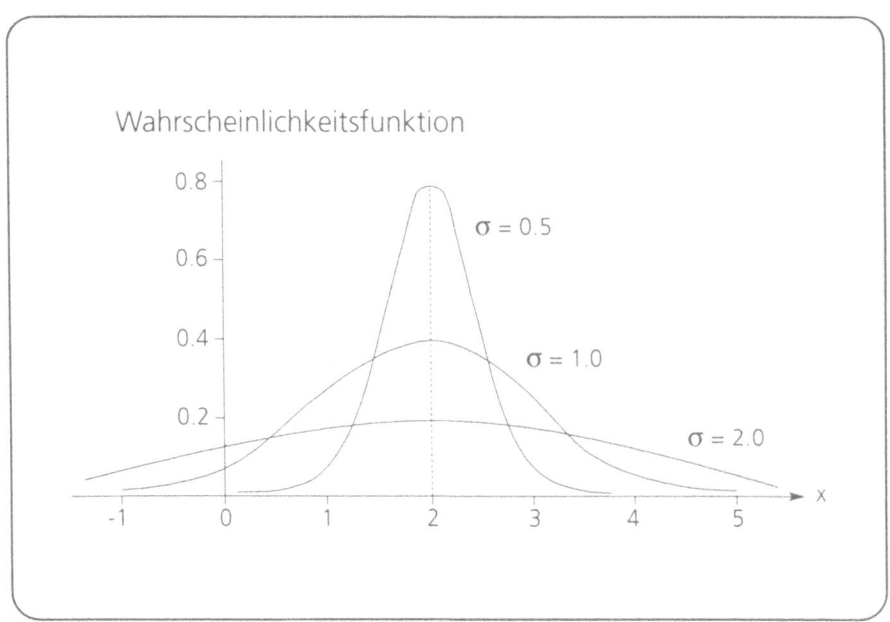

Abb. 142. Wahrscheinlichkeitsdichten der Normalverteilung für den Mittelwert $\mu = 2$ mit verschiedenen Standardabweichungen σ. (Nach Bahrenberg und Giese 1975)

Die Verteilungen von Zufallsvariablen werden analog zu den empirischen Verteilungen durch Lage- und Streuungsparameter charakterisiert.

Zufallsstichproben sind am besten für statistische Fragestellungen geeignet. Oft werden Stichprobenverfahren verwendet, bei denen zwar nicht jedes Element der Grundgesamtheit die gleiche Chance hat, in die Stichprobe zu kommen, die aber trotzdem sinnvoll und nützlich sind. Bei der *geschichteten Stichprobe* werden Zufallsstichproben nur einzelnen Schichten (Gruppen) der Grundgesamtheit entnommen. Bei der *systematischen Stichprobe* werden die Elemente aus der Grundgesamtheit in einem bestimmten Abstand für die Stichprobe ausgewählt. Liegt eine hierarchisch gestufte Gruppeneinteilung der Grundgesamtheit vor, kann die *hierarchische Stichprobe* benutzt werden. Beim *Klumpen-Verfahren* verwendet man Stichproben mit geschlossenen Erfassungsgruppen. Unter *Monte-Carlo-Verfahren* werden Methoden zusammengefaßt, bei denen ein wahrscheinlichkeitstheoretisches Problem durch ein Zahlenexperiment mit hinreichender Genauigkeit gelöst wird.

2.4.2.1 Statistische Prüfverfahren   X-Bt

Statistische *Hypothesen* sind Vermutungen über Verteilungen von Grundgesamtheiten und deren Parametern. Bei der Prüfung solcher Hypothesen durch Prüfverfahren (Testverfahren) mit entsprechenden Prüffunktionen (Testgrößen) untersucht man, ob bestimmte Ereignisse mit ihnen in Einklang stehen oder ihnen widersprechen. Die Prüfung von Nullhypothesen bzw. Alternativhypothesen erfolgt über *Signifikanztests*.

Bei Tests werden Stichproben untereinander oder mit einer gegebenen Grundgesamtheit verglichen. Es können einzelne Parameter (Lage- oder Streuungsparameter) oder die gesamte Verteilung geprüft werden. *Parametrische Tests* setzen eine bestimmte Verteilung (meistens Normalverteilung) voraus. *Verteilungsfreie (= nichtparametrische) Tests* sind auf beliebige Verteilungen, die nicht bekannt zu sein brauchen, anwendbar. Vor Durchführung eines Tests ist die Angabe eines *Signifikanzniveaus* (= Irrtumswahrscheinlichkeit) erforderlich. Die Güte eines Tests wird als *Power* oder *Trennschärfe* bezeichnet. Sie ist um so größer, je höher der vom Test verwendete Informationsgehalt der Ausgangsdaten ist und je mehr Voraussetzungen über die Verteilung der Werte gemacht werden.

Ist die Standardabweichung der Grundgesamtheit mit Normalverteilung nicht bekannt, kann man die Prüfgröße t verwenden. Die Verteilungsfunktion für t, die Student-t-Verteilung ähnelt der Normalverteilung (Standardnormalverteilung) und kann letztere ersetzen; der diesbezügliche Test zur Prüfung von Mittelwerten wird t-Test genannt. Als entsprechender nichtparametrischer Test ist der U-Test von Mann-Whitney zu nennen.

Die Prüfung von Varianzen (Standardabweichungen) erfolgt über den F-Test (= Fisher-F-Test, Snedecor-Test), die Prüfung von Häufigkeiten bzw. Verteilungen über den nichtparametrischen *Chi-Quadrat-Test* (χ^2-Test). Der Chi-Quadrat-Test kommt häufig zur Anwendung, wenn geprüft werden soll, ob eine Verteilung normalverteilt ist. Weiterhin wird er zur Prüfung, ob zwischen 2 Merkmalen (Variablen) ein Zusammenhang besteht, eingesetzt. Als weiteres verteilungsfreies Testverfahren ist der *Kolmogoroff-Smirnoff-Test* (K-S-Test) zu nennen, der aufgrund seiner Einfachheit und Effizienz eine Alternative zum Chi-Quadrat-Test darstellt.

2.4.2.2   Korrelationsanalyse   X-Bk

Die Korrelationsanalyse untersucht stochastische Zusammenhänge zwischen gleichwertigen Zufallsvariablen anhand einer Stichprobe. Die Eintragung eines Wertepaares in ein Koordinatensystem ermöglicht eine Grundvorstellung über Streuung und Form der Punktwolke (Streu- oder *Korrelationsdiagramm*).

Der *Korrelationskoeffizient* r (= Produktmoment-Korrelationskoeffizient nach Pearson; r für Stichproben, ρ für die Grundgesamtheit) ist eine Maßzahl für die <u>Stärke</u> und Richtung eines linearen Zusammenhanges (Abb. 143). Er ist der Quotient aus der Kovarianz und dem Produkt der beiden Standardabweichungen. Er kann innerhalb des Intervalls +1 und -1 variieren, wobei $\rho = 0$ bedeutet, daß kein linearer Zusammenhang besteht und die Zufallsvariablen *unkorreliert* sind. Für $\rho = \pm 1$ ist ein *funktionaler (kausaler) Zusammenhang* der

Wertepaare gegeben. Bei Werten zwischen 0 und ±1 für ρ besteht ein *sto-chastischer Zusammenhang*, der daraufhin untersucht werden muß, ob er tat-sächlich kausal bedingt ist. In Fällen, wo zwar ein formaler, nicht aber ein kau-saler Zusammenhang vorhanden ist, spricht man von Scheinkorrelation. Statt des Korrelationskoeffizienten wird z.T. sein quadratischer Wert, das *Bestimmt-heitsmaß* verwendet, welches die gemeinsame Varianz der analysierten Stich-proben angibt.

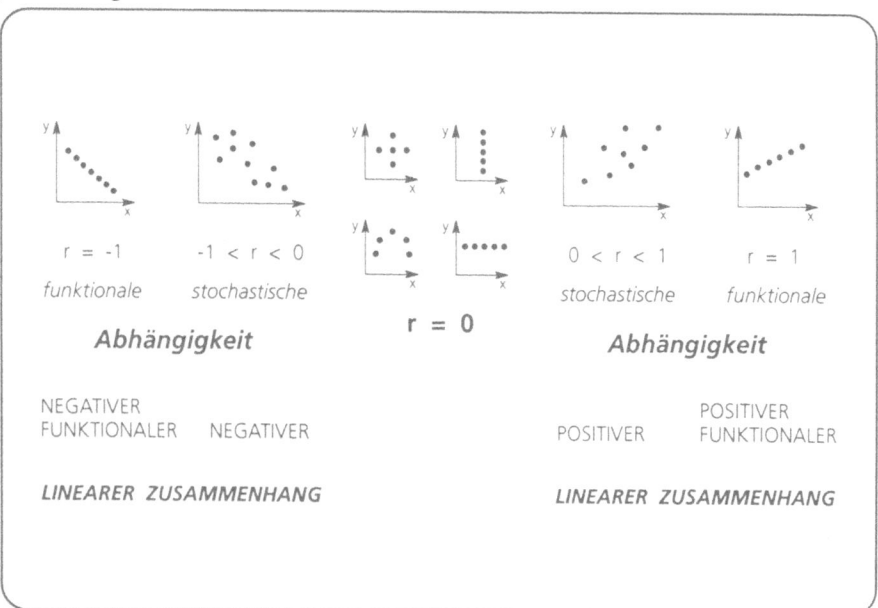

Abb. 143.   Korrelationskoeffizient *r* und Formen der Abhängigkeit. (Nach
                   Sachs 1992)

Bei der Ermittlung von Zusammenhängen zwischen nicht normalverteilten Rei-hen bedient man sich des SPEARMAN'schen *Rang-Korrelationskoeffizienten*. Die Berechnung der Abhängigkeit einer Variablen von mehreren anderen Zufallsva-riablen erfolgt über den *multiplen Korrelationskoeffizienten*. Der *partielle Kor-relationskoeffizient* gibt den Grad der Abhängigkeit zwischen 2 Variablen an, wobei die übrigen Variablen konstant gehalten werden.
     Die Aussagekraft eines Korrelationskoeffizienten wird wie bei anderen stati-stischen Maßzahlen über Vertrauensgrenzen und Testverfahren (s. Kap. 2.1.4.1) geprüft. Als *Quadrantenkorrelation* bezeichnet man einen Schnelltest, der überprüft, ob zwischen 2 Merkmalen Unabhängigkeit besteht. Der *Ecken-test* nach OLMSTEAD und TUKEY nutzt i.allg. mehr Informationen als die Qua-drantenkorrelation und ist zum Nachweis einer Korrelation geeignet, die weit-gehend auf Extremwertepaaren basiert.

Beispiele für die Anwendung der Korrelationsanalyse im Rahmen der Altlasten-bearbeitung finden sich bei Seeger (1994) und Flachowsky und Rudolph (1996).

2.4.2.3 Regressionsanalyse X-Br

Die Regressionsanalyse beschäftigt sich damit, die <u>Art</u> des Zusammenhangs zwischen Variablen festzustellen. Es wird untersucht, wie eine Variable von einer anderen Variablen abhängt bzw. wie von einer Größe auf die andere geschlossen werden kann. Voraussetzung für die Regression ist die Tennung in eine unabhängige Größe (*Ausgangsgröße*) und eine abhängige Größe (*Zielgröße*).

Bei der *Einfachregression* werden nur 2 Variable miteinander in Beziehung gesetzt. Die *Zweifach-* bzw. *Mehrfachregression* untersucht die Abhängigkeit einer Variablen von zwei bzw. mehreren anderen Variablen.

Analog zur Korrelationsanalyse beginnt man mit der Eintragung eines Wertepaares in ein Streuungsdiagramm. Eine die Punktwolke repräsentierende Gerade (lineare Regression) wird als *Regressionsgrade* bezeichnet (Abb. 144). Die Berechnung der Regressionsgraden erfolgt, indem die Summe der Quadrate aller vertikalen Abstände der Punkte von der Geraden ein Minimum wird (GAUß'-sches *Prinzip der kleinsten Quadrate*). Die Regressionsgrade wird durch die Regressionsfunktion beschrieben, das Steigungsmaß der Geraden wird als *Regressionskoeffizient* bezeichnet. Ein Regressionskoeffizient, der nicht signifikant von 0 verschieden ist, bedeutet, daß die Variablen nicht voneinander abhängig sind.

Im Fall einer nichtlinearen Regression spricht man von einer *Regressionskurve*, im Fall der multiplen Regression von einer *Regressionsfläche*. Ist eine Variable die Zeit, so nennt man die Regression auch *Trend* (s. Kap. 2.4.2.8); bei multipler Regression gibt es entsprechende *Trendflächen* ($\Rightarrow$ Trendflächenanalyse, s.a. Kap. 2.4.3.2).

Voraussetzung für statistische Prüfungen und die Angabe von Konfidenz-intervallen im Rahmen der Regressionsanalyse ist eine Normalverteilung der Variablen. Schnellschätzungen der Regressionsgraden bei fehlerbehafteten Variablen stellen das BARLETT- und das KERRICH-Verfahren dar.

Die lineare Regression wird im naturwissenschaftlichen Bereich zur Festlegung von *Nachweisgrenzen* und *Bestimmungsgrenzen* sowie zur Kalibrierung von Analysemethoden genutzt (s.a. Kap. 2.4.2.9). Beispiele für die Anwendung der Regressionsanalyse im Rahmen der Altlastenbearbeitung finden sich bei Seeger (1994) und Flachowsky und Rudolph (1996).

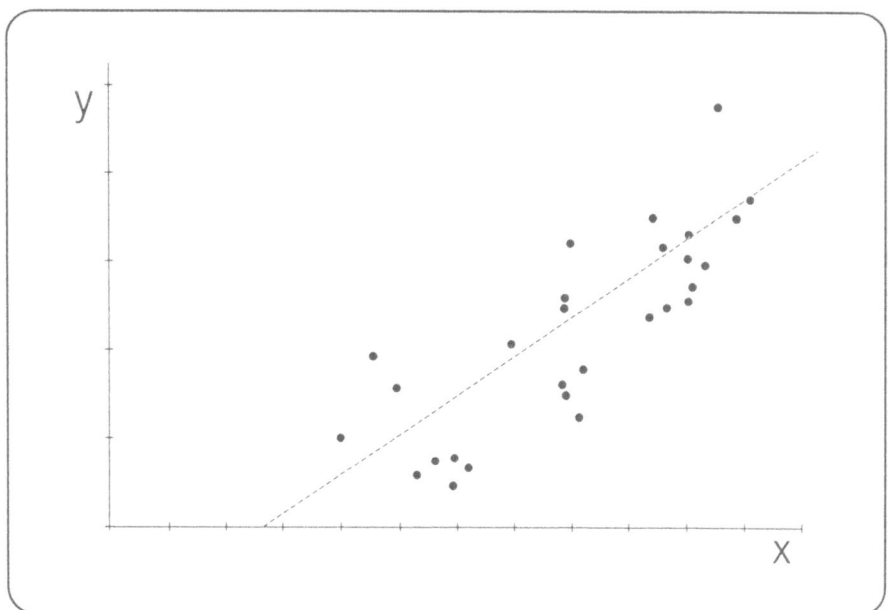

Abb. 144. Regressionsgerade einer Stichprobe

2.4.2.4 Varianzanalyse X-Bv

In diesem wie in den folgenden Kapiteln geht es darum, Methoden darzustellen, mit denen eine größere Zahl von Variablen einer Datenmatrix simultan untersucht wird. Zu diesen als *multivariate Verfahren* (Bahrenberg und Giese 1975, Backhaus et al. 1994, Barsch und Billwitz 1990) bezeichneten Methoden lassen sich auch die bereits behandelten Verfahren der multiplen Korrelation und Regression (s. Kap. 2.4.2.2, 2.4.2.3) zuordnen.

Die *Varianzanalyse* (Streuungszerlegung) ist ein wichtiges Anwendungsgebiet des *F*-Tests. Sie benutzt die arithmetische Zerlegung von Summen mit quadratischen Gliedern. Mit Hilfe der Varianzanalyse werden die arithmetischen Mittel mehrerer Stichproben daraufhin geprüft, ob die den Stichproben zugrundeliegenden Grundgesamtheiten alle den gleichen Mittelwert haben. Ziel der Varianzanalyse ist es, den Einfluß aufzudecken, den die Veränderung von externen Variablen auf eine Stichprobe hat. Die Varianzanalyse gestattet es, wesentliche von unwesentlichen Einflußgrößen zu unterscheiden. Voraussetzung ist, daß die Grundgesamtheiten normal verteilt sind und die gleiche Varianz haben. Für die Prüfung der Gleichheit mehrerer Varianzen stehen verschiedene Verfahren (HARTLEY-, COCHRAN-, BARTLETT-Verfahren) zur Verfügung.

Bei der Untersuchung des Einflusses eines gruppierten Merkmales auf ein anderes, nicht gruppiertes Merkmal handelt es sich um *einfache Varianzana-*

lyse. Bei der doppelten oder *mehrfachen Varianzanalyse* wird die Wirkung mehrerer gruppierter Merkmale gleichzeitig betrachtet.

Beispiele für die Anwendung der Varianzanalyse im Rahmen der Altlastenbearbeitung finden sich bei Seeger (1994) und Flachowsky und Rudolph (1996).

2.4.2.5 Faktorenanalyse   X-Bf

Anhand der Faktorenanalyse wird versucht, für die Unterscheidung von Raumeinheiten überflüssige Variablen zu eliminieren. Unter Raumeinheiten versteht man sowohl Punkte als auch Linien oder Flächen. Aus den Variablen werden unkorrelierte *Faktoren* konstruiert, die für alle Unterschiede zwischen den Raumeinheiten verantwortlich sind. Ziel ist es, möglichst wenige Faktoren zu verwenden. Die Faktoren sind hypothetische Größen, die dazu dienen, Zusammenhänge zwischen Variablen zu erklären. Man geht dabei nicht von den ursprünglichen, sondern von standardisierten Variablen aus. Ausgangspunkt der Faktorenanalyse ist eine Datenmatrix.

Beim Vergleich der Variablen der Matrix lassen sich mehr oder weniger hohe *Korrelationen* feststellen, die auf einen linearen Zusammenhang zwischen den entsprechenden Variablen hinweisen. Hohe Korrelationen zeigen dabei an, daß die beiden Variablen nahezu das gleiche aussagen. Zur Differenzierung der Raumeinheiten braucht also nur eine von beiden berücksichtigt zu werden. Generell unterscheidet man eine Matrix *A* der Faktorladungen und eine Matrix *F* der Faktorenwerte.

Die *Hauptkomponentenanalyse* ist ein varianzorientiertes, algebraisches Verfahren, das entscheidend auf Matrizenumformungen beruht. Die *Faktorenanalyse im engeren Sinne* ist dagegen ein statistisches, kovarianzorientiertes (korrelationsorientiertes) Verfahren.

Die Einsatzmöglichkeit der Faktorenanalyse ist aufgrund der geforderten multidimensionalen Verteilung der Ausgangsvariablen eingeschränkt und läßt sie gegenüber verteilungsfreien Verfahren im Nachteil erscheinen. Ein Beispiel für die Anwendung der Faktorenanalyse auf die chemische Untersuchung von Grundwässern findet sich bei Hölting et al. (1982) bzw. bei Seeger (1994) und Flachowsky und Rudolph (1996) im Rahmen der Altlastenbearbeitung. Abbildung 145 zeigt ein Anwendungsbeispiel der Faktorenanalyse bei der Auswertung petrographischer Daten.

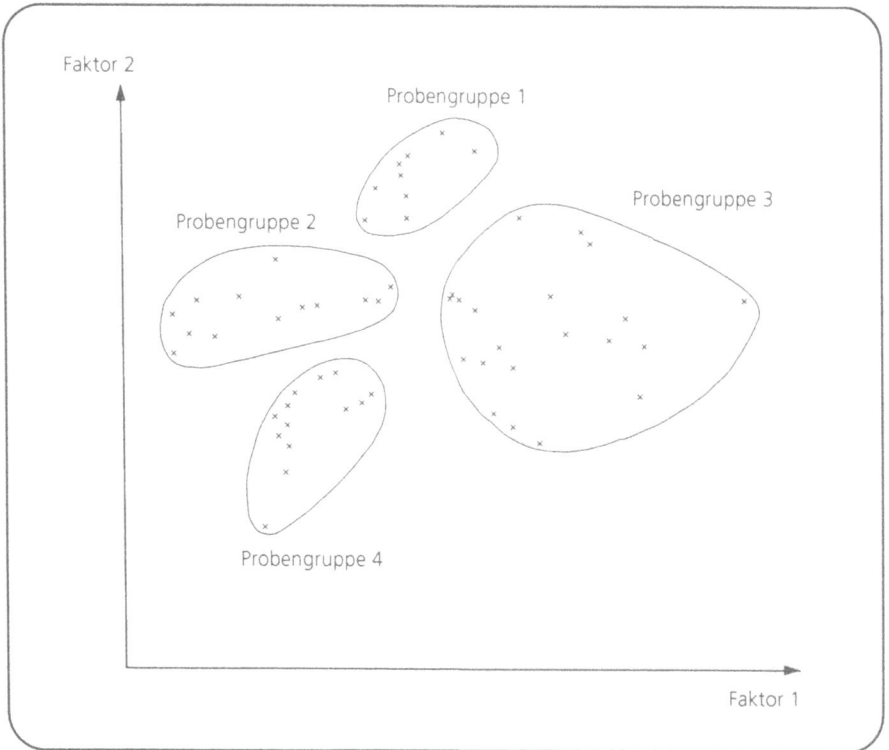

Abb. 145.   Ergebnis einer Hauptkomponentenanalyse zur Auswertung petrographischer Daten: Es lassen sich 4 Probengruppen unterscheiden

2.4.2.6   Clusteranalyse   X-Bc

Unter Clusteranalysen werden verschiedene statistische Verfahren zusammengefaßt, die eine umfangreiche Menge von Elementen in möglichst homogene Klassen, Gruppen und Punktwolken (*Cluster*) aufgliedern. Durch Heranziehen aller vorliegenden Eigenschaften zur Gruppenbildung wird eine optimale Strukturierung der Daten ermöglicht. Dabei sollen die gesuchten Gruppen nur ähnliche Elemente enthalten, die Elemente verschiedener Gruppen aber eine möglichst geringe Übereinstimmung aufweisen.

Die Ähnlichkeiten zwischen den zu gruppierenden Elementen werden ausgehend von einer ggf. normalisierten oder standardisierten Datenmatrix bestimmt. Aus den möglichen Elementpaarungen erhält man die symmetrische Matrix der Ähnlichkeitskoeffizienten. Nach einem geeigneten Cluster-Algorithmus erfolgt eine sukzessive Zusammenfassung der einzelnen Elemente zu Gruppen. Man unterscheidet nach der Form der Gruppierung zwischen *hierarchischen* und *partitionierenden Methoden*. Die Darstellung der gefundenen ähnlichen Gruppen erfolgt in Form von Dendrogrammen (s. Abb. 146) oder Cluster-Diagrammen.

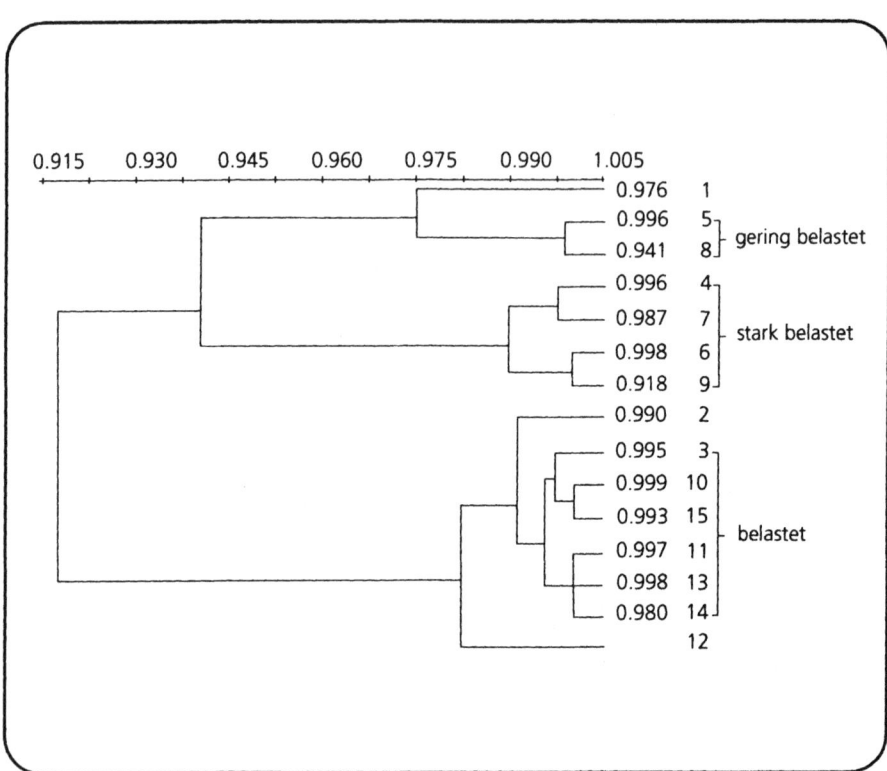

Abb. 146. Dendrogramm einer Clusteranalyse im Rahmen der Auswertung hydrochemischer Daten im Bereich einer Altablagerung

Die Clusteranalyse ist ein wichtiges Verfahren zur Klassifizierung von *Satellitendaten*. Ein weiteres Einsatzgebiet ist die Auswertung von *hydrochemischen Daten*; hier können mitunter ohne Vorabauswertungen trotzdem hydrogeologisch sinnvolle Klassifizierungen hervorgebracht werden. Beispiele für die Anwendung der Clusteranalyse im Rahmen der Altlastenbearbeitung finden sich bei Seeger (1994), Flachowsky und Rudolph (1996) und in Abb. 147.

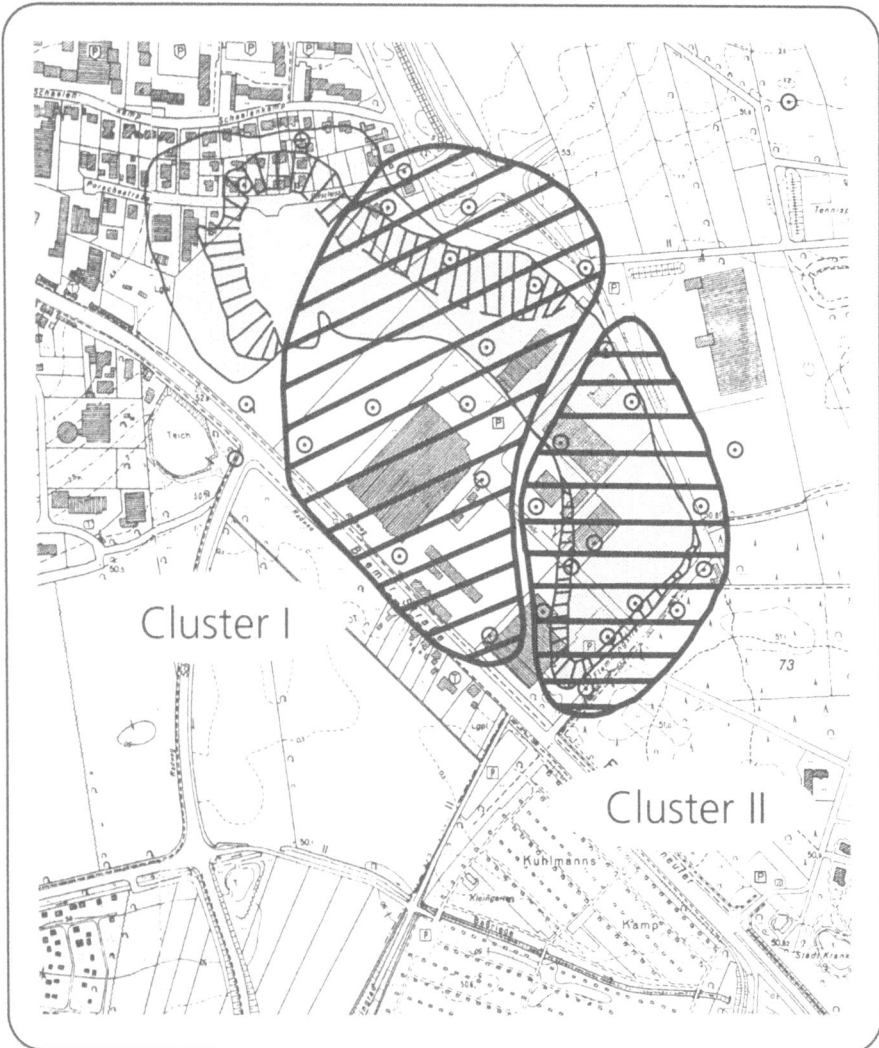

Abb. 147.   Hydrochemische Charakterisierung mit Hilfe der Clusteranalyse
im Rahmen einer Altlastenbearbeitung

2.4.2.7   Diskriminanzanalyse   X-Bd

Die Diskriminanzanalyse dient der Trennung einer Menge von Objekten und
deren Zuordnung zu *vorgegebenen Gruppen*. Das Verfahren ermöglicht sowohl eine Abgrenzung bestehender Gruppen (Abb. 148) als auch die Einordnung neuer Elemente in vorgegebene Teilmengen einer Grundgesamtheit.

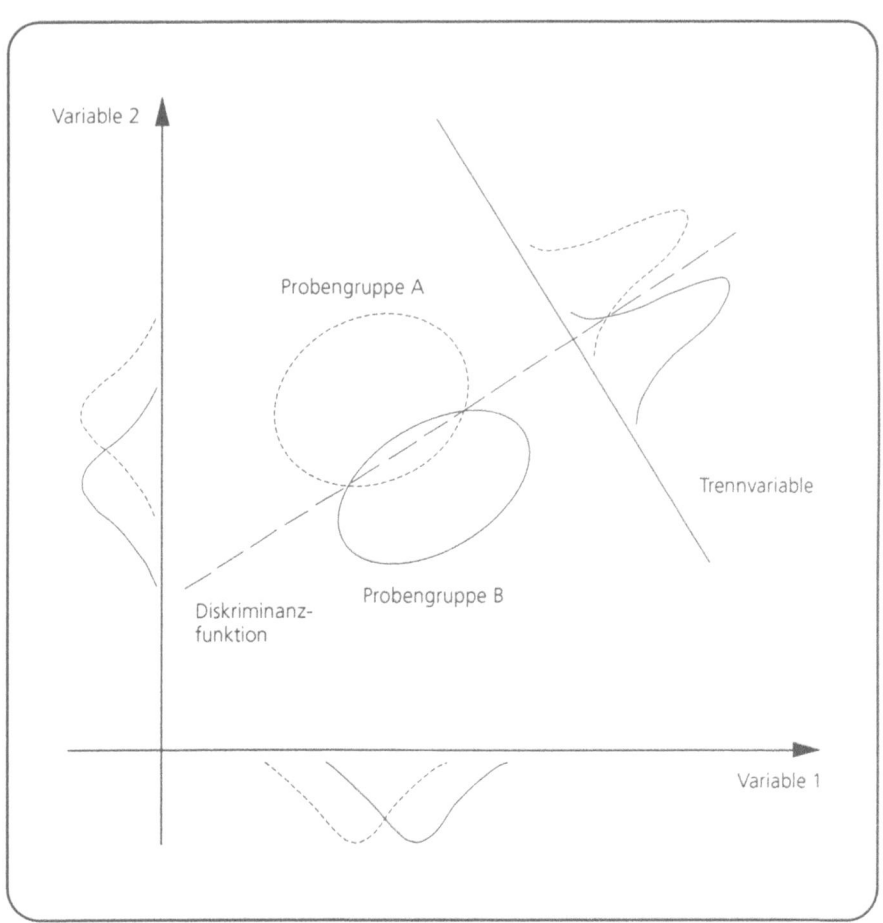

Abb. 148. Klassifizierung von Proben anhand einer linearen Diskriminanz-funktion. Bei der Projektion der beiden Probengruppen auf die beiden Variablen ergeben sich überlappende Verteilungen; die Projektion auf die neue „Trennvariable" führt zu einer optimalen Trennung. (Nach Hötzl 1982, Davis 1986)

Über die *Diskriminanzfunktion* lassen sich aus unabhängigen metrisch skalierten Variablen abhängig nominal skalierte Gruppierungsvariablen ableiten. Anhand dieser Variablen werden *Grenzwerte* für die Zuordnung der Objekte zu den einzelnen Gruppen definiert. Ziel der Diskriminanzanalyse ist durch die Prüfung der Bedeutung einzelner Merkmale für die Trennung von Gruppen zu einer Datenreduktion unter Ausschaltung unbedeutender Eigenschaften zu kommen.

Der *linearen Diskriminanzanalyse* liegt eine lineare Trennfunktion (vgl. Abb. 148) zugrunde. Bei der *einfachen Diskriminanzanalyse* sind nur 2 Gruppen vorgegeben, bei der *multiplen Diskriminanzanalyse* mehrere Gruppen. Anwendung findet die Diskriminanzanalyse u.a. bei der Auswertung hydrochemischer Daten. Ein Beispiel für die Anwendung der Diskriminanzanalyse im Rahmen der Altlastenbearbeitung findet sich bei Seeger (1994).

2.4.2.8   Zeitreihenanalyse   **X-Bz**

Eine *Zeitreihe* ist eine Gesamtheit von Daten, die in zeitlicher Folge erfaßt wurden (Abb. 149). Meist werden Beobachtungen nur zu bestimmten Zeitpunkten gewonnen, man spricht von *diskreten, äquidistanten Zeitreihen*. Bei kontinuierlichen Zeitreihen erfolgen die Beobachtungen durchgehend in definierten Zeitabständen.

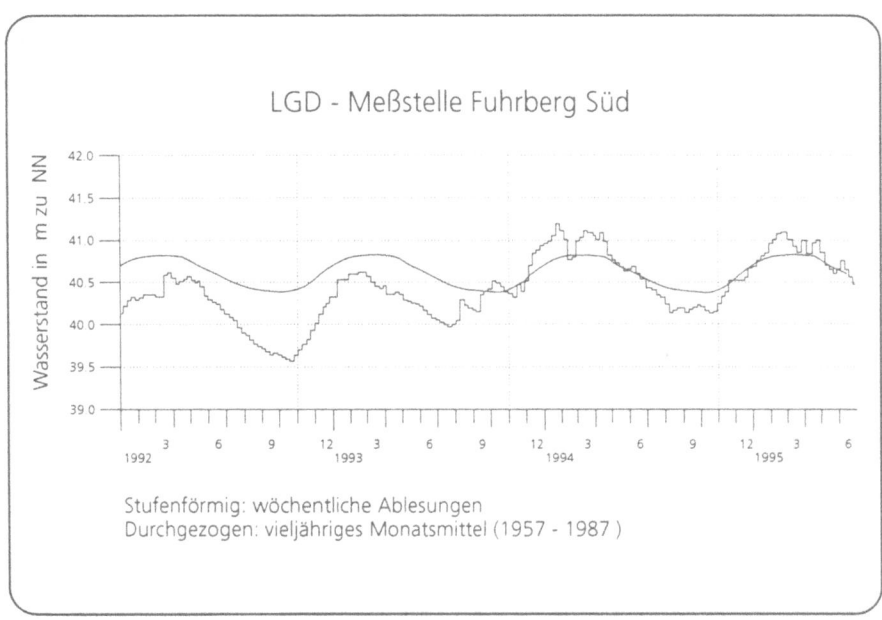

Abb. 149.   Zeitreihe (Ganglinie einer Grundwassermeßstelle)

Bei der Analyse von Zeitreihen spielt die zeitliche Abfolge der Daten eine wichtige Rolle, da die aufeinanderfolgenden Beobachtungen der Zeitreihe nicht unabhängig voneinander sind. Bei der Auftragung quantitativ meßbarer Größen in Abhängigkeit von der Zeit können u.U. folgende Größen abgeleitet werden (Abb. 150):

- Langfristige Trends,
- zyklische Bewegungen,
- Saisonschwankungen und
- unregelmäßige Abweichungen.

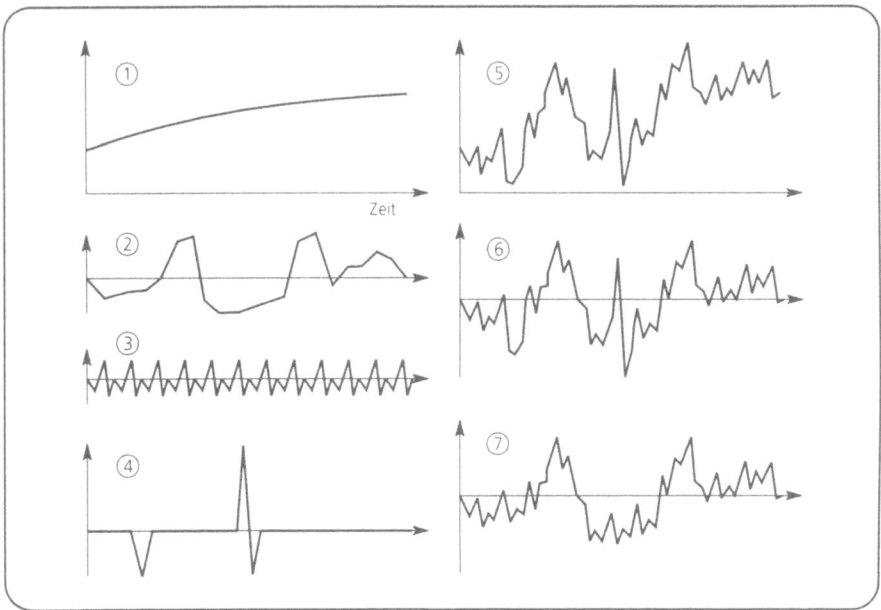

Abb. 150. Aufgliederung der Bewegungskomponenten einer Zeitreihe (1: langfristiger Trend, 2: zyklische Bewegungen, 3: Saisonschwankungen, 4: unregelmäßige Abweichungen; 5: Ausgangszeitreihe, 6: vom Trend befreite Zeitreihe, 7: durch Überlagerung von zyklischen und saisonbedingten Bewegungen entstandene Kurve). (Nach Marsal 1979)

Die graphische Darstellung ist der erste Schritt bei der Analyse von Zeitreihen. So lassen sich strukturelle Eigenschaften (Abb. 151) der Reihe oder Ausreißer erkennen.

Zur Eliminierung oder zur Betonung der Schwankungen in bestimmten Frequenzbereichen bedient man sich der Methode des *Filterns*. Kurzzeitige Schwankungen können durch lineare Filter beseitigt oder abgeschwächt werden, die Berechnung der gleitenden Mittel führt zur geglätteten Zeitreihe.

Saisonschwankungen können andere Eigenschaften einer Zeitreihe wie z.B. das Trendverhalten überdecken. Die Eliminierung des Saisoneffekts (Saisonbereinigung) erfolgt mit dem gleitenden Mittel. In einfachen Fällen bereinigt eine einfache Differenzenbildung die Saisonschwankungen.

Der *Trend* ist die langfristige Entwicklung einer Zeitreihe. Eine Methode zur Darstellung des Trends ist das Anpassen linearer oder nichtlinearer *Regressionsmodelle* (vgl. Kap. 2.4.2.3) an die Zeitreihe. Dabei werden die Zeitpunkte als unabhängige, die Zeitreihenwerte als abhängige Variable betrachtet. Die Differenzen zwischen den Zeitreihenwerten und den entsprechenden Werten der Regressionskurve kennzeichnen die Schwankungen im Beobachtungszeitraum um den langfristigen Trend und werden Residuen genannt.

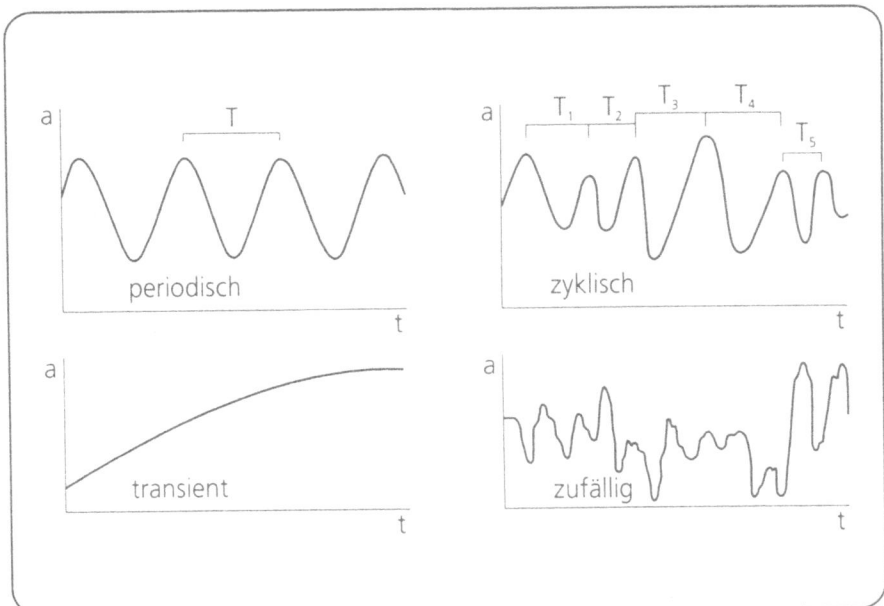

Abb. 151.   Variationscharakteristika einer Zeitreihe. (Nach Schönwiese 1992)

Als *sequentielle Trendanalysen* werden Verfahren bezeichnet, bei denen der Beobachtungszeitraum in einzelne Teilzeitintervalle zerlegt wird; die erhaltenen Regressionsfunktionen werden Spline-Funktionen genannt.

Eine andere, schnellere, mitunter ungenauere Methode der Trendbestimmung stellt die *Glättung* der Zeitreihe dar. Die Beseitigung des Trends aus einer Zeitreihe (*Trendelimination*) erfolgt durch Subtraktion der Trendwerte von den dazugehörigen Zeitreihenwerten.

Die *Harmonische Analyse* (FOURIER-Analyse) ist ein Verfahren zur Aufdeckung oder zum Nachweis von Periodizitäten in diskreten Zeitreihen. Voraussetzung ist hier die Stationarität der Zeitreihe, d.h. Trend und Saisonschwankungen müssen vorher eliminiert werden.

Bei der Untersuchung von Zeitreihen werden *Signifikanztests* durchgeführt, die die Signifikanz der Trendkurve prüfen und die Frage untersuchen, ob die Abweichungen von der Trendkurve als zufallsbedingt oder signifikant anzusehen sind.

Die *Autokorrelationsanalyse* dient der Untersuchung der sequentiellen Eigenschaften einer Zeitreihe und wird benutzt, um die lineare Abhängigkeit von aufeinanderfolgenden Punkten einer Zeitreihe zu bestimmen. Bei der *Kreuzkorrelation* werden unterschiedliche Zeitreihen miteinander verglichen, um Bereiche verstärkter Übereinstimmung zu finden.

2.4.2.9   Statistik in der Wasseranalytik   X-Bw

In den vorhergehenden Kapiteln wurden bereits statistische Methoden behandelt, die bei der Auswertung hydrochemischer Daten benutzt werden. In diesem Kapitel soll auf weitere Aspekte bei der Anwendung der Statistik in der Wasseranalytik eingegangen werden. Dabei sei insbesonders auf die Handbücher von Funk et.al. (1985) und Sara (1994) hingewiesen.

Im Rahmen der *Qualitätssicherung* in der Wasseranalytik lassen sich Fehler, die durch Zufallseinflüsse und systematische Störungen entstehen, mit Hilfe von statistischen Methoden erkennen. Die quantitative Beschreibung der Güte eines Analysenverfahrens mittels statistischer Kenndaten setzt eine *Standardisierung* des Verfahrens voraus.

Anhand der Kenndaten einer *Eichfunktion* lassen sich Aussagen über die Leistungsfähigkeit eines untersuchten Analyseverfahrens treffen. Die *Regressionsanalyse* (vgl. Kap. 2.4.2.3) dient dabei der Ermittlung von Eichfunktionen; es werden lineare und nichtlineare Eichfunktionen unterschieden. Auf die entsprechenden Testverfahren zur Überprüfung der Varianzhomogenität der Informationswerte und evtl. der Linearität des funktionalen Zusammenhangs (bei linearen Eichfunktionen) wurde bereits hingewiesen (*F*-Test, s. Kap. 2.4.2.1).

Mit Hilfe der *Verfahrensstandardabweichung*, die die Güte eines Analyseverfahrens beschreibt, ist es möglich, verschiedene Verfahren auf ihre Vergleichbarkeit hin zu untersuchen.

Die *Nachweisgrenze* eines Analyseverfahrens wird definiert als jene kleinste Menge oder Konzentration eines Stoffes, die mit einer geforderten statistischen Sicherheit bei einmaliger Analyse mit einem Fehlerrisiko von 5 % qualitativ nachgewiesen werden kann. Bei der quantitativen *Bestimmungsgrenze* wird das Fehlerrisiko mit $\leq$ 5 % definiert (s.a. DIN 32 645). Neben der Verfahrensstandardabweichung bestimmen Nachweis- und Bestimmungsgrenze die Leistungsfähigkeit eines Analysenverfahrens im Bereich geringster Konzentrationen.

Bei der praktischen Ermittlung von Nachweis- und Bestimmungsgrenze werden das Blindwert- und das Eichkurvenverfahren eingesetzt: Beim *Blindwertverfahren* werden die Grenzen aus der Streuung der Informationswerte von mehrfach analysierten Blindwerten durch Multiplikation mit empirischen Faktoren errechnet. Beim *Eichkurvenverfahren* werden zur Berechnung der Grenzen Eichgeradenkenndaten herangezogen.

Eine Analysenprobe, die mutmaßlich frei von einer zu bestimmenden Komponente ist, nennt man Blindprobe; ihr gemessener Informationswert heißt *Blindwert*. Der Blindwert läßt sich durch den mittleren Blindwert bei Mehrfachanalyse einer Probe oder den durch Extrapolation einer Eichkurve berechneten Blindwert und dessen Standardabweichung charakterisieren.

Bei der Bestimmung einer Substanz kann es zu *Matrixeffekten* und damit zu *systematischen Abweichungen* kommen. Proportionale systematische Abweichungen versucht man über das *Standardadditionsverfahren* auszuschalten.

Die Prüfung verschiedener Analysenverfahren auf *Gleichwertigkeit* erfolgt über den Vergleich der Eichkenndaten, mit Hilfe von Mehrfachbestimmungen an realen Proben oder über Gleichwertigkeitsuntersuchungen in der Routine (Doppeluntersuchungen; s.a. DIN 38 402, Teil 71).

Auf statistische Aspekte bei der Probenahme wird in ISO 5667 und Nothbaum et al. (1994) hingewiesen. Im Rahmen von *chemometrischen* Untersuchungen werden statistische Methoden benutzt, um optimale Meßstrategien und Versuchsanordnungen zu entwerfen bzw. auszuwählen und eine maximale Information aus chemischen Analysen zu erhalten (Krutz et al. 1989). Hierzu ist auf die einschlägige Literatur (Doerffel 1990, Funk et al. 1992, Gottschalk 1980, Massart et al. 1988) hinzuweisen.

2.4.3   Geostatistik   X-G

Unter Geostatistik wird die Anwendung der Formalismen von Zufallsfunktionen auf die Erkundung und Schätzung natürlicher Phänomene, die statistisch-gesetzmäßig räumlich variieren und als *ortsabhängige Variable* bezeichnet werden, verstanden. Die von MATHERON entwickelte Theorie der ortsabhängigen (= regionalisierten) Variablen fand zunächst im Bereich Montangeologie und Bergbau ihre Anwendung, wo sie insbesondere zur Berechnung von Lagerstättenvorräten genutzt wird.

Der Einsatz der Geostatistik in der Hydrogeologie, Hydrologie und Bodenkunde erweist sich als nützliches Instrument bei der Altlastenerkundung. Regionalisierte Variablen aus diesem Bereich können z.B. Durchlässigkeiten, Grundwasserstände oder Stoffkonzentrationen im Grundwasser sein. Im Rahmen der Altlastenbearbeitung kann die Geostatistik zur Beurteilung der Zuverlässigkeit von Erkundungsergebnissen genutzt werden. Ziel ist hier eine Erkundungsoptimierung durch optimale räumliche Anordnung von Meß- und Probenahmepunkten (s.a. Tietze 1995).

2.4.3.1   Variographie   X-Gv

Die Beschreibung der Abhängigkeit (Korrelation) zwischen den Probenwerten einer Variablen im Raum (regionalisierte Variable) erfolgt über ein *Variogramm*. Zur Berechnung des Variogramms wird über den gesamten Raum zwischen Punktpaaren jeweils die Varianz ihrer Meßwerte berechnet. In einem Diagramm werden die mittleren Varianzen über der jeweils zugehörigen mittleren Entfernung aufgetragen (Abb. 152). Eine Zunahme der Varianz bei zunehmender Entfernung weist auf Punkte mit räumlicher Aussagekraft hin. Nach Erreichen eines *Schwellenwertes* wird die regionale Reichweite der Aussage der Einzelpunkte überschritten.

Ist die Varianz bei Entfernung 0 größer als 0, weisen also verschiedene Proben am gleichen Ort unterschiedliche Werte auf, spricht man vom *Nugget-Effect*. Die Höhe des Nugget-Effects (Nuggetvarianz) ist ein Maß für die zufällige, lokale Information. Der regionale Informationsanteil wird durch den entfernungsabhängigen Varianzanstieg von der Grundvarianz bis zum Schwellenwert der Varianz bestimmt.

Dutter (1985) und Akin und Siemes (1988) beschreiben verschiedene Variogrammtypen und -modelle und gehen auf weitere Aspekte der Variographie ein.

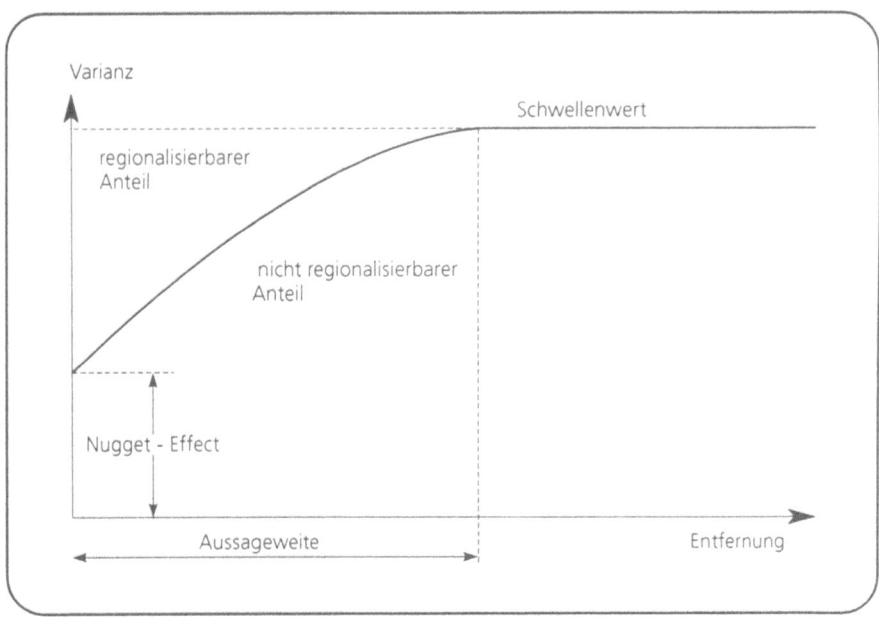

Abb. 152.   Prinzipbild eines Variogramms. (Nach Schulz 1982)

2.4.3.2 Regionalisierung   X-Gr

Unter *Regionalisierung* von Daten wird die Ableitung einer flächenhaften Aussage aus punktuellen Meßwerten verstanden. Die Darstellung regionalisierter Daten erfolgt oft in Form von *Isoliniendarstellungen* (z.B. Grundwasserhöhengleichen, Isolinien von Stoffkonzentrationen, s.a. Kap. 2.1.3). Bei der Konstruktion von Isolinien durch *lineare Interpolation* wird außer acht gelassen, daß die Einzelmeßwerte einen lokalen, zufälligen Informationsanteil besitzen.

Durch Trendkurven oder *Trendflächen* (vgl. Kap. 2.4.2.3) versucht man, den Anteil der regionalen Information herauszufinden. Ungenauigkeiten ergeben sich bei der Dimensionierung der an die Punkte anzupassenden Kurve oder Fläche, also dort, wo die Grenze zwischen lokaler und regionaler Information zu ziehen ist. Als weiterführende Literatur zur Karten- und Trendflächenanalyse sei auf Davis (1986) verwiesen.

Weiterhin bedient man sich zur Regionalisierung von Daten der Bildung von *gleitenden Mittelwerten.* Dabei kann für beliebige Punkte innerhalb eines Untersuchungsgebietes ein Schätzwert berechnet werden, indem jeweils in einem gewissen Umkreis um den zu schätzenden Punkt ein Mittelwert über die Meßwerte aller in den Umkreis fallenden Stützpunkte gebildet wird. Innerhalb der jeweiligen Umkreise werden diejenigen Meßpunkte, die näher am zu schätzenden Mittelpunkt liegen, höher gewichtet als weiter entfernt liegende Punkte. Je größer der Umkreis gewählt wird, um so mehr lokale Information wird vernachlässigt.

Über die Wahl der Größe des Umkreises um den zu schätzenden Mittelwertspunkt und die Auswahl der Wichtungsfaktoren für Meßpunkte in Abhängigkeit von der Entfernung zum zu schätzenden Mittelwert gibt das Variogramm (Kap. 2.4.3.1) Auskunft. Das als *Kriging* (= Krigeage, Krigen) bezeichnete Verfahren besagt, daß der Radius des Umkreises nicht größer sein darf als der Entfernungswert, der aus dem Variogramm für die Reichweite der Aussage abzulesen ist. Ansonsten würden Punkte in die Mittelwertbildung einbezogen, die keinen logischen Zusammenhang mit dem Schätzpunkt haben. Weiterhin wird eine optimale Wichtung der Entfernung zum Schätzpunkt dann erreicht, wenn als Wichtung die Variogramm-Funktion verwendet wird.

Bei Dutter (1985) und Akin und Siemes (1988) werden verschiedene Krigingverfahren beschrieben. Der Einsatz dieser Verfahren erfolgt z.B. zur Bilanzierung von Schadstoffmengen im Rahmen der Altlastenbearbeitung (s. Kap. 2.2.2.9) und zur Erfassung von Schadstoffherden (Probenahmepunktplanung, vgl. Kap. 1.7.2.1 und Bosman 1993). Weiterhin werden geostatistische Simulationstechniken bei der Modellierung von Grundwasserströmung und Stofftransport eingesetzt (Schafmeister-Spierling 1990, s.a. Kap. 2.2.7.2).

3   Einsatz von Methoden und Verfahren

In diesem Kapitel werden die zuvor dargestellten Methoden als systematisches und in Schritten zu realisierendes Regelvorgehen für die Kompartimente

- Grundwasser,
- Oberflächengewässer und
- Boden

dargestellt.

Das Kompartiment „Luft" nimmt in der Altlastenbearbeitung eine auf wenige Einzelfälle beschränkte Sonderrolle ein. Daher wird an dieser Stelle auf eine analoge Darstellung verzichtet.

Gesamtdarstellungen der Ablaufschemata für jedes Kompartiment sind dem Anhang zu entnehmen (Anl. 14 - 16). Sie erleichtern die Übersicht über die vielfältigen Bezüge und Abhängigkeiten, die bei der Erkundung zu beachten sind.

3.1   Einsatz von Erkundungsmethoden - Grundwasser

Die unterschiedlichen Erkundungsmethoden werden im Zuge der Gesamtbehandlung einer potentiellen Altlast genutzt, um zwischen dem ersten Schritt „Standortbeschreibung" und dem letzten Schritt „Entscheidung über Überwachung oder Sanierung" die für eine sachgerechte Beurteilung erforderlichen Daten beizubringen (zur Verwendung des Begriffs „Sanierung" s. Glossar). Dieser Gesamtablauf ist in den Abb. 154 - 157 und Anl. 14 für den Komplex der unterirdischen Untersuchungen dargestellt. Eine vergleichbare Darstellung für die oberirdischen und oberflächennahen Maßnahmen geben die Abb. 174 - 176 und Anl. 15 für das Kompartiment Oberflächengewässer sowie die Abb. 179 - 182 und Anl. 16 für das Kompartiment Boden.

Der Einsatz der Erkundungsmethoden muß sich generell einem klar definierten Erkundungsziel unterordnen. Anlage 11 enthält dazu eine Übersicht der einsetzbaren Erkundungsmethoden für das Kompartiment Grundwasser. Im Zuge der Orientierungs- und Detailuntersuchung handelt es sich um die Beseitigung von Wissensdefiziten, die nach einem ersten oder zweiten Beurteilungs- oder Bewertungsschritt festgestellt wurden. Diese Kenntnisdefizite beziehen sich im wesentlichen auf drei Sachkomplexe:

- Den Aufbau des Untergrundes,
- die Erscheinungs- und Bewegungsform des Grundwassers sowie
- die Kontaminationssituation des Grundwassers.

Abbildung 153 vermittelt eine Übersicht über die wichtigsten Einflußfaktoren, die bei Überlegungen zur Sanierung von Altlasten zu beachten sind. Es wird deutlich, daß hierbei Kenntnisse über den Aufbau und den Zustand des Untergrundes von elementarer Bedeutung sind. Für die hier behandelten überwiegend hydrogeologischen Sachverhalte können bereits in der Phase der Ermittlung und Auswertung vorhandener Informationen (I) wertvolle Hinweise gewonnen werden (Abb. 154 -157).

Aus der *Aktenrecherche* (I-Ra) können sich Hinweise auf Gutachten ergeben, in denen geowissenschaftliche Sachverhalte behandelt wurden. Zu älteren Deponien liegen oft Gutachten oder auch lediglich Planunterlagen vor, in denen Angaben zu Grundwasserständen oder zur Lage und zum technischen Standard von Meßstellen vermerkt sind.

Bei Ablagerungen in ehemaligen Abbauhohlräumen (Sand-, Kiesgruben, Steinbrüche) sind bisweilen Angaben zur Lage von (Grund-) Wasseroberflächen zu finden, wie sie vor Verfüllbeginn beobachtet und registriert wurden. Leider sind Messungen der Höhenlage meist nicht vorgenommen worden. Jedoch können aus der multitemporalen Luftbildauswertung (L-Amul) Bezüge zwischen Erd- und Wasseroberflächen abgeleitet werden.

Bei kontaminierten industriellen Betriebsflächen liegen meist Betriebs- und/ oder Baupläne vor, auf denen die Lage von Gebäude- und Anlagenkomplexen z.T. recht genau eingezeichnet wurde. Soweit die Funktion oder Nutzung dieser Komplexe über die Zeit bekannt ist, lassen sich potentielle Schadstoffherde (z.B. im Bereich von Abfüllanlagen) recht genau lokalisieren. Allerdings sind die Planunterlagen bei größeren industriellen Nutzungsflächen mit langer Nutzungshistorie oftmals durch Kriegseinwirkungen verlorengegangen. Auch sind starke Flächenveränderungen durch Kriegszerstörungen zu beachten.

Die Geländebegehung (I-Bg) ist zur Beurteilung der vorliegenden Sachverhalte unverzichtbar. Hierbei wird zum einen ein Abgleich zwischen den Informationen, wie sie sich aus Planunterlagen darstellen, und den tatsächlichen Gegebenheiten vorgenommen, zum anderen werden Auffälligkeiten bemerkt, die für die Beurteilung von Bedeutung sind. Bezüglich der hydrogeologischen Sachverhalte ist besonders zu achten auf:

- *Flächenhafte Vernässungsbereiche*: Diese können Hinweise auf Stauhorizonte im Boden oder auf Grundwasserblänken geben.
- *Wasseraustritte im Randbereich* der Altablagerung bzw. des Schadstoffherdes: Hieraus können sich Hinweise auf bevorzugte Pfade für den Austrag von kontaminiertem Sickerwasser ergeben.
- *Verlauf und Zustand von Gewässern*: Aus der Lage der Fließgewässer lassen sich Bezüge zwischen Grundwasser und oberirdischem Wasser ableiten.

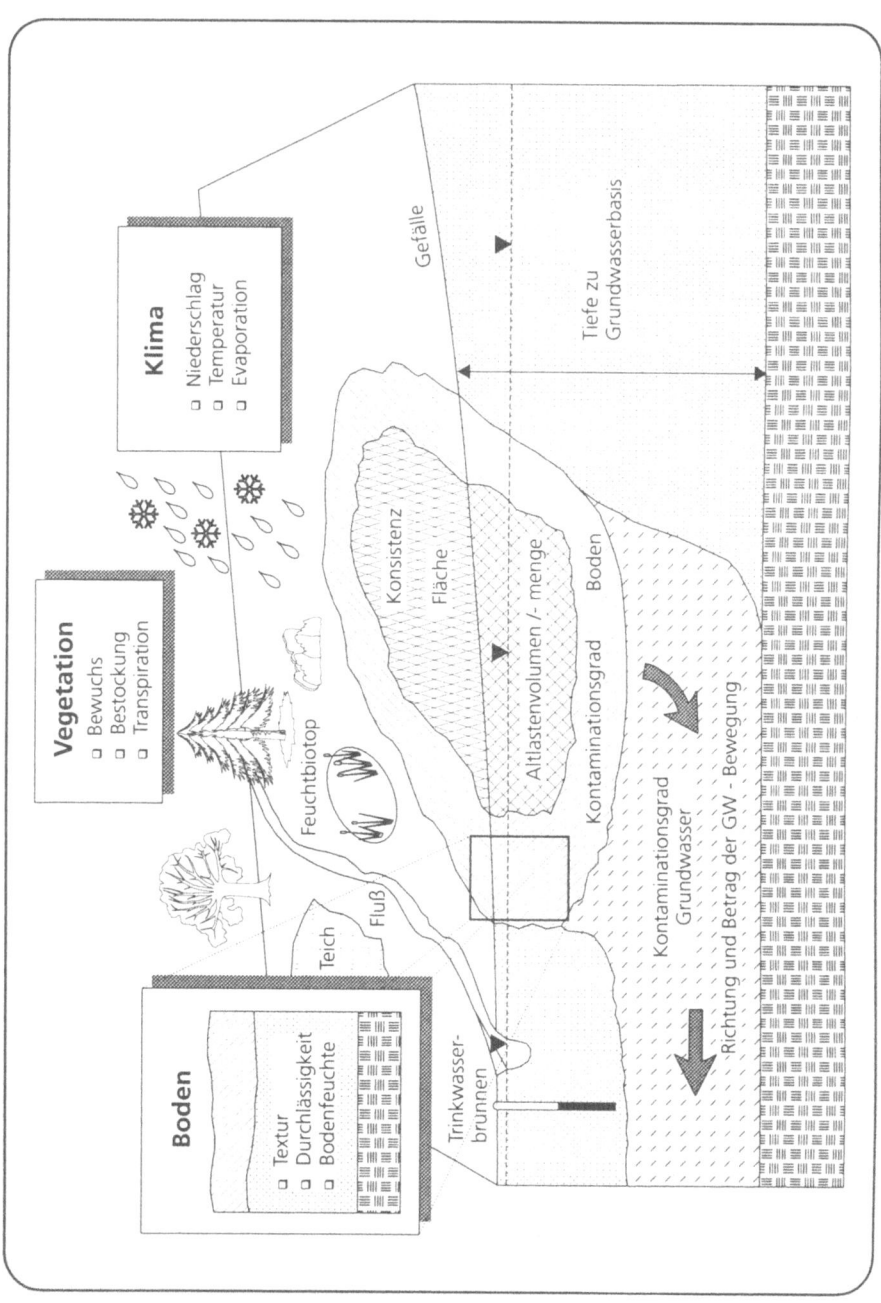

Abb. 153.   Einflußfaktoren bei Sanierungsmaßnahmen an Altlasten

Bei der Geländebegehung ist regelmäßig eine Fotodokumentation der wichtigsten Merkmale vorzunehmen, wobei die einzelnen Aufnahmen immer mit Datum und Maßstab gekennzeichnet werden müssen.

Die Zeitzeugenbefragung (I-Bz) ist für die Ermittlung hydrogeologischer Sachverhalte meist nicht sehr ergiebig, weil geowissenschaftlicher Sachverstand bei den befragten Personen oft nicht gegeben ist. Wertvoll sind jedoch Hinweise auf die Lokalität und den Ausbau von Brunnen und anderen Grundwassermeßstellen (G-Mgw), die zur Wasserstandsmessung oder auch zur Grundwasserbeprobung genutzt werden können. Da es sich bei diesen Anlagen meist um ältere Objekte handelt, ist es wichtig, Informationen über den technischen Zustand zu erfragen oder durch Messungen zu erheben. Im Zuge der Gezielten Nachermittlung ist in Niedersachsen für den Sachkomplex „Altablagerungen" ein Formblatt „Erfassung von Hausbrunnen" erstellt worden, das hierfür genutzt werden kann (Altlastenhandbuch Niedersachsen Teil 1).

Zur Charakterisierung des Schadstoffherdes selbst können verschiedene *Verfahren geophysikalischer Oberflächenerkundung* (Po) herangezogen werden (Kap. 1.4.1). Allerdings üben die Abfälle bzw. Schadstoffherde oft einen Einfluß auf die Messungen in der Umgebung aus. Erst in einer gewissen Entfernung können Untergrund und geologisches Umfeld frei von Störungen geophysikalisch vermessen werden.

Auch die Abfälle/Schadstoffherde selbst können Gegenstand (Identifikation und Lokalisation) der Messungen sein. So kann etwa Hausmüll, der aus vielen kleinen Komponenten mit unterschiedlichen elektrischen Widerständen zusammengesetzt ist, trotzdem als homogener Körper mit insgesamt geringen elektrischen Widerständen erfaßt werden. Ursache hierfür ist der Salzgehalt häuslicher Abfälle.

Sind bereits Bohrungen (G-B) oder andere externe Informationen vorhanden, müssen sie in die Auswertung der Messungen mit einfließen. Die Entscheidung über den Einsatz und den Umfang geophysikalischer Oberflächenerkundungsverfahren hängt vom vorhandenen Informationsstand ab. Bohrungen und Oberflächengeophysik ergänzen sich sinnvoll. Ein Vorteil geophysikalischer Messungen gegenüber Bohrungen besteht darin, daß sie zerstörungsfrei durchgeführt werden können. Dies ist von besonderer Bedeutung, wenn bereits bekannte Abfallstoffe in Altablagerungen zu lokalisieren sind. Da das Bohren in einen Müllkörper hinein, insbesondere bei unbekannten Inhaltsstoffen mit Risiken verbunden ist, sollte vorab geprüft werden, ob die erforderlichen Informationen nicht besser durch geophysikalische Oberflächenverfahren gewonnen werden können. Hierdurch werden die Freisetzung von Gasen und Flüssigkeiten vermieden und die Arbeitssicherheit erhöht.

Mit geophysikalischen Verfahren ist es kaum möglich, in einer Altlast Schadstoffe zu identifizieren, da die physikalischen Parameter dieser Stoffe nur selten im Untergrund erfaßbar sind. In Einzelfällen können metallische Gegenstände, wenn sich die umgebende Matrix von ihnen in ihrer physikalischen Beschaffenheit gut unterscheidet, geortet werden. Zur Identifizierung von Schadstoffen sind geologische, bodenkundliche, geochemische oder chemische Untersuchungsverfahren (C) besser geeignet.

Für die Ermittlung der Grenzen (Lokalisieren) von Altablagerungen sollten zunächst Luftbilder (L) herangezogen werden (Dodt et al. 1987). Das ist nicht nur schneller und preiswerter, sondern ermöglicht bei multitemporaler Auswertung (L-Amul) oft auch eine historische Aufarbeitung der jeweiligen Lage der Grenzen der Altlast. Erst wenn eine solche Luftbildauswertung erfolglos oder lückenhaft geblieben oder aufgrund fehlender Unterlagen nicht möglich ist, sollte erwogen werden, die Abgrenzungen einer Altlast mit geophysikalischen Methoden zu erkunden.

Bei der Erkundung des geologischen Umfeldes hat sich die Geophysikalische Oberflächenerkundung (Po) bewährt. Im Einzelfall ist jedoch zu entscheiden, ob das Abteufen von Bohrungen (G-B) zunächst nicht kostengünstiger ist als die Durchführung geophysikalischer Messungen. Zu einer späteren Verifikation der geophysikalischen Meß- und Auswerteergebnisse müssen ohnehin Bohrungen niedergebracht werden müssen. Eine allgemeingültige Entscheidungsregel hierfür gibt es nicht; je größer und weniger belegt das Untersuchungsgebiet ist, desto eher bieten sich geophysikalische Verfahren an.

Wie bei allen flächenbezogenen Messungen erhöht sich die Aussagegenauigkeit auch der geophysikalischen Methoden mit einer Verdichtung der Meßpunkte, wobei es allerdings stets eine obere Grenze gibt, von der ab eine weitere Verdichtung praktisch sinnlos ist. Diese liegt z.B. für die Geomagnetik (Po-M), die geoelektrische Kartierung (Po-Egk) oder für Wechselstromverfahren (Po-Ew) bei 1 m Maschenweite des Meßnetzes. Mit jeder Verdichtung erhöhen sich Kosten und Zeitaufwand erheblich. Ausgesuchte Spezialfragen, z.B. die Lokalisierung von Rohren oder Leitungen im Untergrund, können allerdings häufig nur durch eine lokale Verdichtung der Meßpunkte beantwortet werden.

Die Ermittlung des geologischen Umfeldes eines Altlastverdachtskörpers bildet den Schwerpunkt bei der Anwendung geophysikalischer Oberflächenerkundungsverfahren.

Die Auswertung gliedert sich in zwei Teile: Die mathematische und geophysikalische Auswertung sowie die geologische Interpretation. Um die geologische Interpretation erfolgreich durchführen zu können, sollten die geophysikalischen Verfahren nicht allein, sondern als Ergänzung zu den direkten Aufschlußverfahren der Bohrungen (G-B), Sondierbohrungen (Sb) und Schürfe (Sch) eingesetzt werden. Im Gegensatz zu diesen auf einen Punkt ausgerichteten Methoden liefern geophysikalische Messungen flächenhafte und räumliche Aussagen über den geologischen Bau und die Verteilung von Stoffen. Für alle geophysikalischen Verfahren gilt, daß die Auswertung durch Bohrungen geprüft werden muß.

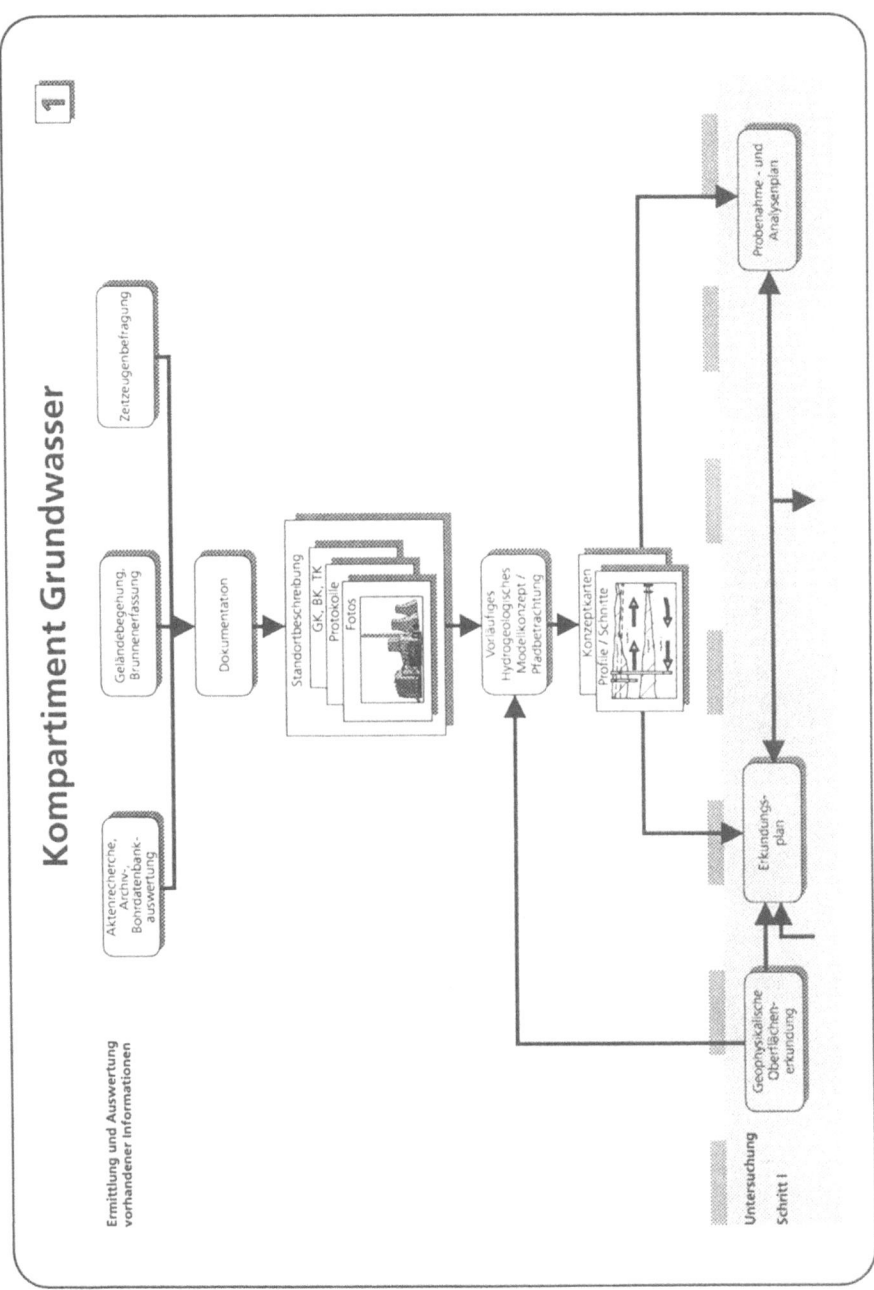

Abb. 154. Ablaufschema zur Erkundung des Kompartiments Grundwasser - Teil 1

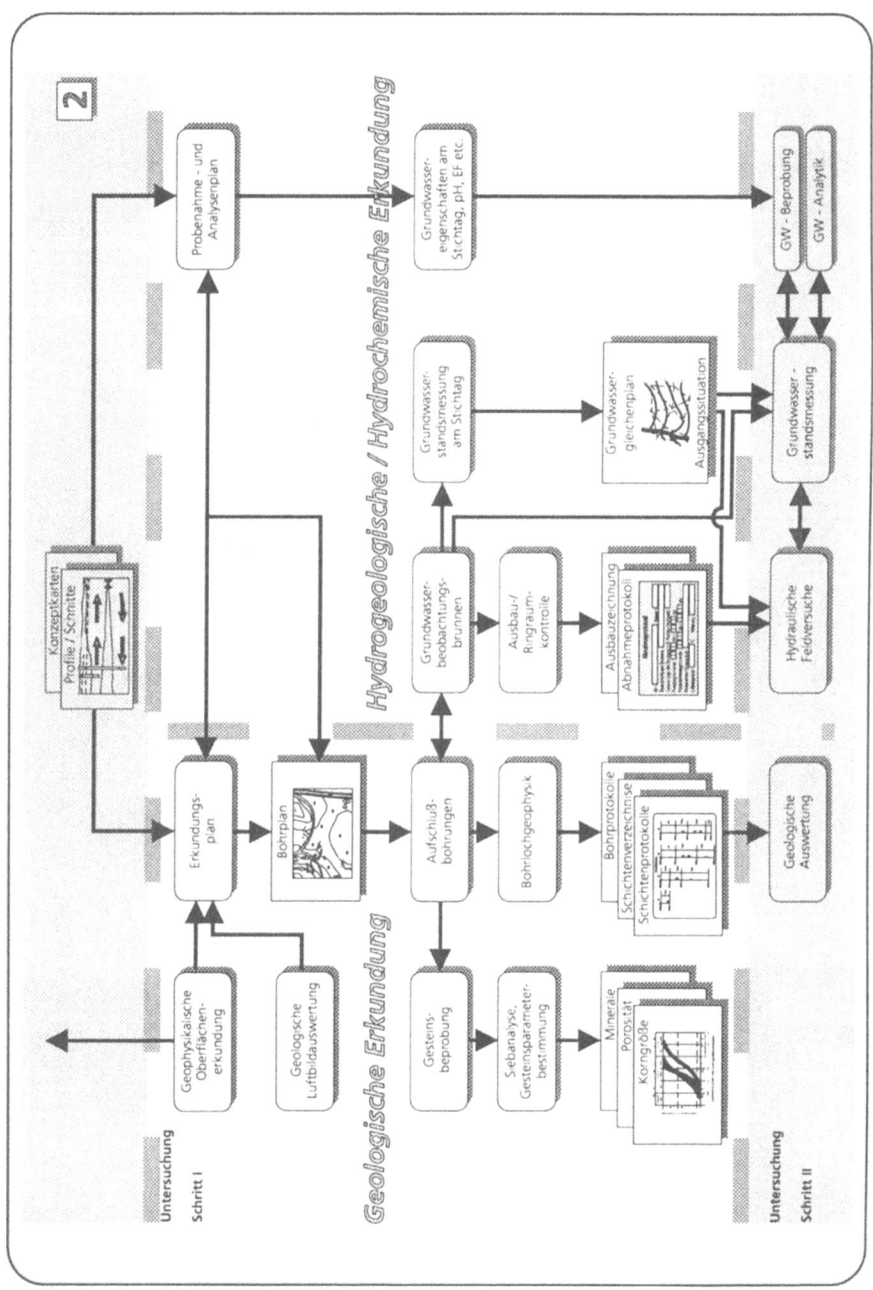

Abb. 155.   Ablaufschema zur Erkundung des Kompartiments Grundwasser - Teil 2

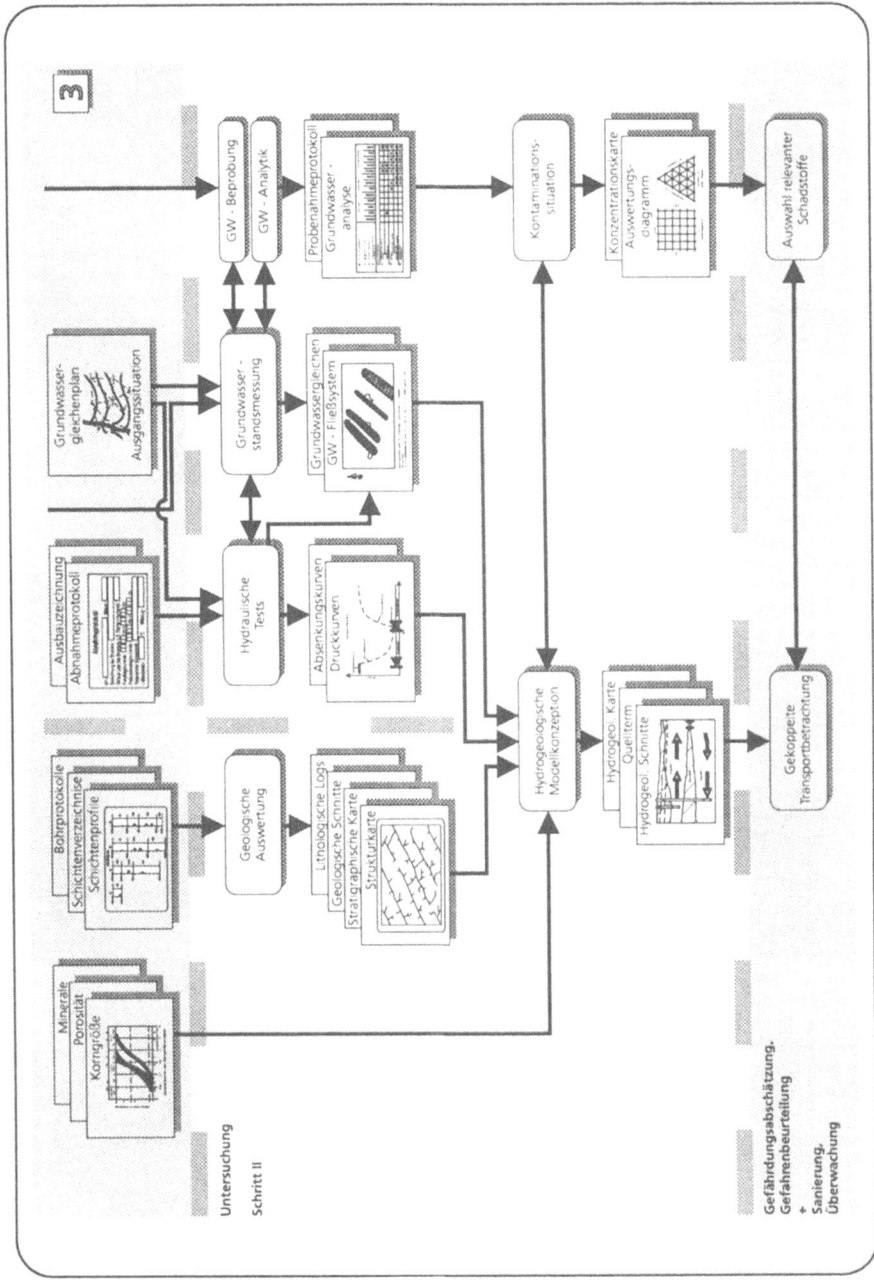

Abb. 156. Ablaufschema zur Erkundung des Kompartiments Grundwasser - Teil 3

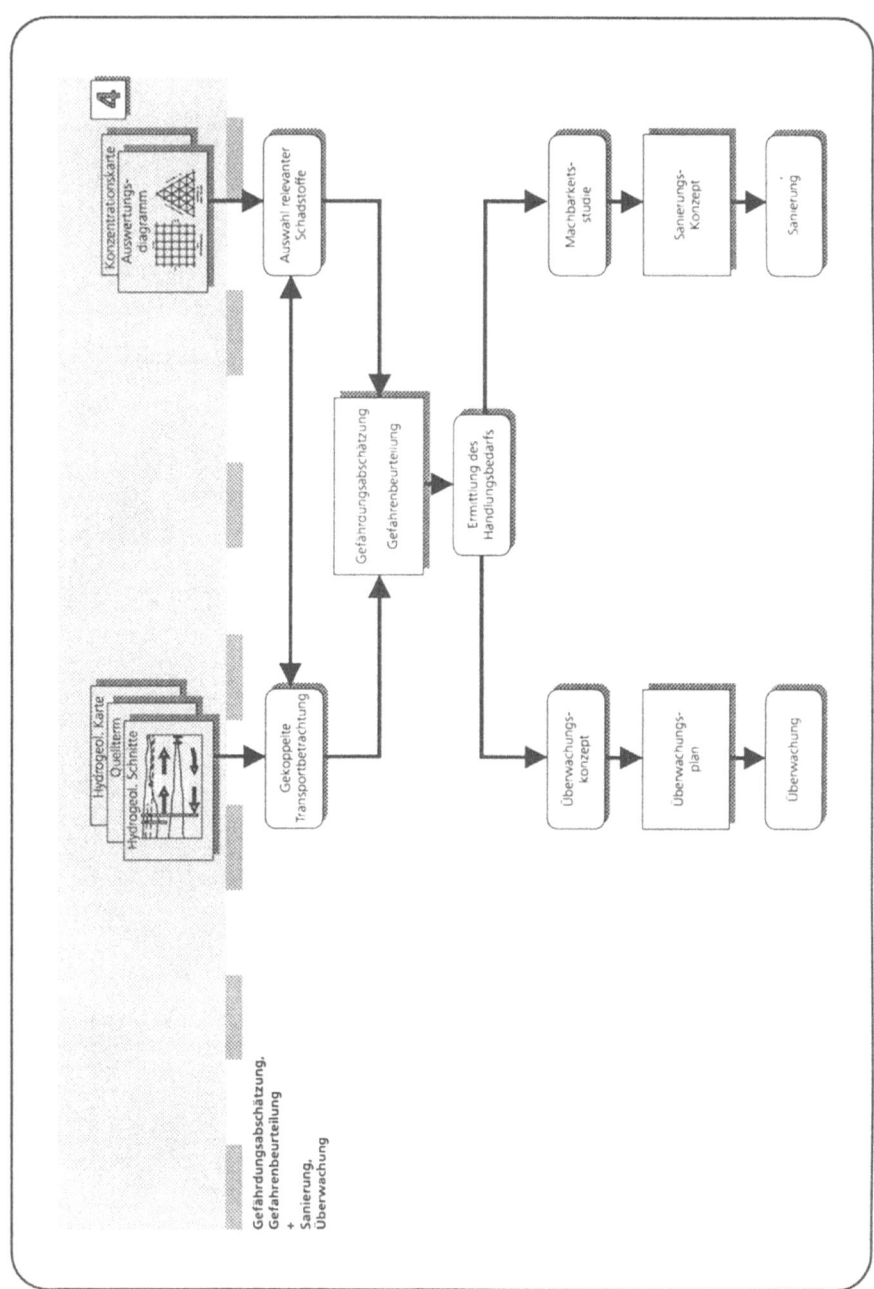

Abb. 157. Ablaufschema zur Erkundung des Kompartiments Grundwasser - Teil 4

3.1.1 Hydrogeologisches Modellkonzept

Die Entwicklung eines hydrogeologischen Modellkonzeptes ist für die weitere Behandlung aller Verfahrensfragen im Nah- und Umfeld einer (potentiellen) Altlast von überragender Bedeutung, weil nur eine klare konzeptionelle Vorstellung über die

- Lage und den Aufbau der relevanten *hydrostratigraphischen Einheiten* (Grundwasserleiter und -geringleiter) im Untergrund,
- die Position und Art *hydraulischer Begrenzungen* und
- die daraus resultierenden Vorstellungen über Richtung, Geschwindigkeit und Ausmaß der *Grundwasserbewegung*

eine sinnvolle Erkundung und gegenbenenfalls spätere Positionierung von hydraulischen Sanierungselementen (Brunnen, reaktive Wände usw.) gestatten. Auch die Beurteilung der tatsächlichen und der zu erwartenden Transportprozesse relevanter Schadstoffe ist ohne diese Kenntnisse kaum sinnvoll möglich.

Sara (1994) definiert das Modellkonzept als „die zweckdienliche Darstellung zur Visualisierung des physikalischen Systems, wie es sich im Kopf des Hydrogeologen gebildet hat." Dabei ist klar, daß es sich wesentlich um eine Idealisierung, Vereinfachung und Abstraktion der aktuellen Situation handeln wird. Erst die gedankliche Herausbildung eines Modellkonzeptes schafft die Voraussetzung für das Verständnis des betrachteten Systems und damit auch der mathematischen Simulierung (= Modellierung) seiner Eigenschaften und der darin stattfindenden Prozesse, wie sie in Kap. 2.2 und 2.3 beschrieben werden.

Im Zuge der Erarbeitung dieses hydrogeologischen Modellkonzeptes verfeinern sich die Vorstellungen mit dem durch die Erkundungsmaßnahmen (G,P,B,H) gewonnenen Erkenntniszuwachs.

Daher wird nach Beurteilung der Ausgangslage zunächst ein *vorläufiges hydrogeologisches Modellkonzept* zu entwickeln sein, dessen Thesen und Annahmen durch die Auswertung der Erkundungsmaßnahmen zu prüfen, zu verifizieren oder zu verwerfen sind.

Abbildung 158 gibt einen Überblick über die Schritte zur Entwicklung des hydrogeologischen Modellkonzeptes. Dieser Prozeß geht zunächst von einer Beurteilung der *geologischen Rahmensituation* aus. Dabei sind die Besonderheiten der regionalen Geologie zu beachten und bei der Wertung der lokalen Geologie heranzuziehen.

Abb. 158.   Ablaufschema zur Erstellung des hydrogeologischen Modellkonzeptes

Das geologische „Nahfeld" einer potentiellen Altlast ist nur ein kleiner Ausschnitt aus einem weiträumigen System und wird ganz überwiegend durch die
Eigenschaften des „Fernfeldes" bestimmt. Das gilt für

■   die *hydrostratigraphische Situation*, die die Raumbezüge der
      relevanten hydrogeologischen Einheiten beschreibt. Die Lage-
      rungsverhältnisse sind durch die primären Ablagerungsbedin-
      gungen und die nachfolgenden strukturellen Veränderungen

bedingt; diese können, je nach Bildungsbedingungen und Beanspruchungsmustern, einfach aber auch sehr komplex sein.

■ die *hydraulische Situation*, die die hydraulischen Rahmenbedingungen und die Dynamik der Grundwasserspeicherung und -bewegung beschreibt. Die Möglichkeiten der Speicherung und Bewegung von Grundwasser in den Hohlräumen des Untergrundes ist zunächst von der physikalischen Verteilung der effektiven Hohlräume und den Verbindungen zwischen Aquiferen bzw. Aquitarden abhängig. Die Bewegung des Grundwassers wird jedoch erst durch die Motorik der Grundwasserneubildung (H-Gnb) erzeugt, die wiederum von der Verteilung und Intensität der Niederschläge und der Durchlässigkeit (= Versickerungsfähigkeit) der Bodenzone abhängig ist. Die Druckentwicklung (= Gradient) innerhalb des unterirdischen Fließsystems ist vorwiegend topographisch bedingt.

Für die konkrete Entwicklung des hydrogeologischen Modellkonzeptes sind somit nach der Beurteilung des geologischen Rahmens die Betrachtungen der Komplexe „Ungesättigte Zone", „Gesättigte Zone" und „Interaktion Grundwasser/oberirdische Gewässer" integriert, d.h. unter gegenseitiger Berücksichtigung, vorzunehmen.

In der ungesättigten Zone sind die vorkommenden Bodentypen und deren Aufbau und Abfolge und ihre chemischen und physikalischen Eigenschaften zu betrachten.

In der gesättigten Zone sind die o.a. hydrostratigraphischen und hydraulischen Randbedingungen zu beachten, wozu auch die Betrachtung einer Interaktion zwischen Grundwasser und oberirdischen Gewässern gehört.

Dadurch ergibt sich in Kombination ein dreidimensionales hydrogeologisches Modellkonzept, das durch die gängigen Darstellungen (vgl. Kap. 2.1), z.B. Flächenkarten (D-K), Isolinienpläne (D-Kiso), Mächtigkeitskarten, (hydro-) geologische Schnitte (D-Sp) und Zaundiagramme zu visualisieren ist.

In diesem Modellkonzept sollten bereits auch die erkannten oder vermuteten Pfade betrachtet werden, auf denen sich Schadstoffe bewegen können. Die Pfadbetrachtung kann in diesem Stadium oft nur unvollkommen sein oder auch nur auf Vermutungen beruhen; sie richtet jedoch die Erkundungsmaßnahmen auf die wichtige Beurteilung der Kontaminationssachverhalte aus.

Abbildung 159 zeigt die schematische Darstellung eines hydrogeologischen Modellkonzeptes anhand eines hypothetischen Altlastfalls.

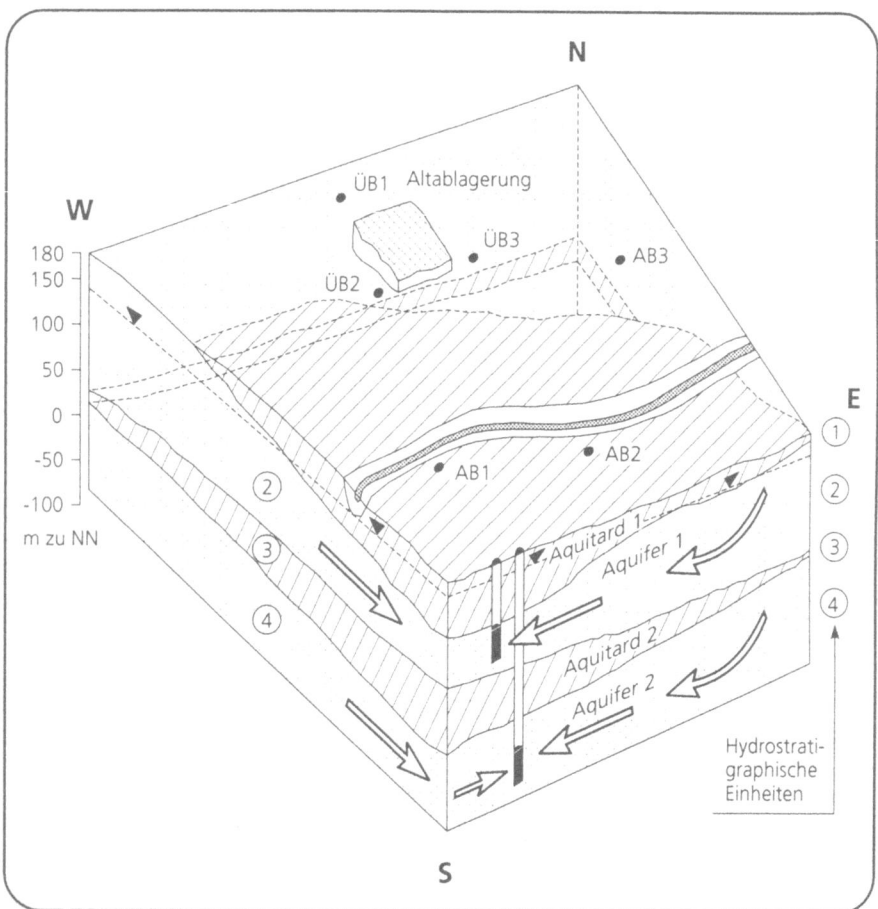

Abb. 159.   Hydrogeologisches Modellkonzept an einer Altlast

3.1.2   Standorttypische Fragestellungen

Angesichts hoher Fallzahlen und immer wieder ähnlich auftretender Standortsi-
tuationen liegt es nahe, Standardisierungen bzw. Kategorisierungen vorzunehmen, die die typischen Eigenschaften eines Standortes hervorheben und
dabei bewußte Vereinfachungen vornehmen, die den Blick auf das Wesentliche
ausrichten (Dörhöfer 1994 a, b). Bereits in der Erfassung und Erstbewertung
von Altlastverdachtsflächen haben sich *Hydrogeologische Standorttypen*, wie
sie im niedersächsischen Altlastenhandbuch zur Kennzeichnung von Altablagerungen benutzt werden, bewährt.

Bei der Kategorisierung können grundsätzlich unterschieden werden:

- *Hydrogeologische Landschaften*, die regional einheitliche Grundwasservorkommen in ihren hydrostratigraphischen und oft auch hydrochemischen Eigenarten kennzeichnen. Als derartige Hydrogeologische Landschaft kann z.b. der Bereich des „Peiner Beckens" bezeichnet werden, in dem einheitliche Bedingungen vorherrschen (mächtige Aquitard-Serien der Unterkreide mit geringen effektiven Hohlraumanteilen und sehr geringen Grundwasserflußraten), aber auch einheitliche hydrochemische Verhältnisse angetroffen werden (geringmächtige Süßwasserkörper mit $Ca(HCO_3)_2$-Vormacht über mächtigen hoch versalzenen weitgehend stagnanten NaCl-Grundwässern).
  Die hydrogeologischen Landschaften beschreiben per Definition größere Einheiten.
- *Hydrogeologische Standorttypen*, die das unmittelbare Umfeld einer Altlastverdachtsfläche beschreiben. Wegen der geringen lateralen Erstreckung des betrachteten Nahfeldes kann meist auf eine Differenzierung bei der Beschreibung des Untergrunds verzichtet werden. Dieser kann im wesentlichen als eine Abfolge von Schichtkörpern aufgefaßt werden, die sich unter unterschiedlichen hydraulischen Bedingungen befinden. Die einzelnen Schichten werden als *hydrostratigraphische Einheiten* (Aquifer-/Aquitard-Typen) durch die folgenden Buchstaben gekennzeichnet:

Geringleiter (Locker- und Festgestein)   G
Poren-Grundwasserleiter (Lockergestein)   P
Kluft-Grundwasserleiter (Festgestein)   K

Zur Kennzeichnung der *hydraulischen Situation* werden benutzt:

Hoher Grundwasserstand   H
Tiefer Grundwasserstand   T
Mehrere Stockwerke   M
Vorflutnähe unmittelbar   V

Die Standorttypen werden durch drei Buchstaben eindeutig gekennzeichnet. Die beiden ersten kennzeichnen den Überlagerungsfall hydrostratigraphischer Einheiten, während der dritte Buchstabe die hydraulische Situation beschreibt. Im Falle der hochliegenden Grundwasseroberflächen ist es sinnvoll, zusätzlich zum Haldentyp (h) auch den Grubentyp (g) zu unterscheiden, da bei einer Grube der Abfall direkt im Grundwasser lagert. In den Abb. 160 - 162 werden

nach dieser Systematik 37 Standorttypen dargestellt. Sie stellen eine Fortschreibung gegenüber dem Altlastenhandbuch, Teil I, dar.

Bei der Anwendung der Hydrogeologischen Standorttypen geht es vorrangig um die Beschreibung des Transportvorganges von wasserlöslichen Schadstoffen im Untergrund und die dabei maßgebenden Einflußfaktoren. Deshalb
sind die Unterscheidungen nach Leiter-typischen Transportbedingungen vorgenommen worden (Dörhöfer 1994 a, b):

■ *Poren-Grundwasserleiter:* Der Transport erfolgt advektiv im
   primären Porenraum, der meist etwa 5 bis 20 % des gesamten
   Gesteinsvolumens ausmacht. Hohes Speicher- und Leitvermö-
   gen erlauben den Durchsatz großer Grundwassermengen
   (= große potentiell kontaminierbare Grundwassermengen).

■ *Kluft-Grundwasserleiter:* Der Transport erfolgt advektiv domi-
   nant im (sekundären) Kluftraum, der meist nur wenige % des
   gesamten Gesteinsvolumens ausmacht; die Primärporosität ist
   i.d.R. für die Advektion vernachlässigbar gering. Es besteht hohes Grundwasserleitvermögen für moderate bis geringe
   Grundwassermengen; einzelne Ausnahmen in stark verkarste-
   tem Gebirge.

■ *Grundwassergeringleiter:* Im Lockergestein ist der Transport im
   primären Porenraum stark diffusiv beeinflußt, im Festgestein
   erfolgt der Transport advektiv auf sehr geringen Kluftraumvo-
   lumina. Bei Tonen und Tonsteinen ist zusätzlich ein starker Einfluß von Matrixdiffusion in die umgebende hochporöse Gesteinsmasse anzusetzen. Hohes Schadstoffrückhaltepotential
   besteht aufgrund von Sorption an sehr großen inneren Oberflächen und langen Verweilzeiten in der Primärmatrix.

Die Einschätzung, ob ein hoher oder tiefer Grundwasserstand vorliegt, muß
relativ in der jeweiligen hydrogeologischen Landschaft erfolgen. Wichtig ist nur
die Frage, ob Teile der potentiellen Altlast direkt im Grundwasser liegen oder
ob eine mächtige ungesättigte Zone in Betracht zu ziehen ist. Der Fall der unmittelbaren Vorflutnähe hat eine besondere Bedeutung, wenn unmittelbare
Gefährdungen von oberirdischen Gewässern zu befürchten sind und wenn nur
kurze Fließabschnitte in der gesättigten Zone zu beobachten sind. Bei den Fällen mit ausgeprägter (Klein-) Stockwerkstrennung ist die Frage von Bedeutung,
ob Fenster in Zwischenschichten einen Schadstoffaustausch zwischen Aquiferen zulassen.

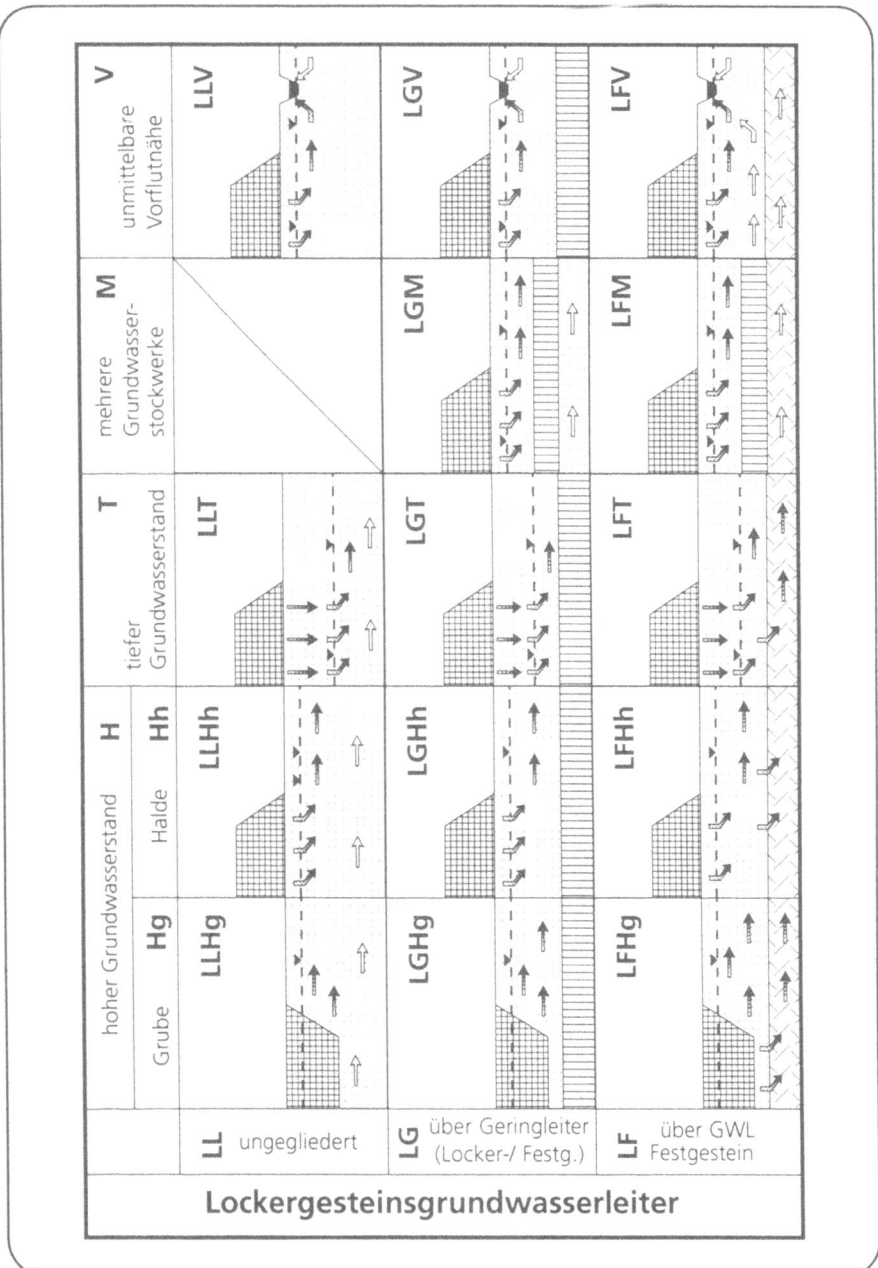

Abb. 160. Hydrogeologische Standorttypen - Lockergesteinsgrundwasserleiter

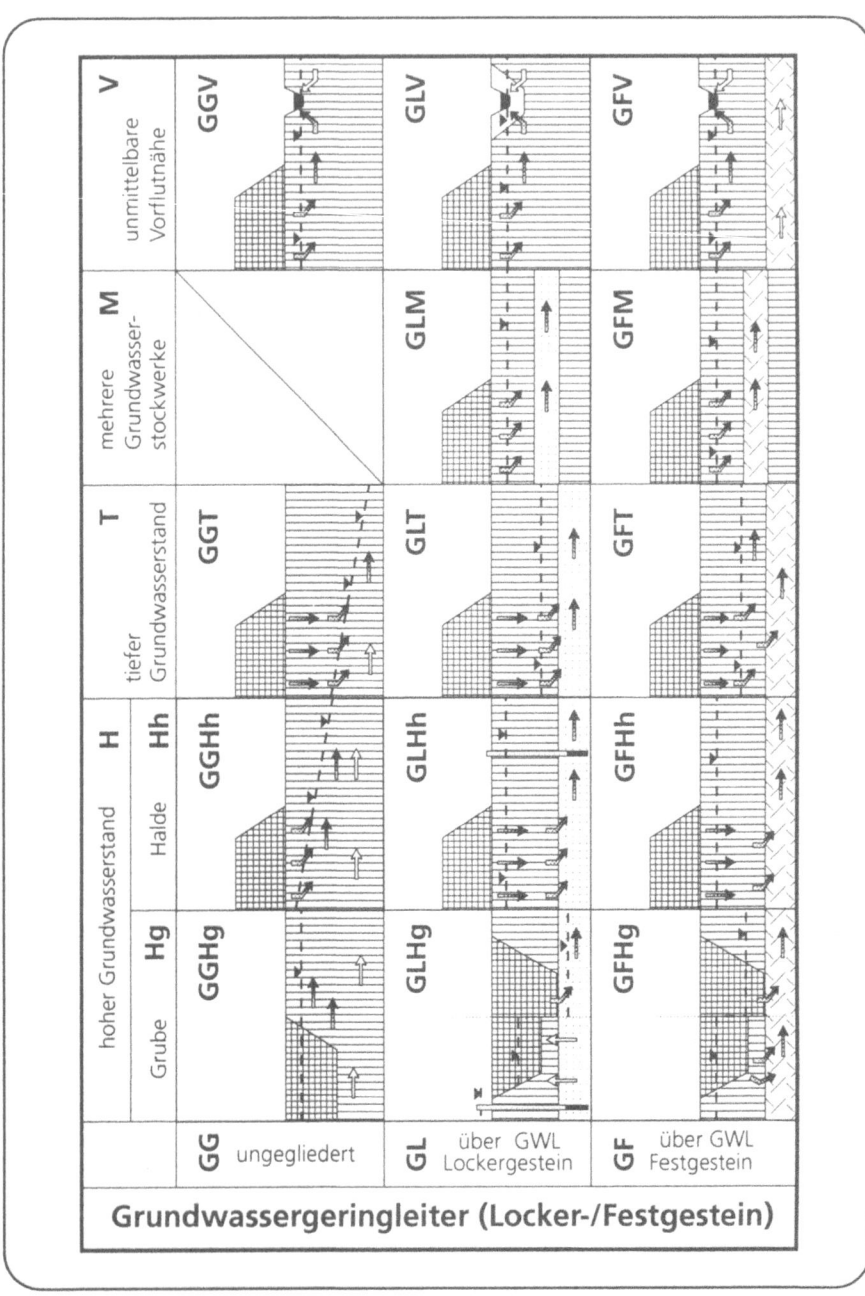

Abb. 161.   Hydrogeologische Standorttypen - Geringleiter über Lockerge-
              steins-/Festgesteinsgrundwasserleiter

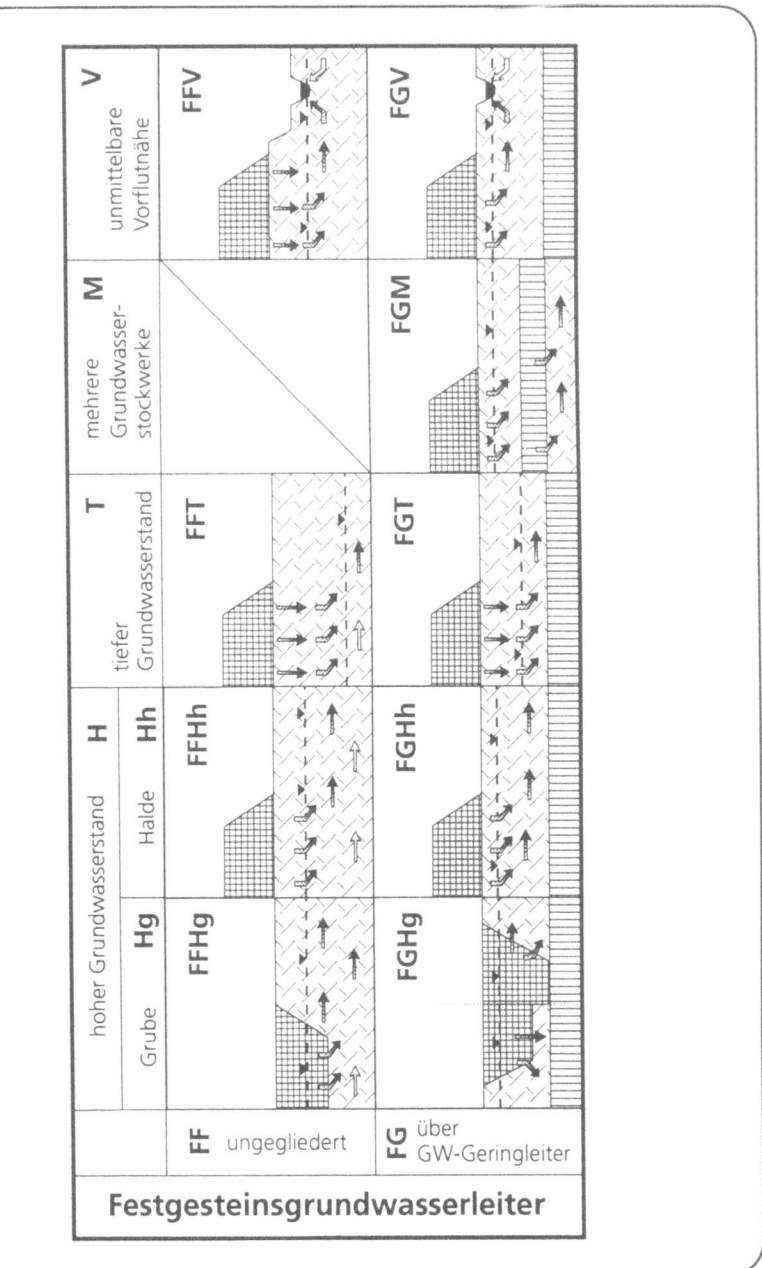

Abb. 162. Hydrogeologische Standorttypen - Festgesteinsgrundwasser-leiter

Im allgemeinen kann davon ausgegangen werden, daß bei Vorliegen mächtiger Barrieregesteine als Deckschichten die Gefahr einer unmittelbaren oder nachhaltigen Kontamination von Grundwasservorkommen gegenüber Fällen gering ist, in denen die Altlastverdachtsfläche direkt im oberen ungeschützten Grundwasserleiter liegt.

3.1.3   Kontaminationssituation

Die möglichst genaue Kenntnis der dreidimensionalen Verteilung (potentieller) Schadstoffe ist Voraussetzung für eine Beurteilung der konkreten Gefahr, die von diesen Stoffen ausgeht oder ausgehen könnte. Die Prognose über die Entwicklung bestimmter Ausbreitungsmechanismen kann nur erfolgreich durchgeführt werden, wenn die Rahmenbedingungen bekannt sind.

Erste Ergebnisse zur Belastung der Umweltmedien Wasser, Boden und Luft mögen sich zunächst zufällig ergeben haben, weil z.B. bestimmte Auffälligkeiten Anlaß zu stichprobenartigen Untersuchungen waren.

Die systematische Erkundung der Kontaminationssituation muß parallel zur geologischen, hydrogeologischen und bodenkundlichen Erkundung laufen. Nach Darlegung des vorläufigen Modellkonzeptes wird klar, in welchen Bereichen Erkundungsbedarf besteht (Aufstellung des Erkundungsplans U-E) und wo Bedarf zur chemischen Charakterisierung (Aufstellung des Probenahme- und Analysenplans U-P) besteht. Während die dem direkten Zugriff verfügbaren Kompartimente Boden und Oberflächengewässer unmittelbar beprobt werden können, sind Aussagen über den Belastungszustand tieferer Schichten bzw. des   Grundwassers oft erst möglich, wenn hierzu Aufschlüsse und Grundwassermeßstellen vorliegen. Das ist meist erst im Schritt II der Untersuchung der Fall.

Bereits verfügbare Meßstellen sollten jedoch bereits im Untersuchungsschritt I beprobt und Proben daraus analysiert werden. Meist können Beurteilungen von Kontaminationen nur sinnvoll vorgenommen werden, wenn hierzu Vergleichsdaten aus der Schadstoffquelle selbst und aus dem unbelasteten oder anderweitig vorbelasteten Umfeld vorliegen. Diese Sachverhalte werden bei der Aufstellung des Probenahme- und Analysenplans (U-P) zu berücksichtigen sein. Wichtig ist in jedem Falle die Durchführung einer *Stichtagsmessung* der wichtigen Grundwassereigenschaften.

3.1.4   Gekoppelte Transportbetrachtung

Die Beurteilung der Kontaminationsbefunde wird sinnvollerweise von der Quelle bis zum (potentiellen) Rezeptor vorgenommen.

Dabei sind im Sinne der genauen Ermittlung der Sachverhalte nacheinander drei wesentliche Analyseschritte vorzunehmen:

- Die *Freisetzungsanalyse*, die beschreibt, in welcher Weise welche Stoffe aus einem Schadstoffherd ausgetragen werden,
- die *Transportanalyse*, die beschreibt, unter welchen Bedingungen und auf welchem Wege Schadstoffe transportiert werden und schließlich
- die *Expositionsanalyse*, die beschreibt, wie Personen oder Organismen durch Schadstoffe betroffen werden können.

Die Betrachtung der einzelnen Transportabschnitte wird gekoppelt, d.h., das Ergebnis der einen Betrachtung fließt als Eingangsterm in den nächsten Betrachtungsabschnitt ein. In der Gekoppelten Transportbetrachtung (Abb. 163) werden die einzelnen Beurteilungsschritte nacheinander vollzogen und die jeweiligen Austragskonzentrationen an den nächsten Abschnitt übergeben.

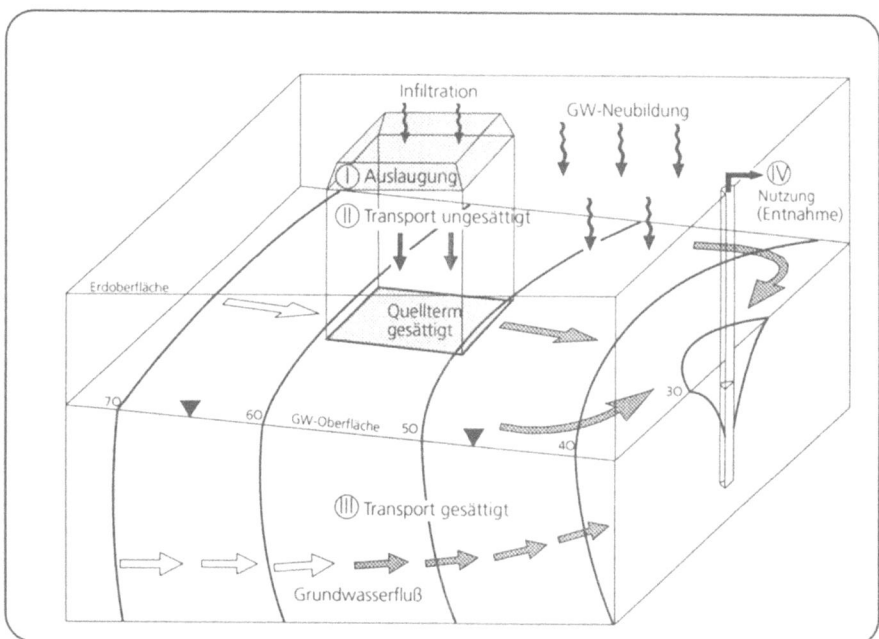

Abb. 163.   Gekoppelte Transportbetrachtung für das Kompartiment Grundwasser

Letztlich wäre es sinnvoll, eine derartige Koppelung auch konkret durch die Verknüpfung entsprechender mathematischer Modelle vorzunehmen. Dem muß allerdings zunächst die „gedankliche Koppelung" im Sinne der o.a. Modellkonzeption vorangehen. Der heutige Entwicklungsstand der Software (und Hardware) für die einzelnen Modellkomponenten (Kap. 2.2 und 2.3) verbietet allerdings in den meisten Fälle eine direkte Koppelung der Modelle im Computer.

Bei den betrachteten Pfadabschnitten (Dörhöfer 1996) handelt es sich um

■ den *Auslaugungsprozeß*, der halbquantitativ geschätzt oder mit Hilfe von Wasserhaushaltsmodellen beschrieben werden kann,

■ den *Transport in der ungesättigten Zone*, der durch Transportmodelle simuliert werden kann,

■ den *Transport in der gesättigten Zone*, der durch eine breite Auswahl von Berechnungsverfahren und Modellen zu beschreiben sein wird, wie sie in unterschiedlicher Komplexität in Kapitel 2.2 und vertieft im entsprechenden Materialienband beschrieben werden sowie

■ die *Nutzung*.

3.1.4.1 Freisetzungsanalyse - Kontaminationspotential und Schadstoffaustrag

Für die Simulation des Wasserhaushalts von Deponiekörpern und anderen geschichteten Körpern eignet sich das in den USA entwickelte Modell HELP (Hydraulic Evaluation of Landfill Performance, M-Help), das über einen Mehrschichtansatz eindimensional die Sickerwassermengen berechnet, die an der Basis eines Schichtkörpers anfallen (vgl. Kap. 2.3.1). Das System berücksichtigt alle wichtigen klimatischen Einflußfaktoren (Schroeder et al. 1984, 1994 a, b). Weitere Methoden zur Errechnung der Sickerrate in der Bodenzone (M-Fisbo) sind in der Methodenbank FIS Bodenkunde (Kap. 2.3.2) beschrieben.

Für die Abschätzung des Quellterms sollte durch Bohrungen der Bereich erfaßt werden, an dem die potentiell höchsten Konzentrationen zu erwarten sind. Das könnte eine Bohrung in den wassergesättigten basalen Bereich eines Deponiekörpers sein; in jüngster Zeit haben sich auch Schrägbohrungen und Dükerverfahren bewährt, die von der Seite her unter den Deponiekörper vorgetrieben werden (Abb. 164). Sie sind allerdings technisch schwieriger durchzuführen und somit deutlich teurer als vertikale Bohrungen.

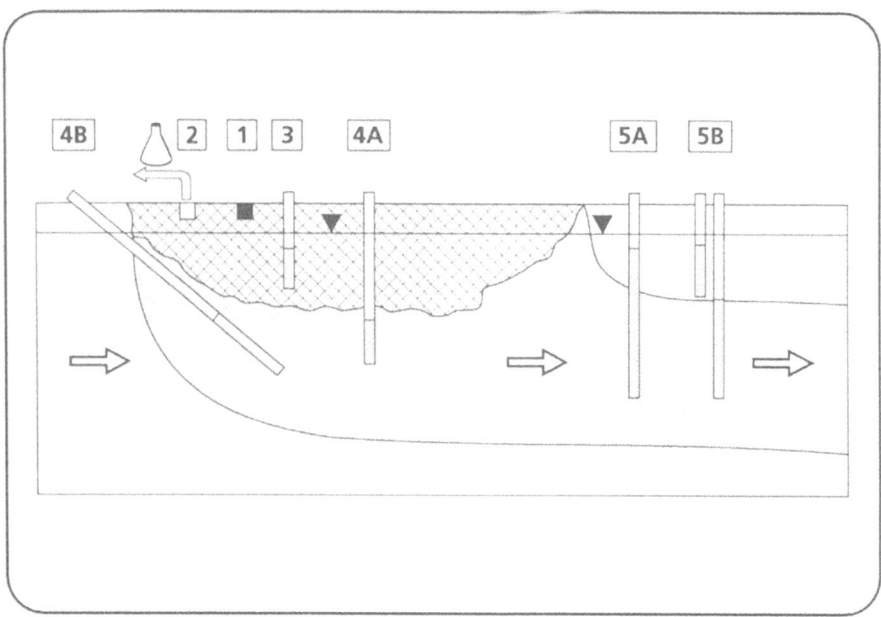

Abb. 164. Erkundungsbohrungen und Entnahmestellen zur Ermittlung der potentiell höchsten Sickerwasserkonzentration

Für die Ermittlung des Quellterms werden in Abhängigkeit vom jeweiligen Kenntnisstand und der Bedeutung des zu untersuchenden Objektes im wesentlichen fünf Verfahren (vgl. Ziffern 1 - 5 in Abb. 164) anzuwenden sein:

1 Die *Abschätzung der transportrelevanten Daten zur Stoffgefährlichkeit* über die vermutete oder bekannte Zusammensetzung der abgelagerten Abfälle/Schadstoffe im Untergrund. Im ersten Bewertungsschritt nach Erfassung und Erhebung der Grunddaten können über die vergebenen Abfallschlüssel grobe Zuordnungen zu Gefährdungsklassen vorgenommen werden, wie dieses im niedersächsischen Erstbewertungsverfahren für Altablagerungen geschieht.

2 Die *Eluatanalyse* (C-Be) verspricht nur dann auf größere Teile von Abfallkörpern/Schadstoffherden übertragbare Ergebnisse, wenn eine gewisse Homogenität der Verteilung und Einheitlichkeit der Zusammensetzung von Schadstoffen vorliegt.

3 Die *Entnahme von Sickerwasser* aus speziell errichteten Sickerwassermeßstellen (G-Msw) *im Deponiekörper* selbst. Wegen der besonderen Problematik von unbekannten Sickerwässern sind als „verlorene" Meßstellen oft Rammfilter (G-Mrf) besonders geeignet. Diese können in den Altlastkörper hineingetrieben werden und dort verbleiben. Um eine gewisse Re-

präsentanz zu erreichen, bietet sich meist der Bau einer größeren Anzahl von Peilfilterbrunnen an, die rastermäßig verteilt ein recht detailliertes Bild der Schadstoffverteilung vermitteln können. Im Einzelfall kann bei potentiellen Altlastkörpern ohne sperrigen oder blockigen Inhalt aber auch der konventionelle Bau von Brunnen mit Hilfe von Greiferbohrungen (G-Bg), Drehbohrungen (G-Bd) oder Verdrängungsbohrungen (G-Bdv) vorgenommen werden. In diesem Falle sind besonders hohe Anforderungen an die Arbeitssicherheit zu stellen, damit das Bohrpersonal vor Kontakten mit toxischen Inhaltsstoffen geschützt wird, die bei der Bohrung gefördert und freigesetzt werden können.

4   Die *Entnahme von kontaminiertem Grundwasser* im Bereich potentiell höchster Konzentrationen *unterhalb* einer Altablagerung bzw. eines Schadstoffherdes. Das Entnehmen von Wasser in derartigen Positionen ist praktisch auf zweierlei Art möglich: einerseits durch Durchbohren des potentiellen Altlastkörpers und Ausbau unterhalb der Altlast, andererseits durch schräges Unterbohren. Dabei ist zu beachten, daß neue Wegsamkeiten und Verschleppungen vermieden werden. Die Entnahme unterhalb eines Schadstoffherdes hat den großen Vorteil, daß das Resultat eines meist länger anhaltenden „natürlichen" Elutionsprozesses in einer Position erfaßt wird, an der eine relativ hohe Wahrscheinlichkeit besteht, das Sickerwasser so zu erfassen, wie es dem Grundwasser zusickert.

5   Die *Erfassung von kontaminiertem Grundwasser in Beobachtungsbrunnen*, die in unmittelbarer Nähe (höchstens 30 m vom Altlastkörper entfernt) niedergebracht werden. Damit ein Abgleich mit Grundwasser, das unbelastet oder anderweitig belastet aus dem Oberstrom anströmt, möglich ist, müssen auch immer repräsentative Anstrombrunnen oder andere Meßstellen verfügbar sein. Bei der Positionierung und dem teufengerechten Ausbau der Meßstellen ist eine eventuelle Horizontierung der Schadstoffverteilung zu berücksichtigen. Gerade im Nahbereich besteht die Tendenz, daß sich Sickerwasser aufgrund höherer Dichte und dem Einfluß des vertikalen Versickerungsvorganges schnell in die Tiefe verlagert und deshalb erst im tieferen Bereich eines Gesteins- bzw. Grundwasserkörpers erfaßt werden kann. Wenn die vertikal abgestufte Abfolge unterschiedlich belasteter Grundwässer durch Brunnen erfaßt werden soll, bieten sich Mehrfachmeßstellen (G-Mmf) oder Multilevel-Meßstellen (G-Mml) an. Die Praxis hat dabei gezeigt, daß Mehrfachmeßstellen in der Regel vorzuziehen sind.

Für die konkrete Ermittlung der für den Austrag von Schadstoffen relevanten Parameter wird ein standardisiertes Verfahren vorgeschlagen, wie es ähnlich auch in Baden-Württemberg angewandt wird (Landesamt für Umweltschutz Baden-Württemberg LFU 1996). Die Definition der zu verwendenden Begriffe ist Tabelle 48 zu entnehmen und ist in den Abb. 165 - 167 im Blockbild bzw. in der Aufsicht erläutert.

Tabelle 48. Hydrogeologische Maße und Parameter zur Ermittlung der Austragssituation an einer Altlast. (Z.T. nach Landesamt für Umweltschutz Baden-Württemberg (LfU) 1996)

Strecken	
H_A	Höhe der Altlast
L_A	Länge der Altlast
B_A	Breite der Altlast
h_{GW}	Mächtigkeit des betrachteten Grundwasserkörpers
h_{SR}	Mächtigkeit des Sickerraumes
h_S	Sohlabstand der Altlast zum Grundwasser = Mächtigkeit des verbleibenden Sickerraumes unter der Altlast
Flächen	
A_A	Grundwasserquerschnittsfläche im Anstrom der Altlast
A_{SW}	Sickerwasserhorizontalschnittfläche unter der Altlast, Projektion von A_{SA} auf die Grundwasseroberfläche, [horizontale Quelltermfläche der Altlast $(L_A B_A)$]
A_{GW}	Grundwasserquerschnittsfläche im Abstrom
A_{GW0}	Grundwasserquerschnittsfläche am abstromigen Rand der Altlast [vertikale Quelltermfläche der Altlast $(h_{GW} B_A)$]
A_{GW200}	Grundwasserquerschnittsfläche im Abstrom an der 200-Tage-Isochrone
A_{KGW}	Grundwasserkontaktfläche am abstromigen Rand der Altlast, Projektion des grundwassererfüllten Teiles der Altlast auf A_{GW0}
A_{SA}	Sohlfläche der Altlast $(L_A B_A)$
Mengen	
Q_{GW0}	Grundwasserdurchfluß durch Grundwasserquerschnittsfläche am abstromigen Rand der Altlast A_{GW0}
Q_{GW}	Grundwasserdurchfluß durch Grundwasserquerschnittsfläche A_{GW}
Q_{GW200}	Grundwasserdurchfluß durch Grundwasserquerschnittsfläche A_{GW} an der 200-Tage Isochrone
Q_{SW}	Sickerwasserdurchfluß durch Sickerwasserhorizontalschnittfläche A_{SW} unter der Altlast

Fortsetzung Tabelle 48	
Konzen-	
trationen	
C_{SW}	Sickerwasserkonzentration im Bereich der horizontalen Quelltermfläche der Altlast
C_{GW}	Grundwasserkonzentration im Abstrombereich
C_{GW0}	Grundwasserkonzentration im Bereich der vertikalen Quelltermfläche A_{GW0} der Altlast
C_{GW200}	Grundwasserkonzentration im Abstrombereich an der 200-Tage Isochrone
Winkel	
α	Dispersionswinkel

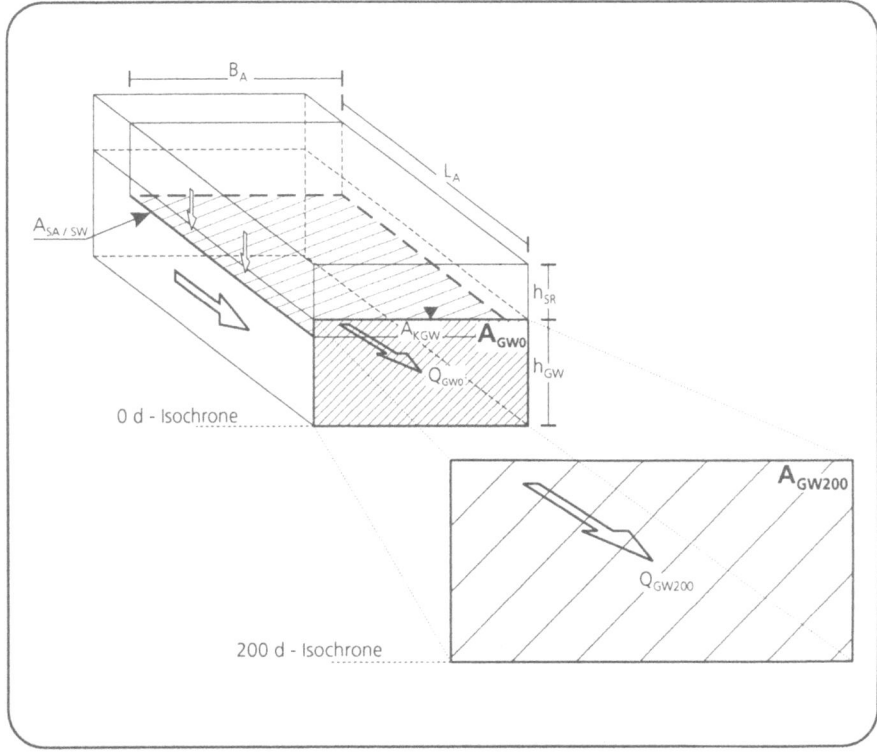

Abb. 165.   Erläuterung der hydrogeologischen Parameter zur Ermittlung der Austragssituation an einem potentiellen Altlastkörper im Grundwasser

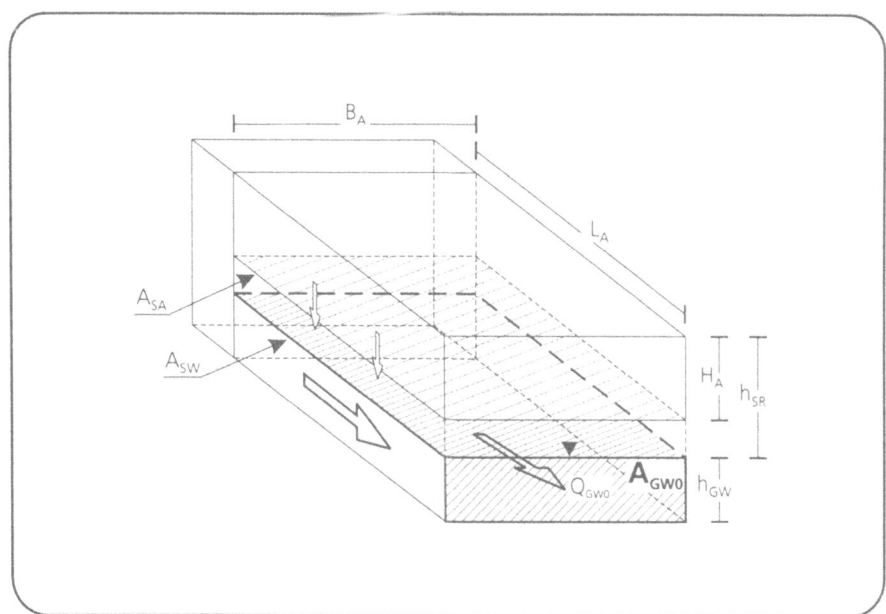

Abb. 166. Erläuterung der hydrogeologischen Parameter zur Ermittlung der Austragssituation an einer Altlastverdachtsfläche oberhalb des Grundwassers

Die Betrachtung der Austragssituation an einem potentiellen Altlastkörper geht davon aus, daß für die Emission, die dem Grundwasser aus dem Schadstoffherd heraus zugemischt (freigesetzt) wird, die Grundwasserquerschnittsfläche an der Altlast A_{GW0} entscheidend und damit zu betrachten ist; A_{GW0} ist unmittelbar unterstrom einer Altlast zu bestimmen. Dabei sind grundsätzlich zwei Fälle zu unterscheiden:

- Der Altlastkörper liegt teilweise oder ganz im Grundwasser (Abb. 165).
- Der Altlastkörper liegt oberhalb der Grundwasseroberfläche (Abb. 166).

Im ersten Falle ist zu berücksichtigen, daß ein Teil der Altlast mit dem Grundwasser in direktem Kontakt steht (Grundwasserkontaktfläche A_{KGW}). Die Grundwasserkontaktfläche A_{KGW} nimmt den oberen Teil der Grundwasserquerschnittsfläche an der Altlast A_{GW0} ein, während sich die Belastung des unteren Abschnitts aus der zunächst vertikalen Verlagerung von Sickerwasser und nachfolgenden Zumischung zum horizontal fließenden Grundwasser ergibt.

Im zweiten Fall wird die gesamte Grundwasserquerschnittsfläche A_{GW0} am abstromigen Rand der Altlastverdachtsfläche durch die zunächst vertikale Verlagerung von Sickerwasser beaufschlagt. Dieses wird aus der Sohlfläche der

Altlast A_{SA} austreten und nach Passage des verbleibenden Sickerraumes unterhalb der durchsickerten Altlast über die auf die Grundwasseroberfläche projizierte Horizontalschnittfläche A_{SW} anfallen. Von der Fläche her sind A_{SA} und A_{SW} gleich groß; ihre Raumlage ist jedoch unterschiedlich.

Die Mächtigkeit des verbleibenden Sickerraumes unter der Altlast kann die Schadstoffminderung beeinflussen, weil sich hier noch Prozesse abspielen, die nicht oder erst verspätet bzw. reduziert zur Beaufschlagung des Grundwassers mit Schadstoffen führen.

Die beiden Schnittflächen A_{GW0} und A_{SW} haben eine besondere Bedeutung, da sie die vertikalen bzw. horizontalen Flächen darstellen, an denen in der Modellbetrachtung der Quellterm anzusetzen ist.

Der Quellterm bezeichnet die kontaminierte Grundwassermenge, die eine Altlast in der Zeiteinheit über eine Querschnittsfläche A_{GW0} verläßt. Zur Berechnung der kontaminierten Grundwassermenge Q wird der Betrag des Grundwasserflusses mit der jeweiligen Austragskonzentration multipliziert.

Die Berechnung kann an jeder beliebigen Stelle im Grundwasserfließsystem durchgeführt werden. Für die Berechnung des Quellterms ist hierfür die Grundwasserquerschnittsfläche A_{GW0} zu wählen. Berechnung an anderen Querschnittsflächen A_A im Anstrom bzw. A_{GW} im Abstrom sollten an definierten Positionen, z.B. denen bestimmter Laufzeitisochronen durchgeführt werden. Da in der Grundwasserüberwachung von Altlasten (s. Kap. 3.3) eine zonare Vorgehensweise empfohlen wird, sind hierfür sinnvollerweise die Isochronen zu wählen, die die innere und die äußere Überwachungszone begrenzen (Abb. 165 bzw. 166); dieses sind die 200-Tage-Isochronen und die 2-Jahre-Isochronen (= 730 d). Danach sind dann auch die mit den jeweiligen Konzentrationen C_{GW} im Grundwasser assoziierten Grundwasserdurchflußmengen Q_{GW} ermittelbar.

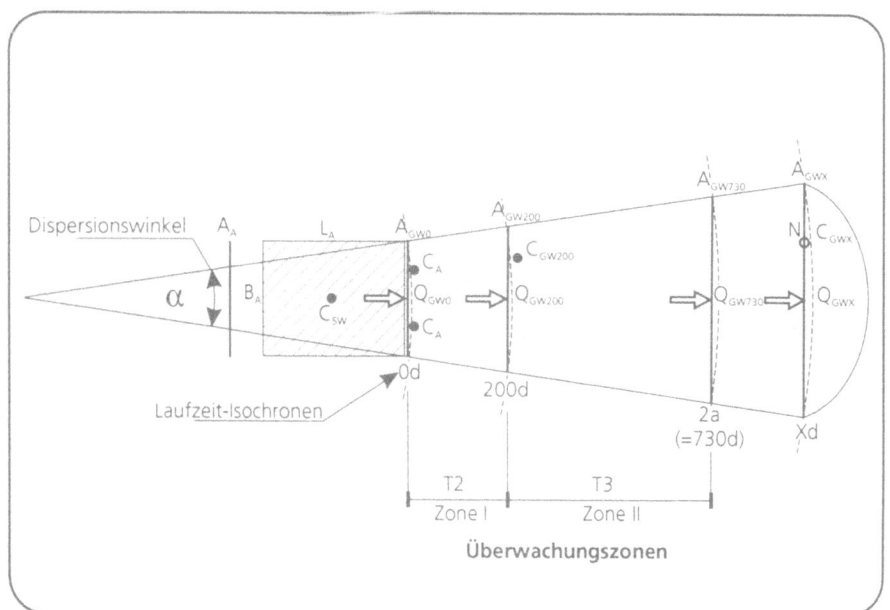

Abb. 167. Darstellung (Aufsicht) der Verbindung von Überwachungsele-
menten mit Elementen der Austragserkundung an einer Altlastverdachtsfläche

3.1.4.2 Transport in der ungesättigten Zone

Der Aufwand zur Berechnung der Prozesse in der ungesättigten Zone muß sich
generell an der Mächtigkeit ausrichten. Wenn diese Zone nur geringe Mächtigkeit aufweist oder gar nicht vorhanden ist, weil der Deponiefuß im Grundwasser liegt, kann dieser Transportabschnitt vernachlässigt werden. Andererseits
können in einer mächtigen ungesättigten Zone durch lange Aufenthaltszeiten
und Retardationsvorgänge im durchsickerten Boden und Gestein erhebliche
Veränderungen der Ausgangssituation bewirkt werden.
   Die wesentlichen Prozesse und Einflußfaktoren zur Beschreibung und Beurteilung des Transportes von Schadstoffen mit dem versickernden Wasser durch
die ungesättigte Zone hindurch werden in Kap. 3.3.2 beschrieben.

3.1.4.3 Transport in der gesättigten Zone

An dieser Stelle kann keine umfassende Darstellung der Prozesse und der sie
beschreibenden Theorie gegeben werden. Die Transportprozesse im Grundwasser werden jedoch in einer Reihe hydrogeologischer Lehrbücher und Handbücher im Detail behandelt (Freeze und Cherry 1979, Fetter 1995), auf die ausdrücklich verwiesen wird. Als besonders hilfreich für die hier anstehende Problematik kann die Publikation der US Umweltbehörde EPA „Transport and Fate

of Contaminants in the Subsurface" (1989 b) angesehen werden. Die wesentlichen Rechenansätze für Transportprozesse werden im Kapitel 2.2 und auch im Materialienband „Berechnungsverfahren und Modelle" dargestellt. Daher wird im folgenden nur ein kurzer Abriß der wesentlichen Prozesse gegeben, die für die Schadstoffausbreitung Bedeutung haben.

Physikalische Transportprozesse für Stoffe in wäßriger Lösung

Advektions-/Dispersions-Theorie

Der dominante Transportprozeß in der gesättigten Zone ist die Bewegung des Grundwassers selbst, die im wesentlichen durch das DARCY'sche Gesetz beschrieben wird. Stoffe, die mit dem Grundwasser in Lösung (oder auch als Mikropartikel) transportiert werden, unterliegen demselben Bewegungsprozeß. Der Transport eines nicht-reaktiven Stoffes mit mittlerer Grundwassergeschwindigkeit wird als Advektion bezeichnet (EPA 1989 b); ein derartiger Stoff kann als sogenannter konservativer Tracer zur direkten Bestimmung der Grundwassergeschwindigkeit benutzt werden (s. Kap. 1.6.3.5 H-VTrac).

Die Abstandsgeschwindigkeit v_a des Grundwassers in einem porösen bzw. quasi-porösen Grundwasserleiter oder -geringleiter ist abhängig von der hydraulischen Durchlässigkeit des Untergrundes k_f, dem hydraulischen Gradienten I und dem durchflußwirksamen Hohlraumanteil n_f:

$$v_a = k_f \cdot I / n_f \tag{1}$$

Beim Transport durch den Untergrund werden die Stoffe mit dem Grundwasser verteilt (= dispergiert). Dieser Verteilungsprozeß hängt von der Mikrokonfiguration des Gefüges ab, durch das das Grundwasser im Untergrund von seiner geraden Richtung abgelenkt wird, und wird als Dispersion bezeichnet.

Die Dispersion wird rechnerisch durch den *Dispersionskoeffizienten* D erfaßt, dessen Größe von der Korngröße des durchströmten Mediums abhängig ist und mit der Grundwassergeschwindigkeit variiert. Der Dispersionskoeffizient setzt sich aus zwei Termen, dem *mechanischen Dispersionskoeffizienten* D_m und dem *molekularen Diffusionskoeffizienten* D_d zusammen:

$$D = D_m + D_d \tag{2}$$

Dabei ist D_m der Grundwassergeschwindigkeit v_a und der *Dispersivität*, die den Betrag der Auslenkung am Korngerüst ausdrückt, proportional:

$$D_m = \alpha \, v_a \tag{3}$$

D_d ist demgegenüber von der Tortuosität τ abhängig, die die zusätzliche Strecke beschreibt, die ein Teilchen beim Diffusionstransport (bestimmt durch den Lösungsdiffusionskoeffizienten D_0) um ein Korn herum zurücklegen muß:

$$D_d = \tau \, D_0 \tag{4}$$

Die Tortuosität τ weist in Porengrundwasserleitern Werte zwischen 0,6 und 0,7 auf.

Die beiden Transportparameter *Advektion* und *Dispersion* werden in der sog. Advektions-/Dispersions-Theorie behandelt (Freeze und Cherry 1979).

Die Möglichkeit, die Transportprozesse von Stoffen im Grundwasser zu beschreiben, hängt davon ab, inwieweit es gelingt, die für die Transportberechnung erforderlichen Parameter hinreichend genau zu bestimmen. Dazu werden meist Felduntersuchungen, unterstützt durch Laboruntersuchungen, durchgeführt. Mittlerweile sind weltweit viele derartiger Studien angefertigt und die Ergebnisse veröffentlicht worden, so daß der Literatur eine größere Anzahl von Werten entnommen werden kann.

Die Werte der Felduntersuchungen weichen oft von den Laborwerten ab, weil die Inhomogenitäten realer Grundwasserleiter (große Unterschiede in der Durchlässigkeit auch im Kleinstmaßstab) durch die Laboruntersuchungen nicht genau genug erfaßt werden können. Diese Inhomogenitäten bestimmen jedoch das Fließgeschehen stark. Während z.B. Werte für die longitudinale Dispersivität nach Laborstudien im Bereich weniger mm bis cm liegen, werden durch Modellkalibrierungen Werte im Bereich mehrerer Meter erwartet (EPA 1989 b). Die transversale Dispersivität ist gegenüber der longitudinalen vernachlässigbar gering.

Wegen der Bedeutung großer interner Unterschiede für die resultierende Durchlässigkeit natürlicher Untergrundsysteme ist es wichtig, an Altlastverdachtsflächen möglichst viele Einzelbestimmungen an möglichst einheitlichen, i.d.R. kurzen, Aquifer- oder Aquitardabschnitten durchzuführen. Hierfür eignen sich besonders die hydraulischen Bohrlochtests (H-T). Kurze Filterabschnitte in vertikaler Abstufung eignen sich auch besonders zur Ermittlung der vertikalen hydraulischen Gradienten und damit zur Beantwortung der Frage, ob das Grundwasser sich in einer relativen Aufwärts- oder Abwärtsbewegung befindet.

Zur Ermittlung von Transportparametern im Gelände haben die verschiedenen Tracer-Methoden eine überragende Bedeutung.

Als einfachste Methode zur Bestimmung der Grundwasserfließrate bietet sich die Einbohrloch-Tracer-Verdünnungsmethode (H-VTracE) an. Aquiferheterogenitäten und Dispersionskoeffizienten können sinnvoll nur durch gut instrumentierte und beobachtete Tracer-Untersuchungen bestimmt werden. Diese können unter natürlichen Gradienten durchgeführt werden oder durch Injektion und damit verbundene Aufhöhung im Bohrloch.

Diffusionstransport in Barrieregesteinen

Gering durchlässige Gesteine, wie Tone, Tonsteine, Schluffe und Schluffsteine gestatten nur einen geringen und meist auch nur langsamen Transport von Wasser, da die effektiven Hohlraumanteile gering sind. Derartige Gesteine bilden eine Barriere gegenüber dem Grundwasserfluß; sie werden entweder gar nicht oder nur sehr wenig advektiv durchflossen. In diesen Gesteinen liegt jedoch oft eine hohe Primärporosität vor, die der advektiven Grundwasserbewegung wegen zu geringer Öffnungsweiten nicht zur Verfügung steht, aber durch Diffusion in den Kapillaren durchwandert werden kann. Dieser Diffusionsprozeß ist von der PECLET-Zahl abhängig und vom Betrag her gegenüber der Advektion gering. Daher wird der Transport in mächtigen Geringleitern auf das unmittelbare Umfeld des Schadherdes beschränkt, da ein weiter Transport per Diffusion faktisch nicht möglich ist.

Untersuchungen an geklüfteten Tongesteinen haben gezeigt, daß auch in diesen Gesteinen die Diffusion eine dominante Rolle spielt, weil hier die sog. *Matrixdiffusion* zum Tragen kommt. Darunter wird ein Prozeß verstanden, bei dem Stoffe, die mit dem Grundwasser relativ langsam auf den Klüften, die das Gestein durchsetzen, transportiert werden, per Diffusion Konzentrationen in die umgebende hochporöse Matrix (= Gesteinsmasse) abgeben (Abb. 168). Dabei ergibt sich eine starke Minderung der Konzentrationen durch Adsorption, die im Effekt ebenfalls auf eine weitgehende Beschränkung der Schadstoffe auf das unmittelbare Umfeld einer Altlast hinausläuft.

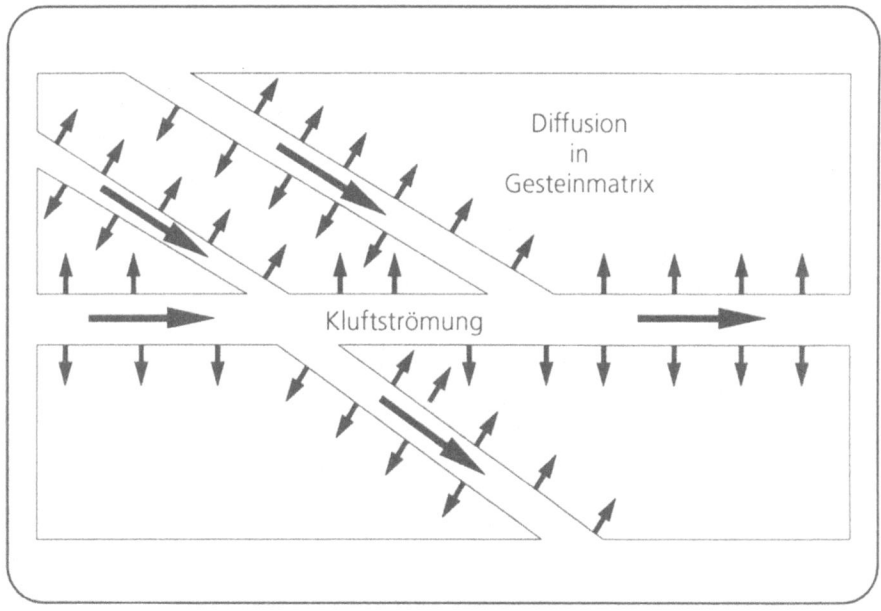

Diffusion
in
Gesteinmatrix

Kluftströmung

Abb. 168.   Wirkungsweise der Matrixdiffusion. Darstellung der wirksamen Prozesse beim Transport gelöster Stoffe in einem geklüfteten Gestein mit einer porösen Matrix. (Nach EPA 1989 b)

Dichteeinfluß

Bei vielen Altlasten, besonders solchen, die wegen ihrer hohen Gehalte an löslichen Stoffen eine stetige Sickerwasserquelle darstellen, ist wegen der gegenüber Wasser erhöhten Dichte mit einer vertikalen Verlagerung dieser Sickerwässer zu rechnen. Dieser Dichteeinfluß wirkt sich nach Frind (1982, in EPA

1989 b) stark auf die vertikale Komponente der Grundwassergeschwindigkeit v_g aus:

$$v_g = K_{zz} / n_f \, (\rho/\rho_0 - 1) \tag{5}$$

K_{zz}	vertikale hydraulische Durchlässigkeit
ρ	Dichte des kontaminierten Grundwassers
ρ_0	Dichte des unbeeinflußten Grundwassers
n_f	durchflußwirksamer Hohlraumanteil

Im Resultat führen bereits sehr geringe Dichteunterschiede zu einer starken Betonung der Vertikalkomponente. Schon ein Lösungsinhalt des Sickerwassers von 7.000 mg/l, wie er bei Altablagerungen als durchaus üblich angesehen werden kann, führt bei einer Dichte von 1,005 in einem isotropen Aquifer (EPA 1989 b) zu einer Abweichung von 45° gegenüber der horizontalen Grundwasserbewegung. Dieser Tatsache muß bei der Erkundung und Überwachung des Grundwassers dadurch Rechnung getragen werden, daß beim Bau von Grundwasserbeobachtungsbrunnen (G-Mgw) die basalen Bereiche von Grundwasserleitern besonders erfaßt werden.

Mobilität und Retardation von Schadstoffen

Bei der Betrachtung des Transportes im Wasser gelöster Stoffe in der gesättigten, aber auch in der ungesättigten Zone, spielen die Wasserlöslichkeit und die Verteilung des jeweils relevanten Stoffes im Untergrund eine entscheidende Rolle. Die Wasserlöslichkeit ist der wichtigste Parameter zur Kennzeichnung der Transportfähigkeit.

Stoffe, die mit dem Grundwasser gelöst transportiert werden, legen pro Zeitabschnitt eine geringere Strecke als das Grundwasser zurück. Diese Verlangsamung einzelner Inhaltsstoffe gegenüber der Geschwindigkeit des Grundwassers wird als *Retardation* bezeichnet und als Retardationsfaktor R bestimmt. Der Retardationsfaktor gibt an, um wieviel langsamer der betrachtete Stoff als das Grundwasser wandert. R = 4 z.B. bedeutet also, daß ein Stoff gegenüber der Grundwasserbewegung um das Vierfache verlangsamt wird.

Der Retardationsfaktor ist abhängig von der Dichte ρ des durchströmten Mediums, dem durchflußwirksamen Hohlraumanteil n_f und dem Verteilungskoeffizienten K_d:

$$R = 1 + \rho / n_f \, K_d \tag{6}$$

Die Prozesse, die hinter der Retardation stehen, sind unterschiedlicher Art und werden durch den Retardationsfaktor integrativ beschrieben.

Ein wesentlicher Prozeß ist sicherlich die *Adsorption* von Stoffen an festen Oberflächen der umströmten Gesteinspartikel. Durch diesen Anlagerungsprozeß ergibt sich in der Wirkung eine Verteilung der Stoffe auf die flüssige und die feste Phase. Diese Verteilung kann über den *Verteilungskoeffizienten* K_d bestimmt werden, der das Verhältnis der Konzentrationen zwischen der an Feststoff sorbierten Stoffmasse C_s und der im Wasser gelösten Stoffmasse C_w beschreibt:

$$K_d = C_s / C_w \qquad (7)$$

Bei den hydrophoben organischen Stoffen spielt die Affinität zu anderen Organica eine wichtige Rolle. Gehalte an organischem Kohlenstoff f_{oc} im Untergrund können zur Anlagerung organischer Stoffe führen.

Der Verteilungskoeffizient für organische Stoffe K_d kann nach Karickhoff et al. (1979) empirisch aus dem organischer Kohlenstoff/Wasser-Verteilungskoeffizienten K_{oc} und aus dem Anteil organischen Kohlenstoffs f_{oc} im Untergrund abgeschätzt werden:

$$Kd = Koc \; foc \qquad (8)$$

Kenaga und Goring (1980) haben diese Beziehung zwischen Löslichkeit in Wasser und K_{oc} aus einer Vielzahl von Literaturangaben zusammenfassend dargestellt (Abb. 168). Eine Zusammenstellung der Parameter "Adsorbierbarkeit" (als K_{oc}) und "Wasserlöslichkeit" für wichtige Organica, die an Altlasten auftreten können, enthält Tabelle 49.

Hilfsweise kann der Verteilungskoeffiziente K_d über den Oktanol/Wasser-Verteilungskoeffizienten K_{ow} bestimmt werden und näherungsweise zur Beschreibung der Mobilität der Organica herangezogen werden:

$$K_d = K_{ow} \; 0.62 \; f_{oc} \qquad (9)$$

Vereinfacht läßt sich sagen, daß Stoffe mit hohem Oktanol/Wasser-Verteilungskoeffizienten (K_{ow}) und geringer Wasserlöslichkeit nur sehr langsam transportiert werden.

Stoffgruppen wie Polychlorierte Biphenyle (PCB) oder Polycyklische Aromatische Kohlenwasserstoffe (PAK) sind relativ immobil (Abb. 169), werden also nur in geringer Entfernung vom jeweiligen Schadenszentrum anzutreffen sein. Bei dieser Interpretation ist allerdings zu berücksichtigen, daß bestimmte andere Stoffe als Lösungsvermittler für ansonsten relativ immobile Verbindungen wirken können (s.u.). Andererseits ist aber auch ein partikelgebundener Transport möglich, z.B. von Pflanzenbehandlungs- und -schutzmitteln (PBSM).

Anders verhält es sich bei den sehr mobilen Stoffgruppen, wie z.B. den Monoaromaten BTXE (Benzol, Toluol, Xylol, Ethylbenzol etc.) oder den leichtflüchtigen halogenierten Kohlenwasserstoffen LHKW (Tetrachlorethen, Trichlorethen, cis-1.2-Dichlorethen, Chlorethen etc.), die über sehr weite Strecken transportiert werden können (vgl. Tabelle 49), wenn sie nicht biologisch abgebaut werden.

Tabelle 49. Adsorbierbarkeit und Wasserlöslichkeit ausgewählter Organica. (Nach Rippen 1987 und Streit 1991)

Parameter	Adsorbierbarkeit (K_{oc})	Wasserlöslichkeit
Aldrin	96.000	27 µg/l (20 °C)
Benzo(a)pyren	1.800.000 - 5.800.000	4 - 14 µg/l
Benzol	92	1.770 mg/l (20 °C)
Chloroform (Trichlormethan)	28 - 617	8,3 g/l (10 - 25°C)
p,p`-DDT	238.000 - 1.500.000	5,5 µg/l (20 °C)
cis-1.2-Dichlorethen	59	800 mg/l (20 °C]
Dichlormethan	48	14 g/l (20 °C)
2.4-Dichlorphenol	545	4,5 - 4,6 g/l (20 °C)
Ethylbenzol	165	866 mg/l (20 °C)
Fluoranthen	31.000 - 52.000	260 µg/l
γ-Hexachlorcyclohexan (Lindan)	44.000	8 mg/l (20 °C)
Hexachlorbenzol	20.000	3 - 8 µg/l (20 °C)
Chlorbenzol	390	488 mg/l
Naphthalin	790	ca. 25 mg/l (20 °C)
Nitrobenzol	166	2.0 g/l (20 °C)
PCB Nr.28		0,09 - 0,4 mg/l
PCB Nr. 52		0,026 - 0,12 mg/l
PCB Nr. 101		0,001 - 0,04 mg/l
PCB Nr. 138		0,016 mg/l
PCB Nr. 180		6,6 µg/l
Pentachlorphenol	450 - 8.200	2.000 mg/l (20 °C, pH 7)
Phenanthren	7.800	0,95 mg/l (20 °C)
Phenol	27 - 91	82 - 92 g/l
Phthalat, DEHP	über 500	0,02 - 0,34 mg/l (20 °C)
Phthalat, DBP	über 15	10 - 28 mg/l (26 °C)
2,3,7,8-TCDD	468.000 - 8.000.000	8 - 200 ng/l
Tetrachlorethen	240	150 mg/l (20 °C)
Tetrachlorkohlenstoff	440	790 mg/l (20 °C)
Toluol	250	470 mg/l (16 °)
1.1.1-Trichlorethan	60 - 125	300 mg/l (25 °C)
Trichlorethen	100	1.100 mg/l (20 °C)
Vinylchlorid (Chlorethen)	8,2	1,6g/l (20 - 25 °C)
o-Xylol (1,2-Dimethylbenzol)	48 - 68	190 mg/l (25 °C)

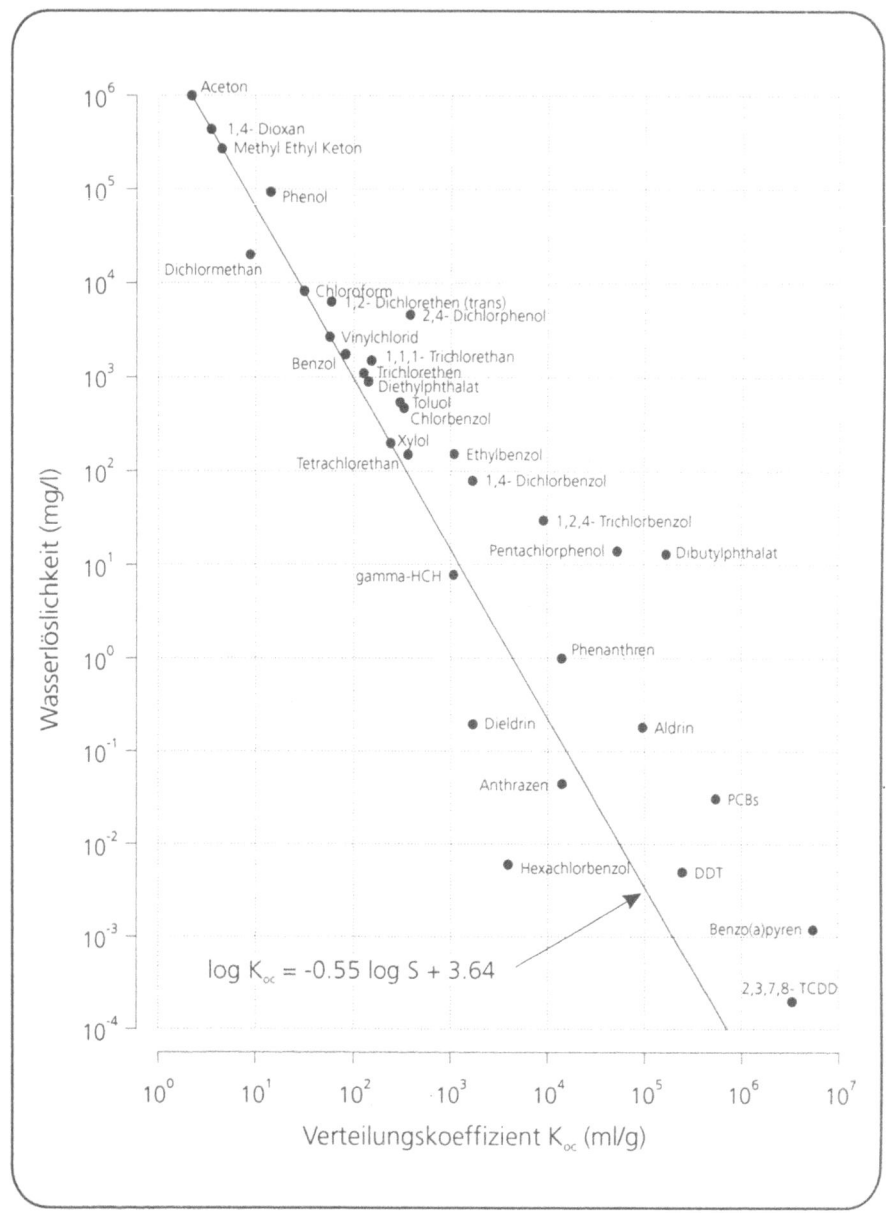

Abb. 169.　　Wasserlöslichkeit und Verteilungskoeffizient (K_{oc}) ausgewählter organischer Substanzen nach Literaturdaten (EPA 1986); doppeltlogarithmische Darstellung; die Gerade gibt den empirischen Zusammenhang von Wasserlöslichkeit und Mobilität wieder. (Nach Kenaga und Goring 1980)

Von diesen beiden Stoffgruppen stellen die LHKW das größere Problem dar, denn während die Monoaromaten sehr gut mikrobiell abgebaut werden und sich somit nur Schadstofffahnen begrenzten Umfanges bilden können, erfolgt der Abbau der LHKW erheblich langsamer, womit auch das Ausmaß der Schadstofffahnen deutlich zunimmt.

Ein weiterer wichtiger Parameter bei der Beurteilung von Kontaminationen ist die *Toxizität* der jeweils transportierten Einzelkomponenten, die sinnvoll mit Mobilitätskriterien verknüpft werden muß, um bei der Vielzahl der vorhandenen Fälle eine sinnvolle Priorisierung durchführen zu können.

Als Beispiel sei hier die Emission von Sulfat aus einer ehemaligen Bauschuttdeponie genannt. Sulfat wird kaum zurückgehalten und ist hervorragend wasserlöslich, also hoch mobil. Aufgrund seiner nicht vorhandenen Toxizität sind Schadstofffahnen mit hohen Sulfatkonzentrationen jedoch bei weitem nicht so gefährlich wie Schadstofffahnen mit LHKW. Die LHKW werden zwar im Verhältnis zum Sulfat deutlich stärker zurückgehalten, dieser Effekt wird aber durch das Toxizitätskriterium überkompensiert. Insofern kommt also bei einer Priorisierung der LHKW-Kontamination die größere Bedeutung zu.

Bereits Griffin et al. (1976) haben vor diesem Hintergrund eine Verknüpfung von Mobilität und Toxizität als Gefahrenindex GI vorgeschlagen, der auch die Rückhaltung in den durchflossenen Gesteinen berücksichtigte:

$$GI = \frac{C}{C_{TWS}} \cdot (100 - ATN) \tag{10}$$

GI   Gefahrenindex
C   gemessene Konzentration
C_{TWS} Konzentration des Trinkwasserstandards
ATN   prozentuale Zurückhaltung (Attenuation) für das jeweilige Element
100-ATN Mobilitätsindex

Für Gesteine mit tonigen Anteilen wurde die Attenuation experimentell bestimmt. Durch die Verwendung des jeweiligen Trinkwasserstandards wird die Belastung auf den höchsten Nutzungsstandard bezogen.

Als Methoden zur Ermittlung der Parameter Gesteinsdichte, Porosität und Wassergehalt (in der ungesättigten Zone) bieten sich überwiegend Labomethoden an. Allerdings können auch Bohrlochmethoden herangezogen werden:

- Neutron-Log für Porosität und Wassergehalt sowie
- Gamma-Gamma-Log für Gesteinsdichte.

Der durchflußwirksame Hohlraumanteil n_f kann aus dem Grundwasserabstrom Q und der Grundwassergeschwindigkeit v_a zurückgerechnet werden:

$$n_e = Q / v_a \qquad (11)$$

Physikalische Transportprozesse für organische Flüssigkeiten

Bei den nicht-wäßrigen Flüssigkeiten, die in Phase in den Untergrund gelangen können (Non-Aqueous Phase Liquids NAPL), sind solche zu unterscheiden, die leichter sind als Wasser (LNAPL = Light NAPL) und somit aufschwimmen und solche, die schwerer sind als Wasser und deshalb absinken bzw. den Aquifer durchsinken (DNAPL = Dense NAPL). Sie werden hier als leichte Kohlenwasserstoffe LKW bzw. schwere Kohlenwasserstoffe SKW bezeichnet (Abb. 170 und 171).

Bei den leichten organischen Phasen handelt es sich überwiegend um Mineralölkohlenwasserstoffe (MKW), bei den schweren um halogenierte Kohlenwasserstoffe (HKW). Die mit HKW assoziierten Grundwasserprobleme sind in der Literatur umfangreich abgehandelt worden (z.B. Landesamt für Umweltschutz Baden-Württemberg LFU 1983).

Beide Stoffgruppen sind in der Lage, große Grundwassermengen nachhaltig zu kontaminieren und haben z.T. erhebliche Toxizitätspotentiale.

Wesentliche Eigenschaft ist, daß diese Stoffe in Phase Wasser verdrängen und damit ein unterschiedliches Transportverhalten haben. Im Untergrund können sich immobile Nester bilden, die durch Sanierungsmaßnahmen nur schwer erfaßt werden können.

Hydrogeologische Details zum Verhalten von Erdölprodukten im Untergrund sind zusammengefaßt in Pastrovich et al. (1979) dargestellt worden. Sie können im Bereich größerer oberflächennaher Kontaminationszentren (Tanklager etc.) als Phase das Grundwasser überschichten und werden bei schwankendem Grundwasserspiegel in der ungesättigten Zone verteilt (Abb. 170).

Für das Grundwasser sind die schweren Kohlenwasserstoffe als kritischer anzusehen, weil sie sich wegen geringer Löslichkeit und Viskosität nur bedingt mit dem Wasser vermischen und deshalb in die basalen Bereiche der Grundwasserleiter absinken können, wo sie für lange Zeit als sekundäre Schadstoffherde wirken. Für die Biota, die auf oder unter der Erdoberfläche durch das Grundwasser beeinflußt werden können, stellen diese Stoffe dann jedoch keine unmittelbare Gefährdung mehr dar, wenn sie in den Bereich der „passiven" Grundwasserzone absinken und nur schwer mobilisierbar sind (Abb. 171).

Zudem ist zu beachten, daß erhebliche Mengen in Phase auftreten müssen, um die kritische Überstandshöhe zu erreichen, die erforderlich ist, um die entgegenwirkenden kapillaren Kräfte auszuschalten (Tabelle 50), die ein Eindringen in den weiteren Untergrund behindern. Bei Schluff und Ton sind diese kritischen Überstandshöhen de facto kaum erreichbar.

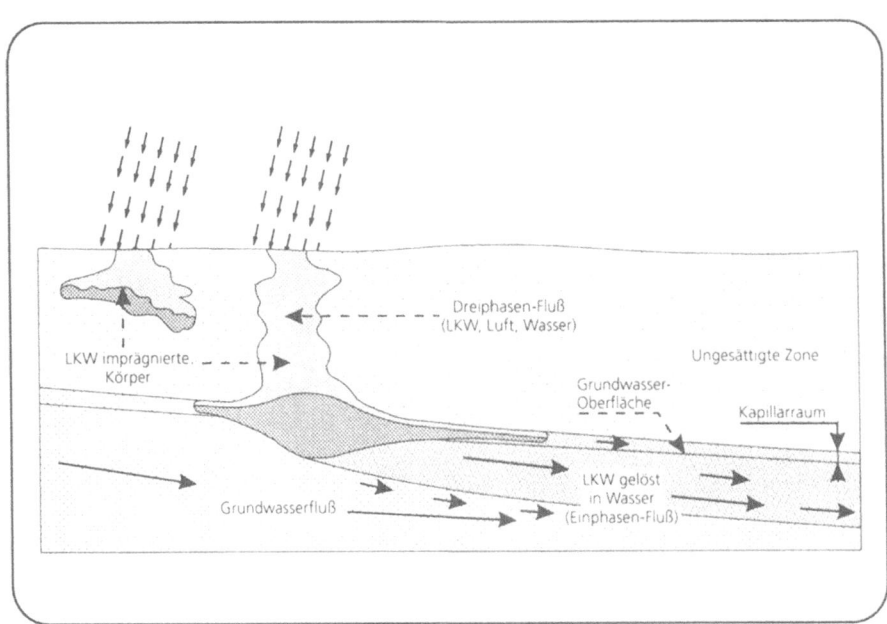

Abb. 170. Migrationsverhalten von leichten Kohlenwasserstoffen LKW. (Nach Pastrovich et al. 1979)

Tabelle 50. Kritische Überstandshöhen für Perchlorethen, die zum Eindringen von Phase in wassergesättigte Lockergesteine erforderlich sind. (Nach EPA 1989 b)

Lockergestein	Durchmesser [mm]	kritische Höhe [cm]
Grobsand	1,0	13
Feinsand	0,1	130
Schluff	0,01	1.300
Ton	0,001	13.000

Beim überwiegend vertikalen Absinken wird oft eine laterale Ablenkung in den Zonen beobachtet, an denen sich Permeabilitätssprünge (Schichtgrenzen) ergeben (Abb. 171).

In den meisten Fällen werden nur direkte Beobachtungen dazu führen, den Verdacht auf das Vorhandensein von LKW oder SKW in Phase zu erhärten. Bei den LKW wird in Beobachtungsbrunnen bisweilen aufschwimmendes Material angetroffen, wenn Mineralölverluste die Ursache der Kontamination waren. Der Verdacht auf SKW in Phase liegt oft vor, wenn Flüssigrückstände aus der Produktion von solchen Industrien abgelagert wurden, die diese Stoffe in größerer Menge verwenden.

Nach EPA (1992) ist mit SKW in Phase zu rechnen, wenn einer der folgenden Befunde auftritt:

- Konzentrationen von einzelnen SKW im Grundwasser mit > 1 % der effektiven Löslichkeit,
- Konzentrationen von einzelnen SKW in der Bodenmasse > 10.000 mg/kg (= 1 % der Bodenmasse),
- Konzentrationen von einzelnen SKW nach Berechnung der Verteilungskoeffizienten über K_{ow} - Ansatz im Bereich der Phasen- bzw. effektiven Löslichkeit oder
- Konzentrationen von einzelnen SKW im Grundwasser, mit der Tiefe oder im Abstrom abnorm zunehmend.

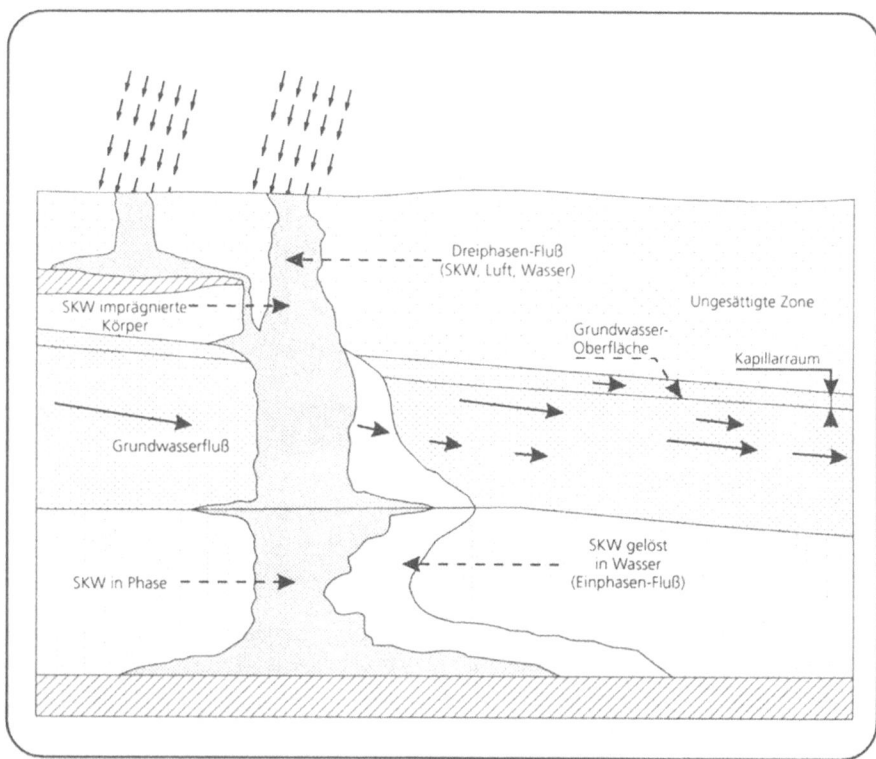

Abb. 171.   Migrationsverhalten von schweren Kohlenwasserstoffen SKW

Stoffliche Umwandlungsprozesse im Untergrund
Besonders organische Stoffe werden im Untergrund einer Reihe von Veränderungen unterworfen, die bei der Beurteilung des Transports zu beachten sind.

Von diesen Prozessen ist die Sorption sicherlich der wichtigste (s.o.). Aber auch die *Hydrolyse* als direkte Reaktion der organischen Moleküle mit Wassermolekülen kann von großer Bedeutung sein.

Durch *Lösungsvermittlung* können die Transportgeschwindigkeiten einzelner Stoffe erhöht werden; allerdings bedarf es hierzu i.d.R. hoher Konzentrationen der Lösungsvermittler, die außer in unmittelbarer Nähe zum Schadstoffherd kaum erreicht werden. Die sogenannten Monoaromaten wie Benzol, Toluol, Xylol etc. wirken sehr gut als Lösungsvermittler für ansonsten sehr immobile Stoffe wie beispielsweise Benzo(a)pyren aus der Gruppe der PAK.

Benzol als Kosolvent kann z.b. die Löslichkeit um den Faktor 3 erhöhen und damit den R_d reduzieren; allerdings kann der generell hohe R_d dadurch nur geringfügig beeinflußt werden (mündl. Mitt. Gratwohl); ein „Überholen geringer löslicher Verbindungen ist nicht möglich.

Die biologische Umwandlung (Biodegradation) ist für viele Organika ein wichtiger Minderungsprozeß, der allerdings bisweilen unliebsame Zwischen- und Endprodukte erzeugt. Bekannt ist der sequenzielle biologische Abbau von Tetrachlorethen zum kanzerogenen Vinylchlorid; der K_{oc} ändert sich dabei von 364 zu 8 (EPA 1989 b). Der Abbau ist allerdings stark von der Physiologie der Mikroorganismen und ihrer metabolischen Aktivität abhängig, die oft schwer einzuschätzen ist. Einige Prozesse wie z.B. der Abbau der Erdölprodukte benötigen Sauerstoff (aerob), andere (Schwermetallreduktion) laufen unter reduzierenden Bedingungen (anaerob) ab. Die wesentlichen Mechanismen, die die Verteilung und das Verhalten von Stoffen im Untergrund bestimmen, sind in Tabelle 51 zusammengefaßt.

Tabelle 51. Mechanismen, die den Verbleib von Schadstoffen im Untergrund bestimmen. (Nach EPA 1989 b)

Prozeß	Bedingung	Stoffeigenschaft
Bewegung	Grundwasserfließrate	Stoffmenge
	Gebirgsdurchlässigkeit	Zustand
	Grundwasserbewegung	Löslichkeit
	Schwerkraft	Viskosität
	Oberflächenspannung	
Rückhaltung	Boden-/Gesteinstyp	Löslichkeitstyp
(Retention)	Organischer Kohlenstoffgehalt	Ionencharakter
	Sorptionskapazität	
Reaktion	pH	Chemische Transformation
	Redoxbedingungen	Biologische Abbaufähigkeit
	mikrobielle Aktivität	

3.1.4.4 Expositionsanalyse/Nutzungen

Die Nutzungen sollten möglichst bereits bei der Simulierung der Grundwasserbewegung berücksichtigt werden, um z.B. den Einfluß fördernder Brunnen und
ihre Wirkung auf das Grundwassertransportgeschehen in das Modellgebiet mit
einzubeziehen (Abb. 172). Je der Nutzung und Komplexität des Untergrundes
sind hierfür zwei- oder dreidimensionale Ansätze zu verfolgen.

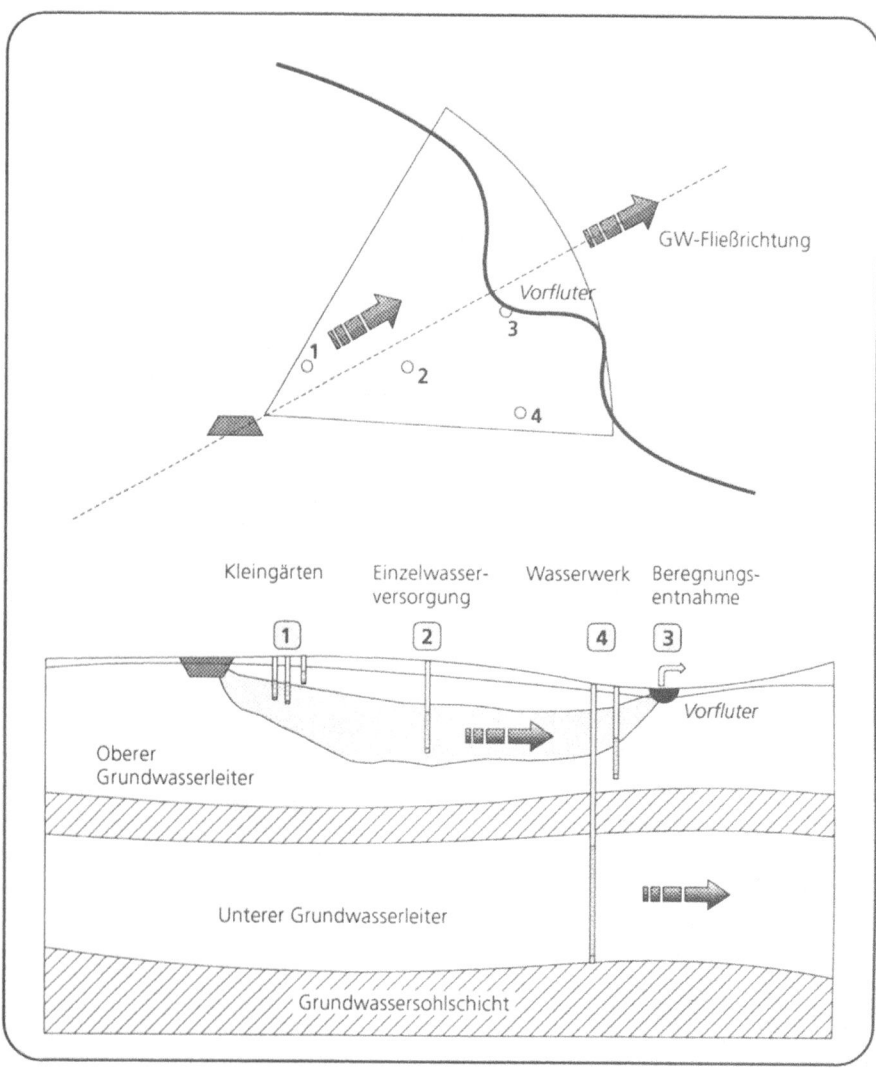

Abb. 172. Berücksichtigung unterschiedlicher Nutzungen bei der Expositionsanalyse

Für den betrachteten Sektor im Abstrom einer Altlastverdachtsfläche ist zu beachten, daß ein Winkel gewählt wird, der einerseits der natürlichen Dispersion von Schadstoffen Rechnung trägt, die in der Regel nur einen geringen Dispersionswinkel aufweist, andererseits aber auch saisonale oder temporäre Änderungen in der Fließrichtung berücksichtigt. Bei der Ermittlung von einzelnen Nutzungen wird sich oft ergeben, daß völlig unterschiedliche Empfindlichkeiten und Betroffenheiten vorliegen.

Auf der Basis der sich bei den spezifischen Nutzungen rechnerisch ergebenden oder tatsächlichen Konzentrationen muß für die zu betrachtenden Populationen das Maß der Betroffenheit ermittelt werden. Darunter ist der toxikologisch basierte Analysenschritt zu verstehen, bei dem die konkreten bzw. zu erwartenden Dosis-/Wirkungsbeziehungen sowie die Transferpfade zu den Organen und damit die Betroffenheit der Rezeptoren ermittelt werden; diese beruhen auf einer Expositionsanalyse (EPA 1988).

Für den Rezeptor Mensch wird dieser Schritt im Zuge der Beurteilung der Gesundheitssituation vollzogen; hierfür kann die „Human Health Evaluation" der EPA übernommen bzw. adaptiert werden, die dort Bestandteil der Risikoanalyse ist (EPA 1989). Für diese Beurteilung werden von der EPA jährlich fortgeschriebene HEAST-Listen (*Health Effects Assessment Summary Tables*) veröffentlicht, die die aktuellen toxikologischen Informationen für alle relevanten Stoffe enthalten (EPA 1995). Die HEAST-Informationen enthalten in vier Tabellenblöcken Angaben zu folgenden Komplexen:

- *Subchronische und chronische Toxizität* (andere als Karzinogenität; Referenzen hierzu Tabelle 3-1),
- *alternative Methoden* zur Beurteilung subchronischer und chronischer Toxizität (andere als Karzinogenität; Referenzen hierzu Tabelle 3-2),
- *Karzinogenität* (Referenzen hierzu Tabelle 3-3) sowie
- *Radionuklid-Karzinogenität* (Slope Factors; Referenzen hierzu Tabelle 3-4).

Die geschilderte Vorgehensweise wird als *Integrierte Expositionsanalyse* bezeichnet (Abb. 173) und hat sich im *Superfund-Projekt* der USA seit Jahren bewährt.

Für Deutschland liegen inzwischen humantoxikologische Basisdaten für altlastenrelevante Substanzen und Substanzgruppen vor (Umweltbundesamt UBA 1993). Als Entwicklungstendenz ist erkennbar, daß auf der Grundlage von standardisierten Expositionsannahmen nutzungsspezifische Prüfwerte für das jeweils betroffene Kompartiment festgelegt werden (LABO-LAGA-AG „Direktpfad" 1996).

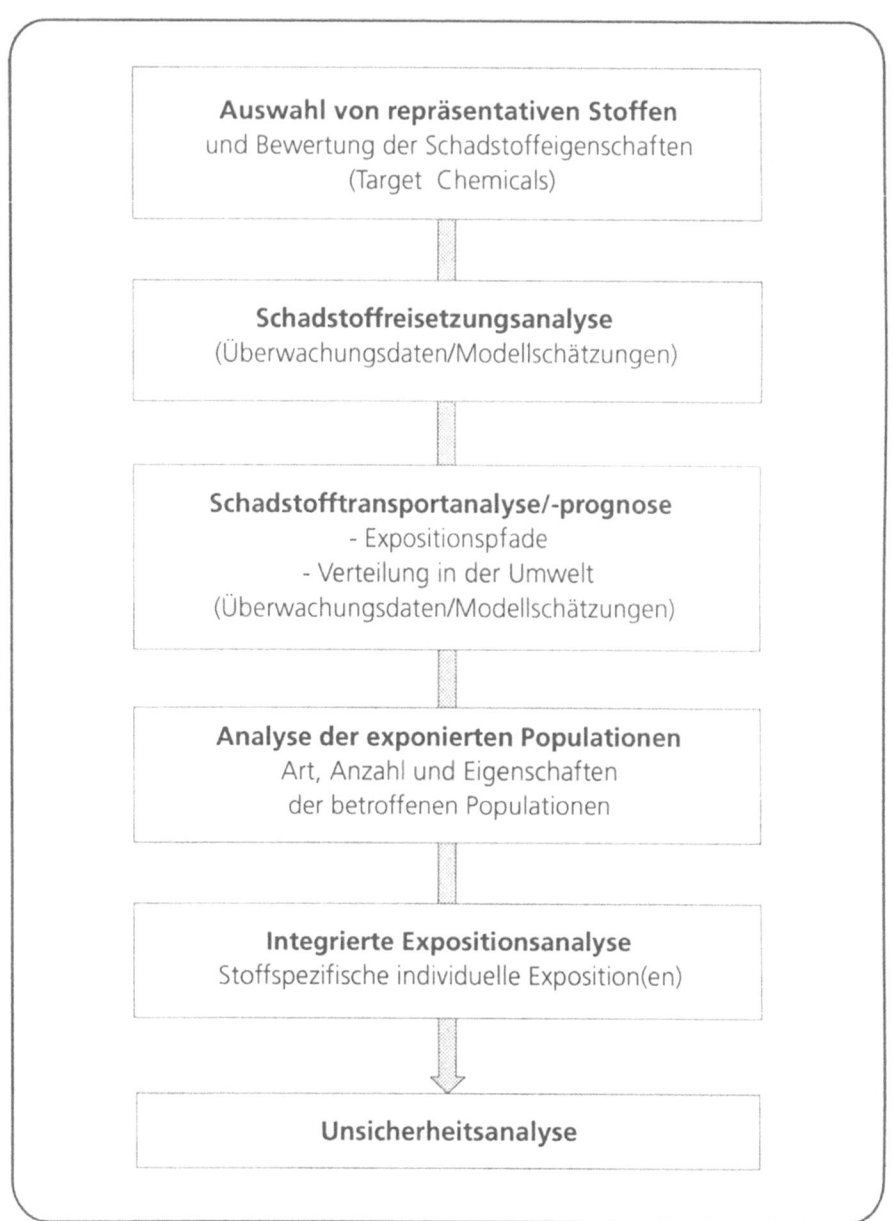

Auswahl von repräsentativen Stoffen
und Bewertung der Schadstoffeigenschaften
(Target Chemicals)

Schadstoffreisetzungsanalyse
(Überwachungsdaten/Modellschätzungen)

Schadstofftransportanalyse/-prognose
- Expositionspfade
- Verteilung in der Umwelt
(Überwachungsdaten/Modellschätzungen)

Analyse der exponierten Populationen
Art, Anzahl und Eigenschaften
der betroffenen Populationen

Integrierte Expositionsanalyse
Stoffspezifische individuelle Exposition(en)

Unsicherheitsanalyse

Abb. 173.   Ablaufschema der Integrierten Expositionsanalyse. (Nach EPA 1989)

Die Auswahl der relevanten Schadstoffe muß zum Abschluß der Erkundungsphase vorgenommen werden. Dabei richtet sich die „Gefährlichkeit" der zu betrachtenden Stoffe primär nach ihrer Menge, Toxizität und Mobilität. Genauso wichtig ist aber auch die Frage, ob denn diese Stoffe überhaupt freigesetzt wurden, werden oder werden können. Die Schadstofffreisetzungsanalyse hat daher besondere Bedeutung für die nachfolgende Schadstofftransportanalyse und -prognose. Das Erkennen der Verteilungsmuster in den einzelnen Kompartimenten aus Überwachungsdaten und Modellschätzungen ist Voraussetzung für die eigentliche Integrierte Expositionsanalyse, der natürlich eine Analyse der (potentiell) betroffenen, d.h. exponierten Populationen vorausgehen muß. Gefährlich für Menschen, Tiere oder Pflanzen können nur Stoffe werden, die in toxischen Konzentrationen auch dorthin gelangen können und von ihnen aufgenommen werden.

Angesichts der weitreichenden Schlüsse und der daran gebundenen Sanierungsentscheidungen ist es unbedingt erforderlich, eine *Unsicherheitsanalyse* vorzunehmen, damit keine überzogenen Forderungen gestellt oder unbegründete Maßnahmen durchgeführt werden. Bei der *toxikologischen Beurteilung* ist zudem unbedingt die Wirkung anderer Einflußfaktoren aus dem individuellen Umfeld der betroffenen Individuen zu berücksichtigen, besonders dann, wenn die tatsächliche (innere) Exposition zu betrachten ist.

Meist ist es schwer möglich, hohe statistische Sicherheiten bezüglich des tatsächlichen Einflusses von Altlasten auf das (belebte) Umfeld zu gewinnen. Die Methoden der beurteilenden Statistik (X-B) sind bei ausreichender Datenlage geeignet, den Einfluß bestimmter Faktoren herauszuarbeiten. Als besonders geeignet hat sich die kombinierte Anwendung der Clusteranalyse (X-Bc) und der Faktorenanalyse (X-Bf) erwiesen. Durch die Clusteranalyse werden multivariate Zusammenhänge in Gruppen zusammengefaßt und durch die Faktorenanalyse die Faktoren herausgearbeitet, die die jeweiligen Gruppenbildungen bedingen.

3.2   Grundwasserüberwachung

Die Grundlagen der zonaren Überwachung sind bereits im Kap. 1.3 behandelt worden, wo die technischen Aspekte von Meßstellen diskutiert werden.

Die Überwachungspositionen in den Überwachungseinheiten werden unter Nutzung aller relevanten Daten aus den vorherigen Untersuchungen (hydrogeologisches Modellkonzept) ermittelt. Den einzelnen Elementen des Überwachungssystems (vorwiegend Überwachungsbrunnen) werden dabei eindeutige Funktionen (= Überwachungsaufgaben) zugewiesen. Grundlage der Überwachungskonzeption ist die Erkenntnis, daß durch Sickerwasseraustritte zunächst das Grundwasser im unmittelbaren Nahbereich der Deponie/Altlast verunreinigt wird und dahinter durch Dispersion Verdünnung eintritt (s.o.).

Oben wurde für die Freisetzungsanalyse (Kap. 3.1) empfohlen, die Grundwasserquerschnittsfläche an der Altlast A_{GW0} zu bestimmen und so die Grundwassermenge zu berechnen, die durch die Altlast direkt kontaminiert wird (Abb. 174). Im weiteren Verfolgen des Schadstoffaustrages wird es erforderlich sein, die Konzentrationsentwicklung und die Raumlage der Schadstofffahne zu ermitteln. Als Standardschritt sollte die Grundwassermenge Q_{GW200} an der Position der 200-Tage-Isochrone als der Teilstrom berechnet werden, der durch die *kontaminerte* Grundwasserquerschnittsfläche A_{GW} fließt. Nur wenn keine Informationen über die Größe der kontaminierten Teilfläche vorliegen, kann hilfsweise von der gesamten Grundwasser*leiter*querschnittsfläche ausgegangen werden; diese wird jedoch in der Regel zu groß bemessen sein.

3.2.1   Primäre Überwachungseinheit

Auf der Grundlage des hydrogeologischen Modellkonzeptes wird die primäre Überwachungseinheit (Abb. 174) ausgewählt, die am stärksten beeinflußt wird oder werden kann und in der die höchste Wahrscheinlichkeit der Erfassung von Stoffen besteht, die über das Grundwasser ausgetragen werden. In der Regel ist dieses der obere Grundwasserleiter, über den es auch am ehesten zu einer Gefährdung von Menschen und/oder Biosystemen kommen kann. Die primäre Überwachungseinheit ist diejenige, die im Nahfeld der Altlastverdachtsfläche innerhalb der gesättigten Zone die größten Grundwasserflußraten und die relativ höchsten Durchlässigkeiten aufweist und damit oft auch die größte Grundwasserfließgeschwindigkeiten. Die primäre Überwachungseinheit ist meist durch ein überwiegend horizontales Fließen in einer durchlässigen Schicht gekennzeichnet, die in einen anderen Aquifer oder in Grundwasserabflußbereiche im Nahbereich von Vorflutern entwässert.

In einzelnen Fällen können neben der primären Überwachungseinheit auch sekundäre oder tertiäre Überwachungseinheiten definiert werden, wenn besondere hydrogeologische Rahmenbedingungen belegen, daß weitere hydrostratigraphische Einheiten gefährdet sind. Das ist zum Beispiel dann der Fall, wenn die Grundwasserförderung aus einem tieferen Grundwasserstockwerk betrieben wird, das mit der primären oberflächennahen Überwachungseinheit in direktem hydraulischen Kontakt steht.

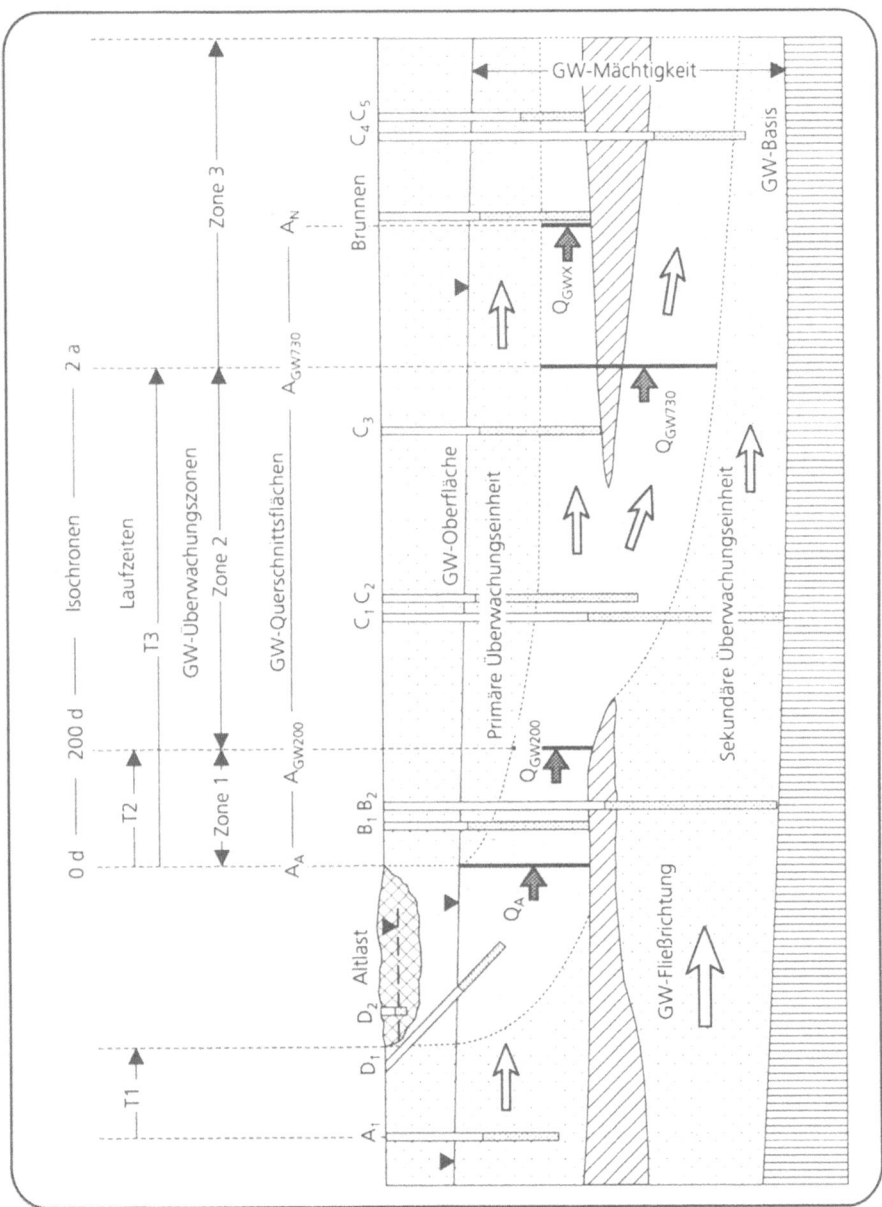

Abb. 174. Schematischer Schnitt im Bereich einer Altlast zur Verdeutlichung der Prinzipien zur Beurteilung und Überwachung des Grundwasserregimes (Abkürzungen s. Tabelle 48)

3.2.2 Überwachungspositionen

Die Positionierung der *A-Brunnen* (vgl. Kap. 1.3.3) muß besonders sorgfältig erfolgen, da alle im Einwirkungsbereich der potentiellen Altlast erhobenen Daten mit den Analysenwerten des Grundwassers aus diesen Brunnen verglichen werden. Zur Überprüfung der Fließbedingungen sollte die Anstromzeit T1 kalkuliert werden, die das Grundwasser benötigt, um von der Position eines A-Brunnens aus den Rand der Altlastverdachtsfläche zu erreichen.

Für die Abgrenzung der Überwachungszone 1 (vgl. Abb. 25) wird die 200-Tage-Isochrone entsprechend den hydraulischen Parametern mit Hilfe von Gleichung 1 (Kap. 3.1.4.3) durch Kalkulation der Grundwasserfließzeit T2 ermittelt.

Die Anzahl der *B-Brunnen* in der Zone 1 richtet sich nach der Ausdehnung der Altlastverdachtsfläche und der Komplexität der Untergrundverhältnisse. Je einfacher die hydrogeologischen Verhältnisse sind, desto geringer ist der Überwachungsaufwand. Bei sehr komplexen hydrogeologischen Verhältnissen ist eine Nahfeldüberwachung in vielen Fällen großen Zufälligkeiten unterworfen (z.B. in stark gestörten oder verkarsteten Gesteinen).

Relativ weitständige Beobachtungsbrunnen können schmale Sickerwasserfahnen kaum erfassen. Diesem Nachteil kann prinzipiell nur durch die Anlage einer relativ großen Anzahl von Brunnen begegnet werden, deren Einwirkungsbereiche einander überlagern.

Damit die Beobachtungsbrunnen in der Lage sind, vertikale Differenzierungen (Schichtung) der Schadstoffahne im Grundwasser zu erfassen, sollten sie als Brunnengruppen vertikal abgestuft verfiltert werden. Die Filterabschnitte sollten in ihrer Länge gering bemessen werden, aber trotzdem eine repräsentative Erfassung des Grundwasserkörpers gewährleisten. Bei zu langen Filterstrecken besteht die Gefahr, daß wegen hoher Verdünnungsraten eng begrenzte Kontaminationen durch die Brunnenfilter nicht erfaßt werden. Untersuchungen an großen Altlasten haben gezeigt, daß es aufgrund der hohen Dichte der Sickerwässer (s.o.) zu einer raschen vertikalen Verlagerung kommt und der Schadstoffaustrag sich dann überwiegend im basalen Bereich des Grundwasserleiters vollzieht.

Bei Brunnen mit langen Filterstrecken können geophysikalische Bohrlochmeßverfahren (vgl. Kap. 1.4.2) herangezogen werden, um die Position der Filterstrecken zu überprüfen oder die Tiefenlage einer Grundwasserbeeinflussung durch Sickerwasser zu erfassen. Leitfähigkeits- und pH-Sonden sowie SAL/TEMP-Sonden (Pb-SAL, Pb-TEMP) sind hierfür besonders geeignet.

Da in den Zonen 2 und 3 der tatsächliche Fließpfad der Schadstoffahne im Grundwasserkörper oft nicht genau bekannt ist, muß hier meist durchgehend verfilterten Brunnen der Vorzug gegeben werden, obgleich die o.g. Verdünnungsprobleme mit größerer Entfernung von der Schadstoffquelle noch stärker zum Tragen kommen, so daß oft nur ein schwaches „Signal" des Schadstoffaustrags erkennbar sein wird.

Die Höhenlage einer Schadstoffahne im Grundwasserkörper wird neben hydrochemischen und physikalischen Eigenschaften des Sickerwassers vornehmlich durch die Lage innerhalb der regionalen hydraulischen Strömungszelle bestimmt. Bei vorherrschend abwärts gerichtetem hydraulischen Gradienten im Neubildungsgebiet besteht die Tendenz zu einer größeren Tiefenverlagerung, während bei aufwärts gerichteten Gradienten in Vorflutnähe die Schadstoffe näher an der Oberfläche zu erwarten sind. Ein besonderes Problem bei Brunnen, die über längere Strecken verfiltert sind, liegt darin, daß - insbesondere in Neubildungsgebieten - die Brunnen selbst zu einer Tiefenverlagerung der Schadstoffe beitragen können. Bei mächtigeren Grundwasserleitern (von etwa 30 - 60 m Mächtigkeit) besteht die Tendenz zur Herausbildung getrennter oberflächennaher und tieferer Fließsysteme; unter diesen Bedingungen könnte die Kontamination auf das flache System beschränkt bleiben. Bei geringer mächtigen Grundwasserleitern (weniger als etwa 15 m) besteht die Tendenz zu einer gleichförmigen Verteilung der Schadstoffe über die gesamte Mächtigkeit. Durch die Installation von abgestuft verfilterten Brunnengruppen kann daher auch im Falle der *C-Brunnen* eine bessere Erfassung der vertikalen Differenzierung der Schadstoffwolke erreicht werden (Abb. 174).

3.3   Einsatz von Erkundungsmethoden - Oberflächengewässer

Im Zuge der Altlastenbearbeitung ist das Kompartiment Oberflächengewässer in besonders gelagerten Einzelfällen von Bedeutung. Die Abb. 175 - 177 zeigen den Ablauf der Erkundungen, wenn Bedarf zu näherer Untersuchung besteht. Anlage 12 zeigt in zusammengefaßter Form die Einsatzmöglichkeiten der verschiedenen Erkundungsmethoden. Als Anlage 15 steht im Anhang zur besseren Übersicht ein zusammengefaßter Ablaufplan zur Verfügung.

Im ersten Schritt werden alle Standortinformationen zusammengefaßt und geprüft, ob in der näheren Umgebung der Verdachtsfläche stehende oder fliessende Gewässer vorhanden sind. Dabei ist es wichtig, festzustellen, ob diese Gewässer als Vorfluter für das oberflächennahe Grundwasser im unmittelbaren Bereich der Verdachtsfläche fungieren, ob sie direkt Niederschlags- oder Sickerwässer aus diesem Bereich erhalten oder ob sie im Grundwasserunterstrom gelegen sind und Zuflußanteile aus dem möglicherweise beeinflußten Grundwasser erhalten. Die häufigsten Freisetzungsmechanismen sind Sickerwasseraustritte aus der Oberfläche einer potentiellen Altlast oder oberflächennahe Zusickerungen aus dem Grundwasser. Daneben spielen gerade im Altlastenbereich ehemalige Entwässerungssysteme (Rohrleitungen etc.) eine Rolle.

Im Deponieüberwachungsplan Wasser (Dörhöfer et al. 1991) wird z.B. eine Betrachtung aller im Umkreis von 5 km vorhandenen oberirdischen Gewässer für erforderlich gehalten.

Der Untersuchungsplan (U) umfaßt in der Regel den

- hydrologischen Erkundungsplan (U-E), der Art und Umfang gewässerkundlicher Erkundungen (H) vorgibt sowie den
- Probenahme- und Analysenplan (U-P) als Grundlage der hydrochemischen Erkundung.

Zur Aufstellung des Untersuchungsplanes sollten Wassermengen- und Wassergütedaten des Gewässerkundlichen Landesdienstes sowie Klimadaten herangezogen werden.

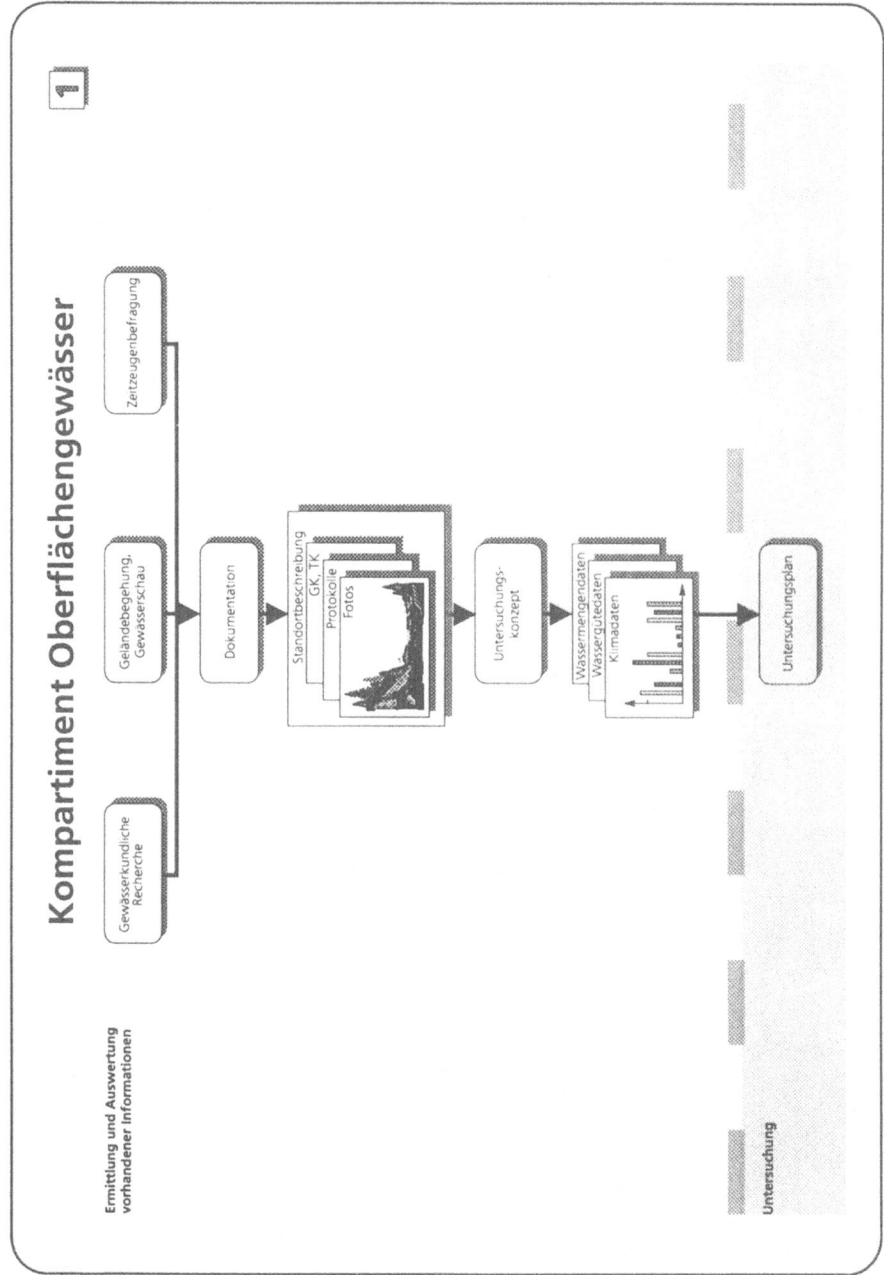

Abb. 175. Ablaufschema zur Erkundung des Kompartiments Oberflächengewässer - Teil 1

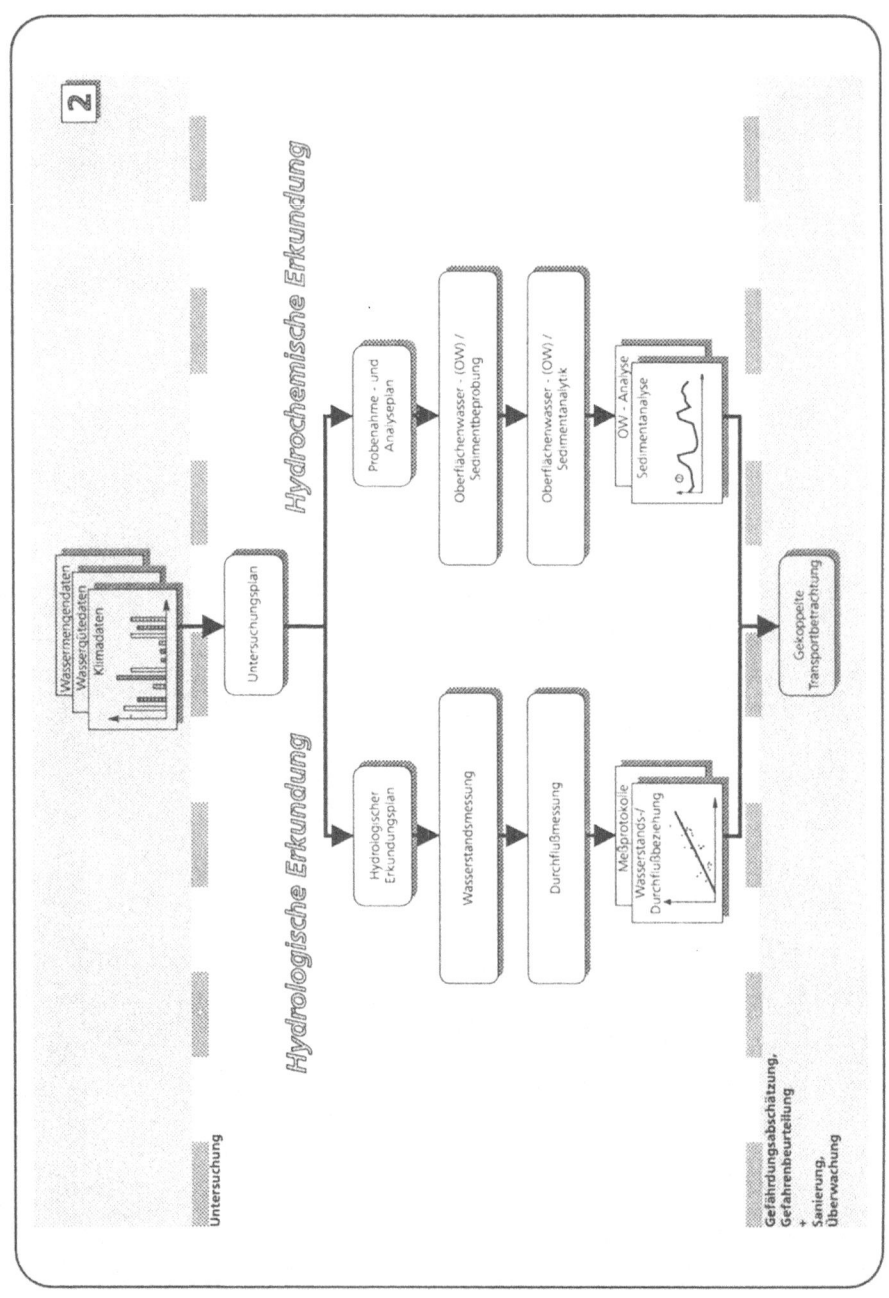

Abb. 176. Ablaufschema zur Erkundung des Kompartiments Oberflächengewässer - Teil 2

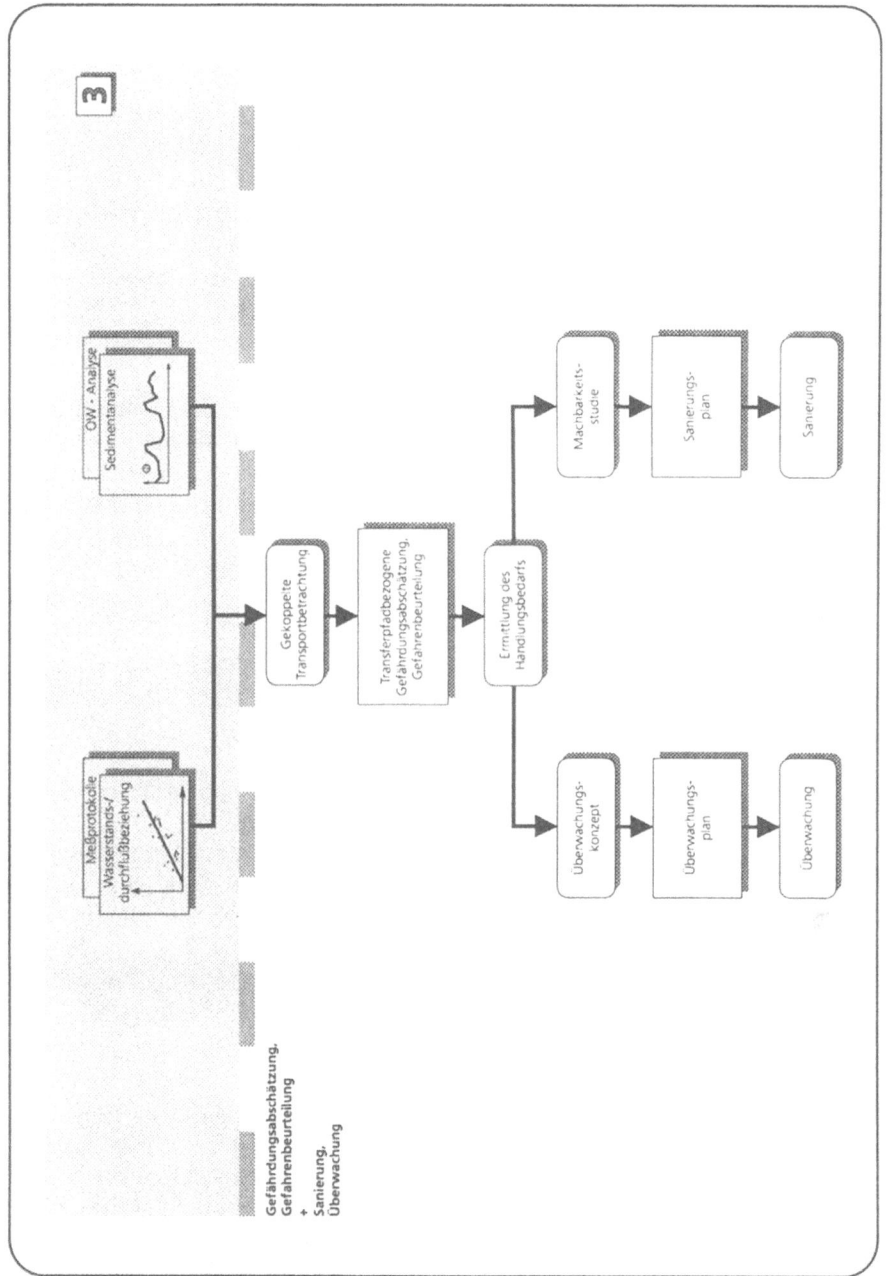

Abb. 177. Ablaufschema zur Erkundung des Kompartiments Oberflächengewässer - Teil 3

3.3.1 Qualitative und quantitative Wasseruntersuchungen

Bei der Beurteilung der Gewässerqualität muß berücksichtigt werden, daß Einflüsse von Altlasten auf größere Gewässer aufgrund des Verdünnungseffekts üblicherweise kaum festgestellt werden können. Bei der Betrachtung von Einflüssen auf Fließgewässer (Vergleich Oberstrom/Unterstrom) ist zusätzlich zu berücksichtigen, daß der Zustrom von z.b. Sickerwässern nicht kontinuierlich erfolgt. Man sollte deshalb versuchen, entweder bei bestimmten Abflüssen (z.b. Regenereignissen) Wasserproben aus dem Gewässer zu entnehmen oder möglichst den direkten Zustrom zu untersuchen. Falls dies nicht oder nur mit großem Aufwand möglich ist, können für bestimmte Parametergruppen Sedimentuntersuchungen sinnvoll sein.

Neben Aussagen zur Qualität sollten auch quantitative Abschätzungen gemacht werden. Dies kann durch Ermittlung der Durchflußmengen im Gewässerquerschnitt und eine Abschätzung der zufließenden Menge aus dem Bereich der Verdachtsfläche erfolgen. Bei einem Vorfluter geschieht das i.d.R. durch separate Ermittlung des Durchflusses oberhalb und unterhalb des Einflußbereichs (Abb. 178). Zur Bestimmung der einzelnen Abflußkomponenten an oberirdischen Gewässern sollten Meßstellen (Pegel) eingerichtet werden, an denen dann auch die Beprobung erfolgt, damit Analysenergebnisse und Abflußmengen in Bezug zueinander gesetzt werden können (Bestimmung der Frachten). In Analogie zur Grundwasserüberwachung sind drei Arten von Überwachungspegeln je nach ihrer Funktion zu unterscheiden:

- P_A = Anstrompegel zur Messung der von der Altlastverdachtsfläche unbeeinflußten Abflußkomponente,

- P_B = Beobachtungspegel zur Messung des (vermuteten) Einflusses einer Altlastverdachtsfläche auf unterstromige Abschnitte oberirdischer Gewässer, vorwiegend im Nahfeld einer Altlastverdachtsfläche sowie

- P_C = Kontrollpegel zur Messung bekannter Kontaminationen, vorwiegend im weiteren Abstrom des Einflußbereiches einer Altlastverdachtsfläche.

Erfolgen kontinuierliche Einleitungen aus dem Bereich der Verdachtsfläche, so sind auch diese mengenmäßig zu erfassen.

Die Auswahl der Untersuchungsparameter erfolgt vorrangig aufgrund der Kenntnisse des Stoffinventars aus der Standortbeschreibung. Bei einer ehemaligen chemischen Reinigung würde man beispielsweise vorrangig auf das Vorhandensein halogenierter organischer Lösungsmittel prüfen.

Da die Probenahme aus Oberflächengewässern im Hinblick auf evtl. einzurichtende Pegel zur Abflußbestimmung relativ aufwendig sein kann, sollte man, im Unterschied zur Vorgehensweise beim Grundwasser, den routinemäßigen Untersuchungsumfang von AOX und dem organischen Kohlenstoff möglichst gleich auch um bestimmte Parameter, wie z.B. leichtflüchtige chlorierte Kohlenwasserstoffe, erweitern („Screening"). Dies ist bei den in den letzten Jahren deutlich gesunkenen Analysekosten und den ansonsten relativ hohen Personalkosten auch aus Kosten/Nutzen-Erwägungen sinnvoll.

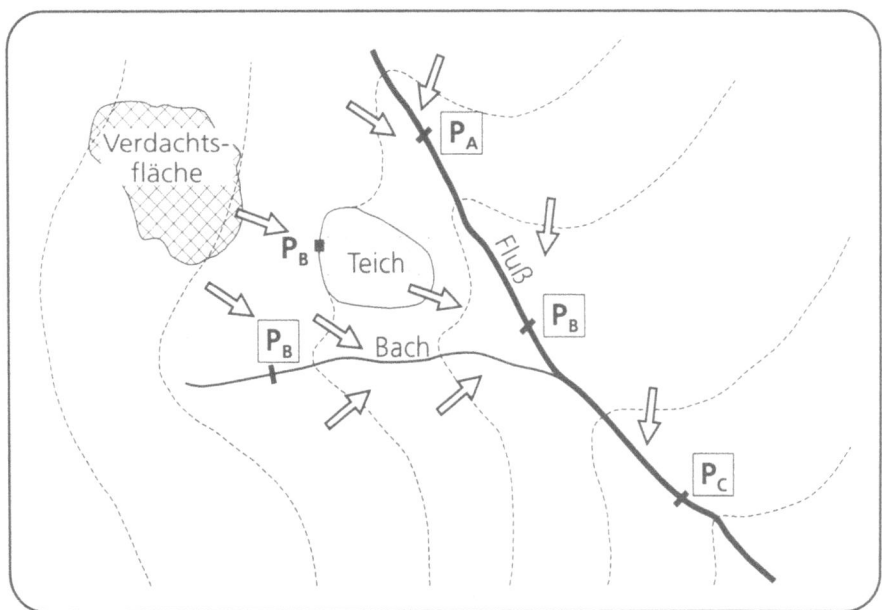

Abb. 178.   Meßpositionen zur Überwachung von Oberflächengewässern an Altlastverdachtsflächen mit unterschiedlichen Pegeln: P_A = Anstrompegel, P_B = Beobachtungspegel, P_C = Kontrollpegel

Generelle Hinweise zur Probenahme und -vorbehandlung gibt Kapitel 1.7; hier folgen einige spezielle Hinweise für die Entnahme von Oberflächenwasserproben. Bei Proben, die auf organische Problemstoffe untersucht werden sollen, erfolgt die Probenahme sinnvollerweise mit einem Edelstahlbehälter (z.B. Eimer). Das Wasser wird anschließend luftblasenfrei in spezialgereinigte (hexanvorgespülte) Glasflaschen mit Schliffstopfen abgefüllt, evtl. mit Chemikalien konserviert und dann gekühlt zum Labor transportiert. Bei der Untersuchung auf leichtflüchtige halogenierte Kohlenwasserstoffe kann es z.B. sinnvoll sein, direkt vor Ort entsprechende Head-Space-Behälter abzufüllen, zu verschließen und gekühlt dem Labor zuzustellen.

Im Hinblick auf Schwermetall- und Nährstoffuntersuchungen kommt für die Probenahme aus dem Gewässer ein geeigneter Kunststoffbehälter (z.B. ein PE-Eimer) zum Einsatz. Für Schwermetalluntersuchungen wird eine spezialgereinigte PE- oder Glasflasche als Probenbehälter verwendet. Bei der üblichen Bestimmung der Gesamtkonzentrationen (einschl. der abfiltrierbaren Stoffe) erfolgt - sofort nach der Probenahme - die Zugabe von hochreiner Salpetersäure.

Für Nährstoffuntersuchungen werden zur Probenaufbewahrung PE-Behälter benutzt, wobei zur Konservierung für die Parameter Gesamt-Stickstoff und -Phosphor die Teilproben mit Schwefelsäure versetzt werden; dagegen erfolgt für die Parameter Ammonium, Nitrit, Nitrat und ortho-Phosphat sofort eine Filtration über (mit entionisiertem Wasser vorgewaschene) 0,45 µm-Membranfilter. Alle diese Teilproben werden ebenfalls gekühlt aufbewahrt.

Aus der mittels eines PE-Eimers entnommenen Wasserprobe können zudem weitere Teilproben für die Untersuchung auf Alkalien, Erdalkalien, Chlorid und Sulfat (gelöste Salze) abgefüllt werden. Hierbei ist i.d.R eine weitere Konservierung nicht erforderlich.

Die Bestimmung der Wassertemperatur, des Gehaltes an gelöstem Sauerstoff, des pH-Werts, der elektrischen Leitfähigkeit und der Säure-/Basekapazitäten wird, falls erforderlich, direkt vor Ort durchgeführt.

Besteht der begründete Verdacht, daß umweltrelevante Wasserinhaltstoffe vorhanden sein könnten, die durch die üblichen Routineuntersuchungen nicht miterfaßt werden, bieten sich zusätzliche biologische Untersuchungen an, um einen Beleg für das Vorhandensein solcher Stoffe zu geben. Entweder können die entnommenen Wasserproben bestimmten ökotoxikologischen Tests unterworfen werden (z.B. Leuchtbakterientest, Daphnientest), oder es werden an den einzelnen Meßstellen (Pegeln) des Gewässers biologische Bestandsaufnahmen (Ermittlung des Saprobienindex nach DIN 38 410) durchgeführt, aus denen dann die Gewässergüte resultiert.

3.3.2 Sedimentuntersuchungen

Gewässersedimente wirken als Puffer- und Filtersystem für eine Vielzahl von Problemstoffen, die in das Gewässer gelangen. Unter dem Begriff Problemstoffe sind einerseits die Schwermetalle und andererseits organische Verbindungen wie die Polycyklischen aromatischen Kohlenwasserstoffe (PAK) oder die Polychlorierten Biphenyle (PCB) zu verstehen. Diese Problemstoffe reichern sich in den Schweb- und Sinkstoffen der Gewässer an (akkumulieren) und zwar hier bevorzugt an feinkörnigen Partikeln. Der gelöste Anteil dieser Substanzen ist meist gering, dagegen kann der akkumulierte Anteil eine um bis zu 10^5 höhere Größenordnung als in der Wasserphase ausmachen (Steffen 1992). Dies hat zur Folge, daß selbst bei geringsten Konzentrationen im Wasser deutliche Konzentrationen im Sediment gefunden werden können. Das Adsorptionsverhalten ist stark von den jeweiligen physikalisch-chemischen Eigenschaften der Einzelsubstanzen abhängig. So haben beispielsweise lipophile Halogenkohlenwasserstoffe wie die PCB eher das Bestreben, sich an Feststoffpartikel anzulagern als die hydrophileren leichtflüchtigeren Halogenkohlenwasserstoffe wie z. B. Trichlorethen.

Über die chemische Analyse des Sedimentes kann somit eine Aussage über die durchschnittliche Belastung eines Gewässers mit diesen Stoffen („Langzeitgedächnis") gemacht werden. Um die aktuelle Belastungssituation zu erfassen, empfiehlt sich die Untersuchung von Schwebstoffen. Das Prinzip der Probengewinnung mittels Sedimentkasten zeigt Abb. 179.

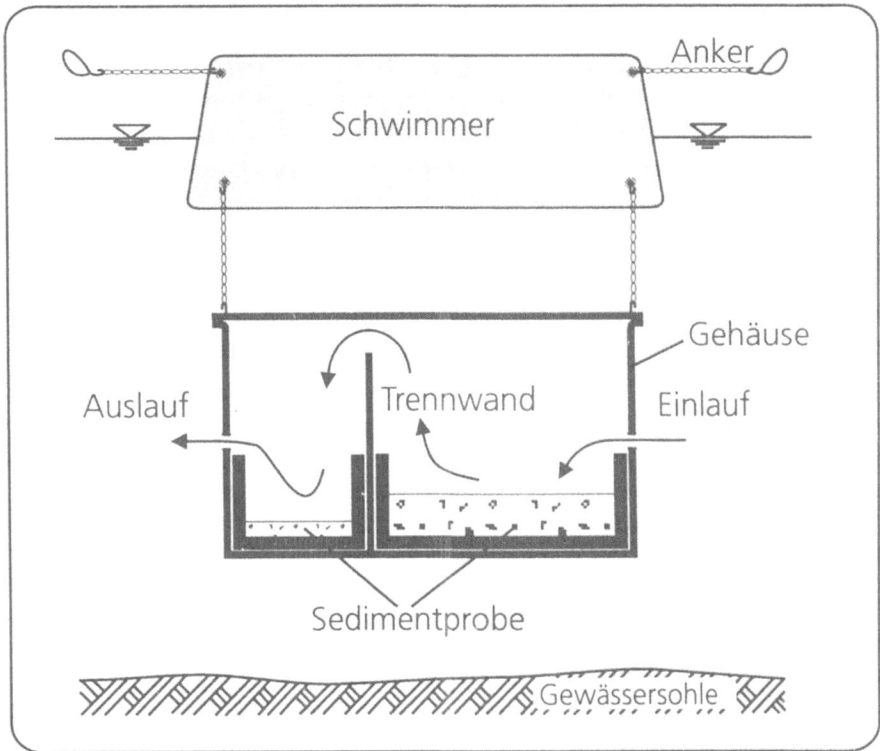

Abb. 179. Funktionsprinzip eines Sedimentkastens

Generell ist zur Charakterisierung einer Sediment-/Schwebstoffprobe bzw. zur Beurteilung der ermittelten Konzentrationen eine Siebanalyse, eine Bestimmung des Glühverlustes oder besser des TOC zusätzlich zu empfehlen.

3.3.3 Gekoppelte Transportbetrachtung

Gefährdungsabschätzung und Gefahrenbeurteilung für das Kompartiment Oberflächengewässer folgen prinzipiell den Grundsätzen der gekoppelten Transportbetrachtung, wie sie für das Kompartiment Grundwasser in Kap. 3.1.4 exemplarisch beschrieben ist. Gleiches gilt für daraus folgende Schritte zur Überwachung oder Sanierung.

3.4   Einsatz von Erkundungsmethoden - Boden

Die Kontaminationssituation für das Kompartiment Boden muß im Rahmen der Altlastenproblematik unter verschiedenen Aspekten betrachtet werden. So sind Situationen zu berücksichtigen, in denen die (Ober-) Fläche der Böden relevant ist, aber auch Situationen, in denen die Böden als dreidimensionale Körper Gegenstand der Betrachtungen sind.

Bei der Bearbeitung von Altstandorten treten Fallbeispiele in den Vordergrund, in denen meist die Oberböden und nur selten tiefere Bodenschichten kontaminiert sind. Bei den Altablagerungen sind hingegen i.d.R. die tieferen Bodenschichten betroffen, da Verfüllungen und Ablagerungen in morphologischen Senken zur Belastungssituation geführt haben.

Um Schadstoffpotentiale erfassen, beurteilen und den Handlungsbedarf bei entsprechenden Kontaminationssituationen festlegen zu können, müssen Risiken für Populationen oder angrenzende Umweltmedien qualifiziert abgeschätzt werden. Hierzu ist es erforderlich, durch zielgerichtete Vorgehensweisen Standortbeschreibungen zu erarbeiten, die Daten zu Art, Alter und Menge von Abfällen, ihrer räumlichen Verteilung etc. bereitzustellen.

Der Ablauf der Bearbeitung des Kompartiments Boden wird in den Abb. 180 - 183 als Diagramm dargestellt. Als Anlage 13 ist eine Zusammenstellung der anwendbaren Erkundungsmethoden beigefügt. Im Anhang steht darüberhinaus als Anlage 16 zur besseren Übersicht ein zusammengefaßter Ablaufplan zur Verfügung.

Für die Standortbeschreibung sind vorhandene Informationen zu ermitteln, zu erfassen und auszuwerten, sofern diese auf eine Belastung des Kompartiments Boden hinweisen oder eine solche belegen. Den ersten Schritt zur Sichtung vorhandener Informationen stellt eine Aktenrecherche (I-Ra) dar. Hierbei sollen u.a. Archive, Kataster und Bibliotheken hinsichtlich betroffener Grundstückseigentümer, Firmen, beteiligter Gebietskörperschaften und Fachbehörden für die anstehende Problematik gesichtet werden. Ziel der Aktenrecherche ist es, fundierte und dokumentierte Unterlagen zu erschließen, die eine vorläufige Interpretationen hinsichtlich der Lokalisierung und Abgrenzung von Verdachtsflächen ermöglichen sowie Indizien zu abgelagerten bzw. auftretenden Problemstoffen und Volumina liefern. Dabei sollen, wenn möglich, auch Aspekte der horizontalen und vertikalen Problemstoffanordnung berücksichtigt werden.

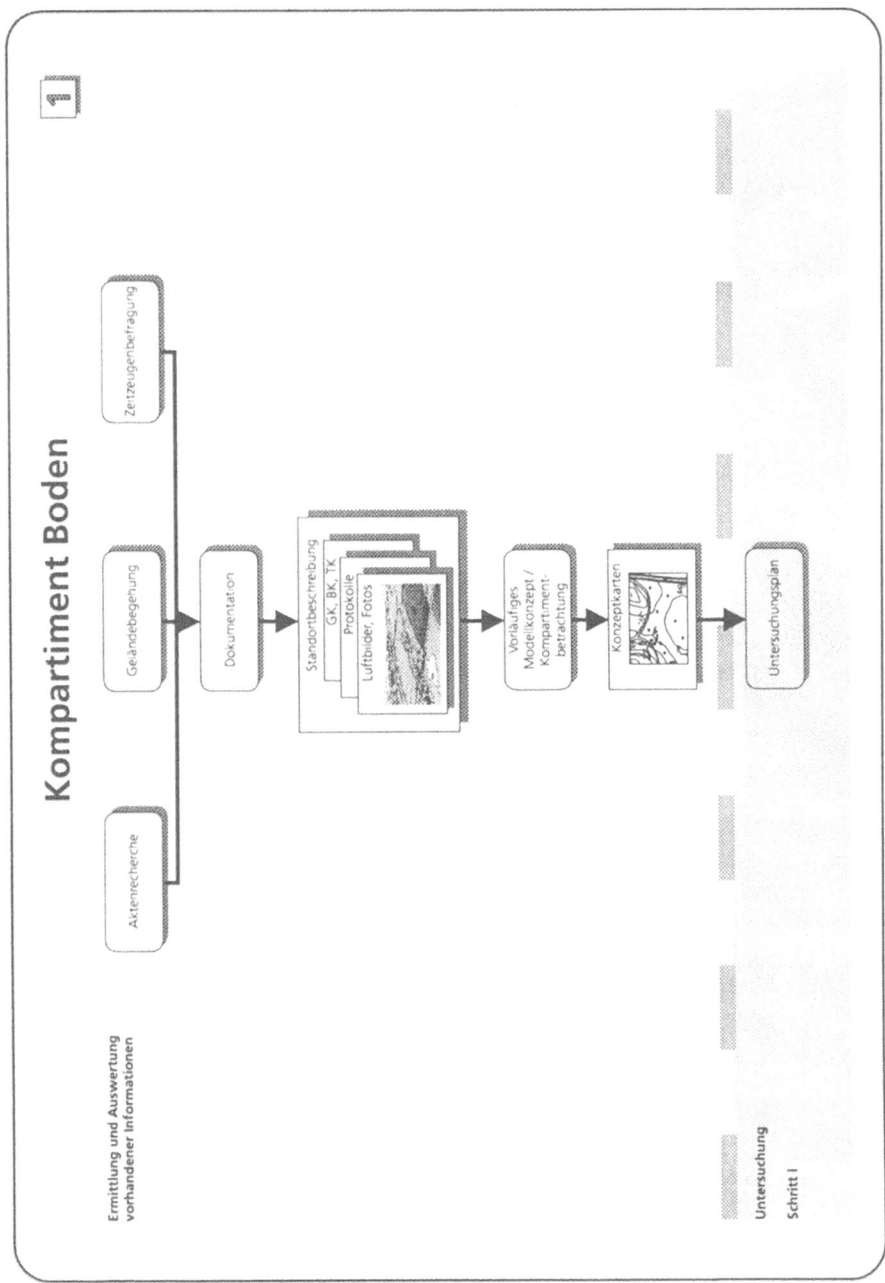

Abb. 180. Ablaufschema zur Erkundung des Kompartiments Boden - Teil 1

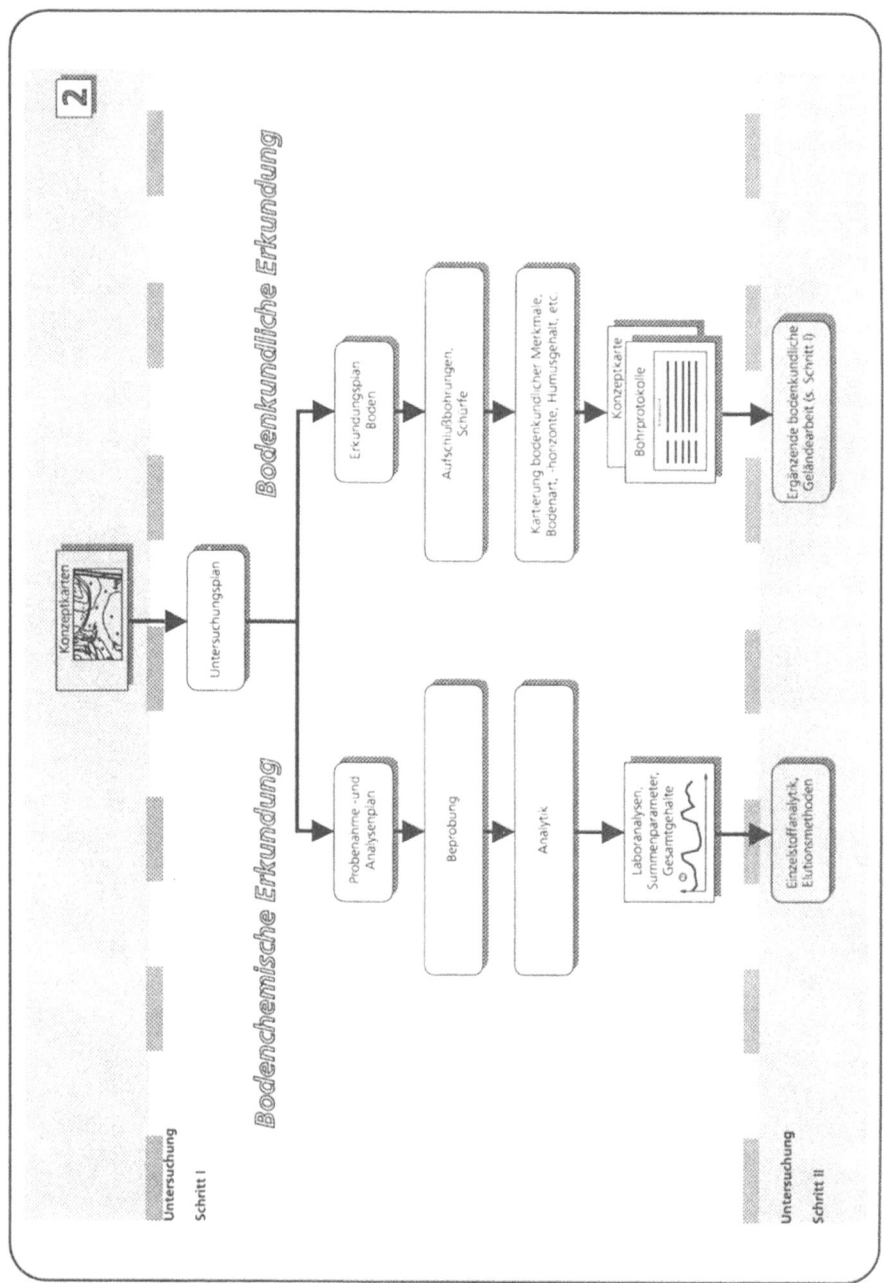

Abb. 181. Ablaufschema zur Erkundung des Kompartiments Boden - Teil 2

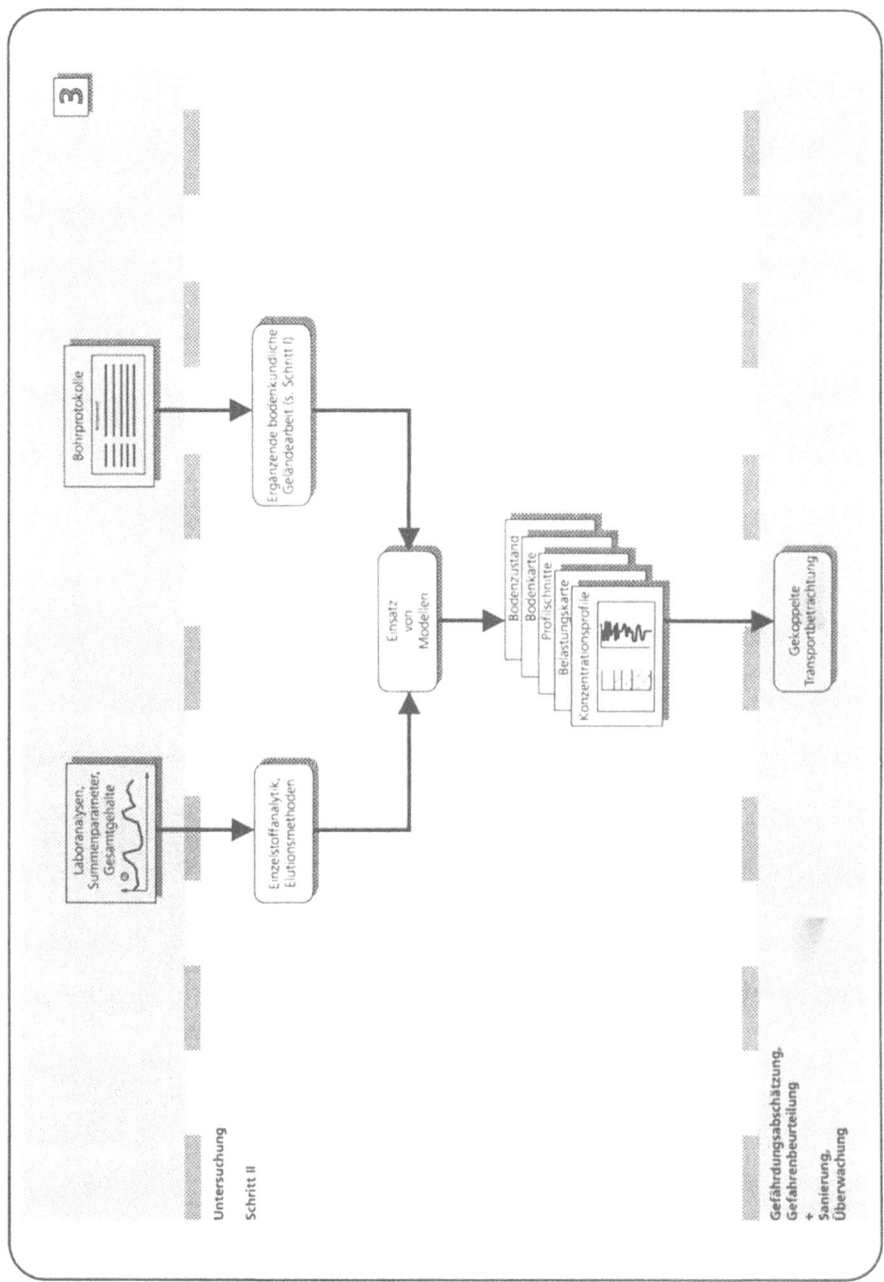

Abb. 182.   Ablaufschema zur Erkundung des Kompartiments Boden - Teil 3

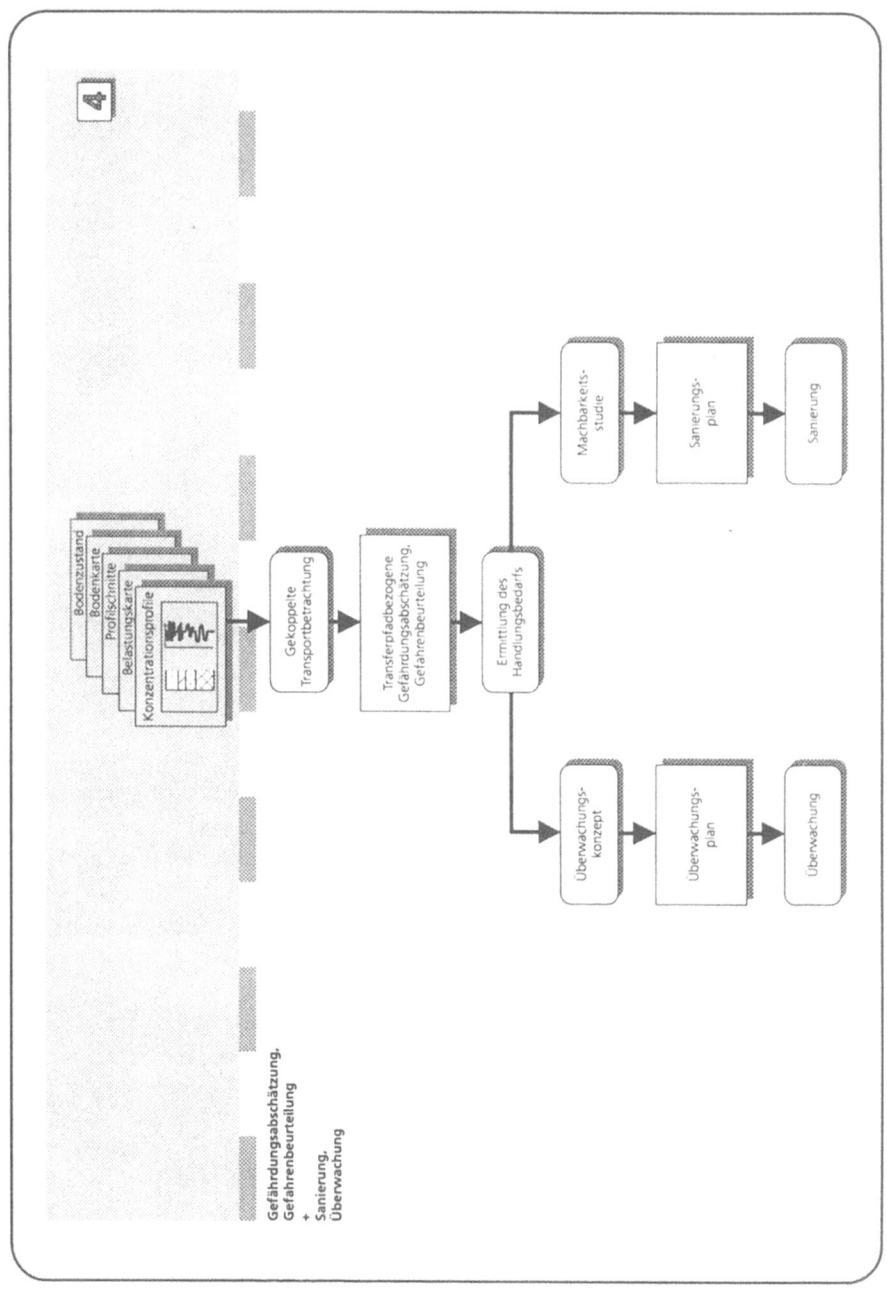

Abb. 183.   Ablaufschema zur Erkundung des Kompartiments Boden - Teil 4

Zur Ermittlung der benötigten Fakten hat sich die Sichtung von Kartenunterlagen (K) bewährt. Anhand dieser Unterlagen lassen sich Veränderungen des Reliefs, der Nutzung etc. erfassen und darstellen. Die Auswertung dieser Kartenwerke zu unterschiedlichen Zeitabschnitten ermöglicht u.a. die Lokalisierung ehemals vorhandener und später verfüllter Hohlräume oder Geländedepressionen und damit das Aufspüren potentieller Altablagerungen. Für eine Recherche bodenkundlicher Parameter aus bodenkundlichen Kartenwerken stehen spezielle thematische Karten (DGK5B, BK5, BK25, BÜK50, BÜK25-100) zur Verfügung. In Abhängigkeit von Fragestellung und Maßstab sind diese Karten hinsichtlich der Merkmale und Eigenschaften der dargestellten Böden auszuwerten.

In Ergänzung hierzu kann die Auswertung von Luftbildern (L) eine Absicherung der aus Karten erschlossenen Informationen liefern. Gerade multitemporale Luftbildauswertungen (L-Amul) haben sich zum Auffinden von Ablagerungen in der Altlastenerkundung bewährt. Aktuelle Luftbilder ermöglichen weitere Hinweise und Interpretationen zu vorhandenen Bodenmaterialien oder auch Bodenfeuchteverhältnissen zum Zeitpunkt der Befliegung.

Für die Planung von bodenkundlichen Geländearbeiten ist die Erstellung einer Flächenfreigabemappe (Frei) dringend anzuraten. In dieser sind die Lage von Ver- und Entsorgungsleitungen zu verzeichnen, auch wenn diese keine absolute Gewähr für den tatsächlichen Verlauf der Leitungsnetze bieten. Zusätzlich sind daher, gerade auf Altstandorten, Kabelsuchgeräte vor Beginn von Aufschlußarbeiten einzusetzen. Bei Beschädigungen der Versorgungsleitungen von Wasser-, Gas-, Elektroversorgungsunternehmen oder Leitungen der Telekom ist grundsätzlich der Verursacher zum Schadenersatz verpflichtet. Dies gilt auch für mögliche Folgeschäden (z.B. Produktionsausfall). Bestehen Zweifel über den Verlauf von Leitungsnetzen, sollte der Kontakt zu Vertretern der Bauaufsicht der Versorgungsunternehmen hergestellt werden, die zur Klärung beitragen können. Für den Schutz von Leib und Leben der Kartierer sowie von Sachgütern ist dieses Vorgehen nahezu unumgänglich. In der Flächenfreigabemappe sind außerdem Freigaben der Kampfmittelräumung und Genehmigungen hinsichtlich des Flächenbetretungsrechtes mitzuführen.

Durch eine Geländebegehung (I-Bg) können weitere Aspekte hinsichtlich zu ermittelnder bodenkundlicher Parameter konkretisiert bzw. spezifiziert werden. Die Einbeziehung von Informationen, die von Zeitzeugen geliefert werden können (I-Bz), runden das Spektrum zu berücksichtigender Vorinformationen für eine (vorläufige) Standortbeschreibung ab.

Die Ergebnissse aller Arbeitsschritte werden dokumentiert und bilden, aufgearbeitet als Standortbeschreibung (I-Bs), die Basis zur Aufstellung eines Untersuchungsplanes (U).

Dieser besteht im wesentlichen aus einem

- Erkundungsplan (U-E) für den Einsatz bodenkundlicher Aufschlußmethoden und einem
- Probenahme- und Analysenplan (U-P) für die chemische Erkundung.

Der Erkundungsplan beschreibt Umfang und Art der vorgesehenen Untersuchungen und enthält eine Kartengrundlage (Konzeptkarte U-K), in der alle verfügbaren Informationen dargestellt sind.

Bodenkundliche Konzeptkarten werden in Niedersachsen zur Bereitstellung bodenkundlich interpretierbarer Vorinformationen für die Landesaufnahme als Grundlage für die Geländearbeit genutzt. Mit Hilfe der Konzeptkarte können Bereiche ausgewiesen werden, die durch gleiche Faktoren der Bodenbildung gekennzeichnet sind. Die Erstellung von Konzeptkarten für anthropogen veränderte Flächen verfolgt das gleiche Ziel wie für naturnahe Flächen, die Kennzeichnung von Arealen, die durch gleiche Faktoren der Bodenbildung bzw. des Bodenzustandes gekennzeichnet sind. Die Eignung und Bedeutung von Konzeptkarten für die bodenkundliche Kartierung und Regionalisierung urban, gewerblich und industriell überformter Flächen ist anhand von Untersuchungen erkannt und belegt (Kneib und Braskamp 1990, Schneider und Kues 1990, Grenzius 1991, Schneider 1994).

Die Konzeptkarte kann auch den Probenahme- und Analysenplan zielgerichtet unterstützen. Mit Hilfe der Konzeptkarten ist es möglich, zufallsverteilte Probenpläne begründet zu vermeiden. Diese haben den Nachteil, daß ihre Aufstellung sehr aufwendig ist (Festlegung vor Beginn der Probenahme mittels einer Zufallszahlentabelle, die auf Koordinaten umzusetzen ist) und daß sie Häufungen von Probenahmepunkten in bestimmten Teilflächen bedingen.

Die Anwendung von Konzeptkarten ermöglicht es, während der Feldarbeiten Aufschlußmethoden (Sch, Sb) entsprechend der Vorinformationen zu plazieren. Hierbei können punktförmige Schadstoffquellen an bekannten Stellen (S-Bpspb), punktförmige Schadstoffquellen an unbekannten Stellen (S-Bpspu), diffus verteilte (S-Bpsdif) oder polar verteilte Schadstoffe (S-Bpspol) berücksichtigt werden. Zur eigentlichen Erkundung können Sondierbohrungen (Sb) eingesetzt werden. Auf anthropogen veränderten Flächen haben sich vor allem der Einsatz von Rammkernsonden (B-Rks) und die Anlage von Aufgrabungen und Schürfen (B-G, Sch) bewährt. Diese sind nicht nur zur Gewinnung der Proben, sondern vor allem auch zur Erstellung der Profilbeschreibung sowie des Probenahmeprotokolls (B-Dok) und damit zur Erfassung bodenkundlicher Merkmale geeignet (S-Bis). Die bodenkundlichen Merkmale erlauben Rückschlüsse auf anthropogene Veränderungen und können damit Informationen zu potentiellen (Schad-)Stoffeinträgen liefern. So kann die Identifikation differenzierter Horizonte Informationen zu anthropogenen Veränderungen des geogenen Ausgangsmateriales liefern. Auch spezifische Angaben zur Bodenartenzusammensetzung, sonstige Auffälligkeiten, Farbe, zum Bodentyp oder zum Geruch können eindeutige Indizien auf anthropogene Veränderungen und Stoffeinträge liefern. Merkmale wie Karbonatgehalt und Anteile organischer Substanz sind für die Interpretation von Puffer- und Filtervermögen der untersuchten Standorte aussagekräftig. Letztlich bieten Angaben zum Gefüge, zur Lagerungsdichte/Substanzvolumen, zur Konsistenz und zur Durchwurzelungsintensität Indizien, die geeignet sind, Aussagen über eine Verlagerung von (Schad-)Stoffen abzuleiten. Aussagen und Beurteilungen hinsichtlich des Einsatzes von Sondierbohrungen im Deponiekörper bzw. auf Altlastverdachtsflächen sind in Kap. 1.5 dokumentiert.

In Abhängigkeit von der Diversität (Anzahl der Einheiten des Beprobungsplans) und der Anforderungen an die Genauigkeit der Aussagen, die im direkten Zusammenhang zum Bearbeitungsstand der Untersuchungen stehen, ist die Anzahl der Beprobungsstellen festzulegen. Einzelheiten zu Verteilung und Probenanzahl sind in Kap. 1.7.2.1 und den Tabellen 15 - 16 dargestellt. Bei Altablagerungen und Altstandorten richtet sich die Anzahl der erforderlichen Punkte für die Entnahme von Bodenproben neben der Flächengröße auch nach der Nutzung. Je sensibler die Nutzung, desto enger sind die Probenahmeabstände zu wählen. Zusätzlich hat man i.d.R. aus der Ermittlung und Auswertung vorhandener Informationen (I) Kenntnisse auf mögliche Kontaminationsschwerpunkte. In diesen Bereichen ist die Beprobung entsprechend verdichtet durchzuführen.

Entsprechend der Ergebnisse der Geländebefunde und der expliziten Fragestellung ist anschließend die Probenahme durchzuführen. Hier ist zu entscheiden, ob und in welcher Anzahl (s.o.) gestörte oder ungestörte Proben zu entnehmen sind. Zur Kennzeichnung einer Belastungssituation werden i.d.R. gestörte Bodenproben (S-Bpg) entnommen. Ungestörte Bodenproben (S-Bpu) dienen eher der Kennzeichnung von Bodenwasser-/Bodenlufttransportvorgängen an den Untersuchungsstandorten. Prinzipiell sind Bodenproben horizontbezogen und Substratproben schichtbezogen zu entnehmen. In der Altlastenbearbeitung sind sowohl die horizontale (Anzahl, Lage, Dichte und Verteilung) als auch die vertikale (Beprobungstiefe bzw. -intervalle) Probenverteilung zu beachten. Die nutzungstypbezogenen bzw. aufnahmepfadspezifischen Beprobungsintervalle (Tabelle 17, Kap. 1.7.2.1) sind in jedem Fall zu beachten.

Als Probenahmegefäße sind zur Analyse anorganischer Parameter (z.B. Schwermetalle) Papiertüten ausreichend, für die Analytik organischer Stoffe müssen hingegen Glasgefäße benutzt werden. Spezifische Angaben zu Probengefäßen, der Probenbehandlung etc., die an dem jeweiligen Stoffspektrum auszurichten sind, finden sich in Kapitel 1.7.2.6. Weitere wichtige qualitätssichernde Maßnahmen sind in diesem Zusammenhang die Vermeidung von Kontaminationen durch Schadstoffverschleppung zwischen den Probenahmepunkten sowie sachgerechter Transport und sachgerechte Lagerung der Probe bis zur Untersuchung.

Da durch die Probenahme Ergebnisse von Boden- oder Deponatuntersuchungen deutlich beeinflußt werden können, soll an dieser Stelle nochmals auf einige wichtige Punkte besonders eingegangen werden:

- Bei der Probenahme kann es durch Abrieb zu einer nicht unbeträchtlichen Kontamination mit Schwermetallen kommen. Deshalb müssen Bereiche des Probengutes, die mit Werkzeugen in Berührung kommen, verworfen werden.
- Proben für die Untersuchung auf flüchtige Stoffe müssen sofort entnommen und in dicht verschließbare Glasgefäße abgefüllt werden. Für die Untersuchung dieser Stoffgruppen hat sich das direkte Abfüllen in Head-Space-Gefäße bewährt.
- Schlauchkernproben, die zur Untersuchung von flüchtigen Stoffen entnommen werden, sollten möglichst erst im Labor geöffnet werden.

Zur Problematik der Mischproben ist anzumerken, daß

- bei Auftreten auffälliger Horizonte (optisch, geruchlich etc.),
- bei der Untersuchung auf leicht flüchtige Verbindungen,
- im Bereich von Eintragsquellen und
- bei der Untersuchung von Bereichen direkt über dichtenden Bodenschichten

generell nur Einzelproben entnommen werden sollten. Mischproben können ansonsten aus volumengleichen Einzelproben einheitlicher Tiefenhorizonte hergestellt werden. Die Homogenisierung sollte generell im Labor erfolgen. Bei der Beurteilung der Ergebnisse ist unbedingt zu berücksichtigen, daß es bei Mischproben zu einer Zumischung inerter Bereiche und damit zur Verdünnung kommen kann.

Eine Darstellung der Ergebnisse der Gelände- und Laborarbeit kann in vielfältiger Form erfolgen. Bodenkundliche Sachverhalte werden i.d.R. in Karten und Profilschnitten (D-K, D-Sp) sowie graphischen Meßwertdarstellungen (D-Mg) visualisiert. Dies geschieht heute oft mit Hilfe der automatischen Datenverarbeitung. Die Ergebniskarten stellen eine weiterentwickelte bzw. verifizierte Form der Konzeptkarte (U-K) dar. In ihr sind die auf Grundlage der Vorinformationen festgelegten Grenzentwürfe bereits bestätigt oder korrigiert. Auf Grundlage dieser Vorgehensweise kann somit ein Modellkonzept für die Belastungssituation aus einer Kausalkette abgeleitet werden. Mit Hilfe des Modellkonzepts wird es möglich, die in Abb. 184 dargestellte Gekoppelte Transportbetrachtung für eine Abschätzung der Gefährdung des Kompartimentes Boden sowie weiterer Umweltmedien und Populationen zu benutzen.

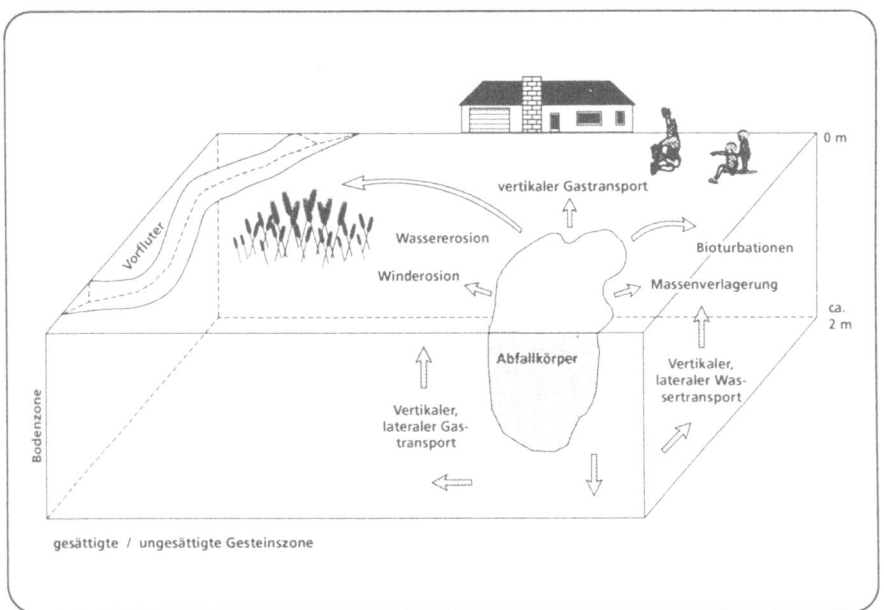

Abb. 184. Gekoppelte Transportbetrachtung für das Kompartiment Boden

3.4.1 Schadstoffaustrag

In Abb. 181 und Anl. 16 ist die Identifikation und Quantifizierung der Schadstoffe unter „Bodenchemische Erkundung" subsummiert. Der Transport von Schadstoffen kann innerhalb des Bodens und aus dem Boden heraus prinzipiell mittels des Bodenwassers, der Bodenluft und der Bodenmatrix (Substrat) erfolgen. Für eine Abschätzung des vertikalen und lateralen Wasser- und Gastransportes sind folgende Prozesse/Parameter zu berücksichtigen:

3.4.1.1 Bodenwasser

Der Transport von kontaminiertem Bodenwasser an die Bodenoberfläche kann über Kenngrößen wie den kapillaren Aufstieg abgeschätzt werden. Diese bodenkundliche Kenngröße ist nicht nur für eine Gefährdungsabschätzung, sondern auch zur Ausgestaltung von Sanierungsmaßnahmen wie Abdeckungen oder Abdichtungen heranzuziehen.

Der Einfluß der Evaporation (H-Mve), als wichtiges Stellglied für die Wasserbewegung im Boden, kann durch adäquate Ausgestaltungen des Porenraumes der Sanierungsmaßnahmen ebenfalls beeinflußt werden. Die Porengrößenverteilung, maßgeblich bestimmt durch die Bodenart, die Lagerungsdichte, den Anteil organischer Substanz und die Bodenentwicklung, stellt eine wesentliche Kenngröße zur Beurteilung des Transportes von Wasser im Boden dar.

Eine weitere entscheidende Kenngröße zur Einschätzung des Austrags von Schadstoffen mit dem Bodenwasser stellt das Gefüge dar. Es bedingt den Transport von Wasser im Boden im wesentlichen über das sekundär ausgebildete Porensystem.

Für Aussagen zu vertikal abwärts gerichteten Wasserbewegungen ist die Wasserdurchlässigkeit bzw. Wasserleitfähigkeit (H-Kf) zu berücksichtigen. Ihre Einbeziehung ermöglicht eine Beurteilung der Infiltration von Wasser und des damit potentiell verbundenen Stofftransportes (M-Help).

Wesentlich für die Wasserbewegung im Boden und den daran gekoppelten potentiellen Schadstofftransport sind weiterhin die örtlich bedingten Potentialgradienten. Zur Beurteilung des Transports von Bodenwasser und von (Schad-) Stoffen müssen diese berücksichtigt werden.

3.4.1.2 Bodenluft/Bodengas
Diffusion ist der wichtigste Vorgang im Boden, um den Transport von Bodenluft/-gas zu beschreiben. Die Diffusionsströme werden in Abhängigkeit von der Bodenluft-/Bodengaskonzentration (Partialdruck) gesteuert; sie sind nicht abhängig von innerhalb der gesamten Gasphase vorhandenen Druckgradienten. Einfluß auf den Vorgang der Diffusion nehmen der Porenanteil bzw. die Verteilung von Bodenwasser innerhalb des Porensystems. Der Diffusionskoeffizient als bodenkundliches Charakteristikum für Transportvorgänge von Bodenluft/-gas im Boden erfaßt die Größe des luftgefüllten Porenvolumens sowie die Verteilung und Form der Poren. Er wird neben dem Porenanteil von der Bodentemperatur und vom Luftdruck (H-Ld) beeinflußt.

3.4.2 Transport

Zur Entscheidung über den Einsatz von Methoden, die geeignet sind, Transportvorgänge von Bodenmaterial zu erfassen bzw. zu beschreiben, sind für die Altlastenproblematik primär die drei Transportvorgänge

- Erosion durch Wasser,
- Erosion durch Wind und
- Bioturbation

zu berücksichtigen.

3.4.2.1 Erosion durch Wasser
Der Transport von Boden durch Wasser wird maßgeblich durch die Erodierbarkeit der Bodenart, durch die unterschiedliche Erosivität der Niederschläge, durch Reliefformen und ihre Hangneigungen sowie durch den Vegetationsbestand beeinflußt. Zur Abschätzung der Verlagerung von Schadstoffen an der

Bodenoberfläche sind neben den genannten Faktoren eventuell vorhandene Versiegelungen von Altstandorten oder Altablagerungen einzubeziehen.

Die Bodenerosion durch Wasser kann zu einer starken Umlagerung von Bodenmaterial führen und sogar katastrophale Ausmaße annehmen. Vor allem an durch Vegetation ungeschützten Stellen mit ausgeprägtem Relief Bereichen kommt es durch Regenereignisse oder Überschwemmungen zur Verlagerung von Material. Inwieweit beim Abfluß von Wasser Bodenmaterial erodiert wird, ist in Abhängigkeit von der Beschaffenheit der Bodenoberfläche zu beurteilen. Faktoren wie Bewuchs und vorhandene Bodenarten beeinflussen Erosion durch Wasser entscheidend. Sind Flächen durch Vegetation geschützt, kann die Energie des fallenden Regens nicht in dem Maße wie auf unbewachsenen Flächen zu einer Verschlämmung des Oberbodens und damit zu einem verstärkten Abfluß von Wasser und Bodenmaterial führen. Auf versiegelten Flächen ist der Abfluß des Wassers stark erhöht, die Erosion von Boden jedoch praktisch ausgeschlossen. Die Erodierbarkeit der Bodenart ist sehr unterschiedlich zu beurteilen. Ton und schwach schluffiger Ton sind als sehr gering, Schluffe und schluffige Feinsande hingegen als sehr stark erosionsgefährdet einzustufen.

Die Bedeutung von Erosionsereignissen in der Altlastenproblematik liegt vor allem in der potentiellen Verlagerung und Akkumulation von an Matrix gebundenen Schadstoffen begründet. Durch Erosionsereignisse kann es zu einer sekundären Kontamination innerhalb von belasteten Arealen oder auch in benachbarten, vorher unbeeinflußten Flächen durch die Akkumulation belasteten Substrates kommen. Ein weiteres Szenario besteht in der Erosion von Schichten, die zur Sanierung von Altablagerungen/Altstandorten aufgebracht wurden und nach dem Erosionsereignis eine direkte Zugänglichkeit der Kontaminationen bedingen. Aussagen zur Erosionsgefährdung durch Wasser können durch Methodeneinsatz im Fachinformationssystem (FIS) Boden ermittelt werden (M-Fisbo).

3.4.2.2   Erosion durch Wind

Die Erosion durch Wind ist ein Prozeß, der in vergleichbaren Zeiträumen nicht das Ausmaß annimmt, wie dies bei der Erosion durch Wasser der Fall ist. Auch hier sind die genannten Faktoren wie Beschaffenheit der Oberfläche, Vegetation und Bodenarten entscheidende Größen für die Einschätzung des Ausmasses der Erosionsgefährdung. Im Unterschied zur Erosion durch Wasser verlieren orographische Faktoren wie Hanglänge und Hangneigung an Bedeutung für diesen Prozeß. Wesentliche Randbedingungen zur Abschätzung von Erosionsmaßnahmen durch Wind werden durch meteorologische Parameter definiert. Trockenheit des Bodens und Windgeschwindigkeiten über Windstärke 4 der BEAUFORT-Skala begünstigen Erosionsereignisse durch Wind. Auch für Aussagen zur Erosionsgefährdung durch Wind stellt das FIS-Boden Methoden bereit (M-Fisbo).

3.4.2.3 Bioturbation

Der Vorgang der Bioturbation kann durch Wurzeldruck und in größerem, für die Altlastenbearbeitung relevantem Ausmaß, durch Makrofauna oder Baumwurf bedingt werden. Hierbei kann es zu einer Verlagerung von Bodenmaterial kommen, das zu einer erhöhten Gefährdung von Nutzungen führen kann. Praktikable Verfahren, die eine Verlagerung von Boden durch Bioturbation verhindern, stellen Grabesperren dar, die von Bodenwühlern nicht überwunden werden können und damit eine Vermischung von kontaminiertem und nicht kontaminiertem Material verhindern.

3.4.3 Nutzungen

Ist die Kontaminationssituation erkannt und dokumentiert und sind im Rahmen der gekoppelten Transportbetrachtung die Aspekte des Austrages von Schadstoffen und des Transportes von kontaminiertem Boden/Substrat aufgezeigt, kann unter Berücksichtigung der Nutzungen eine Gefahrenbeurteilung durchgeführt werden. Diese Vorgehensweise ist die Basis für die Festlegung des Handlungsbedarfs.

Die in der Altlastenproblematik beim Kompartiment „Boden" in erster Linie zu berücksichtigenden Nutzungen (Wohnen, Spielen, Nutzpflanzenanbau etc.) sind in Abb. 184 dargestellt.

Für die Beurteilung der Gefährdung des Menschen sind vorrangig die Schadstoffexposition über den direkten Kontakt (oral, dermal, inhalativ) zu berücksichtigen. Parameter wie Versiegelungsgrad und Vegetationsbedeckung beeinflussen die Möglichkeit des Zuganges zu den relevanten Flächen bzw. die Attraktivität der Flächen. Ohne Berücksichtigung der konkreten Schadstoffbelastung können somit bereits Aussagen über die Relevanz vorhandener Belastungssituationen für die menschliche Gesundheit getroffen werden.

Für die Beurteilung der Beeinträchtigung von Pflanzen ist neben der Gesamtbelastung die nutzungsspezifische Belastung festzustellen. Hierbei sind bodenchemische Untersuchungsverfahren einzusetzen. Der Pfad Boden-Pflanze-(Tier)-Mensch ist, z.B. bei Nitroaromaten und Cadmium, als besonders sensibel zu betrachten (Schneider et al. 1994).

Um das Verhalten von Bodenmaterialien/Schadstoffen beim Eintrag in Oberflächengewässer beurteilen zu können, sind ebenso spezifische Analysemethoden anzuwenden (z.B. C-B, sequentielle Analytik) wie zur Beurteilung des Verhaltens von Böden/Schadstoffen gegenüber einer Verlagerung ins Grundwasser (C-B, PH_{STAT}).

4   Literatur

Ad hoc-Arbeitsgruppe Boden (1996) Anleitung zur Entnahme von Bodenproben. Geol. Jb. **G 1**, Hannover

Ad hoc-Arbeitsgruppe "Kernsysteme und Methodenbanken" des Arbeitskreises "Bodeninformationssysteme" der Bund/Länder-Arbeitsgemeinschaft Bodenschutz LABO (1994) Aufgaben und Funktionen von Kernsystemen des Bodeninformationssystems als Teil von Umweltinformationssystemen. Bodenschutz **1**

Adler R E, Krausse H F, Lautsch H, Pilger A (1969) Einige Grundlagen der Tektonik. Clausthaler Tektonische Hefte **1**, Pilger, Clausthal-Zellerfeld

Agarwal R G, Carter R D, Pollock C B (1979) Type curves for evaluation and performance prediction of low-permeability gas wells stimulated by massiv hydraulic fracturing. J. Petroleum Technol. **31**,5

Akin H, Siemes H (1988) Praktische Geostatistik - Eine Einführung für den Bergbau und die Geowissenschaften. Springer, Berlin / Heidelberg / New York

American Petroleum Institute (1990) Recommended practice for drill stem design and operating limits. **7 G**

American Petroleum Institute (1990) Specification for rotary drilling equipment. **7**

Arbeitsblatt (1976) Pumpversuche in Porengrundwasserleitern. Ministerium für Ernährung, Landwirtschaft und Umwelt Baden-Württemberg - Wasserwirtschaftsverwaltung

Arbeitsgruppe Bodenkunde (1994) Bodenkundliche Kartieranleitung. Bundesanstalt für Geowissenschaften und Rohstoffe und Geologische Landesämter der Bundesrepublik Deutschland (Hrsg.), Hannover

Arbeitskreis Mindestdatensatz Bodenuntersuchung der Sonderarbeitsgruppe Informationsgrundlagen Bodenschutz (Hrsg.) (1991) Mindestdatensatz Bodenuntersuchung. Bodenschutzzentrum Nordrhein-Westfalen, Oberhausen

Arbeitskreis Grundwasserneubildung FH-DGG (1977) Methoden zur Bestimmung der Grundwasserneubildungsrate. Geol. Jb. **C 19**, Hannover

Arbeitskreis Stadtböden der Deutschen Bodenkundlichen Gesellschaft (1989) Empfehlung des Arbeitskreises Stadtböden der Deutschen Bodenkundlichen Gesellschaft für die bodenkundliche Kartieranleitung urban, gewerblich und industriell überformter Flächen. UBA-Texte **18/89**, Umweltbundesamt (Hrsg.), Berlin

Arbeitskreis Wasser und Mineralöl (1969) Beurteilung und Behandlung von Mineralölunfällen auf dem Lande im Hinblick auf den Gewässerschutz. Bundesmin. f. Gesundheitswesen, Bad Godesberg

Arnberger E (1966) Handbuch der thematischen Kartographie. Deuticke, Wien

Arnold W (Hrsg.) (1993) Flachbohrtechnik. Verlag für Grundstoffindustrie, Leipzig / Stuttgart

Attmansspacher W, Schultz G A (1981) Möglichkeiten und potentieller Nutzen eines bundesdeutschen Niederschlagsradar-Verbundsystems. Wasserwirtschaft, Stuttgart

Bachhausen P, Baiersdorf U (1991) Aufbewahrung, Transport und Konservierung von Proben. In: Landesamt für Wasser und Abfall Nordrhein-Westfalen (Hrsg.) Probenahme bei Altlasten. LWA-Materialien **1/91**

Backhaus K, Erichson B, Plinke W, Weiber R (1994) Multivariate Analysemethoden. Springer, Berlin / Heidelberg / New York / Tokyo

Bahrenberg G, Giese E (1975) Statistische Methoden und ihre Anwendung in der Geographie. Teubner, Stuttgart

Bahrenberg G, Giese E, Nipper J (1990) Statistische Methoden in der Geographie I: Univariate und bivariate Statistik. Teubner, Stuttgart

Barczewski B, Grimm-Strehle J, Bisch G (1993) Überprüfung der Eignung von Grundwasserbeschaffenheitsmeßstellen. Wasserwirtschaft

Barczewski B, Marshall P (1990) Untersuchungen zur Probenahme aus Grundwassermeßstellen. Wasserwirtschaft

Barenblatt G E, Zheltov J P, Kochina J N (1960) Basic concepts in the theory of seepage of homogeneous liquids in fissured rocks. J. Appl. Math. and Mech. **24** (5), Oxford

Barkowski D, Günther P, Hinz E, Röchert R (1993) Altlasten, Handbuch zur Ermittlung und Abwehr von Gefahren durch kontaminierte Standorte. Müller, Karlsruhe

Barrenstein A, Leuchs W (1991) Strategien und Techniken zur Gewinnung von Feststoffproben. In: Landesamt für Wasser und Abfall Nordrhein-Westfalen (Hrsg.) Probenahme bei Altlasten., LWA-Materialien **1/91**

Barsch H, Billwitz K (1990) Geowissenschaftliche Arbeitsmethoden. Thun, Frankfurt/Main

Barth D S, Mason B J (1984) Soil sampling quality assurance user's guide. U.S. EPA, Enviromental Research Center, University of Nevada, Las Vegas, Nev.

Battermann G, Bender A (1990) Einsatz verschiedener Verfahren zur Altlasterkundung am Beispiel des Modellstandortes Osterhofen. In: Umweltbundesamt (Hrsg.) Altlastensanierung '90. Dritter Internationaler TNO/BMFT-Kongreß

Bayerisches Landesamt für Umweltschutz BLfU (1995) Qualitätssicherung bei der Entnahme von Bodenproben im Rahmen von Altlastenuntersuchungen.

Bear J (1972) Dynamics of fluids in porous media. Environm. Science Series, Elsevier, New York, N.Y.

Bear J, Jacobs M (1965) On the movement of waterbodies injected into aquifers. J. Hydrol. **3**, Amsterdam

Becksman E, Billib H, Engelhardt W, Zimmernann W (1965) Gutachten: Verhalten von Erdölprodukten im Boden. Bundesministerium f. Gesundheitswesen, Bad Godesberg

van Beers W F J (1962) Die Bohrlochmethode. Intern. Inst. Landgewinn. Kulturtechnik, Bull. **1 D**, Wageningen

Behrens H , Seiler K P (1981) Filed tests on propagation of conservative tracers in fluvioglacial gravels of upper Bavaria. Studies Environm. Science **17**, Noordwijkerhout

Beims U, Murglat J, Eschner J (1985) Pumpversuchstypenkatalog. VEB Hydrogeologie

Bender F (Hrsg.) (1985 a) Angewandte Geowissenschaften II, Methoden der angewandten Geophysik und mathematische Verfahren in den Geowissenschaften. Enke, Stuttgart

Bender F (Hrsg) (1985 b) Angewandte Geowissenschaften III, Hydrogeologie. Enke, Stuttgart

Benne I (1992) Erfassungsanweisung für das Aufnahmeformblatt der Bodenkundlichen Kartierung des Niedersächsischen Landesamtes für Bodenforschung. Hannover

Bentz A, Martini H J (Hrsg.) (1968) Lehrbuch der Angewandten Geologie, Geowissenschaftliche Methoden I. Enke, Stuttgart

Bentz A, Martini H J (Hrsg.) (1969) Lehrbuch der Angewandten Geologie, Geowissenschaftliche Methoden II. Enke, Stuttgart

Berkaloff E (1967) Interprétation des pompages d'essai. Cas de nappes captives avec une strate conductrice d'eau privilégiée. Bull. B.R.G.M. (deuxième série) Section III, Paris

Bialucha R (1993) Wasserwirtschaftliche Regelungen beim Einsatz von industriellen Nebenprodukten und Recyclingbaustoffen in Deutschland. Vortragstext für die Mitgliederversammlung des Fachverbandes Eisenhüttenschlacken am 28.04.1993

Bieske E (1965 a) Handbuch des Brunnenbaus I, Grundwasserkunde, Geräte, Baustoffe. Schmidt, Berlin

Bieske E (1965 b) Handbuch des Brunnenbaus II, Grundlagen, Bohrbrunnen, Schachtbrunnen, Horizontalfilterbrunnen, Bohrungen, Grundwassermeßstellen, Grundwasserabsenkungen, Bohrpfähle, Quellfassungen, Unfallverhütung, Rechtsfragen. Schmidt, Berlin

Bieske E (1970) Leitfaden für den Brunnen-, Wasserwerks- und Rohrleitungsbau I. Müller, Köln

Bieske E (1973) Leitfaden für den Brunnen-, Wasserwerks- und Rohrleitungsbau II. Müller, Köln

Bieske E (1983) Leitfaden für den Brunnen-, Wasserwerks- und Rohrleitungsbau III. Müller, Köln

Bieske E (1992) Bohrbrunnen. Oldenbourg, München / Wien

Bill R, Fritsch D (1991) Grundlagen der Geo-Informationssysteme I. Wichmann, Karlsruhe

Bill R, Fritsch D (1996) Grundlagen der Geo-Informationssysteme II. Wichmann, Karlsruhe

Blankenhorn I (1994) Derzeitige Anwendung und Entwicklung von Elutionsverfahren - Texte und Berichte zur Altlastenbearbeitung. Landesanstalt für Umweltschutz LFU, Karlsruhe

Blaschke R, Dittmann G, Neumann-Mahlkau P, Vowinckel I (1989) Interpretation geologischer Karten. Enke, Stuttgart

Böhm W, Lorenz B (1988) Beispiel für den kombinierten Einsatz geohydraulischer und geophysikalischer Untersuchungsmethoden zur Erkundung einer vermuteten Altlast. In: Thomé-Kozmiensky K J (Hrsg) Altlasten II. EF Verlag, Berlin

Borries H W (1992) Altlastenerfassung und -Erstbewertung durch multitemporale Karten- und Luftbildauswertung. Vogel, Würzburg

Borries H W, Pfaff-Schley H (1994) (Hrsg.) Altlastenbearbeitung, Ausschreibungs- und Vergabepraxis. Springer, Berlin / Heidelberg / New York

Borrough P (1986) Principles of geographical information systems for land resources assesment. Oxford University Press, Oxford

Bosman R (1993) Probenahmestrategien und die Rolle der Geostatistik bei der Untersuchung von Bodenkontaminationen. In: Arendt F, Annokkée G J, Bosman R, van den Brink W J (Hrsg.) Altlastensanierung '93. Kluwer, Dordrecht / Boston / London

Bosman R, Voortman L, Harmsen J (1994) International standard. Soil quality - sampling - part 5: Guidance on the procedure for investigation of urban and industrial sites with regard to soil contamination. ISO **10381**

Böttcher J (1982) Bioelementtransport in Löß- und Sandlysimetern bei unterschiedlichen Grundwasserständen. Dissertation, Göttingen

Boulton N S (1963) Analysis of data from non-equilibrium pumping tests allowing for delayed yield from storage. Proc. Inst. Civil Eng. **26**, London

Boulton N S, Streltsova T D (1976) The drawdown near an abstraction of large diameter under non-steady conditiones in an unconfined aquifer. J. Hydrol. **30**, Amsterdam

Boulton N S, Streltsova T D (1977) Unsteady flow to a pumped well in a fissured water-bearing formation. J. Hydrol. **35**, Amsterdam

Bourdet D, Gringarten A C (1980) Determination of fissure volume and block size in fractured reservoirs by type-curve analysis. Soc. Petroleum Eng. **9293**

Bouwer H (1989) The Bouwer and Rice slug test - an update. Groundwater **27**, 3

Bouwer H, Rice R C (1976) A slug test for determining hydraulic conductivity of unconfined aquifers with completely or partially penetrating wells. Water Resources Research **12**, 3

Bredehoeft J D, Papadopulos I S (1980) A method for determining the hydraulic properties of tight formations. Water Resources Research **16**,1

Briggs G G (1981) Theoretical and experimental relationship between soil adsorption, octanol/water partition coefficients, water solubilities, bioconcentration factors, and the parachor. J. Agric. Food Chem. **29**, Easton, Pa.

Brinkmann R, Zeil W (1990) Abriß der Geologie I. Enke, Stuttgart

Brown K E (1987) The technology of artificial lift methods. Pennwell, Tulsa, Okla.

Brüggemann K (1982) Die Bodenprüfverfahren bei Straßenbauten. Werner, Düsseldorf

Bundesanstalt für Geowissenschaften und Rohstoffe BGR (1995) Handbuch zur Erkundung des Untergrundes von Deponien und Altlasten I, Geofernerkundung. Springer, Berlin / Heidelberg / New York

Bundesanstalt für Geowissenschaften und Rohstoffe BGR (1997) Handbuch zur Erkundung des Untergrundes von Deponien und Altlasten IV, Geotechnik/Hydrogeologie. Springer, Berlin / Heidelberg / New York *(in Vorbereitung)*

Bundesanstalt für Gewässerkunde (1985) Empfehlungen für die Auswertung der Meßergebnisse von kleinen hydrologischen Untersuchungsgebieten. IHP/OHP-Berichte **5**, Koblenz

Bundesanstalt für Gewässerkunde (1987) Besondere Mitteilungen zum Deutschen Gewässerkundlichen Jahrbuch **51**, Operationelle Wasserstands- und Abflußvorhersagen. Koblenz

Bundes-Bodenschutzgesetz Entwurf (1996) Arbeitsentwurf, Anhang I, Anforderungen an die Untersuchung, Qualitätssicherung und Dokumentation der Bodenschutz- und Altlastenverordnung zum E-Bundes-Bodenschutzgesetz, Stand 1. November 1996

Burmeier H (1987) Arbeiten im Bereich kontaminierter Standorte, Maßnahmen zum Schutz der Beschäftigten. Sonderdruck aus "Die Tiefbau-Berufsgenossenschaft" **9**, München

Burmeier H (1989) Arbeitsschutzkonzeptionen bei der Altlastensanierung. Die Tiefbau-Berufsgenossenschaft **10**, Schmidt, Berlin

Burmeier H, Dreschmann P, Egermann R, Gause J, Rumler R (1995) Sicheres Arbeiten auf Altlasten. Aachen

Busch K F, Luckner L, Tiemer K (1993) Geohydraulik. Borntraeger, Berlin

Büttgenbach T, Höfflin C (Hrsg.) (1993) Geophysikalische Methoden zur Erkundung von Altlasten. Schriftenreihe des BDG **12**, Bonn

Büttgenbach T, Kuth C, Schillak A (1991) Geophysikalische Erkundung von Altablagerungen. Die Geowissenschaften **9** (8)

Castany G (1967) Traité pratique des eaux souterraines. Dunod, Paris

Castany G (1968) Prospection et exploitation des eaux souterraines. Dunod, Paris

Chow V T (1952) On the determination of transmissivity and storage coefficients from pumping test data. Trans. Am. Geoph. Union **27**

Chugh C P (1992) High technology in drilling and exploration. Balkema, Rotterdam

Cinco L H, Samaniego F V (1977) Effect of wellbore storage and damage on
the transient pressure behavior of vertically fractured wells. Soc. Petroleum Eng. AIME **6752**, Dallas, Tex.

Cinco L H, Samaniego F V (1978) Transient pressure analysis for fractured wells.
Soc. Petroleum Eng. **7490**, Dallas, Tex.

Coldewey W G, Krahn L (1991) Leitfaden zur Grundwasseruntersuchung in
Festgesteinen bei Altablagerungen und Altstandorten. Düsseldorf

Colwell R N (Ed.) (1983) Manual of remote sensing. Am. Soc. Photogrammetry,
Falls Church, Va.

CONCAWE (1974) Inland oil spill clean up manual. Concawe **4/74**, Den Haag.

CONCAWE (1979) Protection of groundwater from oil pollution. Concawe
3/79, Den Haag.

Cooper H H, Bredehoeft J D, Papadopulos I S (1967) Response of a finite-dia-
eter well to an instantaneous charge of water. Water Resources Research **3**, 1

Cooper H H, Jacob C E (1946) A generalized graphical method for evaluating
formation constants and summarizing well field history. Trans. Am.
Geoph. Union **27**

Cremer S, Obermann P (1991) Entwicklung eines Routinetests zur Elution von
Schwermetallen aus Abfällen und belasteten Böden - Abschlußbe-
richt. Landesamt für Wasser und Abfall NRW, Ruhruniversität Bohum,
Bochum

Dachroth W R (1992) Baugeologie in der Praxis, Eine ingenieurtechnische Anleitung für Geowissenschaftler. Springer, Heidelberg / New York

Damerau H v d, Tauterat A (1993) VOB im Bild, Regeln für Ermittlung und Abrechnung aller Bauleistungen. Bauverlag, Wiesbaden

Davis J C (1986) Statistics and data analysis in geology. Wiley, New York, N.Y.

Davis S N, Thompson G M, Bentley H W, Stiles G (1980) Groundwater tracers-
a short review. Groundwater **18** (1), Dublin

Delschen T, König W (1991) Kartierung und Probenahme im Mindestunter-uchungsprogramm Kulturboden. In: Landesamt für Wasser und Aball Nordrhein-Westfalen (Hrsg.) Probenahme bei Altlasten. LWA-Ma-eriaien **1/91**

Demek J (Hrsg.) (1976) Handbuch der geomorphologischen Detailkartierung. Hirt, Wien

Deruyck B G, Bourdet D P, DaPrat G, Ramey H J (1982) Interpretation of inter-ference tests in a reservoirs with double porosity behavior - theory and field examples. Soc. Petroleum Eng. **11025**

Deutsche Einheitsverfahren zur Wasser-, Abwasser- und Schlammuntersuchung DEV

   Schlamm und Sedimente (Gruppe S)
   Bestimmung der Eluierbarkeit mit Wasser (S 4)
   DEV - 13. Lieferung, (1984), DIN 38 414, Teil 4

   Testverfahren mit Wasserorganismen (Gruppe L):
   Bestimmung der nicht akut giftigen Wirkung von Abwasser gegen-über Daphnien über Verdünnungsstufen (L 30), DIN 38 412 Teil 30 (1989)
   Bestimmung der nicht giftigen Wirkung von Abwasser gegenüber Grünalgen (Scenedesmus-Chlorophyll-Fluoreszenztest) über Verdün-nungsstufen (L 33), DIN 38 412 Teil 33 (1991)
   Bestimmung der Hemmwirkung von Abwasser auf die Lichtemission von Photobacterium phophoreum - Leuchtbakterien-Abwassertest mit konservierten Bakterien (L 34), DIN 38 412 Teil 34 (1991)
   Bestimmung der Hemmwirkung von Abwasser auf die Lichtemission von Photobacterium phosphoreum - Leuchtbakterien-Abwassertest, Erweiterung des Verfahrens DIN 38 412 - L 34 (L 341), DIN 38 412 Teil 341 (1993)
   Bestimmung der Hemmwirkung von Wasserinhaltsstoffen auf das Wachstum von Photobacterium phophoreum (Photobacterium pho-phoreum-Zellvermehrungs-Hemmtest) (Teil 37), DIN 38 412 Teil 37 (Entwurf)
   Suborganismische Testverfahren (Gruppe T): Bestimmung des erb-gutverändernden Potentials von Wasser und Abwasser mit dem umu-Test (T 3), DIN 38 415 Teil 3 (Gelbdruck 1994)
   Bestimmung der nicht akut giftigen Wirkung von Abwasser gegen-über Fischen über Verdünnungsstufen (L 31), DIN 38 412 Teil 31 (1989)
   Bestimmung der Hemmwirkung von Wasserinhaltsstoffen auf Bakte-rien Pseudomonas-Zellvermehrungs-Hemmtest (L 8), DIN 38 412 Teil 8 (1991)

Bestimmung der Hemmwirkung von Abwasser auf den Sauerstoffverbrauch von Pseudomonas putida (Pseudomonas-Sauerstoffverbrauchshemmtest) (L 27), DIN 38 412 Teil 27 (1992)

Deutscher Verband für Wasserwirtschaft und Kulturbau DVWK

Heft **107** (1994) Grundwassermeßgeräte, Wirtschafts- und Verlagsgesellschaft Gas und Wasser, Bonn

Merkblätter zur Wasserwirtschaft **206** (1985) Voraussetzungen und Einschränkungen bei der Modellierung der Grundwasserströmung. Parey, Hamburg / Berlin

Regeln zur Wasserwirtschaft **128** (1992) Entnahme und Untersuchung von Grundwasserproben.

Schriften **89** (1990) Methodensammlung zur Auswertung und Darstellung von Grundwasserbeschaffenheitsdaten. Parey, Hamburg / Berlin

Deutscher Verein des Gas- und Wasserfaches DVGW, Eschborn
Arbeitsblätter
W 110 (1990) Geophysikalische Untersuchungen in Bohrlöchern und Brunnen zur Erschließung von Grundwasser.
W 111 (1975) Technische Regeln für die Ausführung von Pumpversuchen bei der Wassererschließung.
W 111 (Gelbdruck 1995) Technische Regeln für die Ausführung von Pumpversuchen bei der Wassererschließung.
W 114 (1989) Gewinnung und Entnahme von Gesteinsproben bei Bohrarbeiten zur Wassererschließung.
W 115 (1977) Bohrungen bei der Wassererschließung.
W 116 (1985) Verwendung von Spülungszusätzen in Bohrspülungen bei der Erschließung von Grundwasser.
W 117 (1975) Entsanden und Entschlammen von Bohrbrunnen (Vertikalbrunnen) in Lockergestein und Verfahren zur Feststellung überhöhten Eintrittswiderstandes.
W 119 (1982) Über den Sandgehalt in Brunnenwasser, Bestimmung von Sandmengen im geförderten Wasser, Richtwerte für den Restsandgehalt.
W 120 (1992) Verfahren für die Erteilung der DVGW-Bescheinigung für Bohr- und Brunnenbauunternehmen.
W 121 (1988) Bau und Betrieb von Grundwasserbeschaffenheitsmeßstellen.
W 452 (1970) Unterlagen für Ausschreibungen zur Ausführung von Wasserversorgungsanlagen, Bohrbrunnen.

Schriftenreihe Wasser **29** (1981) Halogenkohlenwasserstoffe in Grundwässern. Kolloquium des DVGW-Fachausschusses "Oberflächenwasser" am 21.9.81 in Karlsruhe. ZVGW-Verlag, Frankfurt.

Deutsches Institut für Normung DIN, Beuth, Berlin

DIN 1960 (1988) VOB Verdingungsordnung für Bauleistungen, Teil A: Allgemeine Bestimmungen für die Vergabe von Bauleistungen.

DIN 1961 (1988) VOB Verdingungsordnung für Bauleistungen, Teil B: Allgemeine Vertragsbedingungen für die Vergabe von Bauleistungen.

DIN 4021 (1990) Aufschluß durch Schürfe und Bohrungen sowie Entnahme von Proben.

DIN 4022, Teil 1 (1987) Benennen und Beschreiben von Boden und Fels, Schichtenverzeichnis für Bohrungen ohne durchgehende Gewinnung von gekernten Proben im Boden und Fels.

DIN 4022, Teil 2 (1981) Benennen und Beschreiben von Boden und Fels, Schichtenverzeichnis für Bohrungen im Fels (Festgestein).

DIN 4022, Teil 3 (1982) Benennen und Beschreiben von Boden und Fels, Schichtenverzeichnis für Bohrungen mit durchgehender Gewinnung von gekernten Proben im Boden (Lockergestein).

DIN 4023 (1984) Baugrund- und Wasserbohrungen, Zeichnerische Darstellung der Ergebnisse.

DIN 4067 (1975) Wasser, Hinweisschilder, Orts-Wasserverteilungs- und Wasserfernleitungen.

DIN 4049, Teil 1 (1992) Hydrologie, Grundbegriffe.

DIN 4049, Teil 3 (1994) Hydrologie, Begriffe zur quantitativen Hydrologie.

DIN 4094 (1990) Baugrund, Erkundung durch Sondierungen.

DIN 4123 (1972) Gebäudesicherung im Bereich von Ausschachtungen, Gründungen und Unterfangungen.

DIN 4124 (1981) Baugruben und Gräben, Böschungen, Arbeitsraumbreiten, Verbau.

DIN 4924 (1972) Filtersande und Filterkiese für Brunnenfilter.

DIN 4925, Teile 1 - 3 (1990) Filter- und Vollwandrohre aus weichmacherfreiem Polyvinylchlorid (PVC-U) für Bohrbrunnen mit Querschlitzung und Gewinde.

DIN 13 303 (1982) Teil 1: Stochastik. Wahrscheinlichkeitstheorie, Gemeinsame Grundbegriffe der mathematischen und der beschreibenden Statistik. Begriffe und Zeichen.

DIN 13 303 (1982) Teil 2: Stochastik. Mathematische Statistik. Begriffe und Zeichen.

DIN 18 123 (1983) Baugrund, Untersuchung von Bodenproben, Bestimmung der Korngrößenverteilung.

DIN 18 196 (1988) Erd- und Grundbau, Bodenklassifikation für bautechnische Zwecke.

DIN 18 299 (1988) VOB Verdingungsordnung für Bauleistungen, Teil A: Besondere Leistungen.

DIN 18 300 (1988) VOB Verdingungsordnung für Bauleistungen, Teil C: Allgemeine Technische Vertragsbedingungen für Bauleistungen, Erdarbeiten.

DIN 18 301 (1988) VOB Verdingungsordnung für Bauleistungen, Teil C: Allgemeine Technische Vertragsbedingungen für Bauleistungen, Bohrarbeiten.

DIN 18 302 (1988) VOB Verdingungsordnung für Bauleistungen, Teil C: Allgemeine Technische Vertragsbedingungen für Bauleistungen, Brunnenbauarbeiten.

DIN 18 303 (1988) VOB Verdingungsordnung für Bauleistungen, Teil C: Allgemeine Technische Vertragsbedingungen für Bauleistungen, Verbauarbeiten.

DIN 19 623 (1978) Filtersande und Filterkiese für Wasserreinigungs-filter, Technische Lieferbedingungen.

DIN 19 671 (1964) Teile 1 und 2: Erdbohrgeräte für den Landeskulturbau.

DIN 19 672 (1968) Teil 1 Bodenentnahmegeräte für den Landeskulturbau.

DIN 19 682, Blatt 7 (1972) Bodenuntersuchungen im Landwirtschaftlichen Wasserbau, Felduntersuchungen, Bestimmung der Versickerungsintensität mit dem Doppelzylinder-Infiltrometer.

DIN 19 682, Blatt 8 (1972) Bodenuntersuchungen im Landwirtschaftlichen Wasserbau, Felduntersuchungen, Bestimmung der Wasserdurchlässigkeit mit der Bohrlochmethode.

DIN 19 683, Blatt 5 (1973) Bodenuntersuchungen im Landwirtschaftlichen Wasserbau, Physikalische Laboruntersuchungen, Bestimmung der Saugspannung des Bodenwassers.

DIN 32 645 (1994) Chemische Analytik. Nachweis-, Erfassungs- und Bestimmungsgrenze. Ermittlung unter Wiederholbedingungen. Begriffe, Verfahren, Auswertung.

DIN 38 402 A 12 (1985) Probenahme aus stehenden Gewässern.

DIN 38 402 A 13 (1985) Probenahme aus Grundwasserleitern.

DIN 38 402 A 15 (1986) Probenahme von Fließgewässern.

DIN 38 402 A 21 (Entwurf Jan. 1990) Hinweise zur Konservierung und Handhabung von Wasserproben.

DIN 38 402 A 42 (1984) Allgemeine Angaben. Ringversuche, Auswertung.

DIN 38 402 A 51 (1986) Allgemeine Angaben. Kalibrierung von Analysenverfahren, Auswertung von Analysenergebnissen und lineare Kalibrierfunktionen für die Bestimmung von Verfahrenskenngrößen.

DIN 38 402 A 71 (1987) Allgemeine Angaben. Gleichwertigkeit zweier Analysenverfahren aufgrund des Vergleichs der Untersuchungsergebnisse an der gleichen Probe (gleiche Matrix).

DIN 38 414 S 1 (Entwurf Nov. 1986) Probenahme von Schlämmen.

DIN 53 804, Teil 1 (1981) Statistische Auswertungen. Meßbare (kontinuierliche) Merkmale.

DIN 53 804, Teil 2 (1985) Statistische Auswertungen. Zählbare (diskrete) Merkmale.

DIN 53 804, Teil 3 (1982) Statistische Auswertungen. Ordinalmerkmale.

DIN 53 804, Teil 4 (1985) Statistische Auswertungen. Attributmerkmale.

DIN 55 301 (1978) Gestaltung statistischer Tabellen.

DIN 55 303, Teil 2 (1984) Statistische Auswertung von Daten. Testverfahren und Vertrauensbereiche für Erwartungswerte und Varianzen.

DIN 55 350, Teil 21 (1982) Begriffe der Qualitätssicherung und Statistik. Begriffe der Statistik. Zufallsgrößen und Wahrscheinlichkeitsverteilungen.

DIN 55 350, Teil 22 (1987) Begriffe der Qualitätssicherung und Statistik. Begriffe der Statistik. Spezielle Wahrscheinlichkeitsverteilungen.

DIN 55 350, Teil 23 (1983) Begriffe der Qualitätssicherung und Statistik. Begriffe der Statistik. Beschreibende Statistik.

DIN 55 350, Teil 24 (1982) Begriffe der Qualitätssicherung und Statistik. Begriffe der Statistik. Schließende Statistik.

DIN EN ISO 5667-3 (Entwurf März 1995) Anleitung zur Konservierung und Handhabung von Proben.

Dickey P A (1979) Petroleum development geology. The Petroleum Publishing Company, Tulsa, Okla.

Dietz D N (1943) De toepassing van invloedsfuncties bij het berekenen van de verlaging van het grondwater en gevolge van wateronttrekking. Water 27 (6)

Dietzel H J (1988) Planung und Auslegung von Druckänderungsmessungen zur Bestimmung von hydraulischen Gesteinsparametern in der KTB. Forschungs- und Entwicklungsvorhaben im Rahmen des Kontinentalen Tiefbohrprogrammes der Bundesrepublik Deutschland (KTB), Hannover

Dodt J (1987) Die Verwendung von Karten und Luftbildern bei der Ermittlung von Altlasten. Düsseldorf

Doerffel K (1990) Statistik in der analytischen Chemie. Verlag für Grundstoffindustrie, Leipzig

Dörhöfer G (1994 a) Hydrogeologische Standorttypen für Altlasten und Deponien, Erfahrungen und Fortschreibung, Altlasten-Spektrum **3/94**, Schmidt, Berlin / Bielefeld / München

Dörhöfer G (1994 b) Kategorisierung und Bewertung der Geologischen Barriere bei Altlastverdachtsflächen. Status-Seminar BMFT/BMU/UBA "Sicherung von Altlasten" Hamburg 9/94

Dörhöfer G (1995) Planungskriterien für "Grundwasserbeschaffenheitsmeßstellen", Teil 1: Begriffsdefinitionen und Einsatzbereiche. bbr **11/95**, Müller, Köln

Dörhöfer G (1996 a) Der großräumige Einfluß von Altablagerungen und Altstandorten auf die Trinkwasserresourcen. Grundwasser **1**

Dörhöfer G (1996 b) Planungskriterien für Grundwasserbeschaffenheitsmeßstellen" II: Überwachung von Deponien und Altlasten. bbr **1/96**

Dörhöfer G, Josopait V (1980) Eine Methode zur flächendifferenzierten Ermittlung der Grundwasserneubildungsrate. Geol. Jb. **C 27**, Hannover

Dörhöfer G, Fritz J, Kockel F, Rohde P (1988) Die Struktur des geologischen Untergrundes im Umfeld der Sonderabfalldeponie Münchehagen. unveröff. Bericht NLfB Nr. 103812, Hannover

Dörhöfer G, Lange B, Voigt H (1991) Deponieüberwachungsplan "Wasser". Beweissicherung an Deponien in Niedersachsen. NLfB/NLWA Richtlinienentwurf 2.1 für Umweltministerium Niedersachsen

Dörhöfer G, Mücke K (1994) Landesarbeitsgruppe Altlasten LAA, Organisation und Aufgaben. AltlastenFakten **1**, Hannover / Hildesheim

Dörhöfer G, Thein J, Wiggering H (Hrsg.) (1994) Altlast Sonderabfalldeponie Münchehagen. Ernst, Berlin

Dupuit J (1863) Etudes théoriques et pratiques sur le mouvement des eaux dans le canaux découverts et a travers les terrains perméable. Dunod, Paris

Dutter R (1985) Geostatistik: Eine Einführung mit Anwendungen. Teubner, Stuttgart

Dyck S, Peschke G (1995) Grundlagen der Hydrologie. Verlag für Bauwesen, Berlin

Dyes A B, Kemp C E, Caudle B H (1958) Effect of fractures on sweep-out pattern. Trans. Soc. Petroleum Eng. AIME **213**

Earlougher R C (1977) Advances in well test analysis. Monograph Series 5, Soc. Petroleum Eng. AIME, Richardson, Dallas, Tex.

EPA (1986) Physical, chemical, and fate data. in: Superfund public health evaluation manual. EPA 540/1-86/060; Washington, D.C.

EPA (1988) Superfund exposure assessment manual. EPA/540/1-88/001 Office of Remedial Response, Washington, D.C.

EPA (1989 a) Risk assessment guidance for superfund, Vol. I, Human health evaluation manual (Part A). EPA/540/1-89/002 Office of Remedial Response, Washington, D.C.

EPA (1989 b) Transport and fate of contaminants in the subsurface. EPA/625/4-89/019, Technology Transfer

EPA (1990) Handbook of suggested practices for the design and installation of groundwater monitoring wells. Las Vegas, Nev.

EPA (1992) Estimating potential for occurence of dnapl at superfund sites. Quick reference fact sheet, EPA9355.4-07FS

EPA (1995) Health effects assessment summary tables. Annual update. 9200.6-303 (93-1), EPA540-R-93-058, PB93-921199, Office of Remedial Response, Washington, D.C.

Ernstberger R, Lukas-Bartl M (1994) Kompendium für den technischen Umweltschutz. Vogel, Würzburg

van Everdingen A F (1977) The skin effect and its influence on the productive capacity of a well. J. Petroleum Technol. **198**

Exler H J, Fauth H, Golwer A, Käss W (1980) Untersuchung und Bewertung der Grundwasserbeschaffenheit in der Umgebung von Ablagerungsplätzen. Müll und Abfall **2/80**, Schmidt, Berlin

Falbe J, Regitz M (Hrsg.) (1989) Chemie-Lexikon. Thieme, Stuttgart

Faulstich M, Tidden F (1990) Auslaugverfahren für Rückstände. Abfallwirtschaftsjournal **2**, 10

Fecker E, Reik G (1987) Baugeologie. Enke, Stuttgart

Feld R (1988) Geophysikalische Erkundung zur Altlastenerfassung. In: Franzius V, Stegmann R, Wolf K (Hrsg.) Handbuch der Altlastensanierung. Schenk, Heidelberg

Feld R, Vilhjalmsson R, Weber D (1988) Erkundung von Altdeponien mit dem Georadar. wlb **7-8**

Felfer W (1993) Geophysik an Altlasten. Umweltbundesamt (Hrsg.)

Ferris J G, Knowles D B, Brown R H, Stallman R W (1962) Theory of aquifer tests - groundwater hydraulics. U.S. Geol. Surv. Water Supply **1536 E**, Washington, D.C.

Fetter C W (1994) Applied hydrogeology. Prentice Hall, Englewood Cliffs, N.J.

Fischer B, Köchling P (Hrsg.) (1994) Praxisratgeber Altlastensanierung, Systematische Anleitung für eine erfolgreiche Sanierung belasteter Flächen. WEKA, Augsburg

Flachowsky J, Rudolph M (1996) Versuche zur Anwendung informationstheoretischer Methoden bei der Beschreibung von Schadstoffverteilungen im Einzugsbereich von Deponien. In: Jessberger H L (Hrsg.) Umweltinformatik im Altlastenbereich. Balkema, Rotterdam

Flathe H (1975) Geophysikalische Untersuchungen. In: Richter W, Lillich W (Hrsg.) Abriß der Hydrogeologie. Schweizerbart, Stuttgart

Flathe H (1976) The role of a geological concept in geophysical research work for solving hydrogeological problems. Geoexpl. **14**

Flathe H, Leibold W (1976) The smooth sounding graph. Bundesanstalt für Geowissenschaften und Rohstoffe BGR (Hrsg.), Hannover

Förstner U, Calmano W (1982) Bindungsformen von Schwermetallen in Baggerschlämmen. Vom Wasser **59**

Fortak H (1972) Anwendungsmöglichkeiten von mathematisch-meteorologischen Diffusionsmodellen zur Lösung von Fragen der Luftreinhaltung. Minister für Arbeit, Gesundheit und Soziales des Landes Nordrhein-Westfalen (Hrsg.), Düsseldorf

Franzius V, Stegmann R, Wolf K (Hrsg.) (1995) Handbuch der Altlastensanierung. Decker, Heidelberg

Freeze R A, Cherry J A (1979) Groundwater. Prentice-Hall, Englewood Cliffs, N.J.

Frese H (1987) Einsatz von geophysikalischen Bohrlochmessungen bei hydrogeologischen Bohrungen, Entwicklung und Stand der Technik. Firmenprospekt Tegeo, Celle

Fried J J (1975) Groundwater Pollution. Elsevier, Amsterdam / Oxford / New York

Fronius A, Kallert U (1994) Chemisches Untersuchungsprogramm für Grundwasser bei Orientierungsuntersuchungen an Altablagerungen. AltlastenFakten **3**, Hannover / Hildesheim

Funk W, Damman V, Donnevert G (1992) Qualitätssicherung in der Analytischen Chemie. VCH, Weinheim

Funk W, Damman V, Vonderheid C, Oehlmann G (1985) Statistische Methoden in der Wasseranalytik: Begriffe, Strategien, Anwendungen. VCH, Weinheim

Gaminger O, Krömer E J (1989) Untersuchungen der besonderen Anforderungen bei Vorbereitung, Planung, Durchführung und Auswertung von hydraulischen Testen der Vorbohrung mit Ausblick auf die Hauptbohrung. Forschungs- und Entwicklungsvorhaben im Rahmen des Kontinentalen Tiefbohrprogrammes der Bundesrepublik Deutschland (KTB), Hannover

Gelhar L W (1983) Analysis of two-well tracer tests with a pulse input. Rockwell International Report RHO-BW-CR, Richland, Wa.

Gelhar L W, Cherry J A (1979) Three-dimensional stochastic analysis of macrodispersion in aquifers. Water Resources Research **19**, 1, Ontario

Gentilli J (1953) Die Ermittlung der möglichen Oberflächen- und Pflanzenverdunstung, dargelegt am Beispiel von Australien. Erdkunde **7**

Geological Society of America (1975) Rock color chart. Boulder, Colo.

Geologisches Landesamt Baden-Württemberg (1990) Symposium "Geophysikalische Erkundung von Altlasten".

Gerdts D, Selke W (1988) Methodik der Erfassung kontaminationsverdächtiger Flächen unter Berücksichtigung der laufenden Planung - Kommunale Erfassung am Beispiel des Stadtverbandes Saarbrücken. In: Franzius, V, Stegmann R, Wolf K (Hrsg.) Handbuch der Altlastensanierung. Decker, Heidelberg

Glässer W, Meyer D E, Wohnlich S (1995) Handbuch für die Umweltsanierung, Hydro- und ingenieurgeologische Methoden bei der Boden- und Grundwassersanierung im Altlastenbereich. Ernst, Berlin

de Glee G J (1930) Over grondwaterstromingen bij wateronttrekking door middel van putten. Thesis, Waltman, Delft

de Glee G J (1951) Berekeningsmethoden voor de winning van grondwater. In: Drinkwatervoorziening. Morman's periodieke pers, The Hague

Gloxhuber C, Wirth W (1985) Toxikologie. Thieme, Stuttgart / New York

Gottschalk G (1980) Auswertung quantitativer Analysenergebnisse. in: Kienitz H, Bock R, Fresenius W, Huber W, Tölg G (Hrsg.) Analytiker-Taschenbuch I, Springer, Berlin / Heidelberg / New York

Greenhouse J P, Slaine D D (1986) Geophysical modelling and mapping of contaminated groundwater around three waste disposal sites in Southern Ontario, Canada. Geotech. J. **23**

Grenzius R (1991) Methodisches Konzept für das Modellprojekt Saarbrücken im Rahmen von Saar-Bis, Mitt. Dt. Bodenk. Ges. **66/II**

Griffin R A, Cartwright K, Shimp N S, Steel I D, Ruch R R, White W A, Hughes G M, Gilkeson R H (1976) Attenuation of pollutants in municipal landfill leachate by clay minerals. Ill. State Geol. Surv. Env. **78**

Gringarten A C (1971) Unsteady state pressure distributions created by a well with a single horizontal fracture, partial penetration, or restricted entry. PhD Diss., Stanford University, Stanford, Cal.

Gringarten A C (1980) Interpretation of transient well test data. Scientific Software-Intercomp, Denver, Colo.

Gringarten A C (1982 a) Flow-test evaluation of fractured reservoirs. Geol. Soc. Am., Spec. Paper **189**, Dallas, Tex.

Gringarten A C (1982 b) Interpretation of tests in fissured reservoirs and multi-layered reservoirs with double porosity behavior - theory and practice. Soc. Petroleum Eng. AIME **10044**, Dallas, Tex.

Gringarten A C, Bourdet D P, Landel P A, Kniazeff V J (1979) A comparison between different skin and wellbore storage type-curves for early-time transient analysis. Soc. Petroleum Eng. **8205**, Dallas, Tex.

Gringarten A C, Ramey H J (1974) Unsteady-state pressure distributions created by a well with a single horizontal fracture, partial penetration, or restricted entry. Soc. Petroleum Eng. **257**, Dallas,Tex.

Gringarten A C, Witherspoon P A (1972) A method of analyzing pumping test data from fractured aquifers, in: Proc. symp. percolation in fissured rock. Intern. Soc. Rock Mechanics **3**, Stuttgart

Grisak G E, Pickens J F, Belanger D W, Avis J D (1985) Hydrogeologic testing of crystalline rocks during the NAGRA deep drilling program. NTB **85-08**, Baden

Grossmann K (Hrsg.) (1994) Verteilte Faktendatenbanken - Datengrundlage für Informationssysteme im Agrar- und Umweltbereich. Schriftenreihe der Zentralstelle für Agrardokumentation und -information ZADI III, Bonn

Grossmann J, Quentin K E, Udluft P (1987) Sickerwassergewinnung mittels Saugkerzen - eine Literaturstudie. Z. Pflanzenernährung und Bodenk. **150**, Weinheim

Grossmann K, Pohlmann J M (1994) Metadaten - Nachweis für Faktendaten. Schriftenreihe der Zentralstelle für Agrardokumentation und -information ZADI III, Bonn

Grove D B, Beetem W A (1971) Porosity and dispersion constant calculations for a fractured carbonate aquifer using the two-well tracer method. Water Resources Research **7**, Richmond, Va.

Güven O, Falta R W, Molz F J, Melville J G (1986) A simplified analysis of two-well tracer tests in stratified aquifers. Groundwater **24**, I, Dublin

Haas D, Horchler D, van Straaten L (1985) Untersuchung und Bewertung von Altablagerungen im Regierungsbezirk Detmold/Nordrhein-Westfalen. Müll und Abfall **9/85**, Berlin

Hackbarth D A (1978) Application of the drill-stem test to hydrogeology. Groundwater **16**, 1

Hake G, Grünreich D (1994) Kartographie. de Gruyter, Berlin / New York

Halevy E, Nir A (1962) The determination of aquifer parameters with the aid of radioactive tracers. J. Geophys. Res. **67**, Richmond, Va.

Hantush M S (1956) Analysis of data from pumping tests in leaky aquifers. Trans. Am. Geoph. Union **37**, 6

Hantush M S (1959) Analysis of data from pumping wells near a river. J. Geoph. Res. **64**

Hantush M S (1964) Hydraulics of wells. In: Chow V T (Ed.) Advances in hydroscience I. Academic Press, London / New York

Hantush M S (1966) Analysis of data from pumping tests in anisotropic aquifers. J. Geoph. Res. **71**

Hantush M S, Jacob C E (1955) Non-steady radial flow in an infinite leaky aquifer. Trans. Am. Geoph. Union **36**, Washington, D.C.

Hantush M S, Thomas R G (1966) A method for analyzing a drawdown test in anisotropic aquifers. Water Resources Research **2**

Hartge K H, Horn R (1992) Die physikalische Untersuchung von Böden. Enke, Stuttgart

Hatzsch P (1991) Tiefbohrtechnik. Enke, Stuttgart

Haude W (1955) Zur Bestimmung der Verdunstung auf möglichst einfache Weise. Mitt. dt. Wetterd. **2**, 11, Bad Kissingen

Haude W (1959) Die Verteilung der potentiellen Verdunstung in Ägypten. Erdkunde **13**, 3, Bonn

Haug A (1985) Feldmethoden zur Grundwasserentnahme aus Tiefbohrungen und zur hydrochemischen Überwachung der Bohrspülung, NTB **85-07**, Baden

Heath R C (1988) Einführung in die Grundwasserhydrologie. Oldenbourg, München

Heinsberg J (1992) Empfindlichkeitsanalyse und Einsatzmöglichkeiten des Wasserhaushaltsmodelles HELP, unveröff. Dipl.-Arbeit, Geogr. Inst. Uni. Hannover, Hannover

Heinz W F (1985) Diamond drilling handbook. South African Drilling Association, Johannesburg

Heitefuss S, Keuffel-Türk A (1994) Erstbewertung von Altablagerungen bei Beweisniveau 1, Ergänzende Bearbeitungshinweise zur Aufstellung Regionaler Prioritätenlisten und Regionaler Wartelisten durch die Regionalen Bewertungskommissionen. AltlastenFakten **4**, Hannover / Hildesheim

Hennings V (1993) Vorgehensweise zur Vorerkundung, Beprobung, Analytik und Bewertung schadschoffkontaminierter Böden, Geol. Jb. **F 27**, Hannover

Herr M (1986) Grundlagen der hydraulischen Sanierung verunreinigter Porengrundwasserleiter. Eigenverlag. Inst. Wasserbau Uni. Stuttgart **63**, Stuttgart

Herrmann R (1981) Querschnittsstudie Bohrungen/Probenahme. Veröff. Grundbauinst. Landesgewerbeanstalt Bayern, Nürnberg

Herweg K (1988) Bodenerosion und Bodenkonservierung in der Toscana, Italien. Physiogeographica, Basler Beitr. z. Physiogeogr. **9**, Basel

Hessische Landesanstalt für Umweltschutz HLfU (1995) Jahresbericht. Wiesbaden

Hindel R, Fleige H (1991) Schwermetalle in Böden der Bundesrepublik Deutschland - geogene und anthropogene Anteile - Kennzeichnung der Empfindlichkeiten der Böden gegenüber Schwermetallen unter Berücksichtigung geogener (= lithogener und pedogener) Grundgehalte sowie anthropogener Zusatzbelastungen. UBA-Texte **13/91**

Hoins H, Tönjes F, Schmidt U (1992) Geoelektrische Untersuchungen auf der Altablagerung Stade-Riensförde im Rahmen eines F + E-Programms zur Lokalisierung von Kontaminationsschwerpunkten. Korrespondenz Abwasser

Hölting B (1992) Hydrogeologie. Enke, Stuttgart

Hölting B, Kanz W, Schulz H D (1982) Geohydrochemie im Buntsandstein der Bundesrepublik Deutschland - Statistische Auswertung von Grundwasseranalysen. DVWK-Schriften **54**, Parey, Hamburg / Berlin

Hötzl H (1982) Statistische Methoden zur Auswertung hydrochemischer Daten. DVWK-Schriften **54**, Parey, Hamburg / Berlin

Hommel G (1980) Handbuch der gefährlichen Güter. Springer, Berlin / Heidelberg / New York

Homrighausen R (1993) Bohrungen für Erkundungen von Altlasten, Industriestandorten und Deponien. bbr **10/93**, Müller, Köln

Homrighausen R, Lüdeke U (1990) Ausbau von Grundwassermeßstellen, Dichtigkeit von Ausbaumaterialien und Wirksamkeit von hydraulischen Barrieren im Ringraum. bbr **7/90**, Müller, Köln

Hooghoudt S B (1936) Bepaling van den doorlaatfaktor van den grond met behulp van pompproeven (Boorgatenmethode). Verslag Landbouwk. Onderzoek **42**

Hoopes J A, Harleman D R (1967) Wastewater recharge and dispersion in porous media. J. Hydraulics Div. ASCE **93** (HY5)

Horner D R (1951) Pressure build-up in wells. Proc. 3rd World Petroleum Congress, Section II, Leiden

Hortensius D, Bosman R, Harmsen J, Wever D (1990) Entwicklung standardisierter Probenahmestrategien für Bodenuntersuchungen in den Niederlanden. In: Umweltbundesamt (Hrsg.) Altlastensanierung '90. Dritter Internationaler TNO/BMFT-Kongreß

Hutzler N J, Murphy B E, Gierke J S (1988) State of technology review - soil vapor extraction systems. U.S. EPA

Hvorslev M J (1951) Time lag and soil-permeability in groundwater observations. U.S. Corps Eng., Waterways Experimental Stn., Bull. No. **36**, Vicksburg, Miss.

Imhof E (1972) Thematische Kartographie. de Gruyter, Berlin / New York

Institut Francais du Petrole (1978) Drilling data handbook. Paris

International Association of Drilling Contractors (1974) Drilling manual. Houston, Tex.

International Organization for Standardization. Geneva
ISO 2602 (1980) Statistical interpretation of test results - estimation of the mean - confidence interval.
ISO 2854 (1976) Statistical interpretation of data - techniques of estimation and tests relating to means and variances.
ISO 3534-1 (1993) Statistics - vocabulary and symbols I: Probability and general statistical terms.
ISO 3534-2 (1993) Statistics - vocabulary and symbols II: Statistical quality control.
ISO 3534-3 (1985) Statistics - vocabulary and symbols III: Design of

experiments.

ISO 5667-1 (1980) Water quality - sampling: Guidance on the design of sampling programmes.

ISO 8466-1 (1990) Water quality - calibration and evaluation of analytical methods and estimation of performance characteristics I: Statistical evaluation of the linear calibration function.

ISO 8466-2 (1993) Water quality - calibration and evaluation of analytical methods and estimation of performance characteristics II: Calibration strategy for non-linear second order calibration functions.

Jacob, C E (1947) Drawdown test to determine effective radius of artesian well. Trans. Am. Soc. Civ. Eng. **112**, 3221

Jacob C E, Lohman S W (1952) Nonsteady flow to a well of constant drawdown in an extensive aquifer. Trans. Am. Geoph. Union **33**

Jakob G, Brasser T (1992) Schwermetallbindungsformen in ausgewählten Abfallarten. Müll und Abfall **1**

Jakob G, Dunemann L, Zachmann D, Brasser T (1990) Untersuchungen zur Bindungsform in ausgewählten Abfällen. Abfallwirtschaftsjournal **2**, 7

Janczyk A (1988) Geoelektrische Methoden zur Erkundung von Deponiestandorten, Altablagerungen und Altlasten. Veröff. Ing. Büro M. Kleefeldt, Hannoversch Münden

Janicke L (1994) Ausbreitungsmodell LASAT (Lagrange-Simulation von Aerosol-Transport). Überlingen

Johnson P C, Kemblowski M W, Colthart J D (1988) Practical screening models for soil venting applications. Proc. of NWWA/API Conference on Petroleum Hydrocarbons and Organic Chemicals in Groundwater, Houston, Tex.

Johnson P C, Stanley C C, Kemblowski M W, Byers D L, Colthart J D (1990) A practical approach to the design, operation and monitoring of in situ soil venting systems. Ground Water Monitoring Review **10** (2), Dublin, Oh.

Käss W (1972) Grundwassermarkierungsversuche im Pleistozän der Freiberger Bucht. Geol. Jb. **C 2**, Hannover

Karickhoff S W, Brown D S, Scott T A (1979) Sorption of hydrophobic pollutants on natural sediments. Water Resources Research **13**

Kauch E P (1982) Zur Situierung von Brunnen im Grundwasserstrom. Österr. Wasserwirtschaft **7/8**, Wien

Keller R (1961) Gewässer und Wasserhaushalt des Festlandes. Haude und Spener, Berlin

Kempter E H K (1966) Guide for lithological descriptions of sedimentary rocks (Tapeworm). Port Gentil

Kenaga E E, Goring C A I (1980) Relationship between water solubility, soil sorption, octanol-water partioning, and concentration of chemicals in biota. In: Eaton J G, Parrish P R, Hendricks A C (Ed.) Aquatic toxicology. ASTM Spec. Tech. Publ., Philadelphia, Pa.

Kessels W (Hrsg.) (1990) Grundlagenforschung und Bohrlochgeophysik, Hydraulische Untersuchungen in der Bohrung KTB-Oberpfalz VB. KTB Report 90-5, 9, Hannover

Kille K (1970) Das Verfahren MoMNQ, ein Beitrag zur Berechnung der mittleren langjährigen Grundwasserneubildung mit Hilfe der monatlichen Niedrigwasserabflüsse. Z. dt. geol. Ges., Sonderh. Hydrogeologie/Hydrochemie, Hannover

Kinzelbach W (1986) Groundwater modelling - an introduction with samples in BASIC. Developments in Water Science 25, Elsevier, Amsterdam

Kinzelbach W (1987) Numerische Methoden zur Modellierung des Transports von Schadstoffen im Grundwasser. Schriftenreihe Wasser/Abwasser 21, Oldenbourg, München

Kinzelbach W, Ackerer P (1986) Modélisation du transport de contaminant dans un champs d'écoulement non-permanent. Hydrogéologie II

Kinzelbach W, Herzer J (1983) Anwendung der Verweilzeitmethode auf die Simulierung und Beurteilung von hydraulischen Sanierungsmaßnahmen - Methoden zur rechnerischen Erfassung und hydraulischen Sanierung von Grundwasserkontaminationen. Eigenverlag Inst. Wasserbau Uni. Stuttgart 54, Stuttgart

Kinzelbach W, Marburger M, Chiang W H (1992) Bestimmung von Brunneneinzugsgebieten in zwei und drei räumlichen Dimensionen. Geol. Jb. C 61, Hannover.

Kinzelbach W, Rausch R (1995) Grundwassermodellierung. Borntraeger, Berlin / Stuttgart

Kisch J, Reinhold M (1983) Geophysikalische Methoden zur Erkundung von Altlasten. Naturw. 73

Kneib W D (1993) Anlage von Bodenmeßnetzen zur Bodenschutzplanung und Beweissicherung - Empfehlungen für die Praxis. In: Rosenkranz D, Einsele G, Harreß H M (Hrsg.) Bodenschutz - Ergänzbares Handbuch der Maßnahmen und Empfehlungen für Schutz, Pflege und Sanierung von Böden, Landschaft und Grundwasser. Schmidt, Berlin

Kneib W D, Braskamp A (1990) Vier Jahre Stadtbodenkartierung von Hamburg Probleme und Ergebnisse. Mitt. Dt. Bodenk. Ges. **61**

Kobus H, Rinnert B (1981) Hydraulische Möglichkeiten zur Grundwassersanierung im Bereich von Altablagerungen - Methoden zur rechnerischen Erfassung und hydraulischen Sanierung von Grundwasserkontaminationen. Eigenverlag Inst. Wasserbau Uni. Stuttgart **54**, Stuttgart

Kolodziey A W (1992) Zusammenfassende Bearbeitung geoelektrischer und elektromagnetischer Messungen aus dem Umfeld der SAD Münchehagen (Niedersachsen).

Kompa R, Fehlau K P (1988) Altlasten und kontaminierte Standorte. Forum des Instituts für Energietechnik und Umweltschutz im TÜV-Rheinland, Köln, in Zusammenarbeit mit dem Umweltbundesamt Berlin

Konikow L F, Bredehoeft J D (1978) Computer model of twodimensional solute transport and dispersion in groundwater. Techniques of Water Resources Investigations of the U.S. Geological Survey **7**, Washington, D.C.

Kowalewski J B (1993) Altlastenlexikon. Glückauf, Essen

Kraft W, Schräber D (1982) Grundwasserspendenschüssel und ihre Anwendung bei der Ermittlung des Grundwasserdargebotes in Festgesteins-Grundwasserleitern. Z. f. angew. Geologie, **28** (4)

Kreyszig E (1979) Statistische Methoden und ihre Anwendungen. Vandenhoeck und Ruprecht, Göttingen

Kronberg P (1984) Photogeologie. Enke, Stuttgart

Kronberg P (1985) Fernerkundung der Erde. Enke, Stuttgart

Kruseman G P, de Ridder N A (1990) Analysis and evaluation of pumping test data. ILRI, Wageningen

Krutz H, Cammann K, Donnevert G, Funk W, Hebbel H, Kolloch B, Laubereau P G, Leichtfuß S, Neitzel V, Rump H H (1989) Chemometrie in der Wasseranalytik. Vom Wasser **72**, VCH, Weinheim

Kühn R, Birett K (1988) Merkblätter gefährliche Arbeitsstoffe. ecomed, Landsberg

Kuntze H, Fleige H, Hindel R, Wippermann T, Filipinski M, Grupe M, Pluquet E (1991) Empfindlichkeit der Böden gegenüber geogenen und anthropogenen Gehalten an Schwermetallen - Empfehlungen für die Praxis. In: Rosenkranz D, Einsele G, Harreß H M (Hrsg.) Bodenschutz - Ergänzbares Handbuch der Maßnahmen und Empfehlungen für

Schutz, Pflege und Sanierung von Böden, Landschaft und Grundwasser. Schmidt, Berlin

Küpfer T, Hufschmied P, Pasquier F (1989) Hydraulische Tests in Tiefbohrungen der Nagra. NAGRA informiert, **11** (3+4), Baden

Kuth C, Starck K, Neubauer F M (1989) Kombinierte Interpretation geophysikalischer Verfahren bei der Altlastenerkundung. In: Thomé-Kozmiensky K J (Hrsg) Altlasten III. EF Verlag, Berlin

LABO-LAGA-AG „Direktpfad" (1996) Eckpunkte zur Gefahrenbeurteilung des Wirkungspfades Bodenverunreinigungen/Altlasten - Mensch (Direkter Übergang). Entwurf nach Abstimmung mit dem Ausschuß für Umwelthygiene der AGLMB, überarbeitete Fassung, Stand 31.5.1996

Länderarbeitsgemeinschaft Abfall LAGA (1989) Erfassung, Gefahrenbewertung und Sanierung von Altlasten. Informationsschrift Altablagerungen und Altlasten

Länderarbeitsgemeinschaft Abfall LAGA-ATA-AG "Analysenmethoden" Richtlinien für das Vorgehen bei physikalischen und chemischen Untersuchungen im Zusammenhang mit der Beseitigung von Abfällen.

Länderarbeitsgemeinschaft Abfall LAGA (1991) Informationsschrift Altablagerungen und Altlasten. Schmidt, Berlin

Länderarbeitsgemeinschaft Wasser (LAWA)
AQS-Merkblatt "Probenahme von Grundwasser P-8/2". (1994) Gelbdruck, Schmidt, Berlin
AQS-Merkblätter für die Wasser-, Abwasser- und Schlammuntersuchung (1991), Schmidt, Berlin
Grundwasser-Richtlinien für Beobachtung und Auswertung, Teil 3 (1993) Grundwasserbeschaffenheit.

Länderarbeitsgemeinschaft Wasser (LAWA) und Bundesminister für Verkehr (1978) Pegelvorschrift, Hannover / Bonn
Anlage A (1988) Richtlinien für den Bau von Pegeln mit Anhang "Pegelgeräte", Hannover / Bonn
Anlage B (1978) Anweisung für das Beobachten und Warten der Pegel, Hannover / Bonn
Anlage C (1978) Anweisung für das Festlegen und Erhalten der Pegel in ihrer Höhenlage, Hannover / Bonn

Anlage D (1991) Richtlinie für das Messen und Ermitteln von Abflüssen und Durchflüssen, Hamburg / Bonn
Anlage E (1978) Richtlinie für die Anwendung der elektronischen Datenverarbeitung im Pegelwesen, Bonn

Anlage F (1985) Richtlinie für die digitale Erfassung, Speicherung und Fernübertragung von gewässerkundlichen Daten, Bonn

Landesamt für Wasser und Abfall Nordrhein-Westfalen (1989) Leitfaden zur Grundwasseruntersuchung bei Altablagerungen und Altstandorten. LWA-Materialien **7/89**, Düsseldorf

Landesamt für Wasser und Abfall Nordrhein-Westfalen (1991) Probenahme bei Altlasten. LWA-Materialien **1/91**, Düsseldorf

Landesanstalt für Umweltschutz LfU Baden-Württemberg (1983) Leitfaden für die Beurteilung und Behandlung von Grundwasserverunreinigungen durch leichtflüchtige Chlorkohlenwasserstoffe. Karlsruhe

Landesanstalt für Umweltschutz LfU Baden-Württtemberg (1990) Leitlinien zur Geophysik an Altlasten. Materialien zur Altlastenbearbeitung **2**, Karlsruhe

Landesanstalt für Umweltschutz LfU Baden-Württemberg (1992 a) Handbuch Historische Erhebung altlastverdächtiger Flächen. Materialien zur Altlastenbearbeitung **9**, Karlsruhe

Landesanstalt für Umweltschutz LfU Baden-Württemberg (1992 b) Der Deponiegashaushalt in Altablagerungen - Leitfaden Deponiegas. Materialien zur Altlastenbearbeitung **10**, Karlsruhe

Landesanstalt für Umweltschutz LfU Baden Württemberg (1994 a) Handbuch Altlasten und Grundwasserschadensfälle. Arbeitsschutz bei der Erkundung von Altablagerungen **14**, Karlsruhe

Landesanstalt für Umweltschutz LfU Baden-Württemberg (1994 b) Elutionsverfahren für schwerlösliche organische Schadstoffe in Boden- und Abfallproben. Karlsruhe

Landesanstalt für Umweltschutz LfU Baden-Württemberg (1994 c) Derzeitige Anwendung und Entwicklung von Elutionsverfahren. Karlsruhe

Landesanstalt für Umweltschutz LfU Baden-Württemberg (1996) Handbuch Altlasten und Grundwasserschadensfälle - Leitfaden Erkundungsstrategie Grundwasser. Karlsruhe

Landesumweltamt Nordrhein-Westfalen (1995) Anforderungen an Gutachter, Untersuchungsstellen und Gutachten bei der Altlastenbearbeitung. Materialien zur Ermittlung und Sanierung von Altlasten, Essen

Langguth H R, Voigt R (1980) Hydrogeologische Methoden. Springer, Berlin / Heidelberg / New York

Lautsch H, Pilger A (1982) Karte, Riß, Profil und Nordrichtung I, Grundlagen und Bezugssysteme. Clausthaler Tektonische Hefte **18**, Pilger, Clausthal-Zellerfeld

Leap D I, Kaplan P G (1986) Two new simple tracer methods for estimating groundwater velocities. In: Morfis, Paraskevopoulou (Ed.) Proc. 5th Int. Symp. Underground Water Tracing, Athens

Leap D I, Kaplan P G (1988) A single-well tracing method for estimating regional advective velocity in a confined aquifer - theory and preliminary laboratory verification. Water Resources Research **23**, 7

Lee J (1982) Well Testing. Soc. Petroleum Eng. Textbook Series I, Dallas, Tex.

Lehmann F, Reesas G, Wohltmann H (1992) Gutachten über das methodische Vorgehen bei der historischen Recherche im Rahmen der Altlastenerkundung. Bremen

Leuchs W (1989) Strategien und Techniken zur Gewinnung von Feststoffproben - Probenahme bei Altlasten. LWA-Materialien **3/89**, Düsseldorf

Linder A, Berchtold W (1979) Elementare statistische Methoden. Birkhäuser, Basel / Boston / Stuttgart

Lorenz B, Kalberkamp U, Niederleithinger E (1989) Geomagnetische und geoelektrische Verfahren zur Untersuchung von Altlasten und Deponiestandorten. In: Thomé-Kozmiensky K J (Hrsg) Altlasten III. EF Verlag, Berlin

Luckner L, Schestakow W M (1986) Migrationsprozesse im Boden- und Grundwasserbereich. Verlag für Grundstoffindustrie, Leipzig

Luft G, Morgenschweis G (1982) Ermittlung von Abstandsgeschwindigkeit, hydraulischer Leitfähigkeit und Dispersionskoeffizient aus Markierungsversuchen in kiesigen und schluffigen Aquiferen. Hydrologie **28** II, Bern

Lyman W J, Reehl W F, Rodenblatt D H (1982) Handbook of chemical property estimation methods. McGraw Hill, New York, N.Y.

MacDonald R, Kemp K (1995) International GIS dictionary. GeoInformation International

Maillet E (1905) Mécanique et physique du globe. Essais d'hydraulique souterraine et fluviatile. Hermann, Paris

Marsal D (1979) Statistische Methoden für Erdwissenschaftler. Schweizerbart, Stuttgart

Massart D L, Vandeginste B G M, Deming S N, Michotte Y, Kaufman L (1988) Chemometrics: A textbook. Data handling in science and technology II, Elsevier, Amsterdam / Oxford / New York / Tokyo

Mattheß G, Ubell K (1983) Lehrbuch der Hydrogeologie. Bornträger, Berlin / Stuttgart

Matz G, Schröder W, Kesners P (1990) Schnelle Vor-Ort Bodenanalytik: Ein mobiles GC/MS-System im Vergleich mit Laborverfahren. In: Umwelt-bundesamt (Hrsg.) Altlastensanierung '90. Dritter Internationaler TNO/BMFT-Kongreß

Mayer R (1971) Bioelement-Transport im Niederschlagswasser und in der Bo-denlösung eines Wald-Ökosystems. Göttinger Bodenkund. Berichte 19

McBratney A B, Webster R (1983) How many observations are needed for re-gional estimation of soil properties? Soil Science 135.3

Mercado A (1976) Nitrate and chlorite pollution of aquifers, regional study with the aid of a single cell method. Water Resources Research 15 (12), Ontario

Mercer J W, Cohen R M (1990) A review of immiscible fluids in the subsurfaces: pproperties, models, characterization and remediation. J. Contami-nant Hydrology 6, Amsterdam

Merkel B, Nemeth G, Udluft P, Grimmeisen W (1982) Hydrogeologische und hydrochemische Untersuchungen in der ungesättigten Zone eines Kiesgrundwasserleiters, Teil 1: Entwicklung und Erstellung eines be-gehbaren Probenahmeschachtes zur Boden-, Wasser- und Luftunter-suchung. Z. Wasser-Abwasser-Forsch. 15, Weinheim

Meyer W (1991) Geologisches Zeichnen und Konstruieren. Clausthaler Tekto-nische Hefte 17, Pilger, Clausthal-Zellerfeld

Militzer H, Weber F (Hrsg.) (1985) Angewandte Geophysik II: Geoelektrik, Geo-thermik, Radiometrie, Aerogeophysik. Springer, Wien / Heidelberg / New York

Ministerium für Ernährung, Landwirtschaft, Umwelt und Forsten Baden-Würt-temberg MELUF (1987) Altlasten-Handbuch, Teil I: Altlastenbewer-tung. Stuttgart

Ministerium für Ernährung, Landwirtschaft, Umwelt und Forsten MELUF (1983) Leitfaden für die Beurteilung und Behandlung von Grundwasserver-unreinigungen durch leichtflüchtige Chlorkohlenwasserstoffe 13, Stuttgart

Ministerium für Umweltschutz Baden-Württemberg (1989) Handbuch Hydrologie Baden-Württemberg - Grundwasserüberwachungsprogramm - Konzept und Grundsatzpapiere, Anleitung zur Probenahme von Grund-, Roh- und Trinkwasser. Landesanstalt für Umweltschutz, Karlsruhe

Montgomery J H, Welkom L M (1990) Groundwater chemical desk reference. Lewis, Chelsea, Mich.

Moore P L (1974) Drilling practices manual. PennWell, Tulsa, Okla.

Moser H, Rauert W (1980) Isotopenmethoden in der Hydrologie. Bornträger, Berlin / Stuttgart

Muckelmann R, Schulze B M (1989) Seismische Messungen mit Scherwellen auf ehemaligen Deponiestandorten. In: Thomé-Kozmiensky K J (Hrsg) Altlasten III. EF Verlag, Berlin

Muckelmann R, Schulze B M, Tietze G (1989) Geophysikalische Untersuchungen an Altlasten anhand von praktischen Beispielen. In: Thomé-Kozmiensky K J (Hrsg) Altlasten III. EF Verlag, Berlin

Mühlfeld R, Mückenhausen E, Grüneberg F, Ruder J (1981) Fernerkundung in Geologie und Bodenkunde. In: Bender (Hrsg.) Angewandte Geowissenschaften I. Enke, Stuttgart

Müller W J, Lohmeyer A, Schatzmann M, Janicke L, Salfeld C (1991) Einbindung von Windkanalversuchen und Lagrange-Ausbreitungsmodell in die Einsatzplanung bei aktuellen Freisetzungen. Strahlenschutz für Mensch und Umwelt, Fachverband Strahlenschutz, Jubiläumstagung Aachen

Mueller T D, Witherspoon P A (1965) Pressure interference effects within reservoirs and aquifers. J. Petroleum Technol. **17**, 4

Müller U, Degen C, Jürging C (1992) Dokumentation zur Methodenbank des Fachinformationssystems Boden (FIS Boden), Loseblattsammlung. Niedersächsisches Landesamt für Bodenforschung (Hrsg.), Technische Berichte zum NIBIS **3**, Hannover

Mull R, Batermann G, Boochs P (1979) Ausbreitung von Schadstoffen im Grundwasser. 13. DVWK-Seminar

Mundry E, Dennert U (1980) Das Umkehrproblem in der Geoëlektrik. Geol. Jb. **E 19**

Muskat M (1937) The flow of homogeneous fluids through porous media. McGraw Hill, New York, N.Y.

NAGRA (1982) Sondierbohrung Weiach, Arbeitsprogramm. NTB **82-10**, Baden

Neuman S P, Witherspoon P A (1969) Theory of flow in a confined two-aquifer system. Water Resources Research **5**, Washington, D.C.

Neuman S P, Witherspoon P A (1972) Field determination of the hydraulic properties of leaky multiple aquifer systems. Water Resources Research **8**, Washington, D.C.

Niedersächsische Akademie der Geowissenschaften (1994) Geopotential in Niedersachsen. Wegweiser zu geowissenschaftlichen und geotechnischen Institutionen sowie Firmen. Hannover

Niedersächsisches Landesamt für Bodenforschung NLfB (1990) Anleitung zum Erstellen hydrogeologischer Schichtenverzeichnisse. Hannover

Niedersächsisches Landesamt für Bodenforschung NLfB (1996) Grundwasserüberwachung im Nahbereich der Altlast Münchehagen - Sachstandsbericht. (unveröff.), Hannover

Niedersächsisches Landesamt für Bodenforschung NLfB und Bundesanstalt für Geowissenschaften und Rohstoffe BGR (1993) Anleitung zur Entnahme von Bodenproben. Hannover

Niedersächsisches Landesamt für Ökologie NLÖ (1994 a) Lufthygienisches Überwachungssystem Niedersachsen, Jahresbericht 1994. Hildesheim

Niedersächsisches Landesamt für Ökologie NLÖ (1994 b) Anforderungen an Siedlungsabfalldeponien in Niedersachsen, Deponiehandbuch. Hildesheim

Niedersächsisches Landesamt für Ökologie NLÖ (1994 c) Richtlinie zur Zulassung von gewerblichen und industriellen Abfällen für die Entsorgung auf Siedlungsabfalldeponien (Gewerbeabfallrichtlinie, Entwurf). Hildesheim

Niedersächsisches Landesamt für Wasser und Abfall NLWA (1990) Grundwassergüte-Meßnetz Niedersachsen, Niedersächsische Richtlinie für die Auswahl, den Bau und die Funktionsprüfung von Meßstellen. Hildesheim

Niedersächsisches Umweltministerium (1993) Altlastenprogramm des Landes Niedersachsen - Altablagerungen, Altlastenhandbuch I, Allgemeiner Teil. Hannover

Nothbaum N, Scholz R W, May T W (1994) Probenplanung und Datenanalyse bei kontaminierten Böden. Schadstoff und Umwelt **13**, Schmidt, Berlin

Oelkers K H (1984) Datenschlüssel Bodenkunde, Symbole für die automatische Datenverarbeitung bodenkundlicher Geländedaten. Bundesanstalt für Geowissenschaften und Rohstoffe BGR (Hrsg), Hannover

Oelkers K H (1993) Aufbau und Nutzung des Niedersächsischen Bodeninformationssystems NIBIS - Fachinformationssystem Bodenkunde (FIS Boden). Geol. Jb. **F 27**, Hannover

Olk C (1993) Erkundung von Altstandorten mit geowissenschaftlichen Meßmethoden unter besonderer Berücksichtigung der Ingenieurgeophysik. DMT-Berichte aus Forschung und Entwicklung **21**

Ostrowski L P, Kloska M B (1988) Use of pressure derivatives in analysis of slug test or dst flow period data. Soc. Petroleum Eng. **18595**

Papadopulos I S, Bredehoeft J D, Cooper H H (1973) On the analysis of slug test data. Water Resources Research **9**, 4

de Pastrovich T L, Baradat Y, Barthel R, Chiarelli A, Fussell D R (1979) Protection of groundwater from oil pollution. CONCAWE **3/79**

Penman H L (1948) Natural evaporation from open water, bar soil and grass. Proc. Royal Soc. **193** (A)

Pickens F J, Grisak G E (1981) Scale dependent dispersion in a stratified granular aquifer. Water Resources Research **17**, 4, Ontario.

Prasuhn V, Schaub D (1988) Feldmethoden zur quantitativen Bodenerosionserfassung. Mitt. DBG **56**

Preuß H, Vinken R, Voß H H (1991) Symbolschlüssel Geologie. Hannover

Prinz H (1982) Abriß der Ingenieurgeologie. Enke, Stuttgart

Ramey H J, Agarwal R G, Martin J (1975) Analysis of slug test or dst flow period data. J. Can. Petroleum Technol. **14**, 3, Montreal

Ramey H J, Gringarten A C (1975) Effect of high volume vertical fractures on geothermal steam well behavior. Proc. 2nd U.N. Symp. Use/Devel. Geoth. Energy, San Francisco, Cal.

Rat von Sachverständigen für Umweltfragen (1995) Altlasten II, Sondergutachten. Wiesbaden

Reid R C, Prausnitz T K, Sherwood T K (1977) The properties of gases and liquids. McGraw Hill, New York, N.Y.

Remmler F (1990) Einflüsse von Meßstellenausbau und Pumpenmaterialien auf die Beschaffenheit einer Wasserprobe. Mitt. Dt. Verb. Wasserwirtschaft Kulturbau **20**

Renger M, Strebel O (1977) Quantitative Erfassung der einzelnen Komponenten des Wasserhaushalts in der ungesättigten Bodenzone durch Messung in situ mit hoher raumzeitlicher Auflösung. Abschlußbericht DFG, Weinheim / New York

Renger M, Strebel O (1980) Jährliche Grundwasserneubildung in Abhängigkeit von Bodennutzung und Bodeneigenschaften. Wasser und Boden **32**, Berlin

Renger M, Wessolek G (1992) Qualitative und quantitative Aspekte zur Nitratverlagerung. Mitt. Dt. Bodenkund. Ges. **68**

Renger M, Wessolek G, Kaschanian B, Swartjes F, König R, Plath-Dreetz R (1989) Modelle zur Ermittlung und Bewertung von Wasserhaushalt, Stoffdynamik und Schadstoffbelastbarkeit in Abhängigkeit von Klima, Bodeneigenschaften und Nutzung. Zwischenbericht, Institut für Ökologie - FG Bodenkunde, TU Berlin, Berlin

Repsold H, Schneider E (1988) Bohrlochmessungen bei der Wassererschliessung. In: Schneider H (Hrsg.) Die Wassererschließung, Erkundung, Bewirtschaftung und Erschließung von Grundwasservorkommen in Theorie und Praxis. Vulkan, Essen

Rettenberger G (1978) Entstehung, Folgen, Erfassung und Verwertung von Deponiegas., Stuttgarter Berichte zur Abfallwirtschaft **9**, Schmidt, Bielefeld

Rettenberger G (1982) Forschungsbericht 10302207, Teil II: Untersuchung zur Entstehung, Ausbreitung und Ableitung von Zersetzungsabgasen in Abfallablagerungen. UBA-Texte **13/82**

Richter W, Lillich W (1975) Abriß der Hydrogeologie. Schweizerbart, Stuttgart

Rippen I (1987) Handbuch Umweltchemikalien. ecomed, Landsberg

Rogers A S (1958) Physical behavior and geologic control of radon in mountain streams. U.S. Geol. Surv. Bull. **1052 E**

Röhm H (1994) Standardgliederung für Gutachten zur Gefährdungsabschätzung oder Gefahrenbeurteilung an Altlastverdachtsflächen. Altlasten-Fakten **2**, Hannover / Hildesheim

Rosenfeld M (1995) Einsatz von Slug- & Bail-Tests und Pulse Interference Tests zur Durchlässigkeitsbestimmung von geklüfteten Kreidetonsteinen. Berliner Geowiss. Abh. (A) **170**, Berlin

Rosenkranz D, Einsele G, Harreß H M (1988) Bodenschutz. Schmid, Berlin / Bielefeld / München

Rumler R (1989) Arbeitsmedizinische Aspekte bei der Sanierung von Altlasten. Die Tiefbau-Berufsgenossenschaft **10**, Schmidt, Berlin

Rüter H, Elsen R (1989) Geophysikalische Methoden bei der Altlastenerkundung. In: Thomé-Kozmiensky K J (Hrsg) Altlasten III. EF Verlag, Berlin

Sachs L (1992) Angewandte Statistik: Anwendung statistischer Methoden. Springer, Berlin / Heidelberg

Sageev A (1986) Slug test analysis. Water Resources Research **22**, 8

Sara M N (1994) Standard handbook for solid and hazardous waste facility assessments. Lewis, Ann Arbor, Mich. / Boca Raton, Fla. / London / Tokyo

Sauty J P (1978) Identification des paramètres du transport hydrodispersif dans les aquifères par interprétation de tracages en écoulement cylindrique convergent ou divergent, J. Hydrology **39**, 1/2, Amsterdam / Oxford / New York

Schachtschabel P, Blume H P, Hartge K H, Schwertmann U, Brümmer G, Renger M (1982) Lehrbuch der Bodenkunde. Enke, Stuttgart

Schäcke G, Lüdersdorf R, Quantz D (1988) Messung gesundheitsschädlicher Stoffe bei der Sanierung kontaminierter Grundstücke. Zentralblatt für Arbeitsmedizin **38**, Haefner, Heidelberg

Schafmeister-Spierling M T (1990) Geostatistische Simulationstechniken als Grundlage der Modellierung von Grundwasserströmung und Stofftransport in heterogenen Aquifersystemen. Schelzky und Jeep, Berlin

Schaub D (1989) Die Bodenerosion im Lößgebiet des Hochrheintales (Möhliner Feld, Schweiz) als Faktor des Landschaftshaushaltes und der Landwirtschaft. Physiogeographica, Basler Beitr. z. Physiogeogr. **13**, Basel

Schmidt R G (1983) Technische und methodische Probleme von Feldmethoden der Bodenerosionsforschung. Geomethodica **8**, Basel

Schneider H (1988) Die Wassererschließung, Erkundung, Bewirtschaftung und Erschließung von Grundwasservorkommen in Theorie und Praxis. Vulkan, Essen

Schneider H J (1987) Durchlässigkeit von geklüftetem Fels- eine experimentelle Studie unter besonderer Berücksichtigung des Wasserabpreßversuches. Mitt. Ingenieurgeol./Hydrogeol. **26**, Aachen

Schneider J (1994) Eignung DV-gestützter Verfahren zur bodenkundlichen Datenerhebung in urbanen Räumen - Kartierung gewerblich, industriell und urban überprägter Böden im Stadtgebiet von Hannover auf Grundlage einer digitalen Konzeptkarte. Dissertation Uni. Essen, Essen

Schneider J, Kues J (1990) Erstellung einer bodenkundlichen Kozeptkarte für urbane Ballungszentren - Konzeption des Niedersächsischen Landesamtes für Bodenforschung. Mitt. Dt. Bodenk. Ges. **61**

Schneider K J (Hrgs.) (1994) Bautabellen für Ingenieure. Werner, Düsseldorf

Schneider K, Hassauer M, Kalberlah F (1994) Toxikologische Bewertung von Rüstungsaltlasten I: Expositionsanalyse als erster Schritt zur Bewertung von Gesundheitsgefährdungen und zur Ableitung von standortspezifischen Bodenbeurteilungskriterien. UWSF - Z. Umweltchem. Ökotox. **6** (5)

Schneider S (1974) Luftbild und Luftbildinterpretation. de Gruyter, Berlin / New York

Schönwiese C D (1992) Praktische Statistik für Meteorologen und Geowissenschaftler. Borntraeger, Berlin / Stuttgart

Schreiber D W (1994) Institut für gewerbliche Wasserwirtschaft und Luftreinhaltung (Hrsg.) Methoden und Strategien der Erkundung von Kontaminationen auf Industrie- und Altstandorten. Schäfer und Schott, Köln

Schriever M, Hirner A V (1994) Entwicklung von Routinetests zur Elution von organischen Komponenten aus Abfällen und belasteten Böden. Abschlußbericht LWA NRW, Universität GH Essen, Essen

Schroeder G (1952) Die Wasserreserven des oberen Emsgebietes. Bes. Mitt. Dt. Gewässerk. Jb. **5**, Bielefeld

Schroeder P R, Morgan J M, Walski T M, Gibson A C (1984) The hydrological evaluation of landfill performance (HELP) model: user's guide for version I. U.S. EPA, Cincinnati, Oh.

Schroeder P R, McEnroe B M, Peyton R L, Sjostrom J W (1988) The hydrologic evaluation of landfill performance (HELP) model: user's guide/documentation for version II. U.S. EPA, Cincinnati, Oh.

Schroeder P R, Dozier T S, Zappi P A, McEnroe B M, Sjostrom J W, Peyton R L (1994) The hydrologic evaluation of landfill performance (HELP) model: engineering documentation for version III. U.S. EPA, Cincinnati, Oh.

Schubert R (1985) Bioindikationen in terrestrischen Ökosystemen. Fischer, Jena

Schultheiß S, Goos W (1993) Altlasten, Eine Einführung für Naturwissenschaftler, Ingenieure und Planer. Clausthaler Tektonische Hefte **28**, v. Loga, Köln

Schulz H D (1982) Regionalisierung geohydrochemischer Daten. DVWK-Schriften **54**, Parey, Hamburg / Berlin

Schütt A, Schütt D, Wildgrube E (1981) Data dictionaries - Hilfsmittel zur Verwaltung von Datenresourcen. Angew. Informatik **7/81**, Vieweg

Schwarzenbach R P , Westall J (1981) Transport of nonpolar organic compounds from surface water to groundwater. Environm. Science and Technology **15** (11)

Seeger K J (1994 a) Ein Beitrag zur Ableitung von Orientierungswerten für flüchtige Organische Substanzen im Medium Bodenluft bei der Feststellung von Altlasten im Auftrag der Hessischen Landesanstalt für Umweltschutz. (Entwurf)

Seeger K J (1994 b) Statistische Untersuchungen zur Beurteilung der Grundwasserbeeinflussung durch Altablagerungen. Diss. TH Darmstadt, Schriftenreihe der Hessischen Landesanstalt für Umwelt "Umweltplanung, Arbeits- und Umweltschutz" **178**, Wiesbaden

Sehrbrock U (1991) Probenahme bei der Erkundung von Verdachtsflächen. Mitt. Inst. Grundbau Bodenmechanik TU Braunschweig **35**, Braunschweig

Seiler K P (1972) Ein Versuch zur Bestimmung der Strömungsart in Klüften des saarländischen Mittleren Buntsandsteins. Z. dt. Geol. Ges. **123**, Hannover.

Shuman L M, Hargrove W L (1985) Effect of tillage on the ditribution of manganese, copper, iron and zinc in soil fractions. Soil Sci. Soc. Am. J. **49**

Sichart W (1928) Das Fassungsvermögen von Rohrbrunnen und seine Bedeutung für die Grundwasserabsenkung, inbesondere für größere Absenkungstiefen. Springer, Berlin

Slavik D, Voigt T (1982) Zum Nachweis von Komponenten der Wasserqualität. Konferenz Fernerkundung, Stand und Tendenzen, Karl-Marx-Stadt, Zentralinstitut für Physik der Erde (Hrsg.), Potsdam

Sonderarbeitsgruppe Informationsgrundlagen Bodenschutz der Umweltministerkonferenz (1991) Boden-Dauerbeobachtungsflächen. Arbeitshefte Bodenschutz **1**, München

Späte A, Werner W (1991) Erfassung und Auswertung der Hintergrundgehalte ausgewählter Schadstoffe in Böden Nordrhein-Westfalens. Materialien zur Ermittlung und Sanierung von Altlasten **4**, Düsseldorf

Sposito G, Lund L J, Chang A C (1982) Trace metal chemistry in arid-zone field soils amended with sewage-sludge: Fractination of Ni, Cu, Zn, Cd and Pb in solid phases. Soil Sci. Soc. Am. J. **46**

Spreafico M (1988) Hydrometrie heute und morgen. In: 125 Jahre Hydrometrie in der Schweiz. Bundesamt für Umweltschutz (Hrsg.), Bern

Stallman R W (1963) Type curves for the solution of single-boundary problems. U.S. Geol. Surv. Water Supply **1545 C**, Washington, D.C.

Steffen D (1995) Die Weser. Limnologie aktuell **6**, Fischer, Stuttgart

Steinbrecher D (1994) Messungen zur technischen Zustandskontrolle von Grundwasserbeschaffenheitsmeßstellen. Symposium Grundwasserbeschaffenheitsmeßstellen, Peine

Steinbrecher D, Zscherpe G (1994) Geophysikalische Bohrlochvermessungen in Geotechnik, Umweltschutz und Wasserwirtschaft - Stand und Tendenzen. Sitzungsbericht des DGG-Kolloquiums, Münster

Stober I (1986) Strömungsverhalten in Festgesteinsaquiferen mit Hilfe von Pump- und Injektionsversuchen. Geol. Jb. **C 42**, Hannover

Strayle G, Stober I, Schloz W (1994) Ergiebigkeitsuntersuchungen in Festgesteinsaquiferen. Inf. Geol. Landesamt Baden-Württemberg, Freiburg

Streit B (1991) Lexikon der Ökotoxikologie. VCH, Weinheim

Streltsova T D (1974) Drawdown in compressible unconfined aquifer. J. Hydraulics Div., Proc. Amer. Soc. Civil Eng. **100**

Streltsova T D (1988) Well testing in heterogeneous formations. Exxon, New York, N.Y.

Technische Anleitung Abfall (1991) Zweite allgemeine Verwaltungsvorschrift zum Abfallgesetz (TA Abfall) in der Fassung vom 12.03.1991 (GMBl. S.137), geändert am 21.03.1991 (GMBl. S. 469)
Teil 1: Technische Anleitung zur Lagerung, chemisch/physikalischen, biologischen Behandlung

Technische Anleitung Luft (1986) Erste allgemeine Verwaltungsvorschrift zum Bundes-Immissionsschutzgesetz (TA Luft) Technische Anleitung zur Reinhaltung der Luft vom 27.2.1986 (GMBL S. 93-144)

Technische Anleitung Siedlungsabfall (1993) Dritte allgemeine Verwaltungsvorschrift zum Abfallgesetz (TA Siedlungsabfall) in der Fassung vom 14.05.1993

Tessier A, Chambell P G, Bisson M (1979) Sequential extraction procedure for the speciation of particulate trace metals. Analytical chemistry **51**

Theis C V (1935) The relation between the lowering of the piezometric surface and the rate and duration of discharge of a well using groundwater storage. Trans. Am. Geoph. Union **16**

Thiem G (1906) Hydrologische Methoden. Gebhardt, Leipzig.

Thomé-Kozmiensky K J (1987) Altlasten I. EF-Verlag, Berlin

Thornthwaite C W (1948) An approach toward a rational classification of climate. Geogr. Rev. **38**

Thornthwaite C W, Holzmann B (1939) The determination of evaporation from land and water surfaces. Monthly Weather Rev. **67**, Washington, D.C.

Tiefbau-Berufsgenossenschaft (1987) Erdverlegte Leitungen, Schäden und Schutzmaßnahmen. "Die Tiefbau-Berufsgenossenschaft" **3**, München

Tietze J (1995) Geostatistisches Verfahren zur optimalen Erkundung und modellhaften Beschreibung des Untergrundes von Deponien. Berliner Geowiss. Abh. D **9**, Berlin

Traeger R K (Ed.) (1987) The wellbore sampling workshop. Sandia National Laboratories, Houston, Tex.

Trischler und Partner (1989) Geophysik, Messungen an der Erdoberfläche. In: Leitfaden für die Erkundung von Altlasten I, Grundwasser. Darmstadt / Karlsruhe

Turc L (1954) Le bilan d'eau des sols, relations entre les precipitations, l'evaporation et l'ecoulement. Trois Journée d'Hydraulique, Alger

Umweltbundesamt UBA (1993) Basisdaten Toxikologie für umweltrelevante Stoffe zur Gefahrenbeurteilung bei Altlasten. UBA-Bericht **4/93**

Vandenberg A (1976) Tables and typecurves for analysis of pump tests in leaky parallel channel aquifers. Techn. Bull. **96**, Inland Water Directories, Water Resources Branch, Ottawa

Vandenberg A (1977) Type curves for analysis of pump tests in leaky strip aquifers. J. Hydrol. **33**

Verein Deutscher Ingenieure VDI - VDI/DIN-Handbuch Reinhaltung der Luft, Band 1, Loseblattsammlung
VDI 3786 Blatt 7 (1985) Meteorologische Messungen für Fragen der Luftreinhaltung-Niederschlag.
VDI 3786 Blatt 1 (1995) Umweltmeteorologie - Meteorologische Messungen - Grundlagen.
Richtlinienreihe 3865
VDI 3865, Blatt 1 (1995) Probenahmestrategie.
VDI 3865, Blatt 2 (Gründruck Frühjahr 1996) Probenahme
VDI 3865, Blatt 3 (geplant) Analytische Bestimmung mit Anreicherung.
VDI 3865, Blatt 4 (geplant) Analytische Bestimmung ohne Anreicherung.

Verein Deutscher Ingenieure VDI (1990) Messen von Vegetationsschäden am natürlichen Standort, Verfahren der Luftbildaufnahme mit Color-Infrarot-Film. Beuth, Berlin

Viereck L, Ewers U, Fliegner M (1993) Erarbeitung und Zusammenstellung von Hinweisen zur Entnahme und Untersuchung von Bodenproben. Erstellt im Auftrag des Hessischen Ministeriums für Umwelt, Energie und Bundesangelegenheiten, Gelsenkirchen

Vogelsang D (1993) Geophysik an Altlasten, Leitfaden für Ingenieure, Naturwissenschaftler und Juristen. Springer, Berlin / Heidelberg / New York

Voßmerbäumer H (1991) Geologische Karten. Schweizerbart, Stuttgart

Wagner R, Voigt H D (1982) Gestängetest - Packertest. Z. angew. Geol. **28**, 9

Walton W C (1962) Selected analytical methods for a well and aquifer evaluation. Ill. State Water Surv. Bull. **49**

Warren J E, Root P J (1963) The behavior of naturally fractured reservoirs. J. Soc. Petroleum Eng. **3**

Warren J E, Root P J (1965) Discussion on "Unsteady-state behavior of naturally fractured reservoirs". Soc. Petroleum Eng. **5**, 2

Webster D S, Proctor J F, Marine I W (1970) Two-well tracer test in fractured crystalline rock. U.S. Geol. Surv. Water Supply **1544-1**, Washington, D.C.

Weeks E P (1969) Determining the ratio of horizontal to vertical permeability by aquifer test analysis. Water Resources Research **5**

Weigl M (1988) Theorie und Praxis der Eigenpotentialmessung bei Mülldeponien. In: Wolf K, v. d. Brink W J, Colon F J (Hrsg.) Altlastensanierung '88. Kluwer, Doordrecht

Weßling E (1991) Bodenluftuntersuchung zur Ermittlung von flüchtigen Stoffen. In: Landesamt für Wasser und Abfall Nordrhein-Westfalen (Hrsg.) Probenahme bei Altlasten. LWA Materialien **1/91**

Wessolek G (1983) Empfindlichkeitsanalyse eines Bodenwasser-Simulationsmodells. Mitt. Dt. Bodenk. Ges. **38**

Whittaker A (Ed.) (1985 a) Field geologist's training guide. IHRDC, Boston, Mass.

Whittaker A (Ed.) (1985 b) Mud logging. IHRDC, Boston, Mass.

Whittaker A (Ed.) (1985 c) Theory and evaluation of formation pressures. IHRDC, Boston, Mass.

Wiesel J (1995 a) Geographische Informationssysteme in Deutschland: Buntes Angebot. iX **9/95**

Wiesel J (1995 b) Praktischer Einsatz von Geoinformationssystemen. Wichmann, Karlsruhe

Wilhelmy H (1975) Kartographie in Stichworten. Hirt, Kiel

Winkler W, Rothe G (1990) VOB Bildband, Abrechnung von Bauleistungen. Vieweg, Braunschweig / Wiesbaden

Witt W (1979) Lexikon der Kartographie. Deuticke, Wien

World Metereological Organization WMO (1982) Methods of correction for systematic error in point precipitation measurements for operational use. WMO 589, Geneva

Wonik T (1996) Welche Fragen von Hydrogeologen kann die Bohrlochgeophysik beantworten. In: Merkel B, Dietrich P G, Struckmeier W, Löhnert E P (Hrsg.) Grundwasser und Rohstoffgewinnung. Geo Congress 2, von Loga, Köln

Wundt W (1953) Gewässerkunde. Springer, Berlin / Göttingen / Heidelberg

Zeien H, Brümmer G W (1991) Chemische Extraktionen zur Bestimmung von Schwermetallbindungsformen in Böden. Mitt. Dt. Bodenk. Ges. **59/1**,

Zirm K, Schamann M, Fibich F, Fürst E et al. (1987) Luftbildgestützte Erfassung von Altablagerungen. Umweltbundesamt Wien (Hrsg.), Wien

Anhang

Liste der Methoden (Alphabetische Reihenfolge)

Kürzel	Methode	Seite
A		
ALB	Automatisiertes Liegenschaftsbuch	19
ALK	Automatisierte Liegenschaftskarte	19
ATKIS	Amtliches topographisches Karteninformationssystem	18
		128
B	**Bodenkundliche Erkundungsmethoden**	**127**
B-Bk	Kammerbohrer	132
B-Bm	Marschenlöffel	132
B-Bp	Pürckhauer	132
B-Bt	Peilstange	132
B-Dok	Dokumentation	132
B-G	Flache Grabungen	132
B-Rks	Rammkernsonden	132
Bio	Biotopkarten	128
BK	Bodenkundliche Karte	129
BK5	Bodenkundliche Karte 1:5.000	129
BK25	Bodenkundliche Karte 1:25.000	129
BÜK25-100	Bodenübersichtskarten von Landkreisen/Planungsgebieten	129
BÜK50	Bodenübersichtskarte 1:50.000	129
C	**Chemische Untersuchungsverfahren**	**252**
C-B	Boden/Substrat/Feststoff	266
C-Be	Elutionsverfahren	283
C-Bf	Untersuchungen an Feststoff	266
C-L	Luft	291
C-Lb	Untersuchungen an Bodenluft	291
C-Lr	Untersuchungen an Raumluft	294
C-W	Wasser/wäßrige Phase	253
D	**Darstellungs- und Auswertemethoden**	**301**
D-GIS	Geographische Informationssysteme	308
D-K	Karten	301
D-Kiso	Isolinienkarten	306
D-Mg	Graphische Meßwertdarstellungen	308
D-Sl	Lithologische Säulen	303
D-Sp	Profilschnitte	302
D-Za	Ausbauzeichungen	304
DGK5	Deutsche Grundkarte 1:5.000	19
		128
DGK5B	Bodenkarte Bodenschätzung	129
F		
Flur	Flurstückkarten	128
Frei	Flächenfreigabemappe	131

Liste der Methoden (Reihenfolge nach Kapiteln)

Kürzel	Methode	Kapitel
I	**Ermittlung und Auswertung vorhandener Informationen**	**1.1**
I-Ra	Aktenrecherche	1.1.1
I-Bg	Geländebegehung	1.1.2
I-Bz	Zeitzeugenbefragung	1.1.3
I-Bs	Standortbeschreibung	1.1.4
U	**Untersuchungsplan**	**1.2**
U-S	Sicherheitsplan	1.2
U-E	Erkundungsplan	1.2.1
U-P	Probenahme- und Analysenplan	1.2.2
G	**Geologische Erkundungsmethoden**	**1.3**
K	Karten	1.3.1.1
ATKIS	Amtliches topographisches Karteninformationssystem	
ALK	Automatisierte Liegenschaftskarte	
ALB	Automatisiertes Liegenschaftsbuch	
DGK5	Deutsche Grundkarte 1:5.000	
TK25	Topographische Karte 1:25.000	
HIST	Historische Karten (hier: Kurhannoversche Landesaufnahme)	
GK25	Geologische Karte 1:25.000	
K-Asys	Systematische Kartenauswertung	
K-Amul	Multitemporale Kartenauswertung	
L	Luftbilder	1.3.1.2
L-Amul	Multitemporale Luftbildauswertung	
L-Ageol	Geologische Luftbildausauswertung	
Sch	Schürfe	1.3.2.1
Sb	Sondierbohrungen	1.3.2.2
G-B	Bohrungen	1.3.2.3
G-Bg	Greiferbohrungen	
G-Bs	Schlagbohrungen	
G-Br	Rammbohrungen	
G-Bd	Drehbohrungen	
G-Bdt	trocken ohne Kerngewinn	
G-Bdtk	trocken mit Kerngewinn	
G-Bds	direkt spülend ohne Kerngewinn	
G-Bdsk	direkt spülend mit Kerngewinn	
G-Bdskl	Seilkernverfahren	
G-Bdis	indirekt spülend ohne Kerngewinn	
G-Bork	Orientierung von Bohrkernen	
G-Bsds	Schlagdrehbohrungen	
G-Bdv	Verdrängungsbohrungen	

G-Bdok	Dokumentation von Bohrungen	
G-Bcut	Bohrkleinbehandlung und -beschreibung	
G-Bcor	Bohrkernbehandlung und -beschreibung	
G-M	Anlage, Bau und Ausbau von Meßstellen	1.3.3
G-Mgw	Bau von Grundwassermeßstellen	1.3.3.1
G-Mmf	Bau von Mehrfachmeßstellen	
G-Mml	Bau von Multilevel-Meßstellen	
G-Mrf	Bau von Rammfiltern	
G-Mkon	Ausbauüberwachung, Funktionskontrolle und Abnahme	
G-Msw	Bau von Sickerwassermeßstellen	1.3.3.2
G-Mdg	Bau Deponiegasmeßstellen	
G-Mdok	Dokumentation	1.3.3.3
P	**Geophysikalische Erkundungsmethoden**	**1.4**
Po	**Geophysikalische Oberflächenerkundung**	**1.4.1**
Po-M	Geomagnetik	1.4.1.1
Po-Eg	Geoelektrik - Gleichstromverfahren	1.4.1.2
Po-Egk	Geoelektrische Kartierung	
Po-Egt	Geoelektrische Tiefensondierung	
Po-Ege	Eigenpotentialmessung	
Po-Egi	Induzierte Polarisation	
Po-Ew	Geoelektrik - Wechselstromverfahren	1.4.1.3
Po-Ewk	Elektromagnetische Kartierung	
Po-Ewr	Georadar	
Po-S	Seismik	1.4.1.4
Po-Sk	Refraktionsseismik	
Po-Sx	Reflexionsseismik	
Po-G	Gravimetrie	1.4.1.5
Po-T	Geothermik	1.4.1.6
Pb	**Geophysikalische Bohrlochmeßverfahren**	**1.4.2**
Pb-GR	Messung der Gammastrahlung (Gamma Ray Log GR, GRL)	1.4.2.1
Pb-DL	Messung der Gesteinsdichte (Density Log DL)	1.4.2.2
Pb-NL	Neutronmessung (Neutron Log NL)	1.4.2.3
Pb-SL	Messung der Schallwellengeschwindigkeit (Sonic Log SL)	1.4.2.4
Pb-BHTV	Abbildung der Bohrlochwand (Borehole Televiewer BHTV)	
Pb-CBL	Messung der Zementation (Cement Bond Log CBL)	
Pb-RES	Messung des Widerstands (Resistivity Log RES)	1.4.2.5
Pb-FEL	Fokussiertes Elektriklog (Focussed Electric Log FEL, Laterolog)	1.4.2.6
Pb-SP	Messung des Eigenpotentials (Spontaneous Potential Log SP)	1.4.2.7
Pb-IL	Messung der Induktion (Induction Log IL)	1.4.2.8
Pb-SAL	Messung der Salinität (Salinity Log SAL)	1.4.2.9
Pb-TEMP	Messung der Temperatur (Temperature Log TEMP)	1.4.2.10
Pb-FLOW	Messung des Durchflusses (Flow Measurement FLOW)	1.4.2.11

Pb-CAL	Messung des Kalibers (Caliper Log CAL)	1.4.2.12
B	**Bodenkundliche Erkundungsmethoden**	**1.5**
K	Karten	1.5.1.1
DGK5	Deutsche Grundkarte 1:5.000	
TK25	Topographische Karte 1:25.000	
ATKIS	Amtliches topographisches Karteninformationssystem	
Bio	Biotopkarten	
Kat	Katasterkarten	
Flur	Flurstückkarten	
Gew	Gewerbestandortkarten	
Stadt	Stadtpläne	
BK	Bodenkundliche Karten	
DGK5B	Bodenkarte Bodenschätzung	
BK5	Bodenkundliche Karte 1:5.000	
BK25	Bodenkundliche Karte 1:25.000	
BÜK50	Bodenübersichtskarte 1:50.000	
BÜK25-100	Bodenübersichtskarten von Landkreisen/Planungsgebieten	
L	Luftbilder	1.5.1.2
Frei	Flächenfreigabemappe	1.5.2
U-K	Konzeptkarte	
B-Dok	Dokumentation	
B-G	Flache Grabungen	1.5.2.1
Sch	Schürfe	
Sb	Sondierbohrungen	1.5.2.2
B-Bp	Pürckhauer	
B-Bt	Peilstange	
B-Bm	Marschenlöffel	
B-Bk	Kammerbohrer	
B-Rks	Rammkernsonde	
H	**Klimatologische, hydrologische und hydraulische Erkundungsmethoden**	**1.6**
H-Ld	Luftdruckmessungen	1.6.1.1
H-Wi	Windmessungen	1.6.1.2
H-Mn	Niederschlagsmessungen	1.6.1.3
H-Mnd	über Datenrecherche	
H-Mna	mit Auffanggeräten	
H-Mv	Verdunstungsmessungen	1.6.1.4
H-Mve	Evaporationsmessung	
H-Mvt	Transpirationsmessung	
H-Mvl	Lysimetermessung	
H-Mvb	Empirische Berechnungsverfahren	

H-Mow	Wasserstandsmessungen	1.6.1.5
H-Mowl	mit Lattenpegel	
H-Mows	mit Schwimmerpegel	
H-Mowd	mit Drucksondenpegel	
H-Md	Durchflußmessungen	
H-Mdg	mit Meßgefäß	
H-Mdbm	am Meßwehr	
H-Mdbv	im Venturikanal	
H-Mdf	mit Meßflügel	
H-Gnb	Bestimmung der Grundwasserneubildung	1.6.1.6
H-Gnbl	aus Lysimetermessungen	
H-Gnbq	aus Quellschüttungsmessungen	
H-Gnbd	mit dem Verfahren nach Dörhöfer und Josopait	
H-Gnba	aus Abflußmessungen	
H-Pf	Bestimmung von Wasserspannungskurven	1.6.2.1
H-Pfu	mit der Unterdruckmethode	
H-Pfü	mit der Überdruckmethode	
H-Pft	mit Tensiometern	1.6.2.2
H-Pfgb	mit Gipsblockelektroden	
H-Wg	Bestimmung des Wassergehalts	
H-Wgg	gravimetrisch	
H-Wgtdr	mit TDR-Sonden	
H-Ku	Bestimmung der ungesättigten Wasserdurchlässigkeit	
H-Kudz	mit dem Doppelzylinder-Infiltrometer	
H-Kubl	mit der Bohrlochmethode nach Hooghoudt	
H-Saug	Gewinnung von Bodenwasserproben mit Saugkerzen	
H-Kf	Bestimmung der gesättigten Wasserdurchlässigkeit	1.6.3.1
H-Sieb	Korngrößenanalysen grobklastischer Sedimente	
H-Mgwst	Grundwasserstandsmessungen	1.6.3.2
H-T	Hydraulische Tests	1.6.3.3
H-Tkd	Test mit konstantem Druck	
H-Tkf	Test mit konstanter Fließrate	
H-Tsl	Slug Test	
H-Tslb	Slug/Bail Test	
H-Tpulse	Pulse Test	
H-TDST	Drill Stem Test	
H-Ti	Interferenztest	
H-PV	Pumpversuche	
H-PVL	Auswerteverfahren für Lockergesteinsgrundwasserleiter	
H-PVLg	Gespannte Grundwasserleiter	
H-PVLhg	Halbgespannte Grundwasserleiter	

H-PVLhug	Halbungespannte und ungespannte Grundwasser-leiter mit verzögerter Schüttung	
H-PVLug	Ungespannte Grundwasserleiter	
H-PVF	Auswerteverfahren für Festgesteinsgrundwasserleiter	
H-PVFek	Engräumiges Kluftsystem	
H-PVFed	Endliche Diskontinuitätsfläche	
H-PVFued	Unendliche Diskontinuitätsfläche	
H-PVFdp	Zweiporositätsmedium	
H-VTrac	Tracer-Verfahren	1.6.3.4
H-VTracE	Einbohrlochverfahren	
H-VTracM	Mehrbohrlochverfahren	
H-VTracK	in der Karsthydrologie	
S	**Probenahmeverfahren**	**1.7**
S-W	Wasser	1.7.1
S-Wpump	Entnahme von Grundwasserproben durch Pumpen	1.7.1.1
S-Wschöpf	Entnahme von Grundwasserproben durch Schöpfen	
S-Wvo	Physikochemische Vor-Ort-Parameter	1.7.1.3
S-Wfüll	Befüllen von Probeflaschen	1.7.1.4
S-Wpbk	Probenbehandlung und -konservierung	1.7.1.5
S-Wdok	Probenahmedokumentation/Übergabe ans Labor	1.7.1.6
S-B	Boden und Substrate	1.7.2
S-Bps	Probenahmestrategie	1.7.2.1
S-Bpspb	bei punktförmigen Schadstoffquellen an bekannten Stellen	
S-Bpspu	bei punktförmigen Schadstoffquellen an unbekannten Stellen	
S-Bpsdif	bei diffus verteilten Schadstoffen	
S-Bpspol	bei polar verteilten Schadstoffen	
S-Bis	Bodenkundliche Vor-Ort-Parameter/Grundmerkmale	1.7.2.2
S-Bpu	Entnahme ungestörter Bodenproben	1.7.2.3
S-Bpg	Entnahme gestörter Bodenproben	1.7.2.4
S-Bhauf	Haufwerkbeprobung	1.7.2.5
S-Bpbk	Probenbehandlung und -konservierung	1.7.2.6
S-Bdok	Probenahmedokumentation	1.7.2.7
S-Blp	Entnahme von Bodenluftproben	1.7.2.8
S-L	Luft	1.7.3
S-Lrp	Entnahme von Raumluftproben	1.7.3.1
S-Lap	Entnahme atmosphärischer Luftproben	1.7.3.2
C	**Chemische Untersuchungsverfahren**	**1.8**
C-W	Wasser/wäßrige Phase	1.8.1
C-B	Boden/Substrat/Feststoff	1.8.2
C-Bf	Untersuchungen an Feststoff	1.8.2.1

C-Be	Elutionsverfahren	1.8.2.2
C-L	Luft	1.8.3
C-Lb	Untersuchungen an Bodenluft	1.8.3.1
C-Lr	Untersuchungen an Raumluft	1.8.3.2
T	**Biologische Testverfahren**	**1.9**
T-Daph	Daphnientest	1.9.1.1
T-Alg	Algentest	1.9.1.2
T-Bakt	Bakterientests	1.9.2
T-Baktl	Lumineszenzhemmtest mit Leuchtbakterien	1.9.2.1
T-Baktw	Wachstumshemmtest mit Leuchtbakterien	1.9.2.2
T-umu	umu-Test auf Gentoxizität	1.9.3
D	**Darstellungs- und Auswertemethoden**	**2.1**
D-K	Karten	2.1.1.1
D-Sp	Profilschnitte	2.1.1.2
D-Sl	Lithologische Säulen	2.1.2
D-Za	Ausbauzeichungen	
D-Kiso	Isolinienkarten	2.1.3
D-Mg	Graphische Meßwertdarstellungen	2.1.4
D-GIS	Geographische Informationssysteme	2.1.5
M-G	**Berechnungsverfahren und Modelle - Grundwasser**	**2.2**
M-Gr	Grundwasserfließrichtung	2.2.2.1
M-Gi	Grundwassergefälle	
M-Gv	Grundwasserfließgeschwindigkeiten	2.2.2.2
M-Gt	Laufzeiten	
M-Gb	Brunnenformeln	
M-Gab	Bodenluftabsaugung	2.2.2.3
M-Gkwc	Nicht mischbare Flüssigkeiten/Restsättigung	2.2.2.4
M-Gmix	Mischungsrechnung	2.2.2.7
M-Gads	Adsorption	2.2.2.8
M-Gabb	Abbau	
M-Gbil	Bilanzierung	2.2.2.9
M-Gla	Analytische Lösungen der Transportgleichungen	2.2.2.10
M-G2D	2D-Modelle	2.2.3
M-G2Df	Strömungsmodelle	2.2.3.1
M-G2Dt	Transportmodelle	2.2.3.2
M-G3D	Numerische 3D-Modelle	2.2.4
M-Gkw	Modelle für nicht mischbare Flüssigkeiten	2.2.5
M	**Berechnungsverfahren und Modelle - Sickerwasser, Boden, Luft**	**2.3**
M-Help	HELP-Modell (Sickerwasser)	2.3.1
M-Fisbo	Methodenbank FIS Bodenkunde	2.3.2
M-L	Berechnungsverfahren und Luftschadstoffausbreitungsmodelle	2.3.3

M-Lgf	Gauß-Fahnenmodell	
X	**Statistische Methoden**	**2.4**
X-D	Beschreibende Statistik	2.4.1
X-Dh	Empirische Häufigkeitsverteilungen	2.4.1.1
X-Dl	Lageparameter	2.4.1.2
X-Ds	Streuungsmaße	2.4.1.3
X-B	Beurteilende Statistik	2.4.2
X-Bt	Statistische Prüfverfahren	2.4.2.1
X-Bk	Korrelationsanalyse	2.4.2.2
X-Br	Regressionsanalyse	2.4.2.3
X-Bv	Varianzanalyse	2.4.2.4
X-Bf	Faktorenanalyse	2.4.2.5
X-Bc	Clusteranalyse	2.4.2.6
X-Bd	Diskriminanzanalyse	2.4.2.7
X-Bz	Zeitreihenanalyse	2.4.2.8
X-Bw	Statistik in der Wasseranalytik	2.4.2.9
X-G	Geostatistik	2.4.3
X-Gv	Variographie	2.4.3.1
X-Gr	Regionalisierung	2.4.3.2

Sachverzeichnis

Glossar

Altablagerungen
nach dem Niedersächsischen Abfallgesetz sind:
1. Stillgelegte Anlagen zum Ablagern von Abfällen.
2. Sonstige Flächen, auf denen Abfälle zum Zwecke der Abfallentsorgung abgelagert wurden oder auf denen Abfälle verblieben sind, nachdem sie dort zum Zwecke der Abfallentsorgung behandelt oder gelagert wurden.
3. Stillgelegte Aufhaldungen und Verfüllungen mit Produktionsrückständen, Bergematerial oder Bauabfällen.

Altlasten
→ **Altablagerungen** und → **Altstandorte**, wenn von ihnen infolge nachhaltiger und nachteiliger Veränderungen des Bodens, eines Gewässers oder der Luft eine Gefahr für die öffentliche Sicherheit ausgehen kann.
Bei den → **Altablagerungen** sind dieses die Fälle, für die in der → **Gefahrenbeurteilung** (hier → **Bewertung** bei → **Beweisniveau** (BN) 3) festgestellt wird, daß von ihnen Gefahren für betroffene → **Kompartimente** ausgehen.

Altlastenprogramm
Das Altlastenprogramm des Landes Niedersachsen beschreibt das Verfahren der stufenweisen → **Erkundung** und → **Bewertung** von → **Altablagerungen**, das vier verschiedene → **Erkundung**sschritte mit den jeweils dazugehörenden → **Beweisniveaus** vorsieht. Näheres dazu enthält der Allgemeine Teil des Altlastenhandbuchs.

Altlastverdachtsflächen
→ **Gefahrverdächtige Flächen**, Gesamtheit von → **Altablagerungen** und → **Altstandorten**

Altstandorte
nach dem Niedersächsischen Abfallgesetz sind:
1. Flächen stillgelegter Anlagen im Bereich der gewerblichen Wirtschaft, des Bergbaus oder öffentlicher Einrichtungen.
2. Flächen stillgelegter militärischer Einrichtungen zur Erforschung, Erprobung, Herstellung, Lagerung, Verwendung, Beseitigung oder Ablagerung von Kriegsmitteln, auf denen mit Stoffen umgegangen worden ist, die geeignet sind, Boden, Wasser oder Luft nachhaltig oder nachteilig zu verändern (umweltgefährdende Stoffe), unabhängig davon, ob auf der Fläche eine Folgenutzung besteht. Ein Umgang mit Stoffen in diesem Sinne liegt nicht vor, wenn diese nur als Baumaterial verwendet wurden.

Austrag
alle Vorgänge, durch die → **Schadstoffe** allein oder zusammen mit anderen Stoffen aus der → **Altablagerung** oder dem → **Altstandort** freigesetzt wer-

den. Der Austrag ist ein wesentlicher Faktor in der → **Gekoppelten Transportbetrachtung**.

Beweisniveau (BN)
definierter Umfang der für die → **Bewertung** erforderlichen Datenbasis; unterschieden werden vier Beweisniveaus (BN 1 bis 4).

Bewertung
formaler Handlungsschritt bei den verschiedenen → **Beweisniveaus (BN)** zur interdisziplinären Bewertung des vorliegenden Datenbestandes und zur nachfolgenden Festlegung des weiteren → **Handlungsbedarfs**.

Dekontamination
beschreibt die Gruppe von Verfahren und Maßnahmen, welche geeignet sind, Gefahren an der Quelle und im kontaminierten Umfeld endgültig zu beseitigen. Zu den Maßnahmen, die → **Schadstoffe** in kontaminiertem Erdreich oder Grundwasser bzw. in Abfällen eliminieren, zählen hydraulische (Grundwasserentnahme), pneumatische (Bodenluftabsaugung), thermische (Verbrennung, Verschwelung), chemisch-physikalische (Extraktion, Stripping, Adsorption, Oxidation, Reduktion, Fällung) sowie biologische Verfahren.

Detailuntersuchung
detaillierte Untersuchungen im Anschluß an die → **Bewertung** bei → **Beweisniveau** 2 auf der Basis des dort festgelegten → **Handlungsbedarfs** und der einzelnen Untersuchungsschritte. Die Detailuntersuchung soll das Gefahrenausmaß im einzelnen belegen und ist die Grundlage der → **Gefahrenbeurteilung**. Die nachfolgende → **Bewertung** bei → **Beweisniveau** 3 erlaubt die Entscheidung, ob es sich bei der → **Altlastverdachtsfläche** tatsächlich um eine → **Altlast** handelt.

Eintrag
Übergang eines → **Schadstoffes** aus der → **Altlastverdachtsfläche** in ein → **Kompartiment**. Nach dem Eintrag können je nach Beschaffenheit des → **Kompartimentes** verschiedene → **Wirkungen** im → **Kompartiment** stattfinden. Diese bestimmen den → **Transport** und damit die Ausbreitung des → **Schadstoffes**. Der Eintrag ist ein wesentlicher Faktor in der → **Gekoppelten Transportbetrachtung**.

Erfassung
möglichst vollständige Zusammenfassung aller Basisdaten über die lokalisierten → **Altablagerungen** und → **Altstandorte**.

Erkundung
Summe der Maßnahmen, die zur Erhöhung eines → **Beweisniveaus** notwendig sind; dient zum Ausgleich fachlicher Defizite bei der → **Bewertung**.

Gefährdungsabschätzung
Einschätzung der von einer → **Altablagerung** ausgehenden Gefährdung von → **Kompartimenten** auf der Basis der Daten aus der → **Orientierungsuntersuchung**. Die Gefährdungsabschätzung ist die Grundlage für die → **Bewertung** bei → **Beweisniveau** 2.

Gefahrenbeurteilung
→ **kompartiment**spezifische Beurteilung der Gefahren für definierte betroffene Populationen, die durch die Emissionen aus einer → **Altablagerung** erzeugt werden. Die Gefahrenbeurteilung wird auf der Basis der Daten aus der → **Detailuntersuchung** durchgeführt und bildet die Grundlage der → **Bewertung** bei → **Beweisniveau** 3. In der Gefahrenbeurteilung werden die relevanten Verunreinigungen bestimmt, abschließend die Gefahren nach Art und Ausmaß festgestellt, entschieden, ob es sich um eine → **Altlast** handelt und die grundsätzlichen Gefahrenabwehrmaßnahmen (Festlegung der Grobziele) empfohlen.

Gefahrverdächtige Flächen
→ **Altlastverdachtsflächen**, Gesamtheit von → **Altablagerungen** und → **Altstandorten**.

Gekoppelte Transportbetrachtung
berücksichtigt nacheinander den Freisetzungsprozeß, d.h. den → **Austrag** von → **Schadstoffen** aus dem Schadensherd (→ **Altablagerung** oder → **Altstandort**), den → **Eintrag** in ein → **Kompartiment** (Wasser, Boden, Luft) und den → **Transport** innerhalb der → **Kompartimente** und schließlich den Aufnahmeprozeß eines Rezeptors (→ **Wirkung**).

Gewässerkundlicher Landesdienst
wird vom Land Niedersachsen unterhalten zur Ermittlung, Aufbereitung und Sammlung der hydrologischen Daten, die für die wasserwirtschaftlichen oder sich auf den Wasserhaushalt auswirkenden Planungen, Entscheidungen und sonstigen Maßnahmen erforderlich sind. Einzelheiten regelt das Niedersächsische Wassergesetz. Andere Bundesländer unterhalten ähnliche Einrichtungen.

Handlungsbedarf
behördliche Festlegung von weiteren Handlungsschritten als Ergebnis der → **Bewertungen**.

Hydrogeologisches Modellkonzept
Idealisierte und vereinfachte Darstellung der hydrogeologischen Sachverhalte im Umfeld einer → **Altlastverdachtsfläche** mit besonderer Hervorhebung hydraulischer und hydrostratigraphischer Grenzen.

Kompartiment
Umweltmedium, in das aus einer → **Altlastverdachtsfläche** freigesetzte
→ **Schadstoffe** eingetragen werden und innerhalb dessen oder mit dessen
Hilfe sich die → **Schadstoffe** verteilen. Kompartimente können sein:
1. Grundwasser, das die → **Altlastverdachtsfläche** unter-, um- oder durchströmt,
2. → **Oberflächengewässer**, die direkt oder indirekt (z.B. über das Grundwasser) Zufluß aus der → **Altlastverdachtsfläche** erhalten,
3. Luft als freie Atmosphäre, Raumluft oder Bodenluft, die von der → **Altlastverdachtsfläche** beeinflußt wird sowie
4. Boden auf oder in der Umgebung der → **Altlastverdachtsfläche**.

Oberflächengewässer
wird hier sinngleich verwendet mit den Begriffen → **Oberirdisches Gewässer**
und → **Oberflächenwasser**.

Oberirdisches Gewässer
Nach DIN 4049 definiert als „Gewässer auf der Landoberfläche ohne Quellen".

Oberflächenwasser
siehe → **Oberflächengewässer**.

Machbarkeitsstudie
dient der Entscheidungsfindung bei der Auswahl des Konzeptes zur → **Sicherung** und → **Sanierung** von → **Altlasten**. Sie ist Teil der → **Sanierungsuntersuchung**. Die Machbarkeitsstudie baut auf vorhandenen Informationen auf und bildet ihrerseits die Grundlage weiterer Bearbeitung. Sie sollte daher in allen Punkten vollständig und nachvollziehbar sein.

Orientierungsuntersuchung
Summe der → **Erkundung**smaßnahmen, die die auf → **Beweisniveau** 1 vorliegenden Anhaltspunkte soweit klären soll, daß beurteilt werden kann, ob der → **Altlast**verdacht bestätigt oder ausgeräumt werden kann. Im Falle einer Bestätigung sind Notwendigkeit und Umfang einer → **Detailuntersuchung** zu prüfen.
Dazu sind am Ort ausreichende Kenntnisse über Vorkommen, Freiwerden, Ausbreiten und Einwirken von → **Schadstoffen** zu gewinnen. Die Orientierungsuntersuchung erlaubt eine → **Gefährdungsabschätzung**; sie erhöht das
→ **Beweisniveau** auf 2.

Sanierung
umfaßt alle Maßnahmen zur → **Sicherung** und → **Dekontamination** (Sachverständigenrat für Umweltfragen 1989). Das Niedersächsische Abfallgesetz in der Fassung vom 27. Okt. 1994 (NAbfG) beschreibt Sanierung demgegenüber einschränkend als die Beseitigung der Ursachen, von denen nachhaltige Verän-

derungen für den Boden, ein Gewässer oder der Luft ausgehen und grenzt sie gegen die → **Sicherung** ab.
In diesem Band wird Sanierung als Oberbegriff verwendet.

Sanierungsuntersuchung

Summe der Untersuchungen, deren Daten es gestatten, die grundsätzlich geeigneten Sanierungsvarianten auf ihre Eignung im Hinblick auf die festgelegten Grobziele (→ **Gefahrenbeurteilung**) zu prüfen und einer Kosten-/Wirksamkeitsbetrachtung zu unterziehen (→ **Machbarkeitsstudie**). Durch die Sanierungsuntersuchung wird das → **Beweisniveau** 4 erreicht.

Schadstoffe

sind in Anlehnung an das Abfallgesetz des Bundes (§ 2 Abs. 1) sowie an das Wasserhaushaltsgesetz (§ 34 Abs. 2) umweltgefährdende Stoffe. Es handelt sich um feste, flüssige und gasförmige Stoffe, die geeignet sind, das Wohl der Allgemeinheit zu beeinträchtigen, insbesondere die Gesundheit der Menschen zu gefährden und ihr Wohlbefinden zu beeinträchtigen, Nutztiere, Vögel, Wild und Fische zu gefährden, Gewässer zu verunreinigen oder ihre Eigenschaften sonst nachteilig zu verändern, Boden und Nutzpflanzen schädlich zu beeinflussen oder sonst die öffentliche Sicherheit zu gefährden oder zu stören.

Schutzgut

Begriff wird hier sinngleich mit → **Kompartiment** verwendet.

Sicherung

umfaßt alle Maßnahmen, die eine zeitlich befristete Verminderung oder Vermeidung der Umweltkontamination durch Unterbrechung der Kontaminationswege gewährleisten. Sicherung und → **Dekontamination** stehen für die grundsätzlichen Optionen der → **Sanierung** (Sachverständigenrat für Umweltfragen 1989). Das NAbfG beschreibt Sicherung als die Begrenzung von nachhaltigen und nachteiligen Veränderungen für den Boden, ein Gewässer oder die Luft oder die Begrenzung der von diesen Veränderungen ausgehenden Gefahr für die öffentliche Sicherheit.

Stoffgefährlichkeit

Gefahr, die von → **Altlasten** ausgeht. In formalisierten Bewertungsverfahren einzelstoffbezogener und komplex zusammengesetzter, dimensionsloser Term, der das Umweltverhalten (z.B. Löslichkeit, Persistenz, Bioakkumulation) und/oder die Toxizität (Human-/Ökotoxizität) beschreibt.

Transport

Ausbreitung von → **Schadstoffen** im → **Kompartiment**. Art und Ausmaß von im → **Kompartiment** auftretenden → **Wirkungen** (Verdünnungs-, Abbau-, Sorptions-, Remobilisierungsvorgänge) bestimmen, in welcher Form und Menge sich die eingetragenen → **Schadstoffe** ausbreiten. Der Transport ist ein wesentlicher Faktor in der → **Gekoppelten Transportbetrachtung**.

Wirkung

Nach dem → **Eintrag** von → **Schadstoffen** in ein → **Kompartiment** können je nach Beschaffenheit des → **Kompartimentes** verschiedene Wirkungen wie Verdünnungs-, Abbau- und Sorbtionsvorgänge stattfinden. Es sind auch Remobilisierungsvorgänge möglich. Diese Vorgänge bestimmen den → **Transport** und damit die Ausbreitung von → **Schadstoffen**. Die Wirkung ist ein wesentlicher Faktor in der → **Gekoppelten Transportbetrachtung**.

Anlage 1. Dokumentation von Wissensstand - Erkundungsbedarf - Methodenauswahl

Untersuchungsziel "Hydrologische Verhältnisse"

Untersuchungsziel / Parameter	Wissensstand / Erkundungsbedarf	Methode (Kürzel)	Begründung für Methodenauswahl	vorgesehene Anzahl / Menge (Bemerkungen)
Vorflutverhältnisse		Geländebegehung (I-Bg) Kartenauswertung (K) Standortbeschreibung (I-Bs)		
Niederschlag		Niederschlagsmessungen (H-Mn): Auffanggeräte (H-Mna) Datenrecherche DWD (H-Mnd)		
Verdunstung		Verdunstungsmessungen (H-Mv): Evaporationsmessung (H-Mve) Transpirationsmessung (H-Mvt) Lysimetermessung (H-Mvl) Empirische Berechnungsverfahren (H-Mvb)		
Wasserstand (Oberflächen-gewässer)		Wasserstandsmessungen (H-Mow): Lattenpegel (H-Mowl) Schwimmer-Pegel (H-Mows) Drucksonden-Pegel (H-Mowd)		
Abfluß		Durchflußmessungen (H-Md): volumetrische Messung (H-Mdg) Meßwehr (H-Mdbm) Venturikanal (H-Mdbv) Flügelmessung (H-Mdf)		
Grundwasser-neubildung		Ermittlung der Grundwasserneubildung (H-Gnb): Lysimetermessung (H-Gnbl) Quellschüttungsmessung (H-Gnbq) flächendifferenzierte Ermittlung (H-Gnbd) Abflußmessungen im Vorfluter (H-Gnba)		

Anlage 2. Dokumentation von Wissensstand - Erkundungsbedarf - Methodenauswahl
Untersuchungsziel "Geologisch - hydrogeologische Verhältnisse / Einzugsgebiet"

Untersuchungsziel / Parameter	Wissensstand / Erkundungsbedarf	Methode (Kürzel)	Begründung für Methodenauswahl	vorgesehene Anzahl / Menge (Bemerkungen)
Regionale Geologie		Geologische Oberflächenerkundung: Auswertung geologischer Karten (GK25) Geologische Luftbildauswertung (L-Ageol)		
Lokale Geologie		Ermittlung und Auswertung vorhandener Informationen (I): Aktenrecherche (I-Ra) Geländebegehung (I-Bg); Geologische Aufschlußmethoden: Schürfe (Sch) Sondierbohrungen (Sb) Bohrungen (G-B); Geophysikalische Erkundungsmethoden (P)		
Flurabstand		Grundwasserstandsmessung (H-Mgwst)		
Hydrostratigraphie		Geologische Erkundungsmethoden (G) Hydrogeologischer Schnitt (D-Sp)		
Hydrogeologischer Standorttyp		Geologische Erkundungsmethoden (G)		

Anlage 3. Dokumentation von Wissenstand - Erkundungsbedarf - Methodenauswahl

Untersuchungsziel "Geologisch - hydrogeologische Verhältnisse / Hydrogeologische Einheit"

Untersuchungsziel / Parameter	Wissensstand / Erkundungsbedarf	Methode (Kürzel)	Begründung für Methodenauswahl	vorgesehene Anzahl / Menge (Bemerkungen)
Verbreitung hydrogeologischer Einheiten, Lagerungsverhält-nisse,		Ermittlung und Auswertung vorhandener Informationen (I): Aktenrecherche (I-Ra) Geländebegehung (I-Bg)		
im Festgestein: Streichen, Fallen, Klüftigkeit		Geologische Aufschlußmethoden: Sondierbohrungen (Sb) Bohrungen (G-B) Geophysikalische Oberflächenerkundung (Po)		
Stratigraphie / Genese, Petrographie, Mächtigkeit		Geologische Aufschlußmethoden: Sondierbohrungen (Sb) Bohrungen (G-B) Geologische Karte (GK25)		
Durchlässigkeits-beiwert, Speicher-koeffizient, Transmissivität		Hydraulische Erkundungsmethoden für die gesättigte Zone: gesättigte Wasserdurchlässigkeit (H-Lkf) Hydraulische Tests (H-T) Pumpversuche (H-PV)		
Abstands-geschwindigkeit		Berechnung (M-Gv) Tracer-Verfahren (H-VTrac)		
Fließrichtung, Gefälle		Grundwasserstandsmessung (H-Mgwst) Grundwassergleichenplan (D-Kiso)		
Hydraulischer Spannungszustand		Grundwasserstandsmessung (H-Mgwst) Geologische Aufschlußmethoden: Sondierbohrungen (Sb) Bohrungen (G-B)		

Anlage 4. Dokumentation von Wissensstand - Erkundungsbedarf - Methodenauswahl
Untersuchungsziel "Grundwasser / Nutzung"

Untersuchungsziel / Parameter	Wissensstand / Erkundungsbedarf	Methode (Kürzel)	Begründung für Methodenauswahl	vorgesehene Anzahl / Menge (Bemerkungen)
Lage im WSG		Ermittlung und Auswertung vorhandener Informationen (I): Aktenrecherche (I-Ra) Geländebegehung (I-Bg)		
Wasserwerk, Fassungsanlagen		Ermittlung und Auswertung vorhandener Informationen (I): Aktenrecherche (I-Ra) Geländebegehung (I-Bg)		
Haus-/Gartenbrunnen		Ermittlung und Auswertung vorhandener Informationen (I): Aktenrecherche (I-Ra) Geländebegehung (I-Bg)		
Beobachtungs-brunnen		Ermittlung und Auswertung vorhandener Informationen (I): Aktenrecherche (I-Ra) Geländebegehung (I-Bg)		
weitere Grundwasser-nutzungen		Ermittlung und Auswertung vorhandener Informationen (I): Aktenrecherche (I-Ra) Geländebegehung (I-Bg)		
Lagebeziehung zum Wasserwerk		Aktenrecherche (I-Ra) Geologische Erkundungsmethoden (G) Hydrogeologischer Schnitt (D-Sp)		

Probenahmeprotokoll

Ort : [＿＿＿＿＿＿＿＿＿＿＿＿＿] **Datum :** [＿＿＿＿＿＿]
Bezeichnung des Brunnens : [＿＿＿＿＿＿＿＿＿＿＿＿]
Genaue Lage des Brunnens (z.B. Rechts-/ Hochwert) : [＿＿＿＿]
Pumpbeginn /-ende : □□:□□ Uhr /- □□:□□ Uhr
Probenahmebeginn /-ende : □□:□□ Uhr /- □□:□□ Uhr
Probenehmer (Unterschrift) : [＿＿＿＿＿＿＿＿＿＿＿＿＿]
Lufttemperatur : [＿＿＿＿＿＿] °C   Witterung : [＿＿＿＿＿＿]

Brunnenausbau :

Durchmesser : 2" □ / 4" □ / 5" □
Filter (u. ROK) : -von □□,□ bis □□,□ m
Ausbautiefe (lt.Plan) : □□,□□ m
Höhe ü. NN (ROK) : □□□,□□ m
Abstand ROK-Brunnensohle (gemessen) : □□,□□ m
Höhe ü. NN (GOK) : □□□,□□ m

Probenahme :

Art der Probenahme : [＿＿＿＿＿＿＿＿＿＿＿＿＿＿]
Gerätebezeichnung : [＿＿＿＿＿＿＿＿＿＿＿＿＿＿]
Förderleistung : □□ l/Min. ; Pumpdauer vor Entnahme : □□□ Min.
Wasserspiegel vor Pumpbeginn /
nach Pumpbeginn (ROK) : □□,□□ m / □□,□□ m
Gesamtfördermenge : □□□□ l
Entnahmetiefe (ROK) : □□□ m ; Anzahl der Leerpumpvorgänge : □/
bzw. Beharrungszustand erreicht : ja □ / nein □
Zuvor beprobter Brunnen : [＿＿＿＿＿＿＿＿＿＿＿＿＿]

Messungen vor Ort :

Aussehen / Farbe : [＿＿＿＿＿＿] ; Geruch : [＿＿＿＿＿＿]
Temperatur : □□,□ °C   ; pH-Wert : □□,□
elektrische Leitfähigkeit (µS/cm) :
zu Beginn : □□□□□ / während der Probenahme : □□□□□
Redoxpotential (mV) : +/- □□□ (abgelesener Wert)
Bodensatz : ja □ / nein □
Sauerstoffgehalt (mg/l) : □□,□
vor Ort Parameter konstant : ja □ / nein □
Konservierung : [＿＿＿＿＿＿＿＿＿＿＿＿＿＿]
Bemerkungen : [＿＿＿＿＿＿＿＿＿＿＿＿＿＿]
[＿＿＿＿＿＿＿＿＿＿＿＿＿＿＿＿＿＿＿＿]

Unterschrift / Datum : [＿＿＿＿＿＿＿＿＿＿＿]

Anlage 6. Geländeformblatt für die bodenkundliche Kartierung urban und industriell überformter Gebiete. (NIBIS 1994)

Erläuterungen zu den Feldnamen des Geländeformblattes

Titeldaten:

Arnl	--	Archivnummer
TK25	--	Topographische Karte im Maßstab 1:25000
TK5	--	Topographische Karte im Maßstab 1:5000
Rechts	--	Rechts-Wert (Gauß-Krüger Koordinaten)
Hoch	--	Hoch-Wert (Gauß-Krüger Koordinaten)
Aufart	--	Aufschlußart
Datum	--	Datum der Profilaufnahme
Kartir	--	Name des Kartierers
Tsonst	--	sonstige Titeldaten

Aufnahmesituation:

Nieder	--	aktueller Niederschlag
Beeint	--	Beeinträchtigung der Geländearbeit
Klimar	--	Klimaraum
Hoehe	--	Höhe üner NN
Rlform	--	Reliefform
Borpos	--	Bohrposition
Neig	--	Neigung
Oricht	--	Hangrichtung
Beurt	--	Einfluß auf die Wasserverhältnisse
Erosi	--	Erosionserscheinungen
Oekol	--	ökologische Hinweise

Besondere städtische Standortdaten:

Nutzar	--	Nutzungsart
Versgr	--	Versiegelungsgrad
Versar	--	Versiegelungsart
Antrbe	--	erkennbare anthropogene Beeinflussung
Nutzge	--	Hinweise zur Nutzungsgeschichte

Profilkennzeichnung:

Geolog	--	Substrat/Ausgangsmaterial der Bodenbildung
Bodtyp	--	Bodentyp
Huform	--	Humusform
Wagut	--	Wasser im Bohrgut
Waloch	--	Wasser im Bohrloch
Feldnr	--	Nummer der Bohrung

Horizont- und Schichtbeschreibung:

Otief	--	obere Horizont-/Schichtgrenze
Utief	--	untere Horizont-/Schichtgrenze
Horiz	--	Horizont
Hnbod	--	Bodenart
Bodson	--	sonstiges zur Bodenart
Skel	--	Skelettanteil
Zer	--	Zersatz
Farbe	--	Matrixfarbe
Orgsub	--	organische Substanz
Eisen	--	Eisengehalt
Carbon	--	Carbonatgehalt
Wurzln	--	Anzahl der Wurzeln pro Fläche
Bmeng	--	Beimengungen
Geruch	--	auffälliger Geruch
Geform	--	Gefügeform
Gaenge	--	auffällige Hohlräume
LDSV	--	Lagerungsdichte/Substanzvolumen
Kons	--	Konsistenz
Feuch	--	Feuchte der Matrix
Geoge	--	Geogenese
Strat	--	Stratigraphie
Pot	--	Probenobertiefe
Pronum	--	Probennummer
Put	--	Probenuntertiefe
Labnr	--	Labornummer

Anlage 7.

Typisierung des oberflächennahen Bodenwasserhaushaltes

Kombinationen: z. B. Hs Subtyp mit Übergangstendenz; A-O Übergangstyp; A/H Assoziationstyp

g, G = gering   m, M = mittel   h, H = hoch   (Großbuchstaben haben Priorität)

TYP	KRITERIEN BODEN Infiltration	Speicherkapazität	Durchlässigkeit	Schichtung	RELIEF Neigung	Formung	ÜBERFORMUNG Regulierung
Perkolation (P, p)	H	G	H	g	G	Verebnung	--
Abfluß (A, a)	G - M	m	g	m	M - H	Hang	--
Vorrat (V, v)	m	H	m	m	G - M	Verebnung bis flacher Hang	--
Stau (S, s)	h	g - m	G - M	H	G - M	Verebnung bis flacher Hang	--
Hangzug (H, h)	M - H	g - m	M	m - h	M - H	Hang	--
Zuschuß (Z, z)	m	g - m	m	g - m	g	Tal, Mulde, Hangfuß	--
Oberflächenentwässerung (O, o)	--	--	--	--	--	--	Versiegelung
Untergrundentwässerung (U, u)	--	--	--	--	G - M	Verebnung	Grundwasserabsenkung, Drainage

Anlage 8. Einstufung der bodenphysikalischen Kenngrößen (AG Bodenkunde 1982)

Kategorien	Infiltrationsrate	Speicherkapazität [mm]	Wasserdurchlässigkeit [cm/Tag]	Schichtung des Bodenprofils
gering (g, G)	Niederschläge mit geringer Intensität und Dauer können noch vom Boden aufgenommen werden	< 90	< 10	ohne deutlichen Substratwechsel
mittel (m, M)	Niederschläge mit mittlerer Intensität und Dauer können noch vom Boden aufgenommen werden	90-140	10-40	ein deutlicher Substratwechsel
hoch (h, H)	Niederschläge mit hoher Intensität und Dauer können noch vom Boden aufgenommen werden	> 140	> 40	mehrere deutliche Substratwechsel

Die Speicherkapazität ist als nutzbare Feldkapazität angegeben, die Wasserdurchlässigkeit als k_f-Wert

Anlage 9. Nähere Kennzeichnung der Typen des oberflächennahen Bodenwasserhaushaltes (in weitgehend unüberformten Bereichen)

Typ	Nähere Kennzeichnung
P Perkolationstyp	Je gröber die Körnung und geringer der Humusgehalt und die Neigung, desto eindeutiger ist die Zuordnung zum Perkolationstyp. Böden mit hohen Sand- sowie geringen Humusgehalten weisen eine hohe Infiltrationsrate (d. h. auch Starkregenfälle können vom Boden aufgenommen werden) sowie eine hohe Wasserdurchlässigkeit und geringe Speicherkapazität auf. Dies führt zu einer hohen Grundwasserneubildungsrate. Böden dieses Typs sind trockene, potentiell magere Standorte.
V Vorratstyp	Diesem Typ werden Böden mit hohen Anteilen an Ton und Humus (d. h. mit hoher Speicherkapazität für Wasser) in verebneter bis schwach geneigter Lage zugeordnet. Aufgrund der hohen Bindungskapazität von Ton und Humus können Böden dieses Typs potentiell gleichermaßen große Mengen an Schadstoffen und Nährstoffen sorbieren. Böden dieses Typs sind bezogen auf den Nährstoffhaushalt "reiche" und bezogen auf den Wasserhaushalt "frische" Standorte.
S Stautyp	Böden mit einem oder mehreren Substratwechseln im Profil (z. B. von groben zu bindigen, stauend wirkenden Materialien mit geringer Wasserleitfähigkeit) werden, unter Voraussetzung eines ebenen Reliefs, dem Stautyp zugeordnet. Es handelt sich um feuchte bis wechselfeuchte Standorte.
H Hangzugstyp	Böden in Hanglage mit mittlerer bis hoher Neigungsstufe und leicht bindiger Körnung mit mittlerer Wasserdurchlässigkeit bzw. sandigem Material mit stauenden Lehm- und Tonbändern sind durch laterale Wasserbewegung gekennzeichnet. Sie werden dem Hangzugstyp zugewiesen. Es handelt sich um feuchte bis trockene Standorte.
A Abflußtyp	Da ein hoher Schluffgehalt des Oberbodens die Verschlämmungsneigung fördert und damit die Infiltrationsrate verringert, ist die Zuweisung zum Abflußtyp bei entsprechender Hangneigung kommt es allerdings auch bei Sand zu oberflächlichem Abfluß. Die Abflußtypen sind stark durch Wassererosion gefährdet.
Z Zuschußtyp	Diesem Typ werden Böden mittlerer bis feiner Körnung mit permanentem lateralen Wasserzufluß zugeordnet, d. h. Böden in Hangfuß- und Hangschulterlage sowie Mulden oder Senken. Aufgrund der mit der hohen Feuchtigkeit dieser Standorte verbundenen geringen Abbaurate für die anfallende organische Substanz sind die Böden der Zuschußtypen meist durch einen hohen Anteil an Humus gekennzeichnet.
M Vorrats- und Perkolationstyp	Dieser Mischtyp ist ausgewiesen, wenn ein kleinräumiger Wechsel der standörtlichen Verhältnisse vorliegt oder aufgrund der wenig differenzierten Angaben der Bodenkarte zu Bodenart und Bodenschichtung die Angaben nicht ausreichen, den Standort dem Vorrats- oder Perkolationstyp zuzuordnen.

Anlage 10. Nähere Kennzeichnung der Typen des oberflächennahen Bodenwasserhaushaltes
(in weitgehend überformten Bereichen)

Typ	Nähere Kennzeichnung
O Oberflächen- entwässerungstyp	Mit steigendem Versiegelungsgrad treten die Bodeneigenschaften als Einflußfaktoren des oberflächennahen Bodenwasserhaushaltes zunehmend in den Hintergrund, so daß überbaute Bereiche zumindest als Übergangs- bzw. Assoziationstyp dem Oberflächenentwässerungstyp zugeordnet werden.
U Untergrund- entwässerungstyp	Tritt nur in Kombination mit dem Zuschußtyp auf und zwar bei starker Regulierung der Vorflut, d.h. hoher Dichte der Vorfluter.

Anlage 11.　Einsatz von Erkundungsmethoden - Kompartiment Grundwasser

Standortbeschreibung / Fragestellung	Einzelfragen	Parameter	Methoden Erfassung	Orientierungs-/ Detailuntersuchung	Sanierungsuntersuchung
Geologisch-hydrogeologische Verhältnisse					
Erkundung des Einzugsgebietes	Regionale Geologie		I-Ra, GK25	I-Ra, GK25	
	Lokale Geologie		I-Ra, GK25	I-Ra, I-Bg, GK25, G-B	
	Standortgeologie			Sb, G-B, Sch	Sb, G-B, Sch
	Grundwasserflurabstand		I-Ra, GK25	H-Mgwst, D-Kiso, D-Mg	
	Hydrostratigraphie		I-Ra, GK25,	GK25, I-Ra, G-B, D-Sp	G-B
	Hydrogeologischer Standorttyp		I-Ra, GK25	G-B, D-Sp,	
Erkundung der hydrogeologischen Einheiten	Verbreitung und Aufbau hydrogeologischer Einheiten	Lagerungsverhältnisse	I-Ra, GK25	G-B, GK25, Po, D-K	G-B, GK25, Po, D-K
		im Festgestein: Streichen, Fallen, Klüftigkeit	GK25	I-Bg, G-B, Po, Sch, D-K, L-Ageol	I-Bg, G-B, Po, Sch, D-K, L-Ageol
		Stratigraphie, Genese, Petrographie, Mächtigkeit	I-Ra, GK25	I-Ra, GK25, G-B, Po	I-Ra, GK25, G-B, Po
	Bestimmung der Eigenschaften der hydrogeologischen Einheiten	Effektive Porosität, Durchlässigkeitsbeiwert, Speicherkoeffizient, Transmissivität	I-Ra, GK25	H-T, H-PV, I-Ra, H-Sieb, Pb	H-T, H-PV, I-Ra, H-Sieb, Pb
		Grundwasserfließrichtung, -gefälle	I-Ra, GK25	M-Gr, M-Gi	M-Gr, M-Gi
		Abstandsgeschwindigkeit	I-Ra	M-Gv, H-VTrac	M-Gv, H-VTrac
		Hydraulischer	I-Ra	H-Mgwst	H-Mgwst

Fortsetzung Anlage 11

Nutzung	Feststellen der vorhandenen Nutzungen des Grundwassers	Lage im Wasser-schutzgebiet		
	Lagebeziehung zum Wasserwerk	I-Ra	G	
	Nutzung vorhandener Brunnen	I-Ra, I-Bg, I-Bz	I-Ra, I-Bg, I-Bz	I-Ra, I-Bg, I-Bz
	weitere Grundwasser-nutzungen	I-Ra, I-Bg, I-Bz	I-Ra, I-Bg, I-Bz	I-Ra, I-Bc, I-Bz

Lage im Wasserschutzgebiet: I-Ra, I-Bg, I-Bz, TK25

Anlage 12.

Einsatz von Erkundungsmethoden - Kompartiment Oberflächengewässer

Standort-beschreibung	Fragestellung	Einzelfragen	Parameter	Methoden Erfassung	Orientierungs-/ Detailuntersuchung	Sanierungs-untersuchung
Klima	Bestimmung klimatischer Faktoren		Niederschlag		H-Mn	H-Mn
			Verdunstung		H-Mv	H-Mv
Hydrologie	Aufnahme der hydrologischen Situation	Vorflutverhältnisse	Einzugsgebiet des Vorfluters	TK25	TK25, I-Bg	I-Bg
			Abfluß		H-Md	H-Md
			Wasserstand		H-Mow	H-Mow
			Grundwasser-neubildung		H-Gnb	H-Gnb
Kontaminations-pfade	Gewässer als Vorfluter für oberflächennahes Grundwasser			TK25	TK25, I-Bg	I-Bg
	Zufluß von Niederschlags- oder Sickerwässern				I-Bg	I-Bg
	Zufluß von beeinflußtem Grundwasser				I-Bg, D-Mg, D-Kiso	I-Bg, D-Mg, D-Kiso
Kontaminations-situation	qualitative Wasser-untersuchungen	Veränderung der Wasserqualität durch zufließende Schadstoffe	Konzentrations-bestimmung verschiedener Wasserinhaltsstoffe		S-W, T	S-W, T
	quantitative Wasser-untersuchungen	Abschätzung der Zuflußmengen aus der Altlast	Bestimmung der Durchflußmengen ober- und unterstrom		H-Md	H-Md
	Sediment-untersuchungen	Anreicherung von z.B. Schwermetallen, PAKs oder PCBs	Bestimmung der Konzentration chemischer Parameter		C-B	C-B

Anlage 13. Erfassung von Erkundungsmethoden – Kompartiment Boden

Standort-beschreibung	Fragestellung	Einzelfragen	Parameter	Methoden Erfassung	Orientierungs-/ Detailuntersuchung	Sanierungs-untersuchung
Kontaminations-situation	Altstandort/ Altablagerung	industrielle bzw. gewerbliche Nutzung/ Einlagerungsverfahren	Verfüllung, Verkippung, Undichtigkeiten, Unfälle	I-Ra, I-Bz, I-Bg, L, K, I-Bs		
	Art/Menge/Alter der Abfälle/(Schad-)Stoffe	Stoff-Daten	physiko-chemische Eigenschaften (Löslichkeit, Flüchtigkeit, Persistenz etc.)	I-Ra, I-Bz, I-Bg, L, I-Bs	U, Sb, Sch, S-Bpg, I-Bs, B-Dok	
	Abgrenzung, Verteilung der Abfälle/ (Schad-) Stoffe	vertikale und horizontale Verteilung	anthropogene Beeinflussung	I-Ra, I-Bz, I-Bg, L, K, I-Bs	U, Sb, Sch, S-Bpg, S-Bis, C-Bf, C-Be, I-Bs	U, Sb, Sch, S-Bpg, S-Bpu, C-Bf, C-Be, I-Bs
Austrag	Bodenwasser	kapillarer Aufstieg, Infiltration	Korngrößenverteilung, Lagerungsdichte, organische Substanz, Gefüge, kf-Wert, Grundwasserflurabstand, Evaporation	K, I-Bg, I-Bs	U, Sb, Sch, S-Bis, S-Bpg, C-Bf, C-Be, D-K, D-Sp, D-Mg, D-GIS, M-Fisbo, I-Bs, H-Kf, H-Saug, H-Wg	U, Sb, Sch, S-Bis, S-Bpg, C-Bf, C-Be, D-K, D-Sp, D-Mg, D-GIS, M-Fisbo, I-Bs, H-Pf
	Bodenluft/Bodengas	Diffusion	Bodenluft/ -gaskonzentration, Porengrößenverteilung	I-Ra, K, I-Bs	U, S-Blp, Sb, Sch, S-Bis, I-Bs	U, S-Blp, Sb, Sch, S-Bis, I-Bs
		Winderosion	Erodierbarkeit, Vegetation, Windstärke, Bodenfeuchte	I-Ra, I-Bg, K, L, I-Bs	U, Sb, H-Wi, M-Fisbo, S-Bis, I-Bs, H-Wg	U, Sb, H-Wi, M-Fisbo, S-Bis, D-Gis, I-Bs
		Bioturbation	Bodenfauna, Substratvermengung	I-Bg	U, Sch, S-Bis	U, Sch, S-Bis
		anthropogene Veränderungen	Korngrößenverteilung, Ausgangsmaterial der Bodenbildung, Bodentyp	I-Ra, I-Bg, K, L, I-Bs	U, Sb, Sch, S-Bis, I-Bs	U, Sb, Sch, S-Bis, I-Bs
Nutzung	Boden/Mensch	Kontakt, Ingestion, Inhalation	Versiegelung, Vegetation, Ausgasung, Belastung	I-Ra, K, L, I-Bs	S-Blp, U, Sb, M-Fisbo, S-Bis, I-Bs	S-Blp, U, Sb, M-Fisbo, S-Bis, I-Bs

Fortsetzung Anlage 13

Boden/Pflanze	Wurzelaufnahme	Belastung, chem. Bindungsform/ Mobilisierbarkeit	I-Ra , Bio, TK25, M-Fisbo, C-Bf, C-Be, I-Bs, H-Saug, H-Pf	I-Ra , Bio, TK25, M-Fisbo, C-Bf, C-Be, I-Bs
Boden/Wasser	Verlagerung	Belastung, chem. Bindungsform/ Mobilisierbarkeit	I-Ra , Bio, TK25, S-Bis, C-Bf, C-Be, M-Fisbo, I-Bs	I-Ra , Bio, TK25, S-Bis, C-Bf, C-Be, M-Fisbo, M-Bwb, I-Bs

Springer-Verlag und Umwelt

Als internationaler wissenschaftlicher Verlag sind wir uns unserer besonderen Verpflichtung der Umwelt gegenüber bewußt und beziehen umweltorientierte Grundsätze in Unternehmensentscheidungen mit ein.

Von unseren Geschäftspartnern (Druckereien, Papierfabriken, Verpackungsherstellern usw.) verlangen wir, daß sie sowohl beim Herstellungsprozeß selbst als auch beim Einsatz der zur Verwendung kommenden Materialien ökologische Gesichtspunkte berücksichtigen.

Das für dieses Buch verwendete Papier ist aus chlorfrei bzw. chlorarm hergestelltem Zellstoff gefertigt und im pH-Wert neutral.

Additional material from *Wissenschaftlich-technische
Grundlagen der Erkundung,*
ISBN 978-3-662-26942-8, is available at http://extras.springer.com

Printed by Printforce, the Netherlands